Oracle Database 12*c*
DBA 官方手册
(第 8 版)

[美]　Bob Bryla　著

明道洋　译

清华大学出版社

北　京

Bob Bryla
Oracle Database 12*c* DBA Handbook
EISBN：978-0-07-179878-5

图书在版编目(CIP)数据

Oracle Database 12*c* DBA 官方手册：第 8 版 / (美) 鲍伯 • 布莱拉 (Bob Bryla) 著；明道洋 译. —北京：清华大学出版社，2016（2019.12重印）
书名原文：Oracle Database 12*c* DBA Handbook
ISBN 978-7-302-44475-6

Ⅰ. ①O… Ⅱ. ①鲍… ②明… Ⅲ. ①关系数据库系统—手册 Ⅳ. ①TP311.138-62

中国版本图书馆 CIP 数据核字(2016)第 165265 号

责任编辑：王　军　于　平
装帧设计：牛静敏
责任校对：成凤进
责任印制：宋　林

出版发行：清华大学出版社
网　　址：http://www.tup.com.cn，http://www.wqbook.com
地　　址：北京清华大学学研大厦 A 座　　**邮　　编**：100084
社 总 机：010-62770175　　**邮　　购**：010-62786544
投稿与读者服务：010-62776969，c-service@tup.tsinghua.edu.cn
质 量 反 馈：010-62772015，zhiliang@tup.tsinghua.edu.cn
印 装 者：三河市龙大印装有限公司
经　　销：全国新华书店
开　　本：185mm×260mm　　**印　　张**：40.25　　**字　　数**：1030 千字
版　　次：2016 年 8 月第 1 版　　**印　　次**：2019 年 12 月第 3 次印刷
定　　价：139.00 元

产品编号：067089-03

译 者 序

《Oracle Database 12*c* DBA 官方手册(第 8 版)》是最新、最完整的 Oracle DBA 知识宝库，披露了最佳实践和专家级技术，力求将最先进的理念、最权威的方法和最实用的技能奉献给读者，帮助你维护性能卓越的 Oracle 数据库。本书还浓墨重彩地描述如何高效地管理数据库，交付高质量的产品，最终获得一个可靠、健壮、安全的可扩展数据库。

本书在上一版的基础上做了全面更新，将分析多租户体系结构、Oracle Database In-Memory 选项和更强大的云功能等最新特性和实用工具，并针对性地列举每种主要配置的示例。

第Ⅰ部分讲述 Oracle 体系结构、Oracle Database 12*c* 升级问题以及表空间计划，第Ⅱ部分介绍针对单机和网络数据库的适当监控、安全性和调整策略。“可扩展性”和“管理”无疑是 Oracle Database 12*c* 最大的亮点，使用多租户数据库，可在保持性能不变的前提下在给定服务器上运行更多数据库实例，并更有效地利用服务器资源。第Ⅲ部分全方位描述“高可用性”，介绍 RAC，详述恢复管理器，简述如何管理 Oracle Data Guard 环境。第Ⅳ部分详述 Oracle Net、网络化配置、物化视图、位置透明性以及其他方面的知识，帮助你成功实现分布式数据库或客户端/服务器数据库。

书中的内容绝对是国内 Oracle DBA 人员所急需的，很多真知灼见令人豁然开朗、如沐春风。身为一名译者，我深知蜕变为一名出色 DBA 的艰辛，自己也曾在学习过程中彷徨犹豫，挫折困顿，至今历历在目。本书的讲解深入浅出、循序渐进，原来曾让我大惑不解的地方，从本书看来则是如此理所当然，水到渠成。在翻译过程中，我学到了大量知识，发现了很多亮点。对于有志于从事 DBA 工作的读者而言，本书堪称一座熠熠生辉的富金矿，无论初出茅庐的新手、经验丰富的 DBA 还是应用开发人员，都将从本书获益匪浅，从而在极具潜力的 Oracle 数据库平台上取得一番成就！

这里要感谢清华大学出版社的编辑们，他们在本书的编辑和出版过程中倾注了极大心血，他们耐心细致地整理稿件，并及时提出反馈意见，敬业精神令人肃然起敬。正是由于编辑们的辛勤劳动，才使得本书在最短时间内与广大读者见面。同样感谢家人对我翻译工作的支持和鼓励。没有你们的支持和鼓励，本书就不可能顺利出版。

本书全部章节由明道洋翻译，参与翻译的还有孔祥亮、陈跃华、杜思明、熊晓磊、曹汉鸣、陶晓云、王通、方峻、李小凤、曹晓松、蒋晓冬、邱培强、洪妍、李亮辉、高娟妮、曹小震、陈笑等。对于这本经典之作，译者本着“诚惶诚恐”的态度，在翻译过程中力求“信、达、雅”，字斟句酌，将大量心血和汗水投入本书，力求为读者献上一本经典译作。当然，限于译者自身的水平，难免有疏漏之处，欢迎广大读者在阅读过程中予以指正！

最后，祝愿你通过阅读本书强化自己的数据库管理知识，蜕变为一名更优秀的 DBA，在职业生涯中大获成功！

译者

作 者 简 介

Bob Bryla 是 Oracle 9*i*、10*g*、11*g* 和 12*c* 认证专家，在数据库设计、数据库应用开发、培训以及 Oracle 数据库管理领域拥有逾 20 年的经验。Bob 是 Epic 公司(位于威斯康星州维罗纳)的首席 Oracle DBA 和数据库系统工程师，还担任多本 Oracle Press 图书的技术编辑，包括一些针对 Oracle Database 10*g*、11*g* 和 12*c* 认证的学习指南。闲暇之余他喜欢在 Android 上看科幻电影或玩游戏。

技术编辑简介

Scott Gossett 是 Oracle 高级技术解决方案组的技术总监，在 Oracle RAC、性能调整和高可用性数据库方面拥有逾 23 年的经验。此前，Scott 曾担任 Oracle Education 高级首席讲师 12 年之久，主要讲授 Oracle 内部原理、性能调整、RAC 以及数据库管理。此外，Scott 是 Oracle 认证大师考试的设计者和主要作者之一，也是 12 本 Oracle Press 书籍的技术编辑。

致　　谢

许多技术书籍都需要大家同心协力才能完成，本书自然不例外。在本书撰写过程中，我与Oracle Open World、Oracle Support 和 Oracle Partner Network 的诸多人士展开合作，他们为本书做出了重要贡献；由于人数过多，无法一一列出，在此一并谢过。

也感谢 McGraw-Hill Education 出版社的 Paul Carlstroem 和 Amanda Russell 等，他们合理控制本书进度，耐心地给予指导和帮助。也感谢 Scott Gossett，为将理论与实践结合在一起，他提出了诸多好建议。

Epic 同事 James Slager、Scott Hinman、Joe Obbish 和 Lonny Niederstadt 给予我专业指导，激发了我的创作灵感，我真正领会到"整体大于它的各部分之和"的真谛。

在阅读本书的过程中，如果你有任何意见或建议，请立即与我联系，我的邮箱是 rjbdba@gmail.com。

—Bob Bryla

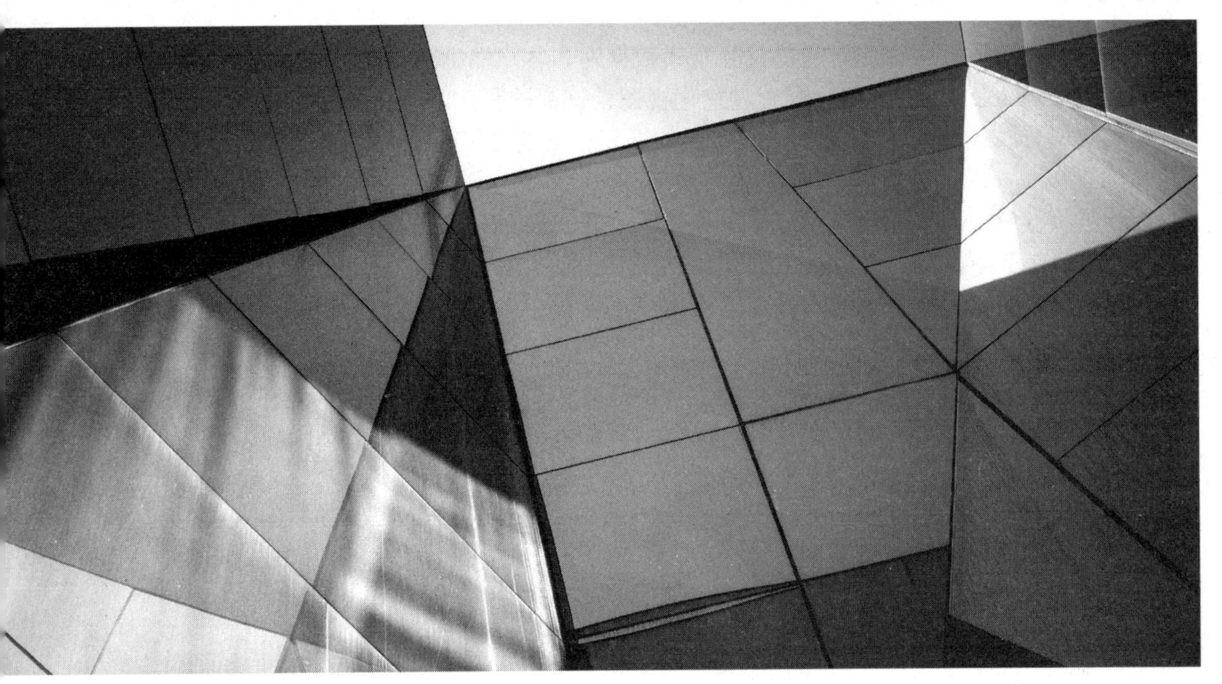

前　言

无论是有经验的DBA、DBA新手还是应用程序开发人员，都需要了解Oracle Database 12*c*的新特性，以最好地满足顾客的需求。本书将介绍这些最新特性(包括In-Memory选项)以及如何将这些特性结合到Oracle数据库管理中。贯穿本书的重点是高效地管理数据库的功能，从而交付高质量的产品。最终结果是得到一个可靠的、健壮的、安全的和可扩展的数据库。

有些元素对于实现该目标至关重要。本书第I部分中，在介绍了Oracle体系结构、Oracle 12*c*升级问题以及表空间计划后，将探讨所有这些元素。设计良好的逻辑和物理数据库体系结构将凭借合理分布的数据库对象来改进性能并简化管理。

本书第II部分将介绍针对单机和网络数据库的适当监控、安全性和调整策略。本书也介绍了用于帮助确保数据库可恢复性的备份和恢复策略。每一章节都重点讲述相应的特性以及每个领域的适当计划和管理技术。可扩展性和管理无疑是Oracle Database 12*c*中最大的改进之处。与Oracle Database 12*c*问世之前的单实例数据库相比，使用可插入数据库(又称多租户数据库或容器数据库)可以更有效地利用服务器资源；这意味着可在保持性能不变的前提下在给定服务器上运行更多数据库实例，就像这些实例运行在不同服务器上一样。由于可以非常便捷地从一个容器数据库“拔下”可插入数据库，将其“插回”另一个容器数据库，因此可以根据需要，将一个或多个可插入数据库迁移到其他服务器上。

本书第III部分将全方位讲述高可用性，知识点多，例如将介绍实时应用群集(Real Application Clusters，RAC)、详述恢复管理器(RMAN)、简述如何管理Oracle Data Guard环境。

本书也透彻讲解网络化问题以及分布式数据库和客户端/服务器数据库的管理。第Ⅳ部分将详细讨论 Oracle Net、网络化配置、物化视图、位置透明性以及其他方面的内容，从而帮助你成功实现分布式数据库或客户端/服务器数据库。该部分也介绍一些针对每个主要配置的实际示例。

除了执行 DBA 活动所需的命令外，本书还介绍 Oracle Enterprise Manager Cloud Control 12*c* 网页，你可在其中执行类似功能。学习本书中介绍的技术，可很好地设计并实现自己的系统，从而尽量减少调整工作。数据库管理工作也变得更简单，用户可以获得更好的产品，数据库也可以运作得更好。

最后，也是较重要的一点是，如果一本书包含示例，却未提供示例的源代码，那么这本书是不完整的。可访问 http://www.tupwk.com.cn/downpage，获取示例代码文件 12*c* DBA Handbook Code Listings.zip。

目　　录

第 I 部分

数据库体系结构

第 1 章

Oracle 体系结构概述

Oracle Database 12*c* 是 Oracle 11*g* 的升级版。同样，就“设置它然后忘记它”特性而言，Oracle 11*g* 是对 Oracle 10*g* 的革命性升级。与以前的版本升级一样，Oracle 12*c* 同样增强了一些特性，包括执行计划管理的自动化程度更高，新增了虚拟化特性，大大提高了可用性和故障转移能力。本书第 I 部分将介绍 Oracle 体系结构的基础，并通过为全新安装或从以前的 Oracle 版本升级给出实用建议，为成功部署 Oracle 基础结构打下基础。为奠定 Oracle 12*c* 软件的良好基础，相关小节中也介绍服务器硬件和操作系统配置问题。

在本书第 II 部分中，将介绍一些与 Oracle 12*c* 数据库的日常维护和操作相关的领域。第 5 章讨论一些需求，将 Oracle ISO 映像安装在服务器之前，DBA 需要收集这些需求。其后的几章介绍一些方法，DBA 可运用这些方法管理磁盘空间、管理 CPU 利用率、调整 Oracle 参数以优化服务器的资源，以及根据需要自由使用各种工具来监控数据库的性能。如果优化器发现基数的原估值偏离过多，Oracle 12*c* 中的查询优化特性在动态更改查询计划方面的自动化程度更高。

本书第Ⅲ部分重点关注Oracle 12*c*的高可用性，包括使用Oracle的恢复管理器(Recovery Manager，RMAN)执行并自动完成数据库备份和恢复，使用Oracle Data Guard(数据卫士)等其他特性提供简单可靠的数据库故障恢复方法。Oracle 12*c* 新增的容器数据库(container database)或多租户数据库的特性以及相应的可插拔数据库除了更有效地使用服务器资源承载一个或多个容器数据库外，还将“可传输表空间”的概念扩展到整个数据库。最后介绍重要的Oracle 12*c* RAC(Real Application Clusters，实时应用群集)如何同时将极端的可伸缩性和透明故障转移功能提供给数据库环境。即使不使用Oracle 12c的RAC特性，备用特性也使Oracle 12c几乎与群集解决方案一样可用。由于能很容易地在备用数据库和主数据库之间切换，又可以查询物理上的备用数据库，这就在准备实现RAC数据库之前，提供了健壮的高可用性解决方案。

本书第Ⅳ部分将介绍与网络化Oracle(Networked Oracle)相关的各种问题，不仅介绍如何在N层环境中配置Oracle Net，还介绍如何管理大型数据库和分布式数据库，这些数据库可能驻留在邻近的城市或全球。

本章将介绍Oracle 12*c*的基础知识，重点强调本书其他部分将介绍的许多特性，以及使用Oracle通用安装程序(Oracle Universal Installer，OUI)和数据库配置助手(Database Configuration Assistant，DBCA)安装Oracle 12*c*的基本知识。本章也将介绍组成Oracle 12*c*实例的各种元素，包括内存结构、磁盘结构、初始参数、表、索引和PL/SQL等。在使Oracle 12*c*具有高伸缩性、可用性和安全环境方面，每种元素都扮演着重要角色。

1.1 数据库和实例概述

虽然“数据库(Database)”和“实例(instance)”这两个术语常互换使用，但它们之间存在很大区别。在Oracle数据中心，它们是完全不同的实体，下面会介绍这一点。

1.1.1 数据库

“数据库”是磁盘上数据的集合，位于收集和维护相关信息的数据库服务器上的一个或多个文件中。数据库由各种物理和逻辑结构组成，而表则是数据库中最重要的逻辑结构。“表”由包含相关数据的行和列组成。数据库至少要有存储有用信息的表。图1-1显示了一个示例表，其中包含4行和3列。表中每一行的数据都有关联：每行都包含公司中特定雇员的有关信息。

此外，数据库提供了安全级别，用于防止对数据的未授权访问。Oracle 12*c* 提供了许多机制来帮助实现保持机密数据秘密级所需要的安全性。第9章将更详细地介绍Oracle安全性和访问控制。

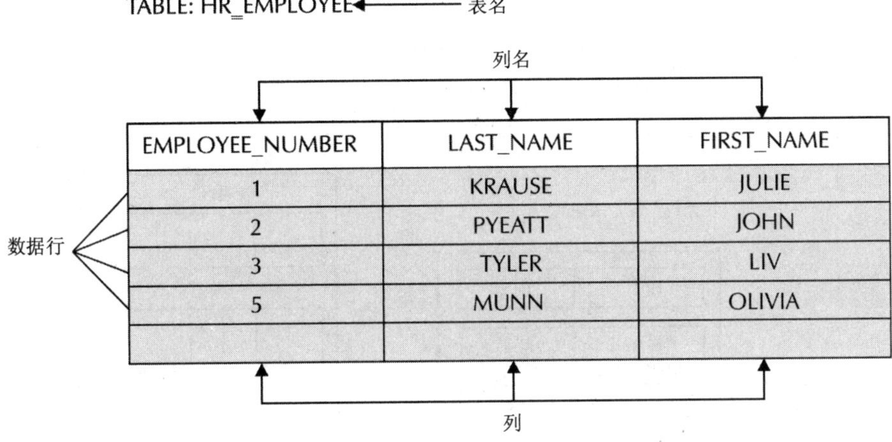

图 1-1　示例数据库表

组成数据库的文件主要分为两类：数据库文件和非数据库文件。两者之间的区别在于存储何种数据。数据库文件包含数据和元数据，非数据库文件则包含初始参数和日志记录信息等。数据库文件对于每时每刻正在进行的数据库操作来说至关重要。1.4 节将讨论这些物理存储结构。

1.1.2　实例

典型的企业服务器的主要组成部分是一个或多个 CPU(有多个核)、磁盘空间和内存。Oracle 数据库存储在服务器的磁盘上，而 Oracle 实例(instance)则存在于服务器的内存中。Oracle 实例由一个大型内存块和大量后台进程组成；该内存块分配在系统全局区域(System Global Area，SGA)中，后台进程在 SGA 和磁盘上的数据库文件之间交互。

在 Oracle RAC 中，多个实例将使用同一个数据库。虽然共享数据库的实例可能在同一服务器上，但最可能的是这些实例位于不同服务器上，这些服务器通过高速互连进行连接，并且访问驻留在专门的、支持 RAID 的磁盘子系统上的数据库。Oracle Exadata 数据库一体机(database appliance)是一个将数据库服务器、I/O 服务器和磁盘存储组合到一个或多个机柜，并针对 RAC 环境优化的示例(包括以每接口 40 Gbps 的速度连接所有这些设备的双 InfiniBand 接口)。第 11 章中将介绍如何配置 RAC 安装的更多细节。

1.2　Oracle 逻辑存储结构

Oracle 数据库中的数据文件被分组到一个或多个表空间中。在每个表空间中，逻辑数据库结构(如表和索引)都是片段，被进一步细分为“盘区”(extent)和“块(block)”。这种存储的逻辑细分允许 Oracle 更有效地控制磁盘空间的利用率。图 1-2 显示了数据库中逻辑存储结构之间的关系。

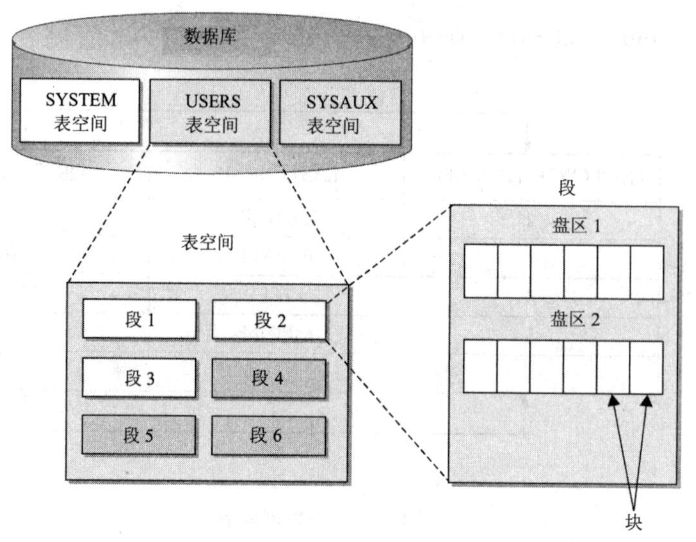

图 1-2 逻辑存储结构

1.2.1 表空间

Oracle 表空间(tablespace)由一个或多个数据文件组成，一个数据文件是且只能是一个表空间的一部分。对于 Oracle 12*c* 的安装，最少会创建两个表空间：SYSTEM 表空间和 SYSAUX 表空间。Oracle 12*c* 的默认安装创建 6 个表空间。

Oracle 10*g* 及后续版本允许创建特殊类型的表空间，称为大文件表空间(bigfile tablespace)，其容量最大可为 128TB。使用大文件可使表空间管理对 DBA 完全透明可见，换句话说，DBA 可以将表空间作为一个单位进行管理，而不必考虑底层数据文件的大小和结构。

使用 Oracle 管理文件(Oracle Managed File，OMF)可使表空间数据文件管理更为容易。使用 OMF，DBA 可在文件系统中指定一个或多个位置来驻留数据文件、控制文件和重做日志文件，并由 Oracle 自动处理这些文件的命名和管理。第 4 章将更详细地讨论 OMF。

即使表空间是临时的，表空间自身也是永久的，只有保存在表空间中的段是临时的。临时表空间可用于排序操作，也用于只存在于用户会话期间的表。专门使用一个表空间用于此类操作，有助于减少临时段和存储在另一个表空间中的永久段(如表)之间的 I/O 争用。

表空间可以是字典管理的或本地管理的。在字典管理的表空间中，盘区管理记录在数据字典表中。因此，即使所有的应用程序表都在 USERS 表空间中，也仍需要访问 SYSTEM 表空间，以管理应用程序表上的 DML。因为所有用户和应用程序必须使用 SYSTEM 表空间才能进行盘区管理，这就为写入密集型应用程序造成了潜在的瓶颈。在本地管理的表空间中，Oracle 在表空间的每个数据文件中维护一个位图，用于跟踪空间可用性。只有数据字典中管理分配额，可极大地减少数据字典表的争用。其实没什么好的理由来创建字典管理的表空间。在安装 Oracle 12*c* 时，必须在本地管理 SYSTEM 和 SYSAUX 表空间。为了导入可传输的表空间，表空间可由字典管理，但将是只读的。

1.2.2　块

数据库块是 Oracle 数据库中最小的存储单位。块的大小是数据库内给定表空间中特定数量的存储字节。

块通常是操作系统块的几倍大，这有助于提升磁盘 I/O 的效率。Oracle 初始参数 DB_BLOCK_SIZE 指定默认的块大小。最多可为数据库中的其他表空间定义 4 个块大小，而 SYSTEM、SYSAUX 和任何临时表空间中的块大小必须为 DB_BLOCK_SIZE 的值。

默认块大小是 8KB，所有 Oracle 测试都使用 8KB 块执行。Oracle 最佳实践指出，除非确有必要使用不同大小，否则应为所有表空间使用 8KB 块大小。一个原因可能是表的平均行大小是 20KB。因此，可选用 32KB 块，但应该进行全面测试，看一下能否提升性能。

1.2.3　盘区

盘区是数据库中的下一个逻辑分组级别，它由一个或多个数据库块组成。当扩大数据库对象时，为该对象添加的空间将分配为一个盘区。

1.2.4　段

数据库中的下一个逻辑分组级别是段。段是一组盘区，这组盘区组成了被 Oracle 视为一个单位的数据库对象，如表或索引。因此，段一般是数据库终端用户要处理的最小存储单位。Oracle 数据库中可看到 4 种类型的段：数据段(非分区表和分区表的每个分区)、索引段、临时段和回滚段。

1. 数据段

数据库中的每个表都驻留在单独的数据段中，数据段由一个或多个盘区组成。如果某个表是分区表(partitioned table)或群集表(clustered table)，则 Oracle 为该表分配多个段。本章稍后将讨论分区表和群集表。数据段包含存储 LOB(大对象)数据的 LOB 段，LOB 数据由数据段中的 LOB 定位器列引用(假定 LOB 不是以内联方式存储在表中)。

2. 索引段

每个索引都存储在自己的索引段中。与分区表一样，分区索引的每个分区存储在各自的段中。这种索引段包含的是 LOB 索引段，而表的非 LOB 列、表的 LOB 列以及 LOB 的相关索引都可以驻留在各自的表空间中，以提高性能。

3. 临时段

当用户的 SQL 语句需要磁盘空间来完成某操作(例如不能在内存中完成的排序操作)时，Oracle 会分配临时段。临时段只存在于 SQL 语句的持续期间。

4. 回滚段

从 Oracle 10g 开始，遗留的回滚段只存在于 SYSTEM 表空间中，并且 DBA 一般不需要维护 SYSTEM 回滚段。在以前的 Oracle 版本中，当事务回滚时，会创建回滚段以保存数据库 DML 操作之前的值，并且用于维护“之前”的图像数据，从而为访问表的其他用户提供表数据的读一致性视图。回滚段也用于在数据库恢复期间回滚未提交的事务，这些事务在数据库实例崩溃或异常终止时活动。

自动撤消管理(Automatic Undo Management，AUM)处理一个撤消表空间中回滚段的自动分配和管理。在撤消表空间中，撤消段的构造类似于回滚段，不同之处在于如何管理这些段的细节由 Oracle 控制，而不由 DBA 管理(通常效率低)。从 Oracle 9*i* 开始就存在自动撤消段，但在 Oracle 12*c* 中仍可手动管理回滚段。然而，从 Oracle 10*g* 开始不赞成使用这种功能，在后续版本中该功能将不再可用。在 Oracle 12*c* 中，默认启用 AUM，此外还提供了 PL/SQL 过程，以帮助确定 UNDO 表空间的大小。第 7 章将详细讨论自动撤消管理。

1.3 Oracle 逻辑数据库结构

本节将介绍所有主要逻辑数据库结构的重点部分，首先将介绍表和索引，接下来讨论各种可用于定义表列的数据类型。在创建带有列的表时，可在表列上添加限制，或称为“约束(constraint)”。

使用关系数据库管理系统(Relational Database Management System，RDBMS)管理数据的一个原因在于，要协调利用 Oracle 数据库的安全性和审核特性。本节将回顾一些方法，用于分离用户对数据库的访问或被访问对象对数据库的访问。

本节还将介绍其他许多可由 DBA 或用户定义的逻辑结构，包括同义词、外部文件的链接和其他数据库的链接。

1.3.1 表

表是 Oracle 数据库中的基本存储单位。如果没有表，数据库对于企业来说就没有任何价值。无论表的类型是什么，表中的数据总是存储在行和列中，这类似于在电子表格中存储数据。但这种类似性仅限于此。决定在何处存储关键信息时，由于 Oracle 数据库的可靠性、完整性和可伸缩性带来的数据库表的健壮性，使电子表格成为次要选择。

本节将回顾 Oracle 数据库中许多不同类型的表，以及它们如何满足组织的大多数数据存储需求。第 5 章和第 8 章将详细介绍如何根据特定的应用程序在这些类型的表中做出选择，以及如何管理它们。

1. 关系表

关系表是数据库中最常见的表类型。关系表以“堆(heap)”的形式进行组织；换句话说，表中的行没按任何特定顺序存储。在 CREATE TABLE 命令中，可指定子句 ORGANIZATION HEAP 来定义以堆的形式组织的表，但因为这是默认的，所以该子句可以省略。

表的每一行包含一列或多列，每一列都有一种数据类型和长度。从 Oracle 8 开始，列也可以包含用户定义的对象类型、嵌套表或 VARRAY。此外，还可以将表定义为对象表。本节稍后将回顾对象表和对象。

表 1-1 列出了内置的 Oracle 数据类型。Oracle 也支持 ANSI 兼容的数据类型，表 1-2 给出了 ANSI 数据类型和 Oracle 数据类型之间的映射关系。

表 1-1　Oracle 内置数据类型

Oracle 内置数据类型	说　　明
VARCHAR2(*size*)[BYTE | CHAR]	变长字符串，最大长度为 32 767B，最小为 1B。CHAR 表明使用字符语义计算字符串的长度；BYTE 表明使用字节语义。在 Oracle Database 12*c* 中，如果将 MAX_STRING_SIZE 初始参数设置为 EXTENDED，可将 32 767 用作 VARCHAR2 列的最大长度
NVARCHAR2(*size*)	变长字符串，最大长度为 32 767 字节
NUMBER(*p*,*s*)	带有精度(*p*)和标度(*s*)的数字，精度为 1～38，标度为 -84～127。为存储给定值，NUMBER 列少则 1B，多则 22B
LONG	变长字符数据，长度最多为 2GB(2^{31} - 1)
DATE	日期值，从公元前 4712 年 1 月 1 日到公元 9999 年 12 月 31 日
BINARY_FLOAT	32 位浮点数
BINARY_DOUBLE	64 位浮点数
TIMESTAMP(*fractional_seconds*)	年、月、日、小时、分钟、秒和秒的小数部分。*fractional_seconds* 的值为 0～9；换句话说，最多为十亿分之一秒的精度。默认为 6(百万分之一)
TIMESTAMP(*fractional_seconds*) WITH TIME ZONE	包含一个 TIMESTAMP 值，此外还有一个时区置换值。时区置换可以是到 UTC(如-06:00)或区域名(如 US/Central)的偏移量
TIMESTAMP(*fractional_seconds*) WITH LOCAL TIME ZONE	类似于 TIMESTAMP WITH TIMEZONE，但有两点区别：(1)在存储数据时，数据被规范化为数据库时区；(2)在检索具有这种数据类型的列时，用户可以看到以会话的时区表示的数据
INTERVAL YEAR(*year_precision*) TO MONTH	以年和月的方式存储时间段，*year_precision* 的值是 YEAR 字段中数字的位数
INTERVAL DAY(*day_precision*) TO SECOND(*fractional_seconds_precision*)	以日、小时、分钟、秒、小数秒的形式存储一段时间。*day_precision* 的值为 0～9，默认为 2。*fractional_ seconds_precision* 的值类似于 TIMESTAMP 值中的小数秒；范围为 0～9，默认为 6
RAW(*size*)	原始二进制数据，最大尺寸为 2000B
LONG RAW	原始二进制数据，变长，最大尺寸为 2GB
ROWID	以 64 为基数的串，表示对应表中某一行的唯一地址。该地址在整个数据库中是唯一的
UROWID[(*size*)]	以 64 为基数的串，表示按索引组织的表中某一行的逻辑地址。*size* 的最大值为 4000B
CHAR(*size*)[BYTE | CHAR]	定长字符串，其长度为 *size*。最小尺寸为 1B，最大为 2000B。BYTE 和 CHAR 参数是 BYTE 和 CHAR 语义，与 VARCHAR2 中的相同
NCHAR(*size*)	定长字符串，最大为 2000B；最大尺寸取决于数据库的国家字符集定义。默认大小为 1
CLOB	字符大型对象，包含单字节或多字节字符；支持定宽和变宽的字符集。最大尺寸为(4GB - 1)*DB_BLOCK_SIZE

(续表)

Oracle 内置数据类型	说　明
NCLOB	类似于 CLOB，除了存储来自于定宽和变宽字符集的 Unicode 字符。最大尺寸为(4GB－1)*DB_BLOCK_SIZE
BLOB	二进制大型对象；最大尺寸为(4GB－1)*DB_BLOCK_SIZE
BFILE	指向存储在数据库外部的大型二进制文件的指针。必须能够从运行 Oracle 实例的服务器访问二进制文件。最大尺寸为 4GB

表 1-2　与 ANSI 数据类型等价的 Oracle 数据类型

ANSI SQL 数据类型	Oracle 数据类型
CHARACTER(n) CHAR(n)	CHAR(n)
CHARACTER VARYING(n) CHAR VARYING(n)	VARCHAR(n)
NATIONAL CHARACTER(n) NATIONAL CHAR(n) NCHAR(n)	NCHAR(n)
NATIONAL CHARACTER VARYING(n) NATIONAL CHAR VARYING(n) NCHAR VARYING(n)	NVARCHAR2(n)
NUMERIC(p,s) DECIMAL(p,s)	NUMBER(p,s)
INTEGER INT SMALLINT	NUMBER(38)
FLOAT(b) DOUBLE PRECISION REAL	NUMBER

2. 临时表

从 Oracle 8*i* 开始，Oracle 就支持临时表。之所以称它们为“临时表”，在某种意义上是因为数据存储在表中，而不是存储在表自身的定义中。命令 CREATE GLOBAL TEMPORARY TABLE 可创建临时表。

只要其他用户具有访问表自身的权限，他们就可以在临时表上执行 SELECT 命令或 DML 命令，如 INSERT、UPDATE 或 DELETE。然而，每个用户只能在表中看到自己的数据。当用户截取临时表时，只会从表中删除他们插入的数据。

临时表中有两种不同风格的临时数据：事务持续期间的临时数据和会话持续期间的临时数据。临时数据的寿命由 ON COMMIT 子句控制，在执行 COMMIT 或 ROLLBACK 命令时，ON COMMIT DELETE ROWS 负责删除临时表中的所有行，而 ON COMMIT PRESERVE

ROWS 能在超出事务边界后保留表中的行。然而，当用户的会话终止时，临时表中所有的用户行都会被删除。

使用临时表时还有其他一些注意事项。虽然可在临时表上创建索引，但索引中的条目将随数据行一起被删除，这一点与普通表一样。另外，由于临时表中数据的临时特性，Oracle 不会为临时表上的 DML 生成任何重做信息，而会在撤消表空间中创建撤消信息。

3. 索引组织表

如同将在后面关于索引的小节中看到的，创建索引可以更有效地找到表中的特定行。然而，这也会带来一些额外的系统开销，因为数据库必须同时维护表的数据行和索引条目。如果表包含的列并不多，而且对表的访问主要集中在某一列上，应怎么做？这种情况下，索引组织表(Index Organized Table，IOT)可能就是正确的解决方案。IOT 以 B-树索引的形式存储表中的行，其中 B-树索引的每个节点都包含作为键的(索引)列以及一个或多个非索引列。

IOT 最明显的优点在于只需要维护一个存储结构，而非两个。类似地，表中主键的值只在 IOT 中存储一次，而在普通表中则需要存储两次。

然而，使用 IOT 也存在一些缺点。有些表，如记录事件的表，可能不需要主键，或不需要任何键，而 IOT 则必须有主键。同时，IOT 不可以是群集的成员。最后，如果表中有大量的列，并且在检索表中的行时需要频繁地访问许多列，IOT 可能就不是最佳解决方案。

4. 对象表

从 Oracle 8 开始，Oracle Database 已经支持数据库中许多面向对象的特性。用户定义的类型，以及针对这些对象类型定义的任何方法，都可以无缝地实现 Oracle 中面向对象(Object-Oriented，OO)的开发项目。

对象表具有自身就是对象或类型定义实例化的行。可通过对象 ID(Object ID，OID)引用对象表中的行，这与关系表或普通表中的主键形成对比。然而，与关系表一样，对象表仍可以有主键和唯一键。

例如，假设正从头开始创建一个人力资源(Human Resources，HR)系统，此时可以完全从面向对象的观点来灵活地设计数据库。第一步是通过创建如下类型来定义雇员对象或类型：

```
create type PERS_TYP as object
   (Last_Name          varchar2(45),
    First_Name         varchar2(30),
    Middle_Initial     char(1),
    Surname            varchar2(10),
    SSN                varchar2(15));
```

在上面的例子中，未创建带 PERS_TYP 对象的任何方法，但 Oracle 默认为该类型创建了一个构造函数方法，它与类型自身同名(在本例中就是 PERS_TYP)。为创建作为 PERS_TYP 对象集合的对象表，可使用我们熟悉的 CREATE TABLE 语法，具体如下：

```
create table pers of pers_typ;
```

为将对象实例添加到对象表，可以在 INSERT 命令中指定构造函数方法：

```
 insert into pers
```

```
    values(pers_typ('Nickels','Randy','E','Ms.','123-45-6789'));
```

从 Oracle Database 10*g* 开始，如果表由单个对象的实例组成，则不需要构造函数。其简化的语法如下：

```
insert into pers values('Confused','Dazed','E','Ms.','123-45-6789');
```

对 PERS_TYP 对象实例的引用可作为 REF 对象存储在其他表中，并且可用于检索 PERS 表中的数据，而不需要直接引用 PERS 表本身。

第 5 章将通过更多示例来介绍如何使用对象实现面向对象设计项目。

5. 外部表

Oracle 9*i* 引入了外部表。简单来说，外部表允许用户访问数据源，如文本文件，就如同该数据源是数据库中的表一样。表的元数据存储在 Oracle 数据字典中，但表的内容存储在外部。

外部表的定义包含两部分。第一部分(也是最熟悉的部分)是从数据库用户的角度观察的表定义。该定义类似于在 CREATE TABLE 语句中看到的典型定义。

第二部分用于区分外部表和普通表。这是数据库列和外部数据源之间生成映射的位置：数据元素开始于哪些列，列有多宽，以及外部列的格式是字符还是二进制。外部表 ORACLE_LOADER 的默认类型的语法实际上等同于 SQL*Loader 中控制文件的语法。这是外部表的一个优点，用户只需知道如何访问标准数据库表以获得外部文件。

然而，使用外部表也有一些缺点。在外部表上不可以创建索引，也不可以对其执行插入、更新或删除操作。但是，如果考虑到使用外部表加载本地数据库表(如在数据仓库环境中)的优点，这些缺点就微不足道了。

6. 群集表

如果经常同时访问两个或多个表(如一个订单表和一个行项明细表)，则创建群集表(clustered table)可能是一种较好的方法，它可以改进引用这些表的查询的性能。在具有相关行项(line-item)明细表的订单表中，订单标题信息可与行项明细记录存储在同一个块中，从而减少检索订单和行项信息所需要的 I/O 数量。

群集表还可减少存储两个表共有的列所需要的空间量，两个表共有的列也称为“群集键值”。群集键值也存储在群集索引中。群集索引操作起来非常类似于传统的索引，通过群集键值访问群集表时，可改进对群集表的查询。在具有订单和行项的示例中，订单号只需要存储一次，不必针对每个行项明细行重复存储。

相对于对表执行的 SELECT 语句的数量，如果需要频繁地对表执行插入、更新和删除操作，则群集表的优点就会减少。此外，经常对群集中的单个表进行查询也会减弱首先对表进行群集化的优势。

7. 散列群集

作为特殊类型的群集表，散列群集(hash cluster)操作起来非常类似于普通的群集表，但是，它不使用群集索引，而使用散列函数来存储并检索表中的行。创建表时，将根据在创建群集期间指定的散列键的数量分配所需要的预估空间。在订单条目示例中，假设 Oracle 数据库需要镜像遗留的数据条目系统(该系统将周期性地重复使用订单号)。同时，订单号始终是 6 位数字，那么可按下面的示例创建订单群集：

```
create cluster order_cluster (order_number number(6))
    size 50
    hash is order_number hashkeys 1000000;

create table cust_order (
    order_number     number(6) primary key,
    order_date       date,
    customer_number   number)
cluster order_cluster(order_number);
```

使用相等比较方式从表中选择行时，散列群集具有性能优势，如下所示：

```
select order_number, order_date from cust_order
    where order_number = 196811;
```

一般情况下，如果 HASHKEYS 的数量足够多并且包含散列函数的 HASH IS 子句产生均匀分布的散列键，那么这种查询在检索行时将只使用一次 I/O。

8. 排序的散列群集

排序的散列群集是 Oracle 10*g* 中的新增内容。它们类似于普通的散列群集，通过使用散列函数来定位表中的行。然而，除此之外，排序的散列群集允许对表中的行根据表的一列或多列进行升序排列。如果遇到进行先进先出(First In First Out，FIFO)处理的应用程序，该方法就可以更快速地处理数据。

可以先创建群集本身，再创建排序的散列群集，但需要在群集中列定义的后面加上 SORT 位置参数。下面是在排序散列群集中创建表的示例：

```
create cluster order_detail_cluster (
    order_number number(6), order_timestamp timestamp)
    size 50 hash is order_number hashkeys 100;
create table order_detail (
    order_number     number,
    order_timestamp   timestamp sort,
    customer_number   number)
cluster order_detail_cluster (
    order_number,
    order_timestamp);
```

基于排序散列群集的 FIFO 特性，通过 order_number 访问订单时，将根据 order_timestamp 的值首先检索时间最久的订单。

9. 分区表

对表进行分区或对索引进行分区(下一部分将介绍对索引进行分区)可帮助建立更便于管理的大型表。可将表分区(甚至细分)为较小的部分。从应用程序的观点看，分区是透明的(也就是说，在终端用户的 SQL 中不需要对任何特定分区进行显式的引用)。用户唯一能够观察到的是，在 WHERE 子句中使用匹配分区方案的标准对分区表进行查询，将运行得更快。

从 DBA 的观点看，进行分区有很多优点。如果表的一个分区位于已损坏的磁盘卷上，则在修复遭到破坏的卷时，用户仍可查询表的其他分区。与此类似，对分区的备份可以许多天进行一次，每次备份一个分区，而不需要一次性地对整个表进行备份。

分区大致有 3 种类型：范围分区、散列分区及列表分区。从 Oracle 11*g* 开始，也可以根据父/子关系进行分区，由应用程序控制分区，并可对基本分区类型进行很多组合，包括列表-散列、列表-列表、列表-范围和范围-范围等。分区表中的每一行能且只能存在于一个分区中。分区键为行指示正确的分区，它可以是组合键，最多可组合表中的 16 列。对可分区的表类型有一些次要的限制，例如，包含 LONG 或 LONG RAW 列的表不能进行分区。LONG 限制极少会成为问题。LOB(包括字符大型对象 CLOB 和二进制大型对象 BLOB)则灵活得多，包含 LONG 和 LONG RAW 数据类型的所有特性。

提示：

Oracle 公司建议，对于任何大于 2GB 的表，应尽量考虑对其进行分区。

无论使用何种类型的分区模式，分区表的每个成员都必须具有相同的逻辑属性，如列名、数据类型和约束等。然而，根据每个分区的大小和在磁盘上的位置，它们的物理属性可能有所不同。关键在于，从应用程序或用户的角度看，分区表必须在逻辑上一致。

范围分区 对于范围分区，它的分区键落在某一范围内。例如，对公司电子商务站点的访问可根据访问日期赋给某个分区，每个季度一个分区。在 2012 年 5 月 25 日对站点的访问将记录在名为 FY2012Q2 的分区中，而在 2012 年 12 月 2 日对站点的访问则记录在名为 FY2012Q4 的分区中。

列表分区 在列表分区中，分区键落在完全不同的值组中。例如，按美国国内城市区域划分的销售区域可针对 NY、CT、MA 和 VT 创建一个分区，针对 IL、WI、IA 和 MN 创建另一个分区。如果缺少州代码，则全球其他区域的销售可赋给各自的分区。

散列分区 散列分区根据散列函数将行赋给分区，只需要指定用于散列函数的一列或多列，不必将这些列显式赋予分区，而只需要指定有多少列可用。Oracle 将行赋给分区，并确保每个分区中行的均匀分布。

如果没有明确的列表分区或范围分区模式提供给表中的列类型，或者分区的相对大小经常改变，需要用户重复地手动调整分区模式，则散列分区就非常实用。

组合分区 使用组合分区可对分区进程进一步进行细分。例如，可先对表进行范围分区，然后在每个范围内，使用列表或散列进一步分区。Oracle 11*g* 中新增的组合分区包括列表-散列、列表-列表、列表-范围和范围-范围等分区。

10. 分区索引

对表上的索引——或者符合索引表的分区模式(本地索引)，或者独立于表的分区模式进行分区(全局索引)。进行分区操作时，本地分区索引可增加索引的可用性，例如，归档并删除分区 FY2008Q4 及其本地索引不会影响表中其他分区的索引的可用性。

1.3.2 约束

Oracle 约束(constraint)是一条或多条规则，它在表的一列或多列上定义，用于帮助实施业务规则。例如，约束可强制实现雇员起薪不得低于$25 000.00 这样的业务规则。另一个实施业务规则的约束示例是，如果将新雇员分配到一个部门(虽然不需要立刻将他们分配到特定部门)，则该部门号必须有效，并存在于 DEPT 表中。

共有 6 种数据完整性规则可应用于表列：空值规则、唯一列值、主键值、引用完整性值、复合内联完整性和基于触发器的完整性。下面将简要介绍这些规则。

创建表或在列的级别上改变表时，定义表上的所有约束(触发器除外，它们是根据在表上执行哪些 DML 操作来定义的)。可在创建时或将来的任意时间点启用或禁用约束；启用或禁用(使用关键字 ENABLE 或 DISABLE)约束时，根据有效的业务规则，可能需要也可能不需要验证(使用关键字 VALIDATE 或 NOVALIDATE)表中已有数据是否满足约束。

例如，汽车制造商数据库中的 CAR_INFO 表包含新的汽车数据，需要为其中的 AIRBAG_QTY 列添加一个新约束，该列的值不得为 NULL，并且对于所有新车辆，该值必须至少为 1。然而，该表包含多年前不需要安全气囊的汽车型号的数据，因此 AIRBAG_ QTY 列包含值 0 或 NULL。这种情况下，一种解决方案是在 AIRBAG_QTY 表上创建约束，对添加到表中的所有新行强制实施新规则，但不验证已有行是否满足约束。

以下创建的表具有所有约束类型。下面将介绍每种约束。

```
create table cust_order
  (order_number          number(6)    primary key,
   order_date            date         not null,
   delivery_date         date,
   warehouse_number      number       default 12,
   customer_number       number       not null,
   order_line_item_qty   number       check (order_line_item_qty < 100),
   ups_tracking_number   varchar2(50) unique,
   foreign key (customer_number) references customer(customer_number));
```

1. 空值约束

NOT NULL 约束可防止将 NULL 值输入 ORDER_DATE 列或 CUSTOMER_NUMBER 列。从业务规则的角度看，这样做很有意义：每个订单都必须有订购日期，而只有在顾客下订单时，订单才有意义。

注意，列中的 NULL 值并不意味着值为空或 0；准确地讲，该值不存在。NULL 值不等同于任何内容，甚至不等同于另一个 NULL 值。在对可能具有 NULL 值的列使用 SQL 查询时，这个概念非常重要。

2. 唯一列值

UNIQUE 完整性约束确保一列或一组列(通过组合约束)在整个表中是唯一的。在前面的示例中，UPS_TRACKING_NUMBER 列将不包含重复值。

为强制实施约束，Oracle 将在 UPS_TRACKING_NUMBER 列上创建唯一索引。如果该列上已有一个有效的唯一索引，Oracle 将使用该索引来实施约束。

具有 UNIQUE 约束的列也可声明为 NOT NULL。如果没有声明该列具有 NOT NULL 约束，则任意数量的行都可以具有 NULL 值，只要剩余的行在该列中具有唯一值。

在允许一列或多列具有 NULL 值的组合唯一约束中，非 NULL 值的列用于确定是否满足约束。NULL 列总满足约束，因为 NULL 值不等同于任何内容。

3. 主键值

PRIMARY KEY 完整性约束是数据库表中最常见的约束类型。一个表上最多只能存在一个主键约束，组成主键的列不能有 NULL 值。

在前面的示例中，ORDER_NUMBER 列是主键。系统将创建唯一索引以实施该约束，如果该列已存在可用的唯一索引，主键约束就使用该索引。

4. 引用完整性值

引用完整性或 FOREIGN KEY 约束比上述任何一种约束都更复杂，因为它依赖于另一个表来限制哪些值可以输入到具有引用完整性约束的列中。

在前面的示例中，在 CUSTOMER_NUMBER 列上声明外键(FOREIGN KEY)；输入该列的值必须也存在于另一个表(在这种情况下是 CUSTOMER 表)的 CUSTOMER_NUMBER 列中。

与允许 NULL 值的其他约束一样，具有引用完整性约束的列可有 NULL 值，且不需要引用的列包含 NULL 值。

此外，FOREIGN KEY 约束可以自引用。在主键为 EMPLOYEE_NUMBE 的 EMPLOYEE 表中，MANAGER_NUMBER 列具有根据同一个表中的 EMPLOYEE_NUMBER 列声明的外键，这就允许在 EMPLOYEE 表自身中创建一个报告层次结构。

应该总在外键(FOREIGN KEY)列上声明索引以改进性能，该规则的唯一例外出现在绝对不会更新或删除父表中的引用主键或唯一键时。

5. 复合内联完整性

通过使用 CHECK 约束，可在列级别实施更复杂的业务规则。在前面的示例中，ORDER_LINE_ITEM_QTY 列不得超出 99。

CHECK 约束可使用插入或更新的行中的其他列来评估约束。例如，STATE_CD 列上的约束只有在 COUNTRY_CD 列的值不为 USA 时才允许 NULL 值。此外，该约束可使用字面值和内置函数，如 TO_CHAR 或 TO_DATE，前提是这些函数能处理字面量或表中的列。

一列上允许有多个 CHECK 约束。只有在所有的 CHECK 约束都计算为 TRUE 时，才允许将值输入列中。例如，可修改前面的 CHECK 约束，确保 ORDER_LINE_ITEM_QTY 大于 0 并小于 100。

6. 基于触发器的完整性

如果业务规则过于复杂，使用唯一性约束很难实现，则可使用 CREATE TRIGGER 命令在表上创建一个数据库触发器，同时使用一个 PL/SQL 代码块实施这一业务规则。

当引用的表存在于不同的数据库中时，需要使用触发器来实施引用完整性约束。触发器也可用于许多超出约束检查领域的情况(例如，对表的审核访问)。第 17 章将深入介绍数据库触发器。

1.3.3 索引

当检索表中少量的行时，使用 Oracle 索引能更快访问表中的这些行。索引存储了进行索引的列的值，同时存储包含索引值的行的物理 ROWID，唯一的例外是索引组织表(Index-Organized

Table，IOT)，它使用主键作为逻辑 ROWID。一旦在索引中找到匹配值，索引中的 ROWID 就会指向表行的确切位置：哪个文件、文件中的哪个块，以及块中的哪一行。

可在一列或多列上创建索引。索引条目存储在 B-树结构中，因此遍历索引以找到行的键值只需要使用非常少的 I/O 操作。在唯一索引情况下，使用索引可能有两个目的：提高搜索行的速度，并在索引列上实施唯一或主键约束。在插入、更新或删除表行的内容时，自动更新索引中的条目。删除表时，在该表上创建的所有索引也自动被删除。

Oracle 中有一些可用的索引类型，每种索引都适用于特定的表类型、访问方法或应用程序环境。下面将介绍最常见的索引类型的重点内容和特性。

1. 唯一索引

唯一索引是最常见的 B-树索引形式。它常用于实施表的主键约束。唯一索引确保索引的一列或多列中不存在重复值。可在 EMPLOYEE 表中 Social Security Number(社会保障号)的对应列上创建唯一索引，因为该列中不应有任何重复值。然而，一些雇员可能没有 Social Security Number，因此该列可以包含 NULL 值。

2. 非唯一索引

非唯一索引帮助提高访问表的速度，而不会强制实施唯一性。例如，可在 EMPLOYEE 表的 LAST_NAME 列上创建非唯一索引，从而提高按姓查找的速度。但对于任何给定的姓，确实可以有许多重复的值。

如果在 CREATE INDEX 语句中没有指定其他任何关键字，则默认在列上创建非唯一 B-树索引。

3. 反向键索引

反向键索引(reverse key index)是特殊类型的索引，一般用于 OLTP(OnlineTransaction Processing，联机事务处理)环境中。在反向键索引中，反向每列的索引键值中的所有字节。在 CREATE INDEX 命令中，使用 REVERSE 关键字指定反向键索引。下面是创建反向键索引的一个示例：

```
create index ie_line_item_order_number
        on line_item(order_number) reverse;
```

如果发出的订单号是 123459，则反向键索引将此订单号存储为 954321。插入到表中的内容分布在索引的所有叶键上，从而减少一些插入新行的写入程序之间的争用。如果在发出订单后不久就查询或修改订单，则反向键索引也可减少 OLTP 环境中这些“热点”的可能性。另一方面，尽管反向键索引减少了热点，但它极大地增加了必须从磁盘读取的块数，也增加了索引块拆分的数量。

4. 基于函数的索引

基于函数的索引类似于标准的 B-树索引，不同之处在于它将被声明为表达式的列的变换形式存储在索引中，而非存储列自身。

当名称和地址可作为混合内容存储在数据库中时，基于函数的索引就非常有用。如果搜索标准是 Smith，在包含值 SmiTh 的列上进行普通索引就不会返回任何值。另一方面，如果索引以全大写字母的形式存储姓，则所有对姓的搜索都可以使用大写字母。下面的示例在 EMPLOYEE 表的 LAST_NAME 列上创建基于函数的索引：

```
create index up_name on employee(upper(last_name));
```

因此，使用如下查询的搜索将使用前面创建的索引，而不是进行完整的表扫描：

```
select employee_number, last_name, first_name, from employee
     where upper(last_name) = 'SMITH';
```

5. 位图索引

在索引的叶节点上，位图索引(bitmap index)的结构与 B-树索引相比存在着较大的区别。它只存储索引列每个可能值(基数)的一个位串，位串的长度与索引表中的行数相同。

与传统索引相比，位图索引不仅可节省大量空间，还可大大缩短响应时间，因为在需要访问表自身之前，Oracle 就可以从包含多个 WHERE 子句的查询中快速删除潜在的行。对于多个位图，可使用逻辑 AND 和 OR 操作来确定访问表中的哪些行。

虽然位图索引可用于表中的任何列，但在索引列具有较低基数或大量不同的值时，使用位图索引才最有效。例如，PERS 表中的 GENDER 列将有 NULL、M 或 F 值。GENDER 列上的位图索引将只有 3 个位图存储在索引中。另一方面，LAST_NAME 列上的位图索引将有和表本身行数基本相同的位图串数量！如果执行完整的表扫描而非使用索引，查找特定姓的查询将很可能花费较少的时间。这种情况下，使用传统的 B-树非唯一索引将更有用。

位图索引的一种变体称为“位图连接索引(bitmap join index)”，这种索引在某个表列上创建一个位图索引，此列常常根据相同的列与一个或多个其他的表相连接。这就在数据仓库环境中提供了大量优点，在一个事实表和一维或多维表上创建位图连接索引，实质上等于预先连接这些表，从而在执行实际的连接时节省 CPU 和 I/O 资源。

注意：
位图索引只在 Oracle 11*g* 和 12*c* 的企业版中可用。由于在表上执行 DML 时，位图索引包含额外的锁定和块拆分开销，因此仅适用于极少更新的列。

1.3.4 视图

视图允许用户查看单独表或多个连接表中数据的自定义表示。视图也称为“存储查询”：用户无法看到视图底层隐藏的查询细节。普通视图不存储任何数据，只存储定义，在每次访问视图时都运行底层的查询。普通视图的增强称为“物化视图(materialized view)”，允许同时存储查询的结果和查询的定义，从而加快处理速度，另外还有其他优点。对象视图类似于传统视图，可隐藏底层表连接的细节，并允许在数据库中进行面向对象的开发和处理，而底层的表仍然保持数据库关系表的格式。

下面将介绍一般数据库用户、开发人员或 DBA 创建并使用的基本视图类型的基础知识。

1. 普通视图

普通视图，通常称为“视图”，不会占据任何存储空间，只有它的定义(查询)存储在数据字典中。视图底层查询的表称为“基表”，视图中的每个基表都可以进一步定义为视图。

视图有诸多优点，它可以隐藏数据复杂性：高级分析人员可以定义包含 EMPLOYEE、DEPARTMENT 和 SALARY 表的视图，这样上层管理部门可以更容易地使用 SELECT 语句检索有关雇员薪水的信息，这种检索表面看来是使用表，但实际上是包含查询的视图，该查询连接 EMPLOYEE、DEPARTMENT 和 SALARY 表。

视图也可以用于实施安全性。EMPLOYEE 表上的视图 EMP_INFO 包含除了 SALARY(薪水)外的所有列，并且将该视图定义为只读，从而防止更新该表：

```
create view emp_info as
    select employee_number, last_name,
           first_name, middle_initial, surname
from employee
with read only;
```

如果没有 READ ONLY 子句，则可更新某行或向视图中添加行，甚至可在包含多个表的视图上执行这些操作。视图中有一些构造可防止对其进行更新，例如使用 DISTINCT 操作符、聚集函数或 GROUP BY 子句。

当 Oracle 处理包含视图的查询时，它替换用户的 SELECT 语句中的底层查询定义，并且处理结果查询，就像视图不存在一样。因此，在使用视图时，基表上任何已有索引的优点并未改变。

2. 物化视图

在某些方面，物化视图与普通视图非常类似：视图的定义存储在数据字典中，并且该视图对用户隐藏底层基查询的细节。但相似之处仅限于此。物化视图也在数据库段中分配空间，用于保存执行基查询得到的结果集。

物化视图可用于将表的只读副本复制到另一个数据库，该副本具有和基表相同的列定义和数据。这是物化视图的最简单实现。为减少刷新物化视图时的响应时间，可创建物化视图日志以刷新物化视图。否则，在需要刷新时就必须进行完全的刷新：必须运行基查询的全部结果以刷新物化视图。物化视图日志为以增量方式更新物化视图提供了方便。

在数据仓库环境中，物化视图可存储来自 GROUP BY ROLLUP 或 GROUP BY CUBE 查询的聚集数据。如果设置适当的初始参数值，如 QUERY_REWRITE_ENABLED，并且查询自身允许查询重写(使用 QUERY REWRITE 子句)，则任何与物化视图执行相同类型的聚集操作的查询都将自动使用物化视图，而不是运行初始的查询。

无论物化视图的类型是什么，在基表中提交事务或根据需要刷新它时，都会自动对其进行刷新。

物化视图在很多方面与索引类似，它们都直接和表联系并且占用空间，在更新基表时必须刷新它们，它们的存在对用户而言实际上是透明的。通过使用可选的访问路径来返回查询结果，它们可以帮助优化查询。

第 17 章将详细介绍如何在分布式环境中使用物化视图。

3. 对象视图

面向对象(OO)的应用程序开发环境日趋流行，Oracle 12*c* 数据库完全支持数据库中本地化对象和方法的实现。然而，从纯粹的关系数据库环境向纯粹的 OO 数据库环境迁移并非易事，很少有组织愿意花费时间和资源从头开始构建新的系统，而 Oracle 12*c* 使用对象视图使这种迁移变得更为容易。对象视图允许面向对象的应用程序查看作为对象集合的数据，这种对象集合具有属性和方法，而遗留系统仍可对 INVENTORY 表运行批处理作业。对象视图可以模仿抽象数据类型、对象标识符(OID)以及纯粹的 OO 数据库环境能够提供的引用。

与普通视图一样，可在视图定义中使用 INSTEAD OF 触发器来允许针对视图的 DML，这里使用的是 PL/SQL 代码块，而非用户或应用程序提供的实际 DML 语句。

1.3.5 用户和模式

有权访问数据库的数据库账户称为“用户”。用户可存在于数据库中，而不拥有任何对象。然而，如果用户在数据库中创建并拥有对象，这些对象就是与数据库用户同名的模式(schema)的一部分。模式可拥有数据库中任何类型的对象：表、索引、序列和视图等。模式拥有者或 DBA 可授权其他数据库用户访问这些对象。用户总是拥有完整的权限，而且可以控制用户模式中的对象。

当 DBA(或其他任何拥有 CREATE USER 系统权限的用户)创建用户时，可将其他许多特征赋给用户，例如用户可使用哪些表空间创建对象，以及密码是否提前到期等。

可使用 3 种方法验证数据库中的用户的身份：数据库身份验证、操作系统身份验证和网络身份验证。使用数据库身份验证时，用户的加密密码存储在数据库中。与之相反，操作系统身份验证进行如下假设：操作系统连接已经身份验证过的用户具有和某些用户相同的权限，这些用户具有相同的或类似的名称(取决于 OS_AUTHENT_PREFIX 初始参数的值)。网络身份验证使用基于公共密钥基础设施(Public Key Infrastructure，PKI)的解决方案。这些网络身份验证方法需要具有 Oracle 高级安全性选项的 Oracle 11*g* 或 12*c* 企业版。

1.3.6 配置文件

数据库资源不是无限的，因此 DBA 必须为所有数据库用户管理和分配资源。数据库资源的一些示例是 CPU 时间、并发会话、逻辑读和连接时间。

数据库配置文件是可以赋给用户的限定资源的命名集。安装 Oracle 后，DEFAULT 配置文件已经存在，并且系统将其赋给任何还没有显式分配配置文件的用户。DBA 可添加新的配置文件或改变 DEFAULT 配置文件，从而符合企业的需求。DEFAULT 配置文件的初始值允许无限使用所有的数据库资源。

1.3.7 序列

Oracle 序列用于分配有序数，并且保证其唯一性(除非重新创建或重新设置序列)。它在多用户环境中生成一系列唯一数字，而且不会产生磁盘锁定或任何特殊 I/O 调用的系统开销，这一点不同于将序列加载到共享池中所涉及的情况。

序列(sequence)可生成长达 38 位的数字，数字序列可按升序或降序排列，间隔可以是用户指定的任何值，并且 Oracle 可在内存中缓存序列中的数字块，从而获得更快的性能。

序列中的数字可保证唯一，但不一定有序。如果缓存数字块，并且重新启动实例，或者回滚使用序列中数字的事务，则下次调用从序列中检索数字不会与原序列中已引用但未使用的数字相同。

1.3.8　同义词

Oracle 同义词(synonym)只是数据库对象的别名，用于简化对数据库对象的引用，并且隐藏数据库对象源的细节。同义词可以赋给表、视图、物化视图、序列、过程、函数和程序包。与视图类似，除了数据字典中的定义外，同义词不会在数据库中分配任何空间。

同义词可以是公有或私有的。私有同义词在用户的模式中定义，并且只有该用户可用。公有同义词通常由 DBA 创建，并且所有的数据库用户都可以自动使用公有同义词。

提示：
创建公有同义词后，要确保同义词的用户拥有对该同义词引用的对象的正确权限。

引用数据库对象时，Oracle 首先检查该对象是否存在于用户的模式中。如果不存在这样的对象，Oracle 就检查私有同义词。如果没有私有同义词，Oracle 就检查公有同义词。如果没有公有同义词，Oracle 就返回错误。

1.3.9　PL/SQL

Oracle PL/SQL 是 Oracle 对 SQL 的过程化语言扩展。当标准的 DML 和 SELECT 语句因为缺少过程化元素而无法以简单方式生成所需要的结果时，PL/SQL 非常有用，这些过程化元素在传统的第三代语言(如 C++和 Ada)中很常见。从 Oracle 9*i* 开始，SQL 处理引擎在 SQL 和 PL/SQL 之间共享，这意味着所有添加到 SQL 的新特性也可以自动用于 PL/SQL。

下面简要介绍使用 Oracle PL/SQL 的优点。

1. 过程/函数

PL/SQL 过程和函数是 PL/SQL 命名块的范例。PL/SQL 块是 PL/SQL 语句序列，可将其视为用于执行功能的单位，它最多包含 3 个部分：变量声明部分、执行部分和异常部分。

过程和函数之间的区别在于：函数将单个值返回到调用程序，如 SQL SELECT 语句。相反，过程不返回值，只返回状态码。然而，过程的参数列表中可能有一个或多个变量，编程人员可设置这些变量并且将其作为结果的一部分返回。

过程和函数在数据库环境中有诸多优点。在数据字典中只需编译并存储过程一次，当多个用户调用过程时，该过程已经编译，并且只有一个副本存在于共享池中。此外，网络通信量会减少，即使没有使用 PL/SQL 的过程化特性也是如此。一次 PL/SQL 调用所使用的网络带宽远小于单独通过网络发送的 SQL SELECT 和 INSERT 语句，这还没有考虑到对通过网络发送的每条语句的重新解析。

2. 程序包

PL/SQL 程序包(package)将相关的函数和过程以及常见的变量和游标(cursor)组合在一起。程序包由两个部分组成：程序包规范和程序包主体。在程序包规范中，提供程序包的方法和属性，方法的实现以及任何私有方法和属性都隐藏在程序包主体中。如果使用程序包而不是单独的过程或函数，则在改变内嵌的过程或函数时，任何引用程序包规范中元素的对象都不会失效，从而避免了重新编译引用程序包的对象。

3. 触发器

触发器(trigger)是一种特殊类型的 PL/SQL 或 Java 代码块，在指定事件发生时执行或触发。事件类型可以是表或视图上的 DML 语句、DDL 语句甚至是数据库事件(如启动和关闭)。可以改进指定的触发器，使其作为审核策略的一部分在特定用户的特定事件上执行。

在分布式环境中，触发器非常有用，它们可用于模仿不同数据库中的表之间的外键关系。触发器也可用于实现那些无法使用内置的 Oracle 约束类型定义的复杂完整性规则。

第 17 章将介绍触发器如何应用于健壮的分布式环境中。

1.3.10 外部文件访问

除了外部表外，Oracle 还有大量其他的方法可用于访问外部文件：

- 在 SQL*Plus 中，访问包含要运行的其他 SQL 命令的外部脚本，或将 SQL*Plus SPOOL 命令的输出发送到操作系统的文件系统中的文件。
- 在 PL/SQL 过程中，使用 UTL_FILE 内置程序包读取或写入文本信息；类似地，PL/SQL 过程中的 DBMS_OUTPU 调用可生成文本消息和诊断，另一个应用程序可以捕获这些消息和诊断，并保存在文本文件中。
- BFILE 数据类型可引用外部数据。BFILE 数据类型是指向外部二进制文件的指针。在 BFILE 可以用于数据库之前，需要使用 CREATE DIRECTORY 命令创建目录别名，该命令指定包含存放 BFILE 目标的完整目录路径的前缀。
- DBMS_PIPE 可与 Oracle 支持的任何 3GL 语言通信并交换信息，如 C++、Ada、Java 或 COBOL。
- UTL_MAIL 是 Oracle 10g 中新增的程序包，它允许 PL/SQL 应用程序发送电子邮件，而不需要知道如何使用底层的 SMTP 协议栈。

在使用外部文件作为数据源进行输入或输出时，大量警告将按顺序出现。在使用外部数据源之前，应该仔细考虑以下方面：

- 数据库数据和外部数据可能经常不同步，这种情况发生在其中一个数据源改变但没有和另一个数据源同步时。
- 确保两个数据源的备份几乎同时发生，从而确保恢复数据源时能使两个数据源保持同步，这一点很重要。
- 脚本文件可能包含密码，许多组织禁止在脚本文件中使用普通文本表示任何用户账户。这种情况下，操作系统身份验证方法可能好于用户身份验证方法。
- 对位于由每个 DIRECTORY 对象所引用的目录中的文件，应回顾其安全性。引用的操作系统文件的不严格安全性降低了数据库对象上的安全效果。

1.3.11 数据库链接和远程数据库

数据库链接允许 Oracle 数据库引用存储在本地数据库之外的对象。命令 CREATE DATABASE LINK 创建到远程数据库的路径，从而允许访问远程数据库中的对象。数据库链接打包如下内容：远程数据库的名称、连接到远程数据库的方法、用于验证远程数据库连接的用户名/密码的组合。在某些方面，数据库链接类似于数据库同义词：数据库链接可以为公有或私有，并且它提供便捷的方法来访问另一个资源集。主要区别在于，资源在数据库外部而不是同一个数据库中，因此需要更多信息来解决引用问题。另一个区别在于，同义词是对特定对象的引用，而数据库链接则是定义的路径，用于访问远程数据库中任意数量的对象。

为在分布式环境中的多个数据库之间建立链接，域中每个数据库的全局数据库名必须都不相同。因此，重要的是正确分配初始参数 DB_NAME 和 DB_DOMAIN。

为便于使用数据库链接，可将同义词赋给数据库链接，使表访问更透明；用户并不知道同义词访问的是本地对象还是分布式数据库上的对象。对象可移动到不同的远程数据库，也可以移动到本地数据库，只要同义词名相同，就可以使对象访问对用户保持透明。

第 17 章将进一步介绍如何在分布式环境中利用远程数据库的数据库链接。

1.4 Oracle 物理存储结构

Oracle 数据库使用磁盘上的大量物理存储结构来保存和管理用户事务中的数据。有些物理存储结构，如数据文件、重做日志文件和归档的重做日志文件，保存实际的用户数据。其他结构，如控制文件，用于维护数据库对象的状态，而基于文本的警报和跟踪文件则包含数据库中例程事件和错误条件的日志信息。图 1-3 显示了这些物理结构与逻辑存储结构之间的关系，逻辑存储结构在 1.2 节中已经介绍过了。

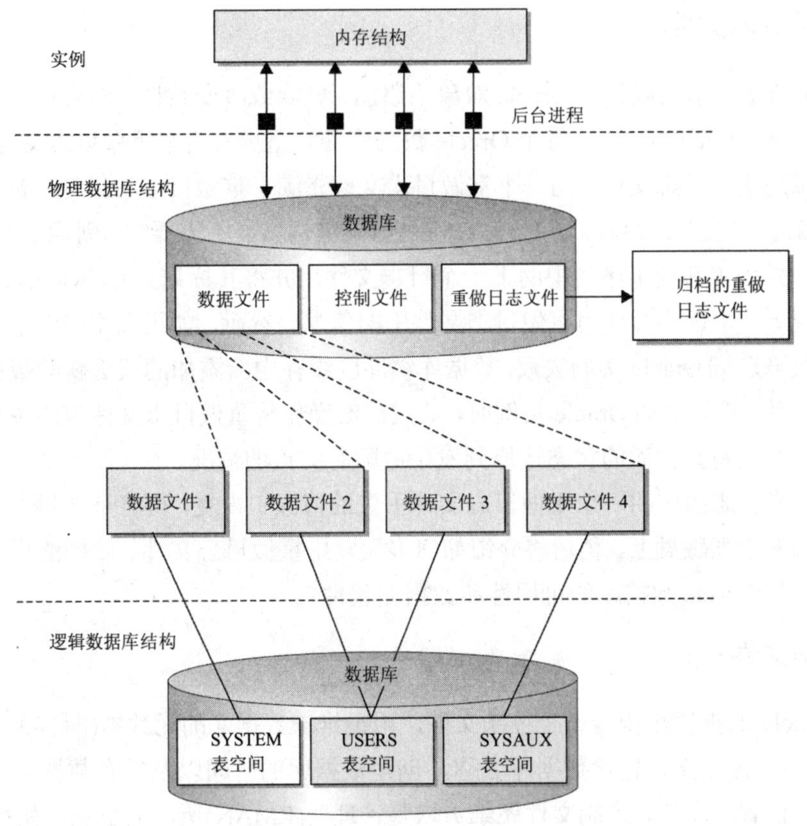

图 1-3　Oracle 物理存储结构

1.4.1 数据文件

每个 Oracle 数据库必须至少包含一个数据文件(datafile)。一个 Oracle 数据文件对应于磁盘上的一个物理操作系统文件。Oracle 数据库中的每个数据文件只能正好是一个表空间中的一个成员，然而一个表空间可由许多数据文件组成(BIGFILE 表空间正好由一个数据文件组成)。

当 Oracle 数据文件用完空间时，它可以自动扩展，只要 DBA 是使用 AUTOEXTEND 参数创建数据文件即可。通过使用 MAXSIZE 参数，DBA 也可以限制给定数据文件的扩展量。在任何情况下，数据文件的大小最终都会受到它所驻留的磁盘卷的限制。

提示：

DBA 通常必须确定是分配一个可以无限自动扩展的数据文件，还是分配许多较小的具有有限扩展量的数据文件。在 Oracle 的早期版本中，你别无选择，只能有多个数据文件，并在数据文件级别管理表空间。现在有了 BIGFILE(大文件)表空间，可在表空间级别管理大多数方面。现在，RMAN 也可并行备份 BIGFILE 表空间(从 Oracle Database 11*g* 开始)，明智的做法是创建一个数据文件，让其在必要时自动扩展。

数据库中的所有数据最终都驻留在数据文件中。数据文件中频繁访问的块缓存在内存中。类似地，新的数据块不会立刻写出到数据文件，而是在数据库写入程序进程处于活动状态时再写到数据文件。然而，在用户的事务完成之前，事务的改变就会写入重做日志文件。

1.4.2 重做日志文件

无论何时在表、索引或其他 Oracle 对象中添加、删除或改变数据，都会将一个条目写入当前的重做日志文件(redo log file)。每个 Oracle 数据库必须至少有两个重做日志文件，因为 Oracle 以循环方式重用重做日志文件。当一个重做日志文件充满了重做日志条目时，如果实例恢复仍需要它，则当前的日志文件被标记为 ACTIVE；如果实例恢复不需要它，则标记为 INACTIVE；系统从文件开始处重新使用序列中的下一个日志文件，并将其标记为 CURRENT。

理想情况下，永远不会使用重做日志文件中的信息。然而，如果发生电源故障，或者一些其他服务器故障造成 Oracle 实例失败，数据库缓冲区缓存中新添加的或更新的数据块就可能尚未写入数据文件。重新启动 Oracle 实例时，通过前滚操作将重做日志文件中的条目应用于数据库数据文件，从而将数据库的状态还原到发生故障时间点的情况。

为能从重做日志组中的一个重做日志文件丢失的情况中恢复，可将重做日志文件的多个副本保存在不同的物理磁盘上。稍后将介绍如何多元复用重做日志文件、归档的日志文件和控制文件，从而确保 Oracle 数据库的可用性和数据完整性。

1.4.3 控制文件

每个 Oracle 数据库至少有一个控制文件，用于维护数据库的元数据(即有关数据库自身物理结构的数据)。控制文件包含数据库名称、创建数据库的时间以及所有数据文件和重做日志文件的名称和位置。此外，控制文件还维护恢复管理器(RMAN)所用的信息，如持久性 RMAN 设置和已在数据库上执行的备份类型。第 12 章将深入介绍对数据库结构进行改动时，有关改动的信息会立刻反映在控制文件中。

因为控制文件对数据库操作至关重要，所以也可对其进行多元复用。然而，不论控制文件的多少个副本与一个实例关联，系统也只会指定一个控制文件作为检索数据库元数据的主控制文件。

ALTER DATABASE BACKUP CONTROLFILE TO TRACE 命令是另一种备份控制文件的方式。它生成一个 SQL 脚本，如果由于灾难性故障而丢失控制文件的所有多元复用二进制版本，则可以用该脚本重新创建数据库控制文件。

例如，如果数据库需要重命名，或者需要改变各种数据库限制——不重新创建整个数据库就无法改变这些限制，此时就可以使用这种跟踪文件来重新创建控制文件。从 Oracle 10*g* 开始，可使用 nid 实用程序来重命名数据库，不必重新创建控制文件。

1.4.4　归档的日志文件

Oracle 数据库有两种操作模式：ARCHIVELOG 和 NOARCHIVELOG 模式。当数据库处于 NOARCHIVELOG 模式时，重做日志文件(也称为“联机的重做日志文件”)的循环重用意味着重做条目(前面事务的内容)在出现磁盘驱动器故障或与其他介质相关的故障时不再可用。在 NOARCHIVELOG 模式中进行操作，可在发生实例故障或系统崩溃时保护数据库的完整性，因为已经提交但还没有写入数据文件的所有事务都可在联机重做日志文件中找到。

相反，ARCHIVELOG 模式将填满的重做日志文件发送到一个或多个指定的目的地，并且可以在发生数据库介质故障事件后的任意给定时间点重新构造数据库。例如，如果包含数据文件的磁盘驱动器崩溃，则可将数据库的内容恢复到发生崩溃前的某个时间点，只要在进行备份时生成了数据文件和重做日志文件最近的备份即可。

对填满的重做日志文件使用多个归档日志的目标是 Oracle 高可用性的特性之一，即“Oracle Data Guard (数据卫士)”，原名“Oracle 备用数据库(Standby Database)”。第 13 章将详细介绍 Oracle Data Guard。

1.4.5　初始参数文件

当数据库实例启动时，为 Oracle 实例分配内存，并打开两种初始参数文件中的一种：基于文本的文件，名为 init<SID>.ora(一般称为 init.ora 或 PFILE)；或者是服务器参数文件(称为 SPFILE)。实例首先在操作系统的默认位置(例如 Unix 上的$ORACLE_HOME/dbs)查找 SPFILE：spfile<SID>.ora 或 spfile.ora。如果这些文件都不存在，实例查找名为 init<SID>.ora 的 PFILE。作为一种选择方案，也可以使用 STARTUP 命令显式指定用于启动的 PFILE。

无论哪种格式，初始参数文件都可以指定跟踪文件、控制文件和填满的重做日志文件等文件的位置。它们也设置系统全局区域(SGA)中各种结构的大小限制，以及限制有多少用户可以同时连接到数据库。

在 Oracle 9*i* 以前，使用 init.ora 文件仍是指定实例初始参数的唯一方法。虽然使用文本编辑器可以很容易地编辑该文件，但有一些缺点。如果在命令行中使用 ALTER SYSTEM 命令改变动态系统参数，则 DBA 必须记得改变 init.ora 文件，从而使新的参数值可以在下次重新启动实例时生效。

SPFILE 使 DBA 可以更简单有效地管理参数。如果将 SPFILE 用于运行的实例中，那么改变初始参数的任何 ALTER SYSTEM 命令都可以自动改变 SPFILE 中的初始参数，或者只改变运行实例的初始参数，或者两者都改动。此过程不需要编辑 SPFILE，甚至可以不破坏 SPFILE 本身。

虽然不能镜像参数文件或 SPFILE 自身，但可将 SPFILE 备份到 init.ora 文件，然后使用常规的操作系统命令或 RMAN(在 SPFILE 的情况下)备份 Oracle 实例的 init.ora 和 SPFILE。

使用 DBCA 创建数据库时，默认创建 SPFILE。

1.4.6 警报和跟踪日志文件

当出错时，Oracle 通常将相关消息写入警报日志(alert log)，但在后台进程或用户会话的情况下，会将消息写入跟踪日志(trace log)文件。

警报日志文件位于由初始参数 BACKGROUND_DUMP_DEST 指定的目录中，它包含例程状态消息和错误条件。启动或关闭数据库时，在警报日志中记录一条消息，同时记录不同于默认值的初始参数列表。此外，DBA 提交的任何 ALTER DATABASE 或 ALTER SYSTEM 命令都会被记录。涉及表空间及其数据文件的操作也记录在该文件中，例如添加表空间、删除表空间以及将数据文件添加到表空间。错误条件，如空间不足的表空间、损坏的重做日志等，也记录在此处。

Oracle 实例后台进程的跟踪文件也通过 BACKGROUND_DUMP_DEST 定位。例如，PMON(Process Monitor，进程监测)和 SMON(System Monitor，系统监测)的跟踪文件在错误发生或 SMON 需要执行实例恢复时将记录一个条目，QMON(Queue Monitor，队列监测)的跟踪文件在它生成新进程时会记录一条消息。

针对单独的用户会话或数据库连接也会创建跟踪文件。这些跟踪文件位于由初始参数 USER_DUMP_DEST 指定的目录中。在下面两种情况下会创建用户进程的跟踪文件：第一种情况是因为权限问题、空间不足等而在用户会话中生成某种错误。在第二种情况中，可使用命令 ALTER SESSION SET SQL_TRACE=TRUE 显式地创建跟踪文件。针对用户执行的每个 SQL 语句生成跟踪信息，可在调整用户的 SQL 语句时起到帮助作用。

可在任何时间删除或重命名警报日志文件，下次生成警报日志消息时重新创建警报日志文件。DBA 通常建立一个每天执行的批处理作业(通过操作系统机制或 Oracle 企业管理器的调度程序)，用于逐日重命名和归档警报日志。

1.4.7 备份文件

备份文件有多个来源，如操作系统的复制命令或 OracleRMAN(恢复管理器)。如果 DBA 执行“冷”备份(关于备份类型的更多细节请参见 1.7 节)，备份文件就只是数据文件、重做日志文件、控制文件和归档的重做日志文件等文件的操作系统副本。

除了数据文件的逐位图像副本(RMAN 中的默认方式)，RMAN 还可以生成数据文件、控制文件、重做日志文件、归档的日志文件以及 SPFILE 的完整备份和增量备份，这些备份都采用特殊格式，称为“备份集”，只有 RMAN 可以读取。RMAN 备份集的备份通常小于初始的数据文件，因为 RMAN 并不备份未使用过的块。

1.4.8 Oracle 管理文件

Oracle 9*i* 中引入 Oracle 管理文件(OMF，Oracle Managed Files)，它通过自动创建和删除组成数据库中逻辑结构的数据文件，简化了 DBA 的工作。

如果没有 OMF，DBA 可能删除表空间，而忘记删除底层的操作系统文件。这会造成磁盘资源利用率低下，并增加不必要的数据库不再需要的数据文件备份时间。

OMF 非常适合于较小的数据库，这种数据库只有少量的用户和兼职 DBA，并且不需要生产数据库的优化配置。即使数据库较小，Oracle 也建议最好为构成数据库的所有数据文件使用 ASM (Automatic Storage Management，自动存储管理)，并且建议只使用两个磁盘组，一个用于表和索引段(如+DATA)，另一个用于 RMAN 备份、控制文件的第二个副本、归档重做日志的副本(如+RECOV)。初始参数 DB_FILE_CREATE_DEST 指向+DATA 磁盘组，DB_CREATE_ONLINE_DEST_1 指向+DATA 磁盘组，DB_CREATE_ONLINE_DEST_2 指向+RECOV。联机日志文件目标 LOG_ARCHIVE_DEST_*n* 同样如此。

1.4.9 密码文件

Oracle 密码文件(password file)是磁盘上的 Oracle 管理或软件目录结构中的文件，用于对 Oracle 系统管理员进行身份验证，以执行创建数据库或启动和关闭数据库等任务。通过该文件授予的是 SYSDBA 和 SYSOPER 权限。对其他任何类型的用户进行身份验证都在数据库本身完成，因为可能关闭数据库或没有安装数据库，所以在此类情况下就需要另一种形式的管理员身份验证。

如果密码文件不存在或者已经受损，可使用 Oracle 命令行实用程序 orapwd 创建密码文件。由于要通过该文件授予非常高的权限，因此应将该文件存储在安全的目录位置，只有 DBA 和操作系统管理员可以访问该位置。一旦创建这种密码文件，应将初始参数 REMOTE_LOGIN_PASSWORDFILE 设置为 EXCLUSIVE，允许 SYS 以外的用户使用密码文件。另外，密码文件必须位于$ORACLE_HOME/dbs 目录中。

提示：
创建至少一个非 SYS 或 SYSTEM 的用户，该用户具有执行每日管理任务的 DBA 权限。如果有多个 DBA 管理一个数据库，则每个 DBA 都应该有自己的、具有 DBA 权限的账户。

作为一种备选方案，也可以使用 OS 身份验证完成对 SYSDBA 和 SYSOPER 权限的验证，这种情况下不需要创建密码文件，并应将初始参数 REMOTE_LOGIN_PASSWORDFILE 设置为 NONE。

1.5 多元复用数据库文件

为尽量降低丢失控制文件或重做日志文件的可能性，数据库文件的多元复用(multiplexing)可减少或消除由于介质故障而造成的数据丢失问题。使用从 Oracle 10*g* 开始引入的 ASM 实例可在某种程度上使多元复用自动化。对于更注重预算的企业，可手动多元复用控制文件和重做日志文件。

1.5.1 自动存储管理

使用 ASM(Automatic Storage Management，自动存储管理)是一种多元复用解决方案，即将数据文件、控制文件和重做日志文件分布在所有可用的磁盘上，从而自动布局这些文件。将新的磁盘添加到 ASM 群集时，数据库文件将自动重新分布到所有的磁盘卷，以优化性能。ASM 群集的多元复用特性可最小化数据丢失的可能性，并且比将关键文件和备份放在不同物理驱动器上的手动方案更有效。

1.5.2 手动的多元复用

即使没有 RAID 或 ASM 解决方案，也仍可为关键数据库文件提供一些保护措施，方法是设置一些初始参数，并为控制文件、重做日志文件和归档的重做日志文件提供另外的位置。

1. 控制文件

创建数据库时可立刻多元复用控制文件，也可在创建之后的任意时刻多元复用控制文件，这只需要很少几个步骤，即可手动将控制文件复制到多个目的地。最多可以多元复用控制文件的 8 个副本。

无论是在创建数据库时多元复用控制文件，还是在创建之后多元复用它们，CONTROL_FILES 的初始参数值都相同。

如果希望添加另一个多元复用位置，则需编辑初始参数文件，将另一个位置添加到 CONTROL_FILES 参数。如果使用 SPFILE 而非 init.ora 文件，可使用如下命令来改变 CONTROL_FILES 参数：

```
alter system
     set control_files = '/u01/oracle/whse2/ctrlwhse1.ctl,
       /u02/oracle/whse2/ctrlwhse2.ctl,
       /u03/oracle/whse2/ctrlwhse3.ctl'
scope=spfile;
```

ALTER SYSTEM 命令中 SCOPE 的其他可能值是 MEMORY 和 BOTH。指定 SCOPE 为其中任何一个值都会返回错误，因为不能为运行的实例改变 CONTROL_FILES 参数，只有在下一次重新启动实例时才能改变。因此，只有 SPFILE 被改变。

无论哪种情况，下一步都是关闭数据库。将控制文件复制到由 CONTROL_FILES 指定的新目的地，并且重新启动数据库。通过查看一个数据字典视图，始终可以验证控制文件的名称和位置：

```
select value from v$spparameter where name='control_files';
```

该查询将返回控制文件的每个多元复用副本的一行。此外，视图 V$CONTROLFILE 包含控制文件的每个副本的一行，并包含相应的状态。

2. 重做日志文件

将一组重做日志文件改变到重做日志文件组中，就可以多元复用重做日志文件。在默认的 Oracle 安装中，会创建 3 个重做日志文件。如 1.4.2 小节中介绍的，填满一个日志文件后，按顺序填充下一个日志文件。填满第 3 个日志文件后，重新使用第一个日志文件。为将这 3 个重做日志文件改变到一个组中，可添加一个或多个相同的文件，以伴随每个已有的重做日志文件。创建组后，将重做日志条目同时写入重做日志文件组。填满重做日志文件组时，开始将重做日志条目写入下一个组。图 1-4 显示了如何使用 4 个组来多元复用 4 个重做日志文件，每个组包含 3 个成员。

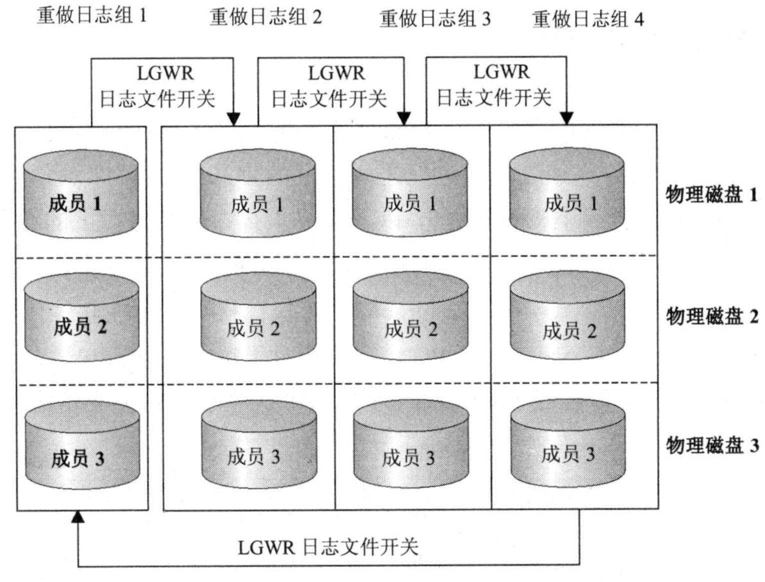

图 1-4　多元复用的重做日志文件

将成员添加到重做日志组非常简单。在 ALTER DATABASE 命令中，指定新文件的名称以及将要添加到其中的组的名称即可。创建的新文件的大小与组中其他成员相同：

```
alter database
     add logfile member '/u05/oracle/dc2/log_3d.dbf'
     to group 3;
```

如果填满重做日志文件的速度快于归档它们的速度，则一种可行的解决方案是添加另一个重做日志组。下例显示如何将第 5 个重做日志组添加到图 1-4 中的重做日志组：

```
alter database
    add logfile group 5
    ('/u02/oracle/dc2/log_3a.dbf',
     '/u03/oracle/dc2/log_3b.dbf',
     '/u04/oracle/dc2/log_3c.dbf') size 250m;
```

重做日志组的所有成员必须大小相同。然而，不同组之间的日志文件大小可以不同。此外，重做日志组可以有不同的成员数量。在前面的示例中，首先有 4 个重做日志组，然后添加另外一个成员到重做日志组 3(共 4 个成员)，并添加了具有 3 个成员的第 5 个重做日志组。

从 Oracle 10*g* 开始，可使用重做日志文件大小估计顾问(Redo Logfile Sizing Advisor)来帮助确定重做日志文件的最优尺寸，以避免过多的 I/O 活动或瓶颈。查看第 8 章可了解使用重做日志文件大小估计顾问的更多信息。

3. 归档的重做日志文件

如果数据库处于 ARCHIVELOG 模式，则在重做日志开关循环中可以重用重做日志文件之前，Oracle 会将其复制到指定的位置。

1.6 Oracle 内存结构

Oracle 使用服务器的物理内存来保存 Oracle 实例的许多内容：Oracle 的可执行代码自身、会话信息、与数据库关联的单独进程、进程之间共享的信息(如数据库对象上的锁)。此外，内存结构还包含用户和数据字典 SQL 语句，以及最终永久存储在磁盘上的缓存信息，如来自数据库段的数据块和数据库中已完成事务的相关信息。分配给 Oracle 实例的数据区域称为系统全局区域(System Global Area，SGA)。Oracle 的可执行代码驻留在软件代码区域。此外，名为程序全局区域(Program Global Area，PGA)的区域对于每个服务器和后台进程来说都是私有的，Oracle 为每个进程分配一个 PGA。图 1-5 显示了这些 Oracle 内存结构之间的关系。

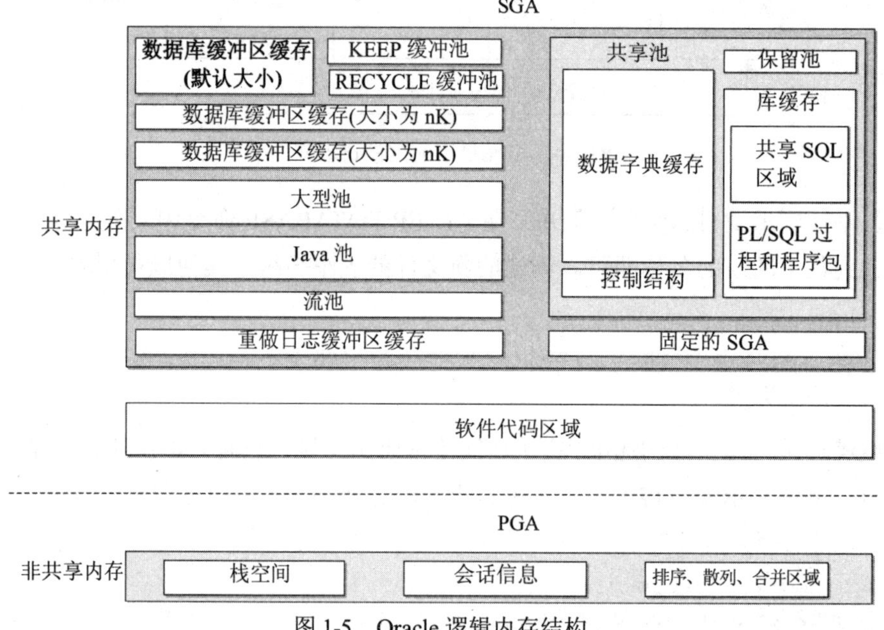

图 1-5 Oracle 逻辑内存结构

1.6.1 系统全局区域

系统全局区域是用于 Oracle 实例的一组共享内存结构，由数据库实例的用户共享。启动 Oracle 实例时，系统根据在初始参数文件中指定的值或在 Oracle 软件中硬编码的值，为 SGA 分配内存。控制 SGA 不同部分大小的许多参数都是动态的；然而，如果指定 SGA_MAX_SIZE 参数，则所有 SGA 区域的全部大小必须不能超出 SGA_MAX_SIZE 的值。如果没有指定 SGA_MAX_SIZE，但指定了参数 SGA_TARGET，Oracle 就自动调整 SGA 各组成部分的大小，从而使分配的内存总量等同于 SGA_TARGET。SGA_TARGET 是动态参数，可在实例运行时改变。MEMORY_TARGET 是 Oracle 11*g* 中新增的参数，用于在 SGA 和 PGA(稍后讨论)之间平衡 Oracle 可用的所有内存，以优化性能。

SGA 中的内存以“区组(granule)”为单位分配。区组的大小可为 4MB 或 16MB，这取决于 SGA 的总体大小。如果 SGA 小于或等于 128MB，区组就是 4MB；否则，区组为 16MB。

接下来将介绍 Oracle 如何使用 SGA 中每个部分的重点内容。第 8 章将介绍如何调整与这些区域关联的初始参数等更多信息。

1. 缓冲区缓存

数据库缓冲区缓存(buffer cache)保存来自磁盘的数据块，这些数据块有的满足最近执行的 SELECT 语句，有的是通过 DML 语句改变或添加的已修改块。从 Oracle 9*i* 开始，SGA 中保存这些数据块的内存区域是动态的。这样做有一定优点，因为它考虑到数据库中可能有一些表空间的块大小不同于默认块大小。最多有 5 种不同块大小(一种是默认块大小，最多具有其他 4 种块大小)的表空间需要自己的缓冲区缓存。因为处理和事务需要每日或每周改变，所以可动态改变 DB_CACHE_SIZE 和 DB_*n*K_CACHE_SIZE 的值，而不需要重新启动实例，从而获得比给定块大小的表空间更好的性能。

Oracle 可使用两个具有相同块大小的额外缓存作为默认块大小(DB_CACHE_SIZE)：KEEP 缓冲池和 RECYCLE 缓冲池。从 Oracle 9*i* 开始，这些缓冲池独立于 SGA 中的其他缓存分配内存。

创建表时，通过在 STORAGE 子句中使用 BUFFER_POOL_KEEP 或 BUFFER_POOL_RECYCLE 子句，可指定表的数据块驻留在哪个缓冲池中。对于一天中频繁使用的表，最好将其放在 KEEP 缓冲池中，从而最小化检索表中数据块所需要的 I/O。

2. 共享池

共享池包含两个主要的子缓存：库缓存和数据字典缓存。共享池的大小由初始参数 SHARED_POOL_SIZE 确定。这也是一个动态参数，其大小可以调整，只要 SGA 的全部大小小于 SGA_MAX_SIZE 或 SGA_TARGET 即可。

库缓存　库缓存保存针对数据库运行的 SQL 和 PL/SQL 语句的有关信息。在库缓存中，因为由所有用户共享，所以许多不同的数据库用户可以潜在地共享相同的 SQL 语句。

和 SQL 语句自身一起，SQL 语句的执行计划和解析树也存储在库缓存中。第二次由同一用户或不同用户运行同一条 SQL 语句时，由于已经计算了执行计划和解析树，因此可以提高查询或 DML 语句的执行速度。

如果库缓存过小，则必须将执行计划和解析树转储到缓存外面，这就需要频繁地将 SQL 语句重新加载到库缓存中。查看第 8 章可了解监控库缓存效率的方法。

数据字典缓存　数据字典是数据库表的集合，由 SYS 和 SYSTEM 模式拥有，其中包含有关数据库、数据库结构以及数据库用户的权限和角色的元数据。数据字典缓存保存第一次读到缓冲区缓存之后的数据字典表的列的子集。数据字典中来自表的数据块常用于辅助处理用户查询和其他 DML 命令。

如果数据字典缓存太小，对数据字典中信息的请求将造成额外的 I/O。这些 I/O 绑定的数据字典请求称为“递归调用”，应该通过正确设置数据字典缓存的大小加以避免。

3. 重做日志缓冲区

重做日志缓冲区保存对数据文件中的数据块所进行的最近的改动。当重做日志缓冲区的1/3已满或者每隔3秒时，Oracle将重做日志记录写入重做日志文件。从Oracle 10*g*开始，当重做日志缓冲区中存储了1MB重做信息时，LGWR进程就将重做日志记录写入重做日志文件。一旦将重做日志缓冲区中的条目写入重做日志文件，如果在将改动的数据块从缓冲区缓存写入数据文件之前实例崩溃，这些条目就对数据库恢复起着至关重要的作用。只有将重做日志条目成功写入重做日志文件后，才可以认为用户提交的事务完成。

4. 大型池

大型池是SGA的可选区域，用于与多个数据库交互的事务、处理并行查询的消息缓冲区以及RMAN并行备份和还原操作。顾名思义，大型池可为需要一次分配大块内存的操作提供所需要的大块内存。

初始参数LARGE_POOL_SIZE控制大型池的大小，这是从Oracle 9*i*版本2开始新增的一个动态参数。

5. Java池

Oracle的Java虚拟机(Java Virtual Machine，JVM)使用Java池来处理用户会话中的所有Java代码和数据。将Java代码和数据存储在Java池中类似于将SQL和PL/SQL代码缓存在共享池中。

6. 流池

流池是Oracle 10*g*中新增的池，使用初始参数STREAMS_POOL_SIZE可以确定其大小。流池保存用于支持Oracle企业版中Oracle流特性的数据和控制结构。Oracle流管理分布式环境中数据和事件的共享。如果初始参数STREAMS_POOL_SIZE未初始化或者将其设置为0，则从共享池中分配用于流操作的内存，并且最多可以分配共享池10%的容量。第17章将介绍关于Oracle流的更多信息。

1.6.2 程序全局区域

程序全局区域(Program Global Area，PGA)是分配给一个进程并归该进程私有的内存区域。PGA的配置取决于Oracle数据库的连接配置：共享服务器或专用服务器。

在共享服务器配置中，多个用户共享一个数据库连接，从而最小化服务器上的内存使用率，但可能影响对用户请求的响应时间。在共享服务器环境中，由SGA而不是PGA来保存用户的会话信息。对于大量同时进行，伴有很少发生的请求或短期请求的数据库连接，共享服务器是理想的环境。

在专用服务器环境中，每个用户进程获得自己的数据库连接，PGA包含这种配置的会话内存。

PGA也包括一个排序区域，当用户请求需要排序、位图合并或散列连接操作时，就会使用这种排序区域。

从Oracle 9*i*开始，通过PGA_AGGREGATE_TARGET参数和WORKAREA_SIZE_POLICY

初始参数的结合，DBA 可选择所有工作区域的全部大小，并让 Oracle 管理并分配所有用户进程之间的内存，从而简化系统管理。如前所述，MEMORY_TARGET 参数作为一个整体管理 PGA 和 SGA 内存来优化性能。

1.6.3　软件代码区域

软件代码区域存储作为 Oracle 实例的一部分运行的 Oracle 可执行文件。这些代码区域实际上是静态的，只有在安装软件的新版本时才会改变。一般来说，Oracle 软件代码区域位于与其他用户程序隔离的权限内存区域。

Oracle 软件代码是严格只读的代码，可共享安装或非共享安装。当多个 Oracle 实例运行在同一服务器上和相同的软件版本级别时，按可共享方式安装 Oracle 软件代码可节省内存。

1.6.4　后台进程

当 Oracle 实例启动时，多个后台进程就会启动。后台进程是设计用于执行特定任务的可执行代码块。图 1-6 显示了后台进程、数据库和 Oracle SGA 之间的关系。与 SQL*Plus 会话或 Web 浏览器等前台进程不同，用户无法看到后台进程的工作情况。SGA 和后台进程结合起来组成了 Oracle 实例。

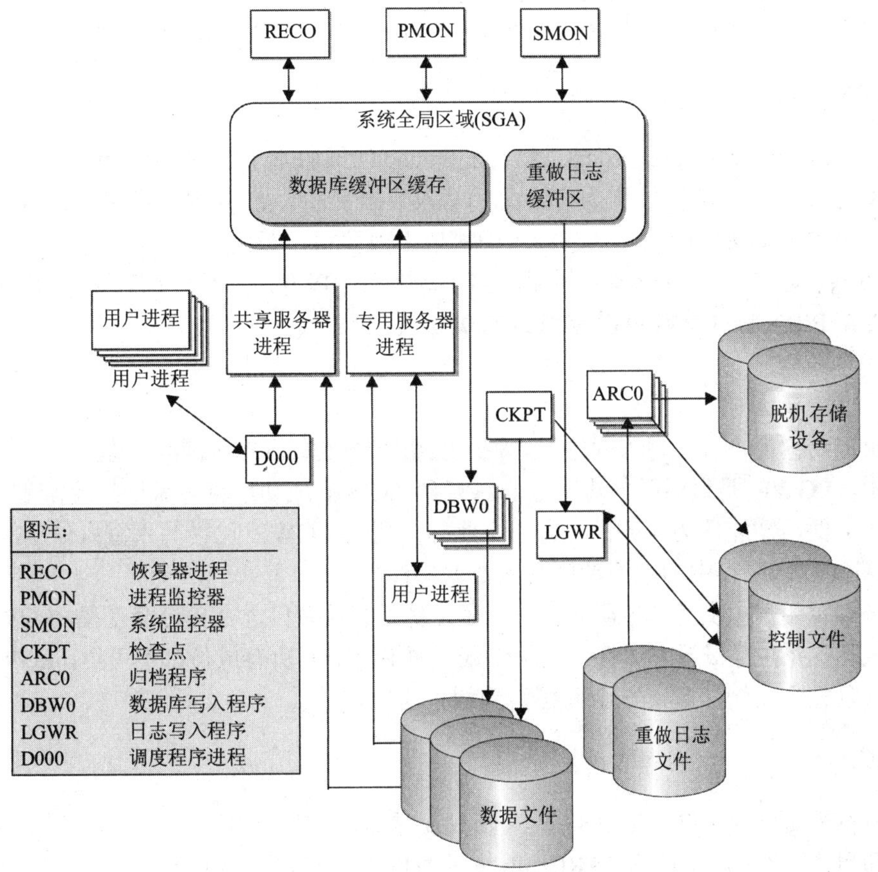

图 1-6　Oracle 后台进程

1. SMON

SMON 是系统监控器(System Monitor)进程。在系统崩溃或实例故障的情况下，由于停电或 CPU 故障，通过将联机重做日志文件中的条目应用于数据文件，SMON 进程可执行崩溃恢复。此外，它在系统重新启动期间清除所有表空间中的临时段。

SMON 的一个常规任务是定期合并字典管理的表空间中的空闲空间。

2. PMON

如果删除用户连接，或者用户进程以其他方式失败，PMON(也称为“进程监控器”)就会进行清除工作。它清除数据库缓冲区缓存以及用户连接所使用的其他任何资源。例如，用户会话可能正在更新表中的某些行，在一行或多行上放置锁。一场雷雨袭击了用户办公桌的电力设置，当工作站的电源关闭时，SQL*Plus 会话消失。期间，PMON 将检测到连接不再存在，并执行下面的任务：

- 回滚到电源断开时正在处理的事务。
- 在缓冲区缓存中标记可用的事务块。
- 删除表中受影响的行上的锁。
- 从活动进程列表中删除未连接进程的进程 ID。

通过将实例状态的相关信息提供给传入的连接请求，PMON 也和监听器交互。

3. DBW*n*

数据库写入程序(database writer)进程，在 Oracle 的旧版本中也称为 DBWR，负责将缓冲区缓存中新增的或改动的数据块(称为“脏块”)写入数据文件。使用 LRU 算法，DBW*n* 首先写入最早的、最小的活动块。因此，请求最多的块位于内存中，即使它们是脏块。

最多可启动 20 个 DBW*n* 进程，DBW0～DBW9，以及 DBWa～DBWj。通过 DB_WRITER_PROCESS 参数可以控制 DBW*n* 进程的数量。

4. LGWR

LGWR，或称为“日志写入程序”进程，负责管理重做日志缓冲区。在具有大量 DML 活动的实例中，LGWR 是最活跃的进程之一。直到 LGWR 成功地将重做信息(包括提交记录)写入重做日志文件，才能认为事务已经完成。此外，直到 LGWR 已经写入重做信息，才可以通过 DBW*n* 将缓冲区缓存中的脏缓冲区写入数据文件。

如果分组重做日志文件，并且组中一个多元复用的重做日志文件已经受损，LGWR 将写入剩余的组成员，并在警报日志文件中记录错误。如果组中的所有成员都不可用，LGWR 进程就会失败，并且整个实例挂起，直至问题得到纠正为止。

5. ARC*n*

如果数据库处于 ARCHIVELOG 模式，只要重做日志填满并且重做信息开始按顺序填充下一个重做日志，归档程序进程(ARC*n*)就将重做日志复制到一个或多个目的地目录、设备或网络位置。最理想的情况下，归档进程应在下一次使用填满的重做日志之前完成。否则会产生严重的性能问题：将条目写入重做日志文件前用户无法完成他们的事务，而重做日志文件还没有准备好接受新条目，因为它仍在写入归档位置。对于该问题，至少有 3 种可能的解决方案：使重做日志文件更大一些，增加重做日志组的数量，增加 ARC*n* 进程的数量。针对每个实例最多可启动 30 个 ARC*n* 进程，其方法是增加 LOG_ARCHIVE_MAX_ PROCESSES 初始参数的值。

6. CKPT

检查点进程(checkpoint process)，即 CKPT，可帮助减少实例恢复所需要的时间。在检查点期间，CKPT 更新控制文件和数据文件的标题，从而反映最近成功的系统变更号(System Change Number，SCN)。每次进行重做日志文件切换时，都自动生成一个检查点。DBW*n* 进程按常规写入脏缓冲区，将检查点从实例恢复可以开始的位置提前，从而减少平均恢复时间(Mean Time to Recovery，MTTR)。

7. RECO

RECO 即恢复器进程(recoverer process)，用于处理分布式事务(即包括对多个数据库中的表进行改动的事务)的故障。如果同时改变 CCTR 数据库和 WHSE 数据库中的表，而在可以更新 WHSE 数据库中的表之前，两个数据库之间的网络连接失败了，RECO 将回滚失败的事务。

1.7　备份/恢复概述

Oracle 支持许多不同形式的备份和恢复。可在用户级别管理其中的一些备份和恢复，如导出和导入，而大多数备份和恢复严格以 DBA 为中心，如联机或脱机备份，以及使用操作系统命令或 RMAN 实用程序。

第 11 章和第 12 章将详细介绍如何配置和使用这些备份和恢复方法。

1.7.1　导出/导入

可使用 Oracle 的逻辑化 Export 和 Import 实用程序来备份和还原数据库对象。Export 是逻辑备份，因为未记录表的底层存储特性，只记录表的元数据、用户权限和表数据。根据当前任务，以及是否拥有 DBA 权限，可导出一个数据库中的所有表、一个或多个用户的所有表，或者特定表集。相应的 Import 实用程序可酌情还原之前导出的对象。

使用 Export 和 Import 实用程序的一个优点是，在数据库中具有较高权限的用户能够管理自己的备份和恢复，特别是在开发环境中。在 Oracle 的各个版本中，一般都可以读取由 Export 命令生成的二进制文件，从而使从 Oracle 旧版本到新版本的少量表的传输非常简单。

Export 和 Import 本质上是“时间点”备份，因此，如果数据是易变的，则 Export 和 Import 不是最健壮的备份和恢复解决方案。

之前的 Oracle Database 版本包含 exp 和 imp 命令，但这些在 Oracle Database 12*c* 中不再可用。从 Oracle 10*g* 开始，Oracle Data Pump(Oracle 数据泵)替代了传统的导入和导出命令，将这些操作的性能提高到新的水平。导出到外部数据源最多可加快两倍，而导入操作最多可以加快 45 倍，因为 Oracle Data Pump 导入使用直接路径加载，这一点不同于传统的导入。此外，从源数据库的导出可同时导入目标数据库，而不需要中间的转储文件，从而节省时间和管理工作。使用带有 expdb 和 impdb 命令的 DBMS_DATAPUMP 程序包可以实现 Oracle Data Pump，它包括大量其他可管理特性，如细粒度的对象选择。Oracle Data Pump 也与 Oracle 12*c* 的所有新功能保持同步，如将整个可插入数据库(PDB)从一个容器数据库(CDB)移到另一个。第 17 章提供关于 Oracle 数据泵的更多信息。

1.7.2 脱机备份

建立数据库物理备份的一种方法是执行脱机备份(offline backup)。为执行脱机备份，需要关闭数据库，并且将所有与数据库相关的文件，包括数据文件、控制文件、SPFILE 和密码文件等，复制到其他位置。一旦复制操作完成，就可以启动数据库实例。

脱机备份类似于导出备份，因为它们都是时间点备份，因此在需要最新的数据库恢复并且数据库不处于 ARCHIVELOG 模式时，这些备份的作用较小。脱机备份的另一个不足之处在于执行备份所需要的停机时间，任何需要 24/7 数据库访问的跨国公司通常不会经常进行脱机备份。

1.7.3 联机备份

如果数据库处于 ARCHIVELOG 模式，则可能进行数据库的联机备份(online backup)。可打开数据库，并且用户可以使用该数据库，即使当前正在进行备份。进行联机备份的过程非常简单，只要使用 ALTER TABLESPACE USERS BEGIN BACKUP 命令将表空间转入备份状态，使用操作系统命令备份表空间中的数据文件，然后使用 ALTER TABLESPACE USERS END BACKUP 命令将表空间转移出备份状态即可。

1.7.4 RMAN

备份工具“恢复管理器(Recovery Manager)”，更常见的叫法是 RMAN，它从 Oracle 8 就开始出现了。RMAN 提供了优于其他备份形式的许多优点。它可在完整的数据库备份之间只对改动的数据块进行增量式备份，同时数据库在整个备份期间保持联机。

RMAN 通过以下两种方法跟踪备份：通过备份数据库的控制文件；通过存储在另一个数据库中的恢复目录。对于 RMAN，使用目标数据库的控制文件比较简单，但对于健壮企业备份方法学，这并不是最佳解决方案。虽然恢复目录需要另一个数据库来存储目标数据库的元数据和所有备份的记录，但如果目标数据库中的所有控制文件由于灾难性故障而丢失，这时就值得采用恢复目录的方法。此外，恢复目录保留历史备份信息，如果将 CONTROL_FILE_RECORD_KEEP_TIME 的值设置得太低，则可能在目标数据库的控制文件中重写这些备份信息。

第 12 章将详细讨论 RMAN。

1.8 安全功能

下面将概述 Oracle 12*c* 在数据库中控制并实施安全性的不同方法。第 9 章将深入介绍这些功能以及其他安全功能。

1.8.1 权限和角色

在 Oracle 数据库中，“权限(privilege)”用于控制用户对可执行的操作以及数据库中对象的访问。控制对数据库中操作的访问的权限称为“系统权限”，而控制对数据和其他对象的访问的权限称为“对象权限”。

为便于 DBA 分配和管理权限，数据库“角色(role)”将权限结合在一起。换言之，角色是指定的权限组。此外，角色自身可以赋予角色。

使用 GRANT 和 REVOKE 命令可授予以及取消权限和角色。用户组 PUBLIC 既不是用户也不是角色，也不可删除该用户组。然而，将权限授予 PUBLIC 时，它们会被授予现在和将来的每个数据库用户。

1. 系统权限

系统权限授予在数据库中执行特定类型操作的权利，如创建用户、改变表空间或删除任意视图。下面是授予系统权限的示例：

```
grant drop any table to scott with admin option;
```

用户 SCOTT 可删除任意模式中任何一个人的表，WITH GRANT OPTION 子句允许 SCOTT 将最近授予他的权限授予其他用户。

2. 对象权限

在数据库中的特定对象上可授予对象权限。最常见的对象权限是用于表的 SELECT、UPDATE、DELETE 和 INSERT，用于 PL/SQL 存储对象的 EXECUTE，以及用于授予在表上创建索引权限的 INDEX。在下面的例子中，用户 RJB 可在 HR 模式的 JOBS 表上执行任意 DML 命令。

```
grant select, update, insert, delete on hr.jobs to rjb;
```

1.8.2 审核

要审核用户对数据库对象的访问，可以通过使用 AUDIT 命令在指定对象或操作上建立审核跟踪(audit trail)。可审核 SQL 语句和对特定数据库对象的访问，操作的成功或失败(或者两者)可记录在审核跟踪表 SYS.AUD$中，如果 AUDIT_TRAIL 初始参数的值为 OS，则记录在 O/S 文件中。

对于每个审核操作，Oracle 都创建一条审核记录，其中包括用户名、执行的操作类型、涉及的对象以及时间戳。各种数据字典视图，如 DBA_AUDIT_TRAIL 和 DBA_FGA_AUDIT_TRAIL，可以较容易地解释来自原始审核跟踪表 SYS.AUD$的结果。

警告：

对数据库对象进行过度审核可能会对性能产生负面影响。应该先对关键的权限和对象进行基础审核，然后在基础审核表明潜在问题时再扩展审核。

1.8.3 细粒度的审核

细粒度的审核功能是 Oracle 9*i* 的新增功能，在 Oracle 10*g*、11*g* 和 Oracle 12*c* 中得到了增强，并进一步地扩展了审核：在 EMPLOYEE 表上执行 SELECT 语句时，标准审核可以进行检测；细粒度的审核将生成一条包含 EMPLOYEE 表中特定访问列的审核记录，例如 SALARY 列。

使用 DBMS_FGA 程序包和数据字典视图 DBA_FGA_AUDIT_TRAIL 可实现细粒度的审核。数据字典视图 DBA_COMMON_AUDIT_TRAIL 将 DBA_AUDIT_TRAIL 中的标准审核记录和细粒度的审核记录结合在一起。

1.8.4 虚拟私有数据库

Oracle 的虚拟私有数据库(Virtual Private Database)特性从 Oracle 8*i* 开始引入，它将细粒度的访问控制和安全应用程序上下文结合起来。安全策略附加到数据，而不是附加到应用程序，这就确保了安全规则的实施与数据访问方式无关。

例如，一个医疗应用程序上下文可能根据访问数据的病人标识号返回一个谓词，在 WHERE 子句中使用该谓词可确保从表中检索的数据只是与该病人相关的数据。

1.8.5 标号安全性

Oracle 的标号安全性(Label Security)提供了"VPD Out-of-the-Box(预设值)"解决方案，VPD 即 Virtual Private Database(虚拟专用数据库)；根据请求访问的用户标号和表自身行上的标号，该解决方案可限制对任何表中行的访问。Oracle 标号安全性管理员不需要任何特殊的编程技巧就可以将安全性策略标号赋给用户和表中的行。

例如，高粒度的数据安全性方法允许应用程序服务提供商(Application Service Provider，ASP)的 DBA 只创建账户可接收应用程序的一个实例，并且使用标号安全性来限制每个表中的行只包括单个公司的账户可接收信息。

1.9 实时应用群集

Oracle 的实时应用群集(Real Application Cluster，RAC)允许不同服务器上的多个实例访问相同的数据库文件。

无论是计划内的断电，还是意外断电，RAC 装备都提供了相当高的可用性。可以使用新的初始参数重新启动一个实例，而另一个实例仍然服务于针对数据库的请求。如果一个硬件服务器由于某种故障而崩溃，则另一个服务器上的 Oracle 实例将继续处理事务，即使从连接到崩溃服务器的用户看来，这个过程也是透明的，且具有最短的停机时间。

然而，RAC 并不是一种只针对软件的解决方案：实现 RAC 的硬件也必须满足特定要求。共享数据库应该在支持 RAID 的磁盘子系统上，从而确保存储系统的每个组件都是容错的。此外，RAC 需要在群集中的节点之间具有高速互连或私有网络，从而使用缓存融合(Cache Fusion)机制支持一个实例到另一个实例的通信和块传输。

图 1-7 显示了一个双节点 RAC 装备。第 10 章将深入介绍 RAC 的建立和配置。

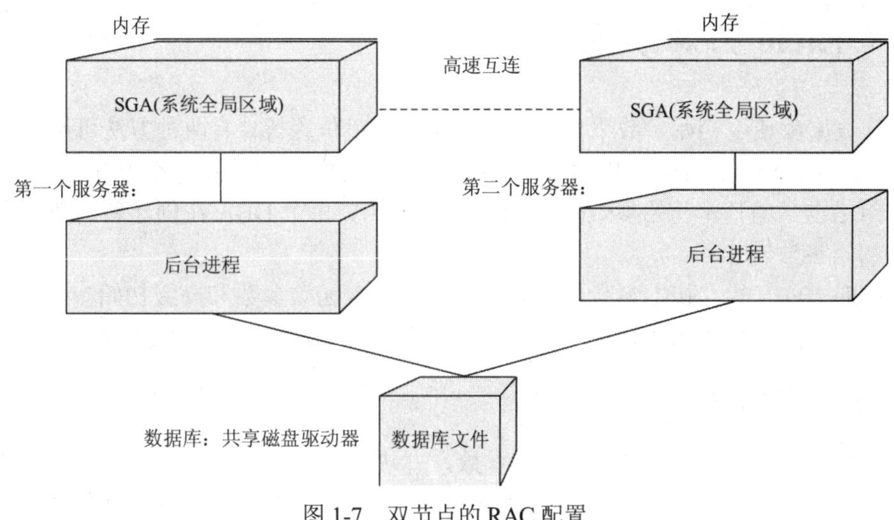

图 1-7　双节点的 RAC 配置

1.10　Oracle 流

作为 Oracle 企业版的一个组成部分，Oracle 流是 Oracle 基础结构的高级组成部分，它是 RAC 的补充。Oracle 流允许数据和事件在同一个数据库中或两个数据库之间平稳地流动和共享。它是 Oracle 众多高可用性解决方案的一个关键部分，用于配合并增强 Oracle 的消息队列、数据复制和事件管理功能。第 17 章将介绍如何实现 Oracle 流的更多信息。

1.11　Oracle 企业管理器

Oracle 企业管理器(Oracle Enterprise Manager，OEM)是一组重要工具，用于帮助对 Oracle 基础结构的所有组成部分进行综合性管理，包括 Oracle 数据库实例、Oracle 应用服务器及 Web 服务器。如果第三方应用程序存在管理代理，则 OEM 可在任何与 Oracle 的提供目标相同的框架中管理第三方应用程序。

OEM 通过 IE、Firefox 或 Chrome 完全支持 Web，因此支持 IE、Firefox 或 Chrome 的任意操作系统平台都可以用于启动 OEM 控制台。

使用具有 Oracle 网格控制(Grid Control)的 OEM 时，需要做的一个关键决定是选择管理仓库(management repository)的存储位置。OEM 管理仓库存储在与管理或监控的节点或服务分离的数据库中。它将来自节点和服务的元数据集中起来，为管理这些节点提供了方便。因此，应该经常备份对仓库数据库的管理，并将该备份与被管理的数据库隔离。

OEM 的安装提供了大量的“预设”值。当 OEM 安装完成时，已经准备好建立电子邮件通知，用于向 SYSMAN 或其他任何符合关键条件的电子邮件账户发送消息，并且自动完成初始目标的发现。

1.12 Oracle 初始参数

Oracle 数据库使用初始参数来配置内存设置和磁盘位置等。有两种方法可用于存储初始参数：使用可编辑的文本文件和使用服务器端的二进制文件。不管采用什么方法来存储初始参数，都存在一组已定义的基本初始参数(从 Oracle 10*g* 开始)，每个 DBA 在创建新的数据库时都应该熟悉这些初始参数。

从 Oracle 10*g* 开始，初始参数主要分为两类：基本初始参数和高级初始参数。因为 Oracle 越来越自动化管理，所以 DBA 每天必须熟悉和调整的参数数量正逐渐减少。

1.12.1 基本初始参数

表 1-3 列出了 Oracle 12*c* 的基本初始参数，并进行了简要描述。随后会对这些参数做进一步的解释，并对应该如何设置其中的一些参数给出建议，这取决于硬件和软件环境、应用程序类型以及数据库中的用户数量。

表 1-3 基本初始参数

初 始 参 数	说 明
CLUSTER_DATABASE	启用该节点作为群集的一个成员
COMPATIBLE	允许安装新的数据库版本，同时确保与该参数指定的版本兼容
CONTROL_FILES	指定该实例的控制文件的位置
DB_BLOCK_SIZE	指定 Oracle 块的大小。这种块大小用于创建数据库时的 SYSTEM、SYSAUX 和临时表空间
DB_CREATE_FILE_DEST	OMF 数据文件的默认位置。如果没有设置 DB_CREATE_ONLINE_LOG_DEST_*n*，该参数也用于指定控制文件和重做日志文件的位置
DB_CREATE_ONLINE_LOG_DEST_*n*	OMF 控制文件和联机重做日志文件的默认位置
DB_DOMAIN	数据库驻留在分布式数据库系统中的逻辑域名(如 us.oracle.com)
DB_NAME	最多 8 个字符的数据库标识符。放置在 DB_DOMAIN 值的前面，形成完全限定的名称(如 marketing.us.oracle.com)
DB_RECOVERY_FILE_DEST	恢复区域的默认位置。必须和 DB_RECOVERY_ FILE_DEST_SIZE 一起设置
DB_RECOVERY_FILE_DEST_SIZE	以字节为单位的文件最大尺寸，该文件用于在恢复区域位置的恢复
DB_UNIQUE_NAME	数据库的全局唯一名称。它可将同一 DB_DOMAIN 中具有相同 DB_NAME 的数据库区分开
INSTANCE_NUMBER	在 RAC 安装中，群集中该节点的实例数量
JOB_QUEUE_PROCESSES	允许执行作业的最大进程数量，范围为 0～1000

(续表)

初 始 参 数	说　　明
LDAP_DIRECTORY_SYSAUTH	为具有 SYSDBA 和 SYSOPER 角色的用户启用或禁用基于目录的授权
LOG_ARCHIVE_DEST_*n*	对于 ARCHIVELOG 模式，最多有 31 个位置用于发送归档的日志文件
LOG_ARCHIVE_DEST_STATE_*n*	设置对应的 LOG_ARCHIVE_DEST_*n* 地点的可用性
NLS_LANGUAGE	指定数据库的默认语言，包括消息、日和月的名称，以及排序规则(如 AMERICAN)
NLS_LENGTH_SEMANTICS	指定 VARCHAR2 或 CHAR 表列的默认长度语义，其值为 BYTE 或 CHAR
NLS_TERRITORY	用于日和星期编号的地域名称(如 SWEDEN、TURKEY 或 AMERICA)
OPEN_CURSORS	每个会话最多可以打开的游标数量
PGA_AGGREGATE_TARGET	分配给实例中所有服务器进程的全部内存
PROCESSES	可同时连接到 Oracle 的最大操作系统进程数量，SESSIONS 和 TRANSACTIONS 从这个值派生
REMOTE_LISTENER	网络名称，分析该名称可了解 Oracle Net 远程监听器
REMOTE_LOGIN_PASSWORDFILE	指定 Oracle 如何使用密码文件，RAC 中必须使用该参数
ROLLBACK_SEGMENTS	引起联机的私有回滚段名称，前提是撤消管理没有用于事务回滚。自从 Oracle Database 10*g* 引入 Automatic Undo Management 后，极少需要更改该参数
SESSIONS	最大会话数量，也可表示实例中同时具有的用户数量。默认值为 1.1*PROCESSES+5。Oracle 建议，除非在极特殊情况下，否则应使用该参数的默认值
SGA_TARGET	指定所有 SGA 组成部分的全部大小，该参数自动确定 DB_CACHE_SIZE、SHARED_POOL_SIZE、LARGE_POOL_SIZE、STREAMS_POOL_SIZE 和 JAVA_POOL_SIZE
SHARED_SERVERS	启动实例时分配的共享服务器进程数量
STAR_TRANSFORMATION_ENABLED	开始执行查询时控制查询优化
UNDO_MANAGEMENT	指定撤消管理是自动(AUTO)还是手动(MANUAL)。如果指定 MANUAL，回滚段就用于撤消管理
UNDO_TABLESPACE	将 UNDO_MANAGEMENT 设置为 AUTO 时使用的表空间

本书后面将再次用到其中一些参数，并讨论用于 SGA、PGA 和其他参数的优化值。下面列出为每个新数据库设置的一些参数。

1. COMPATIBLE

COMPATIBLE 参数允许安装较新版本的 Oracle，同时限制新版本的特性集，就像安装了旧的 Oracle 版本一样。该方法可以很好地用于数据库升级，同时保留与那些在新版本软件下运行可能会失败的应用程序的兼容性。当重做或重写应用程序，使其在新版本的数据库中工作时，可以重新设置 COMPATIBLE 参数。

使用该参数的缺点在于，没有任何新的数据库应用程序可以利用新的特性，除非将 COMPATIBLE 参数设置为与当前版本相同的值。

2. DB_NAME

DB_NAME 指定数据库名称的本地部分。该参数最多可为 8 个字符，并且必须以字母或数字字符开头。一旦设置该参数，就只能用 Oracle DBNEWID 实用程序(nid)改变该参数。DB_NAME 在数据库的每个数据文件、重做日志文件和控制文件中记录。在数据库启动时，该参数的值必须匹配控制文件中记录的 DB_NAME 的值。

3. DB_DOMAIN

DB_DOMAIN 指定驻留数据库的网络域的名称。在分布式数据库系统中，DB_NAME 和 DB_DOMAIN 结合起来的值必须唯一。

4. DB_RECOVERY_FILE_DEST 和 DB_RECOVERY_FILE_DEST_SIZE

当由于实例故障或介质故障而进行数据库恢复操作时，可方便地使用闪回恢复区(flash recovery area)来存储和管理与恢复或备份操作相关的文件。从 Oracle 10*g* 开始，参数 DB_RECOVERY_FILE_DEST 可以是本地服务器上的目录位置、网络目录位置或 ASM 磁盘区域。参数 DB_RECOVERY_FILE_DEST_SIZE 限制了允许将多少空间分配给恢复或备份文件。

这些参数都是可选的，但如果指定了这些参数，RMAN 就可以自动管理备份和恢复操作需要的文件。这种恢复区域的尺寸应该足够大，从而可以保存所有数据文件、递增的 RMAN 备份、联机重做日志、尚未备份到磁带的归档日志文件、SPFILE 和控制文件的两个副本。

5. CONTROL_FILES

创建数据库时，CONTROL_FILES 参数并不是必需的。如果未指定该参数，Oracle 将在默认位置创建控制文件。或者，如果配置了 OMF，则在由 DB_CREATE_FILE_DEST 或 DB_CREATE_ONLINE_LOG_DEST_*n* 指定的位置和由 DB_RECOVERY_FILE_DEST 指定的次级位置创建控制文件。一旦创建了数据库，如果正在使用 SPFILE，则 CONTROL_FILES 参数反映控制文件位置的名称；如果正在使用文本初始参数文件，则必须以手动方式将位置添加到此文件。

然而，本书强烈推荐在单独的物理卷上创建控制文件的多个副本。控制文件对于数据库完整性至关重要，并且非常小，应该在单独的物理磁盘上创建至少 3 个多元复用的控制文件副本。此外，应该执行 ALTER DATABASE BACKUP CONTROLFILE TO TRACE 命令，用于在发生大灾难时创建文本格式的控制文件副本。

下面的示例指定 3 个用于控制文件副本的位置：

```
control_files = (/u01/oracle10g/test/control01.ctl,
                 /u03/oracle10g/test/control02.ctl,
                 /u07/oracle10g/test/control03.ctl)
```

6. DB_BLOCK_SIZE

参数 DB_BLOCK_SIZE 指定数据库中默认 Oracle 块的大小。在创建数据库时，使用该块大小创建 SYSTEM、TEMP 和 SYSAUX 表空间。理想情况下，该参数应等于操作系统块大小或是操作系统块大小的倍数，从而提高 I/O 效率。

在 Oracle 9*i* 之前，可为 OLTP 系统指定较小的块大小(4KB 或 8KB)，并为 DSS(Decision Support System，决策支持系统)数据库指定较大的块大小(最大为 32KB)。然而，现在的表空间最多可以有 5 种块大小共存于同一数据库中，DB_BLOCK_SIZE 采用较小的值比较好。然而，一般倾向于使用 8KB 作为所有数据库的最小值，除非已经在目标环境中严格证明 4KB 的块大小不会造成性能问题。Oracle 建议，除非有特殊原因(例如许多表的行宽超过 8KB)，在 Oracle Database 12*c* 中，对于每个数据库而言，8KB 都是理想的块大小。

7. SGA_TARGET

Oracle 12*c* 还可通过另一种方式为“设置它然后忘记它”数据库提供方便，就是能够指定所有 SGA 组成部分的内存总数。如果指定 SGA_TARGET，参数 DB_CACHE_SIZE、SHARED_POOL_SIZE、LARGE_POOL_SIZE、STREAMS_POOL_SIZE 和 JAVA_POOL_SIZE 将由 ASMM (Automatic Shared Memory Management，自动共享内存管理)自动确定其大小。如果设置 SGA_TARGET 时手动指定了这 4 个参数中任何一个参数的大小，那么 ASMM 将使用手动方式指定大小参数作为最小值。

一旦实例启动，自动确定大小的参数就可以动态递增或递减，只要没有超出参数 SGA_MAX_SIZE 指定的值即可。参数 SGA_MAX_SIZE 指定整个 SGA 的硬上限，不可以超出或改变这个值，除非重新启动实例。

不论如何指定 SGA 的大小，都需要确保服务器中有足够可用的空闲物理内存来保存 SGA 的组成部分和所有后台进程，否则将会产生过多分页，从而影响性能。

8. MEMORY_TARGET

按照 Oracle 文档的说法，MEMORY_TARGET 并不是一个“基本”参数，但是它可以极大地简化实例内存管理。此参数指定 Oracle 系统范围内的可用内存，然后 Oracle 在 SGA 和 PGA 之间重新分配内存，以优化性能。该参数在一些硬件和 OS 组合上不可用。例如，如果在 Linux 操作系统上定义了大页面，就无法使用 MEMORY_TARGET。

9. DB_CACHE_SIZE 和 DB_*n*K_CACHE_SIZE

参数 DB_CACHE_SIZE 指定 SGA 中用于保存默认大小的块的区域大小，这些块包括来自于 SYSTEM、TEMP 和 SYSAUX 表空间的块。如果一些表空间的块大小不同于 SYSTEM 和 SYSAUX 表空间的块大小，那么最多可以定义 4 个其他的缓存。*n* 的值可以是 2、4、8、16 和 32，如果 *n* 的值与默认块大小相同，则对应的 DB_*n*K_CACHE_SIZE 参数为非法。虽然这个参数不是基本初始参数，但在从具有不同于 DB_BLOCK_SIZE 的块大小的另一个数据库中传送表空间时，该参数就成为非常基本的初始参数。

包括多个块大小的数据库具有非常明显的优点。处理 OLTP 应用程序的表空间可以有较小的块大小，而具有数据仓库表的表空间则可以有较大的块大小。除非行异常大，需要使用较大的块大小来避免单行跨越块边界，8KB 块几乎总是最合理的块大小。然而，在为多个缓存大小分配内存时需要注意，不要将过多的内存分配给一个缓存大小，因为这会影响到分配给另一个缓存大小的内存。如果必须使用多个块大小，则使用 Oracle 的 Buffer Cache Advisory 特性，在视图 V$DB_CACHE_ADVICE 中监控每个缓存大小的缓存利用率，从而帮助指定这些内存区域的大小。第 8 章将介绍 Buffer Cache Advisory 特性的更多信息。

10. SHARED_POOL_SIZE、LARGE_POOL_SIZE、STREAMS_POOL_SIZE 和 JAVA_POOL_SIZE

参数 SHARED_POOL_SIZE、LARGE_POOL_SIZE、STREAMS_POOL_SIZE 及 JAVA_POOL_SIZE 分别用于确定共享池、大型池、流池和 Java 池的大小，如果指定了 SGA_TARGET 初始参数，则 Oracle 自动设置这些参数。第 8 章将介绍手动调整这些区域的更多信息。

11. PROCESSES

PROCESSES 初始参数的值表示可同时连接到数据库的进程总数，包括后台进程和用户进程。PROCESSES 参数的良好起点可以是后台进程数 50 加上期望的最大并发用户数，对于较小的数据库来说，150 是良好的起点，因为将 PROCESSES 参数设置过大几乎不会带来多少额外的系统开销。一个小型部门级数据库的值可能是 256。

12. UNDO_MANAGEMENT 和 UNDO_TABLESPCAE

Oracle 9*i* 中引入了 AUM(Automatic Undo Management，自动撤消管理)，当试图分配正确数量和大小的回滚段以便处理事务的撤消信息时，AUM 能消除(或至少大大减少)麻烦。相反，它为所有撤消操作(除了 SYSTEM 回滚段)指定了一个撤消表空间，在将 UNDO_MANAGEMENT 参数设置为 AUTO 时，系统自动处理所有撤消管理。

DBA 要做的其余任务是确定撤消表空间的大小。V$UNDOSTAT 等数据字典视图和撤消顾问(Undo Advisor)可帮助调整撤消表空间的大小。可创建多个撤消表空间，例如，一个较小的撤消表空间每天白天联机以处理较小的事务卷，一个较大的撤消表空间整夜联机以处理批量作业和长期运行的查询，这些查询加载数据仓库并且需要事务一致性。任意给定时间内，只有一个撤消表空间可以是活动的。在 RAC 环境中，数据库的每个实例都有各自的撤消表空间。

从 Oracle 11*g* 开始，AUM 默认是启用的。此外，可用新的 PL/SQL 过程补充从 Undo Advisor 和 V$UNDOSTAT 获得的信息。

1.12.2 高级初始参数

高级初始参数包括没有列在此处的其他初始参数，在 Oracle Database 12*c* 的版本 1 中共有 368 个初始参数。设置基本初始参数时，Oracle 实例可自动设置并调整大多数高级初始参数。本书后面将回顾其中的很多参数。

1.13　本章小结

Oracle 数据库是最高级的数据库技术，但当我们分析其核心组件时，会体会到它的复杂性。该数据库本身是保存表和索引的文件集合；相对而言，“实例”由访问数据库文件的一个或多个服务器上的内存结构组成。

本章还介绍了多个数据库对象，这些对象大多是 Oracle 表的变体。每种表都有作用，适用于 OLTP、批处理或商业智能。

一旦有了数据库对象，就必须予以备份。必须防止它们受到未经授权的访问。为此，Oracle Database 综合使用系统和对象权限。各种审核和安全功能确保只有正确的人可以访问数据库中最敏感的信息。

最后简要介绍在你的环境中最可能配置(以及在数据库成长期间最可能更改)的一些初始参数。这些参数控制关键数据库文件的位置，也控制为每个数据库特性分配的内存量。各种与内存相关的参数允许你只设置少数几个参数，而由 Oracle 管理其余参数。如果数据库环境用于多个应用类型，或数据库每小时都需要更改，也可根据需要精调 Oracle 内存的使用状况。

第 2 章

升级到 Oracle Database 12*c*

如果你已经安装了 Oracle 数据库服务器较早的版本，则可以将数据库升级到 Oracle Database 12*c*。有多种升级方式可以选择，正确的选择将取决于当前的 Oracle 软件版本和数据库大小等因素。本章将描述这些方法以及使用它们的指导原则。

如果没有使用 Oracle Database 12*c* 之前的 Oracle 版本，那么可以跳过本章继续往后阅读。然而，从 Oracle Database 12*c* 升级到以后发布的版本时或将数据从一个不同的数据库迁移到当前数据库时，仍可能需要参考本章的内容。

在着手升级前，应阅读针对当前操作系统的 Oracle Database 12*c* 安装指南。成功的安装取决于正确配置的环境，包括操作系统补丁级别和系统参数设置。最好首先计划获得安装和升级权利，而不是尝试重新启动部分成功的安装。配置系统使其支持 Oracle 软件的安装以及启动程序数据库的创建。

本章假设 Oracle Database 12*c* 软件已成功安装，并有一个使用同一服务器上较早 Oracle 软件版本的 Oracle 数据库。需要注意，无论是从头安装，还是升级以前的 Oracle Database 版本，采用独立的步骤来安装 Oracle Database 12*c* 软件和创建数据库都有明显的好处。当从头安装时，如果采用独立的步骤创建数据库，则对初始参数、数据库文件位置和内存分配等具有更大的控制权。当从以前的版本升级时，先安装可以提供 Oracle 升级前信息的工具(Oracle Pre-Upgrade Information Tool)，对已有数据库使用该工具可以对升级到 Oracle Database 12*c* 时潜在的兼容问题发出警报。要升级数据库，有 4 种选择：

- **使用数据库升级助手(Database Upgrade Assistant，DBUA)来指导并在适当的位置执行升级**。在升级期间，旧数据库将成为 Oracle 12*c* 数据库。DBUA 支持 Oracle RAC (实时应用群集)和 ASM(自动存储管理)。既可以在安装时启动 DBUA，也可将 DBUA 作为安装后的一个独立工具。Oracle 强烈建议对 Oracle Database 主要版本或补丁版本升级使用 DBUA。
- **执行数据库的手动升级**。在这个过程中，旧数据库将成为 Oracle 12*c* 数据库。即使非常谨慎地控制该过程的每个步骤，但如果漏掉一个步骤或忘记某个必要的步骤，这种方法也容易产生错误。
- **使用 Oracle Data Pump(Oracle 数据泵)实用程序将数据从较早的 Oracle 版本移动到 Oracle 12*c* 数据库**。将使用两个单独的数据库：旧数据库作为导出源，而新数据库作为导入的目标。如果是从 Oracle Database 11*g* 升级，则使用 Oracle Data Pump 将数据从旧数据库移动到新数据库。尽管 Oracle Data Pump 是推荐使用的迁移方法，但也可以使用原来的导入/导出方式(imp 和 exp)从 Oracle Database 10*g* 和更早版本中导出数据，然后导入 Oracle Database 12*c*。
- **将数据从较早的 Oracle 版本复制到 Oracle 12*c* 数据库**。将使用两个单独的数据库：旧数据库作为复制源，新数据库作为复制目标。这种方法最直截了当，因为数据的转移主要是由引用旧数据库和新数据库的 CREATE TABLE AS SELECT SQL 语句组成的。但是，除非数据库只有很少的表，且不涉及已有的 SQL 调整集和统计信息等，否则 Oracle 不建议对生产数据库采用这种方法。一个例外是迁移到 Oracle Exadata，此时，该方法允许利用诸如 HCC(Hybrid Columnar Compression)和分区的 Exadata 特性，权衡一下，其优点超出了使用该方法的缺点。

通过数据库升级助手或手动升级方式，在适当的位置升级数据库，这称为“直接升级”。因为直接升级不涉及为升级数据库创建第二个数据库，所以相对于间接升级，它可以更快完成，需要的磁盘空间也较少。

注意：

只有在当前数据库使用如下 Oracle 版本之一时，才支持将数据库直接升级到版本 12*c*: 10.2.0.5、11.1.0.7、11.2.0.2 或更新版本。如果正使用其他版本，则首先需要将数据库升级到这几个版本中的一个，或者使用不同的升级选项。

2.1 选择升级方法

如前所述，可使用两种直接升级方式和两种间接升级方式。本节将详细描述这些选项，同时描述它们的使用方法。

一般来说，直接升级方式将最快地执行升级，因为它们就地升级数据库。而其他方法涉及通过数据库连接或 Data Pump Export 复制数据。对于非常大型的数据库，通过间接方法彻底重建数据库所需要的时间使其成为不可行的选择。但就地升级也存在一个缺点，即无法重新组织数据文件、表空间或段，Oracle Database 12*c* 中现已废弃的旧对象仍保留在数据库中。

第一种直接方法依赖于 DBUA(Database Upgrade Assistant，数据库升级助手)。DBUA 是一种交互式工具，用于指导升级过程。DBUA 评估当前的数据库配置，并推荐在升级过程中可以实施的修改。接受推荐后，DBUA 在后台执行升级，同时显示进度面板。DBUA 在方法上非常类似于 DBCA(Database Configuration Assistant，数据库配置助手)。如第 1 章所述，DBCA 是成功升级所需要的步骤和参数的图形化界面。

第二种直接方法称为“手动升级”。DBUA 在后台运行脚本，而手动升级方式需要数据库管理员亲手运行脚本。手动升级方法提供了大量的控制，但也增加了升级过程中的风险等级，因为升级步骤必须按正确的顺序执行。

可使用 Oracle Data Pump Export/Import(从 Oracle Database 10*g* 开始引入)作为升级数据库的间接方法。使用这种方法，从旧版本数据库中导出数据，然后将这些数据导入使用新版本 Oracle 软件的数据库中。该过程可能需要磁盘空间来存放源数据库中、Export 转储文件中以及目标数据库中数据的多个副本。虽然付出了这些代价，但这种方法在选择迁移哪些数据方面提供了很大的灵活性，即可以选择导出特殊的表空间、模式、表和行。

使用 Data Pump 方法，不升级原数据库，而是提取该数据库的数据并移动，然后可以删除该数据库，或与新数据库并行运行，直到新数据库测试完毕。在执行导出/导入的过程中，选择并重新插入数据库的每一行。如果数据库非常大，则导入过程可能花费较长的时间，从而影响将升级的数据库及时提供给用户的能力。主要原因在于网络的带宽限制：如果有 10Gbps 或更快的网络连接，则可为多个模式(其至单独的表)在网络上并行运行 Data Pump。关于 Data Pump 实用程序的更多细节请参见第 12 章。

在数据复制方法中，提交一系列 CREATE TABLE AS SELECT……或 INSERT INTO……SELECT 命令，这些命令穿过数据库链接(参阅第 16 章)以检索源数据。然后，基于独立源数据库中数据的查询，在 Oracle 12*c* 数据库中创建表。该方法允许以增量方式引入数据，并限制迁移的行和列。然而，需要非常小心的是，复制的数据能维持表之间所有必需的关系，以及任何索引或约束之间所有必需的关系。与 Data Pump 方法一样，对于大型数据库，这种方法可能需要相当长的时间。

注意：

如果同时改变操作平台，可使用可移植的表空间将数据从旧数据库移动到新数据库。对于非常庞大的数据库，该方法可能比其他数据复制方法更快捷。可参阅第 17 章以了解关于可移植表空间的细节。

为选择正确的升级方法，需要预先评估团队的专业技术、迁移的数据以及迁移期间允许的数据库停机时间。一般来说，对于超大型数据库，可选用 DBUA；而对于较小的数据库，则可使用间接方法。

2.2 升级前的准备工作

在开始迁移前，应该备份现有的数据库和数据库软件。这样在由于某种原因而造成迁移失败或不能将数据库或软件还原到较早版本的情况下，能还原备份并重新创建数据库。

应该开发并测试脚本，通过这些脚本可评估升级之后的数据库性能和功能。评估可能包括特定数据库操作的性能或处于大量用户加载情况下的数据库整体性能。

在生产数据库上执行升级过程前，应在测试数据库上尝试升级，从而可以识别任何遗漏的组成部分(如操作系统补丁)，并度量升级所需的时间。

Oracle Database 12*c* 包含升级前信息工具(Pre-Upgrade Information Tool)，称为 preupgrd.sql。此工具包含在目录$ORACLE_HOME/rdbms/admin 的安装文件中。将此脚本复制到旧数据库能访问的某个位置，用 SYSDBA 权限连接到旧数据库，从 SQL*Plus 会话运行此工具，如下：

```
SQL> @preupgrd.sql
```

该脚本生成文件 preupgrade.log，其中包含脚本的输出。其他两个脚本由升级预备脚本创建：preupgrade_fixups.sql 和 postupgrade_fixups.sql。顾名思义，脚本包含命令，用于在升级启动前修复与现有数据库相关的问题，或修复只能在升级完成后予以修复的问题。无法通过脚本修复的问题在日志文件中标记为*** USER ACTION REQUIRED ***。

Pre-Upgrade Information Tool 标识数据库中的无效对象。无效 SYS 或 SYSTEM 对象的列表存储在 REGISTRY$SYS_INV_OBJS 中，非 SYS 和非 SYSTEM 对象的列表存储在 REGISTRY$NONSYS_INV_OBJS 中。典型的无效对象包括受损的索引和触发器，或由于缺少对象或语法问题无法编译的其他 PL/SQL 函数和过程。

2.3 使用 DBUA

通过使用 dbua 命令(在 UNIX 环境中)或从 Oracle Configuration and Migration Tools 菜单项中选择 Database Upgrade Assistant(在 Windows 环境中)，可启动数据库升级助手(Database Upgrade Assistant，DBUA)。如果使用 UNIX 环境，则需在启动 DBUA 之前启用 X Window 显示屏。

启动时，DBUA 将显示 Welcome 界面。然后就可以在下一个界面中，从可用数据库列表选择希望升级的数据库。一次只可升级一个数据库。

选择好数据库后，升级过程开始。DBUA 将使用前面描述的 preupgrd.sql 脚本，执行升级前的检查(例如检查已过时的初始参数或太小的文件)。DBUA 还提供选项，允许在升级后重编译无效的 PL/SQL 对象。为加快重编译过程，可指定并行度，从而以并行方式运行重编译过程。如果升级后未重编译这些对象，那么使用这些对象的第一个用户将被迫等待，直到 Oracle 执行运行时重编译为止。

接着，DBUA 会提示用户在升级期间备份数据库。如果在启动 DBUA 之前已经备份了数据库，则可以选择跳过该步骤。如果选择通过 DBUA 备份数据库，它将使用 RMAN 在指定的位置创建备份。DBUA 将在该目录中创建一个批处理文件，以自动将这些文件重新还原到它们原来的位置。

下一步选择是否启用 Oracle 企业管理器(Oracle Enterprise Manager，OEM)来管理数据库。如果启用 Oracle 管理代理(Management Agent)，则通过 OEM 可自动得到升级的数据库。如果已使用中央数据库和资源管理器工具(如 Oracle Enterprise Manager Cloud Control 12*c*)，此时可使用 Cloud Control 注册新数据库。

然后，需要最终确定升级数据库的安全配置。与数据库创建过程一样，可指定每个权限账户的密码，也可设置一个单独密码，将其应用于所有 OEM 用户账户。

最后，提示关于闪回恢复区位置(参阅第 14 章)、归档日志设置和网络配置的细节。最后的汇总界面显示了此次升级的各种选择，接受这些选择后就开始升级。升级完成后，DBUA 将显示 Checking Upgrade Results 界面，其中显示执行的步骤、相关的日志文件和状态。标题为 Password Management 的界面部分允许管理升级数据库中账户的密码和锁定/解锁状态。

如果不满意升级结果，可选择 Restore 选项。如果使用 DBUA 执行备份，系统将自动执行还原，否则需要手动执行还原。

成功升级数据库后退出 DBUA 时，DBUA 将删除网络监听器配置文件中旧数据库的条目，插入升级数据库的条目，并且重新加载该文件。

2.4　执行手动直接升级

在手动升级期间，必须执行在 DBUA 中执行的步骤。在这种数据库直接升级过程中，用户必须负责(并控制)升级过程的每个步骤。

在升级前，应使用 Pre-Upgrade Information Tool 来分析数据库。前文曾提到，在和 Oracle Database 12*c* 软件一起安装的 SQL 脚本中提供了该工具，需要针对升级的数据库运行该工具。在要升级的数据库中以拥有 SYSDBA 权限的用户身份运行该文件。结果将显示应该在升级之前解决的潜在问题。

如果在升级前再无需要解决的问题，应关闭数据库，并在继续升级之前执行脱机备份。这确保无论数据库升级产生多么严重的问题，都能恢复到启动升级过程前的旧数据库状态。数据库升级过程的自动化版本包含一个选项，允许使用 RMAN 备份当前数据库。

一旦获得在需要时可还原的备份，就可以开始进行升级了。该过程非常详细，并基于脚本。因此，应根据环境和版本来查阅 Oracle 安装和升级文档。具体步骤如下：

(1) 将配置文件(init.ora、spfile.ora、密码文件)从原位置复制到新的 Oracle 软件主目录。默认情况下，在 UNIX 平台上可在/dbs 子目录中找到配置文件，而在 Windows 平台上则可在\database 目录中找到配置文件。

(2) 从配置文件中删除废弃的和不建议使用的初始参数，这些参数会在 Pre-Upgrade Information Tool 中标识。所有初始参数至少升级为 Pre-Upgrade Information Tool 报告中指定的最小值。在参数文件中使用完整的路径名。

(3) 如果正在升级群集数据库，则设置 CLUSTER_DATABASE 初始参数为 FALSE。升级后，必须将该初始参数重新设置为 TRUE。

(4) 关闭实例。

(5) 如果正使用 Windows，则应停止与实例相关联的服务，并使用如下命令在命令提示符中删除 Oracle 服务：

```
NET STOP OracleService<service_name>
ORADIM -DELETE -SID <instance_name>
```

接下来使用 ORADIM 命令创建新的 Oracle Database 12*c* 服务，如下所示(表 2-1 展示了此命令的变量)：

```
C:\> ORADIM -NEW -SID <SID> -INTPWD <PASSWORD> -MAXUSERS <USERS>
     -STARTMODE AUTO -PFILE <ORACLE_HOME>\<DATABASE>\INIT<SID>.ORA
```

表 2-1　ORADIM 命令的变量

变　　量	说　　明
SID	升级数据库的 SID(实例标识符)名称
PASSWORD	版本 12.1 的数据库实例的密码。这是和 SYSDBA 权限有联系的用户的密码。如果未指定 INTPWD，则使用操作系统身份验证，并且不需要密码
USERS	可授予 SYSDBA 和 SYSOPER 权限的最大用户数量
ORACLE_HOME	版本 12.1 的 Oracle 主目录。确保使用-PFILE 选项指定完整的路径名，包括 Oracle 主目录的驱动器名
DATABASE	数据库名

(6) 如果你的操作系统是 UNIX 或 Linux，应确保环境变量 ORACLE_HOME 和 PATH 指向新版本的 12.1 目录，将 ORACLE_SID 设置为已有数据库的 SID，文件/etc/oratab 指向新的 Oracle Database 12*c* 主目录。另外，设置 ORACLE_HOME 的任何服务器端或客户端脚本也都必须改变为指向新 Oracle 软件主目录。

(7) 作为 Oracle Database 12*c* 软件的拥有者登录到系统。

(8) 将目录改为 Oracle 软件主目录下的$ORACLE_HOME/rdbms/admin 子目录。

(9) 作为具有 SYSDBA 权限的用户连接到 SQL*Plus。

(10) 提交 STARTUP UPGRADE 命令。

(11) 使用 SPOOL 命令记录下面各步骤的结果。

(12) 在 12*c* 环境中运行 Perl 脚本 catctl.pl，将 SQL 脚本 catupgrd.sql 指定为参数之一。catctl.pl 脚本也允许并行升级，以缩短升级时间。该脚本自动确定必须运行哪些升级脚本，运行这些脚本后关闭数据库。

```
SQL> $ORACLE_HOME/perl/bin/perl catctl.pl catupgrd.sql
```

(13) 运行 Perl 脚本后关闭数据库。接着按如下方式重启数据库。升级过程到此结束。

```
SQL> startup
```

运行升级后工具 utlu121s.sql，看一下是否存在任何升级问题。修正这些问题后，再次运行该脚本，确保这些问题得以修正。

(14) 收集修正的对象统计信息，以尽量减少对象重编译时间：

```
SQL> exec dbms_stats.gather_fixed_objects_stats;
```

(15) 运行 utlrp.sql，编译所有需要重编译的 PL/SQL 或 Java 过程：

```
SQL> @utlrp.sql
```

(16) 验证所有对象和类都是有效的：

```
SQL> @utluiobj.sql
```

注意：
升级后，切勿用较早版本的软件启动 Oracle 12*c* 数据库。

2.5 使用 Data Pump Export 和 Import

Export 和 Import 提供了间接升级方法。可在现有数据库旁创建 Oracle 12*c* 数据库，并使用 Data Pump Export 和 Import 将数据从旧数据库移到新数据库。当数据移动完成时，需将应用程序指向新数据库的连接，而非旧数据库的连接。同时需要更新所有配置文件、版本特有的脚本，以及联网配置文件(tnsnames.ora 和 listener.ora)，并将这些文件指向新的数据库。

使用 Export/Import 方法的优点在于，在升级过程中不影响现有数据库；但为确保关系完整性，且在旧数据库中未遗留任何新事务，可在导出和升级期间，以受限模式运行旧数据库。

2.5.1 使用的 Export 和 Import 版本

通过 Export 实用程序创建 Export 转储文件时，可将该文件导入到所有较新的 Oracle 版本中。创建 Data Pump Export 转储文件时，可仅将此文件导入到相同的或更近的 Data Pump Export 版本中。Export 转储文件不是向下兼容的，因此如果需要回复到 Oracle 的较早版本，则应仔细选择使用的 Export 和 Import 版本。

注意，当进行导出以降级数据库版本时，应使用旧的 Export 实用程序版本来尽量减少兼容性问题。如果新版本的数据库使用旧版本不支持的新特性(如新的数据类型)，则仍会遇到兼容性问题。

2.5.2 执行升级

使用 Data Pump Export(推荐)或 Export/Import(Oracle Database 10*g*)，从源数据库导出数据。由于必须从运行 Oracle Database 10*g* 或更新版本的数据库直接升级到 Oracle Database 12*c*，Data Pump Export 在该版本和所有中间版本中都是可用的。可执行一致性导出，也可在导出期间或导出后数据库不用于更新时执行导出。

安装 Oracle Database 12c 软件，并创建目标数据库。在目标数据库中，预先创建需要存储源数据的用户和表空间。如果源数据库和目标数据库共存于服务器上，则需要注意，不要使用另一个数据库中的数据文件覆盖当前数据库的数据文件。Data Pump Import 实用程序将尝试执行在 Data Pump Export 转储文件中找到的 CREATE TABLESPAC 命令，这些命令将包括源数据库中的数据文件名。默认情况下，如果文件已存在(虽然可能通过 Import 的 REUSE_DATAFILES=Y 参数重写)，这些命令将失败。使用正确的数据文件名预先创建表空间可避免这种问题。

> **注意：**
> 可导出特定的表空间、用户、表和行。

一旦准备好数据库，就可使用 Data Pump Import 将 Export 转储文件中的数据加载到目标数据库中。查看日志文件，了解未成功导入的对象的相关信息。有关如何使用 Data Pump Export 和 Import 的详细说明，参见第 11 章。

2.6 使用数据复制方法

数据复制方法需要源数据库和目标数据库同时存在。当迁移的表非常小并且数量很少时，这种方法最合适。和 Data Pump Export/Import 方法一样，必须提防在数据提取期间和之后发生在源数据库中的事务。在这种方法中，通过经由数据库链接的查询提取数据。

使用仅限 Oracle Database 12*c* 软件的安装创建目标数据库，然后预先创建将由源数据库中的数据填充的表空间、用户和表。在目标数据库中创建数据库链接(参阅第 16 章)，这些链接访问源数据库中的账户。最后使用 INSERT INTO . . . SELECT 等命令将数据从源数据库移到目标数据库。

这种数据复制方法允许只引入所需要的行和列，查询可限制迁移的数据。你需要注意源数据库中表之间的关系，从而可在目标数据库中正确地重新创建它们。如果执行升级允许较长的应用程序停止时间，并且在迁移期间需要修改数据结构，则数据复制方法适于满足这些需求。注意，该方法要求数据同时存储在多个位置，因此会影响存储需求。

为提高该方法的性能，可考虑下列选项：

- 禁用所有索引和约束，直到加载所有的数据。
- 并行运行多个数据复制作业。
- 使用并行查询和 DML 增强单个查询和插入的性能。
- 使用 APPEND 提示增强插入(直接路径插入)的性能。
- 在重新创建索引前收集表的统计数据。Oracle 将在重建索引时自动收集索引上的统计数据。

从 Oracle 10*g* 开始，可使用跨平台的可移植表空间。传送表空间时，只导出和导入表空间的元数据，同时将数据文件物理移动到新平台。对于超大型数据库，移动数据文件所需要的时间比重新插入行所需要的时间短很多。查看第 17 章可了解使用可移植表空间的相关细节。查看第 8 章可了解关于性能调整的更多建议。

2.7 升级后的工作

升级后，应再次检查与数据库相关的配置文件和参数文件，特别是在迁移过程中改变了实例名称的情况下。这些文件包括：

- tnsnames.ora 文件
- listener.ora 文件
- 可能包含硬编码实例名的程序

注意：
如果没有使用 DBUA 执行升级，则需要手动重新加载修改后的 listener.ora 文件。

应该检查数据库初始参数，以确保已经删除了不主张使用的和废弃的参数，在迁移过程中运行 Pre-Upgrade Information Tool 的 preupgrd.sql 时，应该已经标识了这些参数，务必重新编译已经编写的、依赖于数据库软件库的所有程序。

一旦升级完成，就能执行在升级开始前标识的功能测试和性能测试。如果数据库功能存在问题，尝试标识可能影响测试结果的所有参数设置或遗漏的对象。如果无法解决问题，则需要恢复到之前的版本。如果在开始升级之前执行了完全备份，则很容易在最短的停机时间内恢复到旧版本。

2.8 本章小结

将数据库从 Oracle Database 11*g* 升级到 12*c* 并非难事，可根据可用存储和数据库大小，使用几种方法之一完成升级。如果选项很少，DBUA 界面可带你遍历所有选项；而如果不使用 DBUA，将需要使用一些复杂的 OS 命令。

使用 Data Pump Export 和 Import 的优势在于能执行逻辑化迁移，可更改在原数据库中未达到最佳标准的物理数据库布局。

数据复制方法最简单，但仅适用于数据库很小且数据库对象也很少的情形。旧数据库和新数据库必须同时运行；另外，必须创建 INSERT 语句，将表数据从旧数据库复制到新数据库。复制表数据后，创建适当的索引，创建用户，并在新表上授予权限。

第3章

计划和管理表空间

DBA 配置数据库中表空间布局的方式会直接影响数据库的性能和可管理性。本章将回顾不同类型的表空间，以及如何利用 Oracle 10*g* 中新增的临时表空间组特性，使用临时表空间来驾驭数据库中表空间的大小和数量。

本章还将介绍 Oracle 的优化灵活体系结构(Optimal Flexible Architecture，OFA)如何帮助促进 Oracle 可执行文件和数据库文件自身的目录结构标准化；从 Oracle 7 开始支持 OFA。OFA 最初用于提高性能，Oracle Database 12*c* 进一步增强了 OFA 的功能，增强了安全性并简化了复制和升级任务。

Oracle 的默认安装为 DBA 提供了良好起点，不仅创建了符合 OFA 标准的目录结构，而且根据各个段的功能将它们分离到大量表空间中。本章将回顾每个表空间的空间需求，并介绍一些关于如何微调这些表空间特征的技巧。

将 Oracle 自动存储管理(Automatic Storage Management，ASM)用作逻辑卷管理器时，通过

在一个 ASM 磁盘组的所有磁盘上自动扩展表空间中的段，可更简单高效地维护表空间。使用 ASM 时，在表空间中添加数据文件变得易如反掌；使用大文件表空间意味着只需要为表空间分配单个数据文件。这两种情形下，不需要指定(甚至不需要了解)ASM 目录结构中数据文件自身的名称。

在 Oracle Database 12*c* 中，多租户数据库体系结构中的容器数据库(Container DataBase，CDB)和可插拔数据库(Pluggable DataBase，PDB)改变了在可插拔数据库中使用和管理一些表空间的方式。所有永久表空间只与一个数据库关联(CDB 或 PDB)。相对而言，临时表空间或临时表空间组在 CDB 级别管理，由 CDB 中的所有 PDB 使用。可参阅第 10 章，深入了解 Oracle Database 12c 多租户体系结构。

本章末尾将提供一些指导原则，帮助你基于类型、大小和访问频率将段放入不同的表空间中，同时提供了一些方法来标识一个或多个表空间中的热点。

3.1 表空间的体系结构

在数据库中完全设置表空间的先决条件是理解不同类型的表空间，以及如何将它们用于 Oracle 数据库。本节将介绍不同类型的表空间，并且给出一些管理它们的示例。此外，本节将按类别回顾表空间的类型：永久表空间(SYSTEM 和 SYSAUX 等)、临时表空间、撤消表空间和大文件表空间；并描述这些表空间的作用。最后讨论 Oracle 的 OFA 以及 OFA 如何简化了维护任务。

3.1.1 表空间类型

Oracle 数据库中主要的表空间类型有永久表空间、撤消表空间和临时表空间。永久表空间包含一些段，这些段在会话或事务结束后依然持续存在。

虽然撤消表空间可能有一些段在会话或事务结束后仍然保留，但它为访问被修改表的 SELECT 语句提供读一致性，同时为数据库的大量 Oracle 闪回特性提供撤消数据。然而，撤消段主要用来存储一些列在更新或删除前的值。这样，如果用户的会话在用户发出 COMMIT 或 ROLLBACK 前失败，将取消更新、插入和删除，并且永远不会被其他会话访问。用户会话永远不能直接访问撤消段，而且撤消表空间只能有撤消段。

顾名思义，临时表空间包含暂时的数据，这些数据只存在于会话的持续时间，例如完成排序操作的空间数据不适合长期保存。

大文件表空间可用于这三类表空间的任何一种，它们将维护点从数据文件移到表空间，从而简化了表空间的管理。大文件表空间正好包含一个数据文件。大文件表空间也有一些缺点，本章后文中将予以介绍。

1. 永久表空间

SYSTEM 表空间和 SYSAUX 表空间是永久表空间的两个示例。此外，任何在超出会话或事务边界后需要由用户或应用程序保留的段都应存储在永久表空间。

SYSTEM 表空间 用户段绝对不应该驻留在 SYSTEM 或 SYSAUX 表空间中。如果在创建用户时未指定默认的永久表空间或临时表空间，将使用数据库级别的默认永久表空间和临时表空间。

如果使用 Oracle 通用安装程序(Oracle Universal Installer，OUI)创建数据库，则会为永久段和临时段创建不同于 SYSTEM 的单独表空间。如果手动创建数据库，务必指定默认永久表空间和默认临时表空间，如下面的 CREATE DATABASE 命令所示：

```
CREATE DATABASE rjbdb
  USER SYS IDENTIFIED BY melsm25
  USER SYSTEM IDENTIFIED BY welisa45
  LOGFILE GROUP 1 ('/u02/oracle11g/oradata/rjbdb/redo01.log') SIZE 100M,
          GROUP 2 ('/u04/oracle11g/oradata/rjbdb/redo02.log') SIZE 100M,
          GROUP 3 ('/u06/oracle11g/oradata/rjbdb/redo03.log') SIZE 100M
  MAXLOGFILES 5
  MAXLOGMEMBERS 5
  MAXLOGHISTORY 1
  MAXDATAFILES 100
  MAXINSTANCES 1
  CHARACTER SET US7ASCII
  NATIONAL CHARACTER SET AL16UTF16
  DATAFILE '/u01/oracle11g/oradata/rjbdb/system01.dbf' SIZE 2G REUSE
  EXTENT MANAGEMENT LOCAL
  SYSAUX DATAFILE '/u01/oracle11g/oradata/rjbdb/sysaux01.dbf'
    SIZE 800M REUSE
  DEFAULT TABLESPACE USERS
    DATAFILE '/u03/oracle11g/oradata/rjbdb/users01.dbf'
    SIZE 4G REUSE
  DEFAULT TEMPORARY TABLESPACE TEMPTS1
    TEMPFILE '/u01/oracle11g/oradata/rjbdb/temp01.dbf'
    SIZE 500M REUSE
  UNDO TABLESPACE undotbs
    DATAFILE '/u02/oracle11g/oradata/rjbdb/undotbs01.dbf'
    SIZE 400M REUSE AUTOEXTEND ON MAXSIZE 2G;
```

从 Oracle 10*g* 开始，SYSTEM 表空间默认为本地管理。换句话说，所有表空间的使用由位图段(bitmap segment)管理，位图段在表空间的第一个数据文件的第一部分。在本地管理的 SYSTEM 表空间的数据库中，数据库中的其他表空间也必须是本地管理，或者必须是只读的。使用本地管理的表空间可免除一些 SYSTEM 表空间的争用，因为表空间的空间分配和释放操作不需要使用数据字典表。关于本地管理的表空间的更多细节将在第 6 章介绍。除了支持从遗留数据库导入由字典管理的可传输表空间，在数据库中使用字典管理的表空间没有任何好处。

SYSAUX 表空间 与 SYSTEM 表空间类似，SYSAUX 表空间不应该有任何用户段。SYSAUX 表空间的内容根据应用程序划分，可使用 Oracle Enterprise Manager Database Express(EM Express)或 Cloud Control 12*c* 查看。在 Cloud Control 12*c* 中，选择 Administration | Storage | Tablespaces 命令，然后单击表空间列表中的 SYSAUX 链接，可编辑 SYSAUX 表空间。图 3-1 所示为 SYSAUX 中空间使用的图形表示。

Name	Schema	Space Used (MB)	Space Used (%)	Change Tablespace
Unknown		210.19	21.02	
Server Manageability - Automatic Workload Repository	SYS	207.81	20.78	
XDB	XDB	187.50	18.75	Change Tablespace
Oracle Spatial	MDSYS	77.63	7.76	
Server Manageability - Optimizer Statistics History	SYS	76.19	7.62	
Free Space		51.13	5.11	
Server Manageability - Other Components	SYS	45.94	4.59	
Analytical Workspace Object Table	SYS	38.75	3.88	Change Tablespace
OLAP API History Tables	SYS	38.75	3.88	
Oracle Multimedia ORDDATA Components	ORDDATA	16.06	1.61	Change Tablespace
LogMiner	SYSTEM	13.75	1.38	Change Tablespace
Server Manageability - Advisor Framework	SYS	12.38	1.24	
Workspace Manager	WMSYS	7.13	0.71	Change Tablespace
Oracle Text	CTXSYS	3.81	0.38	Change Tablespace
Transaction Layer - SCN to TIME mapping	SYS	3.25	0.33	
SQL Management Base Schema	SYS	2.44	0.24	
Unified Job Scheduler	SYS	1.88	0.19	
PL/SQL Identifier Collection	SYS	1.56	0.16	
Logical Standby	SYSTEM	1.50	0.15	Change Tablespace
Oracle Streams	SYS	1.00	0.10	
Enterprise Manager Monitoring User	DBSNMP	0.63	0.06	
Oracle Multimedia ORDSYS Components	ORDSYS	0.44	0.04	Change Tablespace
Automated Maintenance Tasks	SYS	0.31	0.03	

图 3-1　EM Cloud Control 12*c* SYSAUX 表空间的内容

如果驻留在 SYSAUX 表空间中的特定应用程序的空间使用率过高，或者由于与其他使用 SYSAUX 表空间的应用程序严重争用表空间而造成了 I/O 瓶颈，可将这些应用程序中的一个或多个移到不同表空间。对于图 3-1 中包含 Change Tablespace 链接的任意 SYSAUX 占用者，可单击链接，然后在图 3-2 显示的字段中选择目标表空间，移动相应的 SYSAUX 占用者。XDB 对象将移动到 SYSAUX2 表空间。第 6 章将介绍一个使用命令行界面将 SYSAUX 占用者移到不同表空间的示例。

可像监控任意其他表空间一样监控 SYSAUX 表空间，稍后将介绍如何使用 EM Cloud Control 来标识表空间中的热点。

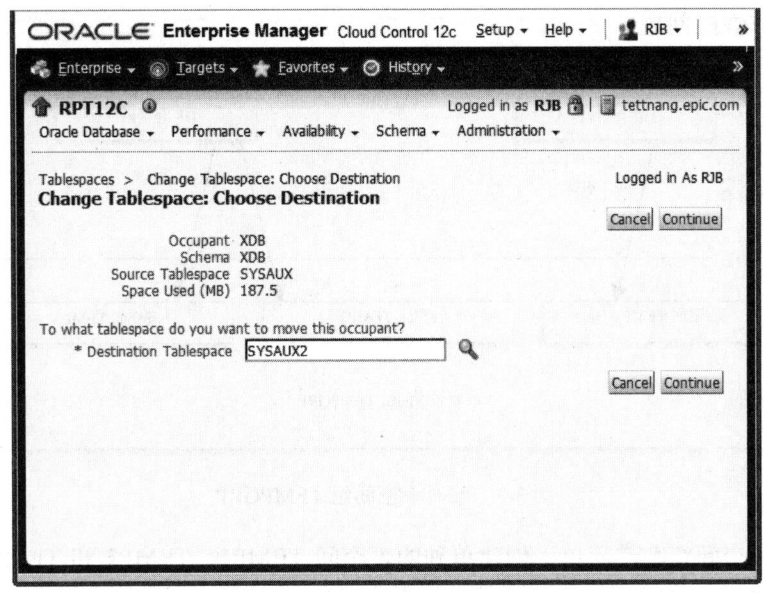

图 3-2 使用 EM Cloud Control 12c 移动 SYSAUX 占用者

2. 撤消表空间

多个撤消表空间可存在于一个数据库中，但在单个数据库实例中，在任何给定的时间只有一个撤消表空间可以是活动的。撤消表空间用于回滚事务，以及提供与 DML 语句同时运行在同一个表或表集上的 SELECT 语句的读一致性，并支持大量 Oracle 闪回特性，如闪回查询(Flashback Query)。

撤消表空间需要正确地确定大小，从而防止“Snapshot too old”错误，并提供足够的空间来支持初始参数，如 UNDO_RETENTION。关于如何监控、确定大小和创建撤消表空间的更多信息将在第 7 章介绍。

3. 临时表空间

数据库中可以有多个临时表空间联机并处于活动状态，但在 Oracle 10*g* 之前，同一用户的多个会话只能使用同一个临时表空间，因为只有一个默认的临时表空间可被赋予用户。为消除这个潜在的性能瓶颈，Oracle 现在支持临时表空间组。临时表空间组即为一系列临时表空间。

临时表空间组必须至少包含一个临时表空间，它不可以为空。一旦临时表空间组没有任何成员，它将不复存在。

使用临时表空间组的一个最大优点是，向具有多个会话的单个用户提供如下功能：对每个会话使用不同的实际临时表空间。在图 3-3 中，用户 OE 有两个活动会话，这些会话需要临时表空间来执行排序操作。

并不是将单个临时表空间赋给用户，而是赋给临时表空间组。在这个示例中，将临时表空间组 TEMPGRP 赋给 OE。因为 TEMPGRP 临时表空间组中有 3 个实际的临时表空间，所以第一个 OE 会话可使用临时表空间 TEMP1，第二个 OE 会话执行的 SELECT 语句可以并行使用其他两个临时表空间 TEMP2 和 TEMP3。在 Oracle 10*g* 之前，两个会话都使用同一临时表空间，从而潜在地造成性能问题。

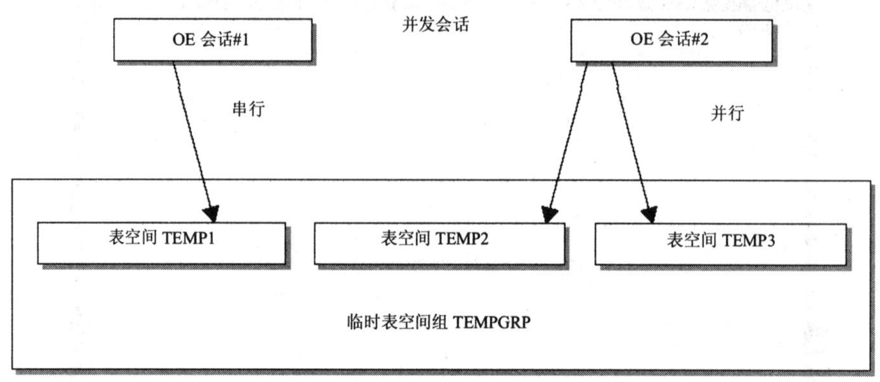

图 3-3 临时表空间组 TEMPGRP

创建临时表空间组非常简单。创建单独的表空间 TEMP1、TEMP2 和 TEMP3 后，可以创建名为 TEMPGRP 的临时表空间组，具体如下：

```
SQL> alter tablespace temp1 tablespace group tempgrp;
Tablespace altered.
SQL> alter tablespace temp2 tablespace group tempgrp;
Tablespace altered.
SQL> alter tablespace temp3 tablespace group tempgrp;
Tablespace altered.
```

使用将实际临时表空间改为默认临时表空间的相同命令，可将数据库的默认临时表空间改为 TEMPGRP。临时表空间组逻辑上可视为与一个临时表空间相同。

```
SQL> alter database default temporary tablespace tempgrp;
Database altered.
```

为删除表空间组，必须先删除它的所有成员。对组中的临时表空间分配空字符串(即删除组中的表空间)，即可删除表空间组的成员：

```
SQL> alter tablespace temp3 tablespace group '';
Tablespace altered.
```

不出所料，将临时表空间组分配给用户等同于将一个临时表空间分配给用户，这种分配可以发生在创建用户时或者将来的某个时刻。下面的示例表示将新用户 JENWEB 分配给临时表空间 TEMPGRP：

```
SQL> create user jenweb identified by pi4001
  2     default tablespace users
  3     temporary tablespace tempgrp;
User created.
```

注意，如果在创建用户过程中没有分配表空间，将仍向用户 JENWEB 分配 TEMPGRP 作为临时表空间，因为根据前面的 CREATE DATABASE e 示例，这是数据库默认的临时表空间。

在 Oracle Database 10*g* 和 Oracle Database 11*g* 中，对数据字典视图进行了一些改动，以支持临时表空间组。与 Oracle 以前的版本一样，数据字典视图 DBA_USERS 仍有 TEMPORARY_TABLESPACE 列，但该列现在可以包含分配给用户的临时表空间或临时表空间组的名称。

```
SQL> select username, default_tablespace, temporary_tablespace
  2      from dba_users where username = 'JENWEB';

USERNAME             DEFAULT_TABLESPACE TEMPORARY_TABLESPACE
-------------------- ------------------ --------------------
JENWEB               USERS              TEMPGRP

1 row selected.
```

新的数据字典视图 DBA_TABLESPACE_GROUPS 显示了每个临时表空间组的成员：

```
SQL> select group_name, tablespace_name from dba_tablespace_groups;

GROUP_NAME                     TABLESPACE_NAME
------------------------------ ------------------------------
TEMPGRP                        TEMP1
TEMPGRP                        TEMP2
TEMPGRP                        TEMP3

3 rows selected.
```

与其他大多数可以使用命令行实现的 Oracle 特性一样，可使用 EM Cloud Control 12*c* 将成员分配给临时表空间组，也可从临时表空间组中删除成员。在图 3-4 中，可从临时表空间组中添加或删除成员。

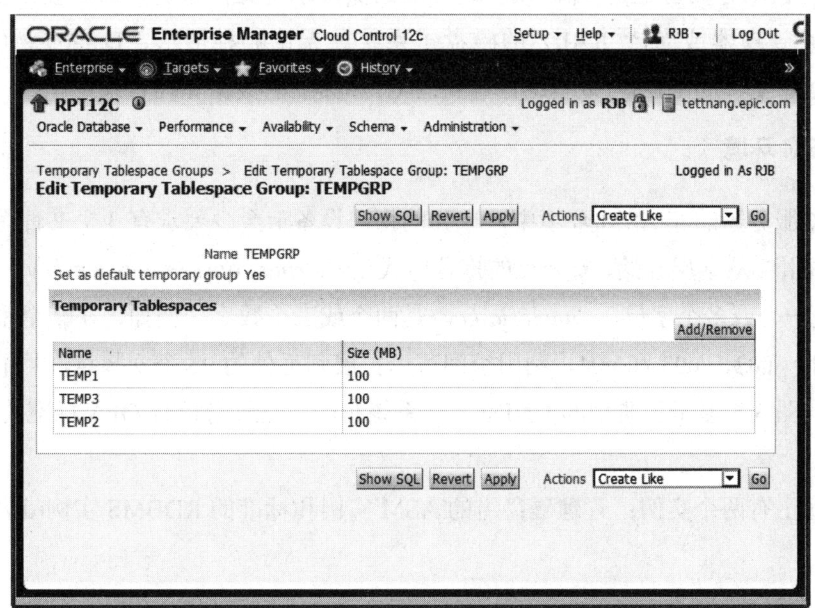

图 3-4　使用 EM Cloud Control 12*c* 编辑临时表空间组

4. 大文件表空间

大文件表空间简化了数据库管理，因为它只包含一个数据文件。如果表空间块大小是32KB，则该数据文件的大小最多可以为128TB。如果使用更常见的块大小8KB，则大文件表空间的大小最多为32TB。之前许多只用于维护数据文件的命令现在都可以用于表空间，只要表空间是大文件表空间即可。第6章将介绍如何创建和维护大文件表空间。

虽然大文件表空间便于维护，但大文件表空间也存在一些潜在缺点。因为大文件表空间是单一的数据文件，所以完全备份单一的一个大型数据文件所用的时间比完全备份多个较小数据文件(这些较小数据文件的总大小与单一数据文件表空间相等)要长得多，即使Oracle为每个数据文件使用多个从进程也是如此。如果大文件表空间是只读的，或者只定期备份已改变的块，则备份问题在这种环境中也许并不突出。如果使用 Oracle Database 11*g* 引入的 RMAN 的 SECTION SIZE 选项，可并行备份整个大文件表空间(以及整个数据文件)。

3.1.2 OFA

Oracle的OFA(Optimal Flexible Architecture，优化灵活体系结构)提供了减轻Oracle软件和数据库文件维护工作的指导原则，并改进了数据库的性能，即适当地放置数据库文件，从而最小化I/O瓶颈。

安装或维护Oracle环境时，虽然并不严格要求使用OFA，但使用OFA可以使客户更容易理解如何在磁盘上组织数据库，从而防止客户在你度假时午夜打电话给你。

根据所使用的存储器选项类型，OFA具有细微的区别——或者是ASM(Automatic Storage Management，自动存储管理)环境，或者是标准的操作系统文件系统，后者使用(或者不使用)第三方逻辑卷管理器或支持 RAID 的磁盘子系统。无论哪种情形，Database Configuration Assistant(数据库配置助手)都可以自动创建符合OFA标准的数据文件目录结构。

1. 非ASM环境

在UNIX服务器的非ASM环境中，单独的物理设备上至少要求有3个文件系统才能实现OFA的推荐标准。从顶层开始，安装点的推荐格式是/*<string const><numeric key>*，其中*<string const>*可以是一个或多个字母，*<numeric key>*是两个或三个数字。例如，在某个系统上，可以有安装点/u01、/u02、/u03和/u04，利用空间可以扩展到另外的96个安装点，且不需要改变文件命名约定。图3-5显示了典型的UNIX文件系统布局，它具有符合OFA标准的Oracle目录结构。

该服务器上有两个实例：管理磁盘组的ASM实例和标准的RDBMS实例(dw)。

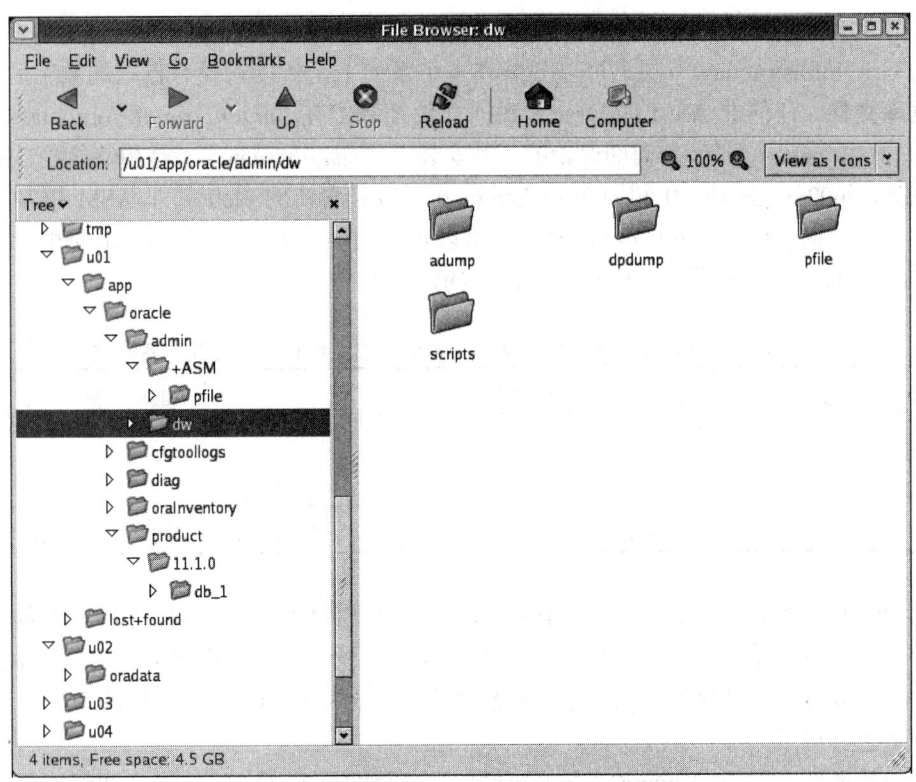

图 3-5　符合 OFA 标准的 UNIX 目录结构

软件可执行文件　每个单独产品名的软件可执行文件驻留在目录/<*string const*><*numeric key*>/<*directory type*>/<*product owner*>中，其中<*string const*>和<*numeric key*>在前面已经定义过，<*directory type*>指示安装在这个目录中的文件类型，<*product owner*>则是拥有该目录并在这个目录中安装文件的用户名。例如，目录/u01/app/oracle 可包含由用户 Oracle 在服务器上安装的应用程序相关文件(可执行文件)，目录/u01/app/apache 可包含从前一个 Oracle 版本中安装的中间件 Web 服务器的可执行文件。

从 Oracle 10*g* 开始，OFA 标准使 DBA 更容易在同一高级目录中安装多个版本的数据库和客户端软件。符合 OFA 标准的 Oracle 主路径对应于环境变量 ORACLE_HOME，该路径包含一个后缀，对应于安装类型和具体内容。例如，Oracle 12*c* 的一个安装、Oracle 11*g* 的一个安装、Oracle 10*g* 的两个不同安装和 Oracle 9*i* 的一个安装可以驻留在下面几个目录中：

```
/u01/app/oracle/product/9.2.0.1
/u01/app/oracle/product/10.1.0/db_1
/u01/app/oracle/product/10.1.0/db_2
/u01/app/oracle/product/11.1.0/db_1
/u01/app/oracle/product/12.1.0/dbhome_1
```

同时，Oracle 客户端可执行文件和配置可与数据库可执行文件存储在同一父目录中：

```
/u01/app/oracle/product/12.1.0/client_1
```

有些安装目录将永远不会有一个给定产品的多个实例。例如，Oracle Grid Infrastructure(每个服务器一个安装)将安装在下面的目录中(给定前面的安装)：

```
/u01/app/oracle/product/12.1.0/grid
```

因为 Grid Infrastructure 一次只可以安装在一个系统上，所以它没有自增的数字后缀。

数据库文件 任何非 ASM 的 Oracle 数据文件都驻留在/<*mount point*>/oradata/<*database name*>中，其中<*mount point*>是前面讨论的一种安装点，<*database name*>是初始参数 DB_NAME 的值。例如，/u02/oradata/rac0 和/u03/oradata/rac0 可以包含实例 rac0 的非 ASM 控制文件、重做日志文件和数据文件，而/u05/oradata/dev1 可以包含同一服务器上实例 dev1 的相同文件。表 3-1 详述了 oradata 目录下不同文件类型的命名约定。

表 3-1 符合 OFA 标准的控制文件、重做日志文件和数据文件命名约定

文 件 类 型	文件名格式	变 量
控制文件	control.ctl	没有
重做日志文件	redo<*n*>.log	*n* 是两位数的数字
数据文件	<*tn*>.dbf	*t* 是 Oracle 表空间名，*n* 是两位数的数字

虽然 Oracle 表空间名可以长达 30 个字符，但建议在 UNIX 环境中保持表空间名为 8 个字符或更少。因为可移植的 UNIX 文件名限制为 14 个字符，并且 OFA 数据文件名的后缀为<*n*>.dbf，其中 *n* 是两个数字，即文件系统中总共需要 6 个字符用于后缀。这就为表空间名自身留下了 8 个字符可用。

只有与数据库<*database name*>关联的控制文件、重做日志文件和数据文件应该存储在目录/<*mount point*>/oradata/<*database name*>中。对于没有使用 ASM 管理的数据库 ord，数据文件名如下：

```
SQL> select file#, name from v$datafile;

     FILE# NAME
---------- ----------------------------------
         1 /u05/oradata/ord/system01.dbf
         2 /u05/oradata/ord/undotbs01.dbf
         3 /u05/oradata/ord/sysaux01.dbf
         4 /u05/oradata/ord/users01.dbf
         5 /u09/oradata/ord/example01.dbf
         6 /u09/oradata/ord/oe_trans01.dbf
         7 /u05/oradata/ord/users02.dbf
         8 /u06/oradata/ord/logmnr_rep01.dbf
         9 /u09/oradata/ord/big_users.dbf
        10 /u08/oradata/ord/idx01.dbf
        11 /u08/oradata/ord/idx02.dbf
        12 /u08/oradata/ord/idx03.dbf
        13 /u08/oradata/ord/idx04.dbf
        14 /u08/oradata/ord/idx05.dbf
        15 /u08/oradata/ord/idx06.dbf
        16 /u08/oradata/ord/idx07.dbf
        17 /u08/oradata/ord/idx08.dbf
17 rows selected.
```

除了编号为 8 和 9 的文件之外，ord 数据库中的所有数据文件都符合 OFA 标准，并且被展开到 4 个不同的安装点。编号为 8 的文件中的表空间名太长，而编号为 9 的文件没有用两位数的数字计数器来表示同一表空间的新数据文件。

2. ASM 环境

在 ASM 环境中，可执行文件存储在前面表示的目录结构中。然而，如果浏览图 3-5 中的目录/u02/oradata，可看到其中没有任何文件。实例 dw 的所有控制文件、重做日志文件和数据文件都由该服务器上的 ASM 实例+ASM 管理。

大多数管理功能并不需要实际的数据文件名，因为 ASM 文件都是 Oracle 管理文件(Oracle Managed Files，OMF)。这减轻了数据库所需要的全部管理工作。在 ASM 存储结构中，类似于 OFA 的语法用于进一步细分文件类型：

```
SQL> select file#, name from v$datafile;

     FILE# NAME
---------- ----------------------------------------
         1 +DATA/dw/datafile/system.256.622426913
         2 +DATA/dw/datafile/sysaux.257.622426915
         3 +DATA/dw/datafile/undotbs1.258.622426919
         4 +DATA/dw/datafile/users.259.622426921
         5 +DATA/dw/datafile/example.265.622427181
5 rows selected.

SQL> select name from v$controlfile;

NAME
----------------------------------------
+DATA/dw/controlfile/current.260.622427059
+RECOV/dw/controlfile/current.256.622427123
2 rows selected.

SQL> select member from v$logfile;

MEMBER
----------------------------------------
+DATA/dw/onlinelog/group_3.263.622427143
+RECOV/dw/onlinelog/group_3.259.622427145
+DATA/dw/onlinelog/group_2.262.622427135
+RECOV/dw/onlinelog/group_2.258.622427137
+DATA/dw/onlinelog/group_1.261.622427127
+RECOV/dw/onlinelog/group_1.257.622427131
6 rows selected.
```

在磁盘组+DATA 和+RECOV 中，可以看到每个数据库文件类型，如数据文件、控制文件和联机日志文件，都有自己的目录。完全限定的 ASM 文件名具有如下格式：

```
+<group>/<dbname>/<file type>/<tag>.<file>.<incarnation>
```

其中*<group>*是磁盘组名，*<dbname>*是文件所属的数据库，*<file type>*是 Oracle 文件类型，

*<tag>*是特定于文件类型的信息，*<file>*.*<incarnation>*用来确保文件在磁盘组中的唯一性。

第 6 章将介绍自动存储管理。

3.2 Oracle 安装表空间

表 3-2 列出了使用标准 Oracle 12*c* 安装创建的表空间，其中使用了 Oracle 通用安装程序(Oracle Universal Installer，OUI)。EXAMPLE 表空间是可选的，如果在安装对话期间指定想要创建示例模式，则安装该表空间。

表 3-2 标准 Oracle 安装表空间

表 空 间	类 型	段空间管理	初始分配的近似大小(MB)
SYSTEM	永久	手动	790
SYSAUX	永久	自动	1000
TEMP	临时	手动	160
UNDOTBS1	永久	手动	180
USERS	永久	自动	255
EXAMPLE	永久	自动	358

3.2.1 SYSTEM

本章前面提及，没有任何用户段应该存储在 SYSTEM 表空间中。通过自动将永久表空间分配给还没有被显式分配永久表空间的所有用户，CREATE DATABASE 命令中的子句 DEFAULT TABLESPACE 可帮助防止这种情况的发生。使用 OUI 执行的 Oracle 安装将自动分配 USERS 表空间为默认的永久表空间。

如果过多地使用过程化对象，如函数、过程和触发器等，SYSTEM 表空间将快速增长，因为这些对象必须驻留在数据字典中。对于抽象数据类型和 Oracle 的其他面向对象特性，情况也是如此。

3.2.2 SYSAUX

与 SYSTEM 表空间一样，用户段永远不应存储在 SYSAUX 表空间中。如果 SYSAUX 表空间的特定占用者占据了过多的可用空间，或者严重影响了其他使用 SYSAUX 表空间的应用程序的性能，则应该考虑将该占用者移动到另一个表空间。

3.2.3 TEMP

不推荐使用非常大的临时表空间，而应该考虑使用一些较小的临时表空间，并且创建一个临时表空间组来保存它们。如同在本章前面看到的，这可以缩短某些应用程序的响应时间。这些受影响的应用程序创建了许多具有相同用户名的会话。对于 Oracle 容器数据库和可插拔数据库(在 Oracle 的多租户体系结构中，是 Oracle Database 12*c* 新引入的)，容器数据库拥有所有可插拔数据库使用的临时表空间。

3.2.4 UNDOTBS1

即使数据库可能有多个撤消表空间，在任意给定时间，一个给定实例上也只有一个活动的撤消表空间。如果撤消表空间需要使用更多空间，且 AUTOEXTEND 不可用，则可添加另一个数据文件。撤消表空间必须可用于 RAC 环境中的每个节点，因为每个实例都管理自己的撤消。

3.2.5 USERS

USERS 表空间计划用于由每个数据库用户创建的其他各种段，它不适用于任何生产应用程序。应为每个应用程序和段类型创建单独的表空间。稍后将介绍一些额外的标准，可以使用这些标准来决定何时将段分离到它们自己的表空间中。

3.2.6 EXAMPLE

在生产环境中，EXAMPLE 表空间应该被删除。它占用数百兆磁盘空间，并且具有所有 Oracle 段类型和数据结构类型的示例。如果需要练习，应该创建单独的数据库，使其包含这些示例模式。对于现有的练习数据库，可使用$ORACLE_HOME/demo/schema 中的脚本将这些示例模式安装到所选的表空间。

3.3 段分离

一般可根据类型、大小和访问频率将段划分到不同的表空间中。此外，每个表空间将从自己的磁盘组或磁盘设备上获益。然而在实际情况中，大多数计算站并没有能力将每个表空间存储到自己的设备上。下面的要点标识了一些条件，可以使用这些条件来确定如何将段分离到表空间中。这些条件之间不存在优先级，因为优先级取决于具体的环境。使用 ASM 可消除这里列出的许多争用问题，从而不需要 DBA 进行额外的工作。第 4 章将详细讨论 ASM。在大多数此类场景中主要建议：与性能相比，要更注重可管理性，从而增加可用性。

- 大段和小段应该在单独的表空间中；为便于管理并从大表中回收未用空间，这一点显得尤为重要。
- 表段和它们所对应的索引段应该在单独的表空间中(如果未使用 ASM，而且每个表空间存储在各自的磁盘组中)。
- 单独的表空间应该用于每个应用程序。
- 使用率低的段和使用率高的段应该在不同的表空间中。
- 静态段应该和高 DML 段分离。
- 只读表应该在其自己的表空间中。
- 数据仓库的临时表(staging table)应该在其自己的表空间中。
- 根据是否逐行访问段以及是否通过完整表扫描访问段，使用适当的块大小来创建表空间。
- 为不同类型的活动分配表空间，如主要执行 UPDATE、主要执行只读操作或使用临时段。
- 物化视图应该在与基表不同的单独表空间中。

- 对于分区的表和索引，每个分区应该在其自己的表空间中。

使用 EM Cloud Control 12*c*，可通过标识热点(在文件级或对象级)来标识任意表空间上的总体争用情况。第 8 章将讨论性能调整，包括解决 I/O 争用问题。

3.4 本章小结

数据库的基本逻辑构建块是表空间。它包含一个或多个物理数据文件，如果创建一个大文件表空间，则只有一个数据文件。无论创建永久表空间、撤消表空间还是临时表空间，都可以作为大文件表空间来创建，以简化管理。

在创建表空间或其他对象时，可使用 OFA 来自动创建适当的 OS 文件名和目录位置。在 ASM 环境中这更有用，只要指定磁盘组名即可，Oracle 自动将其放在正确的目录位置，你永远不必了解 Oracle 将对象放在 ASM 文件结构的哪个位置。

在默认的 Oracle 数据库安装中，Oracle 创建 5 个必要的表空间：SYSTEM、SYSAUX、TEMP、UNDOTBS1 和 USERS；如果选择安装示例模式，它们将存在于 EXAMPLE 表空间中。你极可能在环境中创建更多表空间，将应用程序分隔到专门的表空间中，以限制表空间为那个应用程序使用的磁盘空间量。

第4章

物理数据库布局和存储管理

第 3 章讨论了数据库和表空间的逻辑组成部分，以及如何创建正确数量和类型的表空间，并根据使用模式和功能将表和索引段放在适当的表空间中。本章将重点关注数据库和数据文件的物理方面，以及如何存储它们才能最大化 I/O 吞吐量和数据库的整体性能。

本章内容基于以下假设：正在使用本地管理的表空间，且具有自动段空间管理功能。除了使用存储在表空间自身中的位图(而非存储在表或索引头块中的空闲列表)来减少 SYSTEM 表空间上的加载外，自动段空间管理(通过指定 AUTOALLOCATE 或 UNIFORM)还有助于更有效地使用表空间中的空间。从 Oracle 10*g* 开始，SYSTEM 表空间被创建为本地管理的。因此，所有的读写表空间也必须是本地管理的。

本章第一部分将回顾使用传统磁盘空间管理时一些常见的问题和解决方案。传统的磁盘空间管理使用数据库服务器上的文件系统。第二部分将概述自动存储管理(Automatic Storage

Management，ASM)，这个内置的逻辑卷管理程序可以简化管理、增强性能和改进可用性。

4.1 传统磁盘空间存储

在使用第三方逻辑卷或 Oracle 自动存储管理(稍后将讨论)的时候，必须能够管理数据库中的物理数据文件，从而确保高级别的性能、可用性和可恢复性。一般来说，这意味着将数据文件分散到不同的物理磁盘。通过在不同磁盘上保存重做日志文件和控制文件的镜像副本，除了可以确保可用性外，当用户访问驻留在多个物理磁盘(而不是一个物理磁盘)上的表空间中的表时，还可以有效地提高 I/O 性能。标识特定磁盘卷上的 I/O 瓶颈或存储缺陷只是完成了一半工作，一旦标识了瓶颈，就需要使用各种工具和知识将数据文件移到不同的磁盘。如果数据文件空间过多或空间不够，则调整已有数据文件的大小是一项常见任务。

本节将讨论重设表空间大小的不同方法，无论这些表空间是小文件表空间还是大文件表空间。此外，还将介绍将数据文件、联机重做日志文件和控制文件移到不同磁盘的最常见方法。

4.1.1 重设表空间和数据文件的大小

在理想数据库中，应按最优的大小创建所有的表空间和其中的对象。主动重设表空间的大小或建立自动扩展的表空间可潜在地避免对性能的影响，这些性能影响发生在表空间扩展或由于表空间中的数据文件无法扩展而造成应用程序失败的情况下。第 6 章将介绍监控空间利用率的更多细节。

重设表空间大小的过程和方法存在细微区别，具体取决于表空间是小文件表空间还是大文件表空间。小文件表空间是 Oracle 10*g* 之前唯一可用的表空间类型，可由多个数据文件组成。与之相反，大文件表空间可只由一个数据文件组成，但该数据文件可远大于小文件表空间中的数据文件：具有 32KB 块的大文件表空间可拥有最大为 128TB 的数据文件。此外，大文件表空间必须是本地管理的。

1. 使用 ALTER DATABASE 重设小文件表空间的大小

在下面的示例中，尝试重设 USERS 表空间的大小，该表空间包含一个数据文件，并且开始时的大小为 5GB。首先，将其调整为 15GB，然后意识到该表空间过大，将其缩减到 10GB。接下来，尝试更多地缩减该表空间的大小。最后，尝试增加该表空间的大小。

```
SQL> alter database
  2     datafile '/u01/app/oracle/oradata/rmanrep/users01.dbf' resize 15g;
   Database altered.
SQL> alter database
  2     datafile '/u01/app/oracle/oradata/rmanrep/users01.dbf' resize 10g;
   Database altered.
SQL> alter database
  2     datafile '/u01/app/oracle/oradata/rmanrep/users01.dbf' resize 1g;
alter database
*
ERROR at line 1:
ORA-03297: file contains used data beyond requested RESIZE value
SQL> alter database
```

```
  2     datafile '/u01/app/oracle/oradata/rmanrep/users01.dbf' resize 100t;
alter database
*
ERROR at line 1:
ORA-00740: datafile size of (13421772800) blocks exceeds maximum file size
SQL> alter database
  2     datafile '/u01/app/oracle/oradata/rmanrep/users01.dbf' resize 50g;
alter database
*
ERROR at line 1:
ORA-01144: File size (6553600 blocks) exceeds maximum of 4194303 blocks
```

如果可用的空闲空间不支持重新调整大小的请求，或数据超出请求减少的大小，或者超出 Oracle 文件大小的限制，则 Oracle 都会返回错误。

为避免被动地手动调整表空间的大小，可在修改或创建数据文件时使用 AUTOEXTEND、NEXT 和 MAXSIZE 子句进行主动调整。表 4-1 列出了 ALTER DATAFILE 和 ALTER TABLESPACE 命令中用于修改或创建数据文件的与空间相关的子句。

表 4-1　数据文件扩展子句

子　句	说　明
AUTOEXTEND	将该子句设置为 ON 时，允许扩展数据文件。将其设置为 OFF 时，则不允许扩展，并将其他子句设置为 0
NEXT <*size*>	在需要扩展时，分配给数据文件的下一个磁盘空间量的大小(以字节为单位)；<*size*>值可以限定为 K、M、G、T，分别用于指定以千字节、兆字节、千兆字节、百万兆字节为单位的大小
MAXSIZE <*size*>	将该子句设置为 UNLIMITED 时，Oracle 中数据文件的大小是无限的，对于大文件表空间，数据文件最大为 128TB；对于具有 32KB 块的小文件表空间，数据文件最大为 128GB (另外受到包含数据文件的文件系统的限制)。否则将 MAXSIZE 设置为数据文件中最大的字节量，使用与 NEXT 子句中相同的限定符：K、M、G、T。使用 Oracle 推荐的块大小 8KB，小文件表空间最大为 32GB

在以下示例中，针对数据文件 /u01/app/oracle/oradata/rmanrep/users01.dbf，设置 AUTOEXTEND 为 ON，指定数据文件的每次扩展为 500MB，并指定数据文件的大小总计不能超出 10GB：

```
SQL> alter database
  2     datafile '/u01/app/oracle/oradata/rmanrep/users01.dbf'
  3     autoextend on
  4     next 500MB
  5     maxsize 10GB;
Database altered.
```

如果包含数据文件的磁盘卷没有可用于数据文件扩展的磁盘空间，则必须将数据文件移到另一个磁盘卷，或创建位于另一个磁盘卷上的表空间的第二个数据文件。在该例中，将第二个数据文件添加到不同磁盘卷上的 USERS 表空间，该表空间的初始大小为 500MB，允许自动扩展数据文件，且每次扩展100MB，最大数据文件大小为2000MB(2GB)：

```
SQL> alter tablespace users
  2      add datafile '/u03/oradata/users02.dbf'
  3      size 500MB
  4      autoextend on
  5      next 100MB
  6      maxsize 2000MB;
Tablespace altered.
```

注意，修改表空间中的已有数据文件时，使用ALTER DATABASE命令，而将数据文件添加到表空间时，使用ALTER TABLESPACE命令。如稍后所看到的那样，使用大文件表空间可简化这些类型的操作。

2. 使用EM Database Express调整小文件表空间的大小

使用EM Database Express，可使用前面描述的两种方法中的任何一种：增加大小并针对表空间的单个数据文件启用自动扩展，或添加第二个数据文件。

调整小文件表空间中的数据文件 为在EM Database Express中调整数据文件的大小，从数据库实例主页中选择Storage | Tablespaces。在图4-1中，已经选择了XPORT表空间，它所分配空间的利用率已超过80%，因此通过扩展现有数据文件的大小来扩展它的大小。此表空间最初是使用如下命令创建的：

```
create tablespace xport datafile '/u02/oradata/xport.dbf' size 1000m
   autoextend on next 500m maxsize 2000m;
```

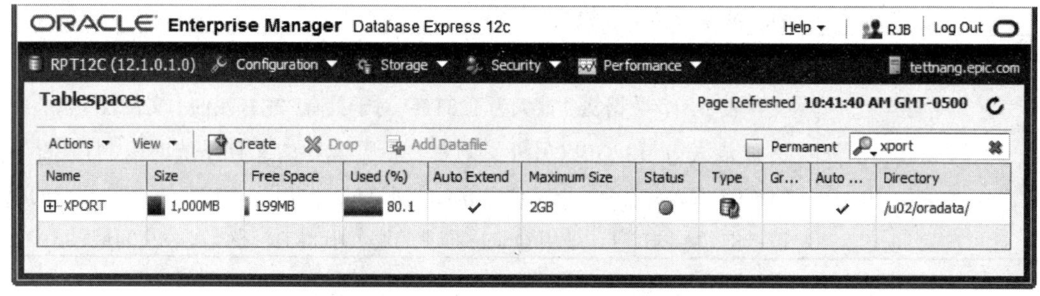

图4-1 使用EM Database Express编辑表空间特性

接下来将不设置表空间的数据文件自动扩展，而将其当前大小从1000MB改为2000MB。

单击XPORT左侧的“+”图标，可看到XPORT表空间的其他特征，如图4-2所示。单个数据文件是/u02/oradata/xport.dbf。

使用选中的单个XPORT数据文件，选择Actions | Resize，将看到如图4-3所示的Resize Datafile对话框，可在其中更改数据文件的大小。将文件大小改成2G(2000MB)，然后单击OK按钮。

在提交更改前，最好在即将执行DDL操作的所有页面上单击Show SQL按钮，从而查看要执行的SQL命令。这是复习SQL命令语法的好方法。下面是单击OK按钮时执行的命令：

```
ALTER DATABASE DATAFILE '/u02/oradata/xport.dbf' RESIZE 2G
```

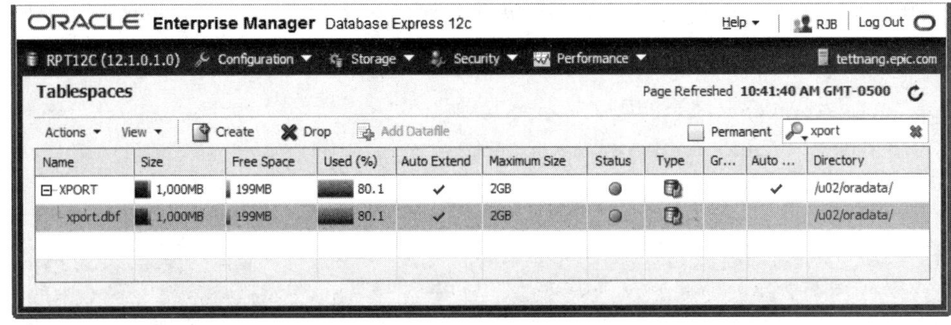

图 4-2　表空间特征

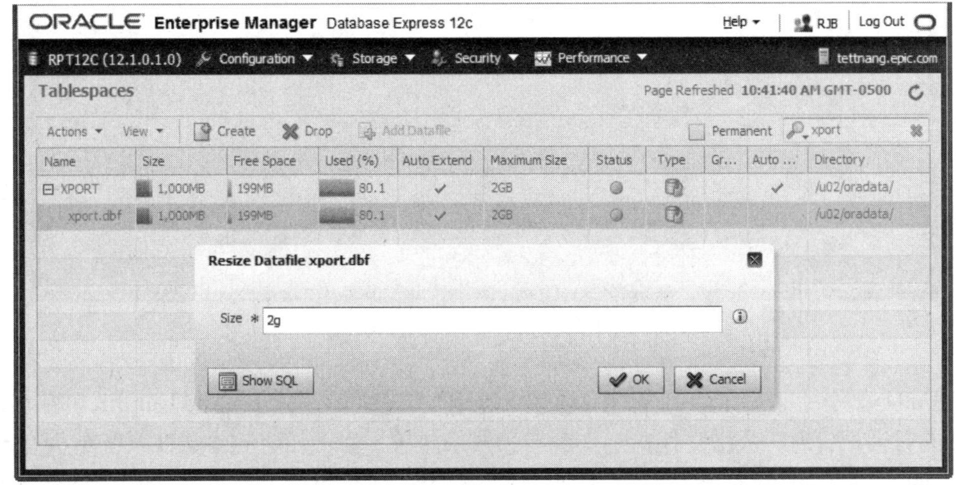

图 4-3　编辑表空间的数据文件

单击 OK 按钮时，Oracle 更改数据文件的大小。表空间反映出成功的操作以及数据文件的新大小，如图 4-4 所示。

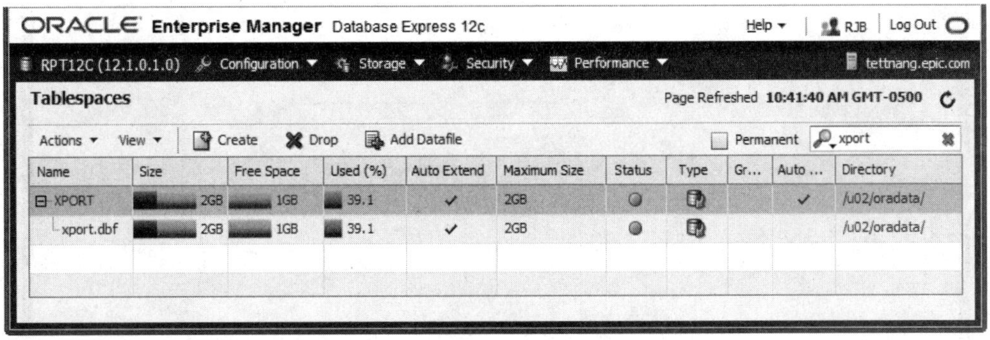

图 4-4　调整数据文件大小的结果

将数据文件添加到小文件表空间　将数据文件添加到小文件表空间和使用 EM Database Express 调整数据文件大小一样容易。在前面的示例中，将 XPORT 表空间的数据文件扩展到 2000MB。因为包含 XPORT 表空间数据文件的文件系统(/u02)容量已满，所以必须关闭已有数据文件上的 AUTOEXTEND，然后在不同的文件系统上创建新的数据文件。要为 Tablespaces 页面的现有数据文件关闭 AUTOEXTEND，选择 Actions | Edit Auto Extend。如图 4-5 所示，在

打开的对话框中，取消选中 Auto Extend 复选框，然后单击 OK 按钮。下面是单击 OK 按钮时为该操作执行的 SQL 命令。

```
ALTER DATABASE
    DATAFILE '/u02/oradata/xport.dbf'
    AUTOEXTEND OFF;
```

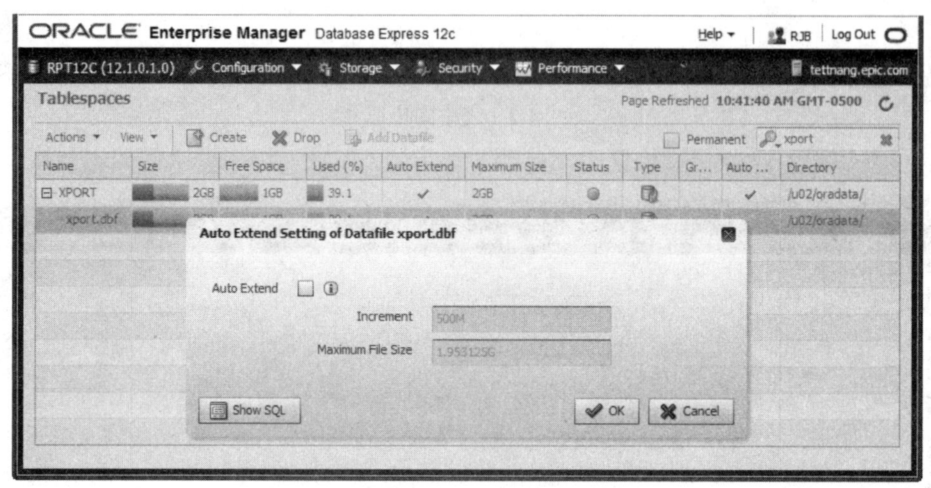

图 4-5 编辑表空间的数据文件特征

要在/u04 上添加第二个数据文件，选择 XPORT 表空间，并单击 Add Datafile。将看到如图 4-6 所示的对话框。为新数据文件指定文件名和目录位置。由于知道 u04 文件系统至少有 500MB 的空闲空间，故将/u04/oradata 指定为目录，将 xport2.dbf 指定为文件名，当然文件名自身并不需要包含表空间名。此外，将文件大小设置为 500MB。不要选中 Auto Extend 复选框。

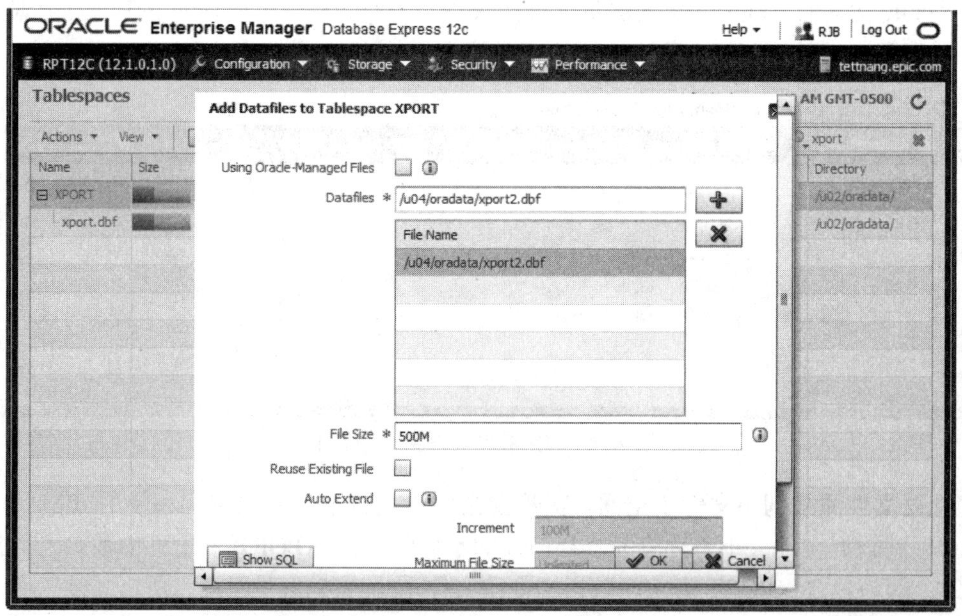

图 4-6 向 XPORT 表空间添加数据文件

单击 OK 按钮后，可在 Tablespaces 上看到 XPORT 表空间数据文件的新大小，如图 4-7 所示。

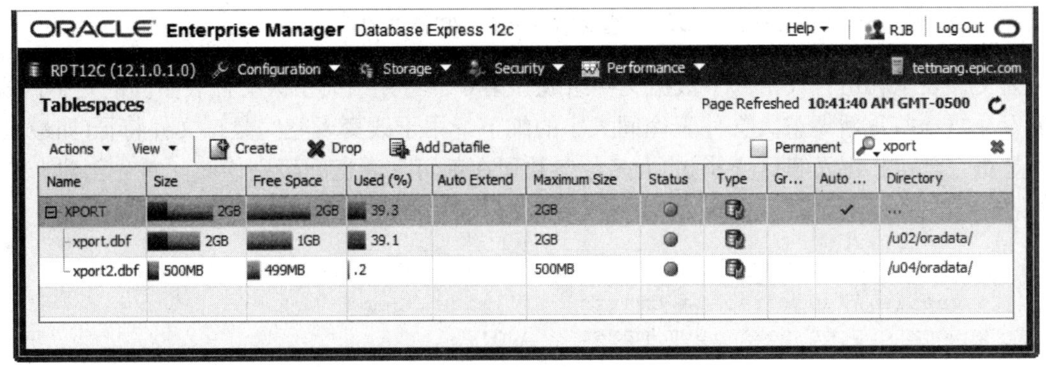

图 4-7　添加数据文件的结果

3. 从表空间中删除数据文件

在 Oracle Database 11*g* 之前的版本中，删除表空间中的数据文件存在一定的问题。那就是无法提交单个命令来删除数据文件，除非删除整个表空间。此时，只有 3 种选择：

- 容忍该数据文件。
- 缩减该数据文件并关闭 AUTOEXTEND。
- 创建新的表空间，将所有对象移到新的表空间，并删除原来的表空间。

从维护和元数据的观点看，虽然创建新的表空间是最理想的选择，但执行有关步骤很容易出错，并且表空间需要一定的停机时间，从而影响其可用性。

使用 Cloud Control 12*c* 或 EM Database Express，可删除数据文件并最小化停机时间；如果要手动运行，可由 Cloud Control 12*c* 或 EM Database Express 生成脚本。前面的示例通过添加数据文件来扩展 XPORT 表空间，而这里通过重新组织表空间来删除数据文件。在如图 4-7 所示的 Tablespace 页面上，选择要删除的数据文件(在此例中是 xport2.dbf)，选择 Actions | Drop，如图 4-8 所示。

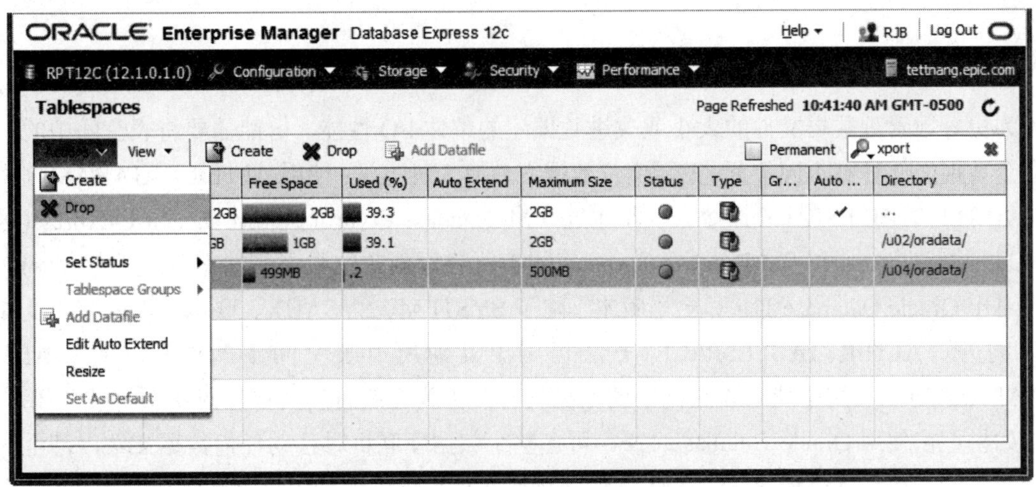

图 4-8　删除数据文件

如果有对象占用了要删除的指定数据文件，必须重新组织表空间，将所有对象移到第一个数据文件，或新建一个表空间，将对象迁移到新的表空间。

4. 使用 ALTER TABLESPACE 调整大文件表空间的大小

大文件表空间由且仅由一个数据文件组成。第 6 章将介绍关于大文件表空间的更多内容，本节仅介绍一些重新调整大文件表空间大小的细节。用于改变表空间数据文件特征(如最大尺寸、是否完全可扩展及盘区大小)的大多数参数现在都可在表空间级别修改。首先创建一个大文件表空间，如下所示：

```
create bigfile tablespace dmarts
  datafile '/u05/oradata/dmarts.dbf' size 750m
  autoextend on next 100m maxsize 50g;
```

只在具有小文件表空间的数据文件级别进行的有效操作，才可以在表空间级别用于大文件表空间：

```
SQL> alter tablespace dmarts resize 1g;
Tablespace altered.
```

虽然将 ALTER DATABASE 和 DMARTS 表空间的数据文件规范一起使用也可以起作用，但使用 ALTER TABLESPACE 语法的优点是显而易见的：不需要知道数据文件存储在何处。你可能已经料到，在具有小文件表空间的表空间级别尝试改变数据文件参数是不允许的：

```
SQL> alter tablespace users resize 500m;
alter tablespace users resize 500m
*
ERROR at line 1:
ORA-32773: operation not supported for smallfile tablespace USERS
```

如果大文件表空间因为其单个数据文件无法在磁盘上扩展而用尽空间，则需要将数据文件重新分配到另一个卷，4.1.2 小节将讨论这一点。使用本章后面介绍的自动存储管理(ASM)，完全可能做到不需要手动移动数据文件：不需要移动数据文件，只要添加另一个磁盘卷到 ASM 存储组即可。

4.1.2 移动数据文件

为更好地管理数据文件的大小或改进数据库的整体 I/O 性能，可能需要将表空间中的一个或多个数据文件移到不同位置。重新定位数据文件有 3 种方法：使用 ALTER DATABASE 命令、使用 ALTER TABLESPACE 命令，以及通过 EM Database Control 或 EM Database Express(尽管 EM Database Control 和 EM Database Express 没有提供重新定位数据文件需要的所有命令)。

对于 Oracle Database 11*g* 和更早版本，除了 SYSTEM、SYSAUX、联机撤消表空间及临时表空间外，ALTER TABLESPACE 方法可用于其他所有表空间中的数据文件。ALTER DATABASE 方法可用于所有表空间中的数据文件，因为在进行移动操作时实例将被关闭。

如果正在使用 Oracle Database 12*c*，可在整个数据库联机时移动任何数据文件，甚至从传统文件系统移动到 ASM，或从 ASM 移动到传统文件系统。但使用该方法时会产生一点开销，应查看服务级别协议(Service-Level Agreement，SLA)，并确保移动操作不会对响应时间产生负面影响。

1. 使用 ALTER DATABASE 移动数据文件

使用 ALTER DATABASE 移动一个或多个数据文件的步骤如下：

(1) 作为 SYSDBA 连接到数据库，并且关闭实例。

(2) 使用操作系统命令移动数据文件。

(3) 以 MOUNT 模式打开数据库。

(4) 使用 ALTER DATABASE 改变对数据库中数据文件的引用。

(5) 以 OPEN 模式打开数据库。

(6) 对包括控制文件的数据库执行增量备份或完整备份。

在下面的示例中，将介绍如何将 XPORT 表空间的数据文件从文件系统/u02 移到文件系统/u06。首先，用如下命令以 SYSDBA 权限连接到数据库：

```
sqlplus / as sysdba
```

接下来，使用针对动态性能视图 V$DATAFIL 和 V$TABLESPACE 的查询，确认 XPORT 表空间中数据文件的名称。

```
SQL> select d.name from
  2   v$datafile d join v$tablespace t using(ts#)
  3   where t.name = 'XPORT';

NAME
--------------------------------------------------------------
/u02/oradata/xport.dbf

1 row selected.

SQL>
```

为完成步骤(1)，关闭数据库：

```
SQL> shutdown immediate;
Database closed.
Database dismounted.
ORACLE instance shut down.
SQL>
```

对于步骤(2)，在 SQL*Plus 中，使用“!”转义字符，执行操作系统命令，以移动数据文件：

```
SQL> ! mv /u02/oradata/xport.dbf /u06/oradata
```

在步骤(3)中，以 MOUNT 模式启动数据库，从而在不需要打开数据文件的情况下就可以使用控制文件：

```
SQL> startup mount
ORACLE instance started.
```

```
Total System Global Area  422670336 bytes
Fixed Size                  1299112 bytes
Variable Size             230690136 bytes
Database Buffers          184549376 bytes
Redo Buffers                6131712 bytes
Database mounted.
```

对于步骤(4)，改变控制文件中的路径名引用，以将其指向数据文件的新位置：

```
SQL> alter database rename file
  2  '/u02/oradata/xport.dbf' to
  3  '/u06/oradata/xport.dbf';
Database altered.
```

在步骤(5)中，打开数据库，使用户可使用该数据库：

```
SQL> alter database open;
Database altered.
```

最后，在步骤(6)中，建立更新过的控制文件的备份副本：

```
SQL> alter database backup controlfile to trace;
Database altered.
SQL>
```

也可选用 RMAN 执行增量备份，其中包括了控制文件的备份。

2. 使用 ALTER TABLESPACE 以脱机模式移动数据文件(11g 或更早版本)

如果希望移动的数据文件是某个表空间的一部分，而该表空间不是 SYSTEM、SYSAUX、活动的撤消表空间或临时表空间，则使用 ALTER TABLESPACE 方法移动表空间会更好一些，其主要原因在于：除了其数据文件将被移动的表空间外，所有用户在整个操作期间都可以使用数据库的剩余部分。

使用 ALTER TABLESPAC 移动一个或多个数据文件的步骤如下：

(1) 使用具有 ALTER TABLESPACE 权限的账户，对表空间进行脱机处理。

(2) 使用操作系统命令移动数据文件。

(3) 使用 ALTER TABLESPACE 改变对数据库中数据文件的引用。

(4) 将表空间返回到联机状态。

在 ALTER DATABASE 示例中，假设将 XPORT 表空间的数据文件移到错误的文件系统。在本例中，将数据文件从/u06/oradata 移到/u05/oradata：

```
alter tablespace xport offline;
Tablespace altered.

! mv /u06/oradata/xport.dbf /u05/oradata/xport.dbf

alter tablespace xport rename datafile
   '/u06/oradata/xport.dbf' to '/u05/oradata/xport.dbf';
Tablespace altered.
```

```
alter tablespace xport online;
Tablespace altered.
```

需要注意，该方法比 ALTER DATABASE 方法更直观并且中断更少。XPORT 表空间唯一的停机时间是将数据文件从一个磁盘卷移到另一个磁盘卷所用的时间量。

3. 联机移动数据文件(Oracle Database 12*c*)

在 Oracle Database 12*c* 中，可在包含数据文件的表空间依然联机时，从 ASM 磁盘组移出数据文件，或将数据文件移入 ASM 磁盘组。这使 DBA 更容易管理 Oracle 的使用，用户也能更方便地使用 Oracle 数据库。

在本例中，DMARTS 表空间驻留在/u02 文件系统中，需要将其移到+DATA 磁盘组。

```
SQL> select ts#,ts.name,df.name
  2  from v$tablespace ts
  3    join v$datafile df
  4      using(ts#);

   TS# NAME                         NAME
------ ------------------------- -------------------------
     0 SYSTEM                       +DATA/DWCDB/E7B2AFD1B8211
                                    382E043E3A0080A0732/DATAF
                                    ILE/system.375.827672253
. . .
    3 USERS                         +DATA/DWCDB/E7B2AFD1B8211
                                    382E043E3A0080A0732/DATAF
                                    ILE/users.377.827672261
   10 DMARTS                        /u02/oradata/dmartsbf.dbf

25 rows selected.
```

在表空间依然联机时，可用一条命令，成功将 DMARTS 表空间中的单个数据文件移到+DATA 磁盘组。

```
SQL> alter database
  2    move datafile '/u02/oradata/dmartsbf.dbf'
  3    to '+DATA';

Database altered.
```

4.1.3　移动联机重做日志文件

虽然通过删除整个重做日志组并在不同的位置重新添加这些组，可以间接移动联机重做日志文件，但是，如果只有两个重做日志文件组，则这种解决方案将不起作用，因为数据库不会在只有一个重做日志文件组的情况下打开。如果数据库必须保持打开状态，可选择临时添加第 3 个组并删除第一个或第二个组。也可以关闭数据库，并用以下方法移动重做日志文件。

在下面的示例中，有 3 个重做日志文件组，每个组有两个成员。每个组都有一个成员位于与 Oracle 软件相同的卷上，因此应将其移动到不同卷，以消除填充日志文件与访问 Oracle 组件之间的争用问题。这里使用的方法非常类似于使用 ALTER DATABASE 移动数据文件时所采取的方法。

```
SQL> select group#, member from v$logfile
  2    order by group#, member;

    GROUP# MEMBER
---------- ---------------------------------------------
         1 /u01/app/oracle/oradata/redo01.log
         1 /u05/oradata/redo01.log
         2 /u01/app/oracle/oradata/redo02.log
         2 /u05/oradata/redo02.log
         3 /u01/app/oracle/oradata/redo03.log
         3 /u05/oradata/redo03.log
6 rows selected.

SQL> shutdown immediate;
Database closed.
Database dismounted.
ORACLE instance shut down.
SQL> ! mv /u01/app/oracle/oradata/redo0[1-3].log /u04/oradata

SQL> startup mount
ORACLE instance started.

Total System Global Area  422670336 bytes
Fixed Size                  1299112 bytes
Variable Size             230690136 bytes
Database Buffers          184549376 bytes
Redo Buffers                6131712 bytes
Database mounted.

SQL> alter database rename file '/u01/app/oracle/oradata/redo01.log'
  2    to '/u04/oradata/redo01.log';
Database altered.

SQL> alter database rename file '/u01/app/oracle/oradata/redo02.log'
  2    to '/u04/oradata/redo02.log';
Database altered.

SQL> alter database rename file '/u01/app/oracle/oradata/redo03.log'
  2    to '/u04/oradata/redo03.log';
Database altered.

SQL> alter database open;
Database altered.

SQL> select group#, member from v$logfile
  2    order by group#, member;

    GROUP# MEMBER
---------- ------------------------------------------
         1 /u04/oradata/redo01.log
```

```
        1 /u05/oradata/redo01.log
        2 /u04/oradata/redo02.log
        2 /u05/oradata/redo02.log
        3 /u04/oradata/redo03.log
        3 /u05/oradata/redo03.log

6 rows selected.

SQL>
```

重做日志文件不再和 Oracle 软件竞争 I/O。另外，在两个不同的挂载点/u04 和/u05 之间多元复用了重做日志文件。

4.1.4　移动控制文件

在使用初始参数文件时，移动控制文件的步骤类似于前面移动数据文件和重做日志文件的过程：关闭实例，使用操作系统命令移动文件，然后重新启动实例。

然而，在使用服务器参数文件(SPFILE)时，该过程稍有不同。当实例正在运行，或者实例已经关闭但以 NOMOUNT 模式打开时，应使用 ALTER SYSTEM ... SCOPE=SPFILE 改变初始文件参数 CONTROL_FILES。由于 CONTROL_FILES 参数不是动态参数，因此无论何种情况都必须先关闭实例，然后重新启动。

在本例中，数据库中有控制文件的 3 个副本，但没有在不同的磁盘上实现多元复用。使用新位置编辑 SPFILE，关闭实例，将控制文件移到不同的磁盘，然后再重新启动实例。

```
SQL> select name, value from v$spparameter
  2    where name = 'control_files';

NAME             VALUE
---------------- ----------------------------------------------------
control_files    /u01/app/oracle/oradata/control01.ctl
control_files    /u01/app/oracle/oradata/control02.ctl
control_files    /u01/app/oracle/oradata/control03.ctl

SQL> show parameter control_files

NAME                 TYPE         VALUE
-------------------- ------------ ------------------------------
control_files        string       /u01/app/oracle/oradata/contro
                                   l01.ctl, /u01/app/oracle/orada
                                   ta/control02.ctl, /u01/app/ora
                                   cle/oradata/control03.ctl

SQL> alter system set control_files =
  2    '/u02/oradata/control01.ctl',
  3    '/u03/oradata/control02.ctl',
  4    '/u04/oradata/control03.ctl'
  5  scope = spfile;

System altered.
```

```
SQL> shutdown immediate
Database closed.
Database dismounted.
ORACLE instance shut down.
SQL> ! mv /u01/app/oracle/oradata/control01.ctl /u02/oradata
SQL> ! mv /u01/app/oracle/oradata/control02.ctl /u03/oradata
SQL> ! mv /u01/app/oracle/oradata/control03.ctl /u04/oradata

SQL> startup
ORACLE instance started.

Total System Global Area  422670336 bytes
Fixed Size                  1299112 bytes
Variable Size             230690136 bytes
Database Buffers          184549376 bytes
Redo Buffers                6131712 bytes
Database mounted.
Database opened.
SQL> select name, value from v$spparameter
  2  where name = 'control_files';

NAME            VALUE
--------------- --------------------------------------------------------
control_files   /u02/oradata/control01.ctl
control_files   /u03/oradata/control02.ctl
control_files   /u04/oradata/control03.ctl

SQL> show parameter control_files

NAME             TYPE        VALUE
---------------- ----------- ------------------------------
control_files    string      /u02/oradata/control01.ctl, /u
                              03/oradata/control02.ctl, /u04
                              /oradata/control03.ctl
SQL>
```

至此已将 3 个控制文件移到单独的文件系统，不再位于具有 Oracle 软件的卷上，且具有较高的可用性配置(如果包含一个控制文件的卷失败，那么其他两个卷包含更新的控制文件)。

注意：

在对表空间存储和闪回恢复区使用 ASM 磁盘的 Oracle Database 11g 或 12c 默认安装中，控制文件的一个副本在默认表空间 ASM 磁盘中创建，另一个副本在闪回恢复区中创建。

将控制文件的一个或多个副本放到 ASM 卷很容易：使用 RMAN 实用工具(第 12 章将详细介绍)，将控制文件备份还原到 ASM 磁盘位置即可，如以下示例所示：

```
RMAN> restore controlfile to
        '+DATA/dw/controlfile/control_bak.ctl';
```

下一步与前面介绍的添加基于文件系统的控制文件的步骤是相同的：改变 CONTROL_FILES 参数，除已有控制文件位置外，添加位置+DATA/dw/controlfile/control_ bak.ctl，然后关闭数据库，再重新启动数据库。

```
SQL> show parameter control_files

NAME                 TYPE         VALUE
-------------------- ------------ ------------------------------
control_files        string       /u02/oradata/control01.ctl, /u
                                  03/oradata/control02.ctl, /u04
                                  /oradata/control03.ctl, +DATA/
                                  dw/controlfile/control_bak.ctl
SQL>
```

类似地，可使用 Linux 实用工具 asmcmd，将控制文件从一个磁盘组复制到另一个磁盘组，并改变 CONTROL_FILES 参数，以反映控制文件的新位置。稍后将概括介绍 asmcmd 命令。

4.2　自动存储管理

第 3 章介绍了一些用于 ASM 对象的文件命名约定。本节将深入介绍如何在具有一个或多个磁盘组的 ASM 环境中创建表空间及表空间中最终的数据文件。

在创建新的表空间或其他数据库结构(如控制文件或重做日志文件)时，可指定磁盘组而不是操作系统文件，作为数据库结构的存储区域。ASM 简化了 Oracle 管理文件(Oracle Managed Files，OMF)的使用，并将 OMF 与镜像和条带化特性结合起来，从而提供了健壮的文件系统和逻辑卷管理程序，这种管理程序甚至支持 Oracle 实时应用群集(Real Application Cluster，RAC)中的多个节点。ASM 使得不再需要购买第三方逻辑卷管理程序。

ASM 不仅能自动将数据库对象扩展到多个设备以增强性能，而且允许在不关闭数据库的情况下将新的磁盘设备添加到数据库，从而增强可用性。ASM 自动重新平衡文件的分布，将所需的干涉降到最低限度。

下面将讨论 ASM 体系结构。此外，还将展示如何创建特殊类型的 Oracle 实例以支持 ASM，并介绍如何启动和关闭 ASM 实例。接着介绍与 ASM 相关的新初始参数以及具有新值以支持 ASM 实例的已有初始参数。另外要介绍 asmcmd 命令行实用工具，它是 Oracle 10*g* 版本 2 的新增特性，提供了另一种浏览和维护 ASM 磁盘组中对象的方法。最后，使用 Linux 服务器上的一些裸磁盘设备来演示如何创建和维护磁盘组。

4.2.1　ASM 体系结构

ASM 将数据文件和其他数据库结构划分为多个盘区，并将盘区划分到磁盘组的所有磁盘中，从而增强性能和可靠性。ASM 并未镜像整个磁盘卷，而是镜像数据库对象，从而提供根据类型有区别地镜像或条带化数据库对象的灵活性。如果底层磁盘硬件已启用 RAID 作为存储区域网络(Storage Area Network，SAN)的一部分，或者网络附加存储(Network Attached Storage，NAS)设备的一部分，则对象不可以条带化。

自动重新平衡是 ASM 的另一个关键特性。需要增加磁盘空间时，可将额外的磁盘设备添加到磁盘组，ASM 会将一定比例的文件从一个或多个已有的磁盘移动到新的磁盘，从而维持所有磁盘之间整体的I/O平衡。当包含在磁盘文件中的数据库对象保持联机并且可供用户用时，这种自动重新平衡在后台发生。如果在重新平衡操作期间I/O子系统会受到非常大的影响，可使用初始参数降低重新平衡发生的速度。

ASM需要特殊类型的Oracle实例来提供传统Oracle实例和文件系统之间的接口。ASM软件的组件和Oracle数据库软件一起传输。在创建数据库并为SYSTEM、SYSAUX和其他表空间选择存储类型时，总可将这些组件作为一种选择。

然而，ASM并不支持组合使用ASM磁盘组与手动Oracle数据文件管理技术(如第3章和本章前面介绍的一些技术)。然而，ASM易于使用并且具有很高的性能，因此使用ASM磁盘组可以很好地满足所有存储需求。

Oracle Database 10*g* 中新增了两个Oracle后台进程，以支持ASM实例：RBAL和ORB*n*。RBAL协调磁盘组的磁盘活动，而ORB*n*(其中*n*可以是0~9之间的数字，在Oracle Database 12*c* 中，也可以是字母A)执行磁盘组中磁盘之间的实际盘区移动。

对于使用ASM磁盘的数据库，从Oracle Database 10*g* 开始，也有两个新的后台进程：ASMB和RBAL。ASMB执行数据库和ASM实例之间的通信，而RBAL执行代表数据库的磁盘组中磁盘的打开和关闭。

4.2.2 创建ASM实例

ASM需要专用的Oracle实例来管理磁盘组。ASM实例一般只需要较少的内存占用：100MB ~150MB。安装Oracle软件时，当指定ASM(作为Grid Infrastructure的一部分)为数据库的文件存储选项而ASM实例不存在时，将自动配置ASM实例。这一点可在图4-9所示的Oracle Universal Installer界面上看到。

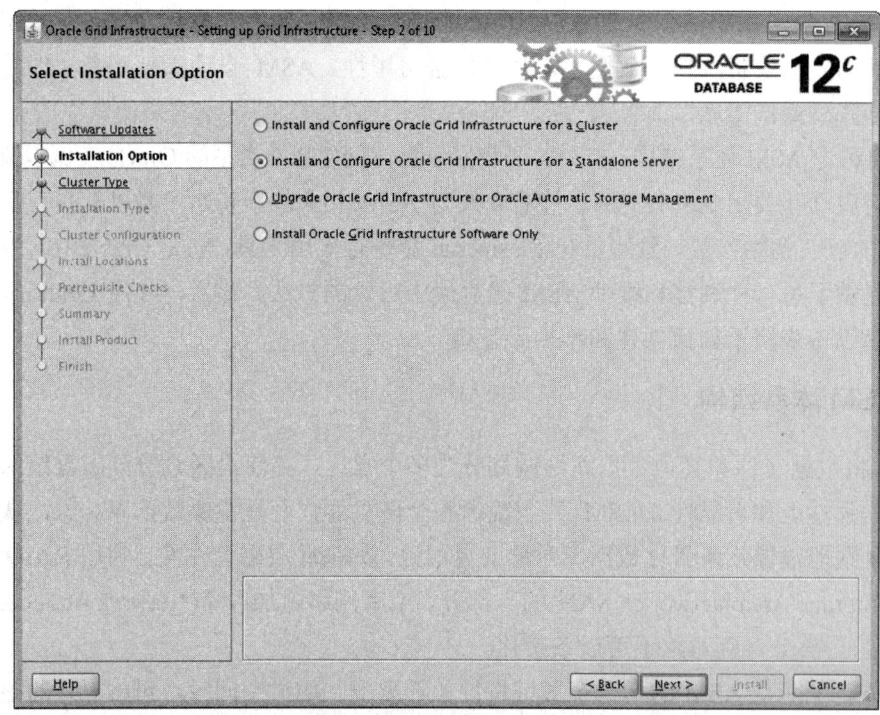

图4-9 指定ASM作为数据库文件存储方法

具有内存量超过 128GB 的服务器，Oracle 建议最好将 ASM 实例的初始参数设置为如下值的近似值：

- SGA_TARGET=1250M (ASMM)
- PGA_AGGREGATE_TARGET=400M
- MEMORY_TARGET=0 或不设置(无 AMM)

作为创建 ASM 磁盘组的磁盘设备的示例，假定 Linux 服务器具有两个未使用的磁盘，表 4-2 列出了它们的容量。

表 4-2　ASM 磁盘组的裸设备

设 备 名	容　量
/dev/sdb1	32GB
/dev/sdc1	32GB

在 Oracle 通用安装程序(Oracle Universal Installer，OUI)中配置第一个磁盘组，如图 4-10 所示。

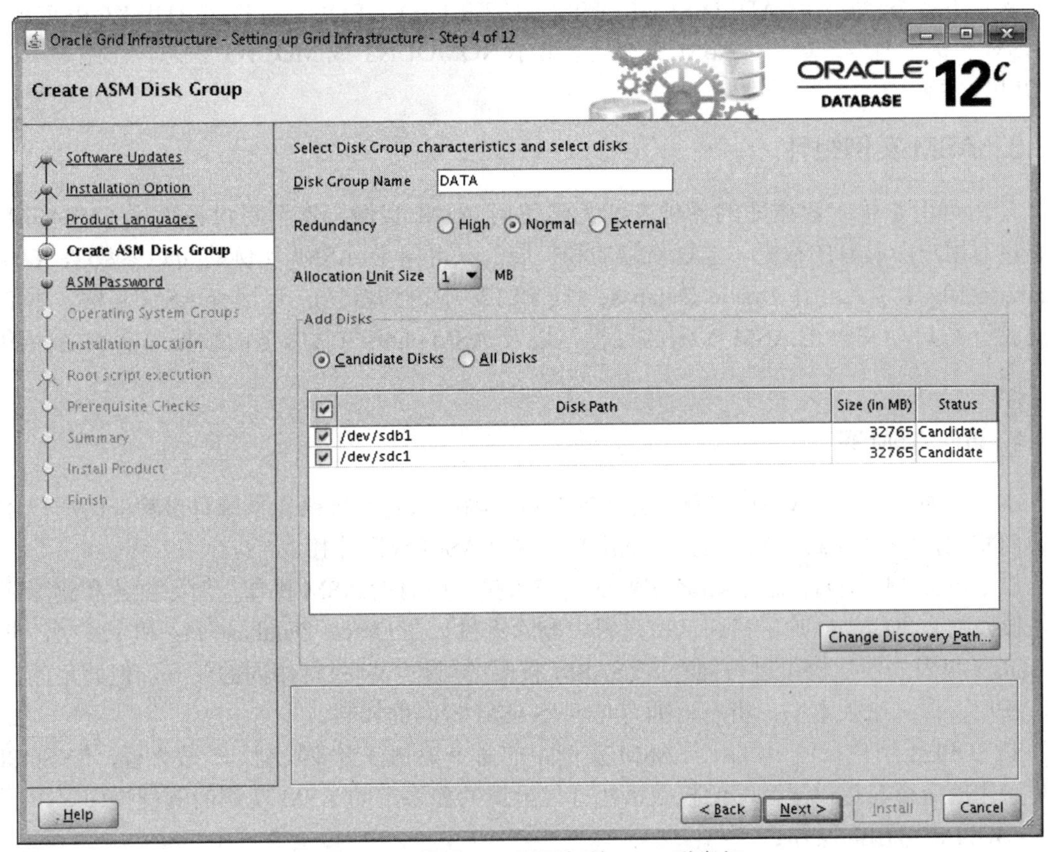

图 4-10　使用 OUI 配置初始 ASM 磁盘组

第一个磁盘组的名称是 DATA，并使用 **/dev/sdb1** 和 **/dev/sdc1** 创建普通的冗余磁盘组。如果为所需要的冗余级别选择的裸磁盘数量不够，OUI 就生成一条错误消息。创建数据库后，启动普通实例和 ASM 实例。

ASM 实例还有一些独特的特征。虽然它确实有初始参数文件和密码文件，但没有数据字典，因此所有到 ASM 实例的连接都通过 SYS 或 SYSTEM 并且只使用操作系统身份验证。如果使用 Oracle Database 12*c*，可创建密码文件甚至将其放入 ASM 磁盘组，这与对 RDBMS 密码文件的处理方式一样，如下例所示：

```
[oracle@tettnang ~]$ . oraenv
ORACLE_SID = [RPT12C] ? +ASM
The Oracle base remains unchanged with value /u00/app/oracle
[oracle@tettnang ~]$ orapwd file=+DATA asm=y
Enter password for SYS: xxxxxxxxxxx
[oracle@tettnang ~]$ srvctl config asm -detail
ASM home: /u00/app/oracle/product/12.1.0/grid
Password file: +DATA/ASM/PASSWORD/pwdasm.406.834577299
ASM listener: LISTENER
Spfile: +DATA/ASM/ASMPARAMETERFILE/registry.253.826648367
ASM diskgroup discovery string: /dev/oracleasm/disks
ASM is enabled.
[oracle@tettnang ~]$
```

磁盘组命令，如 CREATE DISKGROUP、ALTER DISKGROUP 和 DROP DISKGROUP，只在 ASM 实例中有效。最后，ASM 实例只能处于 NOMOUNT 或 MOUNT 状态，而绝对不会处于 OPEN 状态。

4.2.3 ASM 实例组件

使用可用于传统数据库的各种方法无法访问 ASM 实例。本节将讨论使用 SYSASM 权限连接时用户所具有的权限。通过新增的和扩展的只可用于 ASM 实例的初始参数(在 Oracle Database 10*g* 中引入并在 Oracle Database 11*g* 和 12*c* 中得到增强)，可区分 ASM 实例。本节的末尾将介绍启动和停止 ASM 实例的过程，以及 ASM 实例与其服务的数据库实例之间的依赖性。

1. 访问 ASM 实例

本章前面曾提及，ASM 实例没有数据字典，因此只有通过操作系统身份验证的用户才可以访问实例，即由 dba 组中的操作系统用户以 SYSASM 权限连接。

以 SYSASM 权限连接到 ASM 实例的用户可执行所有的 ASM 操作，例如创建和删除磁盘组，以及向磁盘组中添加磁盘和从磁盘组中删除磁盘。在 Oracle Database 11*g* 和 12*c* 中，拥有 SYSDBA 权限的用户仍可以与拥有 SYSASM 权限的用户一样执行相同的任务，但该角色已不建议使用，在未来版本中，将不再拥有与 SYSASM 相同的权限。

SYSOPER 用户在使用可用于 ASM 实例中的命令集时有更多限制。一般来说，SYSOPER 用户可用的命令只提供了足够的权限来执行已配置的和稳定的 ASM 实例的例程操作。下面列出 SYSOPER 可用的操作：

- 启动和关闭 ASM 实例
- 安装或卸载磁盘组
- 将磁盘组的磁盘状态从 ONLINE 改为 OFFLINE，或从 OFFLINE 改为 ONLINE
- 重新平衡磁盘组
- 执行磁盘组的完整性检查

- 访问 V$ASM_*动态性能视图

在 Oracle Database 12*c* 中，为 ASM 实例添加了以下 3 种新权限。这些角色是面向任务的，有助于企业进一步划分职责要求：

- **SYSBACKUP**　从 RMAN 或 SQL*Plus 命令行执行备份和恢复。
- **SYSDG**　用 Data Guard Broker 或 dgmgrl 命令行执行 Data Guard 操作。
- **SYSKM**　为 TDE(Transparent Data Encryption)管理加密密钥。

2. ASM 初始参数

ASM 实例有许多特有的初始参数，并且某些初始参数在 ASM 实例中有新的值。对于 ASM 实例，强烈推荐使用 SPFILE 而不是初始参数文件。例如，在添加或删除磁盘组时，自动维护 ASM_DISKGROUPS 等参数，从而不需要手动改变该值。

下面将介绍与 ASM 相关的初始参数。

INSTANCE_TYPE　对于 ASM 实例，INSTANCE_TYPE 参数具有 ASM 的值。对于传统的 Oracle 实例，默认值为 RDBMS。

DB_UNIQUE_NAME　DB_UNIQUE_NAME 参数的默认值是+ASM，它是群集中或单个节点上 ASM 实例组的唯一名称。

ASM_POWER_LIMIT　为确保重新平衡操作不干扰正在进行的用户 I/O，可用 ASM_POWER_LIMIT 参数控制重新平衡操作发生的速度。对于 Oracle Database 12*c*，其值的范围是 0~1024(在 Oracle Database 11*g* 中，除非使用 11.2.0.2 版本而且将 COMPATIBLE.ASM 磁盘组属性设置为 11.2.0.2 或更高，值范围是 1~11)，1024 是最大可能的值；默认值是 1(较低的 I/O 开销)。因为这是动态参数，所以可在日间将其设为较低的值，而在夜间必须进行磁盘重新平衡操作时，将其设为较高的值。

ASM_DISKSTRING　ASM_DISKSTRING 参数指定一个或多个字符串，这些字符串与操作系统相关，用于限制可用于创建磁盘组的磁盘设备。如果该值为 NULL，则 ASM 实例可见的所有磁盘将潜在地成为创建磁盘组的候选项。对于本章中作为测试服务器的示例，ASM_DISKSTRING 参数的值为/dev/raw/*：

```
SQL> select name, type, value from v$parameter
  2     where name = 'asm_diskstring';

NAME                     TYPE VALUE
--------------- ---------- -------------------------
asm_diskstring            2 /dev/sd*
```

ASM_DISKGROUPS　ASM_DISKGROUPS 参数指定一个包含磁盘组名称的列表，可以在启动时由 ASM 实例自动安装，或者通过 ALTER DISKGROUP ALL MOUNT 命令安装。即使在实例启动时该列表为空，也可手动安装任何已有的磁盘组。

LARGE_POOL_SIZE　LARGE_POOL_SIZE 参数可用于普通实例和 ASM 实例，然而对于 ASM 实例而言，使用这种池有一些区别。所有的内部 ASM 程序包都从该池中执行，因此，对于单一实例，应将该参数的默认值至少设置为 12MB；对于 RAC 实例，应将该参数的默认值至少设置为 16MB。

ASM_PREFERRED_READ_FAILURE_GROUPS　ASM_PREFERRED_READ_FAILURE_

GROUPS 是 Oracle Database 11*g* 中新增的参数，它是一个故障组列表，包含使用群集化的 ASM 实例时给定数据库实例的首选故障组。不同的实例可以有不同的参数值：每个实例可指定距离实例的节点最近的故障组(例如，服务器的本地磁盘上的故障组)，从而提高性能。

3. ASM 实例的启动和关闭

ASM 实例的启动非常类似于数据库实例，除了 STARTUP 命令默认为 STARTUP MOUNT。由于没有安装任何控制文件、数据库或数据字典，因此系统将安装 ASM 磁盘组而不是数据库。命令 STARTUP NOMOUNT 启动实例，但不安装任何 ASM 磁盘。此外，可指定 STARTUP RESTRICT，临时防止数据库实例连接到 ASM 实例以安装磁盘组。

注意：

即使 ASM 实例处于 MOUNT 状态，STATUS 列也设置为 STARTED 而非 MOUNTED，这与 RDBMS 实例中的情形一样。

在 ASM 实例上执行 SHUTDOWN 命令，相当于在使用 ASM 实例的任何数据库实例上执行相同的 SHUTDOWN 命令。在 ASM 实例完成关闭前，它等待所有相关的数据库关闭。这种情况的唯一例外是，如果在 ASM 实例上使用 SHUTDOWN ABORT 命令，将最终迫使所有依赖的数据库执行 SHUTDOWN ABORT。

对于共享磁盘组的多个 ASM 实例，例如在 RAC(实时应用群集)环境中，一个 ASM 实例故障不会造成数据库实例失败。此时，另一个 ASM 实例可执行失败实例的恢复操作。

4.2.4 ASM 动态性能视图

一些新的动态性能视图与 ASM 实例关联。表 4-3 包含常见的与 ASM 相关的动态性能视图。本章后面将对其中一些视图进行更深入的解释。

表 4-3 与 ASM 相关的动态性能视图

视图名称	是否用于标准数据库	说明
V$ASM_DISK	是	由 ASM 实例发现的每个磁盘对应一行，磁盘组使用(或不使用)该磁盘。对于数据库实例，实例使用的每个磁盘组对应一行
V$ASM_DISKGROUP	是	对于 ASM 实例，包含磁盘组一般特征的每个磁盘组对应一行。对于数据库实例，使用的每个磁盘组对应一行，无论是否安装该磁盘组
V$ASM_FILE	否	每个已安装磁盘组中的每个文件对应一行
V$ASM_OPERATION	否	ASM 实例中每个正在执行的、长期运行的操作对应一行
V$ASM_TEMPLATE	是	ASM 实例中某个已安装磁盘组中的每个模板对应一行。对于数据库实例，每个已安装磁盘组的每个模板对应一行
V$ASM_CLIENT	是	使用由 ASM 实例管理的磁盘组的每个数据库对应一行。对于数据库实例，如果打开任何 ASM 文件，则 ASM 实例对应一行
V$ASM_ALIAS	否	每个已安装磁盘组中的每个别名对应一行

4.2.5　ASM 文件名格式

所有 ASM 文件都是 Oracle 管理文件(OMF)，因此大多数管理功能并不需要磁盘组中实际文件名的细节。删除 ASM 磁盘组中的对象时，将自动删除对应的文件。某些命令将提供实际的文件名，如 ALTER DATABASE BACKUP CONTROLFILE TO TRACE；以及一些数据字典和动态性能视图也可以提供实际的文件名，例如，动态性能视图 V$DATAFILE 显示每个磁盘组中的实际文件名。下面是一个示例：

```
SQL> select file#, name, blocks from v$datafile;

     FILE# NAME                                          BLOCKS
---------- ---------------------------------------- ----------
         1 +DATA/dw/datafile/system.256.627432971         89600
         2 +DATA/dw/datafile/sysaux.257.627432973         77640
         3 +DATA/dw/datafile/undotbs1.258.627432975       12800
         4 +DATA/dw/datafile/users.259.627432977            640
         5 +DATA/dw/datafile/example.265.627433157        12800
         6 /u05/oradata/dmarts.dbf                        32000
         8 /u05/oradata/xport.dbf                         38400

7 rows selected.
```

ASM 文件名有 6 种不同格式。下面分别介绍不同的格式以及使用它们的环境：或者作为对已有文件的引用，或者用于单个文件和多个文件的创建操作期间。

1. 完全限定的名称

完全限定的 ASM 文件名只在引用已有文件时使用。完全限定的 ASM 文件名具有如下格式：

```
+<group>/<dbname>/<file type>/<tag>.<file>.<incarnation>
```

其中，*group* 是磁盘组名，*dbname* 是文件所属的数据库，*file type* 是 Oracle 文件类型，*tag* 是文件类型特有的信息，*file.incarnation* 确保唯一性。下面是 USERS 表空间的 ASM 文件示例：

```
+DATA/dw/datafile/users.259.627432977
```

磁盘组名是+DATA，数据库名是 dw，它是 USERS 表空间的数据文件。如果决定创建 USERS 表空间的另一个 ASM 数据文件，则文件编号/具体名称对 259.627432977 可确保唯一性。

2. 数字名称

数字名称只在引用已有的 ASM 文件时使用。这允许仅通过磁盘组名和文件编号/具体名称对来引用已有的 ASM 文件。上面示例中 ASM 文件的数字名称是：

```
+DATA.259.627432977
```

3. 别名

在引用已有的对象或创建单个 ASM 文件时，可使用别名。使用 ALTER DISKGROUP ADD

ALIAS 命令，可为已有的或新的 ASM 文件创建更易读懂的名称，并且很容易与普通的 ASM 文件名区分，因为别名的结尾没有包含点的数字对(文件编号/具体名称对)，如下所示：

```
SQL> alter diskgroup data
  2     add directory '+data/purch';
Diskgroup altered.

SQL> alter diskgroup data
  2     add alias '+data/purch/users.dbf'
  3     for '+data/dw/datafile/users.259.627432977';
Diskgroup altered.

SQL>
```

4. 具有模板名称的别名

具有模板的别名只在创建新的 ASM 文件时使用。创建新的 ASM 文件时，模板提供了指定文件类型和标志的简略方式。下面是使用+DATA 磁盘组中新表空间的模板的一个别名示例：

```
SQL> create tablespace users2 datafile '+data(datafile)';
Tablespace created.
```

模板 DATAFILE 指定条带化为 COARSE(粗糙)、普通冗余组为 MIRROR、高度冗余组为 HIGH，这是数据文件的默认设置。因为未完全限定名称，所以此磁盘组的 ASM 名称如下所示：

```
+DATA/dw/datafile/users2.267.627782171
```

稍后的 4.2.6 小节将更详细地讨论 ASM 模板。

5. 不完整的名称

不完整的文件名格式可用于单文件创建或多文件创建操作。可以只指定磁盘组名，并根据文件类型使用默认的模板，如下所示：

```
SQL> create tablespace users5 datafile '+data1';
Tablespace created.
```

6. 具有模板的不完整名称

和不完整的 ASM 文件名一样，具有模板的不完整文件名可用于单文件创建或多文件创建操作。无论实际的文件类型是什么，模板名都可确定文件的特征。

下面的示例创建一个表空间，但对这个新的表空间使用联机日志文件的条带化和镜像特征(细密条带化)代替了数据文件的属性(粗糙条带化)：

```
SQL> create tablespace users6 datafile '+data1(onlinelog)';
Tablespace created.
```

4.2.6　ASM 文件类型和模板

除了操作系统可执行文件外，ASM 支持数据库使用的所有文件类型。表 4-4 包含 ASM 文件类型的完整列表，“ASM 文件类型”和“标志”列是针对前面的 ASM 文件命名约定所介绍的内容。

表 4-4　ASM 文件类型

Oracle 文件类型	ASM 文件类型	标　　志	默认模板
控制文件	controlfile	cf(控制文件)或 bcf(备份控制文件)	CONTROLFILE
数据文件	datafile	tablespace name.file#	DATAFILE
联机日志	online_log	log_thread#	ONLINELOG
归档日志	archive_log	parameter	ARCHIVELOG
临时文件	temp	tablespace name.file#	TEMPFILE
RMAN 数据文件的备份部分	backupset	客户端指定	BACKUPSET
RMAN 增量备份部分	backupset	客户端指定	BACKUPSET
RMAN 归档日志的备份部分	backupset	客户端指定	BACKUPSET
RMAN 数据文件副本	datafile	tablespace name.file#	DATAFILE
初始参数	init	spfile	PARAMETERFILE
代理程序配置	drc	drc	DATAGUARDCONFIG
闪回日志	rlog	thread#_log#	FLASHBACK
改变跟踪位图	ctb	bitmap	CHANGETRACKING
自动备份	autobackup	客户端指定	AUTOBACKUP
数据泵的转储集	dumpset	dump	DUMPSET
跨平台的数据文件			XTRANSPORT

表 4-5 介绍了表 4-4 的最后一列中所引用的默认 ASM 文件模板。

表 4-5　ASM 文件模板的默认值

系统模板	外部冗余	普通冗余	高度冗余	条带化
CONTROLFILE	不受保护的	双向镜像	三向镜像	细密
DATAFILE	不受保护的	双向镜像	三向镜像	粗糙
ONLINELOG	不受保护的	双向镜像	三向镜像	细密
ARCHIVELOG	不受保护的	双向镜像	三向镜像	粗糙
TEMPFILE	不受保护的	双向镜像	三向镜像	粗糙
BACKUPSET	不受保护的	双向镜像	三向镜像	粗糙

(续表)

系统模板	外部冗余	普通冗余	高度冗余	条带化
XTRANSPORT	不受保护的	双向镜像	三向镜像	粗糙
PARAMETERFILE	不受保护的	双向镜像	三向镜像	粗糙
DATAGUARDCONFIG	不受保护的	双向镜像	三向镜像	粗糙
FLASHBACK	不受保护的	双向镜像	三向镜像	细密
CHANGETRACKING	不受保护的	双向镜像	三向镜像	粗糙
AUTOBACKUP	不受保护的	双向镜像	三向镜像	粗糙
DUMPSET	不受保护的	双向镜像	三向镜像	粗糙

创建新的磁盘组时，从表 4-5 中默认模板复制而来的一组 ASM 文件模板与磁盘组一起保存。因此，可改变单个模板特征，并且只应用于它们驻留的磁盘组。换句话说，磁盘组+DATA1 中的 DATAFILE 系统模板可能有默认的粗糙条带化，而磁盘组+DATA2 中的 DATAFILE 模板可能有细密条带化。用户可根据需要在每个磁盘组中创建自己的模板。

使用 DATAFILE 模板创建 ASM 数据文件时，默认情况下数据文件为 100MB，它可以自动扩展，最大尺寸是 32 767MB (32GB)。

4.2.7 管理 ASM 磁盘组

使用 ASM 磁盘组具有诸多优点：提升 I/O 性能、增加可用性、简化将磁盘添加到磁盘组或添加全新的磁盘组，从而允许在相同的时间内管理更多的数据库。理解磁盘组的组成部分并正确配置磁盘组，是成功 DBA 的重要目标。

本小节将深入研究磁盘组结构的细节；同时将回顾与磁盘组相关的不同管理任务类型，并显示如何将磁盘赋予故障组，如何镜像磁盘组，以及如何创建、删除和改变磁盘组；在命令行方面，还要介绍 asmcmd 这一命令行实用程序，使用此命令可以浏览、复制和管理 ASM 对象。

1. 磁盘组的体系结构

本章前面定义过，磁盘组是作为一个单位管理的物理磁盘的集合。作为磁盘组一部分的每个 ASM 磁盘都有 ASM 磁盘名，可由 DBA 分配该磁盘名，也可在将该磁盘分配给磁盘组时自动指定磁盘名。

使用粗糙条带化或细密条带化，在磁盘上对磁盘组中的文件条带化。粗糙条带化以 1MB 为单位将文件扩展到所有磁盘。粗糙条带化适用于具有高度并发的小 I/O 请求的系统，如 OLTP 环境。而细密条带化以 128KB 为单位扩展文件，它适用于传统的数据仓库环境或具有较低并发性的 OLTP 系统，可以最大化单个 I/O 请求的响应速度。

2. 磁盘组镜像和故障组

在定义磁盘组中的镜像类型之前，必须将磁盘分组到故障组中。故障组是磁盘组中的一个或多个磁盘，这些磁盘共享常见的资源，如磁盘控制器，它的故障将造成磁盘组无法使用整个磁盘集。大多数情况下，ASM 实例不知道给定磁盘的硬件和软件相关性。因此，除非专门将一个磁盘分配给故障组，否则磁盘组中的每个磁盘都分配给它自己的故障组。

一旦定义了故障组，就可以定义磁盘组的镜像。可用于磁盘组中的故障组的数量可以限制可用于磁盘组的镜像类型。有 3 种可用的镜像类型：外部冗余、普通冗余和高度冗余。

外部冗余　外部冗余只需要一个磁盘位置，并假设磁盘对于正在进行的数据库操作不是至关重要的，或者使用高可用性的硬件(例如 RAID 控制器)在外部管理磁盘。

普通冗余　普通冗余提供双向镜像，并且要求磁盘组中至少有两个故障组。故障组中的一个磁盘产生故障不会造成磁盘组的任何停机时间或数据丢失，只是对磁盘组中对象的查询有一些性能上的影响。当故障组的所有磁盘都处于联机状态时，读性能一般会得到提高，因为请求的数据在多个磁盘上可用。

高度冗余　高度冗余提供三向镜像，并要求磁盘组中至少有 3 个故障组。对于数据库用户来说，任意两个故障组中的磁盘产生故障基本上不会有明显的表现，如同在普通冗余镜像中那样。

镜像管理的级别非常低。被镜像的是盘区而非磁盘。此外，每个磁盘同时具有自身主要的和镜像的(次要的和第三位的)盘区。虽然在盘区级别管理镜像会带来少量的系统开销，但它具有如下优点：将负载从失败的磁盘扩展到所有其他磁盘，而不是一个磁盘。

3. 磁盘组的动态重新平衡

改变磁盘组的配置时，无论添加或删除故障组或故障组中的磁盘，都将自动进行动态的重新平衡，按比例将数据从磁盘组的其他成员重新分配到磁盘组的新成员。当数据库联机并且用户可使用该数据库时，这种重新平衡就会发生。通过将初始参数 ASM_POWER_LIMIT 的值调整为较低的值，可控制对正在进行的数据库 I/O 的任何影响。

动态重新平衡不仅可免除标识磁盘组中热点这种繁杂的、通常易出错的任务，也提供了将整个数据库从一组较慢的磁盘迁移到一组较快磁盘的自动方法，同时整个数据库保持联机。较快的磁盘作为已有磁盘组中新的故障组和较慢的磁盘一起添加，并自动进行重新平衡。重新平衡操作完成后，删除包含较慢磁盘的故障组，保留只有较快磁盘的磁盘组。为使这一操作更快，可在同一 ALTER DISKGROUP 命令中启动 ADD 和 DROP 操作。

作为示例，假定希望创建具有高度冗余的新磁盘组，保存用于新信用卡授权的表空间。使用视图 V$ASM_DISK，可查看使用初始参数 ASM_DISKSTRING 发现的所有磁盘，以及这些磁盘的状态(换句话说，是否将其赋给已有的磁盘组)。下面是相关的命令：

```
SQL> select group_number, disk_number, name,
  2      failgroup, create_date, path from v$asm_disk;

GROUP_NUMBER DISK_NUMBER NAME       FAILGROUP  CREATE_DA PATH
------------ ----------- ---------- ---------- --------- ---------------
           0           0                                 /dev/sdj1
           0           1                                 /dev/sdk1
           0           2                                 /dev/sdl1
           0           3                                 /dev/sdm1
```

```
            2           1 RECOV_0001  RECOV_0001 08-JUL-13  /dev/sdg1
            2           0 RECOV_0000  RECOV_0000 08-JUL-13  /dev/sdh1
            1           1 DATA_0001   DATA_0001  08-JUL-13  /dev/sdd1
            1           0 DATA_0000   DATA_0000  08-JUL-13  /dev/sde1

8 rows selected.

SQL>
```

在 8 个可用于 ASM 磁盘，只有 4 个磁盘被分配给两个磁盘组 DATA 和 RECOV，每个都在自己的故障组中。可从视图 V$ASM_DISKGROUP 中获得磁盘组名。

```
SQL> select group_number, name, type, total_mb, free_mb
  2    from v$asm_diskgroup;

GROUP_NUMBER NAME        TYPE     TOTAL_MB    FREE_MB
------------ ---------- ------ ---------- ----------
           1 DATA        NORMAL      24568      20798
           2 RECOV       NORMAL      24568      24090

SQL>
```

注意，如果有大量 ASM 磁盘和磁盘组，可在 GROUP_NUMBER 列上连接两个视图，并且通过 GROUP_NUMBER 过滤查询结果。同时，从 V$ASM_DISKGROUP 中看到，两个磁盘组都是由两个磁盘组成的 NORMAL REDUNDANCY 组。

第一步是创建磁盘组：

```
SQL> create diskgroup data2 high redundancy
  2       failgroup fg1 disk '/dev/sdj1' name d2a
  3       failgroup fg2 disk '/dev/sdk1' name d2b
  4       failgroup fg3 disk '/dev/sdl1' name d2c
  5       failgroup fg4 disk '/dev/sdm1' name d2d;

Diskgroup created.

SQL>
```

查看动态性能视图，可看到新的磁盘组出现在 V$ASM_DISKGROUP 中，故障组出现在 V$ASM_DISK 中：

```
SQL> select group_number, name, type, total_mb, free_mb
  2   from v$asm_diskgroup;

GROUP_NUMBER NAME       TYPE     TOTAL_MB   FREE_MB
------------ ---------- ------ ---------- ----------
           1 DATA       NORMAL      24568     20798
           2 RECOV      NORMAL      24568     24090
           3 DATA2      HIGH        16376     16221

SQL> select group_number, disk_number, name,
  2     failgroup, create_date, path from v$asm_disk;
```

```
GROUP_NUMBER DISK_NUMBER NAME       FAILGROUP  CREATE_DA PATH
------------ ----------- ---------- ---------- --------- ---------------
           3           3 D2D        FG4        13-JUL-13 /dev/sdj1
           3           2 D2C        FG3        13-JUL-13 /dev/sdk1
           3           1 D2B        FG2        13-JUL-13 /dev/sdl1
           3           0 D2A        FG1        13-JUL-13 /dev/sdm1
           2           1 RECOV_0001 RECOV_0001 08-JUL-13 /dev/sdg1
           2           0 RECOV_0000 RECOV_0000 08-JUL-13 /dev/sdh1
           1           1 DATA_0001  DATA_0001  08-JUL-13 /dev/sdd1
           1           0 DATA_0000  DATA_0000  08-JUL-13 /dev/sde1

8 rows selected.

SQL>
```

然而，如果磁盘空间非常紧密，则不需要 4 个成员。对于高度冗余的磁盘组，只需要 3 个故障组，因此接下来删除磁盘组，并且重新创建只有 3 个成员的磁盘组：

```
SQL> drop diskgroup data2;

Diskgroup dropped.
```

如果磁盘组有任何不同于磁盘组元数据的数据库对象，则必须在 DROP DISKGROUP 命令中指定 INCLUDING CONTENTS 子句。这是额外的安全措施，可确保不会无意中删除具有数据库对象的磁盘组。命令如下：

```
SQL> create diskgroup data2 high redundancy
  2   failgroup fg1 disk '/dev/raw/raw5' name d2a
  3   failgroup fg2 disk '/dev/raw/raw6' name d2b
  4   failgroup fg3 disk '/dev/raw/raw7' name d2c;

Diskgroup created.

SQL> select group_number, disk_number, name,
  2      failgroup, create_date, path from v$asm_disk;

GROUP_NUMBER DISK_NUMBER NAME       FAILGROUP  CREATE_DA PATH
------------ ----------- ---------- ---------- --------- ---------------
           0           3                       13-JUL-13 /dev/sdj1
           3           2 D2C        FG3        13-JUL-13 /dev/sdk1
           3           1 D2B        FG2        13-JUL-13 /dev/sdl1
           3           0 D2A        FG1        13-JUL-13 /dev/sdm1
           2           1 RECOV_0001 RECOV_0001 08-JUL-13 /dev/sdg1
           2           0 RECOV_0000 RECOV_0000 08-JUL-13 /dev/sdh1
           1           1 DATA_0001  DATA_0001  08-JUL-13 /dev/sdd1
           1           0 DATA_0000  DATA_0000  08-JUL-13 /dev/sde1

8 rows selected.
SQL>
```

完成新磁盘组的配置后，可通过数据库实例创建新磁盘组中的表空间：

```
SQL> create tablespace users3 datafile '+DATA2';
Tablespace created.
```

因为 ASM 文件是 Oracle 管理文件(OMF)，所以在创建表空间时不需要指定其他任何数据文件特征。

4. 磁盘组快速镜像重新同步

镜像磁盘组中的文件可提高性能和可用性。但当修理磁盘组中的故障磁盘并将它重新联机时，重新镜像整个新磁盘会很费时间。有些情况下，由于磁盘控制器故障，需要使磁盘组中的某个磁盘脱机，此时并不需要对整个磁盘重新镜像，只有在故障磁盘停机期间发生改变的数据需要重新同步。因此，可使用 Oracle Database 11*g* 中引入的 ASM 快速镜像重新同步特性。

要实现快速镜像重新同步，需要设置时间窗口，在此时间窗口内，当短暂的计划内或计划外故障发生时，ASM 并不自动删除磁盘组中的磁盘。在此短暂故障期间，ASM 跟踪所有发生改变的数据块，当不可用的磁盘重新联机时，只需重新镜像改变的数据块，而不需要重新镜像整个磁盘。

要为 DATA 磁盘组设置时间窗口，必须先将 RDBMS 实例和 ASM 实例的磁盘组的兼容性级别设置为 11.1 或更高(只需要对磁盘组设置一次)：

```
SQL> alter diskgroup data set attribute
  2    'compatible.asm' = '12.1.0.0.0';

Diskgroup altered.

SQL> alter diskgroup data set attribute
  2    'compatible.rdbms' = '12.1.0.0.0';

Diskgroup altered.

SQL>
```

对 RDBMS 实例和 ASM 实例使用较高兼容性级别的唯一缺点是，只有版本号为 12.1.0.0.0 或更高的其他实例才能访问此磁盘组。接下来，设置磁盘组属性 DISK_REPAIR_TIME，如下所示：

```
SQL> alter diskgroup data set attribute
  2    'disk_repair_time' = '2.5h';

Diskgroup altered.

SQL>
```

默认的磁盘修理时间是 3.6 小时，这对于大多数计划内和计划外的短暂停机来说应该绰绰有余。一旦磁盘重新联机，则运行此命令，通知 ASM 实例：磁盘 DATA_0001 重新联机。

```
SQL> alter diskgroup data online disk data_0001;

Diskgroup altered.
```

```
SQL>
```

此命令启动后台进程，将磁盘组中剩余磁盘上所有改变的盘区复制到现在重新联机的磁盘 DATA_0001。

5. 改变磁盘组

可向磁盘组中添加或从磁盘组中删除磁盘，也可改变磁盘组的大多数特征，而不需要重新创建磁盘组或影响磁盘组中对象上的用户事务。

将磁盘添加到磁盘组时，需要把新的磁盘格式化以用于磁盘组中，然后在后台执行重新平衡操作。本章前面提及，通过初始参数 ASM_POWER_LIMIT 可控制重新平衡的速度。

继续上面的示例，假定决定将最近可用的裸磁盘添加到磁盘组，以改进磁盘组 DATA 的 I/O 特征，具体如下：

```
SQL> alter diskgroup data
  2    add failgroup d1fg3 disk '/dev/sdj1' name d1c;

Diskgroup altered.
```

该命令立刻返回，并在后台进行格式化和重新平衡。然后，通过检查 V$ASM_OPERATION 视图来检查重新平衡操作的状态：

```
SQL> select group_number, operation, state, power, actual,
  2    sofar, est_work, est_rate, est_minutes from v$asm_operation;

GROUP_NUMBER OPERA STAT POWER ACTUA SOFAR EST_WORK EST_RATE EST_MINUTES
------------ ----- ---- ----- ----- ----- -------- -------- -----------
           1 REBAL RUN      1     1     3      964       60          16
```

因为完成重新平衡操作估计用时 16 分钟，所以可决定给重新平衡操作分配更多资源，并改变当前重新平衡操作的功率限制：

```
SQL> alter diskgroup data rebalance power 700;
Diskgroup altered.
```

检查重新平衡操作的状态可确认估计的完成时间已减少到 2 分钟，而非原来的 16 分钟：

```
SQL> select group_number, operation, state, power, actual,
  2    sofar, est_work, est_rate, est_minutes from v$asm_operation;

GROUP_NUMBER OPERA STAT POWER ACTUA SOFAR EST_WORK EST_RATE EST_MINUTES
------------ ----- ---- ----- ----- ----- -------- -------- -----------
           1 REBAL RUN    700     8    16      605      118           2
```

大约 4 分钟后，再次检查重新平衡操作的状态：

```
SQL> /
no rows selected
```

最后，可通过 V$ASM_DISK 和 V$ASM_DISKGROUP 视图确认新磁盘的配置：

```
SQL> select group_number, disk_number, name,
  2  failgroup, create_date, path from v$asm_disk;

GROUP_NUMBER DISK_NUMBER NAME       FAILGROUP  CREATE_DA PATH
------------ ----------- ---------- ---------- --------- ----------------
           1           2 D1C        D1FG3      13-JUL-13 /dev/sdj1
           3           2 D2C        FG3        13-JUL-13 /dev/sdk1
           3           1 D2B        FG2        13-JUL-13 /dev/sdl1
           3           0 D2A        FG1        13-JUL-13 /dev/sdm1
           2           1 RECOV_0001 RECOV_0001 08-JUL-13 /dev/sdg1
           2           0 RECOV_0000 RECOV_0000 08-JUL-13 /dev/sdh1
           1           1 DATA_0001  DATA_0001  08-JUL-13 /dev/sdd1
           1           0 DATA_0000  DATA_0000  08-JUL-13 /dev/sde1

8 rows selected.

SQL> select group_number, name, type, total_mb, free_mb
  2    from v$asm_diskgroup;

GROUP_NUMBER NAME       TYPE    TOTAL_MB    FREE_MB
------------ ---------- ------ ---------- ----------
           1 DATA       NORMAL      28662      24814
           2 RECOV      NORMAL      24568      24090
           3 DATA2      HIGH        12282      11820

SQL>
```

注意，磁盘组 DATA 仍是普通冗余，即使它有 3 个故障组。然而，由于磁盘组中有额外的盘区副本，因此可以改进针对 DATA 磁盘组中对象的 SELECT 语句的 I/O 性能。但磁盘组的可用性将更高，因为它可以容忍丢失一个磁盘，仍维持普通冗余。

表 4-6 中列出了其他的磁盘组 ALTER 命令。

表 4-6 磁盘组的 ALTER 命令

ALTER DISKGROUP 命令	说 明
alter diskgroup ... drop disk	删除磁盘组中来自故障组的磁盘，并自动执行重新平衡操作
alter diskgroup ... drop ... add	删除来自故障组的磁盘，并添加另一个磁盘，所有这些操作都在同一命令中完成
alter diskgroup ... mount	使磁盘组可用于所有实例
alter diskgroup ... dismount	使磁盘组不可用于所有实例
alter diskgroup ... check all	验证磁盘组的内部一致性

6. 使用 asmcmd 命令

asmcmd 实用程序是 Oracle 10*g* 版本 2 的新增特性，它是一个命令行实用工具，提供了一种简单方法，可使用类似于 Linux shell 命令(如 ls 和 mkdir)的命令集，浏览和维护 ASM 磁盘组中的对象。ASM 实例所维护对象的分层性质适于采用类似 Linux 文件系统中浏览和维护文件所使用的命令集。

使用 asmcmd 前，务必将环境变量 ORACLE_BASE、ORACLE_HOME 和 ORACLE_SID 设置为指向 ASM 实例。对于本章使用的 ASM 实例，这些环境变量的设置如下：

```
ORACLE_BASE=/u01/app/oracle
ORACLE_HOME=/u01/app/oracle/product/12.1.0/grid
ORACLE_SID=+ASM
```

此外，必须以 dba 组中用户的身份登录到操作系统，因为 asmcmd 实用程序使用 SYSDBA 权限连接到数据库。操作系统用户通常是 oracle，但也可以是 dba 组中的其他任何用户。

可采用 asmcmd *command* 格式，一次使用一条 asmcmd 命令，也可在 Linux shell 提示符下输入“asmcmd”来交互式地启动 asmcmd。为获得可用命令列表，可在 ASMCMD>提示符下输入“help”，这会得到更多信息。表 4-7 列出了 asmcmd 命令及其简单说明，注意有些 asmcmd 命令只在 Oracle Database 11*g* 和 12*c* 中可用(见中间一列)。

表 4-7　asmcmd 命令汇总

asmcmd 命令	是否只在 11*g*、12*c* 中可用	说　明
cd		改变目录到指定目录
cp	是	在 ASM 磁盘组之间复制文件，既可在相同实例中复制，也可在远程实例中复制
du		循环显示当前目录和所有子目录的总体磁盘利用率
exit		终止 asmcmd，并返回到操作系统 shell 提示符
find		从指定目录开始查找名称的所有匹配(也使用通配符)
help		列出 asmcmd 命令
ls		列出当前目录的内容
lsct		列出当前 ASM 客户数据库的有关信息
lsdg		列出所有磁盘组及其属性
lsdsk	是	列出此 ASM 实例可见的所有磁盘
md_backup	是	为指定磁盘组创建元数据备份脚本
md_restore	是	从备份还原磁盘组
mkalias		为系统生成的 ASM 文件名创建一个别名
mkdir		创建一个 ASM 目录
pwd		显示当前的 ASM 目录
remap	是	修理磁盘上遭到破坏或损坏的一系列物理块
rm		删除 ASM 文件或目录
rmalias		删除一个 ASM 别名，但不删除此别名的目标

启动 asmcmd 命令时，从 ASM 实例的文件系统的根节点开始。与 Linux 文件系统不同，根节点不是由前导正斜杠(/)来指明，而由加号(+)来指明，但以下各级目录则使用正斜杠。在此

例中，启动 asmcmd 命令，并查询现有的磁盘组以及所有磁盘组中使用的总磁盘空间：

```
[oracle@dw ~]$ asmcmd
ASMCMD> ls -l
State    Type    Rebal  Unbal  Name
MOUNTED  NORMAL  N      N      DATA/
MOUNTED  HIGH    N      N      DATA2/
MOUNTED  NORMAL  N      N      RECOV/
ASMCMD> du
Used_MB      Mirror_used_MB
   2143               4399
ASMCMD> pwd
+
ASMCMD>
```

与 Linux shell 的 ls 命令一样，如果想得到此命令检索出来的对象的详细信息，可在 ls 命令后追加-l 参数。ls 命令显示了本章所用的 ASM 实例中的 3 个磁盘组+DATA、+DATA2 和+RECOV。

另外注意，du 命令只显示已用的磁盘空间以及跨镜像磁盘组所用的总磁盘空间。要获得每个磁盘组中的空闲空间量，需使用 lsdg 命令。

下面的示例查找文件名中包含字符串 user 的所有文件：

```
ASMCMD> pwd
+
ASMCMD> find . user*
+DATA/DW/DATAFILE/USERS.259.627432977
+DATA/DW/DATAFILE/USERS2.267.627782171
+DATA/purch/users.dbf
+DATA2/DW/DATAFILE/USERS3.256.627786775
ASMCMD> ls -l +DATA/purch/users.dbf
Type     Redund  Striped  Time      Sys  Name
                                    N    users.dbf =>
                                         +DATA/DW/DATAFILE/USERS.259.627432977
ASMCMD>
```

注意包含+DATA/purch/users.dbf 的这一行：find 命令查找所有 ASM 对象。在此例中，它查找一个别名以及与此模式相匹配的数据文件。

最后可对外部文件系统甚至其他 ASM 实例进行文件备份。在此例中，使用 cp 命令将数据库的 SPFILE 备份到主机文件系统的/tmp 目录中：

```
ASMCMD> pwd
+data/DW
ASMCMD> ls
CONTROLFILE/
DATAFILE/
ONLINELOG/
PARAMETERFILE/
TEMPFILE/
spfiledw.ora
ASMCMD> cp spfiledw.ora /tmp/BACKUPspfiledw.ora
```

```
source +data/DW/spfiledw.ora
target /tmp/BACKUPspfiledw.ora
copying file(s)...
file, /tmp/BACKUPspfiledw.ora, copy committed.
ASMCMD> exit
[oracle@dw ~]$ ls -l /tmp/BACKUP*
-rw-r----- 1 oracle oinstall 2560 Jul 13 09:47 /tmp/BACKUPspfiledw.ora
[oracle@dw ~]$
```

此例也展示了数据库 dw 的所有数据库文件是如何存储在 ASM 文件系统中的。看起来这些数据库文件好像存储在传统的主机文件系统中，但实际上是由 ASM 进行管理的，其所提供的内置性能和冗余特性(为用于 Oracle Database 12*c*，已进行了优化)使 DBA 可以更轻松地管理数据文件。

4.3　本章小结

Oracle Database 提供了大量工具，以便管理表空间和数据文件。如果创建小文件表空间，可在数据文件级别管理表空间大小；如果将表空间创建为大文件表空间，可在表空间级别管理磁盘空间和其他属性。除非有特殊原因，应将所有新的表空间创建为大文件表空间。

通过为磁盘存储使用 ASM，可简化使用，也可提高性能。只需几个步骤即可设置 ASM 实例；设置完毕后，可能再不必更改 ASM 实例的任何参数。如果必须向 ASM 磁盘组添加或删除磁盘，Oracle 将在所有磁盘上自动重新分配数据库对象，以维护性能；不必手动执行重新平衡操作；全部都自动完成！如果确实想深入了解 ASM 磁盘结构的内部原理，可使用 Oracle 提供的 OS 命令 asmcmd，以类似于 Linux 的方式访问 ASM 磁盘组中的目录结构。

第II部分

数据库管理

第 5 章

开发和实现应用程序

管理应用程序开发是一个困难的过程。从 DBA 的角度看，管理开发过程的最佳方法是成为参与该过程的团队的不可缺少的一部分。本章将介绍把应用程序迁移到数据库中的指导原则，以及具体实现所需要的技术细节，包括数据库对象大小的调整。

本章主要关注使用数据库的应用程序的设计和创建，这些内容应与第 3 章和第 4 章中所描述的数据库计划活动结合在一起。本书第 II 部分中的其余各章将介绍数据库创建之后的监控和调整活动。

如果仅通过运行一系列 CREATE TABLE 命令来实现数据库中的应用程序，则无法将创建过程与其他主要领域(计划、监控和调整)集成。DBA 必须参与到应用程序开发过程中，从而可以正确设计支持最终产品的数据库。本章描述的方法也为构建数据库监控和调整工作提供了重要信息。

5.1 节将主要介绍整体设计和实现考虑事项，它们直接影响性能。后续各节将关注实现细节，如资源管理、调整表和索引的大小、针对维护活动而停止数据库以及管理打包的应用程序。

5.1 调整设计：最佳实践

保守估计，在一个应用程序中至少50%的时间存在性能问题。在应用程序和相关数据库结构的设计过程中，随着时间的推移，应用程序体系结构可能并不知道业务使用应用程序数据的所有方法。因此可能有一些组件在初始版本中性能较差，而随着应用程序的业务利用率发生改变或增加，以后又出现其他问题。

有些情况下，修正起来相对简单：改变初始参数、添加索引或重新安排在非高峰时段执行大型操作。在其他情况下，无法在不改变应用程序体系结构的情况下修正问题。例如，应用程序可能被设计为对所有数据访问都大量地重用函数，从而使函数调用其他的函数，而被调用的函数又调用另外的函数，甚至执行最简单的数据库操作也要调用函数。结果，单个数据库调用可能产生数以万计的函数调用和数据库访问，这种应用程序通常无法很好地扩展。随着更多的用户被添加到系统中，每个用户大量地执行操作所带来的 CPU 负担将降低单个用户的性能。调整作为应用程序一部分执行的 SQL 语句对改善性能没多大帮助，因为这些 SQL 语句自身可能已经很好地调整过。相反，纯粹是因为执行操作数量太多导致了性能问题。

下面的最佳实践规则看起来十分简单，但它们在数据库应用程序中常被违背，这些违背直接导致性能问题。规则总有例外情形：对软件或环境的下一个改动可能允许违反规则，而不会影响性能。一般来说，下面这些规则允许在应用程序利用率增加时满足性能需求。

5.1.1 做尽可能少的工作

一般来说，终端用户并不关心底层的数据库结构是否完全标准化为第五范式，或者是否按照面向对象的标准进行设计。用户希望执行业务过程，并且数据库应用程序应该是帮助业务过程尽快完成的工具。设计关注的焦点不应是取得理论性的设计完善性，而应该关注终端用户执行工作的能力。因此，应该简化应用程序每个步骤所涉及的过程。

与应用程序开发团队协商可能是一件难事。如果应用程序开发团队或企业设计师坚持使用完全标准化的数据模型，则 DBA 应指出：即使是最简单的事务，也会涉及多少个数据库操作步骤。例如，复杂事务(如发货单的行式项)的插入可能涉及许多代码表查询和多次插入。对于单个用户，这可能不会带来问题；但对于许多并发用户，这种设计就可能导致性能问题或锁定问题。从性能计划的观点看，插入(INSERT)应涉及尽可能少的表，查询应该检索已经以某种格式存储的数据，这种格式应该尽量接近用户请求的最终格式。完全标准化的数据库和面向对象的设计倾向于在复杂查询期间需要大量连接。虽然应该努力维护可管理的数据模型，但首先强调的重点应该是应用程序的功能及其满足业务性能需求的能力。

1. 在应用程序设计中，努力消除逻辑读

过去都是重点关注消除物理读。虽然这是一个好想法，但只有在需要逻辑读时才会进行物理读。

下面举一个简单示例。使用 SYSDATE 函数从 DUAL 中选择当前时间。如果选择降至秒级，该值将每天改变86 400次。即使如此，仍有应用程序设计人员在重复执行这个查询，每天执行

数百万次。这种查询很可能一天只执行很少的物理读。因此，如果只关注调整物理 I/O，则很可能会忽视它。然而，它可能严重影响应用程序的性能。解决方法是通过使用可用的 CPU 资源，每次执行查询都强制 Oracle 执行工作，使用处理能力来找出并返回正确数据。当越来越多的用户重复执行该命令时，可能就会使该查询使用的逻辑读数量超出其他所有查询使用的逻辑读数量。一些情况下，服务器上的多个处理器专门服务于这种重复的小型查询。如果多个用户需要读取相同的数据，应将数据存储在表中或程序包变量中。

注意：

从 Oracle Database 10*g* 开始，DUAL 表是一个内部表(基于内存)，因此，只要引用 DUAL 的查询中的列列表不使用*，访问它就不会产生 consistent gets。

考虑下面的实际示例。程序员希望在程序中实现暂停，迫使程序在两个步骤完成之间等待 30 秒。因为环境的性能无法一直保持一致性，所以程序员用下面的格式编码例程(以伪代码的形式显示)：

```
perform Step 1
select SysDate from DUAL into a StartTime variable
begin loop
   select SysDate from DUAL in a CurrentTime variable;
   Compare CurrentTime with the StartTime variable value.
   If 30 seconds have passed, exit the loop;
      Otherwise repeat the loop, calculating SysDate again.
end loop
Perform Step 2.
```

这是合理方法吗？绝对不是！它将完成开发人员所希望的工作，但对应用程序有很大影响。更重要的是，DBA 无法改进其性能。这种情况下，付出的代价将不是来自于 I/O 活动——DUAL 表停留在实例的内存区域——而是来自 CPU 活动。每个用户每次运行该程序时，数据库将花费 30 秒来使用系统可以支持的、尽可能多的 CPU 资源。在这种特定情况下，SELECT SYSDATE FROM DUAL 查询占用了应用程序 40%以上的 CPU 时间。所有这些 CPU 时间都浪费了。调整数据库初始参数无法解决这个问题。调整单个 SQL 语句也没有任何帮助，必须修改应用程序设计，以消除不必要的命令执行。例如，这种情况下，开发人员可在操作系统级别使用 SLEEP 命令，或在 PL/SQL 程序中使用 DBMS_LOCK.SLEEP()过程来实施相同的行为，而不需要访问数据库。

对于赞成根据缓冲区缓存命中率进行调整(在 11*g* 和 12*c* 中，最好使用基于等待的调整)的人来说，这个数据库几乎有 100%的命中率，这是由于具有大量完全不必要的逻辑读，而没有相关的物理读。缓冲区缓存命中率来自于逻辑读的数量和物理读的数量的比较，如果 10%的逻辑读需要物理读，缓冲区缓存命中率就是 90%。低命中率可标识执行大量物理读的数据库，极高的命中率(如本例中的情况)可标识执行过多数量逻辑读的数据库。必须看一看生成逻辑读和物理读的命令的缓冲区缓存命中率。

2. 在应用程序设计中，努力避免对数据库的往返访问

记住，现在正在调整应用程序而不是查询。在调整数据库操作时，可能需要将多个查询结合到一个过程中，从而可以只访问一次数据库，而不是针对每个屏幕多次访问数据库。这种绑

定查询方法尤其与依赖于多个应用程序层的“瘦客户端”应用程序相关。查看基于返回值而相互关联的查询，并查看是否有可能将它们转换到单独的代码块中。目标不是建立永远无法完成的整体式查询，而是避免做一些不需要的工作。这种情况下，在数据库服务器、应用程序服务器和终端用户的计算机之间的来回通信就是应该调整的目标。

这种问题在复杂的数据项表单上很常见，通过单独的查询来填充显示在屏幕上的每个字段。每个查询都要单独访问数据库。和前面的示例一样，迫使数据库执行大量相关的查询。即使调整了每个查询，来自于大量命令的负荷(乘以大量用户)也将消耗服务器上不少可用的CPU 资源。这种设计可能也会影响网络利用率，但网络很少会成为问题：问题在于访问实例的次数。

在程序包和过程中，应努力消除不必要的数据库访问。在本地变量中存储经常需要的值，而不是重复查询数据库。如果不需要访问数据库来查询信息，则不要建立这种访问。这听起来很简单，但应用程序开发人员经常没有考虑到这种建议。

没有任何初始参数可以使这种改动生效。这是一种设计问题，需要开发人员、设计人员、DBA 和应用程序用户在应用程序性能的计划和调整过程中积极参与。

3. 对于报告系统，按照用户查询的方式存储数据

如果了解将要执行哪些查询，如通过参数化的报告，则应该努力存储数据，从而使 Oracle 以尽可能少的工作将表中数据的格式转换为提供给用户的格式。这可能需要创建或维护物化视图或报告表。当然，这种维护是数据库和 DBA 要执行的额外工作，但以批量模式执行这种维护，不会直接影响终端用户。另一方面，终端用户可从更快执行查询的能力中受益。作为整体的数据库，将执行较少的逻辑读和物理读，因为和针对物化视图的终端用户查询相比，很少执行对基表的访问来填充和刷新物化视图。

4. 避免重复连接到数据库

打开数据库连接可能比在这个连接中执行命令花费的时间更多。如果需要连接到数据库，则保持连接为打开状态，并重复使用该连接。关于 Oracle Net 和优化数据库连接的更多信息，参见第 17 章。

某个应用程序设计人员过分注重标准化，并将所有代码表移到自己的数据库中。结果，订单处理系统中的大多数操作反复打开数据库链接以访问代码表，因此严重妨碍了应用程序的性能。再次提出，调整数据库初始参数不会产生最大的性能收益，应用程序仍会由于设计不当而变得缓慢。

5. 使用正确的索引

在消除物理读的努力中，有些应用程序开发人员在每个表上创建大量的索引。除了在数据加载次数方面的影响外，要支持查询并不需要其中的许多索引。在 OLTP 应用程序中，不应使用位图索引。如果某列具有非常少的不同值，应考虑不在其上建立任何索引。优化器支持“跳跃扫描”索引访问，因此它可以选择一组列上的一个索引，即使索引中最主要的列不是查询的限制条件。对于诸如 Oracle Exadata 等平台，可能基本不需要索引，由于不再需要在 DML 操作期间维护索引，将可以尽量快地运行查询。

5.1.2　做尽可能简单的工作

现在已消除了不必要的逻辑读、不需要的数据库往返访问、难以管理的连接和不适当的索引所造成的性能降低，下面讨论其余需要考虑的事项。

1. 在原子级执行

可使用 SQL 将许多步骤组合到一个大型查询中。某些情况下，这可能给应用程序带来优势：可创建存储过程并重用代码，从而减少执行数据库往返访问的数量。然而，也可能组合了过多内容，因此创建了无法尽快完成的大型查询。这些查询通常包括多个分组操作集、内联视图以及针对数百万行的复杂多行计算。

如果正在执行批处理操作，就能将这种查询分解为它的原子级组成部分，创建临时表以存储每个步骤中的数据。如果有需要耗费数小时才能完成的操作，则几乎总可以找到方法，将这种操作分解为较小的组成部分。分而治之能解决性能问题。

例如，批处理操作可能组合多个表中的数据，执行连接和排序，然后将结果插入到表中。如果只是较小的规模，这可以令人满意地执行。如果是较大规模，则可能不得不将该操作划分为多个步骤：

(1) 创建工作表(可能作为 Oracle 全局临时表)。从查询的某个源表中将一些行插入到工作表中，在此过程中只选择以后要关注的行和列。

(2) 创建第二个工作表，其中的行和列来自于第二个源表。

(3) 在工作表上创建需要的索引。注意，此时所有的步骤可以并行执行：插入、源表的查询及索引的创建。

(4) 执行连接，再次并行执行。连接输出可加入到另一个工作表中。

(5) 执行所需要的任何排序。排序尽可能少的数据。

(6) 将数据插入目标表中。

遍历所有这些步骤的原因何在？因为这可以单独调整它们，相对于 Oracle 作为单个命令完成它们的速度，能调整它们使其更快速地完成。对于批处理操作，应考虑使这些步骤尽可能简单。需要管理分配给工作表的空间，但这种方法可极大地改进批处理的性能。

2. 消除不必要的排序

作为上述示例的一部分，最后执行了排序操作。一般来说，排序操作不适合于 OLTP 应用程序。在对整个行集完成排序操作之前，并不会向用户返回任何行。但是，一旦这些行可用，则行操作将行返回给用户。

考虑下面的简单测试：对大型表执行完整表扫描。只要查询开始执行，则显示第一行。现在执行相同的完整表扫描，但在没有索引的列上添加一个 ORDER BY 子句。此时不会显示任何行，直到对所有的行完成排序。发生这种情况的原因何在？因为对于第二个查询，Oracle 在完整表扫描的结果上执行了 SORT ORDER BY 操作。因为这是一个集合操作，在执行下一个操作之前必须完成该集合。

现在，设想一个应用程序，其中在一个过程中执行了许多查询。每个查询都有一个 ORDER BY 子句。这将变成一系列嵌套查询：直到前一个操作完成，后面的操作才可以开始。

注意，UNION 操作也执行排序。如果适合于业务逻辑，则使用 UNION ALL 操作替代

UNION 操作，因为 UNION ALL 操作并不执行排序。

注意：
UNION ALL 操作没有消除结果集中具有重复数据的行，因此它可能生成比 UNION 操作更多的行，两者可能有不同的结果。

3. 消除使用撤消的需求

执行查询时，Oracle 将需要维护被查询行的读一致性映像。如果另一个用户修改了某一行，则数据库需要查询撤消段，以查看查询开始时该行的情况。如果应用程序设计要求查询频繁地访问某些数据，而其他人可能会同时改变这些数据，则这种应用程序设计就强制数据库做更多的工作：为得到一条数据，它不得不查看多个位置。再次指出，这是设计问题。DBA 能配置撤消段区域以减少查询遇到“快照太旧”错误的可能性，但改正这种基础性的问题需要改变应用程序的设计。

5.1.3 告诉数据库需要知道的内容

在执行查询期间，Oracle 的优化器根据统计信息来评估采用的数以千计的可能路径。管理这些统计信息的方式可能严重影响查询的性能。

1. 保持更新统计

应该每隔多长时间收集一次统计信息呢？在每次对表中的数据进行重要改动时，都应该收集这些表的统计信息。如果对表进行了分区，则可以逐个分区地分析它们。从 Oracle Database 10*g* 开始，可使用自动统计信息收集(Automatic Statistics Gathering)特性来自动完成统计信息的收集。默认情况下，该过程在每晚 10 点到第二天早 6 点以及周末全天的维护窗口期间收集统计信息。当然，在白天删除易失性表时，或者批量加载的表的大小增加了 10%以上时，仍可手动完成统计信息的收集工作。对于 Oracle Database 11*g* 或 12*c* 上的分区表，在创建或更新分区级别的统计信息时，“增量统计信息”将使全局统计信息保持最新。Oracle Database 12*c* 允许在模式的表中或表的分区中并行收集统计信息，从而将收集统计信息的能力提升到新水平。另外，Oracle Database 12*c* 中新的混合柱状图类型将基于高度的柱状图与频率柱状图结合起来。

因为分析工作通常是耗费数个小时执行的批处理操作，通过在会话级中改进排序和完整表扫描性能，可以调整分析工作。如果正在手动执行分析，则在收集统计之前，在会话级增加 DB_FILE_MULTIBLOCK_READ_COUNT 参数的设置，或在系统级增加 PGA_AGGREGATE_TARGET 参数的设置。如果没有使用 PGA_AGGREGATE_TARGET，或不想修改系统范围的设置，则增加 SORT_AREA_SIZE(它在会话级可修改)。这些调整将增强分析执行的排序和完整表扫描的性能。

警告：
当跨连接传输太多的数据块时，在 RAC 数据库环境中增加 DB_FILE_MULTIBLOCK_READ_COUNT 参数会产生性能问题。该值与平台相关，但在大多数平台上都是 1MB。

2. 在需要的地方使用提示

大多数情况下，基于成本的优化器(CBO)选择最有效的查询执行路径。然而，可能有关于更好路径的信息。可给 Oracle 提供能够影响连接操作、整体的查询目标、使用的特定索引或并行化查询的提示。

5.1.4 最大化环境中的吞吐量

在理想环境中，绝对不会需要查询缓冲区缓存外部的信息；所有数据一直停留在内存中。然而，除非使用非常小的数据库，否则这并不现实，因此本小节将介绍最大化环境吞吐量的指导原则。

1. 使用适当的数据库块大小

应为所有表空间使用 8KB 的块大小，以下情况除外：Oracle 支持部门建议使用其他块大小，或行的平均长度超长，超过 8KB。所有 Oracle 开发和测试，特别是 Exadata 等数据库一体机，都应使用 8KB 块大小。

2. 设计吞吐量，而不是设计磁盘空间

假设原来是运行在 8 个 256GB 磁盘上的应用程序，现在将其移动到一个 2TB 的磁盘上，该应用程序运行得更快还是更慢呢？一般来说，它将运行得较慢，因为单个磁盘的吞吐量不可能等同于 8 个单独磁盘结合起来的吞吐量。不应该根据可用空间来设计磁盘布局(常见的方法)，而应根据可用磁盘的吞吐量来设计布局。可决定只使用每个磁盘的一部分。生产级应用程序将不会使用磁盘上剩余的空间，除非磁盘的可用吞吐量得以改进。

3. 避免使用临时段

无论何时，尽可能在内存中执行所有排序。写入到临时段中的任何操作都会潜在地浪费资源。当 SORT_AREA_SIZE 参数(或 PGA_AGGREGATE_TARGET 参数，如果使用该参数的话)没有分配足够的内存来支持操作的排序需求时，Oracle 就会使用临时段。排序操作包括索引创建、ORDER BY 子句、统计信息收集、GROUP BY 操作和一些连接。本章前面介绍过，应该努力对尽可能少的行排序。在执行剩余的排序时，在内存中执行。

5.1.5 分开处理数据

如果必须在数据库上使用对性能有很大影响的操作，可尝试将工作划分到更便于管理的组块中。通常可严格限制操作处理的行数量，从而可以实实在在地改善性能。

1. 使用分区

分区可使终端用户、DBA 和应用程序支持人员受益。对于终端用户，有两个潜在优点：改善查询性能和改进数据库的可用性。分区排除(partition elimination)技术可改善查询性能。优化器知道哪些分区可能包含查询请求的数据。因此，会从查询过程中排除不会参与该过程的分区。由于只需要较少的逻辑读和物理读，因此查询可以更快地完成。

注意：
分区选项是数据库软件企业版中需要额外成本的选项。

分区可为 DBA 和应用程序支持人员带来好处，从而改进数据库的可用性。可在单个分区上执行许多管理性的函数，并且不会影响表的剩余部分。例如，可截取表的一个分区。可划分一个分区，将其移到不同的表空间，或使用已有的表切换它(这样前面的独立表将被认为是一个分区)。可每次收集一个分区上的统计信息。所有这些功能缩小了管理性函数的范围，从而减少了它们在整体上对数据库可用性的影响。

2. 使用物化视图

可使用物化视图来划分用户对表执行的操作类型。创建物化视图时，可指示用户直接查询物化视图，或者依赖于 Oracle 的查询重写功能将查询重定向到物化视图。这种情况下可得到数据的两个副本：一个用于服务新事务数据的输入，另一个(物化视图)用于服务查询。由此，可将一个数据副本进行脱机维护，而且不会影响另一个数据副本的可用性。同时，物化视图可预先连接表并预先生成聚集，从而使用户查询可执行尽可能少的工作。

3. 使用并行化

几乎每个主要操作都可以并行化，包括查询、插入、对象创建和数据加载。并行选项允许将多个处理器和 I/O 通道用于一个命令的执行，从而有效地将该命令划分为多个较小的协同命令。因此，命令可更好地执行。可在对象级中指定并行化程度，并通过在查询中添加提示来重写。

5.1.6 正确测试

在大多数开发方法学中，应用程序测试有多个阶段，包括模块测试、完整的系统测试和性能压力测试。很多时候，由于应用程序接近交付期限而带来时间约束，并没有充分地执行完整的系统测试和性能压力测试。其结果是应用程序发布为产品时，无法保证应用程序的整体功能和性能可满足用户的需求。这是重大缺陷，应用程序的任何用户都不会容忍这一点。用户不仅需要应用程序的一个组成部分可以正常工作，而且需要整个应用程序都可以正常工作，以支持业务过程。如果他们不能在一天中做完应做的业务量，就表示应用程序失败。

下面是需要考虑调整应用程序的一条关键原则：如果应用程序减慢了业务过程的速度，则应该调整它。执行的测试必须能确定在期望的产品负载下应用程序是否会妨碍业务过程的速度。

1. 使用大量数据测试

本章前面介绍过，数据库中的对象在使用一段时间后会有不同的运行状态。例如，表的 PCTUSED 设置可能使块只使用了一半或产生了行链接。无论哪种情况，都会造成性能问题，只有在使用应用程序一段时间后才会看到这种问题。

数据卷的更进一步的问题与索引相关。当 B-树索引增长时，它可能在内部分离：索引中添加了额外层。因此，可将新的层设想为索引中的索引。索引中额外的层会增加索引对数据加载速率的负面影响。只有在分离索引后才会看到这种影响。对于前一两个星期在生产环境中工作良好的应用程序，如果在数据量达到临界水平后突然运行不稳定，则该应用程序不支持业务需求。在测试中，没有以产品速率加载的产品数据的替代物，尽管表已经包含了大量的数据。拆分叶块和维护索引时，Oracle 不得不锁定叶上的所有分支块，包括根块。在维护操作期间，其他需要访问索引的会话将发生争用。

2. 使用许多并发用户测试

使用一个用户进行测试并不能反映大多数数据库应用程序预期的产品利用率。必须能够确定并发用户是否会遇到死锁、数据一致性问题或性能问题。例如，假设一个应用程序模块在其处理期间使用工作表。将行插入到工作表中，对其进行操作，然后查询。另一个应用程序模块进行类似的处理，并使用相同的表。在同时执行时，两个过程尝试彼此使用对方的数据。除非正在使用同时执行多个应用程序功能的多个用户进行测试，否则就可能无法发现这种问题和它将产生的业务数据错误。

使用大量并发用户进行测试也可帮助标识应用程序中用户频繁使用撤消段来完成查询的某些区域，从而影响性能。

3. 测试索引对加载次数的影响

索引列的每个 INSERT、 UPDATE 或 DELETE 操作可能都比针对未建索引的表的相同事务要慢。虽然也有一些例外情况，例如排序数据就具有较小的影响，但这一规则通常都是正确的。影响取决于操作环境、涉及的数据结构及数据排序的程度。

在当前环境中，每秒可插入多少行？下面执行一系列简单测试。创建没有任何索引的表，并在其中插入大量行。重复该测试，减少物理读对定时结果的影响。计算每秒钟插入行的数量。在大多数环境中，可以每秒将数以万计的行插入到数据库中。在其他数据库环境中执行相同的测试，从而可标识具有明显区别的地方。

现在考虑应用程序。能否通过应用程序，在任何位置都以接近刚才计算的速率将行插入表中？许多应用程序以比环境所支持的速率低 5%的速率运行。这些应用程序会由于不需要的索引或本章前面介绍的各种代码设计问题而停顿。如果应用程序加载速率降低，假设从每秒 40 行降到每秒 20 行，则调整重点应不仅是速率降低的原因，而且是在支持每秒插入数千行的环境中，应用程序每秒只能插入 40 行的原因。添加另一个索引很简便，但在 DML 操作期间(INSERT、DELETE、UPDATE、MERGE)会增加三倍开销。

4. 使所有的测试可重复

许多管理严格的行业都有测试的标准。它们的标准非常合理，所有测试工作都应遵循这些标准。其中一条标准是所有测试必须可重复。为遵循这些标准，必须能重新创建使用的数据集、执行的额外动作、预期的准确结果以及看见并记录的准确结果。必须在产品硬件上执行用于验证应用程序的产品前测试。将应用程序移到不同的硬件需要重新测试这个应用程序。测试者和企业用户必须签字确认所有的测试。

在听到这些限制后，大多数人都会认同它们是任何测试过程中采取的良好步骤。实际上，企业用户可能期望开发应用程序的人遵循这些标准，即使特定的行业不需要这些标准。但是否遵循了这些标准？如果没有遵循，原因何在？没有遵循这些标准的两个常见原因是时间和成本。这些测试需要计划、员工资源、企业用户的参与以及执行和文档化的时间。对产品规模硬件的测试可能需要购买额外的服务器。这些是最明显的成本，但无法执行这些测试而消耗的企业成本又是多少呢？在一些医疗保健行业中，必须实现验证系统的测试需求，因为这些系统直接影响到关键产品的完整性，如血液供给中心的安全设施。如果企业具有由应用程序所服务的关键组成部分(如果没有，则构建这个应用程序的原因何在？)，则必须考虑不充分的、草率的测试所消耗的成本，并将这些潜在浪费的成本告知企业用户。对不正确数据或不满意的低性能的风险评估必须有企业用户的参与。当然，这可能导致延长期限以支持适当的测试。

许多情况下，从项目的开始就没有遵循测试标准，从而产生匆忙的测试周期。在项目开始时，如果在企业级中有一致的、彻底的、良好归档的测试标准，那么测试周期在最终执行时就会较短。测试者提前很久就会知道需要可重复数据集。可以使用测试模板。如果有测试结果中存在问题，或需要根据改动而重新测试应用程序，则可重复测试。同时，应用程序用户将知道，测试必须足够健壮，可以模仿应用程序的产品利用率。另外，测试环境必须可以自动完成在产品中自动化完成的任务，尤其是当开发人员在开发环境中使用了很多手动过程的情况下。如果系统由于性能原因而测试失败，原因可能就来自一个设计问题(前面已经介绍过)，或者是单个查询的问题。

5.1.7 标准的可交付成果

如何知道应用程序是否已经准备好迁移到产品环境？应用程序开发方法学必须清楚地在格式和细节级别方面定义生命周期每个阶段所要求的可交付成果。这些可交付成果应该包括下列每一项的规范：

- 实体关系图
- 物理数据库图
- 空间需求
- 查询和事务处理的调整目标
- 安全性需求
- 数据需求
- 查询执行计划
- 验收测试过程

下面将描述每一项。

1. 实体关系图

实体关系(Entity Relationship，E-R)图表明了在组成应用程序的实体之间标识的关系。E-R图对于理解系统的目标至关重要。它们也帮助标识与其他应用程序的接口点，并且确保企业中定义的一致性。

2. 物理数据库图

物理数据库图显示了从实体中生成的物理表，以及从逻辑模型中定义的属性所生成的列。即使不是所有数据建模工具都支持逻辑数据库图到物理数据库设计的自动转换，但大多数数据建模工具还是支持这种自动转换的。物理数据库图形表示工具通常能生成创建应用程序对象所需要的DDL。

可使用物理数据库图表来标识在事务中最可能涉及的表，也能标识在数据输入或查询操作期间哪些表经常一起使用。可使用这些信息来有效地计划在可用的物理设备(或 ASM 磁盘组)中如何分布这些表(及其索引)，从而减少遇到的 I/O 争用数量。

在数据仓库应用程序中，物理数据库图应显示用户查询访问的聚集和物化视图。虽然包含派生的数据，但它们是数据访问路径的关键组成部分，必须进行归档。

3. 空间需求

空间需求可交付成果应显示每个数据库表和索引的初始空间需求。5.2.2 小节将介绍表、群集和索引的适当大小推荐值。

4. 查询和事务处理的调整目标

改变应用程序设计可能对应用程序性能产生严重影响。应用程序的设计也可能直接影响调整应用程序的能力。由于应用程序设计对 DBA 调整应用程序性能的能力有很大影响，因此 DBA 必须参与设计过程。

必须在系统投入生产之前标识它的性能目标，而不可过分强调感觉方面的期望值。如果用户期望系统至少与现有系统一样快，那么任何低于这个速度的系统都是不可接受的。必须定义和批准应用程序中使用最多的每个组成部分的估计响应时间。

在这个过程中，重要的是建立两组目标：合理的目标和“伸展”目标。伸展目标表示集中努力的结果，超出限制系统性能的硬件和软件约束。维护两组性能目标可帮助关注针对如下目标的努力：真正关键任务的目标以及超出核心系统可交付成果范围的目标。根据不同的目标，应该建立查询和事务性能的控制边界。如果控制边界交叉，则判定应用程序性能“失控”。

5. 安全需求

开发团队必须指定应用程序将使用的账户结构，包括应用程序中所有对象的所有权以及授予权限的方式。必须清楚地定义所有角色和权限。这一部分中的可交付成果将用于生成产品应用程序的账户和权限结构(Oracle 安全性功能的完整概述请参见第 10 章)。

根据不同的应用程序，可能需要指定从联机账户的账户利用率中分离出的批处理账户的账户利用率。例如，批处理账户可能使用数据库的自动登录特性，而联机账户必须手动登录。应用程序的安全计划必须支持这两种用户。

与空间需求可交付成果类似，安全计划是特别需要 DBA 参与的领域。DBA 应能设计满足应用程序需求的实现，同时符合企业数据库安全计划。

6. 数据需求

必须清楚地定义数据输入和检索方法。在应用程序处于测试环境中时，必须测试和验证数据输入方法。应用程序任何特殊的数据归档需求也必须文档化，因为它们将是应用程序特有的。

必须描述应用程序的备份和恢复需求。然后将这些需求与企业数据库备份计划(查看第 13 章了解其指导原则)进行比较。任何超出站点标准的数据库恢复需求都需要修改站点的备份标准，或添加一个模块以适应应用程序的需求。

7. 查询执行计划

执行计划是数据库在执行查询时需要完成的步骤。通过 EXPLAIN PLAN 命令、SET AUTOTRACE 命令或 SQL 监控工具生成执行计划，第 8 章将描述这一点。记录针对数据库的最重要查询的执行计划，有助于计划索引利用率和应用程序的调整目标。在产品实现之前生成它们将简化调整工作，并在发布应用程序之前标识潜在的性能问题。生成最重要查询的解释计划也有助于执行应用程序代码复查的过程。

如果正在实现第三方的应用程序，则可能无法看到应用程序正在生成的所有 SQL 命令。第 8 章将介绍，可使用 Oracle 的自动调整和监控实用工具来标识两个时间点之间执行的资源最密集的查询。Oracle Database 12*c* 中新增了多个自动调整特性，如提高了适应性 SQL 计划管理和并行度(Degree Of Parallelism，DOP)自动化精度，从而帮助修复隐藏较深或难以访问的查询问题。

8. 验收测试过程

开发人员和用户必须清楚地定义在应用程序可以迁移到生产环境之前应该实现什么样的功能和性能目标。这些目标将组成测试过程的基础，在应用程序处于测试环境中时对其执行这些测试过程。

这些过程也应该描述如何处理未满足要求的目标，而且应清楚地列出在系统继续发展前必须满足的功能目标。此外也应提供非关键功能目标的第二个列表。这种对功能能力的分离将帮助解决调度冲突并结构化适当的测试。

注意：
作为验收测试的一部分，应该测试所有应用程序接口，并验证它们的输入和输出。

5.2 资源管理

可使用数据库资源管理器(Database Resource Manager)控制数据库用户中系统资源的分配。相对于单独使用操作系统控制，数据库资源管理器为 DBA 提供了对系统资源分配的更多控制。

5.2.1 实现数据库资源管理器

可使用数据库资源管理器将一定比例的系统资源分配给各类用户和工作。例如，可将 75%的可用 CPU 资源分配给联机用户，将剩下的 25% CPU 资源分配给批处理用户。为使用数据库资源管理器，需要创建资源计划、资源消费者组和资源计划指令。

在使用数据库资源管理器命令前，必须为工作创建一个“未决区域”。要创建未决区域，可使用 DBMS_RESOURCE_MANAGER 程序包的 CREATE_PENDING_AREA 过程。完成变更后，使用 VALIDATE_PENDING_AREA 过程检查新的计划集、子计划集和指令集的有效性。然后就可以提交变更(通过 SUBMIT_PENDING_AREA)或清除变更(通过 CLEAR_PENDING_AREA)。管理未决区域的过程没有任何输入变量，因此，创建未决区域需使用下面的语法：

```
execute dbms_resource_manager.create_pending_area();
```

如果没有创建未决区域，则在试图创建资源计划时会收到一条错误消息。

为创建资源计划，必须使用 DBMS_RESOURCE_MANAGER 程序包的 CREATE_PLAN 过程。CREATE_PLAN 过程的语法如下：

```
CREATE_PLAN
   (plan                      IN VARCHAR2,
    comment                   IN VARCHAR2,
    cpu_mth                   IN VARCHAR2 DEFAULT 'EMPHASIS',
    active_sess_pool_mth      IN VARCHAR2 DEFAULT
'ACTIVE_SESS_POOL_ABSOLUTE',
    parallel_degree_limit_mth  IN VARCHAR2 DEFAULT
         'PARALLEL_DEGREE_LIMIT_ABSOLUTE',
    queueing_mth              IN VARCHAR2 DEFAULT 'FIFO_TIMEOUT')
```

创建计划时，给计划一个名称(在 plan 变量中)和一条注释。默认情况下，CPU 分配方法将使用“强调”方法，根据百分比分配 CPU 资源。下面的示例显示了如何创建 DEVELOPERS 计划：

```
execute DBMS_RESOURCE_MANAGER.CREATE_PLAN -
   (Plan => 'DEVELOPERS', -
    Comment => 'Developers, in Development database');
```

注意：

连字符(-)是 SQL*Plus 中的续行符，允许一条命令分多行完成。

为创建并管理资源计划和资源消费者组，必须针对会话启用 ADMINISTER_RESOURCE_MANAGER 系统权限。如果 DBA 使用 WITH ADMIN OPTION，则具有该权限。为将该权限授予非 DBA 用户，必须执行 DBMS_RESOURCE_MANAGER_PRIVS 程序包的 GRANT_SYSTEM_PRIVILEGE 过程。下面的示例授予用户 LYNDAG 管理数据库资源管理器的能力：

```
execute DBMS_RESOURCE_MANAGER_PRIVS.GRANT_SYSTEM_PRIVILEGE -
  (grantee_name => 'LYNDAG',  -
   privilege_name => 'ADMINISTER_RESOURCE_MANAGER', -
   admin_option => TRUE);
```

可通过 DBMS_RESOURCE_MANAGER 程序包的 REVOKE_SYSTEM_PRIVILEGE 过程取消 LYNDAG 的权限。

启用 ADMINISTER_RESOURCE_MANAGER 权限后，可使用 DBMS_RESOURCE_MANAGER 中的 CREATE_CONSUMER_GROUP 过程创建资源消费者组。CREATE_CONSUMER_GROUP 过程的语法如下：

```
CREATE_CONSUMER_GROUP
   (consumer_group IN VARCHAR2,
    comment        IN VARCHAR2,
    cpu_mth        IN VARCHAR2 DEFAULT 'ROUND-ROBIN')
```

由于将把用户赋给资源消费者组，因此根据用户的逻辑划分来为组提供名称。下面的示例创建了两个组：一个用于联机开发人员，另一个用于批处理开发人员：

```
execute DBMS_RESOURCE_MANAGER.CREATE_CONSUMER_GROUP -
 (Consumer_Group => 'Online_developers', -
  Comment => 'Online developers');

execute DBMS_RESOURCE_MANAGER.CREATE_CONSUMER_GROUP -
 (Consumer_Group => 'Batch_developers', -
  Comment => 'Batch developers');
```

建立了计划和资源消费者组后，就需要创建资源计划指令，并将用户赋给资源消费者组。为将指令赋给计划，使用 DBMS_RESOURCE_MANAGER 程序包的 CREATE_PLAN_DIRECTIVE 过程。CREATE_PLAN_DIRECTIVE 过程的语法如下：

```
CREATE_PLAN_DIRECTIVE
    (plan                       IN VARCHAR2,
     group_or_subplan           IN VARCHAR2,
     comment                    IN VARCHAR2,
     cpu_p1                     IN NUMBER   DEFAULT NULL,
     cpu_p2                     IN NUMBER   DEFAULT NULL,
     cpu_p3                     IN NUMBER   DEFAULT NULL,
     cpu_p4                     IN NUMBER   DEFAULT NULL,
     cpu_p5                     IN NUMBER   DEFAULT NULL,
     cpu_p6                     IN NUMBER   DEFAULT NULL,
     cpu_p7                     IN NUMBER   DEFAULT NULL,
     cpu_p8                     IN NUMBER   DEFAULT NULL,
     active_sess_pool_p1        IN NUMBER   DEFAULT UNLIMITED,
     queueing_p1                IN NUMBER   DEFAULT UNLIMITED,
     parallel_degree_limit_p1   IN NUMBER   DEFAULT NULL,
     switch_group               IN VARCHAR2 DEFAULT NULL,
     switch_time                IN NUMBER   DEFAULT UNLIMITED,
     switch_estimate            IN BOOLEAN  DEFAULT FALSE,
     max_est_exec_time          IN NUMBER   DEFAULT UNLIMITED,
     undo_pool                  IN NUMBER   DEFAULT UNLIMITED,
     max_idle_time              IN NUMBER   DEFAULT NULL,
     max_idle_time_blocker      IN NUMBER   DEFAULT NULL,
     switch_time_in_call        IN NUMBER   DEFAULT NULL);
```

CREATE_PLAN_DIRECTIVE 过程中的多个 CPU 变量支持创建多层的 CPU 分配。例如，可分配 75%的 CPU 资源(第 1 层)给联机用户。在剩余的 CPU 资源(第 2 层)中，可分配其中的 50%给第二组用户。可将第 2 层中可用 CPU 资源的其余 50%划分给第 3 层中的多个组。CREATE_PLAN_DIRECTIVE 过程最多支持 8 层的 CPU 分配。

下面的示例显示了为 DEVELOPERS 资源计划中的 ONLINE_DEVELOPERS 和 BATCH_DEVELOPERS 资源消费者组创建计划指令：

```
execute DBMS_RESOURCE_MANAGER.CREATE_PLAN_DIRECTIVE -
 (Plan => 'DEVELOPERS', -
  Group_or_subplan => 'ONLINE_DEVELOPERS', -
  Comment => 'online developers', -
  Cpu_p1 => 75, -
  Cpu_p2=> 0, -
  Parallel_degree_limit_p1 => 12);
```

```
execute DBMS_RESOURCE_MANAGER.CREATE_PLAN_DIRECTIVE -
 (Plan => 'DEVELOPERS', -
  Group_or_subplan => 'BATCH_DEVELOPERS', -
  Comment => 'Batch developers', -
  Cpu_p1 => 25, -
  Cpu_p2 => 0, -
  Parallel_degree_limit_p1 => 6);
```

除分配 CPU 资源外，计划指令也限制了由资源消费者组中成员执行的操作的并行化。在前面的示例中，批处理开发人员的并行化程度限制为 6，减少了他们使用系统资源的能力。联机开发人员的并行化程度限制为 12。

注意：

Oracle Database 12c 包括失控查询管理(runaway query management)，以主动避免以下情形：查询已到达一个消费者组的极限，会影响可能出现同一查询的其他消费者组。

为将用户赋予资源消费者组，需要使用 DBMS_RESOURCE_MANAGER 程序包的 SET_INITIAL_CONSUMER_GROUP 过程。SET_INITIAL_CONSUMER_GROUP 过程的语法如下：

```
SET_INITIAL_CONSUMER_GROUP
   (user           IN VARCHAR2,
    consumer_group IN VARCHAR2)
```

如果用户从来没有通过 SET_INITIAL_CONSUMER_GROUP 过程建立初始消费者组集，则自动将用户登记到名为 DEFAULT_CONSUMER_GROUP 的资源消费者组中。

为在数据库中启用资源管理器，将 RESOURCE_MANAGER_PLAN 数据库初始参数设置为实例的资源计划的名称。资源计划可具有子计划，因此可在实例中创建多层资源分配。如果未设置 RESOURCE_MANAGER_PLAN 参数的值，实例就不会执行资源管理。

使用 RESOURCE_MANAGER_PLAN 初始参数，可动态改变实例，使其使用不同的资源分配计划。例如，可为白天的用户(DAYTIME_USERS)创建一个资源计划，而为批处理用户(BATCH_USERS)创建另一个资源计划。可创建一个作业，在每天早上 6:00 时执行如下的命令：

```
alter system set resource_manager_plan = 'DAYTIME_USERS';
```

然后在晚上的一个设置时间，改变消费者组，使批处理用户受益：

```
alter system set resource_manager_plan = 'BATCH_USERS';
```

这样，不需要关闭并重新启动实例就可以改变实例的资源分配计划。

采用这种方式使用多个资源分配计划时，需要确保没有无意中在错误的时间使用错误的计划。例如，如果数据库在调度计划改变时停机，改变计划分配的作业可能就不会执行。这对用户有什么影响？如果使用多个资源分配计划，则需要考虑在错误时间使用错误计划的影响。为避免这种问题，应该努力将使用中的资源分配计划的数量减到最少。

除了本节中显示的示例和命令外，还可以更新已有的资源计划(通过 UPDATE_PLAN 过程)、删除资源计划(通过 DELETE_PLAN)，以及级联删除资源计划及其所有子计划和相关的资源消费者组(通过 DELETE_PLAN_CASCADE)。可分别通过 UPDATE_CONSUMER_ GROUP 和 DELETE_CONSUMER_GROUP 过程更新和删除资源消费者组。可通过 UPDATE_PLAN_DIRECTIVE 更新资源计划指令，通过 DELETE_PLAN_DIRECTIVE 删除资源计划指令。

在修改资源计划、资源消费者组和资源计划指令时，应在实现之前测试这种变化。为测试所做的改动，需要为工作创建一个未决区域。创建未决区域时应可以使用 DBMS_RESOURCE_MANAGER 程序包的 CREATE_PENDING_AREA 过程。完成改动后，使用 VALIDATE_PENDING_AREA 过程来检查新的计划、子计划和指令集的有效性，然后可以提交改动(通过 SUBMIT_ PENDING_AREA)或清除改动(CLEAR_PENDING_AREA)。管理未决区域的过程没有任何输入变量，因此，使用下面的语法验证和提交未决区域：

```
execute DBMS_RESOURCE_MANAGER.CREATE_PLAN_DIRECTIVE(
  plan => 'DEVELOPERS', -
  GROUP_OR_SUBPLAN => 'SYS_GROUP', -
  COMMENT => 'System USER SESSIONS AT LEVEL 1', -
  MGMT_P1 => 90, -
  PARALLEL_DEGREE_LIMIT_P1 => 16);
execute DBMS_RESOURCE_MANAGER.VALIDATE_PENDING_AREA();
execute DBMS_RESOURCE_MANAGER.SUBMIT_PENDING_AREA();
```

1. 切换消费者组

CREATE_PLAN_DIRECTIVE 过程的 3 个参数允许会话在满足资源限制时切换消费者组。如 5.1 节所述，CREATE_PLAN_DIRECTIVE 过程的参数包括 SWITCH_GROUP、SWITCH_TIME 和 SWITCH_ESTIMATE。

SWITCH_TIME 值是在将作业切换到另一个消费者组前它可以运行的时间，以秒为单位。默认的 SWITCH_TIME 值是 NULL(表示无限制)。应将 SWITCH_GROUP 参数值设置为某个组，在达到 SWITCH_TIME 限制时该会话将切换到这个组。SWITCH_GROUP 默认为 NULL。如果将 SWITCH_GROUP 的值设置为 CANCEL_SQL，在满足切换标准时，当前的调用将被终止。如果 SWITCH_GROUP 的值为 KILL_SESSION，则在满足切换标准时，会话将被删除。

可使用第三个参数 SWITCH_ESTIMATE 来告诉数据库，在数据库调用开始执行前切换该操作的消费者组。如果将 SWITCH_ESTIMATE 设置为 TRUE，Oracle 将使用它的执行时间估计值自动切换操作的消费者组，而非等待它达到 SWITCH_TIME 值。

可使用组切换特性来最小化数据库中长期运行作业的影响。可使用不同层次的系统资源访问来配置消费者组，并且定制它们以支持快速作业和长期运行的作业：达到 SWITCH_TIME 限制的作业将在它们继续执行前重定向到适当的组。

2. 使用 SQL 配置文件

从 Oracle 10*g* 开始，可使用 SQL 配置文件(SQL profile)进一步细化优化器所选择的 SQL 执行计划。在尝试调整无法直接访问的代码(例如打包的应用程序中的代码)时，SQL 配置文件尤为有用。SQL 配置文件由针对语句的统计信息组成，该配置文件允许优化器了解更多有关执行计划中的准确选择和步骤成本的信息。

SQL 配置文件是第 8 章中描述的自动调整功能的一部分。一旦接受 SQL 配置文件的推荐，则将其存储在数据字典中。为控制 SQL 配置文件的使用率，可使用分类属性。可参阅第 8 章了解使用自动化工具检测和诊断 SQL 性能问题的更多细节。

5.2.2　调整数据库对象的大小

为数据库对象选择适当的空间分配非常重要。开发人员应在创建第一个数据库对象之前先估计空间需求。然后，可根据实际的使用率统计信息来细化空间需求。下面将介绍表、索引和群集的空间估计方法，以及为 PCTFREE 和 PCTUSED 选择适当设置的方法。

注意：

在创建表空间时可启动自动段空间管理(Automatic Segment Space Management，ASSM)，但不能为已有的表空间启用这个特性。如果正在使用自动段空间管理，Oracle 将忽略 PCTUSED、FREELISTS 和 FREELIST GROUPS 参数。所有新的表空间都应使用 ASSM 并在本地管理。

1. 调整对象大小的原因

调整数据库对象大小主要有以下 3 个原因：

- 预先分配数据库中的空间，从而最小化将来管理对象空间需求所需要的工作量。
- 减少由于过多分配空间而浪费的空间。
- 提高另一个段重用已删除空闲盘区的可能性。

通过遵循下面介绍的调整大小方法学，可实现所有这些目标。该方法学基于 Oracle 中分配空间给数据库对象的内部方法。该方法学不依赖于详细的计算，而依赖于近似值，这将极大地简化调整大小的过程，同时简化数据库的长期维护工作。

2. 空间计算的黄金规则

保持空间计算简单、普遍适用，并在整个数据库中保持一致性。相对于执行 Oracle 可能总是会忽略的、特别详细的空间计算，在这些工作时间中总是可以采用更高效的方法。即使执行最严格的调整大小计算，也无法确定 Oracle 如何将数据加载到表或索引中。

下面将介绍如何简化空间估计过程，从而有时间执行更有用的 DBA 功能。无论正在为字典管理的表空间生成 DEFAULT STORAGE 值，还是为本地管理的表空间生成盘区大小，都应该遵循这些过程。

3. 空间计算的基本规则

Oracle 在分配空间时遵循一些内部规则：

- Oracle 只分配整个块，而非块的局部。
- Oracle 分配成组的块，而不是单个的块。
- Oracle 可能分配较大的或较小的成组块，这取决于表空间中的可用空闲空间。

最终目标应该是使用 Oracle 空间分配方法，而不是违背它们。如果使用一致的盘区大小，可在很大程度上将空间分配委托给 Oracle 完成。

4. 盘区大小对性能的影响

减少表中盘区的数量不会直接改善性能。有些情况下(例如在并行查询环境中)，表中具有多个盘区可以极大地减少I/O争用，并增强性能。无论表中盘区的数量是多少，都需要适当地调整盘区的大小。从Oracle Database 10*g*开始，如果表空间中的对象大小不同，则应该依赖自动(系统管理的)盘区分配。除非知道每个对象需要的精确空间量，以及盘区的数量和大小，否则在创建表空间时应使用AUTOALLOCATE，如下例所示：

```
create tablespace users12
  datafile '+DATA' size 100m
  extent management local autoallocate;
```

EXTENT MANAGEMENT LOCA子句是CREATE TABLESPACE的默认设置，AUTOALLOCATE是具有本地盘区管理的表空间的默认设置。

Oracle以两种方法从表中读取数据：通过ROWID(通常直接跟在一个索引访问之后)以及通过完整表扫描。如果通过ROWID读取数据，表中的盘区数量就不是影响读取性能的因素。Oracle将从它的物理位置(在ROWID中指定)读取每一行，并且检索数据。

如果通过完整表扫描读取数据，盘区的大小会在很小的程度上影响性能。通过完整表扫描读取数据时，Oracle一次读取多个块。一次读取的块数量通过DB_FILE_MULTIBLOCK_READ_COUNT数据库设置初始参数进行设置，并受操作系统的I/O缓冲区大小的限制。例如，如果数据库块大小是8KB，操作系统的I/O缓冲区大小为128KB，则可在完整表扫描期间每次最多读取16个块。这种情况下，设置DB_FILE_MULTIBLOCK_READ_COUNT的值大于16不会影响完整表扫描的性能。理想情况下，DB_FILE_MULTIBLOCK_READ_COUNT * BLOCK_SIZE的积应该是1MB。

5. 估计表的空间需求

可使用DBMS_SPACE程序包的CREATE_TABLE_COST过程来估计表的空间需求。该过程根据如下属性来确定表的空间需求：表空间存储参数、表空间块大小、行数以及平均的行长度。该过程可用于字典管理的表空间和本地管理的表空间。

提示：
当使用Oracle Cloud Control 12*c*(或旧版本中的Oracle Enterprise Manager DB Control)创建新表时，单击Estimate Table Size按钮，可以针对给定的估计行数，估计表大小。

有两种版本的CREATE_TABLE_COST过程(重载该过程，从而可以通过两种方法使用相同的过程)。第一个版本有4个输入变量：TABLESPACE_NAME、AVG_ROW_SIZE、ROW_COUNT和PCT_FREE，它的输出变量是USED_BYTES和ALLOC_BYTES。第二个版本的输入变量是TABLESPACE_NAME、COLINFOS、ROW_COUNT和PCT_FREE，它的输出变量是USED_BYTES和ALLOC_BYTES。表5-1列出各个变量的描述。

表 5-1　各个变量的描述

参　　数	描　　述
TABLESPACE_NAME	在其中创建对象的表空间
AVG_ROW_SIZE	表中行的平均长度
COLINFOS	列的描述
ROW_COUNT	表中行的预期数量
PCT_FREE	表的 PCT_FREE 设置
USED_BYTES	表的数据已经使用的空间。该值包括由于 PCT_FREE 设置和其他块特性带来的系统开销
ALLOC_BYTES	根据表空间特征，分配给表中数据的空间。该值考虑表空间的盘区大小设置

例如，如果有一个名为 USERS 的已有表空间，则可估计此表空间中新表所需要的空间。在下面的示例中，用传递给平均行大小、行计数和 PCTFREE 等参数的值，执行 CREATE_TABLE_COST 过程。通过 DBMS_OUTPUT.PUT_LINE 过程定义并显示 USED_BYTES 和 ALLOC_BYTES 变量：

```
declare
   calc_used_bytes NUMBER;
   calc_alloc_bytes NUMBER;
begin
   DBMS_SPACE.CREATE_TABLE_COST (
       tablespace_name => 'USERS',
       avg_row_size => 100,
       row_count => 5000,
       pct_free => 10,
       used_bytes => calc_used_bytes,
       alloc_bytes => calc_alloc_bytes
   );
   DBMS_OUTPUT.PUT_LINE('Used bytes: '||calc_used_bytes);
   DBMS_OUTPUT.PUT_LINE('Allocated bytes: '||calc_alloc_bytes);
end;
/
```

这个 PL/SQL 块的输出将根据这些变量设置来显示已经使用的和分配的字节。在创建表之前，针对空间设置的多种组合，可方便地计算出期望的空间利用率。下面是前面该例的输出：

```
Used bytes: 66589824
Allocated bytes: 66589824

PL/SQL procedure successfully completed.
```

注意：
只有使用 SET SERVEROUTPUT ON 命令才能在 SQL*Plus 会话中显示脚本的输出。

6. 估计索引的空间需求

同样，可使用 DBMS_SPACE 程序包的 CREATE_INDEX_COST 过程来估计索引的空间需求。这一过程根据如下属性来确定表的空间需求：表空间存储参数、表空间块大小、行数以及平均行长度。该过程适用于字典管理的表空间和本地管理的表空间。

对于索引空间估计，输入变量包括创建索引所执行的 DDL 命令以及本地计划表的名称(如果存在一个这样的表)。索引空间的估计依赖于相关表的统计信息。在开始空间估计过程之前，应该确保这些统计信息是正确的，否则结果就会被曲解。

表 5-2 描述了 CREATE_INDEX_COST 过程的参数。

表 5-2 CREATE_INDEX_COST 过程的参数

参　数	描　述
DDL	CREATE INDEX 命令
USED_BYTES	索引数据已经使用的字节数
ALLOC_BYTES	分配给索引盘区的字节数
PLAN_TABLE	使用的计划表(默认为 NULL)

因为 CREATE_INDEX_COST 过程根据表的统计信息获得其结果，所以只有在创建、加载和分析表后才可以使用该过程。下面的示例估计 BOOKSHELF 表上的新索引所需要的空间。表空间的名称是 CREATE INDEX 命令的一部分，该命令作为 DDL 变量值的一部分被传递给 CREATE_INDEX_COST 过程。

```
declare
  calc_used_bytes NUMBER;
  calc_alloc_bytes NUMBER;
begin
  DBMS_SPACE.CREATE_INDEX_COST (
    ddl => 'create index EMP_FN on EMPLOYEES '||
      '(FIRST_NAME) tablespace USERS',
     used_bytes => calc_used_bytes,
    alloc_bytes => calc_alloc_bytes
  );
  DBMS_OUTPUT.PUT_LINE('Used bytes = '||calc_used_bytes);
  DBMS_OUTPUT.PUT_LINE('Allocated bytes = '||calc_alloc_bytes);
end;
/
```

该脚本的输出将为指定的雇员名索引显示已经使用的和分配的字节值。

```
Used bytes = 749
Allocated bytes = 65536

PL/SQL procedure successfully completed.
```

7. 估计合适的 PCTFREE 值

PCTFREE 值代表每个数据块中保留的用作空闲空间的百分比。当存储在数据块中的行的长度增长时，使用这个空间，数据块中行的长度增长或由于更新以前的 NULL 字段，或由于将已有的值更新为较长的值。当 NUMBER 列的精度增加或 VARCHAR2 列的长度增加时，在更新期间，行的大小会增加(因此需要在数据块中移动行)。

任一个 PCTFREE 值都不可能适合于所有数据库中的所有表。为简化空间管理，通常选择一组一致的 PCTFREE 值：

- 对于键值很少改变的索引：2
- 对于行很少改变的表：2
- 对于行频繁改变的表：10~30

在行很少改变的情况下，为什么需要维护表或索引中的空闲空间呢？Oracle 需要块中的空间来执行块维护功能。如果没有足够可用的空闲空间(例如，为支持在并发插入期间的大量事务头)，Oracle 将临时分配块的部分 PCTFREE 区域。应选择支持这种空间分配的 PCTFREE 值。为给 INSERT 密集表中的事务头保留空间，应设置 INITRANS 参数为非默认值(最小为 2)。一般来说，PCTFREE 区域应该大到足够保存一些数据行。

注意：
对于任何数据块，Oracle 自动允许最多 255 个并发的更新事务，这取决于块中可用的空间。事务项占用的空间不会超过块的一半。

因为 PCTFREE 与应用程序中的更新方法紧密联系，所以确定它的设置值是否足够是一个相当简单的过程。PCTFREE 设置控制存储在表块中的行数。为查看是否已经正确设置 PCTFREE，首先确定块中行的数量。可使用 DBMS_STATS 包来收集统计信息。如果 PCTFREE 设置得过低，由于总行数增加，迁移行数将稳定增加。可监控数据库的 V$SYSSTAT 视图(或自动工作负荷存储库)，查看“表读取连续行”动作的增加值，这些表明了数据库针对一行访问多个块的需求。

如果整行不能放入空块，或行中的列数超过 255，将出现“链接行(Chained row)”。因此，行的一部分存储在第一个块中，行的其余部分存储在后续的一个或多个块中。

注意：
当由于 PCTFREE 区域中的空间不够而移动行时，这种移动称为“行迁移”。行迁移将影响事务的性能。

尽管 DBMS_STATS 过程功能强大，但它并不能收集链接行的统计信息。虽然在其他方面赞成使用 DBMS_STATS 过程，而不赞成使用 ANALYZE 命令，但仍然可以使用 ANALYZE 命令来显示链接行，如下例所示：

```
analyze table employees list chained rows;
```

注意：
对于支持大量 INSERT 的索引，如果 INSERT 始终在索引的中间，PCTFREE 可能需要高达 50%。其他情况下，对于数字列增加值上的索引，10%通常便可满足需要。

8. 反向键索引

在反向键索引(reverse key index)中，值是反向存储的，例如，2201的值存储为1022。如果使用标准索引，就会彼此靠近存储连续的值。而在反向键索引中，则不会彼此靠近存储连续的值。如果查询没有经常执行范围扫描，并且关注的是索引中的I/O争用(在RAC数据库环境中)或并发争用(ADDM中的buffer busy waits统计信息)，反向键索引就是值得考虑的调整解决方案。在调整反向键索引的大小时，遵循的方法与调整标准索引大小所用的方法是相同的，本章前面已经介绍过这种方法。

但反向键索引也有缺点：PCTFREE需要一个很高的值，以便允许频繁地插入，且与标准的B树索引相比，反向键索引常常必须重新构建。

9. 调整位图索引的大小

如果创建位图索引，Oracle将动态压缩生成的位图。位图的压缩可能会节省实际的存储空间。为估计位图索引的大小，应使用本章前面提供的方法来估计相同列上标准(B-树)索引的大小。计算B-树索引的空间需求后，需要将这个大小除以10才能确定这些列的位图索引最可能的最大尺寸。一般来说，基数低的位图索引在相当的B-树索引大小的2%~10%之间。位图索引的大小将取决于索引列中不同值的可变性和数量。如果位图索引创建在高基数列上，则位图索引占用的空间可能会超过相同列上B-树索引的大小！

注意：
位图索引只能用于Oracle企业版和标准版1。

10. 调整索引组织表的大小

索引组织表按主键的顺序存储。索引组织表的空间需求与所有表列上的索引的空间需求几乎相同。空间估计的差别在于计算每一行所使用的空间，因为索引组织表没有RowID。

下面的程序清单给出了对索引组织表中每一行的空间需求的计算(注意，该存储估计针对整个行，包括它的外部存储)：

```
Row length for sizing = Average row length
                        + number of columns
                        + number of LOB columns
                        + 2 header bytes
```

在将CREATE_TABLE_COST过程用于索引组织表时，输入该值作为行长度。

11. 调整包含大型对象(LOB)的表的大小

BLOB或CLOB数据类型中的LOB数据通常和主表分开存储。可使用CREATE TABLE命令的LOB子句来指定LOB数据的存储属性，如不同的表空间。在主表中，Oracle存储指向LOB数据的LOB定位器值。在外部存储LOB数据时，控制数据(LOB定位器)的36～86个字节保持在行中内联。

Oracle并非总是将LOB数据与主表分开存储。一般来说，只有在LOB数据与LOB定位器值总共超过4000B时，才将LOB数据与主表分开存储。因此，如果存储较短的LOB值，就需要考虑它们对主表存储的影响。如果 LOB 值少于 32 768 个字符，在 Oracle Database 12*c* 中，就能使用 VARCHAR2 数据类型而不是 LOB 数据类型存储数据；但那些 VARCHAR2 列作为 SecureFile LOB 在行外存储。

注意：
在 Oracle Database 12*c* 中，如果设置初始参数 MAX_STRING_SIZE=EXTENDED，可将 VARCHAR2 列长最大定义为 32 767 字符。

如果 LOB 的大小等于或小于 4000B，并要明确地指定 LOB 驻留在哪里，则使用 CREATE TABLE 句的 LOB 存储子句中的 DISABLE STORAGE IN ROW 或 ENABLE STORAGE IN ROW 子句。如果 LOB 内联存储，且 LOB 的值起初小于 4000B，则它将移动到外部。如果外部 LOB 变得小于 4000B，则仍存储在外部。

12. 调整分区大小

可创建表的多个分区。在分区表中，多个单独的物理分区组成表。例如，SALES 表可能有 4 个分区：SALES_NORTH、SALES_SOUTH、SALES_EAST 和 SALES_WEST。应该使用本章前面描述的调整表大小的方法来调整每个分区的大小，并使用调整索引大小的方法来调整分区索引的大小。

5.2.3　使用全局临时表

可创建全局临时表 (Global Temporary Table，GTT)，在应用程序处理期间保存临时数据。表的数据可以是针对事务的，也可用于某个用户会话期间。当事务或会话完成时，从表中去除该数据。

为创建 GTT，可使用 CREATE GLOBAL TEMPORARY TABLE 命令。为在事务结束时自动删除行，可指定 ON COMMIT DELETE ROWS，如下所示：

```
create global temporary table my_temp_table
(name     varchar2(25),
 street   varchar2(25),
 city     varchar2(25))
on commit delete rows;
```

然后，可在应用程序处理期间将行插入 MY_TEMP_TABLE。在提交时，Oracle 将截取 MY_TEMP_TABLE。为在会话持续期间保留这些行，应指定 ON COMMIT PRESERVE ROWS。

从 DBA 的角度看，需要知道应用程序开发人员是否正在使用这种特性。如果正在使用，则应考虑在处理期间临时表所需要的空间。临时表通常用于改进复杂事务的处理速度，因此可能需要权衡性能优点和空间成本。可在临时表上创建索引，进一步改进处理性能，但这是以增加空间使用率为代价的。

注意：
直到第一次在其中插入内容，临时表及其索引才需要空间。当它们不再使用时，则释放分配给它们的空间。另外，如果正在使用 PGA_AGGREGATE TARGET，则 Oracle 试图在内存中创建表，且根据需要只写到临时空间。

5.3 支持基于抽象数据类型的表

用户定义的数据类型，也称为“抽象数据类型”，是对象-关系数据库应用程序的关键部分。每个抽象数据类型都有相关的构造函数方法，开发人员使用这些方法来操作表中的数据。抽象数据类型定义了数据的结构，例如，ADDRESS_TY 数据类型可能包含地址数据的属性，以及操作这种数据的方法。创建 ADDRESS_TY 数据类型时，Oracle 将自动创建名为 ADDRESS_TY 的构造函数方法。ADDRESS_TY 构造函数方法包含匹配数据类型属性的参数，从而便于以数据类型的格式插入新的值。下面将介绍如何创建使用抽象数据类型的表，以及与该实现相关联的大小调整信息和安全性问题。

可创建使用抽象数据类型作为列定义的表。例如，可为地址创建一个抽象数据类型，如下所示：

```
create type address_ty as object
(street   varchar2(50),
city      varchar2(25),
state     char(2),
zip       number);
```

一旦创建了 ADDRESS_TY 数据类型，创建表时就可以使用它作为一种数据类型，如下面的程序清单所示：

```
create table customer
(name     varchar2(25),
 address  address_ty);
```

创建抽象数据类型时，Oracle 将创建在插入期间使用的构造函数方法。构造函数方法具有和数据类型相同的名称，它的参数是数据类型的属性。在 CUSTOMER 表中插入记录时，需要使用 ADDRESS_TY 数据类型的构造函数方法来插入地址值：

```
insert into customer values
  ('Joe',address_ty('My Street', 'Some City', 'NY', 10001));
```

在这个示例中，INSERT 命令调用 ADDRESS_TY 构造函数方法，从而将值插入到 ADDRESS_TY 数据类型的属性中。

使用抽象数据类型会增加表的空间需求，每个使用的数据类型将增加 8B 的空间需求。如果数据类型包含另一个数据类型，则应针对每个数据类型增加 8B。

5.3.1 使用对象视图

使用抽象数据类型可能增加开发环境的复杂性。查询抽象数据类型的属性时，必须使用某种语法，这种语法不同于对不包含抽象数据类型的表使用的语法。如果不在所有的表中实现抽象数据类型，则需要将一种语法用于一些表，而将另一些语法用于其他表，并且需要提前知道哪些查询使用抽象数据类型。

例如，CUSTOMER 表使用上面介绍的 ADDRESS_TY 数据类型：

```
create table customer
```

```
(name     varchar2(25),
 address   address_ty);
```

ADDRESS_TY 数据类型依次有 4 个属性：STREET、 CITY、STATE 和 ZIP。如果希望从 CUSTOMER 表的 ADDRESS 列中选择 STREET 属性值，可编写以下查询：

```
select address.street from customer;
```

然而，该查询不会工作。查询抽象数据类型的属性时，必须使用表名的关联变量。否则，选择的对象就会存在多义性。为了查询 STREET 属性，使用 CUSTOMER 表的关联变量(在这种情况下是 C)，如下面的示例所示：

```
select c.address.street from customer c;
```

如该示例所示，需要在查询抽象数据类型属性时使用关联变量，即使该查询只访问一个表。因此，针对抽象数据类型属性的查询有两个特性：用于访问属性的符号和关联变量需求。为连贯地实现抽象数据类型，可能需要改变 SQL 标准，以支持百分之百地使用关联变量。即使连贯地使用关联变量，访问属性值所需要的符号可能也会造成问题，因为无法在不使用抽象数据类型的表上使用类似符号。

对象视图为这种不一致性提供了有效的折中解决方案。上例创建的 CUSTOMER 表假定 ADDRESS_TY 数据类型已经存在。但如果表已经存在会怎么样？如果在前面创建了关系数据库应用程序，并试图在应用程序中实现对象-关系概念，而没有重新构建和重新创建整个应用程序，这时将会如何？现在需要覆盖面向对象(OO)结构(例如已有关系表上的抽象数据类型)的能力。Oracle 提供了“对象视图”作为定义已有关系表中使用的对象的方式。

如果 CUSTOMER 表已经存在，则可创建 ADDRESS_TY 数据类型，并使用对象视图将该数据类型关联到 CUSTOMER 表。在下面的程序清单中，CUSTOMER 表创建为一个关系表，它只使用了通常提供的数据类型：

```
create table customer
(name        varchar2(25) primary key,
 street      varchar2(50),
 city        varchar2(25),
 state       char(2),
 zip         varchar2(10));
```

如果希望创建另一个表或应用程序，用于存储有关人员和地址的信息，可选择创建 ADDRESS_TY 数据类型。然而，为保持一致性，该数据类型应该也应用于 CUSTOMER 表。下面的示例将使用前面创建的 ADDRESS_TY 数据类型。

为创建对象视图，可使用 CREATE VIEW 命令。在 CREATE VIEW 命令中，指定将组成视图基础的查询。下面的程序清单是在 CUSTOMER 表上创建 CUSTOMER_OV 对象视图的代码：

```
create view customer_ov (name, address) as
select name, address_ty(street, city, state, zip)
from customer;
```

CUSTOMER_OV 视图将有两列：NAME 和 ADDRESS 列(ADDRESS 列定义为 ADDRESS_TY 数据类型)。注意，在 CREATE VIEW 命令中不可以指定 OBJECT 为选项。

该示例中引入了一些重要的语法问题。根据已有的抽象数据类型构建表时，通过引用列的名称(如 Name)而不是构造函数方法来选择表中的列值。然而，创建对象视图时，则引用构造函数方法的名称(如 ADDRESS_TY)。同时，可在组成对象视图基础的查询中使用 WHERE 子句，从而可限制通过对象视图可访问的行。

如果使用对象视图，DBA 将需要使用和前面相同的方法管理关系表。此时仍需管理数据类型的权限(查看 5.3.2 小节了解关于抽象数据类型的安全性管理的信息)，但表和索引的结构将与创建抽象数据类型之前相同。使用关系结构将简化管理任务，同时允许开发人员通过表的对象视图访问对象。

也可使用对象视图来模仿行对象使用的引用。行对象是对象表中的行。为创建支持行对象的对象视图，需要首先创建和表具有相同结构的数据类型，如下所示：

```
create or replace type customer_ty as object
(name          varchar2(25),
 street        varchar2(50),
 city          varchar2(25),
 state         char(2),
 zip           varchar2(10));
```

接下来创建基于 CUSTOMER_TY 类型的对象视图，同时将 OID(对象标识符)值赋予 CUSTOMER 中的行：

```
create view customer_ov of customer_ty
with object identifier (name) as
select name, street, city, state, zip
from customer;
```

这个 CREATE VIEW 命令的第一部分为视图指定名称(CUSTOMER_OV)，并且告诉 Oracle 该视图的结构是基于 CUSTOMER_TY 数据类型的。对象标识符用于标识行对象。在该对象视图中，NAME 列将用作 OID。

如果有通过外键或主键关系引用 CUSTOMER 的第二个表，就可以建立包含对 CUSTOMER_OV 引用的对象视图。例如，CUSTOMER_CALL 表包含 CUSTOMER 表的外键，如下所示：

```
create table customer_call
(name           varchar2(25),
 call_number    number,
 call_date      date,
 constraint customer_call_pk
     primary key (name, call_number),
 constraint customer_call_fk foreign key (name)
    references customer(name));
```

CUSTOMER_CALL 表的 NAME 列引用 CUSTOMER 表中的相同列。因为有基于 CUSTOMER 的主键的模拟 OID(称为 pkOID)，所以需要创建对这些 OID 的引用。Oracle 提供了名为 MAKE_REF 的运算符来创建引用(称为 pkREF)。在下面的程序清单中，MAKE_REF 运算符用于创建从 CUSTOMER_CALL 的对象视图到 CUSTOMER 的对象视图的引用：

```
create view customer_call_ov as
```

```
select make_ref(customer_ov, name) name,
       call_number,
       call_date
from customer_call;
```

在 CUSTOMER_CALL_OV 视图中，告诉 Oracle 需要引用的视图名称和组成 pkREF 的列。通过在 Customer_ID 列上使用 DEREF 运算符，现在可从 CUSTOMER_CALL_OV 中查询 CUSTOMER_OV 数据：

```
select deref(ccov.name)
from customer_call_ov ccov
where call_date = trunc(sysdate);
```

因此，可从查询中返回 CUSTOMER 数据，而不需要直接查询 CUSTOMER 表。在该示例中，CALL_DATE 列用作查询返回行的限制条件。

无论使用行对象或列对象，都可以使用对象视图来保护表不受对象关系的影响。表本身不会被修改，并且可以按常用方式管理它们。区别在于，用户现在可访问 CUSTOMER 的行，如同它们是行对象一样。

从 DBA 的角度看，对象视图允许继续创建并支持标准的表和索引，同时应用程序开发人员将高级的对象-关系特性实现为这些表上的一个层。

5.3.2　抽象数据类型的安全性

5.3.1 小节中的示例假设同一个用户拥有 ADDRESS_TY 数据类型和 CUSTOMER 表。如果数据类型的拥有者并不是表的拥有者，又会如何？如果另一个用户希望根据已经创建的数据类型创建一个数据类型，又会如何？在开发环境中，与表和索引一样，应该建立抽象数据类型的所有权和使用权的指导原则。

例如，如果名为 ORANGE_GROVE 的账户拥有 ADDRESS_TY 数据类型，并且账户名为 CON_K 的用户尝试创建 PERSON_TY 数据类型，这时会如何？先展示类型所有权问题，然后给出一个简单解决方案。例如，CON_K 执行下面的命令：

```
create type person_ty as object
(name     varchar2(25),
 address  address_ty);
```

如果 CON_K 不拥有 ADDRESS_TY 抽象数据类型，Oracle 将使用下面的消息响应这个 CREATE TYPE 命令：

```
Warning: Type created with compilation errors.
```

在创建数据类型时，创建构造函数方法的问题造成了这个编译错误。Oracle 无法解析对 ADDRESS_TY 数据类型的引用，因为 CON_K 不是拥有该数据类型的账户。

CON_K 将不能创建 PERSON_TY 数据类型(包括 ADDRESS_TY 数据类型)，除非 ORANGE_GROVE 先授予该类型上的 EXECUTE 权限。下面的程序清单显示了这个 GRANT 命令：

```
grant execute on address_ty to con_k;
```

注意：
必须将该类型上的 EXECUTE 权限授予任何将在该表上执行 DML 操作的用户。

现在已经使用了合适的 GRANT 命令，那么 CON_K 就可以创建基于 ORANGE_GROVE 的 ADDRESS_TY 数据类型的数据类型了：

```
create or replace type person_ty as object
(name     varchar2(25),
 address  orange_grove.address_ty);
```

CON_K 的 PERSON_TY 数据类型现在会成功创建，然而，使用基于另一个用户的数据类型的数据类型并不简单。例如，在 INSERT 操作期间，必须完全指定每种类型的拥有者的名称。CON_K 可创建基于他的 PERSON_TY 数据类型的表(包括 ORANGE_GROVE 的 ADDRESS_TY 数据类型)，如下面的程序清单所示：

```
create table con_k_customers
(customer_id  number,
 person       person_ty);
```

如果 CON_K 拥有 PERSON_TY 和 ADDRESS_TY 数据类型，则在 CUSTOMER 表中执行 INSERT 命令需使用下面的格式：

```
insert into con_k_customers values
(1,person_ty('John Smith',
   address_ty('522 Main Street','Half Moon Bay','CA','94019-1922')));
```

这条命令将不会工作。在 INSERT 期间，使用了 ADDRESS_TY 构造函数方法，而 ORANGE_GROVE 拥有该方法。因此，必须修改 INSERT 命令，指定 ORANGE_GROVE 为 ADDRESS_TY 的拥有者。下面的示例显示了正确的 INSERT 语句，其中以粗体显示了对 ORANGE_GROVE 的引用：

```
insert into con_k_customers values
(1,person_ty('John Smith',
 orange_grove.address_ty('522 Main Street','Half Moon Bay','CA','94019-1922')));
```

解决此问题很容易：可创建并使用数据类型的公共同义词。继续前面的示例，ORANGE_GROVE 可创建一个公共同义词，并授予对此类型的 EXECUTE 权限，如下所示：

```
create public synonym pub_address_ty for address_ty;
grant execute on address_ty to public;
```

结果，包括 CON_K 在内的任何用户现在都可以使用同义词来引用此类型，以创建新的表或类型：

```
create or replace type person_ty as object
   (name     varchar2(25),
    address  pub_address_ty);
```

在 Oracle 的纯关系实现中，可授予对过程化对象的 EXECUTE 权限，如过程和程序包。在 Oracle 的对象-关系实现中，EXECUTE 权限也扩展到抽象数据类型，这一点在前面的示例中已看到。使用 EXECUTE 权限是因为抽象数据类型可以包括方法——即操作数据类型的 PL/SQL 函数和过程。如果授予某人权限可以使用你自己的数据类型，则授予该用户执行在该数据类型上定义的方法的权限。虽然 ORANGE_GROVE 尚未在 ADDRESS_TY 数据类型上定义任何方法，但 Oracle 会自动创建用于访问数据的构造函数方法。任何使用 ADDRESS_TY 数据类型的对象(如 PERSON_TY)都使用与 ADDRESS_TY 关联的构造函数方法。

不可以创建公有类型，但可创建类型的公有同义词，这一点在前文中曾介绍过。这有助于解决数据类型管理问题。一种解决方案是使用单一模式名创建所有类型，并创建相应的同义词。引用类型的用户不必知道这些类型的所有者，就可以有效地使用这些类型。

5.3.3 对抽象数据类型属性创建索引

在前面的示例中，基于 PERSON_TY 数据类型和 ADDRESS_TY 数据类型创建了 CON_K_CUSTOMERS 表。如下面的程序清单所示，CON_K_CUSTOMERS 表包含一个标量列(非面向对象列)CUSTOMER_ID 和通过 PERSON_TY 抽象数据类型定义的 PERSON 列：

```
create table george_customers
(customer_id    number,
 person         person_ty);
```

根据本章前面的数据类型定义，可看到 PERSON_TY 有一个列 NAME，后面跟着由 ADDRESS_TY 数据类型定义的 ADDRESS 列。

在查询、更新和删除期间引用抽象数据类型中的列时，应指定数据类型属性的完整路径。例如，以下查询返回 CUSTOMER_ID 列和 NAME 列。NAME 列是定义 PERSON 列的数据类型的属性，因此引用该属性为 PERSON.NAME，如下所示：

```
select c.customer_id, c.person.name
  from con_k_customers c;
```

通过指定相关列的完整路径，可引用 ADDRESS_TY 数据类型中的属性。例如，STREET 列的引用为 PERSON.ADDRESS.STREET，这就完整描述了它在表结构中的位置。下面的示例两次引用 CITY 列，一次在选择列的列表中，另一次在 WHERE 子句中：

```
select c.person.name,
       c.person.address.city
  from con_k_customers c
 where c.person.address.city like 'C%';
```

因为 CITY 列和 WHERE 子句中的范围搜索一起使用，所以优化器在解析查询时就能够使用索引。如果在 CITY 列上有可用的索引，Oracle 就可以快速找到 CITY 值以字母 C 开头的所有行，如同谓词中所指定的那样。

为在作为抽象数据类型一部分的列上创建索引，需要指定该列的完整路径作为 CREATE INDEX 命令的一部分。为在 CITY 列(该列是 ADDRESS 列的一部分)上创建索引，可执行下面的命令：

```
create index i_con_k_customers_city
on con_k_customers(person.address.city);
```

该命令将在 PERSON.ADDRESS.CITY 列上创建名为 I_CON_K_CUSTOMER_CITY 的索引。在访问 CITY 列时，优化器将评估用于访问该数据的 SQL，并且确定新的索引是否对改进访问的性能有所帮助。

在创建基于抽象数据类型的表时，应该考虑如何访问抽象数据类型中的列。类似于前一个示例中的 CITY 列，如果某些列常用作查询中限制条件的一部分，则应该索引它们。在这点上，一个抽象数据类型中多个列的表示法可能妨碍应用程序的性能，因为它不易使人注意到需要在数据类型中的特定列上创建索引。

使用抽象数据类型时，习惯于将一组列视为一个实体，如 ADDRESS 列或 PERSON 列。重要的是要记住，在评估查询访问路径时，优化器将单独考虑列。因此，需要说明列的索引需求，即使是在使用抽象数据类型时。此外记住，在使用 ADDRESS_TY 数据类型的表中的 CITY 列上创建索引并不影响使用 ADDRESS_TY 数据类型的第二个表中的 CITY 列。如果还有一个名为 BRANCH 的表使用 ADDRESS_TY 数据类型，则不会在它的 CITY 列上创建索引，除非显式地在它的 CITY 列上创建索引。另外注意，与非抽象数据类型上的索引类似，对于抽象数据类型上的附加索引，每个附加索引增加 3 倍开销。

5.4 停顿并挂起数据库

在维护操作期间可临时停顿或挂起数据库。使用这些操作可在应用程序维护期间保持数据库为打开状态，从而避免数据库关闭所带来的时间或可用性影响。

停顿数据库时，除 SYS 和 SYSTEM 外，其他任何账户都不允许执行新的事务。新查询或尝试登录将表现为挂起，直到结束停顿数据库。停顿特性在执行表维护或复杂的数据维护时非常有用。为使用停顿特性，必须先按本章前面介绍的方法启用数据库资源管理器。此外，在启动数据库时，必须将 RESOURCE_MANAGER_PLAN 初始参数设置为一个有效的计划，在随后的数据库启动时一定不能禁用它。

作为 SYS 或 SYSTEM(其他 SYSDBA 权限账户不可以执行这些命令)登录时，可以如下面这样停顿数据库：

```
alter system quiesce restricted;
```

任何登录到数据库中的非 DBA 会话都将继续执行，直到它们当前的命令完成，此时，它们将不再活跃。当前不活动的会话仍然停顿。在 RAC 配置中，所有运行中的实例将停顿。

为查看数据库是否处于停顿状态，以 SYS 或 SYSTEM 身份登录，并执行下面的查询：

```
select active_state from v$instance;
```

ACTIVE_STATE 值为 NORMAL(unquiesced)、QUIESCING(活动的非 DBA 会话仍在运行)或 QUIESCED。

可使用下面的命令结束停顿数据库：

```
alter system unquiesce;
```

也可以不停顿数据库，取而代之的是挂起数据库。挂起的数据库不对它的数据文件和控制文件执行 I/O，并允许在没有 I/O 干扰的情况下备份数据库。用以下命令挂起数据库：

```
alter system suspend;
```

注意：
只有在数据库处于热备份模式时，才可以使用 ALTER SYSTEM SUSPEND 命令。

虽然任何 SYSDBA 权限的账户都可执行 ALTER SYSTEM SUSPEND 命令，但只可从 SYS 和 SYSTEM 账户恢复普通数据库操作。使用 SYS 和 SYSTEM 可避免在重新开始数据库操作时的潜在错误。在 RAC 配置中，挂起所有实例。用以下命令查看实例的当前状态：

```
select database_status from v$instance;
```

数据库将是 SUSPENDED 或 ACTIVE 状态。为重新开始数据库，以 SYS 或 SYSTEM 身份登录，并执行下面的命令：

```
alter system resume;
```

5.5 支持迭代开发

迭代开发方法学通常由一系列快速开发原型组成。这些原型用于在开发系统时定义系统需求。这些方法学非常吸引人，因为它们能在开发期间向客户显示一些具有实际意义的内容。然而，在迭代开发过程中有一些常见的陷阱会破坏它的有效性。

首先，没有始终坚持使用有效的版本化。创建应用程序的多个版本可以允许在改变其他特性时“冻结”某些特性。它也允许应用程序的某些部分处于开发过程中，而其他部分处于测试过程中。最常见的情况是，应用程序的一种版本用于每个特性的每次迭代，从而导致最终的产品不够灵活，无法处理变更需求(这是迭代开发所宣称的目标)。

其次，并不总是抛弃原型。开发原型是为了让客户了解最终产品的大致外观，而不应该将它们作为最终产品的基础。使用它们作为基础将不会产生最稳定和最灵活的系统。执行迭代开发时，应将原型视为临时的遗留系统。

第三，开发、测试和生产各环境的划分并不明确。迭代开发的方法学必须非常清晰地定义在应用程序版本可以进入到下一个阶段前必须满足的条件。最好保持原型开发与完整应用程序的开发完全分离。

最后，经常设置不切实际的时间线。应用于结构化方法的可交付成果同样也适用于迭代式方法。应用程序的加速开发并不意味着可以更快地生成可交付成果。

5.5.1 迭代式列定义

在开发过程期间，列定义可频繁改变。可从已有表中删除列，也可立刻删除列，或者将其标记为“未使用”，以便以后再删除它。如果立刻删除列，这种动作可能会影响性能。而如果将列标记为“未使用”，对性能没有任何影响。可在以后较少使用数据库时再真正删除该列。

要删除列，可使用 ALTER TABLE 命令的 SET UNUSED 子句或 DROP 子句，但不可删除伪列、嵌套表的列或分区键列。

在下面的示例中，从名为 TABLE1 的表中删除列 COL2：

```
alter table table1 drop column col2;
```

可以将一列标记为未使用，如下所示：

```
alter table table1 set unused column col3;
```

注意：
从 Oracle Database 12*c* 开始，可使用 SET UNUSED COLUMN . . . ONLINE 避免表上的块锁，从而增强可用性。

将一列标记为 UNUSED(未使用)不会释放该列以前使用的空间。也可删除任何未使用的列：

```
alter table table1 drop unused columns;
```

可查询 USER_UNUSED_COL_TABS、DBA_UNUSED_COL 和 ALL_UNUSED_COL_TABS，查看具有标记 UNUSED 的列的所有表。

注意：
一旦将一列标记为 UNUSED，则不可以访问该列。如果在指定一列为未使用后导出表，则不会导出该列。

可在一条命令中删除多列，如下面的示例所示：

```
alter table table1 drop (col4, col5);
```

注意：
删除多个列时，不应该在 ALTER TABLE 命令中使用 COLUMN 关键字。多个列名必须用圆括号括起来，如同前面的示例所示。

如果删除的列是主键或唯一性约束的一部分，则需要把 CASCADE CONSTRAINTS 子句作为 ALTER TABLE 命令的一部分。如果删除属于主键的列，则 Oracle 将删除此列和主键索引。

如果在可以删除列期间没有立刻安排维护周期，则将这些列标记为 UNUSED。在后面的维护周期，可通过 SYS 和 SYSTEM 账户完成维护。

5.5.2 强制光标共享

理想情况下，应用程序开发人员应在程序中使用绑定变量，从而尽可能重用共享 SQL 区域中以前已解析的命令。如果没有使用绑定变量，可能会在库缓存中看到许多非常类似的语句——只在 WHERE 子句的字面值上存在区别的查询。

只有字面值组成部分不同，其他部分相同的语句称为“类似语句”。如果将 CURSOR_SHARING 初始参数设置为 FORCE，类似语句就可以重用共享 SQL 区域中以前已解析的命令。如果 SQL 语句必须精确匹配(包括所有字面值)，则使用 EXACT(默认值)。

注意：
从 Oracle Database 12*c* 开始，不建议使用 CURSOR_SHARING 的 SIMILAR 值，应改用

FORCE。

5.6　管理程序包开发

设想具有下面特征的开发环境：

- 没有实施任何标准。
- 在 SYS 或 SYSTEM 账户下创建对象。
- 简单地考虑表和索引的适当分布以及大小调整。
- 设计每个应用程序，如同它是计划运行在数据库中的唯一应用程序。

这些条件并不符合实际需要，在购买的程序包应用程序的实现过程中很少会遇到这些情况。适当管理程序包的实现涉及前面针对应用程序开发过程所介绍的相同问题。本节将概述应该如何处置程序包，从而使它们最适合于开发环境。

5.6.1　生成图表

大多数 CASE 工具能将程序包反向工程为物理数据库图表。反向工程包括分析表结构和生成物理数据库图表，这些物理数据库图表与表结构是一致的，通常通过分析列名、约束和索引来标识键列。然而，物理数据库图表和实体关系图表之间一般没有一对一的相互关系。通常从程序包供应商处获得程序包的实体关系图表，它们在规划程序包数据库的接口时非常有帮助。

5.6.2　空间需求

大多数基于 Oracle 的程序包都可以非常精确地估计出在产品使用期间数据库资源的使用率。然而，这些程序包通常并未考虑在数据加载和软件升级期间它们的使用率需求。应该注意监控大型数据加载期间程序包的撤消需求。如果程序包在升级操作期间创建所有表的副本，则可能需要备用的 DATA 表空间。

5.6.3　调整目标

如同自定义应用程序具有调整目标一样，程序包也必须具有调整目标。建立并跟踪这些控制值将帮助标识需要调整的程序包区域(参见第 8 章)。

5.6.4　安全性需求

遗憾的是，许多使用 Oracle 数据库的程序包分为两类：从另一个数据库系统迁移到 Oracle，或者假设具有对象拥有者账户的完整 DBA 权限。

如果在不同的数据库系统上第一次创建程序包，它们的 Oracle 端口将很可能无法完全利用 Oracle 的函数功能，如序列、触发器和方法。调整这种程序包以满足需求时，可能需要修改源代码。

如果假设程序包具有完全的 DBA 授权，则它必须和其他关键数据库应用程序存储在不同的数据库中。大多数需要 DBA 授权的程序包都会这样做，从而可将新用户添加到数据库。应该准确地确定程序包管理员账户实际需要哪些系统级权限(通常是 CREATE SESSION 和 CREATE USER)。可创建专门的系统级角色，将系统权限的限制集提供给程序包管理员。

在非 Oracle 数据库上第一次开发的程序包可能需要使用与另一个 Oracle 移植程序包相同的账户。例如，多个应用程序可能都需要数据库账户 SYSADM 的所有权。解决这种与完全可信度之间冲突的唯一方法是在不同的数据库中创建两个程序包。

5.6.5 数据需求

程序包具有的任何处理需求，特别是在数据输入方面的需求，都必须清楚地定义。这些需求通常都完全归档在程序包文档中。

5.6.6 版本需求

所支持的应用程序可能依赖于 Oracle 的特定版本和特性。如果使用程序包应用程序，则需要将内核版本升级计划建立在供应商对不同 Oracle 版本支持的基础上。此外，供应商可能切换支持的优化器特性。例如，需将 COMPATIBLE 参数设置为特定值。数据库环境需要尽可能灵活，从而支持这些改动。

因为这些限制超出了控制，所以应该尝试将程序包应用程序与它自己的实例隔离。如果频繁地在应用程序中查询数据，应用程序与它自己实例的隔离将增加对数据库链接的依赖性。需要针对支持一个实例中多个应用程序的维护成本，来评估支持多个实例的维护成本。

5.6.7 执行计划

生成执行计划需要访问针对数据库运行的 SQL 语句。SGA 中的共享 SQL 区域维护对数据库执行的 SQL 语句(可通过 V$SQL_PLAN 视图访问)。匹配 SQL 语句和应用程序的特定部分是一个耗时的过程。应尝试标识特定的区域(这些区域的功能和性能对应用程序的成功至关重要)，并与程序包的支持团队协同工作，以解决性能问题。可使用自动工作负荷存储库(Automated Workload Repository，参见第 8 章)收集所有在测试周期中生成的命令，然后确定在该命令集中大多数资源密集型查询的解释计划。如果命令仍在共享 SQL 区域中，可通过 V$SQL 查看统计信息，并且通过 V$SQL_PLAN 查看解释计划；在 Cloud Control 12*c* 中，可同时查看两者。

5.6.8 验收测试过程

购买的程序包应该满足与自定义应用程序相同的功能需求。应在选择程序包之前开发验收测试过程，可以根据程序包选择标准生成这些过程。通过以这种方式进行测试，可测试你自己需要的功能，而不是程序包开发人员认为你所需要的功能。

如果程序包由于功能或性能问题而无法完成验收测试，则需要确保指定具体的选项。不能仅因为是购买的应用程序，而忽略应用程序的关键成功因素。

5.6.9 测试环境

建立测试环境时，遵循下列指导原则：

- 它必须大于生产环境。需要能预见到将来的性能并测试扩展性。
- 它必须包含已知的数据集、解释计划、性能结果和数据结果集。
- 它必须用于数据库和工具的每个版本，以及用于新的特性。

- 它必须支持生成多个测试条件，从而允许估计特性的经营成本。并不希望必须依赖于结果的要点分析。理想情况下，可在数据库变大时确定特性的成本/利益曲线。
- 它必须足够灵活，允许估计不同的许可成本选项。
- 它必须有效地用作技术实现方法学的一部分。

测试事务性能时，确保持续跟踪不断递增的加载速率。一般来说，当表上的索引到达内部第二层时，它们就会减慢加载性能。查看第 8 章可了解索引和加载性能的细节。

在测试时，示例查询应该具有下面各个组：

- 执行连接的查询，包括合并连接、嵌套循环、外部连接以及散列连接。
- 使用数据库链接的查询。
- 使用数据库链接的 DML 语句。
- 每种类型的 DML 语句(INSERT、UPDATE 和 DELETE 语句)。
- 每种主要类型的 DDL 语句，包括表创建、索引重构以及授权。
- 使用并行查询的查询(如果在当前环境中使用了该选项)。

示例集应该不是伪造的，它应该表示具体的操作，并且必须可重复。生成示例集时应该回顾主要的操作组以及用户执行的 OLTP 操作。结果不会反映数据库中的每个动作，但有助于了解升级的意义，从而帮助减轻风险，并对实现新的选项做出更好的决策。

5.7 本章小结

要创建有效的 Oracle 数据库，不能仅凭 CREATE DATABASE 命令。需要考虑很多前提条件，如应用程序的宏观体系结构，与系统的最终用户签订的服务级别协议，是否完成和验证了数据模型，使其包含最终用户需要的数据元素等。

从开发角度看，必须确定哪个 Oracle 特性最适用于应用程序及其成长模式。使用诸如分区、物化视图和并行等 Oracle 特性，将确保获得足够快的响应速度，并有效使用数据库服务器本身。

数据库启动并运行后，DBA 的工作并未结束；DBA 必须监控数据库，确保满足了 SLA 要求，并预测需在何时升级硬件，分析所需要的磁盘空间，以确保在用户需要时系统可供使用。

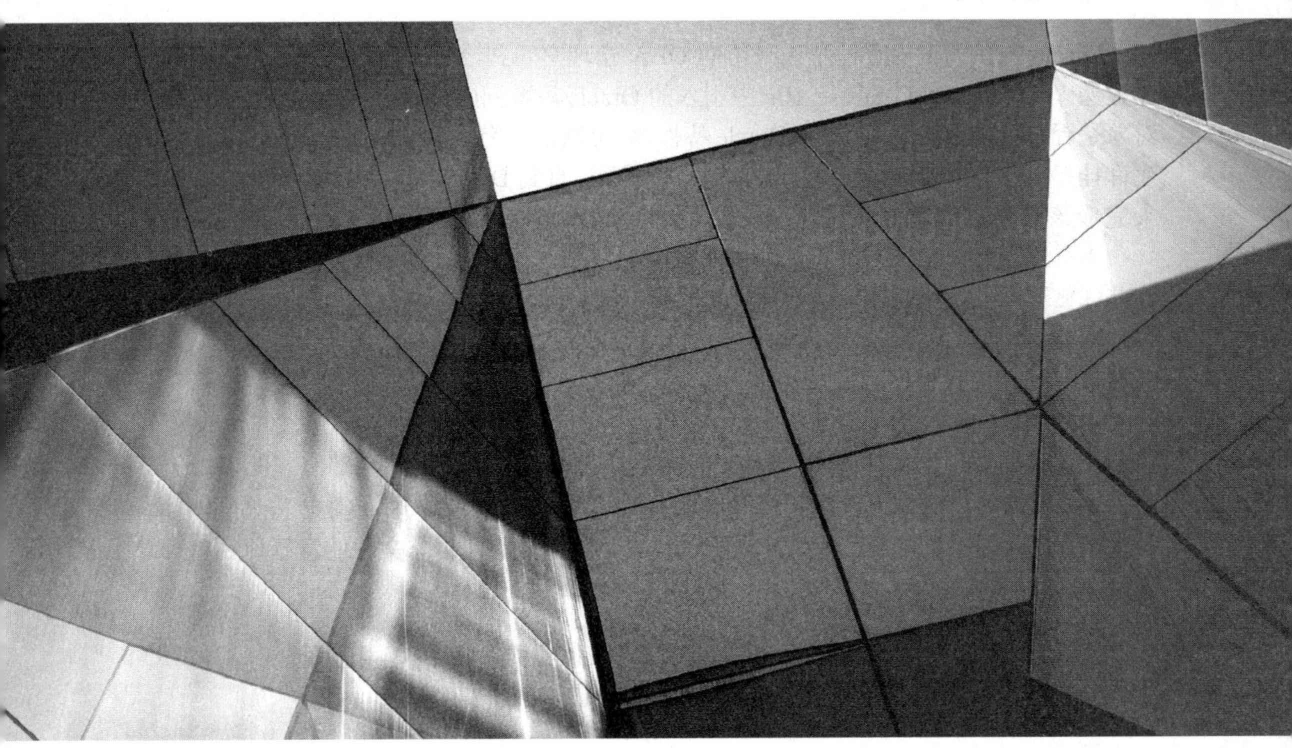

第6章

监控空间利用率

称职的 DBA 应当会使用工具集来监控数据库，主动监控数据库的各个方面，如事务加载、安全实施、空间管理及性能监控，并在发现任何具有潜在灾难性系统问题时采取适当行动。第 7 章~第 10 章将介绍事务管理、性能调整、内存管理以及数据库安全和审核。本章将说明 DBA 如何才能有效地管理以下不同类型表空间中数据库对象所使用的磁盘空间：SYSTEM 表空间、SYSAUX 表空间、临时表空间、撤消表空间以及不同大小的表空间。

为减少管理磁盘空间所用的时间，DBA 需要理解应用程序使用数据库的方式，并提供数据库应用程序设计期间的指导原则，这很重要。数据库应用程序的设计和实现，包括表空间布局和数据库的预期增长，这些已在第 3 章～第 5 章中介绍过了。

本章也提供一些脚本，这些脚本只需要用到 SQL*Plus，另外还提供了解释结果所需要的相关知识。这些脚本适于快速查看给定时间点数据库的健康程度。例如，查看是否有足够的磁盘空间来处理夜间的大型 SQL*Loader 作业，或者诊断快速运行的查询的某些响应时间问题。

Oracle 提供大量内置程序包来帮助 DBA 管理空间和诊断问题。例如，根据对象中存在多少存储碎片，Oracle Database 10*g* 中引入的 Oracle 段顾问(Segment Advisor)可帮助确定数据库对象是否有可重用的空间。其他 Oracle 特性，如可恢复的空间分配(Resumable Space Allocation)，允许挂起那些会用尽磁盘空间的长期运行的操作，直到 DBA 干预并分配足够的额外磁盘空间来完成该操作。这就避免了从头开始重新启动长期运行的作业。

本章也将介绍一些关键的数据字典视图和动态性能视图，通过它们可详细查看数据库的结构并优化空间利用率。本章所提供的许多脚本都使用了这些视图。

本章末尾将介绍用于自动化脚本和 Oracle 工具的两种不同方法：使用 DBMS_SCHEDULER 内置程序包以及使用 Oracle 企业管理器(OEM)基础结构。

本章主要关注表空间的空间利用率，以及包含在表空间中的对象。虽然其他数据库文件(如控制文件和重做日志文件)占用磁盘空间，但只占用数据库使用的全部空间的很小一部分。然而，本章将简要讨论如何管理归档的日志文件，因为归档日志文件的数量将无限增加，其速度与在数据库中发生的 DML 活动量成比例。因此，管理归档日志文件的良好计划将有助于控制磁盘空间利用率。

6.1 常见的空间管理问题

空间管理问题一般分为 3 类：普通表空间中的空间不足；没有足够的用于长期运行的查询的撤消空间，这些查询需要表的一致性“前像”(before image)；用于临时段的空间不足。虽然数据库对象(如表或索引)中可能仍有一些存储碎片问题，但本地管理的表空间可以解决这种表空间存储碎片的问题。

采用下面介绍的技术，可解决上述 3 种问题。

6.1.1 用尽表空间中的空闲空间

如果没有使用 AUTOEXTEND 属性定义表空间，则组成表空间的所有数据文件中的空间总量将限制可存储在表空间中的数据量。如果定义了 AUTOEXTEND 属性，则组成表空间的一个或多个数据文件将变大，以便适应新段的请求或已有段的增长。即使使用了 AUTOEXTEND 属性，表空间中的空间量最终也会受到物理磁盘驱动器或存储组上磁盘空间量的限制。如果已经创建了大文件表空间，则只有一个数据文件，但这个数据文件与小文件表空间中的数据文件的约束相同。

如果未在 CREATE TABLESPACE 命令中指定 SIZE 参数，并且正在使用 OMF，则会默认使用 AUTOEXTEND 属性，因此，必须切实采取方法阻止数据文件自动扩展。在 Oracle Database 11*g* 或 12*c* 中，初始参数 DB_CREATE_FILE_DEST 设置为 ASM 或文件系统的位置，可以像下面这样运行 CREATE TABLESPACE 命令：

```
create tablespace bi_02;
```

在此例中，创建了表空间 BI_02，单一数据文件中的大小是 100MB，AUTOEXTEND 是启用的，当第一个数据文件填满时，下一个盘区是 100MB。此外，盘区管理设置为 LOCAL，空间分配设置为 AUTOALLOCATE，段空间管理设置为 AUTO。

这里的结论是，应监控表空间中空闲的和已用的空间，从而持续检测空间利用率的发展趋势，使结果有预见性，确保有足够的空间用于将来的空间请求。使用 DBMS_SERVER_ALERT 程序包(通过 PL/SQL 调用或 Cloud Control 12*c*)可在表空间达到警戒或临界空间阈值水平时自动发出通知。此阈值既可以是已用百分比，也可以是剩余空间，或者也可以二者同时指定。

6.1.2　用于临时段的空间不足

临时段用于存储数据库操作的中间结果，如排序、索引构建、DISTINCT 查询、UNION 查询或需要排序/合并操作的任何其他操作(这些排序/合并操作无法在内存中执行)。应在临时表空间中分配临时段，第 1 章中介绍了这一点。任何情况下都不应将 SYSTEM 表空间用于临时段。创建数据库时，应将非 SYSTEM 表空间指定为未以其他方式分配临时表空间的用户的默认临时表空间。如果 SYSTEM 表空间是本地管理的(自从 Oracle Database 10*g* 以来，是默认和首选的做法)，则必须在创建数据库时定义一个默认的临时表空间。

在用户的默认临时表空间中没有足够可用的空间，并且不可以自动扩展表空间或禁用表空间的 AUTOEXTEND 属性时，用户的查询或 DML 语句将失败。

6.1.3　所分配的撤消空间过多或过少

通过在表空间中自动管理撤消信息，撤消表空间简化了回滚信息的管理。DBA 不再需要定义数据库中发生的各种活动的回滚段的数量和大小。从 Oracle 10*g* 开始，已不赞成使用手动回滚管理。

撤消段不仅允许回滚未提交的事务，还提供了长期运行查询的读一致性，这些查询在表上进行插入、更新和删除之前开始执行。DBA 控制为读一致性提供可用的撤消空间量，并将其指定为 Oracle 将努力保证“前像”数据可用于长期运行查询的秒数。

与临时表空间一样，应确保为撤消表空间分配足够的空间，以满足高峰期间的需求，同时不会分配超出需求的空间。与任何表空间一样，在创建表空间时可使用 AUTOEXTEND 选项，允许预料外的表空间增长，而不需要预先保留过多的磁盘空间。

第 7 章将详细讨论撤消段的管理，本章后面将介绍帮助调整撤消表空间大小的工具。

6.1.4　分片的表空间和段

本地管理的表空间使用位图来跟踪空闲空间，这样做除了可以消除数据字典上的争用外，还可以消除浪费的空间，因为所有盘区要么具有相同的大小(分配统一的盘区)，要么是最小大小的倍数(使用自动分配)。为从字典管理的表空间中迁移，下面将回顾从字典管理表空间转换为本地管理表空间的一个示例。在使用数据库配置助手(DataBase Configuration Assistant，DBCA)的 Oracle Database 10*g* 或更新版本的默认安装中，所有表空间，包括 SYSTEM 和 SYSAUX 表空间，都创建为本地管理的表空间。

默认情况下，从 Oracle Database 11*g* 开始使用 ASSM(Automatic Segment Space Management，自动段空间管理)，不必在 CREATE TABLESPACE 语句中指定很多选项，即可获得本地管理的表空间：

```
create tablespace users4
  datafile '+DATA'
```

```
  size 250m autoextend on next 250m maxsize 2g
  uniform size 8m;
tablespace USERS4 created.

select tablespace_name, initial_extent, next_extent,
  extent_management, allocation_type, segment_space_management
from dba_tablespaces
where tablespace_name='USERS4';

TABLESPACE_NAME INITIAL_EXTENT NEXT_EXTENT EXTENT_MAN ALLOCATIO SEGMEN
--------------- -------------- ----------- ---------- --------- ------
USERS4                 8388608     8388608 LOCAL        UNIFORM   AUTO
```

如果使用固定盘区大小，则仅需要 UNIFORM 子句；否则，使用默认的 AUTOALLOCATE，由 Oracle 管理盘区大小。

使用初始大小 250MB 创建此表空间，它可以增长到 2000MB(2GB)。使用位图来对盘区进行本地管理，该表空间的每个盘区的精确大小为 8MB。使用位图而不是空闲列表来自动管理每个段(表或索引)中的空间。

即使采用高效的盘区分配，表和索引段仍可能由于 UPDATE 和 DELETE 语句而包含大量空闲空间。这种情况下，可使用本章后面提供的一些脚本，或者使用 Oracle 段顾问，回收大量未使用的空间。

6.2 Oracle 段、盘区和块

第 1 章中概述了表空间和包含在表空间中的逻辑结构。还简要介绍了数据文件，它们是在操作系统级别中分配的，并作为表空间的构建块。为能有效管理数据库中的磁盘空间，需要深入了解表空间和数据文件，以及存储在表空间中的段的组成部分，如表和索引。在最低级别，表空间的段由一个或多个盘区组成，每个盘区包含一个或多个数据块。图 6-1 显示了 Oracle 数据库中段、盘区和块之间的关系。

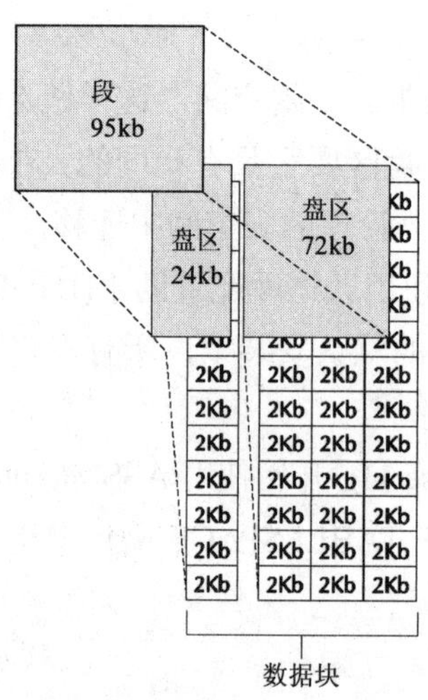

图 6-1 Oracle 段、盘区和块

下面将详细介绍数据块、盘区和段，并重点关注空间管理。

6.2.1　数据块

“数据块”是数据库中的最小存储单位。理想情况下，Oracle 块是操作系统块的倍数，从而确保高效的 I/O 操作。使用 DB_BLOCK_SIZE 初始参数指定数据库的默认块大小。创建数据库时，这个块大小用于 SYSTEM、TEMP 和 SYSAUX 表空间。不重新创建数据库，就不能改动这一大小。

图 6-2 中显示了数据块的格式。

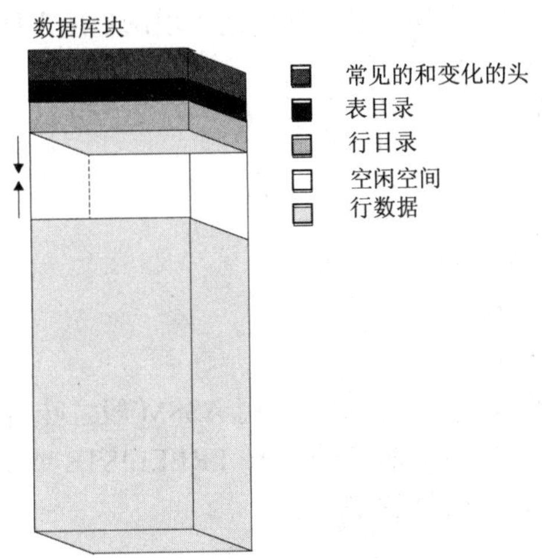

图 6-2　Oracle 数据块的内容

每个数据块都包含一个头，用于指定块中是何种数据：表行或索引条目。表目录部分具有块中行的表的相关信息。块具有只来自于一个表的行，或者只来自于一个索引的条目，除非表是群集表(clustered table)，这种情况下，表目录标识具有块中行的所有表。行目录提供块中表特定行或索引条目的细节。

头、表目录和行目录的空间只占用分配给块的空间的很少一部分，而需要关注的重点是块中的空闲空间和行数据。

在最近分配的块中，空闲空间可用于新行或已有行的更新。如果行中有变长列或者将非 NULL 值改为 NULL 值或将 NULL 值改为非 NULL 值，则更新可能会增加或减少分配给行的空间。块中的可用空间可用于新的插入，直到块中可用空间的百分比小于 PCTFREE 参数定义的值(在创建段时指定该参数)。一旦块中空间少于 PCTFREE 指定的值，则不允许进行任何插入。如果使用空闲列表管理段块中的空间，则在块中的空闲空间低于 PCTUSED 时允许在表上进行新的插入。

如果行的大小大于块的大小，或者更新过的行不再适合于原始的块，则行可跨越多个块。第一种情况下，相对于存储在块链中的块，行过大。如果行包含超出允许的最大块大小(在 Oracle 11g 中是 32KB)的列，这种情况就无法避免。

第二种情况下，对块中行的更新可能使该行不再适合于原始块，从而使 Oracle 将整个行的数据迁移到新块，并在第一个块中留下一个指针，指向第二个块中存储更新行的位置。可据此推断出，具有许多迁移行的段可能造成 I/O 性能问题，因为需要查询的块数量可能会加倍。某些情况下，调整 PCTFREE 的值或重新构建表可能获得较好的空间利用率和 I/O 性能。第 8 章将给出改进 I/O 性能的更多提示。

从 Oracle 9*i* 版本 2 开始，可使用自动段空间管理(Automatic Segment Space Management，ASSM)来管理块中的空闲空间。在本地管理的表空间中，在 CREATE TABLESPACE 命令中使用 SEGMENT SPACE MANAGEMENT AUTO 关键字(虽然这在本地管理的表空间中是默认设置)可以启用 ASSM。

使用 ASSM 可减少段头争用和改进插入操作的并发性，这是因为段中的空闲空间图分布于段的每个盘区的位图块中，从而大大减少了等待时间，因为执行 INSERT、UPDATE 或 DELETE 操作的每个进程很可能访问不同的块，而不是一个空闲列表或几个空闲列表组之一。另外，每个盘区的位图块列出盘区中的每个块以及 4 比特的“填满程度”指示符，这一指示符定义如下(可进一步扩展为值 6～15)：

- 0000 未格式化的块
- 0001 块满
- 0010 可用空闲空间小于 25%
- 0011 空闲空间为 25%～50%
- 0100 空闲空间为 50%～75%
- 0101 空闲空间大于 75%

在 RAC (实时应用集群)数据库环境中，使用 ASSM 段意味着不需要再创建多个空闲列表组。此外，创建表时也不需要再指定 PCTUSED、FREELISTS 或 FREELIST GROUPS 参数，即使指定其中任何一个参数，也会被忽略。

6.2.2 盘区

盘区(extent)是数据库中逻辑空间分配的下一级别，它是为特定类型对象(如表或索引)分配的特定数量的块。盘区是一次分配的最小块数量，当某个盘区中的空间已满时，分配另一个盘区。

创建表时，分配一个初始盘区。一旦用完初始盘区中的空间，则分配递增盘区。在本地管理的表空间中，这些后续盘区可以是相同的大小(在创建表空间时使用 UNIFORM 关键字)或通过 Oracle 优化的大小(AUTOALLOCATE)。对于具有优化大小的盘区，Oracle 首先使用最小盘区大小 64KB，并在段增长时按初始盘区大小的倍数增加随后盘区的大小。通过这种方法，实际上就消除了表空间的存储碎片。

当 Oracle 自动调整盘区的大小时，使用存储参数 INITIAL、NEXT 和 MINEXTENTS 作为指导原则，并使用 Oracle 的内部算法来确定最佳的盘区大小。在下例中，USERS 表空间(在安装新数据库期间，启用 AUTOALLOCATE 创建 USERS 表空间)中创建的表不会使用在 CREATE TABLE 语句中指定的存储参数：

```
SQL> create table t_autoalloc (c1 char(2000))
  2  storage (initial 1m next 2m)
  3  tablespace users;

Table created.

SQL> begin
  2     for i in 1..3000 loop
  3        insert into t_autoalloc values ('a');
```

```
  4     end loop;
  5   end;
  6   /

PL/SQL procedure successfully completed.

SQL> select segment_name, extent_id, bytes, blocks
  2    from user_extents where segment_name = 'T_AUTOALLOC';

SEGMENT_NAME  EXTENT_ID      BYTES     BLOCKS
------------ ---------- ---------- ----------
T_AUTOALLOC           0      65536          8
T_AUTOALLOC           1      65536          8
. . .
T_AUTOALLOC          15      65536          8
T_AUTOALLOC          16    1048576        128
. . .
T_AUTOALLOC          22    1048576        128

23 rows selected.
```

除非截取或删除表，否则任何分配给盘区的块仍会分配给该表，即使已经删除表中的所有行。分配给表的最大块数量称为“高水位标志(High Water Mark，HWM)”。

6.2.3 段

多组盘区分配给一个段。整个段必须正好包含在一个表空间中。每个段只代表一种类型的数据库对象，如表、分区表的一个分区、索引或临时段。对于分区表，每个分区驻留在自己的段中，然而群集(具有两个或多个表)驻留在段中。类似地，分区索引由每个索引分区的段组成。

很多情况下都需要分配临时段。当排序操作无法在内存中进行时，例如需要排序数据以执行 DISTINCT、GROUP BY 或 UNION 操作的 SELECT 语句，则分配一个临时段以保存排序的中间结果。索引创建一般也需要创建临时段。由于临时段的分配和释放经常发生，因此非常需要创建专门用于保存临时段的表空间。这有助于分配给定操作所需要的 I/O，并能减少由于临时段的分配和释放而在其他表空间中产生存储碎片的可能。创建数据库时，可为任何没有分配特定临时表空间的新用户创建默认的临时表空间。如果 SYSTEM 表空间是本地管理的(任何新数据库都应如此)，则必须创建单独的临时表空间以保存临时段。

如何管理段中的空间取决于如何创建包含块的表空间。如果表空间是本地管理的(默认和推荐的做法)，则可使用空闲列表或位图来管理段中的空间。Oracle 强烈推荐将所有新的表空间创建为本地管理，并使用位图自动管理段中的空闲空间。相对于空闲列表，自动段空间管理允许对段中位图列表的更多并发访问。此外，具有广泛变化的行大小的表可更有效地使用自动管理的段中的空间。

6.2.1 小节中提到过，如果使用自动段空间管理创建段，则使用位图管理段中的空间。这会忽略 CREATE TABLE 或 CREATE INDEX 语句中的 PCTUSED、FREELIST 和 FREELIST GROUPS 关键字。段中的 3 层位图结构表明 HWM 下的块是否已满(少于 PCTFREE)、0~25%空闲、25%~50%空闲、50%~75%空闲、75%~100%空闲或未格式化。

6.3 数据字典视图和动态性能视图

对于如何在数据库中使用磁盘空间，很多数据字典视图和动态性能视图都能起到关键作用。以 DBA_开头的数据字典视图具有更多的静态特性，而 V$视图则如同期望的那样具有更多的动态特性，并且提供如何在数据库中使用空间的最新统计信息。

下面将重点介绍空间管理视图，并提供一些简单示例。本章后面将介绍这些视图如何组成 Oracle 空间管理工具的基础。

6.3.1 DBA_TABLESPACES

DBA_TABLESPACES 视图包含与每个表空间对应的一行，无论是本地的表空间还是当前从另一个数据库插入的表空间。它包含用于在表空间中创建的对象的默认盘区参数，这些表空间没有指定 INITIAL 和 NEXT 值。EXTENT_MANAGEMENT 列表明表空间是本地管理还是字典管理。从 Oracle 10*g* 开始，列 BIGFILE 表明表空间是小文件表空间还是大文件表空间。本章后面将介绍大文件表空间。

在下面的查询中，检索数据库中所有表空间的表空间类型和盘区管理类型：

```
SQL> select tablespace_name, block_size,
  2          contents, extent_management from dba_tablespaces;

TABLESPACE_NAME                BLOCK_SIZE CONTENTS  EXTENT_MAN
------------------------------ ---------- --------- ----------
SYSTEM                               8192 PERMANENT LOCAL
SYSAUX                               8192 PERMANENT LOCAL
UNDOTBS1                             8192 UNDO      LOCAL
TEMP                                 8192 TEMPORARY LOCAL
USERS                                8192 PERMANENT LOCAL
EXAMPLE                              8192 PERMANENT LOCAL
DMARTS                              16384 PERMANENT LOCAL
XPORT                                8192 PERMANENT LOCAL
USERS2                               8192 PERMANENT LOCAL
USERS3                               8192 PERMANENT LOCAL
USERS4                               8192 PERMANENT LOCAL

11 rows selected.
```

在上面的示例中，所有表空间都是字典管理。此外，DMARTS 表空间具有较大的块大小，可提高数据集市表的响应速度。一般来说，数据集市表一次访问成百上千条记录。

6.3.2 DBA_SEGMENTS

对应数据库中的每个段，数据字典视图 DBA_SEGMENTS 都有一行。该视图不仅适合于以块或字节为单位检索段的大小，还适合于标识对象的拥有者和驻留对象的表空间：

```
SQL> select tablespace_name, count(*) NUM_OBJECTS,
  2          sum(bytes), sum(blocks), sum(extents) from dba_segments
  3  group by rollup (tablespace_name);
```

```
TABLESPACE_NAME  NUM_OBJECTS SUM(BYTES) SUM(BLOCKS) SUM(EXTENTS)
---------------- ----------- ---------- ----------- ------------
DMARTS                     2   67108864        4096           92
EXAMPLE                  418   81068032        9896          877
SYSAUX                  5657  759103488       92664         8189
SYSTEM                  1423  732233728       89384         2799
UNDOTBS1                  10   29622272        3616           47
USERS                     44   11665408        1424           73
XPORT                      1  134217728       16384           87
                        7555 1815019520      217464        12164
```

6.3.3 DBA_EXTENTS

DBA_EXTENTS 视图类似于 DBA_SEGMENTS，但 DBA_EXTENTS 更进一步深入到每个数据库对象中。对于数据库中每个段的每个盘区，DBA_EXTENTS 中都有对应的一行，以及包含盘区的数据文件的 FILE_ID 和 BLOCK_ID：

```
SQL> select owner, segment_name, tablespace_name,
  2         extent_id, file_id, block_id, bytes from dba_extents
  3  where segment_name = 'AUD$';

OWNER    SEGMENT_NAM TABLESPACE EXTENT_ID    FILE_ID   BLOCK_ID      BYTES
----- -------------- ---------- ---------- ---------- ---------- ---------
SYS      AUD$        SYSTEM              3          1      32407    196608
SYS      AUD$        SYSTEM              4          1      42169    262144
SYS      AUD$        SYSTEM              5          2        289    393216
SYS      AUD$        SYSTEM              2          1      31455    131072
SYS      AUD$        SYSTEM              1          1      30303     65536
SYS      AUD$        SYSTEM              0          1        261     16384
```

在本示例中，SYS 拥有的表 AUD$有两个不同数据文件中的盘区，这两个数据文件组成了 SYSTEM 表空间。

6.3.4 DBA_FREE_SPACE

DBA_FREE_SPACE 视图通过表空间中的数据文件编号来划分。使用下面的查询，可很容易地计算每个表空间的空闲空间量：

```
SQL> select tablespace_name, sum(bytes) from dba_free_space
  2  group by tablespace_name;

TABLESPACE_NAME  SUM(BYTES)
---------------- ----------
DMARTS            194969600
XPORT             180289536
SYSAUX             44105728
UNDOTBS1           75169792
USERS3            104792064
USERS4            260046848
USERS               1376256
USERS2            104792064
```

```
SYSTEM              75104256
EXAMPLE             23724032

10 rows selected.
```

注意，空闲空间未考虑表空间中的数据文件自动扩展时可以使用的空间量。同时，对于分配给表的任何空间，在删除表行以后，仍可继续用于表的插入操作，但不将其作为可用于其他数据库对象的空间算入前面的查询结果中。然而截取表时，该空间就可用于其他数据库对象。

6.3.5 DBA_LMT_FREE_SPACE

DBA_LMT_FREE_SPACE 视图提供所有本地管理表空间的空闲空间量，以块为单位，它必须连接 DBA_DATA_FILES 来获得表空间名。

6.3.6 DBA_THRESHOLDS

Oracle 10*g* 中新增的视图 DBA_THRESHOLDS 包含一个当前活动不同度量标准的列表，用于测量数据库的健康程度，并指定在度量阈值到达或超出指定值时发布警报的条件。

该视图中的值一般通过 OEM 界面进行维护。此外，DBMS_SERVER_ALERT 内置 PL/SQL 程序包可分别使用 SET_THRESHOLD 和 GET_THRESHOLD 过程设置并获得阈值。为读取警报队列中的警报消息，可使用 DBMS_AQ 和 DBMS_AQADM 程序包，或者配置 OEM，在超出阈值时发送呼叫或电子邮件消息。

对于 Oracle Database 12*c* 的默认安装，配置了大量阈值，包括：

- 连续 3 分钟内的每一分钟都至少有一个用户会话被堵塞。
- 任何原因都不能够扩展任意段。
- 并发过程总数量在 PROCESSES 初始参数值的 80%之内。
- 任何单个的数据库用户都有两个以上的无效对象。
- 并发用户会话的总数在 SESSIONS 初始参数值的 80%之内。
- 多于 1200 个并发的开放光标。
- 每秒内 100 次以上的登录。
- 表空间多于 85%已满(警告)或多于 97%已满(危险)。
- 用户登录时间超过 1000 毫秒(1 秒)。

6.3.7 DBA_OUTSTANDING_ALERTS

对数据库中的每个活动警报，数据字典视图 DBA_OUTSTANDING_ALERTS 都包含一行，直到清除或复位警报。这个视图中的字段 SUGGESTED_ACTION 包含处理警戒状态的推荐方法。

6.3.8 DBA_OBJECT_USAGE

如果未使用索引，不仅会占用由其他对象使用的空间，而且会浪费执行 INSERT、UPDATE 或 DELETE 时维护索引的开销。通过使用 ALTER INDEX . . . MONITORING USAGE 命令，当由于 SELECT 语句间接访问索引时，将更新数据字典视图 DBA_OBJECT_USAGE。

注意：

从 Oracle Database 12*c* 开始，不再建议使用 V$OBJECT_USAGE，保留它是为了向后兼容；可改用 DBA_OBJECT_USAGE 或 USER_OBJECT_USAGE。

6.3.9　DBA_ALERT_HISTORY

处理并清除 DBA_OUTSTANDING_ALERTS 中的警报后，可在视图 DBA_ALERT_HISTORY 中找到已清除警报的一条记录。

6.3.10　V$ALERT_TYPES

动态性能视图 V$ALERT_TYPES(Oracle 12*c* 第 1 版开始)列出可监控的 175 个警戒状态 (从 Oracle 11g 版本 1 开始)。GROUP_NAME 列按类型对警戒状态进行分类。例如，对于空间管理问题，其警报的 GROUP_NAME 使用“Space”：

```
SQL> select reason_id, object_type, scope, internal_metric_category,
  2      internal_metric_name from v$alert_types
  3      where group_name = 'Space';

 REASON_ID OBJECT_TYPE       SCOPE    INTERNAL_METRIC_CATE INTERNAL_METRIC_NA
---------- ----------------- -------- -------------------- ------------------
       123 RECOVERY AREA     Database Recovery_Area        Free_Space
         1 SYSTEM            Instance
         0 SYSTEM            Instance
       133 TABLESPACE        Database problemTbsp          bytesFree
         9 TABLESPACE        Database problemTbsp          pctUsed
        12 TABLESPACE        Database Suspended_Session    Tablespace
        10 TABLESPACE        Database Snap_Shot_Too_Old    Tablespace
        13 ROLLBACK SEGMENT  Database Suspended_Session    Rollback_Segment
        11 ROLLBACK SEGMENT  Database Snap_Shot_Too_Old    Rollback_Segment
        14 DATA OBJECT       Database Suspended_Session    Data_Object
        15 QUOTA             Database Suspended_Session    Quota

11 rows selected.
```

以 REASON_ID=123 的警报类型作为示例，当数据库恢复区域中的空闲空间低于指定的百分比时，将发出警报。

6.3.11　V$UNDOSTAT

撤消空间过多或不足都会产生问题。虽然可建立警报，在撤消空间不足以提供足够的事务历史以满足闪回查询，或没有足够的“前像”数据来防止“快照太旧(Snapshot Too Old)”错误时，这种警报可以通知 DBA，但 DBA 仍可在数据库利用率较高的周期中主动监控动态性能视图 V$UNDOSTAT。

V$UNDOSTAT 显示 10 分钟以内有关撤消空间使用的历史信息。通过分析来自该表的结果，DBA 可在调整撤消表空间的大小或改变 UNDO_RETENTION 初始参数的值时根据这些信息做出决断。

6.3.12 V$SORT_SEGMENT

V$SORT_SEGMENT 视图可用于查看临时表空间的排序段中空间的分配和释放。列 CURRENT_USERS 表明有多少不同的用户正在使用给定的段。V$SORT_SEGMENT 是唯一针对临时表空间进行填充的视图。

6.3.13 V$TEMPSEG_USAGE

从请求临时段的用户观点看，视图 V$TEMPSEG_USAGE 标识了当前请求临时段的位置、类型和大小。不同于 V$SORT_SEGMENT，V$TEMPSEG_USAGE 将包括临时表空间和永久表空间中的临时段的信息。本章后面将介绍自 Oracle Database 11*g* 以来可用的经改进和简化的临时表空间管理工具。

6.4 空间管理方法学

下面将介绍 Oracle 12*c* 的各种特性，以便在数据库中有效地使用磁盘空间。本地管理的表空间为 DBA 提供了各种优点，改进了表空间中对象的性能，并简单化了表空间的管理：不再存在表空间的存储碎片。Oracle 管理文件(Oracle Managed File)使数据文件的维护工作更为容易，其方法是在删除表空间或其他数据库对象时自动删除操作系统级中的文件。Oracle 10*g* 引入的大文件表空间简化了数据文件管理，因为只有一个数据文件与大文件表空间关联。这将升级维护级别，从数据文件升到表空间。我们也将介绍较早版本中引入的其他一些特性：撤消表空间和多个块大小。

6.4.1 本地管理的表空间

在 Oracle 8*i* 之前，只有一种方法管理表空间中的空闲空间：使用 SYSTEM 表空间中的数据字典表。如果在数据库中的任意位置发生大量插入、删除和更新活动，则在进行空间管理的 SYSTEM 表空间中会产生潜在“热点”。通过引入本地管理的表空间(Locally Managed Tablespaces，LMT)，Oracle 消除了这种潜在瓶颈。本地管理的表空间通过位图跟踪表空间中的空闲空间，第 1 章中讨论了这一点。可非常有效地管理这些位图，因为相对于可用块的空闲列表，这些位图非常紧凑。另外，因为它们存储在表空间自身，而不是存储在数据字典表中，所以减少了 SYSTEM 表空间上的争用。

从 Oracle 10*g* 开始，在默认情况下，所有表空间创建为本地管理的表空间，包括 SYSTEM 和 SYSAUX 表空间。当 SYSTEM 表空间为本地管理时，可以不再需要在数据库中创建任何读/写的字典管理表空间。字典管理的表空间仍可插入 Oracle 较前版本的数据库中，但却是只读的表空间。

LMT 的对象属于下面两种盘区之一：自动调整大小的盘区或所有盘区具有统一大小。如果在创建 LMT 时将盘区分配设置为 UNIFORM，则如同所期望的那样，所有盘区将具有相同的大小。因为所有盘区的大小相同，所以不会有任何存储碎片。以前的情况可以用一个经典的示例来说明：对于一个 51MB 的段，不能在具有两个空闲 50MB 盘区的表空间中分配该段，因为这两个 50MB 的盘区并不相邻。

另一方面，本地管理表空间中的自动段盘区管理根据对象的大小来分配空间。初始盘区较小，如果对象也较小，则只会浪费非常少的空间。如果表增长到超出为段分配的初始盘区，则此段随后的盘区就较大。自动分配的 LMT 中的盘区大小为 64KB、1MB、8MB、64MB，并且在段的大小增加时盘区大小也增加，最多增加到 64MB。换句话说，Oracle 将 INITIAL、NEXT 和 PCTINCREASE 指定为哪些值是自动的，这取决于对象如何增长。虽然看起来自动分配的表空间中会产生存储碎片，但实际上只会产生最小限度的存储碎片，因为具有 64KB 初始段大小的新对象将很好地分配到 1MB、4MB、8MB 或 64MB 的块中，这些块被预先分配给具有初始 64KB 盘区大小的所有其他对象。

给定具有自动管理盘区或统一盘区的 LMT，段自身中的空闲空间可以是 AUTO 或 MANUAL。使用 AUTO 段空间管理时，使用位图来表明每个块中使用多少空间。如前所述，在创建段时，不再需要指定 PCTUSED、FREELISTS 和 FREELIST GROUPS 参数。此外，改进并发 DML 操作的性能，因为段的位图允许并发访问。在空闲列表管理的段中，当一个写程序正在查询段中的空闲块时，段头中包含空闲列表的数据块对块的所有其他写程序锁定。虽然为非常活跃的段分配多个空闲列表确实可在某种程度上解决这个问题，但这是 DBA 必须管理的另一种结构。

LMT 的另一个优点是在执行任何 LMT 空间相关操作时可以减少或消除回滚信息。因为表空间中位图的更新没有记录在数据字典表中，所以不会为该事务生成任何回滚信息。

除了第三方应用程序，例如需要字典管理表空间的早期版本的 SAP，在 Oracle 12*c* 中没有任何理由来创建新的字典管理表空间。前面提及，Oracle 提供了某种程度的兼容性，允许将来自以前 Oracle 版本的字典管理表空间“插入”Oracle12*c* 数据库(作为可传输表空间)。在多租户体系结构中，可将 Oracle 11*g* 数据库作为一个整体插入容器数据库(CDB)。但如果 SYSTEM 表空间是本地管理的，必须以只读方式打开所有字典管理表空间。本章后面将介绍一些示例，通过将表空间从一个数据库移动到另一个数据库，同时为具有不同大小的表空间分配额外的数据缓冲区，从而优化空间和性能。

要将字典管理的表空间迁移到本地管理的表空间，只需使用 DBMS_SPACE_ADMIN 内置程序包：

```
execute sys.dbms_space_admin.tablespace_migrate_to_local('USERS')
```

将数据库升级到 Oracle 11g 或 12*c* 后，可能也希望考虑将 SYSTEM 表空间迁移到 LMT。如果是这样，则需要准备好大量先决条件：

- 在开始迁移前，关闭数据库并执行数据库的冷备份。
- 任何将维持读/写的非 SYSTEM 表空间应该转换为 LMT。
- 默认的临时表空间必须不是 SYSTEM。
- 如果使用自动撤消管理，则撤消表空间必须联机。
- 在转换操作期间，除撤消表空间外的所有表空间都必须设置为只读。
- 在转换操作期间，数据库必须以 RESTRICTED 模式启动。

如果任何条件都不满足，则 TABLESPACE_MIGRATE_TO_LOCAL 过程将不会执行迁移。

6.4.2　使用 OMF 管理空间

简单地说，Oracle 管理文件(Oracle Managed File，OMF)简化了 Oracle 数据库的管理。在创建数据库时或在以后改变初始参数文件中的一些参数时，DBA 可以为数据库对象(如数据文件、重做日志文件和控制文件)指定大量的默认位置。在 Oracle 9*i* 之前，DBA 必须记住在何处存储已有的数据文件，其方法是查询 DBA_DATA_FILES 和 DBA_TEMP_FILES 视图。DBA 经常会删除一个表空间，却忘记删除底层的数据文件，从而会由于备份数据库不再使用的文件而浪费空间和时间。

使用 OMF，Oracle 不仅在指定目录位置中自动创建和删除文件，还确保了每个文件名的唯一性。这可以避免非 OMF 环境中产生的破坏和数据库停机时间，其原因是 DBA 不经意中创建了和已有数据文件同名的新数据文件，并且使用了 REUSE 子句，从而覆盖了已有的文件。OMF 与 ASM 完美结合，创建数据文件时，只需要将+DATA 指定为驻留数据文件的目的地。ASM 会自动将数据文件放入 ASM 子目录(根据数据库名和对象类型划分)。

```
[oracle@oel63 ~]$ asmcmd
ASMCMD> pwd
+
ASMCMD> cd data
ASMCMD> ls
ASM/
CDB01/
COMPLREF/
orapwasm
ASMCMD> cd complref
ASMCMD> ls
CONTROLFILE/
DATAFILE/
ONLINELOG/
PARAMETERFILE/
TEMPFILE/
spfilecomplref.ora
ASMCMD> ls -l datafile
Type      Redund  Striped  Time             Sys  Name
DATAFILE  UNPROT  COARSE   NOV 21 23:00:00  Y    EXAMPLE.270.821312609
DATAFILE  UNPROT  COARSE   NOV 21 23:00:00  Y    SYSAUX.257.821312437
DATAFILE  UNPROT  COARSE   NOV 21 23:00:00  Y    SYSTEM.258.821312493
DATAFILE  UNPROT  COARSE   NOV 21 23:00:00  Y    UNDOTBS1.260.821312561
DATAFILE  UNPROT  COARSE   NOV 21 23:00:00  Y    USERS.259.821312559
ASMCMD>
```

如果将初始参数 DB_FILE_CREATE_DEST 设置为+DATA，甚至不需要在 CREATE TABLESPACE 命令中指定磁盘组+DATA。

在测试或开发环境中，OMF 减少了 DBA 必须花在文件管理上的时间，并且使他们可以关注应用程序和测试数据库的其他方面。针对需要创建表空间的打包的 Oracle 应用程序，OMF 还有一个优点：创建新表空间的脚本不需要任何修改来包括数据文件名，从而提高了应用程序成功部署的几率。

从非 OMF 环境迁移到 OMF 非常容易，可在较长的时间周期后实现它。非 OMF 文件和 OMF 文件可无限期地共存于同一数据库中。设置适当的初始参数时，所有新的数据文件、控制文件和重做日志文件都可以创建为 OMF 文件，而以前已有的文件可以继续手动管理，直到将它们转换为 OMF。

表 6-1 详细描述了与 OMF 相关的初始参数。需要注意，为这些初始参数指定的操作系统

路径必须已经存在，否则 Oracle 将不会创建目录。同时，这些目录对于拥有 Oracle 软件(在大多数平台上是 oracle)的操作系统账户而言必须是可写的。

表 6-1　与 OMF 相关的初始参数

初 始 参 数	说　明
DB_CREATE_FILE_DEST	默认的操作系统文件目录，如果没有在 CREATE TABLESPACE 命令中指定任何路径名，则在该处创建数据文件和临时文件。如果没有指定 DB_CREATE_ONLINE_LOG_DEST_*n*，这个位置也用于重做日志文件和控制文件
DB_CREATE_ONLINE_LOG_DEST_*n*	如果在创建数据库时没有为重做日志文件和控制文件指定任何路径名，则该参数指定存储重做日志文件和控制文件的默认位置。使用该参数最多可以指定 5 个目标位置，最多允许 5 个多元复用的控制文件，且每个重做日志组最多允许有 5 个成员
DB_RECOVERY_FILE_DEST	定义服务器的文件系统中的默认路径名，可以定位 RMAN 备份、归档的重做日志以及闪回日志。如果没有指定 DB_CREATE_FILE_DEST 和 DB_CREATE_ONLINE_LOG_DEST_*n*，则该参数也用于重做日志文件和控制文件

6.4.3　大文件表空间

在 Oracle 10*g* 中引入的大文件表空间将 OMF 文件带入下一个级别。在大文件表空间中，会分配单一的数据文件，并且该数据文件的大小最多可为 8EB(1EB=10^6TB)。

大文件表空间只能采用自动段空间管理方式进行本地管理。如果大文件表空间用于自动撤消段或临时段，则段空间管理必须设置为 MANUAL。

大文件表空间可节省系统全局区域(SGA)和控制文件中的空间，因为只需要跟踪非常少的数据文件。类似地，大文件表空间上的所有 ALTER TABLESPACE 命令都不需要引用数据文件，因为只有一个数据文件与每个大文件表空间关联。这就将维护重点从物理(数据文件)级移到逻辑(表空间)级，从而简化了管理。大文件表空间的一个缺点是，大文件表空间用单一的进程来备份。但是，大量较小的表空间可以用并行进程来备份，且备份所花费的时间很可能比备份单一的大文件表空间要少。

使用 RMAN 时，可通过设置 SECTION SIZE，使用多个进程来备份大文件表空间。例如，编写的 RMAN 级别 0 备份包括 SECTION SIZE 64G 参数，允许并行备份大文件表空间。Oracle 将自动为小于 64GB 的任意文件使用单个进程。

创建大文件表空间非常简单，只需将 BIGFILE 关键字添加到 CREATE TABLESPACE 命令：

```
SQL> create bigfile tablespace whs01
  2       datafile '/u06/oradata/whs01.dbf' size 10g;
Tablespace created.
```

如果正在使用 OMF，则可以省略 DATAFILE 子句。为调整大文件表空间的大小，可以使用 RESIZE 子句：

```
SQL> alter tablespace whs01 resize 80g;
Tablespace altered.
```

在这个例子中，对于该表空间，80GB 仍不够用，因此将其每次自动扩展 20GB：

```
SQL> alter tablespace whs01 autoextend on next 20g;
Tablespace altered.
```

注意，这两种情况下，不需要引用数据文件。由于只有一个数据文件，因此一旦创建表空间，则不需要再关心底层数据文件的细节以及如何管理它们。

大文件表空间应与自动存储管理一起使用，6.4.4 小节将讨论自动存储管理。

6.4.4 自动存储管理

使用自动存储管理(ASM)可极大地减少管理数据库中空间的管理性系统开销，因为在为表空间或其他数据库对象分配空间时，DBA 只需要指定一个 ASM 磁盘组。数据库文件自动分布在磁盘组的所有可用磁盘中，在磁盘配置改变时，这种分配会自动更新。例如，将新的磁盘卷添加到 ASM 实例中的已有磁盘组时，ASM 将重新分布磁盘组中的所有数据文件，以使用新的磁盘卷。ASM 曾在第 4 章介绍过。本节将从存储管理的视角来重审几个关键的 ASM 概念，并提供更多示例。

ASM 自动将数据文件放在多个磁盘上，从而改进查询和 DML 语句的性能，这是因为 I/O 扩展到多个磁盘中。作为选择，可以镜像 ASM 组中的磁盘，提供额外的冗余和性能优点。

使用 ASM 还有其他很多优点。大多数情况下，可使用具有大量物理磁盘的 ASM 实例来代替第三方的卷管理器或 NAS (网络附加存储)子系统。ASM 优于卷管理器的另一个优点是，如果需要将磁盘添加到磁盘组或从磁盘组中删除磁盘，ASM 维护操作不需要关闭数据库。

下面将深入介绍 ASM 的工作原理，并用一个示例说明如何使用 ASM 创建数据库对象。

1. 磁盘组冗余

ASM 中的磁盘组是作为实体管理的一个或多个 ASM 磁盘的集合。不需要关闭数据库，就可以在磁盘组中添加或删除磁盘。在添加或删除磁盘时，ASM 自动重新平衡磁盘上的数据文件，从而最大化冗余和 I/O 性能。

除了高度冗余的优点外，多个数据库可使用同一个磁盘组。因为可以容易地重新分配一些数据库中的磁盘空间，这些数据库的磁盘空间需求可能在一天或一年中改变，这就使在物理磁盘驱动器上的投资得到最充分的利用。

第 4 章曾讲到，有 3 种类型的磁盘组：普通冗余、高度冗余和外部冗余。普通冗余组和高度冗余组需要 ASM 为存储在组中的文件提供冗余。普通冗余和高度冗余之间的区别在于需要的故障组数量：普通冗余磁盘组一般有两个故障组，高度冗余磁盘组至少有 3 个故障组。ASM 中的一个故障组大体对应于使用传统 Oracle 数据文件管理的一个重做日志文件组成员。外部冗余需要由不同于 ASM 的机制(例如，使用第三方 RAID 存储阵列硬件设备)来提供冗余。作为选择，磁盘组可能包含用于只读表空间的非镜像磁盘卷，如果磁盘卷失败，可以很容易地重新创建该表空间。

2. ASM 实例

ASM要求一个专用的Oracle实例，该实例一般与使用ASM磁盘组的数据库在同一节点上。在 Oracle 实时应用群集(RAC)环境中，RAC 数据库中的每个节点都有一个 ASM 实例。在 Oracle Database 12*c* 中，Oracle Flex ASM 实例可驻留在未承载数据库实例的物理服务器上。

ASM 实例绝对不会挂载数据库，它只协调其他数据库实例的磁盘卷。此外，来自一个实例的所有数据库 I/O 直接进入磁盘组中的一个磁盘。但是，磁盘组维护在 ASM 实例中完成，因此，支持 ASM 实例所需要的内存可以低到 275MB；但在生产环境中，通常至少为 2GB。

第 12 章将介绍如何配置 ASM，以便和 RAC 一起使用的更多细节。

3. 后台进程

ASM 实例中存在两个新的 Oracle 后台进程。RBAL 后台进程协调磁盘组的自动磁盘组重新平衡活动。其他 ASM 后台进程，从 ARB0 到 ARB9 和 ARBA，则并行执行实际的重新平衡活动。当 ASM 事务异常终止时，ASM 进程 ARS*n*(其中 *n* 是一个介于 0~9 之间的数字)执行恢复。

4. 使用 ASM 创建对象

在数据库可使用 ASM 磁盘组之前，必须通过 ASM 实例创建该磁盘组。在下面的示例中，创建新的磁盘组 LYUP25，管理 Unix 磁盘卷/dev/hda1、/dev/hda2、/dev/hda3、/dev/hdb1、/dev/hdc1 和/dev/hdd4：

```
SQL> create diskgroup LYUP25 normal redundancy
  2      failgroup mir1 disk  '/dev/hda1','/dev/hda2','/dev/hda3',
  3      failgroup mir2 disk  '/dev/hdb1','/dev/hdc1','/dev/hdd4';
```

指定普通冗余时，必须至少指定两个故障组，以提供在磁盘组中创建的任何数据文件的双向镜像。

在使用磁盘组的数据库实例中，将 OMF 与 ASM 一起使用可创建逻辑数据库结构的数据文件。在下面的示例中，使用磁盘组设置初始参数 DB_CREATE_FILE_DEST，从而使得用 OMF 创建的任何表空间都将自动命名并放置在磁盘组 LYUP25 中：

```
db_create_file_dest = '+LYUP25'
```

在磁盘组中创建表空间非常简单：

```
SQL> create tablespace lob_video;
```

一旦创建 ASM 文件，就可在 V$DATAFILE 和 V$LOGFILE 中找到自动生成的文件名，以及手动生成的文件名。除管理文件外，可以使用 ASM 来创建典型的数据库文件，包括跟踪文件、警报日志、备份文件、导出文件和核心转储文件。

无论数据文件是在传统的文件系统上，还是在 ASM 磁盘组中，如果希望由 Oracle 来管理数据文件的命名，就可以选择 OMF 这一便利工具。也可以采用混合方式，即一部分数据文件由 OMF 来命名，而另一部分数据文件则手动命名。

6.4.5 撤消管理的考虑事项

撤消表空间的创建为DBA和普通数据库用户提供了大量优点。对于DBA，不再需要管理回滚段：Oracle在撤消表空间中自动管理所有撤消段。在对某个对象执行一个很长的事务时，除了为数据库阅读程序提供数据库对象的读一致性视图外，撤消表空间还可为用户提供恢复表行的机制。

足够大的撤消表空间会将出现经典的“Snapshot too old”错误消息的可能性减到最少，但多少撤消空间才算足够呢？如果尺寸过小，则闪回查询的可用窗口就较小；如果尺寸过大，就会浪费磁盘空间，并且备份操作可能不必要地花费更多的时间。

有大量初始参数文件用于控制撤消表空间的分配和使用。UNDO_MANAGEMENT参数指定是否使用AUTOMATIC撤消管理，UNDO_TABLESPACE参数则指定撤消表空间自身。为将撤消管理从回滚段改为自动撤消管理(即将UNDO_MANAGEMENT的值从MANUAL改变为AUTO)，必须关闭实例并重新启动，从而使改动生效。可在数据库处于打开状态时改变UNDO_TABLESPACE的值。UNDO_RETENTION参数以秒为单位指定应为闪回查询保留撤消信息的最小时间量。然而，使用过小的撤消表空间，并且大量使用DML，则可能在UNDO_RETENTION指定的时间周期之前就重写一些撤消信息。

Oracle Database 10*g*引入CREATE UNDO TABLESPACE命令的RETENTION GUARANTEE子句。从本质上讲，在撤消表空间中没有足够的空闲撤消空间时，具有RETENTION GUARANTEE的撤消表空间将不会以DML操作失败为代价来重写未到期的撤消信息。第7章将介绍关于使用这个子句的更多细节。

下面的初始参数允许对撤消表空间UNDO04使用自动撤消管理，同时使用至少24小时的保留周期：

```
undo_management = auto
undo_tablespace = undo04
undo_retention = 86400
```

动态性能视图V$UNDOSTAT可帮助峰值处理期间的事务负载正确调整撤消表空间的大小。每10分钟插入一次V$UNDOSTAT中的行，并给出撤消表空间利用率的快照：

```
SQL> select to_char(end_time,'yyyy-mm-dd hh24:mi') end_time,
  2      undoblks, ssolderrcnt from v$undostat;

END_TIME           UNDOBLKS SSOLDERRCNT
------------------ -------- -----------
2013-07-23 10:28        522           0
2013-07-23 10:21       1770           0
2013-07-23 10:11        857           0
2013-07-23 10:01       1605           0
2013-07-23 09:51       2864           3
2013-07-23 09:41        783           0
2013-07-23 09:31       1543           0
2013-07-23 09:21       1789           0
2013-07-23 09:11        890           0
2013-07-23 09:01       1491           0
```

在本示例中，撤消表空间利用率中的峰值发生在上午 9:41 和 9:51 之间，结果是 3 个查询报告"Snapshot too old"错误。为防止这些错误，撤消表空间应该手动调整大小，或者允许自动扩展。

6.5 SYSAUX 监控和使用

在 Oracle 10g 中引入的 SYSAUX 表空间是 SYSTEM 表空间的辅助表空间，它包含 Oracle 数据库几个组件的数据，在以前的 Oracle 版本中，这些组件或者需要自己的表空间，或者使用 SYSTEM 表空间。这些组件包括企业管理器存储库(Enterprise Manager Repository)以及 LogMiner、Oracle Spatial 和 Oracle Text，其中企业管理器存储库以前位于表空间 OEM_REPOSITORY 中，其余 3 个组件以前都使用 SYSTEM 表空间来存储配置信息。当前位于 SYSAUX 表空间中的内容可通过查询 V$SYSAUX_OCCUPANTS 视图来标识：

```
SQL> select occupant_name, occupant_desc, space_usage_kbytes
  2       from v$sysaux_occupants;

OCCUPANT_NAME OCCUPANT_DESC                            SPACE_USAGE_KBYTES
------------- ---------------------------------------- ------------------
LOGMNR        LogMiner                                              14080
LOGSTDBY      Logical Standby                                        1536
SMON_SCN_TIME Transaction Layer - SCN to TIME map                    3328
              ping
PL/SCOPE      PL/SQL Identifier Collection                           1600
STREAMS       Oracle Streams                                         1024
AUDIT_TABLES  DB audit tables                                           0
XDB           XDB                                                  192000
AO            Analytical Workspace Object Table                     39680
XSOQHIST      OLAP API History Tables                               39680
XSAMD         OLAP Catalog                                              0
SM/AWR        Server Manageability - Automatic Wo                  716800
              rkload Repository
SM/ADVISOR    Server Manageability - Advisor Fram                   19264
              ework
SM/OPTSTAT    Server Manageability - Optimizer St                  164928
              atistics History
SM/OTHER      Server Manageability - Other Compon                   47040
              ents
STATSPACK     Statspack Repository                                      0
SDO           Oracle Spatial                                        79488
WM            Workspace Manager                                      7296
ORDIM         Oracle Multimedia ORDSYS Components                     448
ORDIM/ORDDATA Oracle Multimedia ORDDATA Component                   16448
ORDIM/ORDPLUG Oracle Multimedia ORDPLUGINS Compon                       0
INS           ents
ORDIM/SI_INFO Oracle Multimedia SI_INFORMTN_SCHEM                       0
RMTN_SCHEMA   A Components
EM            Enterprise Manager Repository                             0
TEXT          Oracle Text                                            3776
```

```
ULTRASEARCH     Oracle Ultra Search                                    0
ULTRASEARCH_DOracle Ultra Search Demo User                             0
EMO_USER
EXPRESSION_FI Expression Filter System                                 0
LTER
EM_MONITORING Enterprise Manager Monitoring User                     704
_USER
TSM             Oracle Transparent Session Migratio                    0
                n User
SQL_MANAGEMEN SQL Management Base Schema                            2496
T_BASE
AUTO_TASK       Automated Maintenance Tasks                          320
JOB_SCHEDULER Unified Job Scheduler                                 5184

31 rows selected.
```

如果 SYSAUX 表空间脱机或受到破坏，则只有 Oracle 数据库的这些组件将不可用，而数据库的核心功能不会受到影响。在任何情况下，SYSAUX 表空间都可在数据库普通操作期间帮助减轻 SYSTEM 表空间的负载。

为监控 SYSAUX 表空间的利用率，可按常规方式查询列 SPACE_USAGE_KBYTES，并且可以在空间利用率增长到超出某个程度时向 DBA 报警。如果特定组件的空间利用率需要为该组件(例如，为 Oracle Text Repository)分配一个专用表空间，那么在 V$SYSAUX_ OCCUPANTS 视图的 MOVE_PROCEDURE 列中标识的过程就将应用程序移动到另一个表空间：

```
SQL> select occupant_name, move_procedure from v$sysaux_occupants
  2    where occupant_name = 'TEXT';

OCCUPANT_NAME   MOVE_PROCEDURE
--------------- -------------------------------------------------
EM              DRI_MOVE_CTXSYS
```

如果数据库中根本未使用某个组成部分，例如 TSM 或 Ultra Search，则 SYSAUX 表空间中只使用微不足道的空间量。

6.6 归档重做日志文件的管理

需要重点考虑存在于数据库外部的对象的空间管理，例如归档重做日志文件。在 ARCHIVELOG 模式中，将联机重做日志文件复制到由 LOG_ARCHIVE_DEST_*n*(其中 *n* 是 1~10 中的一个数字)指定的目标位置，如果未设置 LOG_ARCHIVE_DEST_*n* 的值，则将联机重做日志文件复制到由 DB_RECOVERY_FILE_DEST(闪回恢复区)指定的目标位置。

在数据库可重新使用复制的重做日志前，必须将其成功复制到至少一个目标位置。LOG_ARCHIVE_MIN_SUCCEED_DEST 参数默认为 1，并且必须至少为 1。如果所有复制操作都不成功，则数据库将挂起，直到至少一个目标位置接收到日志文件。产生这类错误的一个原因可能是磁盘空间不足。

如果归档日志文件的目标位置是本地文件系统，操作系统外壳脚本就可监控目标位置的空间利用率，或使用 DBMS_SCHEDULER 或 Oracle Cloud Control 12*c* 进行调度。

6.7　内置的空间管理工具

Oracle 12*c* 提供了大量内置工具，DBA 可以根据需要使用这些工具来确定数据库中的磁盘空间是否存在问题。通过调用适当的内置程序包，可以手动配置和运行其中的大多数工具。本节将介绍一些程序包和过程，使用它们可以查询数据库是否存在空间问题或对空间管理提出建议。另外要展示自动诊断存储库(Automatic Diagnostic Repository)标识警报并跟踪文件位置所使用的新初始参数。本章后面将介绍如何自动化其中的一些工具，从而在问题即将来临时通过电子邮件或呼叫通知 DBA。如果需要，可通过 Oracle Cloud Control 12*c* Web 界面使用其中的很多工具。

6.7.1　段顾问

在表中频繁地插入、更新和删除可能会使表中留下的空间成为碎片。Oracle 可在表或索引上执行段收缩。收缩段使段中的空闲空间可用于表空间中的其他段，从而潜在地改善将来在段上的 DML 操作，因为在段收缩后，DML 操作只需要检索较少的块。在回收表中空间方面，段收缩非常类似于联机表重新定义。然而，可在适当位置执行段收缩，而不需要联机表重新定义的额外空间需求。

为确定哪些段将从段收缩中受益，可调用段顾问(Segment Advisor)来执行指定段上的增长趋势分析。本小节将在某些可能易于成为存储碎片的段上调用段顾问。

在下面的示例中，将建立段顾问，用于监控 HR.EMPLOYEES 表。最近几个月中，在该表上存在较多的活动。此外，将新列 WORK_RECORD 添加到表中，其中 HR 用于维护有关雇员的注释：

```
SQL> alter table hr.employees add (work_record varchar2(4000));
Table altered.
SQL> alter table hr.employees enable row movement;
Table altered.
```

已在该表中启用 ROW MOVEMENT，因此，如果段顾问推荐在该表上执行收缩操作，就可以执行。

调用段顾问给出建议后，可在 DBA_ADVISOR_FINDINGS 数据字典视图中看到段顾问所发现的内容。为显示在段顾问推荐收缩操作时收缩段的潜在优点，视图 DBA_ADVISOR_RECOMMENDATIONS 提供了推荐的收缩操作以及该操作可以节省的空间，以字节为单位。

要建立段顾问以分析 HR.EMPLOYEES 表，将使用匿名的 PL/SQL 块，如下所示：

```
-- begin Segment Advisor analysis for HR.EMPLOYEES
--  rev. 1.1  RJB   07/30/2013
--
-- SQL*Plus variable to retrieve the task number from Segment Advisor
variable task_id number

-- PL/SQL block follows
declare
   name varchar2(100);
   descr varchar2(500);
```

```
    obj_id number;
begin
    name := ''; -- unique name generated from create_task
    descr := 'Check HR.EMPLOYEE table';
    dbms_advisor.create_task
        ('Segment Advisor', :task_id, name, descr, NULL);
    dbms_advisor.create_object
        (name, 'TABLE', 'HR', 'EMPLOYEES', NULL, NULL, obj_id);
    dbms_advisor.set_task_parameter(name, 'RECOMMEND_ALL', 'TRUE');
    dbms_advisor.execute_task(name);
end;

PL/SQL procedure successfully completed.

SQL> print task_id

   TASK_ID
----------
       384
SQL>
```

过程 DBMS_ADVISOR.CREATE_TASK 指定顾问类型，这里是段顾问。该过程向调用程序返回唯一的任务 ID 以及自动生成的名称，我们可将自己的描述赋予该任务。

在此任务中，通过前面过程所返回的唯一生成的名称进行标识，使用 DBMS_ADVISOR.CREATE_OBJECT 标识要分析的对象。对于不同的对象类型，其第二到第六个参数也有所不相同。对于表，只需要指定模式名和表名。

使用 DBMS_ADVISOR.SET_TASK_PARAMETER，告诉段顾问提供有关该表的所有可能的建议。如果希望关闭对该任务的建议，可将最后一个参数指定为 FALSE，而不要指定为 TRUE。

最后，使用 DBMS_ADVISOR.EXECUTE_TASK 过程初始化段顾问任务。一旦完成该工作，就会显示任务的标识符，从而可在适当的数据字典视图中查询结果。

现在有了调用段顾问的任务编号，可查询 DBA_ADVISOR_FINDINGS，查看可以做哪些工作来改进 HR.EMPLOYEES 表的空间利用率：

```
SQL> select owner, task_id, task_name, type,
  2       message, more_info from dba_advisor_findings
  3       where task_id = 384;

OWNER        TASK_ID TASK_NAME  TYPE
---------- -------- ---------- ------
RJB                6 TASK_00003 INFORMATION

MESSAGE
--------------------------------------------------
Perform shrink, estimated savings is 107602 bytes.

MORE_INFO
-----------------------------------------------------------------------
```

```
Allocated Space:262144: Used Space:153011: Reclaimable Space :107602:
```

结果非常简单直观。可在表上执行段收缩操作，从而回收来自 HR.EMPLOYEES 表的大量插入、删除和更新操作的空间。因为在填充表后将 WORK_RECORD 列添加到 HR.EMPLOYEES 表，所以可能已经在表中创建了一些链行。此外，由于 WORK_RECORD 列可以长达 4000 个字节，所以更新或删除具有大型 WORK_RECORD 列的行可能会在表中创建具有可回收空闲空间的块。视图 DBA_ADVISOR_RECOMMENDATIONS 提供了类似信息：

```
SQL> select owner, task_id, task_name, benefit_type
  2  from dba_advisor_recommendations
  3  where task_id = 384;

OWNER        TASK_ID  TASK_NAME
---------- ------- ----------
RJB              384  TASK_00003

BENEFIT_TYPE
--------------------------------------------------
Perform shrink, estimated savings is 107602 bytes.
```

任何情况下，都将收缩段 HR.EMPLOYEES，以回收空闲空间。另外还有节省 DBA 时间的好处，视图 DBA_ADVISOR_ACTIONS 中提供了执行收缩所需要的 SQL：

```
SQL> select owner, task_id, task_name, command, attr1
  2      from dba_advisor_actions where task_id = 384;

OWNER         TASK_ID TASK_NAME  COMMAND
---------- ------- ---------- -----------------
RJB                 6  TASK_00003 SHRINK SPACE

ATTR1
-----------------------------------------------------
alter table HR.EMPLOYEES shrink space

1 row selected.

SQL> alter table HR.EMPLOYEES shrink space;
Table altered.
```

前面提及，收缩操作不需要额外的磁盘空间，并且不会阻止在该操作期间对表的访问，除了在该过程末尾用于释放未使用空间的非常短的时间周期以外。在该操作期间将维持表上的所有索引。

除了为其他段释放磁盘空间，收缩段还有其他优点。可改善缓存利用率，因为为了满足针对段的 SELECT 或其他 DML 语句，只需要较少的块存在于缓存中。同时，因为段中的数据更紧凑，从而改善了完整表扫描的性能。

在 Oracle Database 12*c* 中还有一些警告和较次要的限制。首先，段收缩无法用于 SecureFile LOB 段、IOT 映射表、使用基于函数的索引的表以及基于 ROWID 的物化视图。如果压缩了表，则只能收缩某些压缩类型，如使用 ROW STORE COMPRESS ADVANCED 的高级压缩。收缩之前，应对表进行解压缩，但最好使用 ALTER TABLE . . . MOVE ONLINE，并为移动指定相同的压缩存储参数。

6.7.2 撤消顾问和自动工作负荷存储库

作为 Oracle 10*g* 的新增内容，撤消顾问(Undo Advisor)提供了撤消表空间的调整信息，无论是该表空间过大或过小，还是未对数据库上的事务类型设置最佳的撤消保留(通过初始参数 UNDO_RETENTION)。

使用撤消顾问类似于使用段顾问，对于二者来说，都将调用 DBMS_ADVISOR 过程，并查询 DBA_ADVISOR_*数据字典视图以查看分析的结果。

然而，撤消顾问依赖于 Oracle 10*g* 中的另一个新增特性，即自动工作负荷存储库 (Automatic Workload Repository，AWR)。自动工作负荷存储库内置于每个 Oracle 数据库中，默认情况下，它包含数据库中所有关键统计信息和工作负荷每隔 60 分钟的快照。AWR 中的统计信息保存 7 天，之后删除最旧的统计信息。然而，可根据环境调整快照间隔和保留周期。AWR 维护如何使用数据库的历史记录，并在问题可能造成数据库停止之前帮助诊断并预测这些问题。

要想建立撤消顾问来分析撤消空间利用率，需要使用类似于段顾问使用的匿名 PL/SQL 块。然而，在可使用段顾问之前，需要确定要分析的时间框架。数据字典视图 DBA_HIST_SNAPSHOT 包含快照数量和日期戳。下面将查找从 2013 年 7 月 21 日星期六晚上 8:00 到 2013 年 7 月 21 日星期六晚上 9:30 之间的快照数量：

```
SQL> select snap_id, begin_interval_time, end_interval_time
  2      from DBA_HIST_SNAPSHOT
  3  where begin_interval_time > '21-Jul-13 08.00.00 PM' and
  4         end_interval_time < '21-Jul-13 09.31.00 PM'
  5  order by end_interval_time desc;

   SNAP_ID BEGIN_INTERVAL_TIME          END_INTERVAL_TIME
---------- --------------------------- ---------------------------
         8 21-JAN-07 09.00.30.828 PM   21-JAN-07 09.30.14.078 PM
         7 21-JAN-07 08.30.41.296 PM   21-JAN-07 09.00.30.828 PM
         6 21-JAN-07 08.00.56.093 PM   21-JAN-07 08.30.41.296 PM
```

根据这些结果，在调用撤消顾问时，将使用范围为 6～8 的 SNAP_ID。PL/SQL 匿名块如下：

```
-- begin Undo Advisor analysis
--  rev. 1.1  RJB   7/16/2013
--
-- SQL*Plus variable to retrieve the task number from Segment Advisor
variable task_id number

declare
    task_id    number;
    name       varchar2(100);
```

```
      descr      varchar2(500);
      obj_id     number;
   begin
      name := ''; -- unique name generated from create_task
      descr := 'Check Undo Tablespace';
      dbms_advisor.create_task
          ('Undo Advisor', :task_id, name, descr);
      dbms_advisor.create_object
          (name, 'UNDO_TBS', NULL, NULL, NULL, 'null', obj_id);
      dbms_advisor.set_task_parameter(name, 'TARGET_OBJECTS', obj_id);
      dbms_advisor.set_task_parameter(name, 'START_SNAPSHOT', 6);
      dbms_advisor.set_task_parameter(name, 'END_SNAPSHOT', 8);
      dbms_advisor.set_task_parameter(name, 'INSTANCE', 1);
      dbms_advisor.execute_task(name);
   end;

   PL/SQL procedure successfully completed.

   SQL> print task_id

   TASK_ID
   -------
       527
```

与段顾问一样，可查看 DBA_ADVISOR_FINDINGS 视图，以查看问题和推荐的解决方法：

```
SQL> select owner, task_id, task_name, type,
  2       message, more_info from dba_advisor_findings
  3       where task_id = 527;

OWNER      TASK_ID TASK_NAME  TYPE
---------- ------- ---------- -------------
RJB            527 TASK_00003 PROBLEM

MESSAGE
-----------------------------------------------------
The undo tablespace is OK.

MORE_INFO
--------------------------------------------------------------------------
```

在这一具体情形中，撤消顾问表明撤消表空间中分配了足够的空间来处理针对该数据库运行的查询的类型和卷。

6.7.3 索引利用率

虽然索引通过加快查询速度而提供了巨大优点，但它对数据库中的空间利用率有一定影响。如果一个索引根本未使用，则索引占用的空间就可以更好地用于其他地方。如果不需要索引，也可以节省对索引有影响的插入、更新和删除操作的处理时间。可使用动态性能视图 V$OBJECT_USAGE 监控索引利用率。在 HR 模式中，怀疑 EMPLOYEES 表的 JOB_ID 列上的索引未在使用。打开对此索引的监控，如下所示：

```
SQL> alter index hr.emp_job_ix monitoring usage;
Index altered.
```

快速查看 V$OBJECT_USAGE 视图，确保正在监控该索引：

```
SQL> select * from v$object_usage;
INDEX_NAME      TABLE_NAME      MON USED START_MONITORING
--------------- --------------- --- ---- -------------------
EMP_JOB_IX      EMPLOYEES       YES NO   07/24/2013 10:04:55
```

USED 列将告诉我们是否访问该索引以满足查询。在完成了一整天的典型用户活动后，再次查看 V$OBJECT_USAGE，然后关闭监控：

```
SQL> alter index hr.emp_job_ix nomonitoring usage;
Index altered.
SQL> select * from v$object_usage;
INDEX_NAME   TABLE_NAME      MON USED START_MONITORING    END_MONITORING
----------   --------------- --- ---- ------------------- -------------------
EMP_JOB_IX   EMPLOYEES       NO  YES  07/24/2013 10:04:55 07/25/2013 11:39:45
```

确定在一天中该索引似乎至少使用一次。

另一种极端是，可能过于频繁地访问索引。如果频繁地插入、更新和删除键值，那么索引在空间利用率方面就会变得低效。下面的命令可用作索引创建之后的基线，然后周期性运行以查看空间利用是否无效：

```
SQL> analyze index hr.emp_job_ix validate structure;
Index analyzed.
SQL> select pct_used from index_stats where name = 'EMP_JOB_IX';
  PCT_USED
----------
        78
```

注意：

运行 ANALYZE INDEX...VALIDATE STRUCTURE 会以互斥模式暂时锁定索引，从而在运行 ANALYZE 时不会在表上产生 DML。

PCT_USED 列表明为使用中的索引分配的空间的百分比。随着时间的推移，会大量使用 EMPLOYEES 表，这是由于公司中的雇员经常轮换，并且其中的索引没有有效地使用其空间，下面的 ANALYZE 命令和 SELECT 查询表明了这一点，因此决定重新构建索引：

```
SQL> analyze index hr.emp_job_ix validate structure;
Index analyzed.
SQL> select pct_used from index_stats where name = 'EMP_JOB_IX';
  PCT_USED
----------
        26
SQL> alter index hr.emp_job_ix rebuild online;
```

```
Index altered.
```

注意，ALTER INDEX ... REBUILD 语句中使用了 ONLINE 选项。重新构建索引时，索引表能以最少的系统开销保持联机。只在极少数情况下(如较长的键长度)可能不能使用 ONLINE 选项。

6.7.4　空间利用率警告级别

本章前面回顾了数据字典视图 DBA_THRESHOLDS，该视图包含用于测量数据库健康程度的一系列活动度量指标。在 Oracle 12*c* 的默认安装中，使用下面的 SELECT 语句来查看其中的 22 个内置阈值：

```
SQL> select metrics_name, warning_operator warn, warning_value wval,
  2    critical_operator crit, critical_value cval,
  3    consecutive_occurrences consec
  4    from dba_thresholds;

METRICS_NAME                     WARN WVAL          CRIT CVAL          CONSEC
-------------------------------- ---- ------------- ---- ------------- ------
Average Users Waiting Counts     GT   10            NONE               3
. . .
Blocked User Session Count       GT   0             NONE               15
Current Open Cursors Count       GT   1200          NONE               3
Database Time Spent Waiting (%)  GT   30            NONE               3
. . .
Logons Per Sec                   GE   100           NONE               2
Session Limit %                  GT   90            GT   97            3
Tablespace Bytes Space Usage     LE   0             LE   0             1
Tablespace Space Usage           GE   85            GE   97            1

22 rows selected.
```

就空间利用率而言，可以看到，对于给定的表空间，表空间达到 85%满度时，此表空间就处于警告级别；表空间达到 97%满度时，空间就处于危险级别。这一条件只需要发生在一次报告周期中(默认是 1 分钟)。而对于该列表中的其他条件，则在发布警报前，条件必须在 2～15 个连续报告周期中为 True。

要改变生成警报的级别，可使用 DBMS_SERVER_ALERT.SET_THRESHOLD 过程。在本示例中，希望在表空间用完空间不久后就收到通知，因此将警报通知的告警阈值从 85%降至 60%：

```
--
-- PL/SQL anonymous procedure to update the Tablespace Space Usage threshold
--

declare
    /* OUT */
    warning_operator    number;
    warning_value       varchar2(100);
```

```
    critical_operator  number;
    critical_value     varchar2(100);
    observation_period number;
    consecutive_occurrences number;
    /* IN */
    metrics_id         number;
    instance_name      varchar2(50);
    object_type        number;
    object_name        varchar2(50);

    new_warning_value varchar2(100) := '60';
begin
    metrics_id := DBMS_SERVER_ALERT.TABLESPACE_PCT_FULL;
    object_type := DBMS_SERVER_ALERT.OBJECT_TYPE_TABLESPACE;
    instance_name := 'dw';
    object_name := NULL;

-- retrieve the current values with get_threshold
    dbms_server_alert.get_threshold(
        metrics_id, warning_operator, warning_value,
        critical_operator, critical_value,
        observation_period, consecutive_occurrences,
        instance_name, object_type, object_name);

-- update the warning threshold value from 85 to 60
    dbms_server_alert.set_threshold(
        metrics_id, warning_operator, new_warning_value,
        critical_operator, critical_value,
        observation_period, consecutive_occurrences,
        instance_name, object_type, object_name);

end;

PL/SQL procedure successfully completed.
```

再次检查 DBA_THRESHOLDS，可以看到警告级别已改为 60%：

```
SQL> select metrics_name, warning_operator warn, warning_value wval
  2     from dba_thresholds;

METRICS_NAME                        WARN WVAL
-------------------------------- ---- -------------
Average Users Waiting Counts     GT   10
. . .
Blocked User Session Count       GT   0
Current Open Cursors Count       GT   1200
Database Time Spent Waiting (%)  GT   30
. . .
Logons Per Sec                   GE   100
Session Limit %                  GT   90
Tablespace Bytes Space Usage     LE   0
Tablespace Space Usage           GE   60
```

```
22 rows selected.
```

如何使用 Oracle 的高级队列(Advanced Queuing)来订阅队列警报消息的详细示例超出了本书的讨论范围。然而，本章后面将给出一些示例，介绍如何使用 Cloud Control 12*c*，通过电子邮件、呼叫或 PL/SQL 过程来建立警戒状态的异步通知。

6.7.5 可恢复的空间分配

Oracle 数据库提供了在发生空间分配故障时挂起长期运行的操作的方法。一旦通知 DBA，并且修正了空间分配问题，长期运行的操作就可以完成。长期运行的操作不需要从头开始重新启动。

可使用可恢复的空间分配解决 3 类空间管理问题：

- 超出表空间中的空间范围
- 到达段中的最大盘区
- 超出用户的空间份额

通过将初始参数 RESUMABLE_TIMEOUT 设置为不等于 0 的值，DBA 能自动建立可恢复的语句。必须以秒为单位指定这个值。在会话级别，用户可通过使用 ALTER SESSION ENABLE RESUMABLE 命令启用可恢复的操作：

```
SQL> alter session enable resumable timeout 3600;
```

这种情况下，任何可能用完空间的长期运行的操作都将挂起多达 3600 秒(60 分钟)，直到修正空间条件。如果在时间限制内没有修正，该语句就会失败。

在下面的情况中，HR 部门正尝试将分支机构的 EMPLOYEES 表中的雇员添加到包含整个公司雇员的 EMPLOYEE_SEARCH 表。如果没有可恢复的空间分配，HR 用户将收到如下错误：

```
SQL> insert into employee_search
  2     select * from employees;
insert into employee_search
*
ERROR at line 1:
ORA-01653: unable to extend table HR.EMPLOYEE_SEARCH by 128
        in tablespace USERS9
```

在多次遇到该问题后，HR 用户决定使用可恢复的空间分配来防止数据库中发生空间问题时大量的返工，并且再次尝试该操作：

```
SQL> alter session enable resumable timeout 3600;
Session altered.
SQL> insert into hr.employee_search
  2     select * from hr.employees;
```

用户不会接收到消息，并且没有清楚地表明操作已经挂起。然而，在警报日志(从 Oracle Database 11*g* 开始由自动诊断存储库管理)中，XML 消息读取如下：

```
<msg time='2013-07-23T22:58:26.749-05:00'
    org_id='oracle' comp_id='rdbms'
   client_id='' type='UNKNOWN' level='16'
   host_id='dw' host_addr='192.168.2.95' module='SQL*Plus' pid='1843'>
<txt> ORA-01653: unable to extend table
         HR.EMPLOYEE_SEARCH by 128 in tablespace USERS9
</txt>
</msg>
```

DBA 收到在 OEM 中建立的呼叫警报，并检查数据字典视图 DBA_RESUMABLE：

```
SQL> select user_id, instance_id, status, name, error_msg
  2  from dba_resumable;

   USER_ID INSTANCE_ID STATUS    NAME                 ERROR_MSG
---------- ----------- --------- -------------------- --------------------
        80           1 SUSPENDED User HR(80), Session ORA-01653: unable to
                                 113, Instance 1      extend table HR.EMP
                                                      LOYEE_SEARCH by 128
                                                      in tablespace USERS9
```

DBA 注意到表空间 USERS9 没有允许自动扩展，于是修改该表空间以允许其增长：

```
SQL> alter tablespace users9
  2       add datafile '+DATA'
  3       size 100m autoextend on;
Tablespace altered.
```

用户会话的 INSERT 命令成功完成，可恢复操作的状态反映在 DBA_RESUMABLE 视图中：

```
   USER_ID INSTANCE_ID STATUS    NAME                 ERROR_MSG
---------- ----------- --------- -------------------- --------------------
        80           1 NORMAL    User HR(80), Session
                                 113, Instance 1
```

警报日志文件也表明该操作成功恢复：

```
<msg time='2013-07-23T23:06:31.178-05:00'
   org_id='oracle' comp_id='rdbms'
   client_id='' type='UNKNOWN' level='16'
   host_id='dw' host_addr='192.168.2.95' module='SQL*Plus'
   pid='1843'>
<txt>statement in resumable session &apos;User HR(80),
  Session 113, Instance 1&apos; was resumed </txt>
</msg>
```

在图 6-3 中可看到，除了以前的警报指出在 HR 用户临时用完空间之前约 15 分钟 USERS9 表空间几乎满了之外，还可以看到表空间 USERS9 空间警报出现在实例主页的 Incidents and Problems 部分。在图 6-4 中，Alert History 页面显示最新的警告，其中包括表空间变满条件。

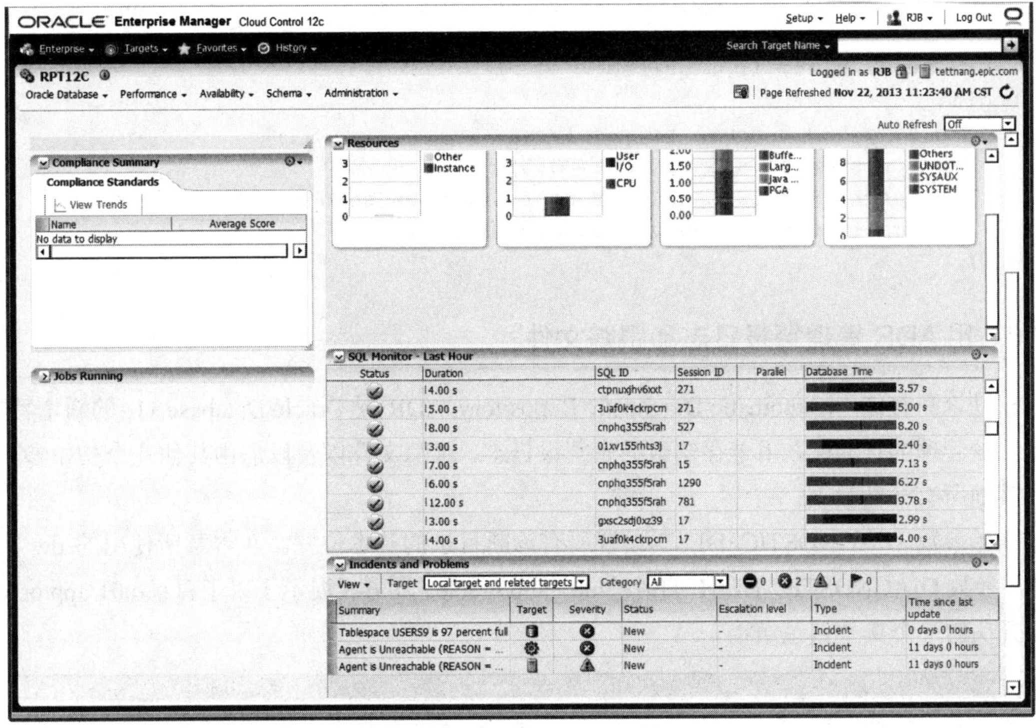

图 6-3　实例主页上的 Alerts 部分

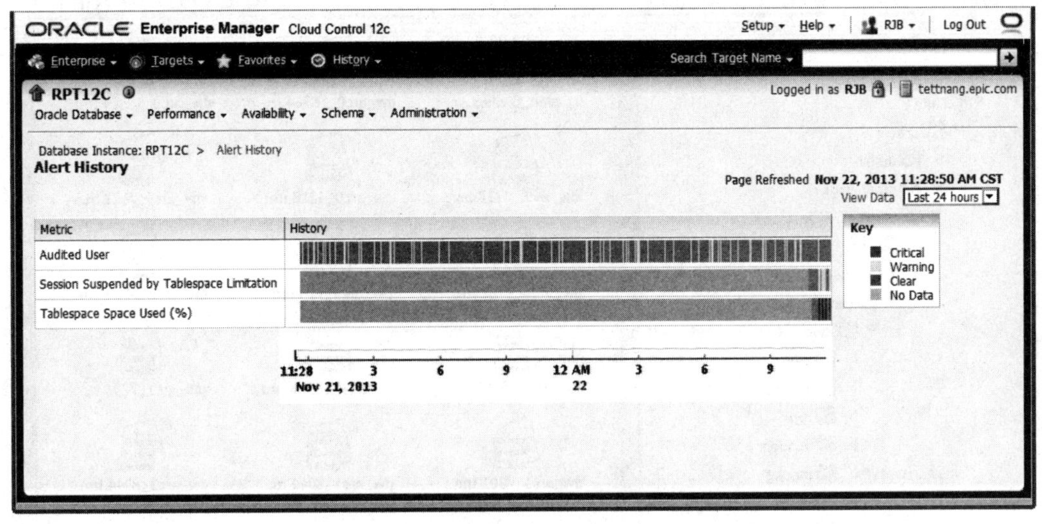

图 6-4　Alert History 页面

对于用户来说，该操作花费的时间超出了预期时间，但仍然成功完成。为用户提供更多信息的另一种方法是建立一种特殊类型的触发器，即从 Oracle9*i* 引入的系统触发器。系统触发器与其他触发器类似，但它是基于某种类型的系统事件，而不是基于对表的 DML 语句。下面是基于 AFTER SUSPEND 事件激活的系统触发器的模板：

```
create or replace trigger resumable_notify
```

```
   after suspend on database  -- fired when resumable space event occurs
declare
    -- variables, if required
begin
    -- give DBA 2 hours to resolve
    dbms_resumable.set_timeout(7200);
    -- check DBA_RESUMABLE for user ID, then send e-mail
    utl_mail.send ('lyngrv@rjbdba.com', . . . );
end;
```

6.7.6 用 ADR 管理警报日志和跟踪文件

自动诊断存储库(Automatic Diagnostic Repository，ADR)是 Oracle Databasc 11g 的新增特性，它是系统管理的存储库，用于存储数据库警报日志、跟踪文件以及以前由其他几个初始参数控制的其他所有诊断数据。

初始参数 DIAGNOSTIC_DEST 设置所有诊断目录的基本位置。在本章所使用的 dw 数据库中，参数 DIAGNOSTIC_DEST 的值是/u01/app/oracle。图 6-5 展示了以子目录/u01/app/oracle/diag 开头的一个典型目录结构。

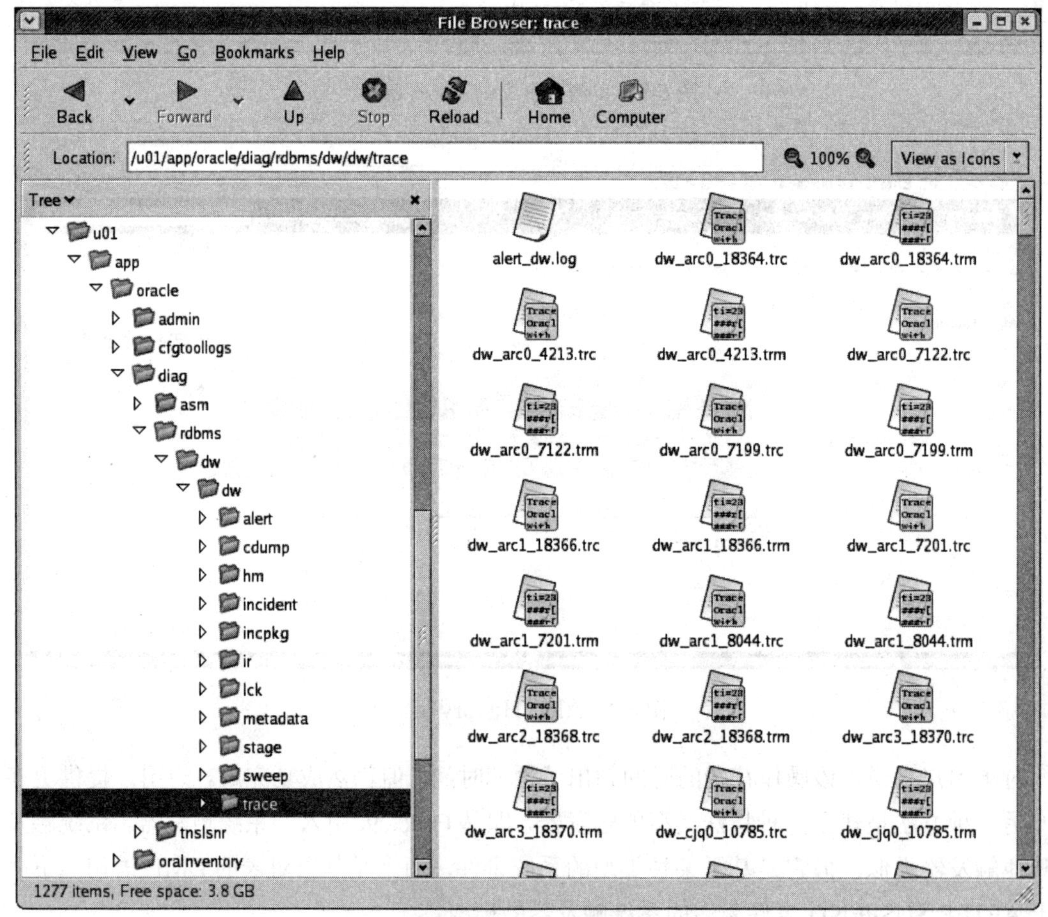

图 6-5 ADR 目录结构

需要注意，ASM 数据库和数据库(RDBMS)实例的目录是分开的。在 rdbms 目录中，可以看到两次 dw 目录：第一层目录是数据库 dw，第二层 dw 是实例 dw。如果这是实时应用群集(RAC)数据库，则可以在第一层 dw 目录下看到 dw 数据库的每个实例。事实上，Oracle 强烈建议 RAC 数据库中的所有实例具有相同的 DIAGNOSTIC_DEST 值。

由于所有日志和诊断信息的位置都由初始参数 DIAGNOSTIC_DEST 控制，因此忽略下面这些初始参数：

- BACKGROUND_DUMP_DEST
- USER_DUMP_DEST
- CORE_DUMP_DEST

但为了向后兼容，仍可以使用上面这些初始参数来确定警报日志、跟踪文件和核心转储的位置，但只能用作只读参数。

```
SQL> show parameter dump_dest

NAME                                 TYPE        VALUE
------------------------------------ ----------- ------------------------------
background_dump_dest                  string      /u01/app/oracle/diag/rdbms/dw/
                                                 dw/trace
core_dump_dest                       string      /u01/app/oracle/diag/rdbms/dw/
                                                 dw/cdump
user_dump_dest                       string      /u01/app/oracle/diag/rdbms/dw/
                                                 dw/trace
```

虽然仍可以改变这些参数的值，但 ADR 忽略它们。另一种选择方案是，可以使用视图 V$DIAG_INFO 在与诊断相关的所有目录中查找实例：

```
SQL> select name, value from v$diag_info;

NAME                      VALUE
------------------------- ---------------------------------------------
Diag Enabled              TRUE
ADR Base                  /u01/app/oracle
ADR Home                  /u01/app/oracle/diag/rdbms/dw/dw
Diag Trace                /u01/app/oracle/diag/rdbms/dw/dw/trace
Diag Alert                /u01/app/oracle/diag/rdbms/dw/dw/alert
Diag Incident             /u01/app/oracle/diag/rdbms/dw/dw/incident
Diag Cdump                /u01/app/oracle/diag/rdbms/dw/dw/cdump
Health Monitor            /u01/app/oracle/diag/rdbms/dw/dw/hm
Default Trace File        /u01/app/oracle/diag/rdbms/dw/dw/trace/dw_ora
                          _28810.trc

Active Problem Count      0
Active Incident Count     0

11 rows selected.
```

6.7.7 OS 空间管理

在 Oracle 环境外部，应该由系统管理员监控空间，该系统管理员应从 DBA 处彻底了解如何适当地设置用于自动扩展数据文件的参数。用包含很大 NEXT 值的 AUTOEXTEND ON 设置表空间，这就允许表空间增长并容纳更多的插入和更新，但在服务器的磁盘卷没有可用的空间时，这就会失败。更好的方法是使用 ASM：存储管理员将从存储设备分配存储空间的一个或多个大块，或分配完整磁盘，从而允许 Oracle DBA 完全从数据库的角度管理空间。

6.8 空间管理脚本

本节将提供一些脚本，可以根据需要运行这些脚本，或者定期调度它们运行，从而主动监控数据库。

这些脚本采用字典视图，并提供特定结构的更详细外观。其中一些脚本的功能可能与本章前面提及的一些工具提供的结果重叠，但它们更具有针对性，并能在某些情况下提供数据库中可能存在的空间问题的更多细节。

6.8.1 无法分配额外盘区的段

在下面的脚本中，标记了无法分配额外盘区的段(很可能是表或索引)：

```
select s.tablespace_name, s.segment_name,
       s.segment_type, s.owner
from dba_segments s
where s.next_extent >=
      (select max(f.bytes)
       from dba_free_space f
       where f.tablespace_name = s.tablespace_name)
or s.extents = s.max_extents
order by tablespace_name, segment_name;

TABLESPACE_NAME    SEGMENT_NAME           SEGMENT_TYPE      OWNER
------------------ ---------------------- ----------------- ---------------
USERS9             EMPLOYEE_SEARCH        TABLE             HR
```

在本示例中，正在使用相关子查询来比较下一个盘区的大小与表空间中剩余的空闲空间量。正在检查的另一个条件是：下一个盘区请求是否会因为段已经达到最大盘区数量而失败。

这些对象存在问题的原因最可能是以下两种：表空间没有用于该段的下一个盘区的空间，或者段已经分配了最大数量的盘区。为解决该问题，DBA 可添加另一个数据文件，或者导出段中的数据，并使用更密切匹配增长模式的存储参数重新创建该段，这两种方法都可以扩展表空间。从 Oracle 9*i* 开始，当磁盘空间不是导致问题的原因时，使用本地管理的表空间而不是字典管理的表空间可以解决这一问题，因为 LMT 中的最大盘区数量是无限的。

6.8.2 表空间和数据文件已使用的空间和空闲空间

下面的 SQL*Plus 脚本分解每个表空间的空间利用率，然后进一步按每个表空间中的数据文件进行分解。这是查看如何使用和扩展表空间内每个数据文件中空间的一种好方法，在没有使用 ASM 或其他高可用性存储器时，它也可以用于负载平衡。

```
--
-- Free space within non-temporary datafiles, by tablespace.
--
-- No arguments.
-- 1024*1024*1000 = 1048576000 = 1GB to match Cloud Control
--

column free_space_gb format 9999999.999
column allocated_gb  format 9999999.999
column used_gb       format 9999999.999
column tablespace    format a12
column filename      format a20

select ts.name tablespace, trim(substr(df.name,1,100)) filename,
   df.bytes/1048576000 allocated_gb,
   ((df.bytes/1048576000) - nvl(sum(dfs.bytes)/1048576000,0)) used_gb,
   nvl(sum(dfs.bytes)/1048576000,0) free_space_gb
from v$datafile df
     join dba_free_space dfs on df.file# = dfs.file_id
     join v$tablespace ts on df.ts# = ts.ts#
group by ts.name, dfs.file_id, df.name, df.file#, df.bytes
order by filename;

TABLESPACE   FILENAME             ALLOCATED_GB    USED_GB FREE_SPACE_GB
------------ -------------------- ------------ ---------- -------------
DMARTS       +DATA/dw/datafile/dm          .25   .0640625      .1859375
             arts.269.628621093
EM_REP       +DATA/dw/datafile/em          .25   .0000625      .2499375
             _rep.270.628640521
EXAMPLE      +DATA/dw/datafile/ex           .1    .077375       .022625
             ample.265.627433157
SYSAUX       +DATA/dw/datafile/sy     .7681875      .7145      .0536875
             saux.257.627432973
SYSTEM       +DATA/dw/datafile/sy          .77   .7000625      .0699375
             stem.256.627432971
UNDOTBS1     +DATA/dw/datafile/un         .265   .0155625      .2494375
             dotbs1.258.627432975
USERS        +DATA/dw/datafile/us        .0125   .0111875      .0013125
             ers.259.627432977
USERS2       +DATA/dw/datafile/us           .1   .0000625      .0999375
             ers2.267.627782171
USERS4       +DATA/dw/datafile/us          .25       .002          .248
             ers4.268.628561597
USERS9       +DATA/dw/datafile/us          .01   .0000625      .0099375
             ers9.271.628727991
USERS9       +DATA/dw/datafile/us          .01   .0000625      .0099375
             ers9.272.628729587
USERS9       +DATA/dw/datafile/us          .05   .0000625      .0499375
```

```
                 ers9.273.628730561
USERS3           +DATA2/dw/datafile/u       .1   .0000625      .0999375
                 sers3.256.627786775
XPORT            /u05/oradata/xport.d       .3   .1280625      .1719375
                 bf

14 rows selected.
```

在此数据库中，只有 USERS9 表空间具有多个数据文件。为在该报表上包括临时表空间，可使用 UNION 查询将该查询和基于 V$TEMPFILE 的类似查询结合起来。

6.9 自动化和精简通知过程

虽然可根据需要扩展本章前面介绍的任何脚本和程序包，但其中有些脚本和程序包可以进行自动化，也应该进行自动化，这样做不仅为 DBA 节省了时间，也可以在问题引起系统停止之前主动捕获问题。

自动化脚本和程序包的两个主要方法是使用 DBMS_SCHEDULER 和 Oracle Cloud Control 12*c*。每种方法都有各自的优缺点。DBMS_SCHEDULER 可对如何调度任务提供更多的控制，并且可以只用命令行接口来设置。另一方面，Oracle Cloud Control 使用完全基于 Web 的环境，允许 DBA 从访问 Web 浏览器的位置监视数据库环境。

6.9.1 使用 DBMS_SCHEDULER

Oracle 11*g* 中新增的程序包是 DBMS_SCHEDULER。相对于以前的作业调度程序包 DBMS_JOB，它提供了新的特性和功能。虽然 DBMS_JOB 在 Oracle Database 12*c* 中仍然可用，但已经不予支持，建议不再使用。

DBMS_SCHEDULER 包含许多希望从调度程序包中获得的过程：CREATE_JOB、DROP_JOB、DISABLE、STOP_JOB 和 COPY_JOB。此外，DBMS_SCHEDULER 使用 CREATE_SCHEDULE 过程可简化自动重复执行作业，并使用 CREATE_JOB_CLASS 过程根据资源利用率将作业划分为多个类别。

6.9.2 Cloud Control 和监控

Oracle 企业管理器(Oracle Enterprise Manager)不仅可在基于 Web 的图形环境中给出大多数数据库管理任务，还可以自动化某些例程任务，DBA 可能每天都会执行这些任务。本小节将介绍 OEM 中与段顾问和撤消顾问等效的功能，本章前面曾介绍过这两种顾问。

1. 段顾问

图 6-6 显示了 Cloud Control 中 RPT12C 数据库的主页。可以直接从该主页上获得许多空间管理功能(包括段顾问)，尤其是存在未处理的警报时。

主页列出了实例的一般性可用信息，包括实例名、主机名、CPU 利用率及会话信息。左下角的下拉列表是指向顾问的链接。

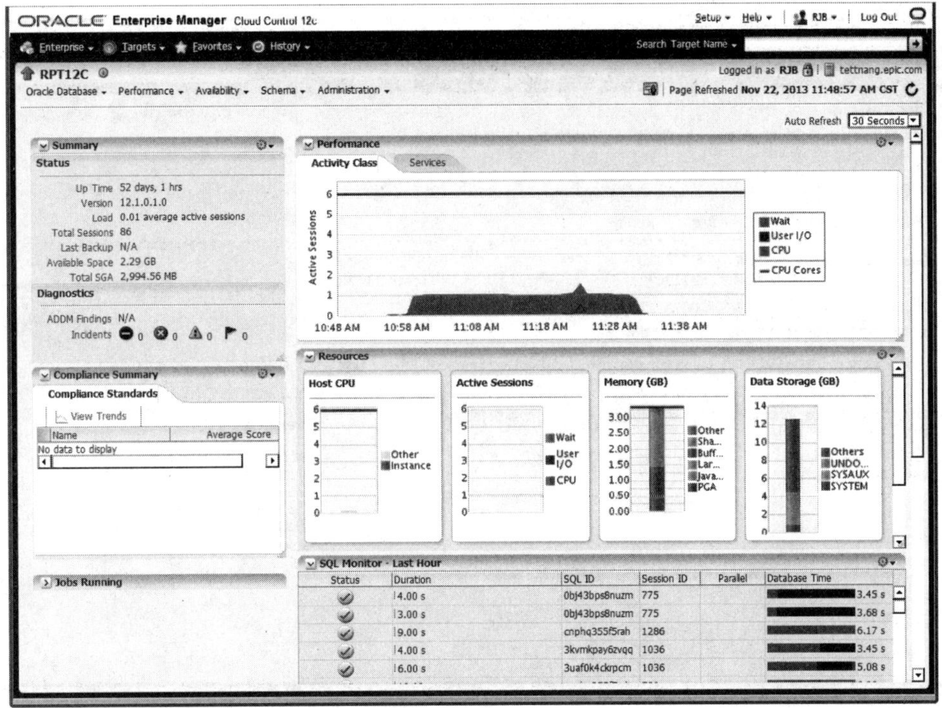

图 6-6　OEM 主页

如果没有明显与空间相关的警报，且想要运行段顾问，则选择 Performance | Advisor Central 命令打开 Advisor Central 页，如图 6-7 所示。单击左侧的 Segment Advisor 链接，就会看到图 6-8 所示的页面。选择 Schema Objects 单选按钮，并单击 Next 按钮。

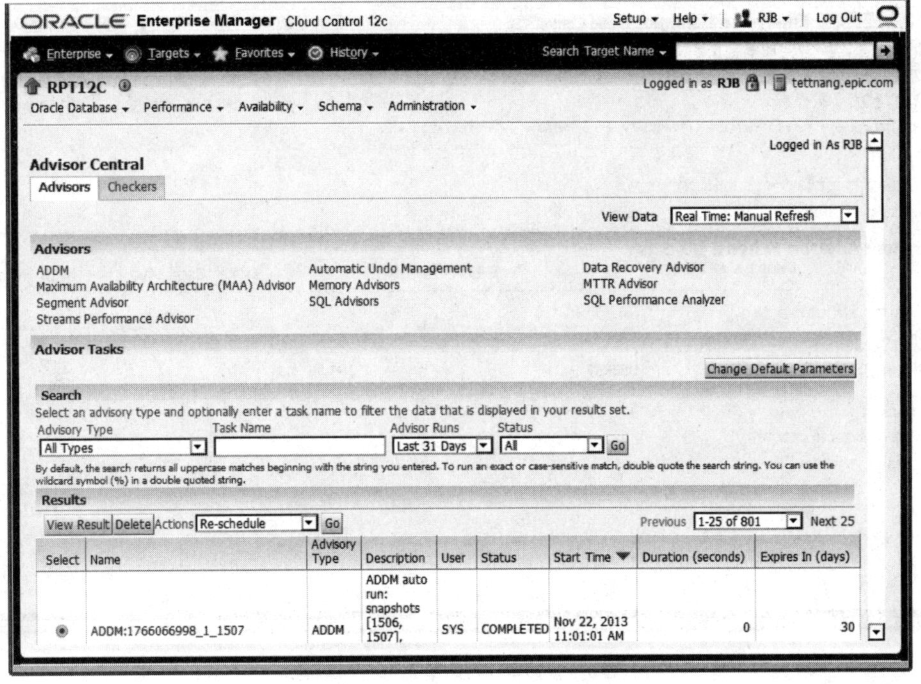

图 6-7　Advisor Central 页面

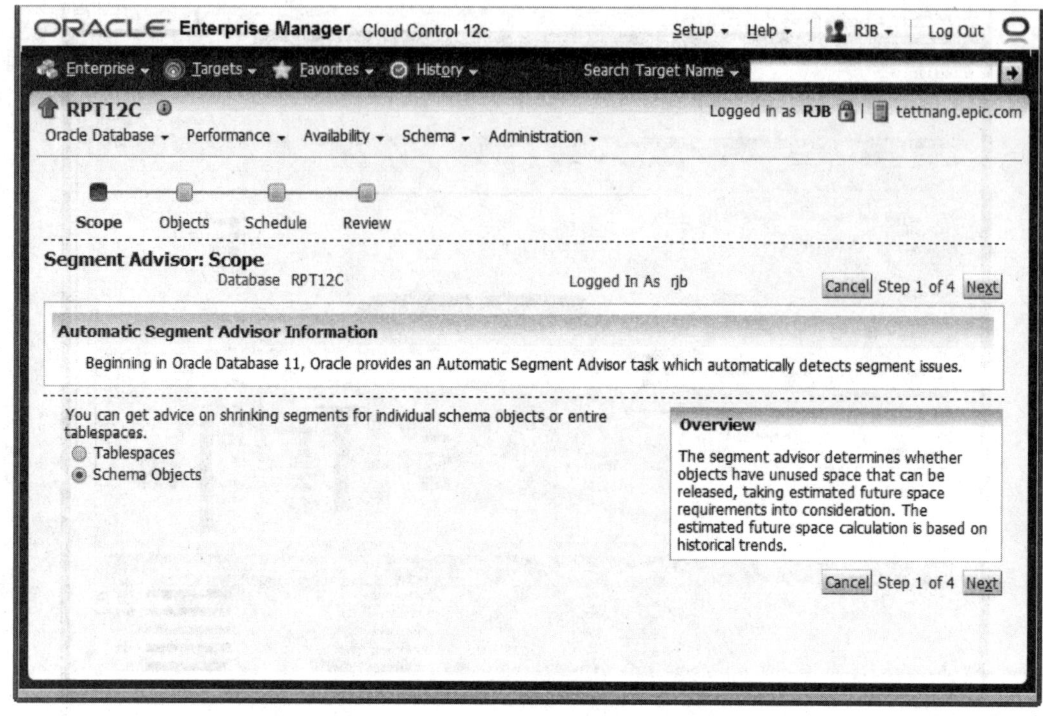

图 6-8 段顾问步骤 1：选择 Schema Objects 分析类型

在图 6-9 中，已选择 HR.TEMP_OBJ 表供分析之用。

当单击图 6-9 所示页面中的 Next 按钮时，可更改分析作业的调度安排；默认情况下，作业立即运行，这符合此处的要求。图 6-10 展示了调度选项。

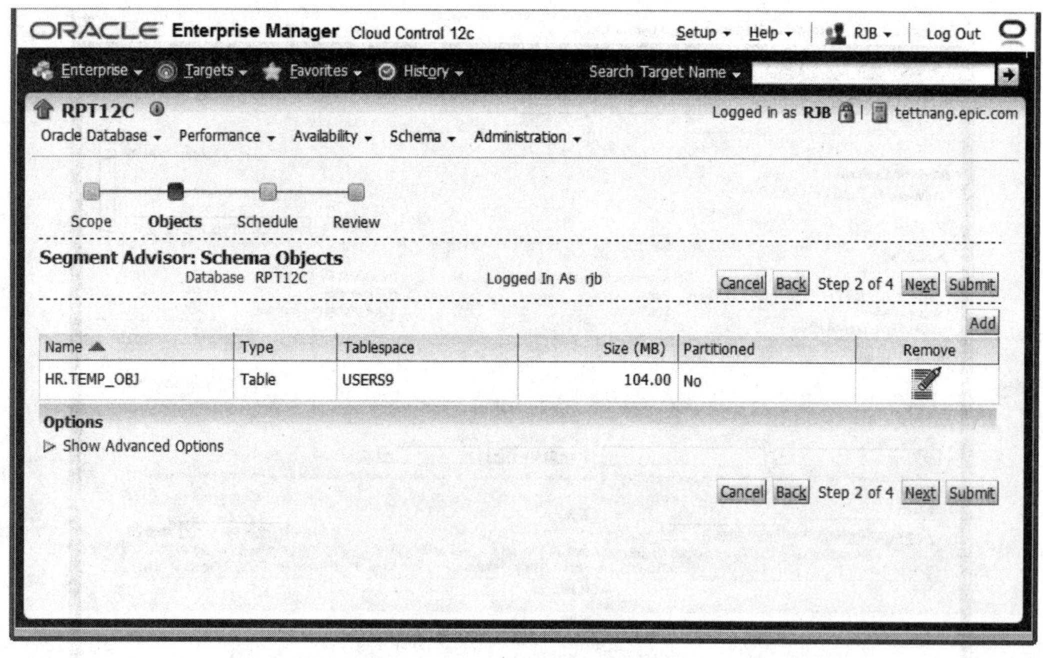

图 6-9 段顾问步骤 2：选择对象

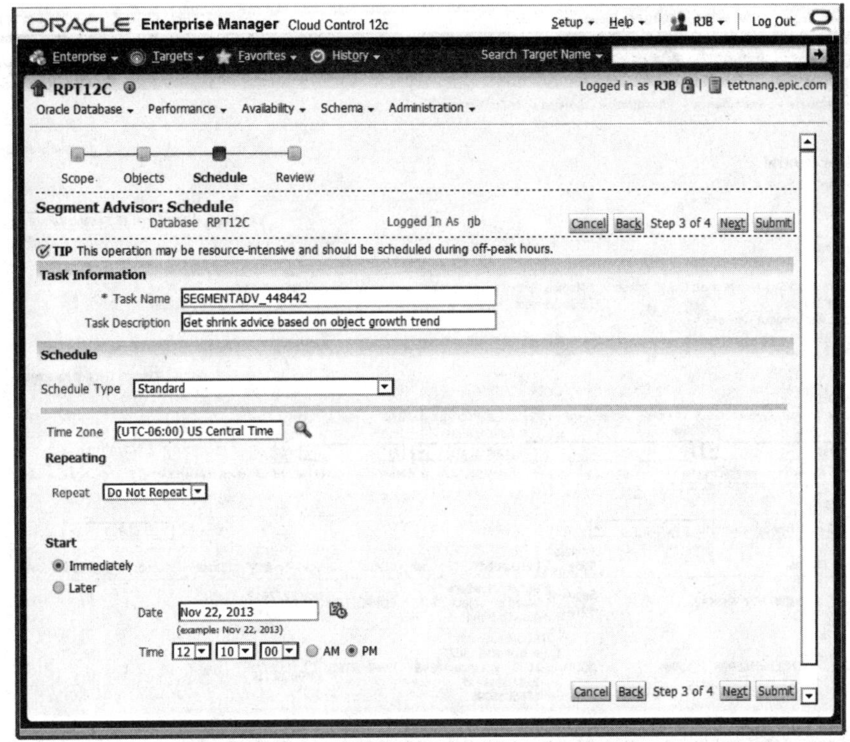

图 6-10　段顾问步骤 3：调度选项

在图 6-10 中单击 Next 按钮时，可以看到图 6-11 所示的回顾页。如果想查看 SQL 语句，或想在自己的自定义批处理作业中使用 SQL 语句，则可以单击 Show SQL 按钮。

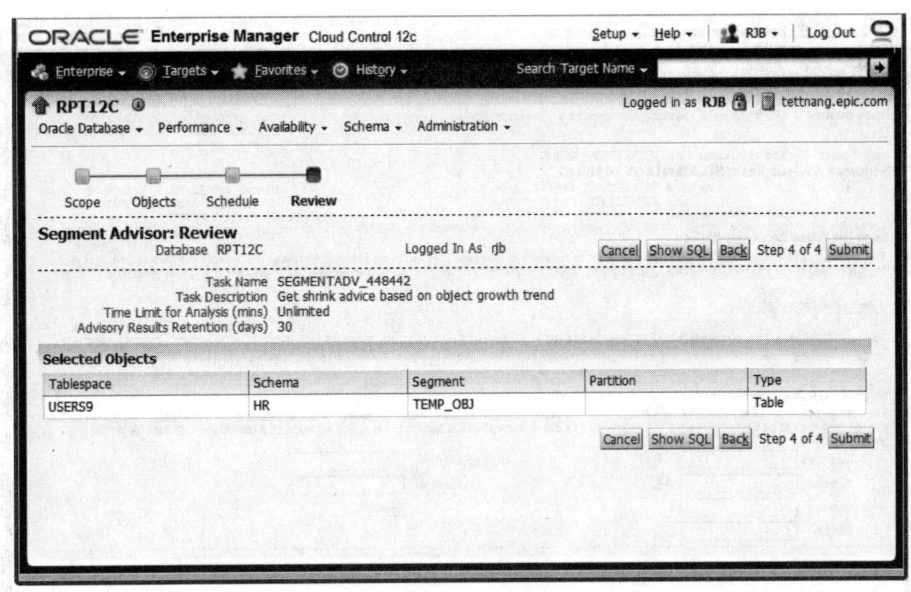

图 6-11　段顾问步骤 4：回顾

正如预想的那样，单击图 6-11 中所示的 Submit 按钮，将立即(或在指定时间内)提交所运行的作业。下一页是 Advisors 选项卡，如图 6-12 所示。作业完成后，将在该页面上看到完成状态。

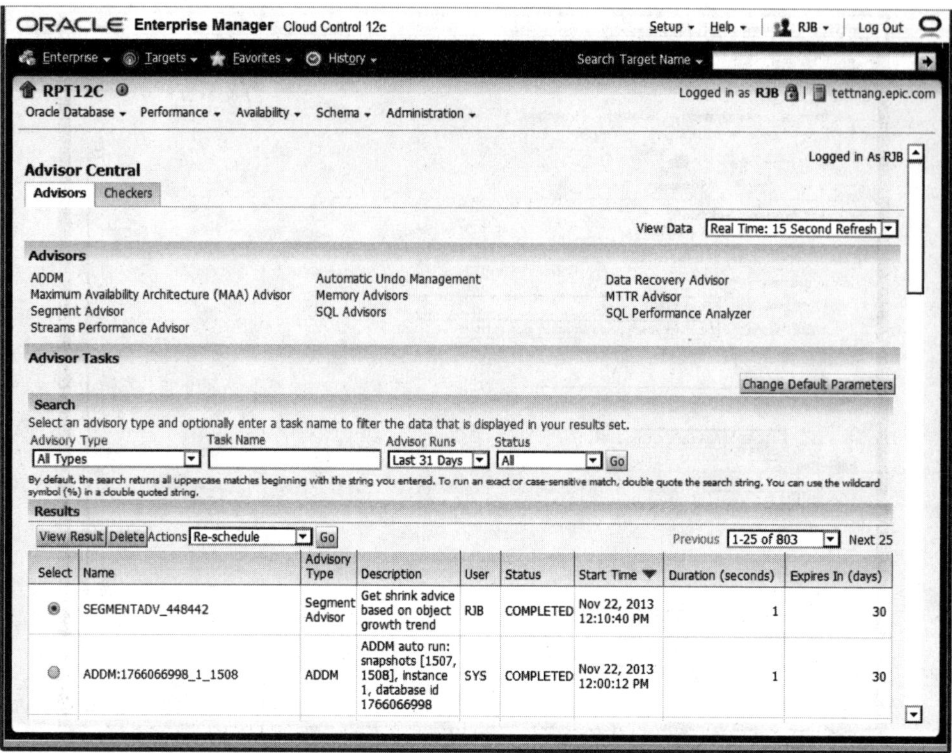

图 6-12 顾问和顾问任务

如图 6-12 所示，单击 Results 区域中 Advisory Type 列的 Segment Advisor 链接，将看到 Recommendations 页面，如图 6-13 所示。

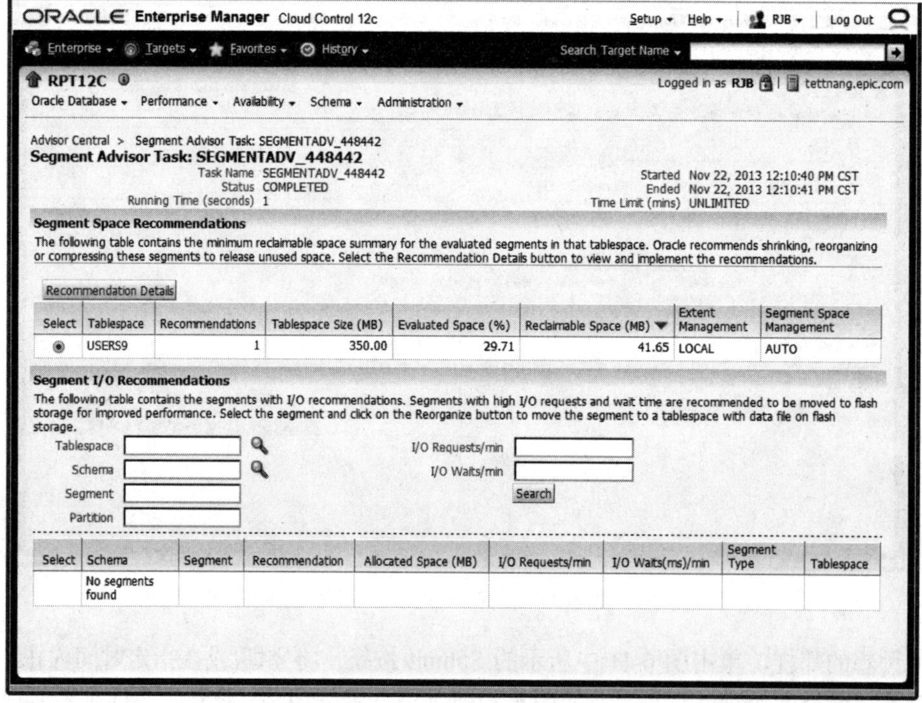

图 6-13 段顾问结果

图 6-13 中的段顾问结果显示，USERS9 表空间中的 TEMP_OBJ 表将从收缩操作中获益，有助于改进对表的访问，并释放 USERS9 表空间中的空间。为实施建议，单击 Recommendation Details 链接，出现如图 6-14 所示的页面，单击 Recommendation 列中的 Shrink 按钮，在 TEMP_OBJ 表上执行收缩操作。

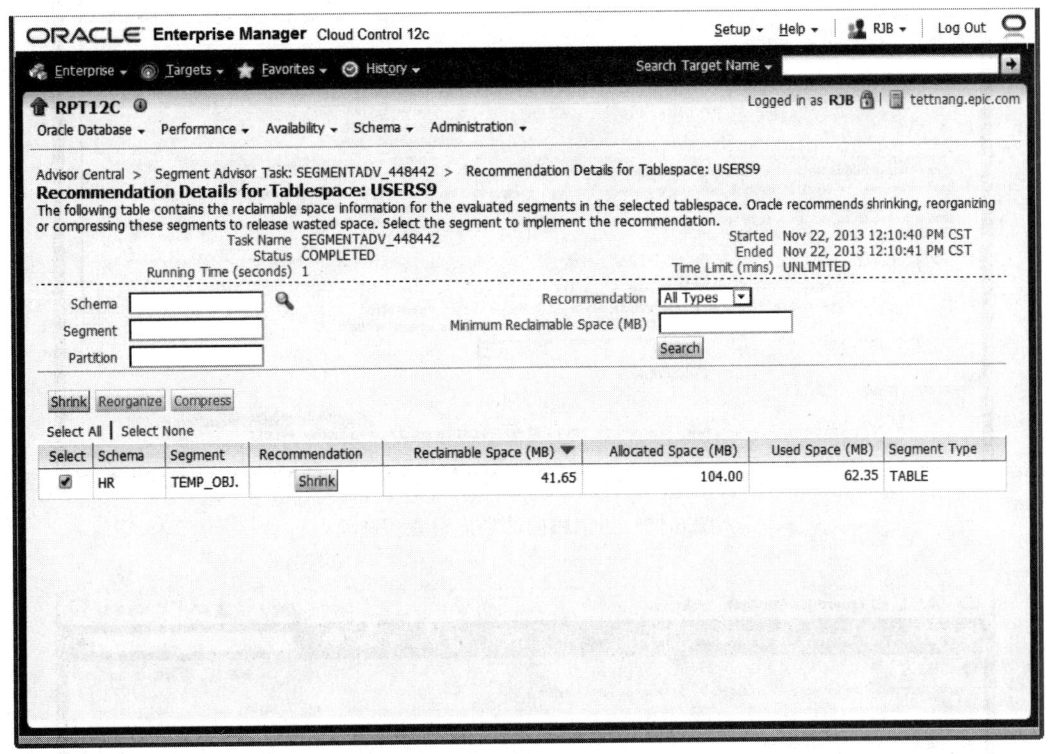

图 6-14　实施段顾问建议

2. 撤消顾问

要启动自动撤消管理顾问(Automatic Undo Management Advisor)，则从图 6-7 所示的页面开始，单击页面顶部的 Automatic Undo Management 链接。在出现的图 6-15 中，可看到撤消表空间 UNDOTBS1 的当前设置。

对于此数据库中当前的 SQL 负载来说，撤消表空间当前的大小(265MB)足够了(AUTOEXTEND 增量设置为 5MB)，可以满足未来相似查询撤消数据的需要。但是，你可能期望添加一些数据仓库表，且有些长期运行的查询可能会超过当前 15 分钟的撤消保留窗口，并且希望通过避免频繁扩展现有撤消表空间来保持系统的总体性能。因此，可能需要增加撤消表空间的大小。在图 6-15 中，在 Duration 文本框中指定 90 分钟，并单击 Run Analysis 按钮。分析会立即执行，在图 6-16 的底部，会看到要求的撤消表空间最小是 143MB。

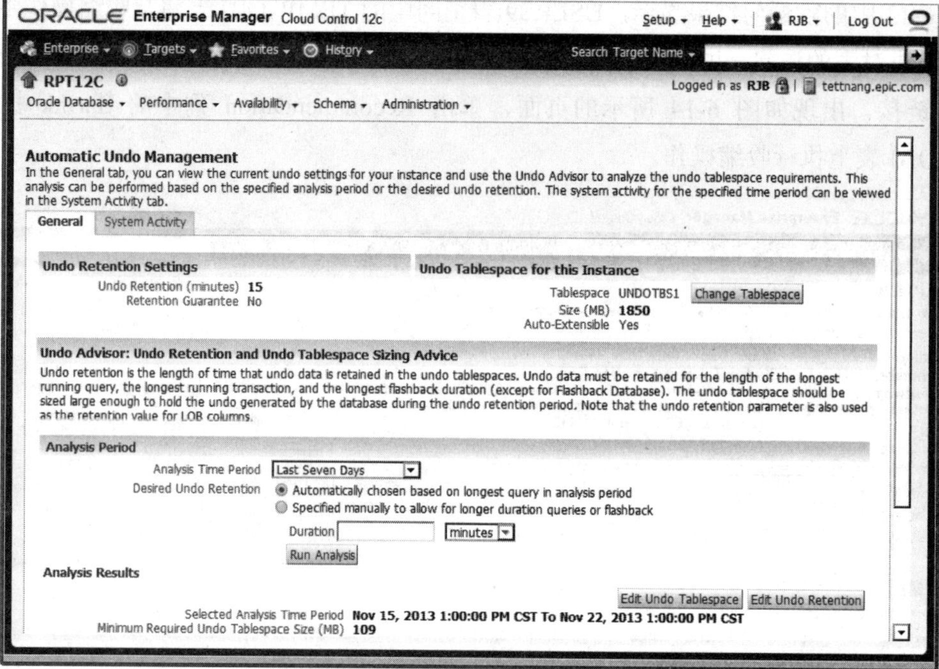

图 6-15 撤消顾问的当前设置和选项

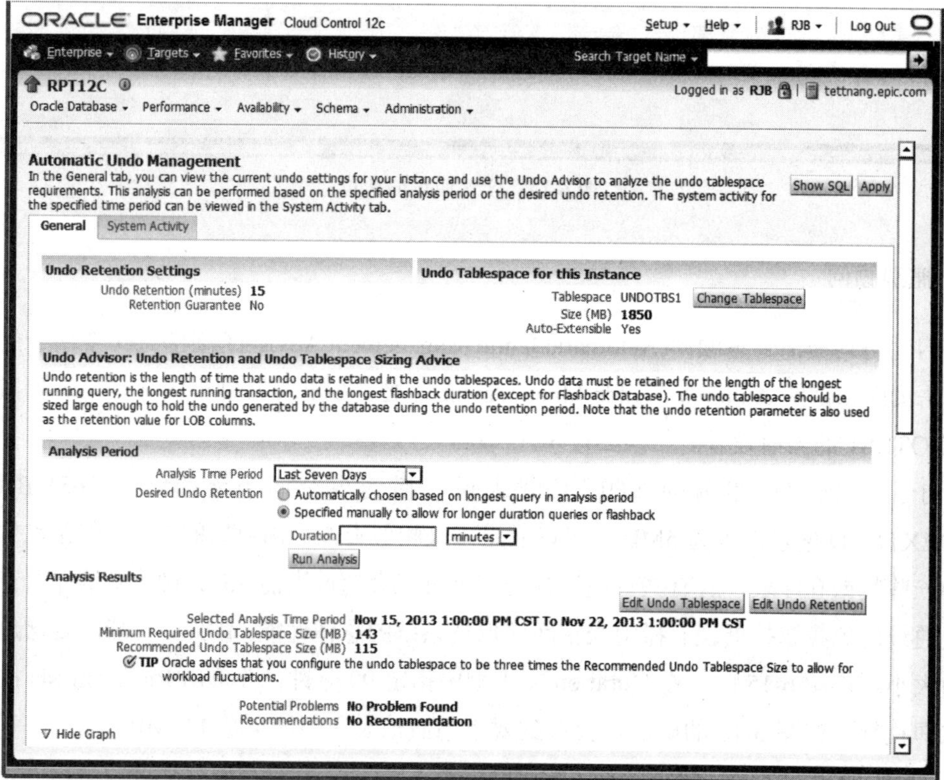

图 6-16 撤消顾问建议

不需要立即改变撤消表空间的大小。撤消顾问的优点在于可改变分析和保留的时间周期，以查看给定场景中的磁盘需求。

6.10　本章小结

似乎永远都没有足够的磁盘空间来容纳数据库中的所有对象及其数据。虽然每 GB 存储的价格在不断下调，固态存储技术也在进步，但每 GB 存储仍需要一定费用。磁盘容量是有限的，必须确定数据库中存储的结构，以及如何查询结构本身。必须理解数据库中存储组件的层次结构，本章解释了包含块、盘区、段、数据文件和表空间在内的层次结构。

了解存储结构后，必须能查询存储元数据。Oracle 提供了大量数据字典和动态性能视图来查看存储的分配位置和方式。DBA_SEGMENTS 等数据字典视图显示表、索引和物化视图；DBA_EXTENTS 显示这些段的分配方式。V$UNDOSTAT 等动态性能视图具有与 UNDO 表空间及其占有者相关的实时信息。

Oracle 不仅提供这些视图，还提供了顾问框架，可根据你确定的阈值前瞻性地发出警报，告知即将发生的空间问题。可在表空间、磁盘组甚至 OS 级别发出空间使用情况警报，以便一直达到 SLA 的要求(短暂停机时间或不允许停机)。

6.10 本章小结

第 7 章

使用撤消表空间管理事务

第 6 章简要介绍了如何管理撤消表空间中的空间，以及 V$UNDOSTAT 等视图，这些视图可帮助 DBA 监控撤消表空间并调整其大小。本章将更深入地介绍撤消表空间的配置和管理，以及如何解决不时发生的冲突需求：为读一致性提供足够的撤消空间，确保 DML 语句成功执行。

本章首先从数据库用户的观点来快速回顾事务，从而使你可以更好地理解如何使用适当大小的撤消表空间来支持用户的事务。接下来，将介绍如何创建撤消表空间的基础内容，撤消表空间既可以在数据库创建期间来创建，也可在以后使用熟悉的 CREATE TABLESPACE 命令来创建。撤消段满足数据库用户的大量需求，本章将详细列举并解释每种需求。

Oracle 提供了大量方法来监控撤消表空间，进而可以精确调整撤消表空间的大小。程序包 DBMS_ADVISOR 可用于分析撤消表空间的利用率，这曾在第 6 章中介绍过。本章将详细研究该程序包，并展示 Oracle 企业管理器的 Cloud Control 如何使执行分析更为容易。Oracle Database 12*c* 允许将针对临时表的撤消数据存储在临时表空间中，进一步完善了资源需求。

本章还将介绍不同类型的 Oracle 闪回(Flashback)特性，这些特性依赖于充分调整大小的撤消表空间，可以从大量不同的用户错误场景中恢复。这一部分将介绍查询、表或事务级别中所有主要的闪回特性。第 16 章将介绍闪回数据库(Flashback Database)。

以前 Oracle 版本中的回滚段很难管理，并且大多数 DBA 一般都将其设置得过大或过小。Oracle 强烈推荐所有新的数据库都使用自动撤消管理(Automatic Undo Management)，并建议将从前一个 Oracle 版本升级的数据库转换为使用自动撤消管理。除介绍如何从回滚段迁移到自动撤消外，此处不介绍手动撤消管理的任何内容。

7.1 事务基础

事务是作为逻辑单元的 SQL DML 语句的集合。事务中任何语句的失败都意味着事务中对数据库的其他改动都不应该永久保存到数据库中。一旦事务中的 DML 语句成功完成，应用程序或 SQL*Plus 用户就将发出一个 COMMIT 命令，使这些改动永久化。在经典的银行示例中，只有在一个账户的借方(存款账户结算的 UPDATE)和另一个账户的贷方(支票账户结算的 UPDATE)都成功时，将美元从一个账户转移到另一个账户的事务才会成功。任何一条语句失败或两条语句都失败会使整个事务无效。当应用程序或 SQL*Plus 用户发出一个 COMMIT 命令时，如果只有其中一个 UPDATE 语句成功，则会有一些顾客对银行不满意！

事务是隐式初始化的。在前一事务的 COMMIT 命令完成后，如果至少插入、更新或删除了表的一行，则隐式创建一个新事务(谓词中表明不返回行的 UPDATE 不会创建事务)。同时，任何 DDL 命令(如 CREATE TABLE 和 ALTER INDEX)将提交一个活动的事务并开始一个新的事务。可使用 SET TRANSACTION … NAME '*transaction_name*'命令来命名事务。虽然这没有为应用程序提供任何直接的益处，但赋给事务的名称可用于动态性能视图 V$TRANSACTION 中，并允许 DBA 监控长期运行的事务。另外，在分布式数据库环境中，事务名称可帮助 DBA 解决可疑事务。如果使用 SET TRANSACTION 命令，则该命令必须为事务中的第一条语句。

在给定事务中，可定义一个存储点(savepoint)。存储点允许划分事务中 DML 命令的顺序，从而可回滚存储点后的一个或多个 DML 命令，并且随后提交额外的 DML 命令，或提交在存储点之前执行的 DML 命令。使用 SAVEPOINT *savepoint_name* 命令创建存储点。为撤消上一个存储点以来的 DML 命令，可使用命令 ROLLBACK TO SAVEPOINT *savepoint_name*。

如果用户通常与 Oracle 没有保持连接，则隐式提交事务；如果用户进程异常中断，则回滚最近的事务。

7.2 撤消基础

撤消表空间有助于逻辑事务的回滚。此外，撤消表空间支持大量其他的特性，包括读一致性、各种数据库恢复操作及闪回功能。

7.2.1 回滚

如 7.1 节所述，事务中的任何 DML 命令，无论事务是一个或一百个 DML 命令，都可能需要回滚。当 DML 命令对表进行改动时，DML 命令改变的旧数据值记录在撤消表空间中，即系统管理的撤消段或回滚段中。

回滚整个事务(即没有存储点的事务)时，Oracle 使用对应的撤消记录来撤消从事务开始以来 DML 命令进行的所有改动，释放受影响行上的锁(如果受影响行上有锁的话)，并且事务结束。

如果回滚到某一存储点为止的部分事务，Oracle 就撤消该存储点后 DML 命令进行的所有改动。随后的所有存储点都会丢失，释放在该存储点后获得的所有锁，并且事务保持活动。

7.2.2 读一致性

如果有些用户正在读取的记录涉及另一个用户的 DML 事务，那么撤消为这些用户提供了读一致性。换句话说，所有正在读取受影响行的用户将不会看到行中的任何改动，直到他们在 DML 用户提交事务后发出一个新的查询。撤消段用于重新构造后退到读一致版本的数据块，并最终将行中先前的值提供给在事务提交前发出 SELECT 语句的任何用户。

例如，用户 CLOLSEN 在 10:00 开始事务，希望在 10:15 提交该事务，该事务对 EMPLOYEES 表进行各种更新和插入。在 EMPLOYEES 表上每次进行 INSERT、UPDATE 和 DELETE 操作时，表的旧值保存在撤消表空间中。当用户 SUSANP 在 10:08 针对 EMPLOYEES 表发出 SELECT 语句时，除 CLOLSEN 外，其他任何人都看不到 CLOLSEN 所做的任何改动，但撤消表空间为 SUSANP 和所有其他的用户提供了在 CLOLSEN 进行改动之前的值。即使来自于 SUSANP 的查询直到 10:20 才完成，表仍然表现为没有改动过，直到在提交改动后发出一个新的查询。在 CLOLSEN 在 10:15 执行 COMMIT 之前，表中的数据都表现为没有改动过，和 10:00 时一样。

如果没有足够的撤消空间可用于保存改动行先前的值，发出 SELECT 语句的用户就可能收到一条“ORA-01555: Snapshot Too Old”错误。本章后面将讨论解决这种问题的方法。

7.2.3 数据库恢复

撤消表空间也是实例恢复的关键组件。联机重做日志将提交和未提交的事务带入到实例崩溃的时间点。撤消数据用于回滚在事务崩溃或实例失败时没有提交的所有事务。

7.2.4 闪回操作

撤消表空间中的数据用于支持各种类型的闪回选项：Flashback Table(闪回表)、Flashback Query(闪回查询)及程序包 DBMS_FLASHBACK。Flashback Table 可将表恢复到以前的某个时间点，Flashback Query 可查看 SCN 时刻或过去某个时间中的表，DBMS_FLASHBACK 为闪回操作提供了可编程的接口。闪回数据归档(Flashback Data Archive)是 Oracle Database 11*g* 的新增特性，它存储和跟踪指定表上在指定时间段内的所有事务。简而言之，闪回数据归档为全局撤消表空间外的特定表空间中的特定表存储撤消数据。闪回事务停止(Flashback Transaction Backout)也是 Oracle Database 11g 的新增特性，它可在数据库处于联机状态时回滚已经提交的事务及其从属事务。本章末尾将更详细地介绍所有这些闪回选项。

7.3 管理撤消表空间

一旦理解了数据库的撤消需求，创建并维护撤消表空间就是一项“设置然后忘记它”的操作。在撤消表空间中，Oracle 自动创建、调整大小并管理撤消段，这不同于 Oracle 以前的版本，在以前的版本中，DBA 必须手动调整回滚段的大小并经常监控回滚段。

下面将回顾用于创建和管理撤消表空间的过程，包括相关的初始参数。此外，还将回顾一些可能创建多个撤消表空间的情况以及如何在撤消表空间之间切换。

7.3.1 创建撤消表空间

可通过两种方法创建撤消表空间：在创建数据库时或在创建数据库后使用 CREATE TABLESPACE 命令。与 Oracle 12*c* 中的其他任何表空间一样，撤消表空间可以是大文件表空间，从而进一步简化撤消表空间的维护工作。

1. 使用 CREATE DATABASE 创建撤消表空间

一个数据库可能有多个撤消表空间，但同时只能有一个撤消表空间保持活动状态。下面是在创建数据库时创建撤消表空间的代码：

```
create database ord
    user sys identified by ds88dkw2
    user system identified by md78s233
    sysaux datafile '/u02/oradata/ord/sysaux001.dbf' size 1g
    default temporary tablespace temp01
      tempfile '/u03/oradata/ord/temp001.dbf' size 150m
    undo tablespace undotbs01
      datafile '/u01/oradata/ord/undo001.dbf' size 500m;
```

如果在 CREATE DATABASE 命令中不能成功创建撤消表空间，整个操作就会失败。必须修正这个问题，删除从该操作中遗留的任何文件，并且必须重新发出该命令。

虽然 CREATE DATABASE 命令中的 UNDO TABLESPACE 子句是可选项，但如果省略该选项并启用自动撤消管理(默认)，则仍使用可自动扩展的数据文件创建撤消表空间，该数据文件的初始大小为 10MB，默认名称为 SYS_UNDOTBS。

2. 使用 CREATE TABLESPACE 创建撤消表空间

在创建数据库之后的任何时刻，都可以创建新的撤消表空间。创建撤消表空间基本上和创建其他表空间相同，只须添加额外的 UNDO 关键字：

```
create undo tablespace undotbs02
  datafile '/u01/oracle/rbdb1/undo0201.dbf'
  size 500m reuse autoextend on;
```

大多数 DML 操作需要的 UNDO 空间不超过 500MB，首先设计这个表空间为只有 500MB，并且允许其增长，使其满足个别更大或需要更多空间的一次性 DML 语句的需要。

撤消表空间中的盘区必须由系统管理。换句话说，只能指定 EXTENT MANAGEMENT 为 LOCAL AUTOALLOCATE。

3. 使用 EM Cloud Control 创建撤消表空间

使用 Enterprise Manager Cloud Control 创建撤消表空间非常简单直观。在实例主页中，导航到 Administration | Storage | Tablespaces。其中显示已有表空间的列表，单击 Create 按钮。在图 7-1 中，正在创建名为 UNDO_BATCH 的新撤消表空间。这个撤消表空间将用于通宵批处理窗口期间运行的所有事务，即使 SELECT 语句运行也同样如此。也需要指定 Undo Retention Guarantee。本章稍后会解释其工作原理。

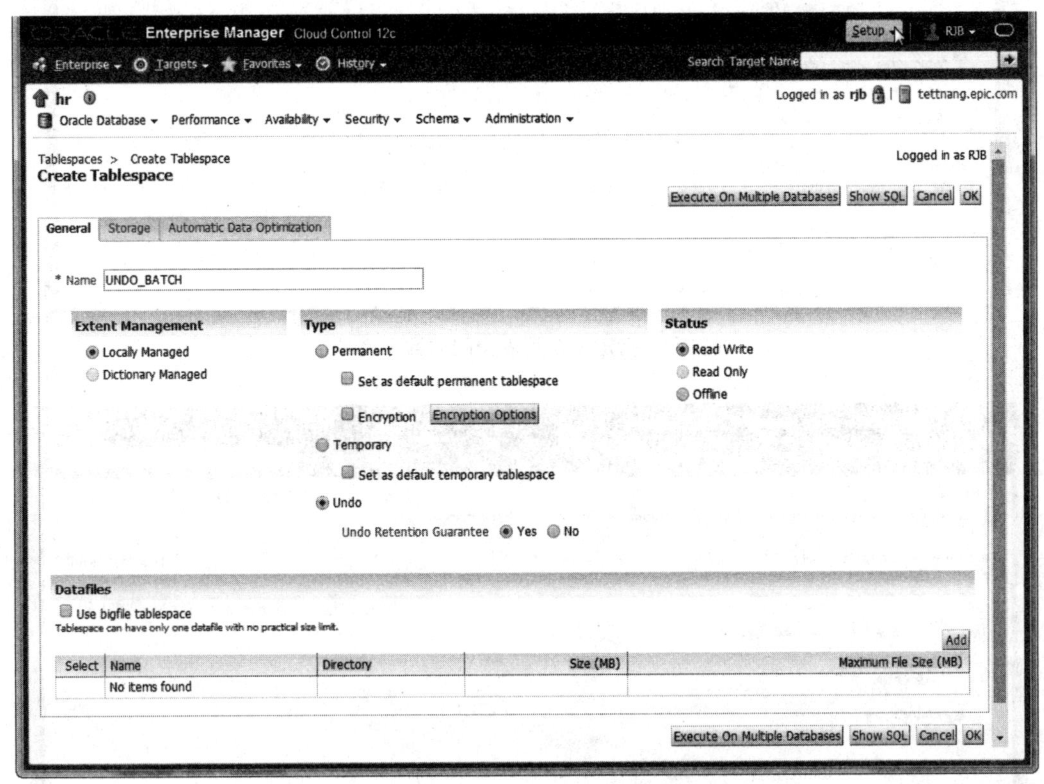

图 7-1　使用 EM Cloud Control 创建撤消表空间

在该页面的底部，单击 Add 按钮，并指定用于撤消表空间的数据文件的名称，如图 7-2 所示。在此例中，数据文件使用 ASM 磁盘组 DATA，大小是 500MB，每次扩展 100MB。单击 Continue 按钮，返回图 7-1 所示的页面。

单击 Storage 可指定盘区分配，虽然对于撤消表空间来说，这种分配必须是自动的。如果支持多个块大小，则可指定用于撤消表空间的块大小。图 7-3 表明正在指定自动的盘区分配，并指定块大小是 8192，这是为数据库定义的默认且唯一的块大小。

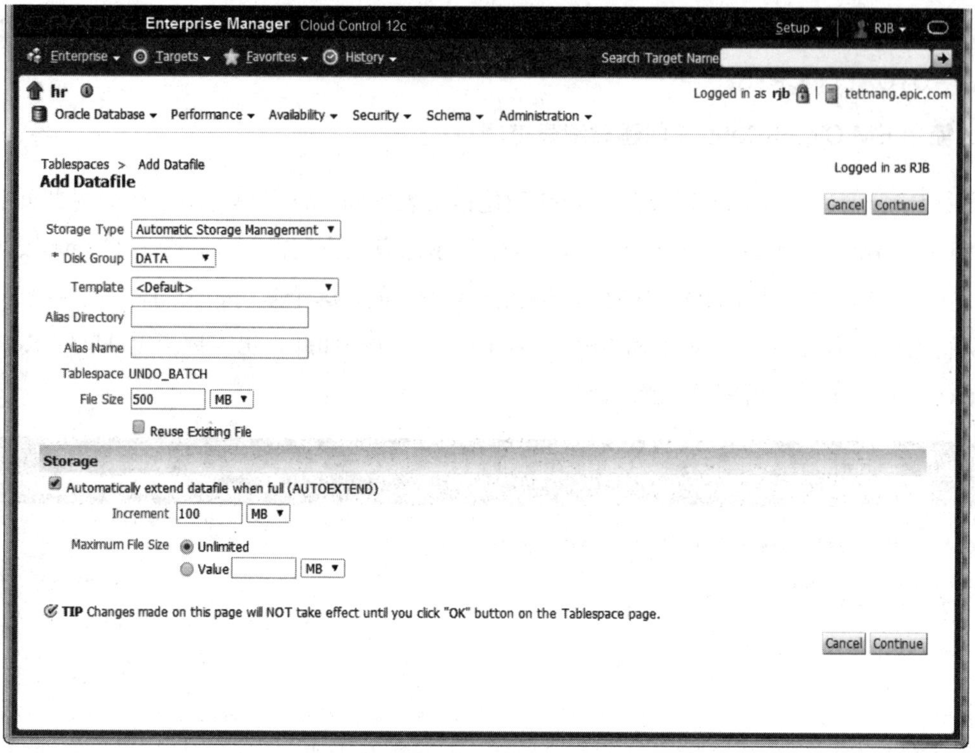

图 7-2 指定新撤消表空间的数据文件

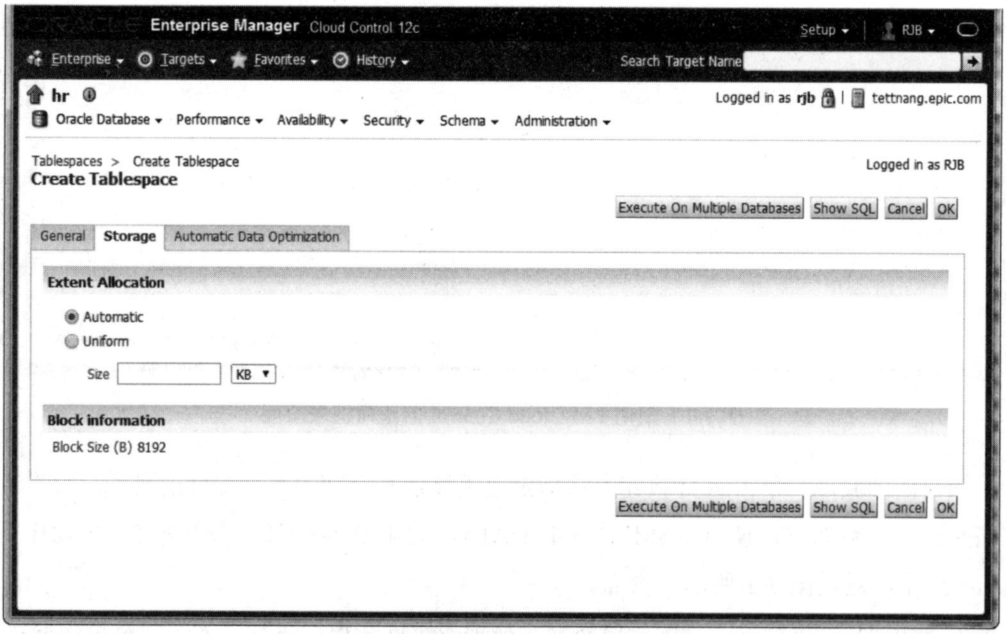

图 7-3 指定撤消表空间的存储特征

与大多数 EM Cloud Control 维护界面一样，可查看在创建表空间时将执行的实际 SQL 命令。在图 7-3 中，单击 Show SQL 按钮可预览创建表空间所用的 SQL 命令，如图 7-4 所示。

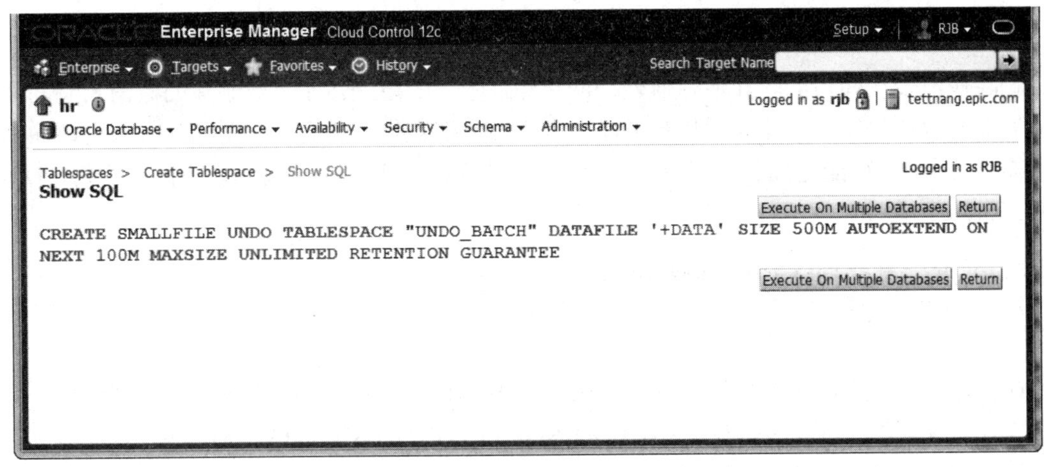

图 7-4　预览创建撤消表空间的 SQL 命令

在图 7-3 所示页面中单击 OK 后，在图 7-5 中成功创建了新的撤消表空间。

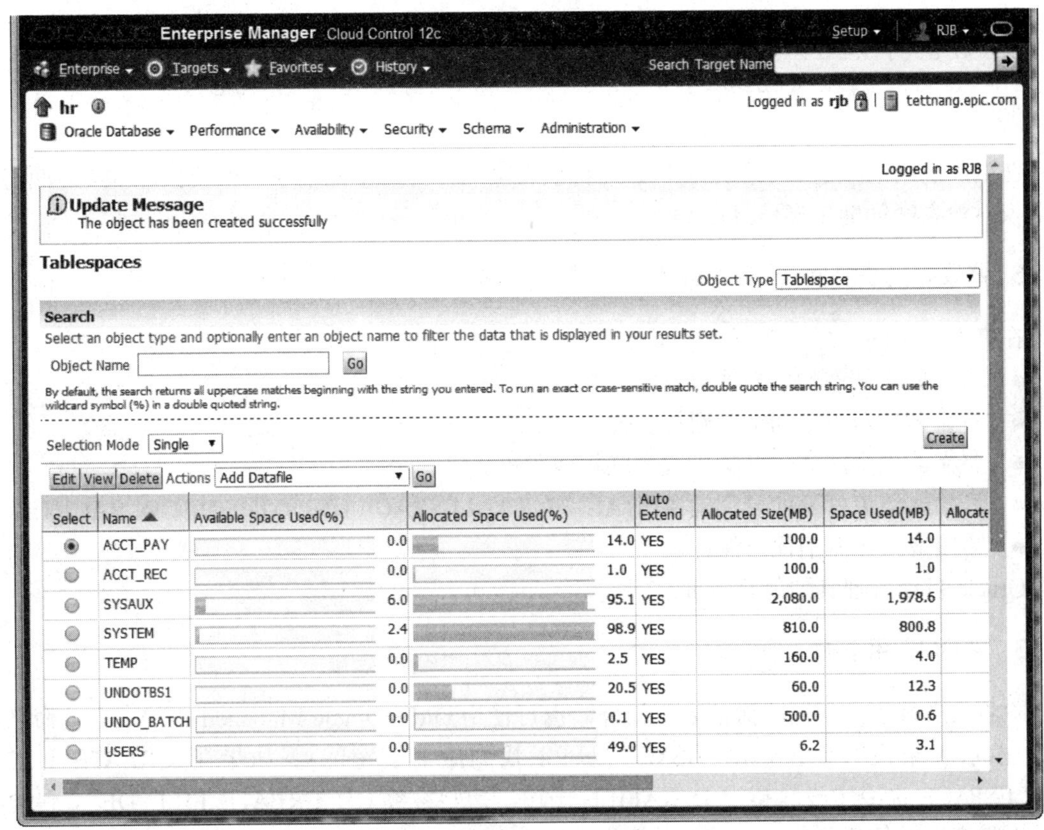

图 7-5　确认创建了撤消空间

注意，虽然 EM Cloud Control 为 DBA 节省了很多时间，但它没有包括所有可能的情况，而且无法防止 DBA 试图创建具有错误参数的撤消表空间。在图 7-3 的 Storage 选项卡中，可能已经指定了 Uniform 盘区分配，但在尝试创建表空间时会失败，并给出一条错误消息。本章前面曾提到过，撤消表空间必须具有自动分配的盘区。

4. 删除撤消表空间

删除撤消表空间与删除其他任何表空间类似。唯一的限制在于，被删除的撤消表空间必须不是活动的撤消表空间，并且不具有未提交事务的撤消数据。然而，可删除具有未到期撤消信息的撤消表空间，可能造成长期运行的查询失败。为删除在前面中创建的表空间，可使用 DROP TABLESPACE 命令：

```
SQL> drop tablespace undo_batch;
Tablespace dropped.
SQL>
```

在删除撤消表空间时隐式包含 INCLUDING CONTENTS 子句。然而，为在删除表空间时删除操作系统数据文件，必须指定 INCLUDING CONTENTS AND DATAFILES。尝试删除活动的撤消表空间是不被允许的：

```
SQL> drop tablespace undotbs1;
drop tablespace undotbs1
*
ERROR at line 1:
ORA-30013: undo tablespace 'UNDOTBS1' is currently in use
SQL>
```

在删除活动的撤消表空间之前，必须将该表空间和另一个撤消表空间交换。本章后面将介绍切换撤消表空间的更多信息。

5. 修改撤消表空间

在撤消表空间上允许执行下列操作：

- 将数据文件添加到撤消表空间。
- 重命名撤消表空间中的数据文件。
- 将撤消表空间的数据文件改为联机或脱机。
- 开始或结束打开的表空间备份(ALTER TABLESPACE UNDOTBS BEGIN BACKUP)。
- 启用或禁止撤消保留保证。

Oracle 自动管理其他所有方面。

6. 将 OMF 用于撤消表空间

除将大文件表空间用于撤消表空间外，也可使用 OMF(Oracle Managed File)来自动命名撤消表空间(如果没有正在使用 ASM，也可以找到撤消表空间)。如果在 CREATE UNDO TABLESPACE 命令中没有指定 DATAFILE 子句，初始参数 DB_CREATE_FILE_DEST 包含将创建撤消表空间的位置。在下面的示例中，在 ASM 磁盘组中使用 OMF 创建撤消表空间：

```
SQL> show parameter db_create_file_dest
NAME                                 TYPE        VALUE
------------------------------------ ----------- ------------------------------
db_create_file_dest                  string      +DATA

SQL> create undo tablespace undo_bi;
```

```
Tablespace created.

SQL> select ts.name ts_name, df.name df_name, bytes
  2  from v$tablespace ts join v$datafile df using(ts#)
  3  where ts.name = 'UNDO_BI';

TS_NAME      DF_NAME                                      BYTES
------------ -------------------------------------------- ----------
UNDO_BI      +DATA/dw/datafile/undo_bi.275.629807457       104857600

SQL>
```

因为没有指定数据文件的大小，表空间默认的大小为 100MB。此外，数据文件可自动扩展，具有无限的最大尺寸，仅受到文件系统的限制。

7.3.2　撤消表空间的动态性能视图

很多动态性能视图和数据字典视图都包含有关撤消表空间、用户事务和撤消段的信息。表 7-1 包含了这些视图的名称和它们的描述。

本章后面将更详细地描述表 7-1 中的视图。

表 7-1　撤消表空间中的视图

视　　图	说　　明
DBA_TABLESPACES	表空间的名称和特征，包括 CONTENTS 列，该列的值可以是 PERMANENT、TEMPORARY 或 UNDO；撤消 RETENTION 列的值是 NOT APPLY、GUARANTEE 或 NOGUARANTEE
DBA_UNDO_EXTENTS	数据库中的所有撤消段，包括它们的大小、盘区、驻留的表空间以及当前状态(EXPIRED 或 UNEXPIRED)
V$UNDOSTAT	10 分钟间隔内数据库的撤消利用的数量，包含最多 1008 行(7 天)
V$ROLLSTAT	回滚段统计信息，包括大小和状态
V$TRANSACTION	实例的每个活动事务在此视图中都有相应的一行

7.3.3　撤消表空间的初始参数

下面介绍一些初始参数，需要使用这些初始参数来指定数据库的撤消表空间，以及控制 Oracle 在数据库中将撤消信息保留多长时间。

1. UNDO_MANAGEMENT

参数 UNDO_MANAGEMENT 在 Oracle Database 10*g* 中默认为 MANUAL，在 Oracle Database 11*g* 和 12*c* 中默认为 AUTO。设置参数 UNDO_MANAGEMENT 为 AUTO，可将数据库置于自动撤消管理模式中。无论是否指定 UNDO_TABLESPACE 参数，数据库中都必须至少有一个撤消表空间，这样 UNDO_MANAGEMENT 参数才有效。UNDO_MANAGEMENT 不是动态参数，因此当 UNDO_MANAGEMENT 从 AUTO 改为 MANUAL 时必须重新启动实例，反

之亦然。

2. UNDO_TABLESPACE

UNDO_TABLESPACE 参数指定哪些撤消表空间将用于自动撤消管理。如果没有指定 UNDO_MANAGEMENT 或将其设置为 MANUAL，并且指定了 UNDO_TABLESPACE，实例将不会启动。

注意：
在实时应用群集(RAC)环境中，UNDO_TABLESPACE 用于将特定的撤消表空间赋予实例，并且数据库中的撤消表空间总量等于或多于群集中的实例数量。

相反，如果 UNDO_MANAGEMENT 设置为 AUTO，并且数据库中没有任何撤消表空间，实例将会启动，但 SYSTEM 回滚段将用于所有撤消操作，并将一条消息写入警报日志。此外，任何尝试在非 SYSTEM 表空间中进行改动的用户 DML 将收到错误消息“ORA-01552：cannot use system rollback segment for non-system tablespace 'USERS,'”，并且该语句失败。

3. UNDO_RETENTION

UNDO_RETENTION 指定为查询保留撤消信息的最小时间量。在自动撤消模式中，UNDO_RETENTION 默认为 900 秒。该值只有在撤消表空间中有足够的空间来支持读一致性查询时才有效。如果活动事务需要额外的撤消空间，未到期的撤消就可能用于满足活动事务，从而造成“ORA-01555：Snapshot Too Old”错误。

动态性能视图 V$UNDOSTAT 的列 TUNED_UNDORETENTION 给出每个时间周期中调整过的撤消保留时间，V$UNDOSTAT 中每 10 分钟更新一次撤消表空间利用率的状态：

```
SQL> show parameter undo_retention

NAME                                 TYPE        VALUE
------------------------------------ ----------- ----------------
undo_retention                       integer     900

SQL> select to_char(begin_time,'yyyy-mm-dd hh24:mi'),
  2  undoblks, txncount, tuned_undoretention
  3  from v$undostat where rownum = 1;

TO_CHAR(BEGIN_TI   UNDOBLKS   TXNCOUNT TUNED_UNDORETENTION
---------------- ---------- ---------- -------------------
2014-08-05 16:07          9         89                 900
1 row selected.
SQL>
```

因为事务加载在最近的时间周期中非常少，并且实例最近才启动，所以 TUNED_UNDORETENTION 列中的值与在 UNDO_RETENTION 初始参数中指定的最小值相同：900 秒(15 分钟)。甚至可将 UNDO_RETENTION 设置为 24 小时或更长，以便不需要 DBA 参与的用户进行 AS OF 查询。

提示：
不需要指定 UNDO_RETENTION 参数，除非有闪回或 LOB 保留需求。UNDO_RETENTION 参数不会用于管理事务回滚。

7.3.4　多个撤消表空间

本章前面提及，数据库可有多个撤消表空间，但在同一时间，对于给定的实例只有一个撤消表空间可以是活动的。本小节将展示在数据库处于打开状态时切换到不同撤消表空间的示例。

注意：
在实时应用群集(RAC)环境中，群集中的每个实例都需要一个撤消表空间。

在 dw 数据库中，有 3 个撤消表空间：

```
SQL> select tablespace_name, status from dba_tablespaces
  2      where contents = 'UNDO';

TABLESPACE_NAME                STATUS
------------------------------ ---------
UNDOTBS1                       ONLINE
UNDO_BATCH                     ONLINE
UNDO_BI                        ONLINE

3 rows selected.
```

但其中只有一个撤消表空间是活动的：

```
SQL> show parameter undo_tablespace

NAME                           TYPE        VALUE
------------------------------ ----------- ----------------------
undo_tablespace                string      UNDOTBS1
```

对于夜间处理工作，将撤消表空间从 UNDOTBS1 改为 UNDO_BATCH，UNDO_BATCH 表空间较大，可以支持更高的 DML 活动。包含白天撤消表空间的磁盘速度较快，但空间量有限；包含夜间撤消表空间的磁盘较大，但速度较慢。因此，可使用较小的撤消表空间来支持白天的 OLTP，而在夜间当响应时间没有大到成为问题时，将较大的撤消表空间用于数据集市和数据仓库加载，以及其他集合活动。

注意：
与本小节中描述的特殊环境不同时，不可能切换给定实例的撤消表空间。Oracle 的最佳实践建议为每个实例创建一个撤消表空间，该撤消表空间大到足够处理所有事务加载。换句话说，“设置然后忘记它”。

在切换撤消表空间的时候，用户 HR 正在 HR.EMPLOYEES 表上执行维护操作，她在当前的撤消表空间中有一个活动事务：

```
SQL> connect hr/hr@dw;
Connected.
```

```
SQL> set transaction name 'Employee Maintenance';
Transaction set.
SQL> update employees set commission_pct = commission_pct * 1.1;
107 rows updated.
SQL>
```

检查 V$TRANSACTION，可以看到 HR 未提交的事务：

```
SQL> select t.status, t.start_time, t.name
  2   from v$transaction t join v$session s on t.ses_addr = s.saddr
  3   where s.username = 'HR';

STATUS          START_TIME           NAME
--------------- -------------------- -------------------------
ACTIVE          08/05/14 17:41:50    Employee Maintenance

1 row selected.
```

改变撤消表空间，具体如下：

```
SQL> alter system set undo_tablespace=undo_batch;
System altered.
```

HR 的事务仍然是活动的，因此旧的撤消表空间仍包含 HR 事务的撤消信息，剩余的撤消段仍可用于下面的状态，直到提交或回滚事务：

```
SQL> select r.status
  2    from v$rollstat r join v$transaction t on r.usn=t.xidusn
  3                      join v$session s on t.ses_addr = s.saddr
  4    where s.username = 'HR';

STATUS
---------------
PENDING OFFLINE

1 row selected.
```

即使当前的撤消表空间是 UNDO_BATCH，也不能将白天的表空间 UNDOTBS1 改为脱机或将其删除，除非提交或回滚 HR 的事务：

```
SQL> show parameter undo_tablespace

NAME                                 TYPE        VALUE
------------------------------------ ----------- ------------------------------
undo_tablespace                      string      UNDO_BATCH

SQL> alter tablespace undotbs1 offline;
alter tablespace undotbs1 offline
*
ERROR at line 1:
ORA-30042: Cannot offline the undo tablespace
```

如果试图使正在使用的撤消表空间——当前的撤消表空间或具有未决事务的撤消表空间

——脱机，则会生成错误消息 ORA-30042。注意，如果在 HR 提交或回滚最初的事务之前切换回白天的表空间，则 HR 的回滚段的状态就回复为 ONLINE：

```
SQL> alter system set undo_tablespace=undotbs1;
System altered.
SQL> select r.status
  2    from v$rollstat r join v$transaction t on r.usn=t.xidusn
  3                      join v$session s on t.ses_addr = s.saddr
  4    where s.username = 'HR';

STATUS
---------------
ONLINE

1 row selected.
```

7.3.5　撤消表空间的大小调整和监控

撤消表空间中有 3 种类型的撤消数据：活动的或未到期的撤消数据，到期的撤消数据，以及未使用的撤消数据。活动的或未到期的撤消数据是读一致性仍然需要的撤消数据，即使在事务已经提交以后。一旦需要活动撤消数据的所有查询已经完成，并到达撤消保留周期，活动的撤消数据就变成到期的撤消数据。到期的撤消数据仍可用于支持其他 Oracle 特性，如闪回特性，但它不再需要支持长期运行事务的读一致性。未使用的撤消数据是撤消表空间中从来没有用过的空间。

因此，撤消表空间的最小尺寸是保存所有未提交或未回滚的活动事务中所有数据的前像版本所需要的空间。如果分配给撤消表空间的空间甚至不能支持对未提交事务的改动，从而不支持回滚操作，用户将获得错误消息“ORA-30036：unable to extend segment by *space_qty* in undo tablespace *tablespace_name*.”这种情况下，DBA 必须增加撤消表空间的大小，或作为一种暂时方法，用户可将一个较大的事务划分为较小的事务，同时保留必需的业务规则。

1. 手动方法

DBA 可使用大量手动方法来正确调整撤消表空间的大小。如同第 6 章中所演示的，可获取动态性能视图 V$UNDOSTAT 的内容，查看 10 分钟间隔内撤消段的利用率。此外，SSOLDERRCNT 列表明有多少查询失败并显示“Snapshot too old”错误：

```
SQL> select to_char(end_time,'yyyy-mm-dd hh24:mi') end_time,
  2>      undoblks, ssolderrcnt from v$undostat;

END_TIME           UNDOBLKS SSOLDERRCNT
---------------- ---------- -----------
2014-08-02 20:17         45           0
2014-08-02 20:07        116           0
2014-08-02 19:57       2763           0
2014-08-02 19:47         23           0
2014-08-02 19:37      45120           2
2014-08-02 19:27        119           0
2014-08-02 19:17        866           0
```

在 19:27 和 19:37 之间，有一个撤消利用率的峰值，从而导致一些失败的查询。根据经验，可使用下面的计算：

```
undo_tablespace_size = UR * UPS + overhead
```

在这个公式中，UR 等同于以秒为单位的撤消保留时间(由初始参数 UNDO_RETENTION 指定)，UPS 等同于每秒使用的撤消块(最大值)，而 overhead 等同于撤消元数据，相对于整个大小来说，overhead 是非常小的数量。例如，如果一个数据库有 8K 的块大小，UNDO_RETENTION 等于 43 200(12 小时)。如果每秒生成 500 个撤消块，所有这些撤消块必须保留至少 12 小时，则总的撤消空间必须是：

```
undo_tablespace_size = 43200 * 500 * 8192 = 176947200000 = 177GB
```

在这个计算值上增加 10%~20%，这样做是考虑到意外情况。作为选择，可启用撤消表空间中数据文件的自动扩展。虽然可使用这种计算方法作为起点，但 Oracle 10*g* 和 Oracle 11*g* 中使用趋势分析的内置顾问可给出撤消空间利用率和推荐值更好的整体描述。

2. 撤消顾问

Oracle 12*c* 的撤消顾问(Undo Advisor)可自动化很多在微调撤消表空间所需空间量时必须执行的任务。第 6 章回顾了使用撤消顾问的两个示例：通过 EM Cloud Control 界面；使用自动工作负荷存储库(AWR)中的 PL/SQL DBMS_ADVISOR 程序包来通过程序选择分析的时间周期并执行分析。

Automatic Undo Management GUI 界面如图 7-6 所示。

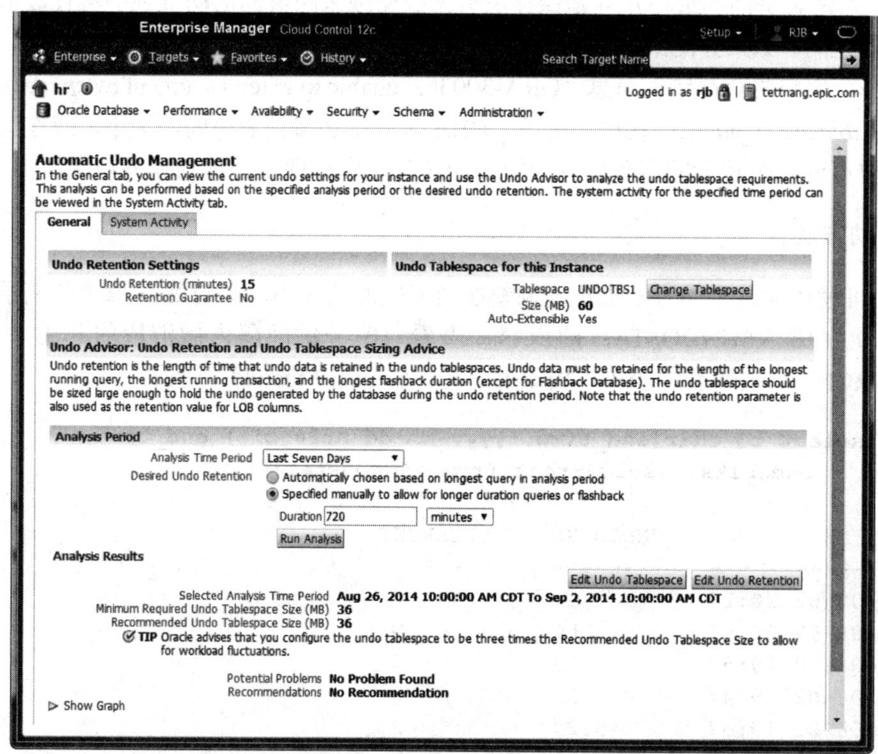

图 7-6 表空间特征

UNDO_RETENTION 的当前设置是 15 分钟，活动撤消表空间(UNDOTBS1)的大小是 60MB。在此例中，如果需要使用 720 分钟表数据的读一致性视图，那么单击 Run Analysis 按钮会指出，撤消表空间大小只需要 36MB (理想情况应该是这一数值的 3 倍)就可以支持工作负荷的波动。因此，撤消表空间的大小为 108MB 足够了。

3. 控制撤消利用率

从 Oracle 9*i* 开始，Oracle 的数据库资源管理器(Database Resource Manager)可通过 UNDO_POOL 指令按资源消费者组中的用户或用户组控制撤消空间利用率。每个消费者组可以有自己的撤消池。当一个组生成的全部撤消超出赋予的限制时，终止当前生成撤消的事务，并且生成错误消息“ORA-30027：Undo quota violation——failed to get number(bytes)”。会话将必须等待，直到 DBA 增加撤消池的大小，或者直到相同消费者组中用户的其他事务完成。

在下面的示例中，将 UNDO_POOL 的默认值从 NULL(无限制)改为 50 000KB(50MB)，用于资源消费者组 LOW_GROUP 中的用户：

```
begin
   dbms_resource_manager.create_pending_area();
   dbms_resource_manager.update_plan_directive(
       plan => 'system_plan',
       group_or_subplan => 'low_group',
       new_comment => 'Limit undo space for low priority groups',
       new_undo_pool => 50000);
   dbms_resource_manager.validate_pending_area();
   dbms_resource_manager.submit_pending_area();
end;
```

第 5 章更详细地介绍了 Oracle 资源管理器和其他资源指令。

4. 在临时表空间中存储撤消

Oracle Database 12*c* 引入一个使用撤消的新选项：临时撤消。虽然在以前的 Oracle Database 版本就可以使用临时表，也提高了性能(因为 DML 未针对临时表生成重做操作)，但仍有在重做日志文件中记录的生成的撤消。图 7-7 显示了永久表和临时表中撤消数据的位置。

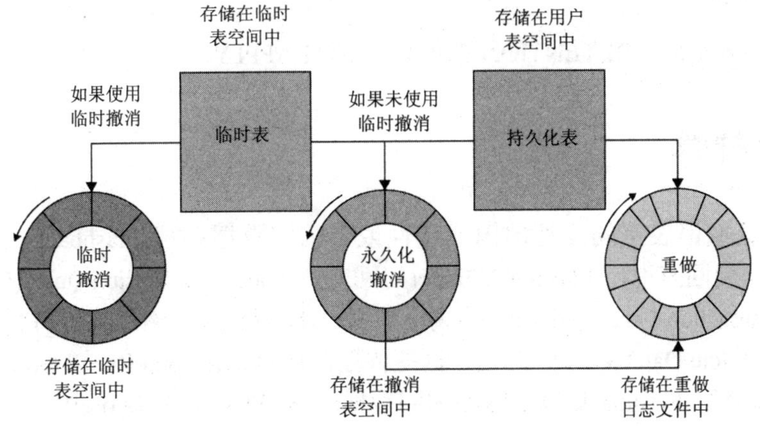

图 7-7　临时撤消体系结构

临时表仍需要撤消数据，以确保一致读，而且事务回滚到单个会话中使用的临时表的保存点，但撤消不必驻留在数据库的默认撤消表空间。相反，临时表的撤消数据可驻留在临时表空间本身，从而不在联机重做日志文件中生成另外的向量(vector)。

要在数据库级别启用临时撤消，需要更改初始参数 TEMP_UNDO_ENABLED：

```
SQL> alter system set temp_udno_enabled=true;
```

也可在会话级别启用临时撤消。要使用临时撤消，必须至少将 COMPATIBLE 初始参数设置为 12.1.0.0.0。

7.3.6 读一致性与成功的 DML

对于 OLTP 数据库，一般希望 DML 命令能在保持读一致性查询的情况下成功完成。然而对于 DSS 环境，可能希望长期运行的查询在没有获得“Snapshot too old”错误的情况下完成。虽然增加 UNDO_RETENTION 参数或增加撤消表空间的大小有助于确保撤消块可用于读一致性查询，但撤消表空间有另一个特征可帮助确保查询能够运行直到完成：RETENTION GUARANTEE 设置。

撤消保留保证在表空间级别设置，并且可在任意时刻改动。为撤消表空间设置保留保证可确保表空间中未到期的撤消被保留，即使这意味着 DML 事务可能没有足够的撤消空间来成功完成。默认情况下，使用 NOGUARANTEE 创建表空间，除非在创建表空间时或在以后使用 ALTER TABLESPACE 时指定 GUARANTEE 关键字：

```
SQL> alter tablespace undotbs1 retention guarantee;
Tablespace altered.

SQL> select tablespace_name, retention
  2   from dba_tablespaces
  3   where tablespace_name = 'UNDOTBS1';

TABLESPACE_NAME                 RETENTION
------------------------------ -----------
UNDOTBS1                       GUARANTEE

1 row selected.
```

对于非撤消表空间，RETENTION 的值总是 NOT APPLY。

7.4 闪回特性

本节将讨论撤消表空间支持的闪回特性或者闪回数据归档(Flashback Data Archive)：Flashback Query(闪回查询)、Flashback Table(闪回表)、Flashback Version Query(闪回版本查询)以及 Flashback Transaction Query(闪回事务查询)。此外，本节将重点介绍 DBMS_FLASHBACK 程序包的使用。从 Oracle Database 11*g* 开始，这些特性合称 Oracle Total Recall Option。

第 16 章将介绍 Flashback Database(闪回数据库)和 Flashback Drop(闪回删除)。Flashback Database 使用闪回恢复区中的闪回日志而不是撤消表空间中的撤消来提供各种闪回功能。

Flashback Drop 将删除的表放入表空间中虚拟的回收站，并且一直保留在此处，直到用户使用 FLASHBACK TABLE . . . TO BEFORE DROP 命令检索它或清空回收站，否则就一直保留到表空间中新的永久对象需要空间时。

为进一步扩展 Oracle Database 12*c* 的自服务功能，DBA 可将系统和对象权限授予用户，允许他们改正自己的问题，并且一般没有任何 DBA 干预。在下面的示例中，允许用户 SCOTT 在特定的表上执行闪回操作，并允许他访问跨数据库的事务元数据：

```
SQL> grant insert, update, delete, select on hr.employees to scott;
Grant succeeded.
SQL> grant insert, update, delete, select on hr.departments to scott;
Grant succeeded.
SQL> grant flashback on hr.employees to scott;
Grant succeeded.
SQL> grant flashback on hr.departments to scott;
Grant succeeded.
SQL> grant select any transaction to scott;
Grant succeeded.
```

7.4.1 Flashback Query(闪回查询)

可在 SELECT 查询中使用 AS OF 子句检索在给定时间戳或 SCN 时表的状态。可使用该子句找出从午夜以来删除了表中的哪些行，或者可能希望只是将今天表中的行与昨天表中的行进行一次比较。

在下面的示例中，HR 正在清除 EMPLOYEES 表，并删除了两个不再为公司工作的雇员：

```
SQL> delete from employees
  2  where employee_id in (195,196);
2 rows deleted.

SQL> commit;
Commit complete.

SQL>
```

通常，HR 首先将这些行复制到 EMPLOYEES_ARCHIVE 表，但这次忘了这样做。HR 不需要将这些行放回到 EMPLOYEES 表，但需要获得两个删除的行，并将它们放入归档表。因为 HR 知道自己在一小时之内删除了行，所以可以用相对的时间戳值和 Flashback Query 来检索行：

```
SQL>  insert into hr.employees_archive
  2     select * from hr.employees
  3       as of timestamp systimestamp - interval '60' minute
  4       where hr.employees.employee_id not in
  5           (select employee_id from hr.employees);

2 rows created.

SQL> commit;
Commit complete.
```

因为 EMPLOYEE_ID 是表的主键，所以可以使用它来检索一小时前存在但现在不存在的雇员记录。同时需要注意，不需要知道删除哪些记录。只要从根本上比较表，比较其现在存在的情况和一小时前存在的情况，然后将不再存在的记录插入到归档表中。

提示：
与使用时间戳相比，更可取的方法是将 SCN 用于闪回。SCN 非常精确，而时间戳值只是每 3 秒存储一次以支持闪回操作。因此，使用时间戳启用的闪回可能会在 1.5 秒后取消。

虽然可以使用 Flashback Table 来恢复整个表，然后归档和删除受影响的行，但这种情况下，更简单的方法是仅检索删除的行，并将它们直接插入归档表。

Flashback Table 的另一个变化是使用 Create Table As Select(CTAS)，其中的子查询是一个 Flashback Query：

```
SQL> delete from employees where employee_id in (195,196);
2 rows deleted.

SQL> commit;
Commit complete.

SQL> create table employees_deleted as
  2      select * from employees
  3        as of timestamp systimestamp - interval '60' minute
  4        where employees.employee_id not in
  5             (select employee_id from employees);
Table created.

SQL> select employee_id, last_name from employees_deleted;

EMPLOYEE_ID LAST_NAME
----------- -------------------------
        195 Jones
        196 Walsh

2 rows selected.
```

这称为“不合适的还原”(换句话说，将表或表的子集还原到不同于初始位置的另一个位置)。这种方法的优点是能根据需要进一步操作遗漏的行(在将它们放回到表中之前)。例如，在检查不合适的还原后，已有的引用完整性约束可能需要将一行插入到父表中(在恢复的行可以放回子表之前)。

使用 CTAS 进行不合适恢复的缺点是，不会自动重新构建约束和索引。

7.4.2 DBMS_FLASHBACK

实现 Flashback Query 的另一种方法是使用程序包 DBMS_FLASHBACK。DBMS_FLASHBACK 程序包和 Flashback Query 之间的一个关键区别是，DBMS_FLASHBACK 在会话级操作，而 Flashback Query 在对象级操作。

在 PL/SQL 过程或用户会话中，可启用 DBMS_FLASHBACK，并且可执行随后所有的操作，包括已有的应用程序，而不需要将 AS OF 子句添加到 SELECT 语句。在从特定的时间戳或 SCN 上启用 DBMS_FLASHBACK 后，数据库表现为如同将时钟调整回时间戳或 SCN，直到禁用 DBMS_FLASHBACK。虽然在启用 DBMS_FLASHBACK 时不允许 DML，但可在启用 DBMS_FLASHBACK 之前在 PL/SQL 过程中打开游标，从而允许将前一个时间点中的数据插入或更新到当前时间点的数据库中。

表 7-2 列出了 DBMS_FLASHBACK 中可用的过程。

表 7-2　DBMS_FLASHBACK 的过程

过　　程	说　　明
DISABLE	禁用该会话的闪回模式
ENABLE_AT_SYSTEM_CHANGE_NUMBER	启用该会话的闪回模式，指定 SCN
ENABLE_AT_TIME	启用该会话的闪回模式，使用最接近于指定的 TIMESTAMP 的 SCN
GET_SYSTEM_CHANGE_NUMBER	返回当前的 SCN
TRANSACTION_BACKOUT	使用事务名称或事务标识符(XID)停止事务和所有从属事务

启用和禁用闪回(Flashback)模式的过程使用起来相对简单。复杂的内容一般位于 PL/SQL 过程中，例如创建游标以支持 DML 命令。

在下面的示例中，再次重复 HR 删除 EMPLOYEES 中行的操作，以及 HR 如何使用 DBMS_FLASHBACK 程序包将这些行还原到表中。这种情况下，HR 将删除的雇员行放回到表中，并改为添加终止日期列到表中，从而反映雇员离开公司的日期：

```
SQL> delete from hr.employees where employee_id in (195,196);
2 rows deleted.

SQL> commit;
Commit complete.
```

约 10 分钟后，HR 决定使用 DBMS_FLASHBACK 程序包恢复这些行，并且启用会话的闪回：

```
SQL> execute dbms_flashback.enable_at_time(
  2            to_timestamp(sysdate - interval '45' minute));
PL/SQL procedure successfully completed.
```

接下来，HR 验证删除的两行在 45 分钟之前已存在：

```
SQL> select employee_id, last_name from hr.employees
  2    where employee_id in (195,196);

EMPLOYEE_ID LAST_NAME
----------- -------------------------
        195 Jones
        196 Walsh

SQL>
```

为将这些行放回到 HR.EMPLOYEES 表，HR 编写了一个匿名的 PL/SQL 过程，用于创建游标来保存删除的行，禁用 Flashback Query，然后重新插入行：

```
declare
    -- cursor to hold deleted rows before closing
    cursor del_emp is
       select * from employees where employee_id in (195,196);
    del_emp_rec del_emp%rowtype; -- all columns of the employee row
begin
    -- open the cursor while still in Flashback mode
    open del_emp;
    -- turn off Flashback so we can use DML to put the rows
    -- back into the EMPLOYEES table
    dbms_flashback.disable;
    loop
        fetch del_emp into del_emp_rec;
        exit when del_emp%notfound;
        insert into employees values del_emp_rec;
    end loop;
    commit;
    close del_emp;
end; -- anonymous PL/SQL procedure
```

注意，HR 本可在过程中启用闪回，但在此例中，HR 在过程的外部启用闪回，运行一些特别的查询。然后使用该过程创建游标，关闭闪回，并且重新插入行。

7.4.3 Flashback Transaction Backout(闪回事务停止)

复杂应用程序中的给定事务也许是一致的和原子的，但事务的有效性却可能需要等到很多其他事务发生时才能确认。换句话说，较早事务的负面影响可能导致其他事务进一步修改与初始事务相同的数据。尝试以手动方式跟踪相互依赖的连续事务繁杂而且容易出错。通过闪回事务则很容易标识和回滚不良事务和所有依赖事务。

要启用 Flashback Transaction Backout，则在安装数据库但尚未打开数据库时启用归档(如果数据库尚未处于 ARCHIVELOG 模式)：

```
alter database archivelog;
```

接下来运行以下命令，至少创建一个归档重做日志文件，并向日志文件添加额外的事务信息：

```
alter system archive log current;
alter database add supplemental log data;
```

在 DML 操作频繁的环境中，添加额外的日志数据对性能有很大影响。要确保监控在启用额外日志前后的系统资源，以便评估日志操作的成本。最后打开数据库：

```
alter database open;
```

通过 DBMS_FLASHBACK 的过程 TRANSACTION_BACKOUT 可以利用 Flashback Transaction Backout 特性的优点。运行 DBMS_FLASHBACK.TRANSACTION_BACKOUT 之后，

对相关表执行 DML，但不提交。然后，必须检查表 DBA_FLASHBACK_TRANSACTION_STATE 和 DBA_FLASHBACK_TRANSACTION_REPORT，以确定是否回滚了正确的事务。然后必须手动执行 COMMIT 或 ROLLBACK。

7.4.4　Flashback Table(闪回表)

Flashback Table 特性不仅能还原表中行在过去某个时间点的状态，也能还原表的索引、触发器和约束，同时数据库保持联机，从而提高数据库整体的可用性。可以将表还原到时间戳或 SCN。如果用户错误的范围较小，只局限于一个或非常少的几个表中，Flashback Table 就优于其他闪回方法。如果知道需要无条件地将表还原到过去某个时间点，则使用 Flashback Table 也是最简单的方法。对于恢复大量表的状态，闪回数据库可能是较好的选择。Flashback Table 不能用于备用数据库上，并且不可以重新构造所有的 DDL 操作，如添加和删除列。可参阅第 14 章，了解从 RMAN 备份恢复单个表的方法。

要想在一个表或多个表上使用 Flashback Table，必须在执行闪回操作之前在表上启用行移动，虽然行移动不需要在用户错误发生时有效。也需要行移动来支持 Oracle 的段收缩功能，因为行移动将改变表行的 ROWID，如果应用程序是基于与给定行的 ROWID 相同的 ROWID，则不要启用行移动，直到删除该行。因为应用程序没有通过 ROWID 引用表，因此可安全地为 HR 表启用行移动：

```
SQL> alter table employees enable row movement;
Table altered.
SQL> alter table departments enable row movement;
Table altered.
SQL> alter table jobs enable row movement;
Table altered.
```

第二天，HR 用户由于已有脚本中的剪贴错误而无意中删除了 EMPLOYEES 表中的所有行：

```
SQL> delete from hr.employees
  2  /
107 rows deleted.

SQL> commit
  2  ;
Commit complete.

SQL> where employee_id = 195
SP2-0734: unknown command beginning "where empl..." - rest of line ignored.
```

因为撤消表空间足够大，并且 HR 用户注意到保留周期中存在的问题，所以 HR 用户可以快速恢复整个表，而不需要呼叫 DBA：

```
SQL> flashback table employees
  2      to timestamp systimestamp - interval '15' minute;
Flashback complete.

SQL> select count(*) from employees;
  COUNT(*)
```

```
----------
       107
```

如果两个或多个表具有父/子关系，该关系具有外键约束，并且无意中从两个表中删除了一些行，则可以通过相同的 FLASHBACK 命令闪回这些行：

```
SQL> flashback table employees, departments
  2      to timestamp systimestamp - interval '15' minute;
Flashback complete.
```

HR 用户也可使用 EM Cloud Control 来闪回一个或多个表。在图 7-8 中，已经选择了 Availability | Perform Recovery 打开 Perform Recovery 页面。

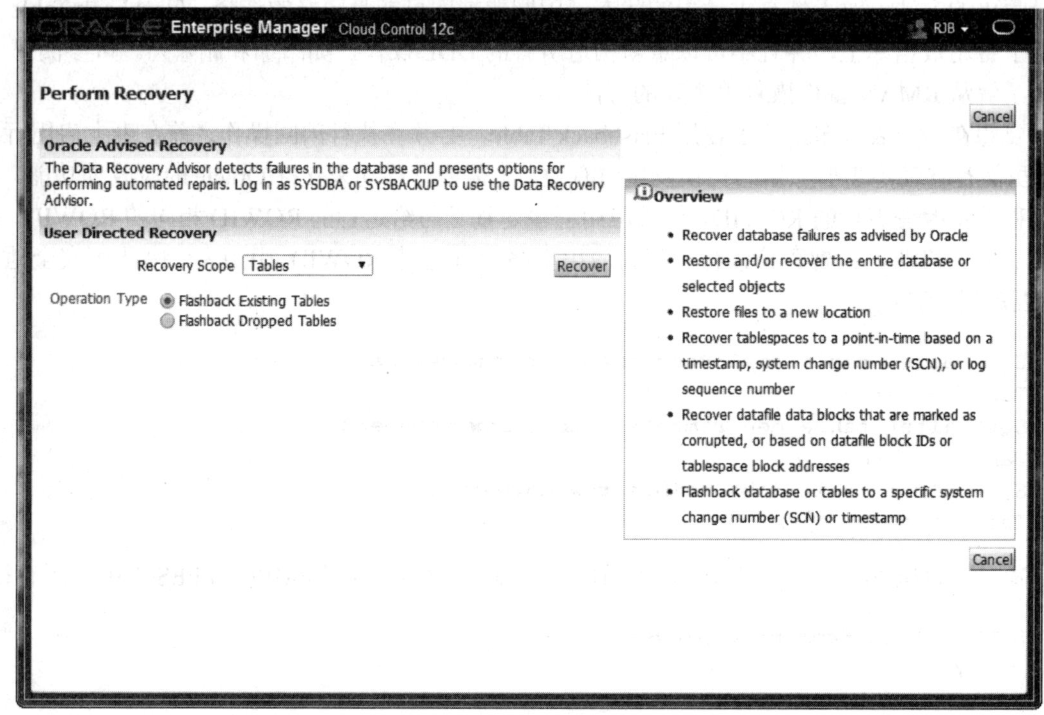

图 7-8 EM Cloud Control 的 Perform Recovery 页面

在此类简单场景中，使用命令行会花费更少的时间，并且可能更直观。然而，如果具有未知的相关性或不熟悉命令行语法，则 EM Cloud Control 是较好的选择。

7.4.5 Flashback Version Query(闪回版本查询)

Flashback Version Query 是另一个依赖于撤消数据的闪回特性，它比 AS OF 查询提供的信息更详细。到现在为止，介绍的闪回方法都是恢复特定时间点的表的行或整个表，而 Flashback Version Query 则返回两个 SCN 或时间戳之间给定行的完整历史记录。

对于本小节和 7.4.6 小节中的示例，用户 HR 将对 HR.EMPLOYEES 和 HR.DEPARTMENTS 表进行大量改动：

```
SQL> select dbms_flashback.get_system_change_number from dual;
GET_SYSTEM_CHANGE_NUMBER
------------------------
                 4011365
```

```
SQL> update hr.employees set salary = salary*1.2 where employee_id=195;
1 row updated.

SQL> select dbms_flashback.get_system_change_number from dual;
GET_SYSTEM_CHANGE_NUMBER
------------------------
                 4011381

SQL> delete from hr.employees where employee_id = 196;
1 row deleted.

SQL> select dbms_flashback.get_system_change_number from dual;
GET_SYSTEM_CHANGE_NUMBER
------------------------
                 4011409

SQL> insert into hr.departments values (660,'Security', 100, 1700);
1 row created.

SQL> select dbms_flashback.get_system_change_number from dual;
GET_SYSTEM_CHANGE_NUMBER
------------------------
                 4011433

SQL> update hr.employees set manager_id = 100 where employee_id = 195;
1 row updated.

SQL> commit;
Commit complete.

SQL> select dbms_flashback.get_system_change_number from dual;
GET_SYSTEM_CHANGE_NUMBER
------------------------
                 4011464
SQL> update hr.employees set department_id = 660 where employee_id = 195;
1 row updated.

SQL> select dbms_flashback.get_system_change_number from dual;
GET_SYSTEM_CHANGE_NUMBER
------------------------
                 4011470

SQL> update hr.employees set salary = salary*1.2 where employee_id=195;
1 row updated.

SQL> commit;
Commit complete.

SQL> select dbms_flashback.get_system_change_number from dual;
GET_SYSTEM_CHANGE_NUMBER
------------------------
```

```
                4011508
SQL>
```

第二天，HR 用户不上班，并且 HR 部门的其他雇员(使用 HR 用户账户)想知道改动了哪些行和表。使用 Flashback Version Query，用户 HR 不仅可以看到特定时间内某一列的值，还可以看到指定时间戳或 SCN 之间改动的整个历史记录。

Flashback Version Query 使用 VERSIONS BETWEEN 子句为给定表(在当前情况下是 EMPLOYEES 表)分析指定 SCN 或时间戳的范围。当 VERSIONS BETWEEN 用于 Flashback Version Query 中时，大量伪列可用于帮助标识所做修改的 SCN 和时间戳，以及事务 ID 和在行上执行的操作类型。表 7-3 显示了可与 Flashback Version Query 一起使用的伪列。

表 7-3　Flashback Version Query 的伪列

伪　列	说　明
VERSIONS_START{SCN | TIME}	在对行进行改动时的起始 SCN 或时间戳
VERSION_END{SCN | TIME}	在改动行不再有效时的结束 SCN 或时间戳。如果这是 NULL，则行版本仍然为当前版本，或者已经删除了行
VERSIONS_XID	创建行版本的事务的事务 ID
VERSIONS_OPERATION	在行上执行的操作(I=Insert(插入)、D=Delete(删除)、U=Update(更新))

HR 用户运行 Flashback Version Query，查看对 HR.EMPLOYEES 中任何关键列的改动，主要针对两个雇员，其 ID 分别为 195 和 196：

```
SQL> select versions_startscn startscn, versions_endscn endscn,
  2      versions_xid xid, versions_operation oper,
  3      employee_id empid, last_name name, manager_id mgrid, salary sal
  4  from hr.employees
  5  versions between scn 4011365 and 4011508
  6  where employee_id in (195,196);

 STARTSCN    ENDSCN XID              OPER EMPID NAME      MGRID        SAL
--------- --------- ---------------- ---- ----- -------- ----- ----------
  4011507           1100120025000000 U      195 Jones       100       4032
  4011463   4011507 0E001A0024000000 U      195 Jones       100       3360
            4011463                         195 Jones       123       2800
  4011463           0E001A0024000000 D      196 Walsh       124       3100
            4011463                         196 Walsh       124       3100
```

首先显示最近改动过的行。或者，HR 可以根据 TIMESTAMP 过滤查询或者显示 TIMESTAMP 值，这些都可用于 Flashback Query 或 Flashback Table 操作中(如果以后需要)。根据这个输出，会看到删除了一个雇员，而另一个雇员收到了两个工资调整而不是一个。另外值得注意的是，有些事务只包含一个 DML 命令，而其他事务则包含两个 DML 命令。下面来学习纠正这些错误。

7.4.6　Flashback Transaction Query(闪回事务查询)

一旦已经标识对表的任何错误的或不正确的改动，就可以使用 Flashback Transaction Query 来标识由包含不适当改动的事务进行的其他改动。一旦标识，则该事务中的所有改动都会反转为一个组，一般可维护引用完整性或业务规则，处理事务首先使用这些引用完整性或业务规则。

Flashback Transaction Query 不同于 Flashback Version Query，它不引用 DML 事务中涉及的表。相反，应查询数据字典视图 FLASHBACK_TRANSACTION_QUERY，该视图的列总结在表 7-4 中。

表 7-4　FLASHBACK_TRANSACTION_QUERY 视图的列

列　名	说　明
XID	事务 ID 号
START_SCN	事务中第一个 DML 的 SCN
START_TIMESTAMP	事务中第一个 DML 的时间戳
COMMIT_SCN	提交事务时的 SCN
COMMIT_TIMESTAMP	提交事务时的时间戳
LOGON_USER	拥有事务的用户
UNDO_CHANGE#	撤消 SCN
OPERATION	执行的 DML 操作：DELETE、INSERT、UPDATE、BEGIN 或 UNKNOWN
TABLE_NAME	DML 改动的表
TABLE_OWNER	DML 改动表的拥有者
ROW_ID	DML 修改行的 ROWID
UNDO_SQL	撤消 DML 操作的 SQL 语句

为进一步调查对 EMPLOYEES 表进行的改动，可通过 7.4.5 小节中的查询，查询视图 FLASHBACK_TRANSACTION_QUERY，找到时间最长的事务：

```
SQL> select start_scn, commit_scn, logon_user,
  2      operation, table_name, undo_sql
  3  from flashback_transaction_query
  4  where xid = hextoraw('0E001A0024000000');

START_SCN  COMMIT_SCN  LOGON_USER OPERATION    TABLE_NAME
---------- ---------- ---------- ------------ ----------------
UNDO_SQL
----------------------------------------------------------------------
   4011380    4011463 HR         UPDATE       EMPLOYEES
update "HR"."EMPLOYEES" set "MANAGER_ID" = '123' where ROWID =
'AAARAxAAFAAAAHGABO';

   4011380    4011463 HR         INSERT       DEPARTMENTS
delete from "HR"."DEPARTMENTS" where ROWID = 'AAARAsAAFAAAAA3AAb';
```

```
  4011380   4011463 HR        DELETE       EMPLOYEES
insert into "HR"."EMPLOYEES"("EMPLOYEE_ID","FIRST_NAME",
"LAST_NAME","EMAIL","PHONE_NUMBER","HIRE_DATE","JOB_ID","SALARY",
"COMMISSION_PCT","MANAGER_ID","DEPARTMENT_ID","WORK_RECORD")
values ('196','Alana','Walsh','AWALSH','650.507.9811',
TO_DATE('24-APR-08', 'DD-MON-RR'),'SH_CLERK','3100',
NULL,'124','50',NULL);

  4011380   4011463 HR        UPDATE       EMPLOYEES
update "HR"."EMPLOYEES" set "SALARY" = '2800' where
ROWID = 'AAARAxAAFAAAAHGABO';

  4011380   4011463 HR        BEGIN
```

确认期望的内容：HR 部门的另一个用户进行了删除并且更新了薪水(从而指出为 HR 部门的每个成员单独分配用户账户是有益的)。UNDO_SQL 列包含实际的 SQL 代码，可用于反转事务的效果。然而，注意在该示例中，这是在感兴趣的 SCN 之间发生的第一个事务。如果其他事务进一步对相同的列进行更新，可能就希望在运行 UNDO_SQL 列中的 SQL 代码之前回顾其他更新。

7.4.7 Flash Data Archive(闪回数据归档)

虽然最新法规(如 Sarbanes-Oxley 法案和 HIPAA 协会)要求严格控制和跟踪消费者和患者数据的需求，但将行上实施的所有变更的历史记录都保留在关键表中很容易出错，而且需要自定义应用程序或数据库触发器来维护历史变更存储库。每次创建一个新应用程序，或在一个要求历史跟踪的应用程序中更新表时，也必须改变此跟踪应用程序。从 Oracle Database 11*g* 开始，可使用闪回数据归档(Flash Data Archive)，自动将所有关键表的历史变更保存到管理机构或利益相关者所要求的时间。

闪回数据归档在 Oracle Database 11*g* 内部实现。简单地说，创建一个或多个存储库区域(其中一个是默认区域)，为存储库中的对象分配默认的保留期限，然后标识合适的表，以便进行跟踪。

闪回数据归档的操作与撤消表空间非常相似，但是，闪回数据归档只记录 UPDATE 和 DELETE 语句，而不记录 INSERT 语句。另外，所有对象的撤消数据一般保留几小时或几天，而闪回数据归档中的行可保留几年甚至几十年。闪回数据归档的关注点也窄得多，只记录对表行的历史变更。Oracle 使用撤消表空间中的数据是为了长期运行事务中的读一致性，以及为了回滚未提交的事务。

访问闪回数据归档中的数据可如同使用闪回查询一样：在 SELECT 语句中使用 AS OF 子句。下面将介绍如何创建闪回数据归档、为用户和对象分配权限、查询闪回数据归档中的历史数据。

1. 创建归档区

虽然可在现有表空间中使用 CREATE FLASHBACK ARCHIVE 命令创建一个或多个闪回数据归档，但是，Oracle 最佳实践建议使用专门的表空间。所有归档区必须使用 RETENTION 子句指定默认的保留期限，也可以用 DEFAULT 关键字将归档区标识为默认归档区，后者是可选的。归档区中的磁盘限额受表空间中的磁盘空间限制，除非使用 QUOTA 关键字在归档区中分配最大的磁盘空间量。

在此示例中，首先为闪回数据归档(Flashback Data Archive)创建专门的表空间：

```
SQL> create tablespace fbda1
  2  datafile '+data' size 10g;

Tablespace created.
SQL>
```

接下来创建 3 个闪回数据归档：一个归档区用于 ES 部门，没有限制磁盘限额，保留期限是 10 年；第二个归档区用于财务部门，磁盘限额限制为 500MB，保留期限是 7 年；第三个归档区是默认归档区，它用于 USERS4 表空间中的所有其他用户，磁盘限额限制为 250MB，保留期限是 2 年：

```
SQL> create flashback archive fb_es
  2  tablespace fbda1 retention 10 year;

Flashback archive created.

SQL> create flashback archive fb_fi
  2  tablespace fbda1 quota 500m
  3  retention 7 year;

Flashback archive created.

SQL> create flashback archive default fb_dflt
  2  tablespace users4 quota 250m
  3  retention 2 year;

Flashback archive created.

SQL>
```

不能在 CREATE FLASHBACK ARCHIVE 命令中指定多个表空间，稍后在“4. 管理闪回数据归档”中会讲到，必须使用 ALTER FLASHBACK ARCHIVE 命令添加表空间。

2. 使用闪回数据归档数据字典视图

有两个新的数据字典视图支持闪回数据归档：DBA_FLASHBACK_ARCHIVE 和 DBA_FLASHBACK_ARCHIVE_TS。DBA_FLASHBACK_ARCHIVE 列出归档区，DBA_FLASHBACK_ARCHIVE_TS 显示表空间到归档区的映射：

```
SQL> select flashback_archive_name, flashback_archive#,
  2      retention_in_days, status
  3  from dba_flashback_archive;

FLASHBACK_AR FLASHBACK_ARCHIVE# RETENTION_IN_DAYS STATUS
------------ ------------------ ----------------- -------
```

```
FB_ES                     1               3650
FB_FI                     2               2555
FB_DFLT                   3                730 DEFAULT

SQL> select * from dba_flashback_archive_ts;

FLASHBACK_AR FLASHBACK_ARCHIVE# TABLESPACE QUOTA_IN_M
------------ ------------------ ---------- ----------
FB_ES                     1 FBDA1
FB_FI                     2 FBDA1       500
FB_DFLT                   3 USERS4      250

SQL>
```

视图 DBA_FLASHBACK_ARCHIVE_TABLES 跟踪为闪回归档启用的表。为闪回归档启用表后，本章稍后将介绍此视图的内容。

3. 分配闪回数据归档权限

用户必须拥有 FLASHBACK ARCHIVE ADMINISTER 系统权限才能创建或修改闪回数据归档，必须有 FLASHBACK ARCHIVE 对象权限才能启用对表的跟踪。一旦启用了对表的跟踪，则用户除了需要对表本身的 SELECT 权限外，不需要任何特定权限就可以在 SELECT 语句中使用 AS OF 子句。

FLASHBACK_ARCHIVE_ADMINSTER 权限也包括向归档区添加表空间、从归档区删除表空间、删除归档区以及执行对历史数据的特别清除。

4. 管理闪回数据归档

很容易向现有归档区添加另一个表空间，像下面这样使用 ALTER FLASHBACK ARCHIVE 命令将 USERS3 表空间添加到 FB_DFLT 归档区，磁盘限额是 400MB。

```
SQL> alter flashback archive fb_dflt
  2  add tablespace users3 quota 400m;

Flashback archive altered.

SQL>
```

使用 PURGE 子句可清除归档区数据，在此例中，想要清除 FB_DFLT 归档区中 2010 年 1 月 1 日之前的所有行：

```
SQL> alter flashback archive fb_dflt
  2  purge before timestamp
  3  to_timestamp('2010-01-01 00:00:00', 'YYYY-MM-DD HH24:MI:SS');
```

5. 为闪回数据归档分配表

为归档区分配表有两种方法：一种方法是在创建表时使用标准 CREATE TABLE 语法外加 FLASHBACK ARCHIVE 子句来分配；另一种方法是以后用 ALTER TABLE 命令来分配，如下例所示：

```
SQL> alter table hr.employees flashback archive fb_es;

Table altered.
```

需要注意的是，在上面这个为 HR.EMPLOYEES 表指定特定归档区的命令中，如果未指定归档区，则 Oracle 会分配 FB_DFLT。通过查询数据字典视图 DBA_FLASHBACK_ARCHIVE_TABLES，可查看使用闪回数据归档的表：

```
SQL> select * from dba_flashback_archive_tables;

TABLE_NAME                 OWNER_NAME FLASHBACK_AR ARCHIVE_TABLE_NAME
---------------------- ---------- ------------ --------------------
EMPLOYEES                  HR         FB_ES        SYS_FBA_HIST_70313
```

6. 查询闪回数据归档

查询闪回数据归档中表的历史数据与使用撤消表空间中存储的 DML 活动时在表中使用 AS OF 子句一样容易。事实上，用户并不会知道他们是从撤消表空间检索历史数据，还是从闪回数据归档检索历史数据。

这一情况与本章前面提到的情况非常相似，HR 部门的一个雇员删除了 EMPLOYEES 表中的一个雇员行，而且一开始忘记将此行归档到 EMPLOYEE_HISTORY 表。为 EMPLOYEES 表启用闪回数据归档，则此 HR 雇员可依赖 FB_ES 归档区满足对 EMPLOYEE 表中已不存在雇员的任何查询。下面是 3 个星期前的 DELETE 语句：

```
SQL> delete from employees where employee_id = 169;

1 row deleted.

SQL>
```

此 HR 雇员需要找到雇员 169 的雇佣日期，因此检索 EMPLOYEES 表的历史信息，用 AS OF 子句指定时间为 4 星期前：

```
SQL> select employee_id, last_name, hire_date
  2  from employees
  3  as of timestamp (systimestamp - interval '28' day)
  4  where employee_id = 169;

EMPLOYEE_ID LAST_NAME                 HIRE_DATE
----------- ------------------------- ---------
        169 Bloom                     23-MAR-98

SQL>
```

无论 Oracle 对包含 AS OF 的查询使用撤消表空间还是闪回数据归档，对用户来说完全是透明的。

7.4.8 闪回与 LOB

仅仅对一个表行，表中 LOB 列的撤消数据就占用几 GB 的磁盘空间，因此，要启用 LOB 列的闪回操作，必须在 LOB 的存储子句中明确指定 RETENTION 关键字。RETENTION 关键字与 PCTVERSION 关键字是互斥的，PCTVERSION 关键字指定 LOB 旧版本的表空间的百分比。如果使用 RETENTION 关键字，LOB 旧版本保留 UNDO_RETENTION 参数指定的时间期限，这与撤消表空间中的其他任何表行是一样的。

7.5 迁移到自动撤消管理

为将环境从手动管理的回滚段迁移到自动撤消管理，需要记住一件事：根据手动撤消模式中回滚段的利用率来决定撤消表空间的大小。将所有手动回滚段联机，执行过程 DBMS_UNDO_ADV.RBU_MIGRATION，以 MB 为单位返回当前回滚段利用率的大小。

```
SQL> variable undo_size number
SQL> begin
  2      :undo_size := dbms_undo_adv.rbu_migration;
  3  end;
  4  /

PL/SQL procedure successfully completed.

SQL> print :undo_size

 UNDO_SIZE
----------
      2840

SQL>
```

在本示例中，为了支持当前由回滚段支持的撤消需求，为替换回滚段而创建的撤消表空间应该至少为 2840MB，即 2.84GB。

7.6 本章小结

Oracle 数据库环境极少仅支持 OLTP(使用固定的 DML 或只有 BI 查询)。即使电子商务数据库主要接收客户订单，也需要在日间运行实时分析查询，每小时提取到数据仓库。因此，对于撤消表空间中的空间，至少有两个相互冲突的优先级。在撤消表空间中，需要有足够的空间来回滚失败的事务，并为长期运行的查询(在成百上千个事务针对同一数据库运行时启动)提供读一致性。

Oracle Database 最近的 3 个版本(包括 12*c*)提供了新特性，尤其是本章介绍的 Flashback Query 特性，将撤消数据的使用范围扩展到事务一致性和读一致性之外。因此，撤消表空间在每个版本中越来越大，而撤消数需要更长的保留期。只要 DBA 理解工作负荷，适当设置 UNDO_RETENTION 等参数，并为给定的撤消表空间指定 RETENTION GUARANTEE 参数，这就不算是问题。

要成功执行撤消管理，关键在于：不仅要使用诸如 Oracle Enterprise Manager Cloud Control 12*c* 等反应性管理工具，还需要 DBMS_ADVISOR PL/SQL 程序包中的扩展过程来定期分析数据库，并根据持续变化的工作负荷(随着数据库合并需求的增加，工作负荷的类型会变化，大小自然也会变化)设置撤消表空间的大小。

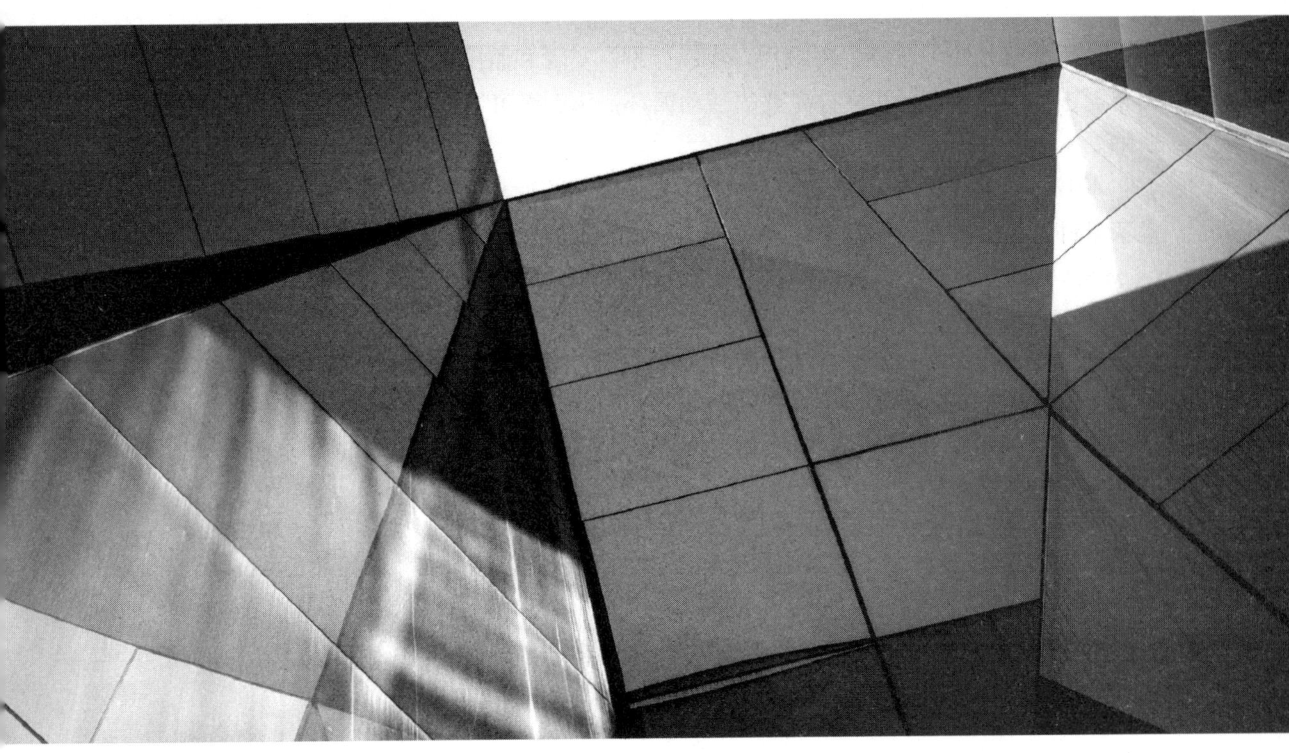

第 8 章

数据库调整

从调整角度看，每个系统都存在性能瓶颈，且在不同的日子甚至不同的星期中，瓶颈可能从一个组件移到另一个组件。性能设计的目标是确保应用程序以及相关硬件的物理限制——I/O 吞吐率、内存大小、查询性能等——不会影响业务性能。如果应用程序的性能限制了它所支持的业务过程，则必须调整应用程序。在设计过程中，必须估计应用程序环境的限制，包括硬件以及应用程序与数据库交互的设计。没有任何环境可提供无限的计算能力，因此每个环境都会在某个性能点处失败。在设计应用程序的过程中，应该努力让环境的性能功能充分地为性能需求服务。

性能调整是每个数据库应用程序生命周期的一部分，越早发现性能问题(最好是在投入生产之前)，就越有可能成功地解决它。前面的章节曾提及，大多数性能问题并不是孤立的症状，而是系统设计的结果。因此，调整工作的重点应该是识别和修正严重影响性能的底层缺陷。

性能调整是四步过程中的最后一步：计划、实现和监控必须在此之前进行。如果只是为了调整而进行调整，则无法进行完整的活动循环，从而很可能永远无法解决造成性能问题的底层缺陷。

本书的其他部分将讨论大多数可以调整的数据库对象：例如，第 7 章详细介绍了撤消段。本章只讨论与这些对象的调整相关的活动，而在介绍这些对象的章节中介绍计划和监控活动。

从 Oracle Database 10*g* 开始，可使用新增的调整工具和功能，包括自动工作负荷存储库(Automated Workload Repository，AWR)，在 Oracle Database 11*g* 和 12*c* 中，这些调整工具及其性能得到很大的增强。为便于使用，同时为了利用很多自动监控和诊断工具，Oracle 建议日常工作中将 Oracle Cloud Control 12*c* 工具用作所有监控和性能工具的中心仪表板。在介绍 Cloud Control 工具前，先来了解一些预备知识和指导原则，主动积极和响应性的调整方法需要这些预备知识和指导原则。

下面各节将介绍下列领域的调整活动：

- 应用程序设计
- SQL
- 内存使用率
- 数据访问
- 数据操作
- 网络流量
- 物理存储
- 逻辑存储
- 使用 AWR 进行调整
- 管理 PDB 中的资源
- 执行数据库重放

8.1 调整应用程序设计

为什么 DBA 调整指南应该包括关于应用程序设计的章节呢？为什么要先介绍它呢？这是因为 DBA 所做的工作中对系统性能带来最大影响的就是应用程序设计。第 5 章讨论了 DBA 真正参与到应用程序开发工作中的必要性。在设计应用程序时，可采取一些步骤以便有效、合理地使用一些技术，下面将分别进行描述。

8.1.1 有效的表设计

不论数据库设计得有多好，拙劣的表设计都将导致糟糕的性能。不仅如此，过度严格坚持关系表设计也会导致较差的性能。这是由于，虽然在逻辑上希望完全的关系表设计(判断标准是满足第三范式甚至第四范式和第五范式)，但在物理上则除 OLTP 环境外并不希望这样。

使用这种设计的问题在于，虽然它们精确反映了应用程序的数据与其他数据的关联方式，但它们没有反映用户访问该数据将使用的一般访问路径。一旦评估用户的访问需求，完全的关系表设计将成为许多大型查询的不可实现的部分。一般来说，最先出现问题的地方是返回大量列的查询。这些列通常分散在一些表中，从而迫使在查询期间连接这些表。如果其中一个连接表较大，则整个查询的性能就会受到影响，除非诸如 Oracle Exadata 或 Oracle In-Memory Database 的软件/硬件平台过滤了表列本身，只返回所需的列。

为应用程序设计表时，开发人员首先应该开发满足第三范式的模型，然后考虑反规范化数据以满足特殊的需求：例如，根据大型静态表创建小型的派生表(或物化视图)。是否可根据需要从大型静态表中动态派生数据？当然可以。但如果用户频繁地请求它，并且数据在很大程度上是不变的，则定期以用户请求的格式存储数据就非常有意义。

例如，一些应用程序在同一个表中存储历史数据和当前数据。每一行可能有一个时间戳列，从而行集中的当前行是具有最近时间戳的行。每次用户查询表中的当前行时，都要执行一个子查询，例如：

```
where timestamp_col =
  (select max(timestamp_col)
   from table
   where emp_no=196811)
```

如果连接两个这样的表，就有两个子查询。在小型数据库中，这可能不会引起性能问题，但随着表和行的数量的增加，性能问题将随之而来。将历史数据和当前数据区分开来，或者在单独的表中存储历史数据，都将涉及 DBA 和开发人员的更多工作，但这样做可以改善应用程序的长期性能。

以用户为中心进行表设计，而不是以理论为中心进行表设计，这将生成能更好满足用户需求的系统。这并不是说不应该使用 3NF 和 4NF 方法来设计数据库：恰恰相反，这么设计是一个很好的起点，可以揭示业务需求和物理数据库设计的先决条件。物理数据库设计选项包括将一个表分为多个表，以及相反的操作：将多个表组合为一个表。其重点是以最直接的路径为用户提供所需格式的数据。

8.1.2 CPU 需求的分布

当进行了有效的设计并拥有适当硬件时，Oracle 数据库应用程序应能处理 I/O 请求，而不需要过多的等待；使用内存区域，而不需要交换和分页磁盘的内存；使用 CPU，而不会生成高负载平均值。由一个进程读入到内存中的数据将存储在内存中，并在将该数据从内存中移除之前由许多进程重用。通过共享的 SQL 区域(共享池)重用 SQL 命令，可以进一步减少系统上的负荷。

如果系统的 I/O 负荷减少，CPU 负荷就可能增加。可通过以下这些方法来管理 CPU 资源：

- 调度 CPU 负载。应该把长期运行的批处理查询或更新程序安排在非高峰时刻运行。不是在联机用户正在执行事务时以较低的操作系统优先级运行它们，而是在适当的时间以普通的操作系统优先级运行它们。维持它们的普通优先级，同时适当地调度作业，这将最小化潜在的锁定、撤消和 CPU 冲突。
- 利用各种机会，在物理上将 CPU 需求从一个服务器转移到另一个服务器。任何情况下，尽可能隔离数据库服务器和应用程序的 CPU 需求。利用本书前面章节中描述的数据分布技术，可将数据存储在最适合的位置，并且可以将应用程序的 CPU 需求与数据库的 I/O 需求分离开来。

- 考虑在传统的硬件平台或 Exadata 工程系统平台上使用 Oracle 的实时应用群集(RAC)技术，将单个数据库的数据库访问需求扩展到多个实例。关于 RAC 特性的深入介绍以及 RAC 数据库的创建步骤，请参见第 12 章。
- 使用数据库资源管理功能。可使用数据库资源管理器来建立资源分配计划和资源消费者组。可使用 Oracle 的功能来改变可用于消费者组的资源分配。请查看第 5 章，了解通过数据库资源管理器来创建和实现资源消费者组以及资源计划。
- 使用并行查询将 SQL 语句的处理需求分布到多个 CPU。几乎每个 SQL、DML 和 DDL 命令都可以使用并行性，包括 SELECT、CREATE TABLE AS SELECT、CREATE INDEX、RECOVER、分区管理以及 SQL*Loader Direct Path 加载选项。

事务的并行度取决于为事务定义的并行性程度。每个表都有一个已定义的并行度，并且一个查询可通过使用 PARALLEL 提示来重写默认的并行度。使用 Auto DOP (Automatic Degree of Parallelism)，Oracle 评估可用于服务器上的 CPU 数量以及存储表数据的磁盘数量，从而确定默认的并行度。

在实例级别设置最大的可用并行度。PARALLEL_MAX_SERVERS 初始参数用于设置最大数量的并行查询服务器进程，数据库中的所有进程可以在任意一个时间内使用这些服务器进程。例如，对于你的实例，如果设置 PARALLEL_MAX_SERVERS 为 32，并运行一个查询，将 30 个并行查询服务器进程用于它的查询和排序操作，则数据库中剩余的所有用户只有 2 个并行查询服务器进程可用。因此，需要认真管理允许查询和批处理操作具有的并行度。当设置 PARALLEL_ADAPTIVE_MULTI_USER 参数为 TRUE 时，应在使用并行执行的多用户环境中启用为改进性能而设计的自适应算法。该算法自动减少根据查询启动时的系统负载而请求的并行度。有效的并行度基于默认的并行度。

对于每个表，可通过 CREATE TABLE 或 ALTER TABLE 命令的 PARALLEL 子句来设置默认的并行度。并行度可告诉 Oracle 为操作的每个部分尝试使用多少并行查询服务器进程。例如，如果执行表扫描和数据排序操作的查询的并行度为 8，则可使用 16 个并行查询服务器进程：8 个用于扫描，剩下的 8 个用于排序。也可在创建索引时通过 CREATE INDEX 命令的 PARALLEL 子句为其指定并行度。

最初的最小并行查询服务器进程数量可通过 PARALLEL_MIN_SERVERS 初始参数进行设置。一般来说，应将该参数设置为非常小的数量(小于 12)，除非在一天的所有时间中都活跃地使用系统。设置该参数为较低的值，将迫使 Oracle 重复启动新的查询服务器进程，但这将极大地减少低使用周期期间由空闲并行查询服务器进程保留的内存量。如果为 PARALLEL_MIN_SERVERS 设置较大值，则服务器上可能频繁地有空闲的并行查询服务器进程，这些空闲进程占据着前面获得的内存，但不执行任何功能。

并行化操作将处理需求分布到多个 CPU 上，然而应该谨慎地使用这些特性。如果为大型查询使用值为 5 的并行度，将有 5 个访问数据的单独进程(另外 5 个接收处理过的行)。如果有许多访问数据的进程，则可能造成对存储数据的磁盘的争用，从而损害性能。使用并行查询时，应该有选择地将其应用于其中的数据很好地分布在许多物理设备上的表。同时，应该避免将其用于所有的表。前面说过，单个查询可能使用所有可用的并行查询服务器进程，从而消除数据库中所有剩余事务的并行性。

8.1.3　有效的应用程序设计

除应用程序设计主题外，本章后面描述的主题是 Oracle 应用程序的几个一般指导原则。

首先，它们应该最小化请求数据库中数据的次数。解决方法包括使用序列、PL/SQL 块以及表的反规范化。可使用分布的数据库对象(如物化视图)来帮助减少查询数据库的次数。

注意：

如果执行太频繁，即使是效率稍低的 SQL 也会影响数据库的性能。生成较少或没有物理 I/O 读取的 SQL 仍然消耗 CPU 资源。

其次，同一应用程序的不同用户应以非常类似的方式查询数据库。一致的访问路径可增加通过 SGA 中的可用信息解决请求的可能性。数据的共享不仅包括检索的表和行，还有使用的查询。如果查询相同，则查询的解析版本可能已存在于共享的 SQL 池中，从而减少处理查询所需的时间量。优化器中的游标共享增强可增加共享池中语句重用的可能性，但需要在设计应用程序时注意语句重用。

第三，应限制使用动态 SQL。按照定义，动态 SQL 直到运行时才被定义。应用程序的动态 SQL 第一次可以选择几行，第二次对有序表执行若干完整的表扫描，第三次以不注意的方式执行笛卡尔连接(或在 SELECT 语句中使用 CROSS JOIN 关键字有意执行笛卡尔连接)。另外，在运行前，无法保证动态生成的 SQL 语句在语法上是正确的。动态生成的 SQL 是把双刃剑：既具有根据用户输入动态创建 SQL 的灵活性，又可能对内部应用程序和外部网站应用程序产生 SQL 注入攻击。

第四点，应该最小化打开和关闭数据库中会话的次数。如果应用程序重复打开会话，执行少量命令，然后关闭会话，则 SQL 的性能就可能是整体性能中的次要因素。会话管理可能比应用程序中的其他任何步骤都花费更多的时间。

使用存储过程时，同一代码可能通过利用共享池多次执行。也可手动编译过程、函数和程序包，从而避免运行时编译。当创建过程时，Oracle 自动编译它。如果该过程以后变得无效，则数据库必须在执行它之前重新编译。为避免在运行时导致这种编译开销，请使用如下所示的 ALTER PROCEDURE 命令：

```
alter procedure user_util.update_benefits compile;
```

可通过 DBA_SOURCE 视图中的 TEXT 列查看数据库中所有过程的 SQL 文本。USER_SOURCE 视图将显示执行查询的用户拥有的过程。程序包、函数和程序包主体的文本也可通过 DBA_SOURCE 和 USER_SOURCE 视图访问，这些视图都引用名为 SYS.SOURCE$ 的表。

前面讨论的前两种设计指导原则，即限制用户访问数量以及协调他们的请求，都需要应用程序开发人员尽可能多地了解如何使用数据以及涉及的访问路径。出于这一原因，用户应该参与应用程序设计，如同参与表设计一样，这一点至关重要。如果用户花费较长时间和数据建模者绘制表的结构，而花费较少时间和应用程序开发人员讨论访问路径，则应用程序将很可能无法满足用户的需求。访问路径应该作为数据建模练习的一部分进行讨论。

8.2 调整 SQL

与应用程序设计一样，SQL 语句的调整看起来完全不是 DBA 的职责。然而，DBA 应参与评审作为应用程序的一部分而编写的 SQL。设计良好的应用程序仍可能经历性能问题——如果它所使用的 SQL 没有经过很好调整的话。在设计合理的数据库中，应用程序设计和 SQL 问题导致了大多数性能问题。

调整 SQL 的关键是最小化数据库查找数据所使用的搜索路径。在大多数 Oracle 表中，每一行都有一个与之关联的 ROWID。ROWID 包含有关行的物理位置的信息：它的文件、文件中的块以及数据库块中的行。

执行没有 WHERE 子句的查询时，数据库通常执行完整的表扫描，在高水位(HWM，High-Water Mark)读取表中的每一个块。在完整的表扫描期间，数据库定位表的第一个块，然后按顺序读取表中其他所有的块。对于大型表，完整的表扫描可能非常消耗时间。

查询特殊的行时，数据库可能使用索引来帮助加速所需行的检索。索引将表中的逻辑值映射到它们的 RowID：RowID 又将它们映射到特殊物理位置。索引可能是唯一的——这种情况下，每个值不会出现两次——也可以是非唯一的。索引只存储索引列中 NOT NULL 值的 RowID。

可同时索引若干列，这称为“联结索引”或“组合索引”，如果查询的 WHERE 子句中使用了它的第一列，则使用这种查询。优化器也可使用“跳跃扫描”方法。在这种方法中将使用联结索引，即使查询的 WHERE 子句中没有使用它的第一列。

索引必须裁剪为需要的访问路径。考虑具有 3 列的联结索引情况，如同下面的程序清单所示，在 EMPLOYEE 表的 CITY、STATE 和 ZIP 列上创建该索引：

```
create index city_st_zip_ndx
on employee(city, state, zip)
tablespace indexes;
```

如果执行如下形式的查询：

```
select *
from employee
where state='NJ';
```

则索引的第一列(CITY)就不在 WHERE 子句中。Oracle 可使用两类基于索引的访问来检索行：索引的跳跃扫描和索引的完整扫描。优化器将根据索引的统计信息来选择执行路径：索引的大小、表的大小以及索引的选择性。如果用户频繁运行这种类型的查询，则可能需要重新排序索引的列，将 STATE 列放在第一位，从而反映实际的使用模式。

索引范围扫描是另一种基于索引的优化方法，Oracle 使用这种方法可高效地检索选择的数据。当 WHERE 子句中的变量等于、小于或大于指定常量，而且如果索引由多个部分组成，当此变量是第一列时，Oracle 就使用索引范围扫描。如果想按索引顺序返回行，则不要求 ORDER BY 子句，如下面示例所示，在此例中，查找在 2012 年 8 月 1 日之前雇佣的雇员：

```
select * from EMPLOYEE where hire_date < '1-AUG-2012';
```

但是，如果正在使用 Parallel Query 通过索引检索这些行，则需要 ORDER BY 子句按索引顺序返回行。

重要的是表的数据应尽可能有序。如果用户正在频繁执行范围查询——选择特定范围内的值——则使数据有序就可能在解决查询时只需要读取较少的数据块，从而改进性能。索引中有序的条目将指向表中一组邻近的块，而不是分散在整个数据文件中的块；这假定加载时数据是有序的，或者查询拥有 GROUP BY 子句(使用索引列)。

例如，考虑下列类型的范围查询：

```
select *
from employee
where empno between 1 and 100;
```

如果 EMPLOYEE 表中的物理行按 EMPNO 列排序，则该范围查询就只需要读取较少的数据块。为保证行在表中适当地排序，使用 ORDER BY 子句将行复制到临时表，对原表执行 TRUNCATE 操作，并从新排序的表重新加载行。另外，应该使用联机段收缩来收回 DML 活动频繁的表处于高水位之下的空闲空间碎片，这可以提高缓存利用率，且在全表扫描中只需要扫描较少的块。使用 ALTER TABLE . . . SHRINK SPACE 命令来压缩表中的空闲空间。

8.2.1 顺序对加载速率的影响

索引影响查询和数据加载的性能。在 INSERT 操作期间，行的顺序对加载性能有重大影响。即使是在具有大量索引的环境中，在 INSERT 操作之前对行进行适当的排序可以将加载性能改进 50%。这假定只有一个索引——如果有多个索引，就不能按索引顺序加载行！记住，在维护索引时，每添加一个索引都会给 DML 操作增加三倍开销。

在索引增长时，Oracle 分配新块。如果在最近一个条目之后添加新的索引条目，则将新条目添加到索引中的最后一个块。如果新条目造成 Oracle 超出块中可用的空间，则将该条目移到新的块。这种块分配对性能具有非常小的影响。

如果插入的行不是有序的，那么新的索引条目将写入已有的索引节点块。如果块中没有更多空间来添加新值，且该块不是索引中的最后一个块，则块的条目将一分为二。一半的索引条目将保留在原始块中，而另一半将移到新块中。结果，性能在加载期间(因为产生了额外的空间管理活动)以及查询期间(因为索引包含更多未使用的空间，所以需要为相同数量的条目读取而读取更多的块)受到损害。

注意：
当索引增加其内部层次数量时，加载性能就会严重降低。为查看层次数量，分析索引，然后从 DBA_INDEXES 选择它的 *BLEVEL* 列值。

由于 Oracle 采用内部管理索引的方法，因此每次添加新索引时，加载速率都会受到影响(因为对于多个列，插入的行不可能正确排序)。从加载速率的角度看，赞成使用较少的多列索引，而不是使用多个单列索引。

8.2.2 其他索引选项

如果数据不是非常有选择性，可考虑使用位图索引。如同第 18 章所述，对于针对具有很少不同值的大型静态数据集的查询，位图索引最有效。可在同一个表上创建位图索引和普通的(B-树)索引，Oracle 将在查询处理期间动态执行任何必需的索引转换。查看第 18 章以了解使用位图索引的详细信息。

注意：
避免在由联机事务修改的表上创建位图索引，但数据仓库表非常适合采用位图索引。

如果频繁地同时查询两个表，则使用群集(cluster)就是改进性能的有效方法。根据它们的逻辑值(群集键)，群集在相同的物理数据块中存储来自多个表中的行。

将列值与确切的值(而不是某个范围内的值)进行比较的查询称为“等价查询”。根据某一行在群集键列中的值，散列群集在特定的位置存储该行。每次插入一行时，使用它的群集键值来确定应该将其存储在哪个块中，可在查询期间使用这种相同的逻辑来快速查找检索所需的数据块。设计散列群集是为了改进等价查询的性能，它们对改进前面讨论的范围查询的性能没有任何帮助。对于范围查询、强制全表扫描的查询，或者频繁更新的散列群集，性能将糟得多。

反向索引(reverse index)为等价查询提供了另一种调整解决方案。在反向索引中，以倒序存储索引的字节。在传统索引中，两个连续值彼此相邻地存储在一起。在反向索引中，连续的值不会彼此相邻地存储在一起。例如，在反向索引中，值 2004 和 2005 分别存储为 4002 和 5002。虽然反向索引不适用于范围扫描，但如果执行许多等价查询，反向索引就可以减少索引块的争用。反向键索引可能常需要重新构建才能很好地执行。反向键索引也应该包含一个大的 PCTFREE 值，以便允许插入。

注意：
不可以反向位图索引。

可在涉及列的表达式上创建基于函数的索引，这种查询不可以在 Name 列上使用 B-树索引：

```
select * from employee
where upper(name) = 'JONES';
```

然而，下列查询：

```
select * from employee
where name = 'JONES';
```

可以使用，因为第二个查询没有在 NAME 列上执行函数。可以不在 NAME 列上创建索引，取而代之的是，在列表达式 UPPER(NAME)上创建索引，如同下面示例所示：

```
create index emp_upper_name on
employee(upper(name));
```

虽然基于函数的索引非常有用，但在创建它们时应考虑下面的问题：

- 是否可限制将用于列上的函数？如果可以，是否可限制在列上执行所有函数？
- 对于额外索引，是否有足够的存储空间？
- 删除表时，将比以前删除更多索引(因此删除更多盘区)。这对删除表所需的时间有何影响？(如果正在使用本地管理的表空间，则不必太多地考虑这一点。如果正在运行 Oracle Database 10*g* 或更高版本，则应该正在使用本地管理的表空间。)

基于函数的索引非常有用，但应该有节制地实现它们。在表上创建的索引越多，所有的

INSERT、UPDATE 和 DELETE 操作所花费的时间就越长。当然，这适用于在表上创建任何额外的索引，而与索引类型无关。

文本索引使用 Oracle 的文本选项(Oracle Text)来创建并管理单词列表及其出现次数，这与书籍的索引方式是相似的。文本索引最常用于支持使用通配符搜索单词某一部分的应用程序。

分区表可以有横跨所有分区的索引(全局索引)或按表分区进行分区的索引(局部索引)。从查询调整的角度看，可能更倾向于使用局部索引，因为它们比全局索引包含更少的条目。

8.2.3　生成解释计划

如何确定数据库将使用哪些访问路径来执行查询？可通过 EXPLAIN PLAN 命令查看该信息。该命令将计算查询的执行路径，并将它的输出放在数据库的表(名为 PLAN_TABLE)中。下面的程序清单显示了一个样例 EXPLAIN PLAN 命令：

```
explain plan
 for
select *
 from BOOKSHELF
 where title like 'M%';
```

该命令的第一行告诉数据库，它将为查询解释它的执行计划，而不是实际地执行查询。可以有选择地包括 SET STATEMENT_ID 子句，用于标记 PLAN_TABLE 中的解释计划。在关键字 FOR 后面，列出了将进行分析的查询。

运行该命令的账户必须在它的模式中具有计划表。Oracle 提供了创建该表所需的 CREATE TABLE 命令。文件 utlxplan.sql 位于$ORACLE_HOME/rdbms/admin 目录下。Oracle 为所有用户创建单个 PLAN_TABLE。

注意：
每次 Oracle 升级后，应删除并重新创建计划表，因为升级脚本可能添加了新列。

使用 DBMS_XPLAN 过程查询计划表：

```
select * from table(DBMS_XPLAN.DISPLAY);
```

也可以使用 Oracle 在$ORACLE_HOME/rdbms/admin/utlxpls.sql 中提供的脚本查询串行执行的计划表，或使用$ORACLE_HOME/rdbms/admin/utlxplp.sql 中提供的脚本查询并行执行的计划表。

该查询将报告数据库解决查询必须执行的操作类型。输出将以层次结构的方式显示查询执行的步骤，同时图示各步骤之间的关系。例如，可能看到一个基于索引的步骤，该步骤具有一个 TABLE ACCESS BY INDEX ROWID 步骤作为它的父步骤，表明首先处理索引步骤，并从该索引返回的 RowID 用于检索表中特殊的行。

可使用 SQL*Plus 中的 SET AUTOTRACE ON 命令，自动生成 EXPLAIN PLAN 输出并跟踪运行的每个查询的信息。直到查询完成后，自动跟踪生成的输出才会显示。然而，不需要运行该命令就可以生成 EXPLAIN PLAN 输出。为启用自动跟踪生成的输出，要么必须在某个模式中创建计划表，在该模式中将使用自动跟踪实用程序；要么必须在 SYSTEM 模式中创建计划表，该模式授权访问将使用自动跟踪实用程序的模式。脚本 plustrace.sql 位于$ORACLE_

HOME/sqlplus/ admin 目录中，必须在执行 SET AUTOTRACE ON 命令之前作为 SYS 运行该脚本。在执行 SET AUTOTRACE ON 之前，用户还必须启用 PLUSTRACE 角色。对于 Oracle Database 10*g* 或更高版本的安装或升级，此脚本自动运行。

注意：

为在不运行查询的情况下显示解释计划的输出，可以使用 SET AUTOTRACE TRACEONLY EXPLAIN 命令。

如果使用并行查询选项或查询远程数据库，SET AUTOTRACE ON 输出的额外部分将显示由并行查询服务器进程执行的查询的文本，或者是在远程数据库中执行的查询的文本。

为禁用自动跟踪特性，可使用 SET AUTOTRACE OFF 命令。

下面的程序清单显示了如何启用自动跟踪和生成解释计划：

```
set autotrace traceonly explain

select *
 from BOOKSHELF
 where Title like 'M%';

Execution Plan
----------------------------------------------------------
   0      SELECT STATEMENT Optimizer=ALL_ROWS (Cost=3 Card=2 Bytes=80)
   1    0   TABLE ACCESS (BY INDEX ROWID) OF 'BOOKSHELF' (TABLE) (Cost
          =3 Card=2 Bytes=80)
   2    1     INDEX (RANGE SCAN) OF 'SYS_C004834' (INDEX (UNIQUE)) (Co
          st=1 Card=2)
```

为理解解释计划，由里到外读取层次结构中的操作序列，直到到达具有相同缩进级的一组操作，然后从上向下读取。在本示例中，没有具有相同缩进级的操作，因此由里到外读取操作序列。第一个操作是索引范围扫描，接下来是表访问，SELECT STATEMENT 操作向用户显示输出。每个操作具有一个 ID 值(第一列)和父 ID 值(第二个数字，在最顶端的操作中，该数字为空)。在更复杂的解释计划中，可能需要使用父 ID 值来确定操作顺序。

该计划显示通过 TABLE ACCESS BY INDEX ROWID 操作获得返回给用户的数据。通过唯一索引的索引范围扫描提供 RowID。

每个步骤都被赋予一个“成本”。成本是累积的，反映了该步骤的成本加上其所有子步骤的成本。可使用成本值来标识在查询的整体成本中占用最大数量的步骤，然后将它们作为主要的调整目标。

在评估 EXPLAIN PLAN 命令的输出时，应该确保查询使用最有选择性的索引(即最接近唯一性的索引)。如果使用非选择性的索引，可能会迫使数据库执行不必要的读取以解决查询。SQL 调整的完整讨论超出了本书范围，但应将调整工作的重点放在确保资源最密集的 SQL 语句尽可能使用最有选择性的索引上。

一般来说，面向事务的应用程序(例如，用于数据录入的多用户系统)根据返回查询第一行所花费的时间来判断性能。对于面向事务的应用程序，应将调整工作的重点放在使用索引以减少数据库对查询的响应时间上。

如果应用程序是面向批处理的(具有大型事务和报告)，关注的重点应是改善完成整个事务所花费的时间，而不是改善从事务中返回第一行所花费的时间。改善事务的整体吞吐量可能需要使用完整的表扫描来代替索引访问，并且可能提高应用程序的整体性能。

如果应用程序分布在多个数据库上，则应减少在查询中使用的数据库链接的次数。如果在查询期间频繁访问远程数据库，则每次访问远程数据时都会花费访问远程数据库的成本。即使访问远程数据的成本非常低，但数千次访问远程数据最终会对应用程序的性能带来影响。请查看本章第 8.6 节，了解关于分布式数据库的额外调整建议。

8.3　调整内存使用率

从 Oracle Database 10*g* 开始，可使用自动工作负荷存储库(AWR)工具箱来收集和管理统计数据(本章后面将描述这一点)。从 Oracle Database 11*g* 开始，可使用新的初始参数(如 MEMORY_TARGET)进一步使 Oracle 使用的总体内存自动化——当你没有时间读 AWR 报告时可以帮助自动调整数据库！在 Oracle Database 12*c* 中，可毫不费力地调整 SQL 语句。这初听起来像营销炒作，但某些情况下确实如此，因为 Oracle 优化器可通过以下方式使用适应性执行计划：在初始执行后停止计划，在找到初始基数评估中的变化后对计划执行运行时调整。

Oracle 通过“最近最少使用”(LRU)算法来管理数据块缓冲区缓存和共享池。留出预先设置的区域以保存值，填满该区域时，从内存中移除最近最少使用的数据并写回磁盘。大小调整合适的内存区域可在内存中保留最频繁访问的数据，访问最少使用的数据则需要物理读取。

8.3.1　管理 SGA 池

可以看到，查询通过 V$SQL 视图在数据库中执行逻辑读和物理读。V$SQL 视图报告为共享池中的当前每个查询执行的逻辑读和物理读累积数量，以及每个查询的执行次数。下面的脚本显示共享池中查询的 SQL 文本，将 I/O 最密集的查询放在最前面。该查询还显示每个执行的逻辑读(缓冲区 get)数量：

```
select buffer_gets,
       disk_reads,
       executions,
       buffer_gets/executions b_e,
       sql_text
from v$sql where executions != 0
order by disk_reads desc;
```

如果已经刷新共享池，则不再可以通过 V$SQL 访问刷新之前执行的查询。然而假设用户仍然处于登录状态，则这些查询的影响仍然可以看到。V$SESS_IO 视图记录为每个用户的会话执行的逻辑读和物理读的累积数量。可查询 V$SESS_IO 以获得每个会话的命中率，如下面的程序清单所示：

```
select sess.username,
       sess_io.block_gets,
       sess_io.consistent_gets,
       sess_io.physical_reads,
       round(100*(sess_io.consistent_gets
         +sess_io.block_gets-sess_io.physical_reads)/
```

```
        (decode(sess_io.consistent_gets,0,1,
           sess_io.consistent_gets+sess_io.block_gets)),2)
             session_hit_ratio
from v$sess_io sess_io, v$session sess
where sess.sid = sess_io.sid
  and sess.username is not null
order by username;
```

为查看其块当前位于数据块缓冲区缓存中的对象，查询 SYS 的模式中的 X$BH 表，如下面的查询所示(注意，输出中没有包括 SYS 和 SYSTEM 对象，因此 DBA 可重点关注出现在 SGA 中的应用程序表和索引)：

```
select object_name,
       object_type ,
       count(*) num_buff
from x$bh a, sys.dba_objects b
where a.obj = b.object_id
  and owner not in ('sys','system')
group by object_name, object_type;
```

注意：

如果未以 SYS 用户连接到数据库，则查询 V$CACHE 中的 NAME 和 KIND 列可以看到类似的数据。

数据块缓冲区缓存中有多个缓存区域：

- **DEFAULT 缓存**：对于使用数据库的默认数据库块大小的对象，这是标准缓存。
- **KEEP 缓存**：该缓存区域专门用于希望任何时候都保留在内存中的对象。一般来说，该区域用于具有非常少的事务的小型表。此缓存非常适于从表中查找如州代码、邮政编码和销售人员数据等信息。
- **RECYCLE 缓存**：该缓存区域专门用于希望从内存中快速刷新的对象。类似于 KEEP 缓存，RECYCLE 缓存隔离内存中的对象，从而它们不会干扰到 DEFAULT 缓存的普通机能。KEEP 和 RECYCLE 缓存大小仅适用于默认数据库块大小。
- **块大小特定的缓存(DB_*n*K_CACHE_SIZE)**：Oracle 支持一个数据库中的多个数据库块大小。必须为每个非默认的数据库块大小创建一个缓存。

使用 SGA 的所有区域——数据块缓冲区、字典缓存以及共享池——时，重点应该在多个用户之间的共享数据上。每个区域应该足够大，从而可以保存数据库中最常请求的数据。在共享池的情况中，它应该足够大，可保存最常用查询的解析版本。适当调整大小时，SGA 中的内存区域可以极大地改善单个查询的性能和数据库的整体性能。

KEEP 和 RECYCLE 缓冲区池的大小不会减少数据块缓冲区缓存中的可用空间。为使表可以使用一个新的缓冲区池，通过表的 STORAGE 子句中的 BUFFER_POOL 参数指定缓冲区池的名称。例如，如果希望从内存中快速删除表，可将其赋予 RECYCLE 池。默认的池命名为 DEFAULT，因此可以在以后使用 ALTER TABLE 命令将表重定向到 DEFAULT 池。下面是将表赋予 KEEP 缓冲区池的一个示例：

```
create table state_cd_lookup
```

```
 (state_cd   char(2),
  state_nm   varchar2(50)
 )
storage (buffer_pool keep);
```

如果没有为 KEEP 和 RECYCLE 池设置大小，为这些区域指定的所有数据和索引块都将到达默认缓冲区缓存。

可使用 LARGE_POOL_SIZE 初始参数以字节为单位指定大型池分配堆的大小。在共享的服务器系统中，大型池分配堆用于会话内存，通过并行执行用于消息缓冲区，以及通过备份进程用于 I/O 缓冲区。默认情况下，不创建大型池。

从 Oracle Database 10*g* 开始，可使用自动共享内存管理(Automatic Shared Memory Management，ASMM)。为激活 ASMM，应为 SGA_TARGET 数据库初始参数设置非零值。设置 SGA_TARGET 为所需的 SGA 大小(即所有的缓存加在一起)后，然后可以设置其他与缓存相关的参数(DB_CACHE_SIZE、SHARED_POOL_SIZE、JAVA_POOL_SIZE 以及 LARGE_POOL_SIZE)都为 0；如果为这些参数提供值，则这些值将作为自动调整算法的下限。关闭并重启数据库，使这些改动生效；数据库然后开始有效地管理不同缓存的大小。通过 V$SGASTAT 动态性能视图，可以在任何时刻监控缓存的大小。Oracle Database 11*g* 将自动化又向前推进了一步：可以将 MEMORY_TARGET 设置为 Oracle 可用的总内存数量。MEMORY_TARGET 中指定的内存数量自动在 SGA 和 PGA 之间进行分配。当设置了 MEMORY_TARGET 时，SGA_TARGET 和 PGA_AGGREGATE_TARGET 被设置为 0，不必理会它们。

当数据库中的工作负荷改变时，数据库将改变缓存大小以反映应用程序的需求。例如，如果在夜间有大量批处理工作量，并且在白天有更密集的联机事务工作量，数据库就可以在工作量改动时改变缓存大小。这些改动是自动发生的，不需要 DBA 的介入。如果在初始参数文件中为池指定一个值，Oracle 将使用该值作为池的最小值。

注意：

DBA 可在缓冲区缓存中创建 KEEP 和 RECYCLE 池。KEEP 和 RECYCLE 池不会受到动态缓存大小调整的影响，它们也不是 DEFAULT 缓冲区池的一部分。

可能希望有选择地“固定”程序包在共享池中。启动数据库后立刻固定程序包在内存中，这样将增加内存中具有足够大连续空闲空间的可能性。如下面的程序清单所示，DBMS_SHARED_POOL 程序包中的 KEEP 过程指定固定在共享池中的程序包：

```
execute dbms_shared_pool.keep('APPOWNER.ADD_CLIENT','P');
```

相对于应用程序调整，固定程序包与应用程序管理更紧密相关，但它对性能有一定影响。如果可以避免动态管理碎片化的内存区域，则可以最小化 Oracle 在管理共享池时必须做的工作。

8.3.2 指定 SGA 的大小

为启用缓存的自动管理，可设置 SGA_TARGET 初始参数为 SGA 的大小。

如果选择手动管理缓存，可设置 SGA_MAX_SIZE 参数为 SGA 的大小。然后可以指定单个缓存的大小，可在数据库运行时通过 ALTER SYSTEM 命令动态改变这些大小。

也可将 SGA_TARGET 设置为比 SGA_MAX_SIZE 小。Oracle 使用 SGA_TARGET 设置单个缓存的初始值，且随着时间的推移其大小可以增长，以便占用更多内存，最多可到 SGA_MAX_SIZE。这是一种很好的方法，可以确定在生产环境中部署数据库之前的总内存需求。

参数	说明
SGA_MAX_SIZE	SGA 可以增长到的最大大小
SHARED_POOL_SIZE	共享池的大小
DB_BLOCK_SIZE	数据库的默认数据库块大小
DB_CACHE_SIZE	以字节为单位指定的缓存大小
DB_*n*K_CACHE_SIZE	如果在一个数据库中使用多个数据库块大小，则必须指定 DB_CACHE_SIZE 参数值以及至少一个 DB_*n*K_CACHE_SIZE 参数值。例如，如果标准数据库块大小为 4KB，则也可以通过 DB_8K_CACHE_SIZE 参数为 8KB 块大小的表空间指定缓存

例如，指定如下参数：

```
SGA_MAX_SIZE=32G
SHARED_POOL_SIZE=4G
DB_BLOCK_SIZE=8192
DB_CACHE_SIZE=12G
DB_4K_CACHE_SIZE=4G
```

使用这些参数时，4MB 将可用于从某些对象查询而来的数据，这些对象位于具有 4KB 块大小的表空间中。使用标准 8KB 块大小的对象将使用 160MB 缓存。当数据库打开时，可以通过 ALTER SYSTEM 命令改变 SHARED_POOL_SIZE 和 DB_CACHE_SIZE 参数值。

注意：
Oracle 建议，除极个别情形外，都将块大小设置为 8KB 。即使在诸如 Exadata 的 Oracle 工程系统上，也建议只使用块大小 8KB。

SGA_TARGET 是动态参数，可通过 Cloud Control 或使用 ALTER SYSTEM 命令改变它。

SGA_TARGET 最大可增加到 SGA_MAX_SIZE 的值。可减少 SGA_TARGET 参数的值，直到任何一个自动调整的组件到达它的最小尺寸：用户指定的最小值或内部确定的最小值。这两个参数都可以用于调整 SGA。

8.3.3 使用基于成本的优化器

Oracle 的每个软件版本都对优化器添加了新的特性，并且对已有的特性进行了增强。有效使用基于成本的优化器需要定期分析应用程序中的表和索引。分析对象的频率取决于对象中的改动率。对于批处理事务应用程序，应在每次大量处理事务后重新分析对象。对于 OLTP 应用程序，应在基于时间的进度表上重新分析对象(例如，通过每周或每晚的进程)。

注意：
从 Oracle Database 10*g* 版本 1 开始，不再建议使用基于规则的优化器。没理由使用它，除非支持仅在 Oracle Database 的旧版本上运行的遗留应用程序。

可通过执行 DBMS_STATS 程序包的过程收集关于对象的统计信息。如果分析表，也会自动分析它的相关索引。可以分析模式(通过 GATHER_SCHEMA_STATS 过程)或特殊的表(通过 GATHER_TABLE_STATS)。也可以只分析索引列，从而加速分析过程。一般来说，每次分析表时，也应该分析表的索引。下面的程序分析了 PRACTICE 模式：

```
execute dbms_stats.gather_schema_stats('PRACTICE', 'COMPUTE');
```

可通过 DBA_TABLES、DBA_TAB_COL_STATISTICS 和 DBA_INDEXES 查看关于表和索引的统计信息。DBA_TAB_COLUMNS 中也提供了一些列级别的统计信息，但在此处提供这些统计信息只是为了严格地遵循向后兼容性。也可以在 DBA_PART_COL_STATISTICS 中看到分区表的列的统计信息。

注意：

从 Oracle Database 10*g* 开始，在默认安装中，使用自动维护任务基础结构(AutoTask)在维护期间自动收集统计信息。

执行前面程序清单中的命令时，使用 DBMS_STATS.GATHER_SCHEMA_STATS 的 GATHER AUTO 选项来分析 PRACTICE 模式中的所有对象。可基于指定百分比的表行选择评估的统计数据，但使用 GATHER AUTO 选项收集可进一步改进执行计划的其他统计信息。

8.4　调整数据访问

即使适当地配置并索引表，但如果存在由文件访问造成的等待事件，则依然会影响性能。下面将介绍文件和表空间配置的一些相关建议。

想到一句老话：最佳 I/O 是不需要予以管理的 I/O。如果确定需要执行一些 I/O，那么在数据库配置中的最好投资是使用 ASM(Automatic Storage Management)。尽管可在经过良好调整的 OS 文件系统上获得同等水准的性能(使用优化的队列深度和 SAN 配置等)，但 ASM 使 Oracle 存储管理变得更容易，同时可以维护最优性能。

8.4.1　标识链行

创建数据段时，可指定 PCTFREE 值。PCTFREE 参数可告诉数据库每个数据块中应该保留多少空闲空间。通过 UPDATE 操作扩展存储在数据块中的行的长度时，就需要使用空闲空间。

如果对行的 UPDATE 操作造成行不再可以完全容纳在一个数据块中，该行就可能移到另一个数据块，或者该行可能链接到另一个数据块。如果所存储行的长度大于 Oracle 的块大小，则自动具有链接。

链接会影响性能，因为它需要 Oracle 查看多个物理位置，查找来自于相同逻辑行的数据。通过消除不必要的链接，可以减少从数据文件中返回数据所需的物理读数量。

通过在数据段创建期间设置适当的 PCTFREE 值，可避免链接。如果应用程序频繁地将 NULL 值更新为非 NULL 值，或者频繁地更新长文本值，则需要增加默认值 10。

如果必须对表执行大量更新，那么重新创建表并在此过程中执行更新是更快捷有效的方式。使用这种方式时，不会链接或迁移行。

可使用 ANALYZE 命令收集有关链行和空闲列表块的信息。ANALYZE 命令具有检测并记录表中链行的选项。它的语法如下：

```
analyze table table_name list chained rows into CHAINED_ROWS;
```

ANALYZE 命令将这个操作中的输出放置在本地模式中称为 CHAINED_ROWS 的表中。创建 CHAINED_ROWS 表的 SQL 位于名为 utlchain.sql 的文件中，该文件在$ORACLE_HOME/rdbms/admin 目录中。下面的查询将从 CHAINED_ROWS 表中选择最重要的列：

```
select
      owner_name,        /*owner of the data segment*/
      table_name,        /*name of the table with the chained rows*/
      cluster_name,      /*name of the cluster, if it is clustered*/
      head_rowid         /*rowid of the first part of the row*/
from chained_rows;
```

输出将显示所有链行的 RowID，从而允许快速查看链接了表中的多少行。如果链接在表中非常普遍，则应使用较大的 PCTFREE 值重新构建该表。

通过查询 V$SYSSTAT，可看到行链接带来的影响。每次 Oracle 从链行中选择数据时，“table fetch continued row”统计信息的 V$SYSSTAT 条目将增加。当 Oracle 从跨越行中选择数据时，该统计信息也会增加，“跨越行”指的是由于行长度大于一个块的长度而被链接的行。具有 LONG、BLOB、CLOB 和 NCLOB 数据类型的表很可能具有跨越行。“table fetch continued row”统计信息也可用于 AWR 报告中，或者在 Oracle Database 10*g* 及较早版本中可用于 Statspack 报告中。

除链接行外，Oracle 有时也会移动行。如果行超出它的块的可用空间，该行就可能插入一个不同的块中。将行从一个块移动到另一个块的过程称为“行迁移”，被移动的行称为“迁移行”。在行迁移期间，Oracle 必须动态管理多个块中的空间，并访问空闲列表(可用于 INSERT 操作的块列表)。迁移行不会表现为链行，但它会影响事务的性能。有关使用 DBMS_ADVISOR 程序包查找并重新组织具有链行的表的示例，请参见第 6 章。

提示：
访问迁移行会增加“table fetch continued row”统计信息的数量。

8.4.2 使用索引组织表

索引组织表(Index-Organized Table，IOT)是在其中存储整个行的索引，而不仅存储行的键值。行的主键作为行的逻辑标识符而不是存储行的 RowID。IOT 中的行没有 RowID。

在 IOT 中，通过它们的主键值按顺序存储行。因此，任何基于主键的范围查询都会受益，因为行是彼此靠近存储的(查看本章第 8.2 节，了解排序普通表中数据的相关步骤)。此外，任何基于主键的相等查询也会受益，因为表的数据全部存储在索引中。在传统的表/索引组合中，基于索引的访问需要在索引访问后面跟上表访问。在 IOT 中，只需要访问 IOT，没有任何伴随的索引。

然而，通过使用单个索引访问替代普通的索引/表组合访问获得的性能改进可能非常小，因为任何基于索引的访问都非常快捷。为帮助进一步改进性能，索引组织表提供了额外特性：

- **溢出区域**　通过在创建 IOT 时设置 PCTTHRESHOLD 参数，可分开存储主键数据和行数据。如果行数据超出块中可用空间的限度，它将动态移动到溢出区域。可以指定溢出区域位于单独的表空间中，从而改进分布与表相关的 I/O 的能力。
- **二级索引**　可在 IOT 上创建二级索引。Oracle 将使用主键值作为行的逻辑 RowID。
- **减少的存储需求**　在传统的表/索引组合中，相同的键值存储在两个位置。在 IOT 中，它们只存储一次，从而减少存储需求。

提示：

当指定溢出区域时，可使用 INCLUDING COLUMN 子句来指定将存储在溢出区域中的列(以及表定义中的所有后续列)：

```
create table ord_iot
   (order_id number,
    order_date date,
    order_notes varchar2(1000), primary key(order_id,order_date))
     organization index including order_date
     overflow tablespace over_ord_tab
     PARTITION BY RANGE (order_date)
      (PARTITION p1 VALUES LESS THAN ('01-JAN-2009')
         TABLESPACE data01,
      PARTITION p2 VALUES LESS THAN ('01-JAN-2010')
         TABLESPACE data02,
      PARTITION p3 VALUES LESS THAN ('01-JAN-2011')
         TABLESPACE data03,
      PARTITION p4 VALUES LESS THAN ('01-JAN-2012')
         TABLESPACE data04,
      PARTITION p5 VALUES LESS THAN ('01-JAN-2013')
         TABLESPACE data05,
       PARTITION p6 VALUES LESS THAN (MAXVALUE)
         TABLESPACE data06);
```

ORDER_DATE 和 ORDER_NOTES 都将存储在溢出区域中。

为创建 IOT，可使用 CREATE TABLE 命令的 ORGANIZATION INDEX 子句。在创建 IOT 时必须指定主键。在 IOT 中，可以删除列，或者通过 ALTER TABLE 命令的 SET UNUSED 子句将列标记为不活动。

8.4.3　索引组织表的调整问题

类似于索引，在插入、更新和删除值时，IOT 可能会逐渐在内部产生存储碎片。为重新构建 IOT，可使用 ALTER TABLE 命令的 MOVE 子句。在下面的示例中，重新构建了 EMPLOYEE_IOT 表及其溢出区域：

```
alter table EMPLOYEE_IOT
move tablespace DATA
overflow tablespace DATA_OVERFLOW;
```

应避免在 IOT 中存储长行的数据。一般来说，如果数据长度超过数据库块大小的 75%，则应避免使用 IOT。如果数据库块大小是 4KB，并且行长度超出 3KB，则应该考虑使用普通表和索引，而不是使用 IOT。行越长，针对 IOT 执行的事务越多，就越需要频繁地重新构建 IOT。

注意：
在 IOT 中不可以使用 LONG 数据类型，但可使用 LOB。尽量不要再使用 LONG 数据类型，在未来的 Oracle 版本中，将废弃该类型。LOB 不仅具有 LONG 的全部功能，还具有更多功能。

本章前面提及，索引影响数据加载速率。为获得最佳结果，IOT 的主键索引应该和连续的值一起加载，从而最小化索引管理的成本。

8.5 调整数据操作

一些数据操作任务——通常是涉及大量数据的操作，可能需要 DBA 的参与。在加载和删除大量数据时，可以有一些选择，下面将描述这些选择。

8.5.1 批量插入：使用 SQL*Loader Direct Path 选项

用于 Conventional Path 模式中时，SQL*Loader 从文件中读取记录，生成 INSERT 命令，并将它们传递到 Oracle 内核。然后，Oracle 在表中的空闲块中为这些记录查找存放空间，并更新任何相关的索引。

在 Direct Path 模式中，SQL*Loader 创建格式化的数据块，并直接写入数据文件。这需要偶尔检查数据库以获得数据块的新位置，但不需要其他使用数据库内核的 I/O。结果是数据加载过程远快于 Conventional Path 模式。

如果表上建立了索引，则索引将在加载期间处于 DIRECT PATH 状态。加载完成后，排序新的键(索引列值)，并将其与索引中已有的键合并在一起。为维护临时的一组键，加载过程将创建一个临时的索引段，该段至少与表上最大的索引一样大。通过预先排序数据并在 SQL*Loader 控制文件中使用 SORTED INDEXES 子句，可最小化这种情况的空间需求。

为最小化在加载期间必需的动态空间分配数量，正在加载进来的数据段应该是已创建的数据段，并已分配所需的全部空间。也应预先排序表中最大索引的列上的数据。相对于在加载之前删除索引，然后在加载完成后重新创建这些索引，在 Direct Path 加载期间排序数据并保留表上的索引通常会产生更好的性能。

但注意，直接路径加载操作始终使用新盘区。因此，如果使用并行 DELETE，然后用并行直接路径加载跟踪它，则每个块上可能有不断增加的空闲空间，给表分配的磁盘空间的增长速度远超你的预期。

为利用 Direct Path 选项，不可以群集表，也不可以有针对它的其他活动事务。在加载期间，只实施 NOT NULL、UNIQUE 和 PRIMARY KEY 约束；在加载完成后，可自动重新启用 CHECK 和 FOREIGN KEY 约束。为强制进行这种重新启用过程，在 SQL*Loader 控制文件中使用 REENABLE DISABLED_CONSTRAINTS 子句。

这种重新启用过程的唯一例外是表插入触发器，在重新启用时，不会为表中的每个新行执行表插入触发器。无论这种类型的触发器执行了什么命令，单独过程必须手动执行这些命令。

将数据加载到 Oracle 表时，SQL*Loader Direct Path 加载选项比 SQL*Loader Conventional Path 加载器提供了更多的性能改进，其方法是绕开 SQL 处理、缓冲区缓存管理以及不必要的数据块读取。SQL*Loader 的 Parallel Data Loading 选项允许使用多个进程将数据加载到相同的表中，利用系统上多余的资源，从而减少加载过程消耗的总时间。假设有足够的 CPU 和 I/O 资源，这样做可以极大地减少总加载时间。

为使用 Parallel Data Loading，使用 PARALLEL 关键字启动多个 SQL*Loader 会话(否则，SQL*Loader 会在表上放置一个独占的锁)。每个会话都是一个独立会话，需要有自己的控制文件。下面的程序清单显示的 Direct Path 加载示例在命令行中使用了 PARALLEL=TRUE 参数：

```
sqlldr userid=rjb/rjb control=part1.ctl direct=true parallel=true
sqlldr userid=rjb/rjb control=part2.ctl direct=true parallel=true
sqlldr userid=rjb/rjb control=part3.ctl direct=true parallel=true
```

每个会话默认情况下创建自己的日志文件、错误文件和丢弃文件(part1.log、part2.log、part3.log、part1.bad、part2.bad 等)。因为具有多个将数据加载到相同表中的会话，所以对于 Parallel Data Loading，只允许 APPEND 选项。而对于 Parallel Data Loading，不允许 SQL*Loader REPLACE、TRUNCATE 和 INSERT 选项。如果在启动加载前需要删除表中的数据，则必须手动删除数据(通过 DELETE 或 TRUNCATE 命令)。如果正在使用 Parallel Data Loading，则不可以使用 SQL*Loader 自动删除记录。

注意：

如果使用 Parallel Data Loading，SQL*Loader 会话不会维护索引。在启动加载进程之前，必须删除表上的所有索引，并禁用它的所有 PRIMARY KEY 和 UNIQUE 约束。在加载完成后，可重新创建表的索引。

在串行的 Direct Path Loading(PARALLEL=FALSE)中，SQL*Loader 将数据加载到表中的盘区中。如果加载过程在加载完成之前失败，一些数据可能会在过程失败之前提交给表。在 Parallel Data Loading 中，每个加载过程为加载数据创建临时段。临时段在以后与表合并在一起。如果 Parallel Data Loading 过程在加载完成之前失败，临时段就不会与表合并。如果临时段没有与加载的表合并，则该加载过程中的任何数据都不会提交到表中。

可使用 SQL*Loader FILE 参数将每个数据加载会话定向到不同的数据文件。通过将每个数据加载会话定向到它自己的数据文件，可平衡加载过程的 I/O 负载。数据加载是 I/O 操作非常密集的一个过程，必须分布到多个磁盘上实施并行加载。与串行加载相比，并行加载的性能得到了很大的改善。

执行 Parallel Data Load 后，每个会话可能尝试重新启用表的约束。只要至少有一个加载会话仍然在进行中，则尝试重新启用约束就会失败。最后一个完成的加载会话应该尝试重新启用约束，并且应该会成功。应该在加载完成后检查约束的状态。如果加载的表具有 PRIMARY KEY 和 UNIQUE 约束，则可以在启用约束前并行创建相关的索引。

8.5.2　批量数据移动：使用外部表

通过称为外部表的对象，可查询数据库外部的文件中的数据。通过 CREATE TABLE 命令的 ORGANIZATION EXTERNAL 子句定义外部表的结构，其语法与 SQL*Loader 控制文件的语法非常相似。

不可以操作外部表中的行，并且不可以索引它：每次对该表的访问都会产生完整的表扫描(即在操作系统级上完整扫描文件)。结果，相对于对存储在数据库中的表的查询性能，对外部表的查询往往具有较差的性能。然而，外部表为加载大型数据集的系统提供了一些潜在的优点：

- 因为数据不是存储在数据库中，并且数据只存储一次(在数据库外部，而不是数据库外部和内部都存储)，从而节省了空间。
- 因为数据绝对不会加载到数据库中，从而消除了数据加载时间。

由于不可以索引外部表，因此它们对由批处理程序访问大量数据的操作最有用。例如，许多数据仓储环境具有分步操作，其中，在将行插入到用户查询的表中之前，将数据加载到临时表中。也可以不将数据加载到这些临时表，而是直接通过外部表访问操作系统文件，从而节省时间和空间。

从体系结构的角度看，外部表允许将数据库内容的重点放在用户最常使用的对象上：小型代码表、群集表以及事务表，同时在数据库外部保持非常大的数据集。可在任何时刻替换由外部表访问的文件，而不会导致数据库中的任何事务开销。

8.5.3 批量插入：常见的陷阱和成功技巧

如果没有从平面文件中插入数据，SQL*Loader 将不会是有用的解决方案。例如，如果需要将大型数据集从一个表移到另一个表，则很可能希望避免必须将数据写入到平面文件，然后再将其读回到数据库中。在数据库中移动数据的最快方法是将其从一个表移动到另一个表，而不需要进入操作系统。

将数据从一个表移到另一个表时，有一些常见方法可用于改进数据迁移的性能：

- 调整结构(删除索引和触发器)。
- 在数据迁移期间禁用约束。
- 使用提示和选项来改进事务性能。

第一个技巧是调整结构，它涉及禁用要加载数据的表上的任何触发器或索引。例如，如果在目标表上有行级别的触发器，则为插入到表中的每一行执行该触发器。如果可能，在数据加载之前禁用该触发器。如果应为每个插入的行执行该触发器，则可在插入行后，再执行批量操作，而不是每次插入期间执行重复的操作。如果进行适当调整，批量操作将比重复执行触发器更快地完成。需要确保为触发器尚未处理的所有行执行这些批量操作。

除禁用触发器，应在启动数据加载之前禁用目标表上的索引。如果索引留在表上，Oracle 将在插入每一行时动态管理索引。不是持续地管理索引，而在启动加载之前删除它，并在加载完成时重新创建它。

注意：
禁用索引和触发器可解决大多数和大型表与表之间数据迁移工作关联的性能问题。

除禁用索引，还应考虑禁用表上的约束。如果源数据已经在数据库的表中，在将其加载到目标表中之前，可以检查该数据，了解它的相关约束(如外键约束或 CHECK 约束)。一旦已经加载数据，就可以重新启用这些约束。

如果这些选项都无法提供适当性能，就应调查 Oracle 为数据迁移调整而引入的选项。这些选项包括：

- **INSERT 命令的 APPEND 提示**　类似于 SQL*Loader Direct Path 选项，APPEND 提示将数据块加载到表中，从表的高水位线开始。使用 APPEND 提示可以增加空间利用率。
- **NOLOGGING 选项**　如果正在执行 CREATE TABLE AS SELECT 命令，使用 NOLOGGING 选项可避免在操作期间写入到重做日志。如果数据库使用备用服务器(Data Guard)，则 FORCE LOGGING 将成为默认行为，因此不管是否使用 NOLOGGING 选项，都应将插入的数据记录到重做日志文件中。
- **并行选项**　并行查询使用多个进程来完成一个任务。对于 CREATE TABLE AS SELECT 命令，可以并行化 CREATE TABLE 部分和查询部分。如果使用并行选项，则也应该使用 NOLOGGING 选项；否则，并行操作将不得不由于串行化写入到联机重做日志文件而等待。然而，Oracle 建议，在生产数据库中，最好记录所有操作。

在使用这些高级选项之前，首先应该调查目标表的结构，确保已经避免了本章前面列举的一些常见陷阱。

也可使用编程逻辑强制以阵列方式处理插入，而不是作为整体的集合。例如，PL/SQL、Java 和 C 支持阵列的插入，从而减少处理大型数据集所需的事务大小。

8.5.4　批量删除：TRUNCATE 命令

有时，用户会尝试一次性删除表中的所有行。当他们在这个过程期间遇到错误时，就会抱怨回滚段太小，而实际上是事务太大。

一旦已经删除所有记录，第二个问题就会发生。即使段中不再有任何行，它仍会维持分配给它的所有空间。因此，删除所有这些行不会节省任何已分配的空间。

TRUNCATE 命令可解决这两个问题。这是一个 DDL 命令，而不是 DML 命令，因此不可以回滚该命令。一旦已在表上使用 TRUNCATE 命令，则删除它的行，并且在该过程中不会执行任何 DELETE 触发器。然而，表保留它的所有从属对象：例如授权、索引和约束。

TRUNCATE 命令是删除批量数据的最快捷方法。因为它将删除表中的所有行，这可能会迫使你改变应用程序设计，从而不会有任何受保护的行存储在和删除的记录相同的表中。如果使用分区，可截取表的一个分区，而不会影响表的剩余分区(参见第 18 章)。

表的示例 TRUNCATE 命令如下所示：

```
truncate table EMPLOYEE drop storage;
```

前面的示例是删除 EMPLOYEE 表中的行，它显示了 TRUNCATE 强大的功能。DROP STORAGE 子句用于释放表中非 INITIAL 的空间(这是默认选项)。因此，可删除表的所有行，并回收除了初始盘区的分配空间的所有空间，而不会删除表。

TRUNCATE 命令也可用于群集。在下面的示例中，REUSE STORAGE 选项用于在获得它的段中保留所有已分配的空间为空：

```
truncate cluster EMP_DEPT reuse storage;
```

执行该示例命令时，EMP_DEPT 群集中的所有行将立刻删除。

为截取分区，需要知道它的名称。在下面的示例中，通过 ALTER TABLE 命令截取

EMPLOYEE 表中名为 PART3 的分区：

```
alter table EMPLOYEE
truncate partition PART3
drop storage;
```

EMPLOYEE 表中剩余的分区将不会受到截取 PART3 分区的影响。查看第 18 章以了解创建和管理分区的详细信息。

作为选择，可创建 PL/SQL 程序，使用动态 SQL 将大型 DELETE 操作划分为多个较小事务(在每个行组之后使用 COMMIT)。

8.5.5 使用分区

可使用分区在物理上隔离数据。例如，可在 ORDERS 表的单独分区中存储每个月的事务。如果在表上执行批量数据加载或删除，可自定义分区以调整数据操纵的操作。例如：

- 可截取分区及其索引，而不会影响表的剩余部分。
- 可通过 ALTER TABLE 命令的 DROP PARTITION 子句删除分区。
- 可删除分区的本地索引。
- 可设置分区为 NOLOGGING，减少大型事务的影响。

从性能角度看，分区的主要优点在于可与表的其他部分分开管理的能力。例如，截取分区的能力允许从表中删除批量数据(但不是表的所有数据)，而不会生成任何重做信息。短期看，这种性能改进的受益者是 DBA；从长远的观点看，整个企业都会从这种改进的数据可用性中受益。查看第 18 章以了解实现分区和子分区的详细信息。

可使用 EXCHANGE PARTITION 选项来极大地减小数据加载过程对系统可用性带来的影响。首先创建具有和分区表相同列结构的空表。将数据加载到新表中，然后分析新表。在新的表上创建和分区表相同的索引，这些索引必须是局部索引，而不能是全局索引。完成这些步骤时，使用 EXCHANGE PARTITION 子句改变分区表，交换空的分区和填充的新表。现在通过分区表可访问所有加载的数据。在这个步骤期间对系统的可用性几乎没有任何影响，因为它是一个 DDL 操作。

8.6 减少网络流量

当数据库和使用它们的应用程序的分布更广泛时，支持服务器的网络可能成为交付数据给用户过程中的瓶颈。因为 DBA 一般无法对网络管理进行更多的控制，所以使用数据库的功能来减少要交付的数据所需的网络包的数量就显得很重要。减少网络流量将减少对网络的依赖性，从而消除潜在造成的性能问题。

8.6.1 使用物化视图复制数据

可操作和查询远程数据库中的数据。然而，不希望经常将大量数据从一个数据库发送到另一个数据库。为减少在网络上发送的数据量，应该考虑不同的数据复制选项。

在完全分布式环境中，每个数据元素存储于一个数据库中。需要数据时，通过数据库链接从远程数据库中访问该数据。这种纯粹方法类似于严格按照第三范式实现应用程序：一种无法轻松支持任何主要产品应用程序的方法。修改应用程序的表以改进数据检索性能会涉及数据的反规范化。反规范化过程特意存储多余的数据，从而缩短用户对数据的访问路径。

在分布式环境中，复制数据可实现这一目标。不是迫使查询通过网络来解决用户请求，而将远程服务器中选择的数据复制到本地服务器中。可通过许多方法实现这一点，下面将描述这些方法。

复制的数据在创建后就会立刻过时。因此，在源数据不是频繁改变或业务过程可以支持旧数据的使用时，针对性能目标而复制数据最有效。

Oracle 的分布式功能提供了管理数据库中数据复制的方法。物化视图将数据从主要来源复制到多个目标。Oracle 提供了一些工具，用于以指定的时间间隔刷新数据并更新目标。

物化视图可以是只读的，也可以是可更新的。第 19 章将介绍物化视图的管理问题，本节将介绍它们的性能调整。

为复制而创建物化视图前，应首先创建到源数据库的数据库链接。下面的示例使用 LOC 服务名创建了名为 HR_LINK 的私有数据库链接：

```
create database link hr_link
connect to hr identified by in4quandry
using 'loc';
```

该示例中所示的 CREATE DATABASE LINK 命令具有如下一些参数：

- 链接的名称(当前情况下是 HR_LINK)。
- 连接到的账户。
- 远程数据库的服务名(在服务器的 tnsnames.ora 文件中可以找到该名称)。在当前情况下，服务名是 LOC。

物化视图自动完成数据复制和刷新过程。创建物化视图时，建立刷新间隔时间以调度被复制数据的刷新。物化视图可防止本地更新，但可以使用基于事务的刷新。基于事务的刷新只从主数据库中发送针对物化视图改变的行，可用于许多类型的物化视图。本章后面将描述该功能，它可以极大地改进刷新的性能。

下面的示例展示了用于在本地服务器上创建物化视图的语法，其中为物化视图提供了名称(LOCAL_EMP)，并且指定了它的存储参数，给出了它的基本查询和刷新间隔时间。在此例中，告知物化视图立刻检索主要的数据，然后在 7 天之后再次执行刷新操作(SYSDATE+7)：

```
create materialized view local_emp
pctfree 5
tablespace data_2
storage (initial 100m next 100m pctincrease 0)
refresh fast
     start with sysdate
     next sysdate+7
as select * from employee@hr_link;
```

REFRESH FAST 子句告诉数据库使用物化视图日志来刷新本地的物化视图。如果物化视图的基本查询足够简单，ORACLE 就可以利用它来确定当源表中的一行改变时物化视图中的哪一行会改变，这时才可以使用在刷新期间使用物化视图日志的能力。

使用物化视图日志时，只有对主表的改动才会发送到目标。如果使用复杂的物化视图，必须使用 REFRESH COMPLETE 子句来代替 REFRESH FAST 子句。在完整的刷新中，刷新完全替换物化视图的底层表中的已有数据。

必须通过 CREATE MATERIALIZED VIEW LOG 命令在主数据库中创建物化视图日志。CREATE MATERIALIZED VIEW LOG 命令的示例如下所示：

```
create materialized view log on EMPLOYEE
tablespace DATA
storage (initial 500k next 100k pctincrease 0);
```

物化视图日志总在与主表相同的模式中创建。

可使用具有物化视图日志的简单物化视图来减少维护被复制数据所涉及的网络流量数。因为只会通过物化视图日志发送对数据的改动，所以简单物化视图的维护应该比复杂物化视图使用较少的网络资源，特别是在主表是大型的、相当静态的表时。如果主表不是静态的，则通过物化视图日志发送的事务量可能不会少于执行完整刷新所发送的事务量。查看第 19 章以了解关于物化视图的刷新功能的详细信息。

不论选择什么刷新选项，都应该索引物化视图的基表，优化针对物化视图的查询。从性能角度看，最终目标是尽可能快速地为用户提供他们所需的数据，并且使用用户所需的格式。通过创建关于远程数据的物化视图，可避免在查询期间遍历数据库链接。通过创建关于本地数据的物化视图，可防止用户重复聚集大量数据，代之以向用户提供预先聚集好的数据，这些数据可以回答大多数常见的查询。

8.6.2 使用远程过程调用

在分布式数据库环境中使用过程时，可使用两个选项之一：创建引用远程表的本地过程，或创建由本地应用程序调用的远程过程。

过程的合适位置取决于数据的分布情况以及数据的使用方式。其重点应该放在最小化为了解决数据请求而必须通过网络发送的数据量上。驻留该过程的数据库应包含此过程操作期间使用的大多数数据。

例如，考虑如下过程：

```
create procedure my_raise (my_emp_no in number, raise in number)
as
begin
     update employee@hr_link
     set salary = salary+raise
     where empno = my_emp_no;
end;
/
```

这种情况下，过程只访问远程节点(由数据库链接 HR_LINK 表明)上的一个表(EMPLOYEE)。为减少通过网络发送的数据量，将该过程移到由数据库链接 HR_LINK 标识的远程数据库，并从该过程的 FROM 子句中删除对数据库链接的引用。然后，通过使用数据库链接，从本地数据库中调用该过程，如下所示：

```
execute my_raise@hr_link(1234,2000);
```

这种情况下，两个参数传递给过程：MY_EMP_NO 设置为 1234，RAISE 设置为 2000。使用数据库链接调用该过程，告诉数据库在何处查找过程。

执行远程过程调用的调整优点是，在驻留数据的数据库中执行过程的所有处理。远程过程调用可最小化完成过程处理所需的网络流量。

为维持位置的透明性，可创建一个指向远程过程的本地同义词。在同义词中指定数据库链接名，从而用户请求将自动使用远程数据库：

```
create synonym my_raise for my_raise@hr_link;
```

然后，用户可以输入如下命令：

```
execute my_raise(1234,2000);
```

这将执行由同义词 MY_RAISE 定义的远程过程。

8.7 使用 AWR

在 Oracle Database 10*g* 及更早版本中，Statspack 收集并报告数据库统计信息，虽然这些统计信息严格按照基于文本的格式！从 Oracle 10*g* 开始，自动工作负荷存储库(Automatic Workload Repository，AWR)对 Statspack 概念进行了增强，除生成 Statspack 收集的所有统计信息外，AWR 还生成更多的信息。此外，AWR 与 Cloud Control 12c 高度集成，从而很容易分析和修正性能问题。

注意：
Statspack 在 Oracle Database 12*c* 中依然是一个免费选项。要使用 AWR 报告，必须获得 Diagnostics 程序包许可。

类似于 Statspack，AWR 收集和维护性能统计信息，以便发现问题并进行自调整。你可以生成关于 AWR 数据的报告，并通过视图或通过 Cloud Control 12*c* 访问它。你可以报告最近的会话活动以及整体的系统统计信息和 SQL 的使用。

AWR 每小时捕获一次系统统计信息(生成数据库的“快照”)，并将数据存储在它的存储库表中。和 Statspack 一样，当历史保留周期增加或快照之间的间隔时间减少时，AWR 存储库的空间需求就会增加。默认情况下，在存储库中维持 7 天的数据量。可通过 DBA_HIST_SNAPSHOT 视图查看存储在 AWR 存储库中的快照。

为启用 AWR，可将 STATISTICS_LEVEL 初始参数设置为 TYPICAL 或 ALL。如果设置 STATISTICS_LEVEL 为 BASIC，则可生成 AWR 数据的手动快照，但这些快照不像由 AWR 自动执行的快照那样全面。将 STATISTICS_LEVEL 设置为 ALL 可将定时的 OS 统计信息和计划执行统计信息添加到用 TYPICAL 设置收集的那些信息中。

8.7.1 管理快照

为生成手动快照，可使用 DBMS_WORKLOAD_REPOSITORY 程序包的 CREATE_SNAPSHOT 过程：

```
execute dbms_workload_repository.create_snapshot ();
```

为改变快照设置，可使用 MODIFY_SNAPSHOT_SETTINGS 过程。可修改快照的保留时间(以分钟为单位)和间隔时间(以分钟为单位)。下面的示例将当前数据库的快照间隔时间改为30 分钟：

```
execute  dbms_workload_repository.modify_snapshot_settings
( interval => 30);
```

为删除一定范围的快照，可使用 DROP_SNAPSHOT_RANGE 过程，同时指定要删除的开始快照 ID 和结束快照 ID：

```
execute dbms_workload_repository.drop_snapshot_range
    (low_snap_id => 1, high_snap_id => 10);
```

8.7.2 管理基线

可指定一组快照作为系统性能的基线。这些基线数据将被保留，便于以后与快照进行比较。使用 CREATE_BASELINE 过程来指定基线的开始快照和结束快照：

```
execute dbms_workload_repository.create_baseline
   (start_snap_id => 1, end_snap_id => 10,
   baseline_name => 'Monday baseline');
```

创建基线时，Oracle 将一个 ID 赋予基线，可通过 DBA_HIST_BASELINE 视图查看过去的基线。作为基线开始和结束的快照将一直保留，直到删除基线。为删除基线，可使用 DROP_BASELINE 过程：

```
execute dbms_workload_repository.drop_baseline
(baseline_name => 'Monday baseline', cascade => FALSE);
```

如果设置 DROP_BASELINE 过程的 CASCADE 参数为 TRUE，则在删除基线时将删除相关的快照。

可通过 Cloud Control 12*c* 或本节前面提到的数据字典视图来查看 AWR 数据。支持 AWR 的额外视图包括 V$ACTIVE_SESSION_HISTORY(每秒采样一次)、DBA_HIST_SQL_PLAN(执行计划)以及 DBA_HIST_WR_CONTROL(用于 AWR 设置)。

8.7.3 生成 AWR 报告

可通过 Cloud Control 12*c* 或通过提供的报告脚本从 AWR 中生成报告。awrrpt.sql 脚本根据开始快照和结束快照之间统计数据的差别来生成报告。第二个报告脚本 awrrpti.sql 根据指定数据库和实例的开始快照和结束快照来显示报告。

awrrpt.sql 和 awrrpti.sql 都位于$ORACLE_HOME/rdbms/admin 目录中。执行报告(通过任何 DBA 账户)时，会提示输入报告的类型(HTML 或文本)、列出的快照的天数、开始和结束快照 ID 以及输出文件的名称。对于 RAC 环境，可使用 awrgrpt.sql 来报告所有实例上的大多数统计信息。

8.7.4　运行 Automatic Database Diagnostic Monitor 报告

除了依赖于针对 AWR 表(在以前的 Oracle 版本中与 Statspack 非常相似)的手动报告，还可使用 Automatic Database Diagnostic Monitor (ADDM)。因为是基于 AWR 的数据，所以 ADDM 需要设置 STATISTICS_LEVEL 参数(根据前文的建议，该参数设置为 TYPICAL 或 ALL)。可通过 Cloud Control 12*c* 的 Performance Analysis 部分访问 ADDM，或手动运行 ADDM 报告。

为对一组快照运行 ADDM，可使用位于$ORACLE_HOME/rdbms/admin 目录的 addmrpt.sql 脚本。

注意：
必须拥有 ADVISOR 系统权限才能执行 ADDM 报告。

在 SQL*Plus 中，执行 addmrpt.sql 脚本。这时会提示输入进行分析的开始和结束快照 ID，以及输出文件的名称。

为查看 ADDM 数据，可使用 Cloud Control 12*c* 或顾问数据字典视图。顾问视图包括 DBA_ADVISOR_TASKS(已有的任务)、DBA_ADVISOR_LOG(任务的状态和进展)、DBA_ADVISOR_RECOMMENDATIONS(完成的诊断任务和推荐)以及 DBA_ADVISOR_FINDINGS。可使用推荐的方法来解决通过 ADDM 发现的问题。图 8-1 展示了从默认基线生成的一个典型 AWR 报告。在此例中，快照开始于 14-Sep-2013，结束于 22-Sep-2013。加载此数据库似乎需要大量 CPU 和内存资源，但是，栓锁争用(latch contention)不存在，所以有足够的内存执行所有排序，而不必使用磁盘。

Instance Efficiency Percentages (Target 100%)

Buffer Nowait %:	99.99	Redo NoWait %:	100.00
Buffer Hit %:	96.86	In-memory Sort %:	100.00
Library Hit %:	97.50	Soft Parse %:	92.77
Execute to Parse %:	88.03	Latch Hit %:	99.99
Parse CPU to Parse Elapsd %:	97.79	% Non-Parse CPU:	39.29

Shared Pool Statistics

	Begin	End
Memory Usage %:	60.22	58.20
% SQL with executions>1:	83.61	93.20
% Memory for SQL w/exec>1:	61.80	57.38

Top 5 Timed Foreground Events

Event	Waits	Time(s)	Avg wait (ms)	% DB time	Wait Class
db file sequential read	85,419	264	3	59.77	User I/O
DB CPU		139		31.42	
direct path read	10,288	35	3	7.84	User I/O
db file parallel read	272	4	16	0.98	User I/O
db file scattered read	505	2	5	0.54	User I/O

Host CPU (CPUs: 24 Cores: 12 Sockets: 2)

Load Average Begin	Load Average End	%User	%System	%WIO	%Idle
1.94	2.11	2.9	0.8	2.9	96.2

Instance CPU

%Total CPU	%Busy CPU	%DB time waiting for CPU (Resource Manager)
0.2	5.1	0.0

Memory Statistics

	Begin	End
Host Mem (MB):	96,867.3	96,867.3
SGA use (MB):	3,504.0	3,504.0
PGA use (MB):	373.7	409.5
% Host Mem used for SGA+PGA:	4.00	4.04

图 8-1　通过 Cloud Control 12*c* 访问 AWR 报告示例

8.7.5 使用自动 SQL 调整顾问

Oracle Database 11*g* 的新增特性自动 SQL 调整顾问(Automatic SQL Tuning Advisor)运行于默认维护窗口期间(使用 AutoTask)，并以 AWR 中收集的负载最高的 SQL 语句为目标。一旦在维护窗口期间开始自动 SQL 调整，自动 SQL 调整顾问就执行下列步骤：

(1) 从 AWR 统计信息识别重复的高负载 SQL。忽略最近调整的 SQL 和递归 SQL。

(2) 调用 SQL 调整顾问，调整高负载 SQL。

(3) 为高负载 SQL 创建 SQL 配置文件，并分别测试有配置文件和无配置文件的性能。

(4) 如果性能至少提高 1/3，则自动保留配置文件，否则，注意在调整报告中加以改进。

图 8-2 展示了 Advisor Central(顾问中心)的 Advisor tasks(顾问任务)的小结。在此例中，可以看到 Automatic Database Diagnostic Monitor (ADDM)、Segment Advisor 和 SQL Tuning Advisor 的结果小结。

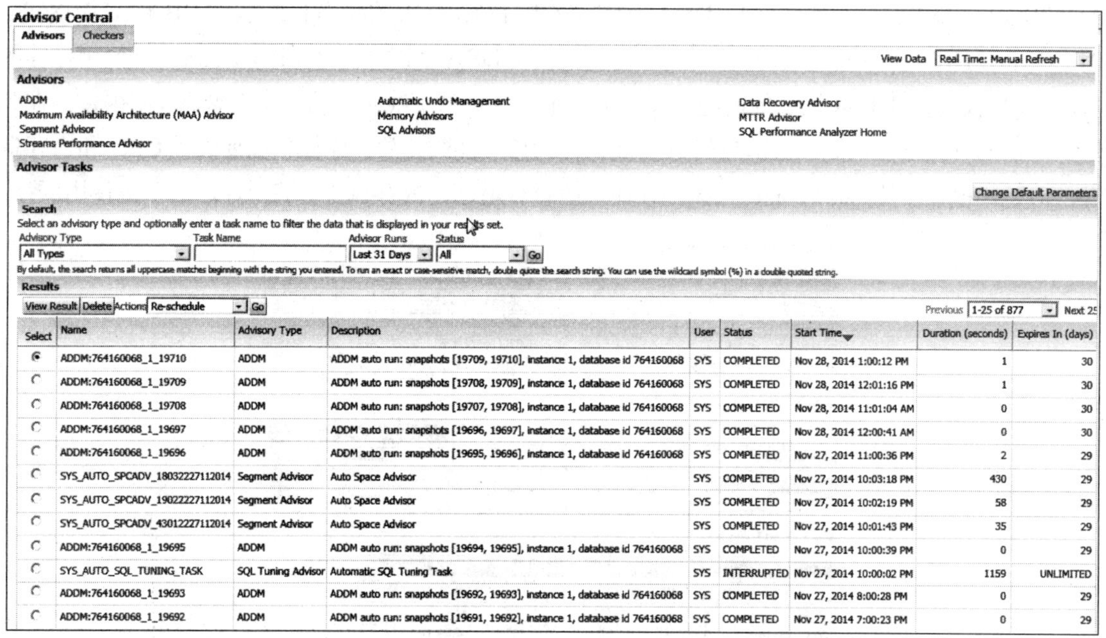

Select	Name	Advisory Type	Description	User	Status	Start Time	Duration (seconds)	Expires In (days)
◉	ADDM:764160068_1_19710	ADDM	ADDM auto run: snapshots [19709, 19710], instance 1, database id 764160068	SYS	COMPLETED	Nov 28, 2014 1:00:12 PM	1	30
○	ADDM:764160068_1_19709	ADDM	ADDM auto run: snapshots [19708, 19709], instance 1, database id 764160068	SYS	COMPLETED	Nov 28, 2014 12:01:16 PM	1	30
○	ADDM:764160068_1_19708	ADDM	ADDM auto run: snapshots [19707, 19708], instance 1, database id 764160068	SYS	COMPLETED	Nov 28, 2014 11:01:04 AM	0	30
○	ADDM:764160068_1_19697	ADDM	ADDM auto run: snapshots [19696, 19697], instance 1, database id 764160068	SYS	COMPLETED	Nov 28, 2014 12:00:41 AM	0	30
○	ADDM:764160068_1_19696	ADDM	ADDM auto run: snapshots [19695, 19696], instance 1, database id 764160068	SYS	COMPLETED	Nov 27, 2014 11:00:36 PM	2	29
○	SYS_AUTO_SPCADV_18032227112014	Segment Advisor	Auto Space Advisor	SYS	COMPLETED	Nov 27, 2014 10:03:18 PM	430	29
○	SYS_AUTO_SPCADV_19022227112014	Segment Advisor	Auto Space Advisor	SYS	COMPLETED	Nov 27, 2014 10:02:19 PM	58	29
○	SYS_AUTO_SPCADV_43012227112014	Segment Advisor	Auto Space Advisor	SYS	COMPLETED	Nov 27, 2014 10:01:43 PM	35	29
○	ADDM:764160068_1_19695	ADDM	ADDM auto run: snapshots [19694, 19695], instance 1, database id 764160068	SYS	COMPLETED	Nov 27, 2014 10:00:39 PM	0	29
○	SYS_AUTO_SQL_TUNING_TASK	SQL Tuning Advisor	Automatic SQL Tuning Task	SYS	INTERRUPTED	Nov 27, 2014 10:00:02 PM	1159	UNLIMITED
○	ADDM:764160068_1_19693	ADDM	ADDM auto run: snapshots [19692, 19693], instance 1, database id 764160068	SYS	COMPLETED	Nov 27, 2014 8:00:28 PM	0	29
○	ADDM:764160068_1_19692	ADDM	ADDM auto run: snapshots [19691, 19692], instance 1, database id 764160068	SYS	COMPLETED	Nov 27, 2014 7:00:23 PM	0	29

图 8-2 Cloud Control 12*c* 顾问中心(Advisor Central)小结

单击 SQL Tuning Advisor 结果链接，可看到自动 SQL 调整结果小结，如图 8-3 所示。在这个数据库中，SQL Tuning Advisor 找到 124 个可通过以下方式加以改进的 SQL 语句：实现 SQL Profile、添加一个或多个索引、更频繁地收集统计数据或重写 SQL 语句。

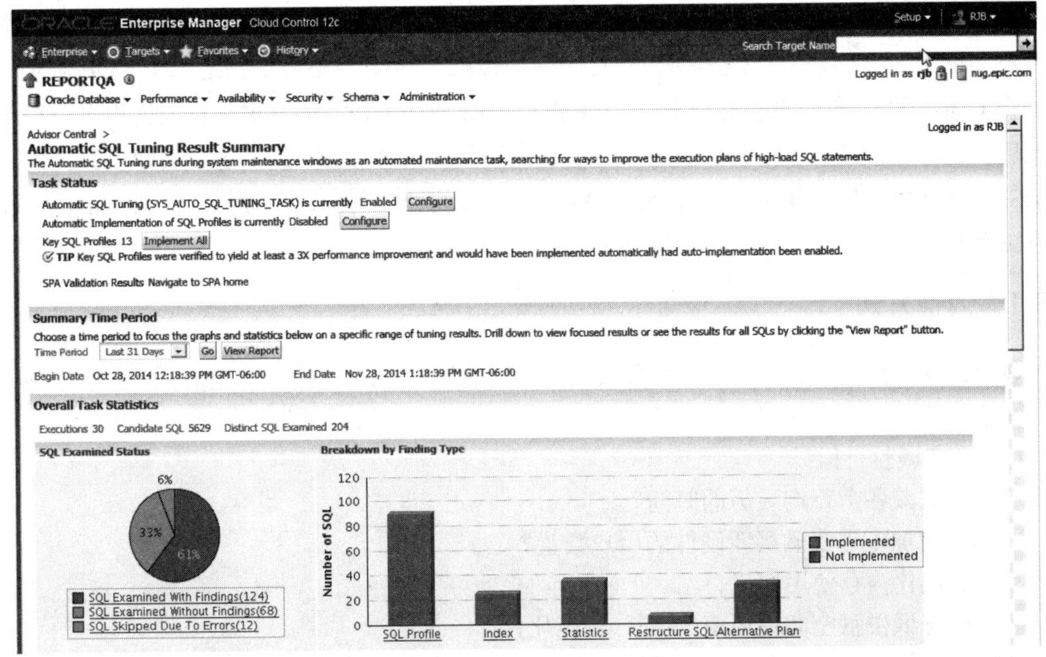

图 8-3　自动 SQL 调整顾问(Automatic SQL Tuning Advisor)结果

8.8　多租户环境中的性能调整

第 11 章介绍 Oracle 多租户体系结构的基础知识。其中包括不同类型的可用容器：根容器(容器数据库，或 CDB)，其中至少包含根数据库、种子数据库以及零个或多个可插入数据库(PDB)。Oracle 12*c* 数据库可以是独立数据库，并转换为 PDB。还区分普通用户(common user)和本地用户(local user)：普通用户拥有一个容器中所有 PDB 的权限，而本地用户将 PDB 视为一个独立数据库(非 CDB)。在多租户(multitenant)环境中，除传统的 USER_、ALL_和 DBA_数据字典视图外，还有 CDB_视图，可供普通用户在整个容器上查看。

如你所料，调整多租户容器数据库(容器本身或一个 PDB)与调整非 CDB 十分相似，因为你在调整单个实例，有多个不同的应用程序(PDB)共享和竞用同一服务器资源。这与多租户数据库体系结构是一致的，因为从使用情况、兼容性和调整等方面看，CDB 和非 CDB 之间差异极小，甚至是相同的。

对 PDB 进行性能调整的关键是监控和资源分配。不仅必须调整一个 PDB 中的各个 SQL 语句，还必须确定所有 PDB 处于活动状态时一个 PDB 可拥有的服务器资源百分比。适用于非 CDB 数据库的工具同样可用于 CDB，如 SQL Tuning Advisor 以及大家熟悉的 AWR 和 ADDM 报告。在 CDB 环境中的主要区别在于，调整 SQL 语句发生在 PDB 级别，而 AWR、ASH 和 ADDM 报告发生在实例(CDB)级别。

你将在第 11 章中看到，如果 CDB 级别的默认值不合适，也可在 PDB 级别设置一些初始参数。将介绍如何在调整场景中在 PDB 级别更改其中一些参数。

即使在 CDB 级别存在数据库活动，从逻辑上看，每个 PDB 中应该发生大批活动。记住，从实例角度看，它仍是一个数据库实例。因此，标准 Oracle 调整方法仍适用于 CDB 环境。

在 CDB 级别，你想要优化承载一个或多个 PDB 所需的内存量；这是首先使用多租户环境的原因！在下面的场景中，将回顾标准调整方法以及如何在 PDB 级别更改初始参数。使用诸如 ASH、ADDM 和 AWR 的报告，可帮助识别 CDB 的性能问题，而使用 SQL Tuning Advisor 可帮助你优化每个 PDB 中的 SQL 活动。

8.8.1 调整方法

Oracle Database 最近几个版本中开发和完善的标准 Oracle 调整方法也适用于多租户环境。总体步骤如下：

(1) 确定调整目标：
  a. 缩减各个查询经历的时间？
  b. 增加不需要购买新硬件的用户数量？
  c. 优化内存使用情况？
  d. 降低磁盘空间使用率(压缩、规范化)?
(2) 确定产生瓶颈的原因(OS、网络、I/O)；通常是一个原因。
(3) 自上而下调整应用程序：
  a. 查看应用程序设计。
  b. 修改数据库设计(反规范化、物化视图和数据仓库)。
  c. 调整 SQL 代码。
  d. 调整实例。
(4) 完成步骤 3 之后使用数据库分析工具：
  a. 在实例和 OS 级别收集统计数据。
  b. 使用 AWR 报告来识别等待事件和性能不佳的 SQL。
  c. 使用 SQL Tuning Advisor、内存顾问和其他顾问来调整和缩短经历的时间、CPU 和 I/O。
(5) 调整一个或多个组件后，如果尚未达到调整目标，从步骤 2 重新开始。

调整工作的最重要之处在于确定何时停止调整。换言之，需要在多个用户抱怨“数据库过慢”后确定调整工作的目标。确定性能问题，重新评估服务级别协议(SLA)，监控数据库成长和用户数量；根据这些重要因素，确定需要耗费多长时间来调整数据库(CDB 或非 CDB)，再决定提高硬件速度、提高网络速度或重新设计数据库。

8.8.2 调整 CDB

CDB 级别的调整参数与调整非 CDB 环境中(具有多个应用程序，这些程序的资源和可用性需求各不相同)的单个实例非常类似。有必要再次指出，CDB 是单个数据库实例，但增加了多租户环境中的功能，你可以更好地控制多个应用程序(在各自的 PDB 中)之间的资源使用，在安全上可以更好地隔离应用程序。

1. 调整 CDB 内存和 CPU 资源

在 CDB 中调整内存意味着更改与非 CDB 同样的内存区域：

- 缓冲区缓存(SGA)
- 共享池(SGA)
- 程序全局区域(PGA)

在计算 CDB 的内存需求时，首先应评估将成为 PDB 的每个非 CDB 的所有对应内存需求之和。当然，最终要根据多个因素降低 CDB 的内存使用总量。例如，并非所有 PDB 同时处于活动状态，因此很可能不需要将等量的总内存分配给 CDB。

使用 Enterprise Manager Cloud Control 12*c* 是查看整个 CDB 上资源使用情况的好方法。在图 8-4 中，容器 CDB01 有三个 PDB 处于活动状态，有两个处于非活动状态。

为 CDB 分配的总内存约为 5GB。三个非 CDB 的内存使用量可能各为 5GB 或更多；内存总量为 5GB 时，CDB01 中的所有 5 个 PDB 的运行效果不错。

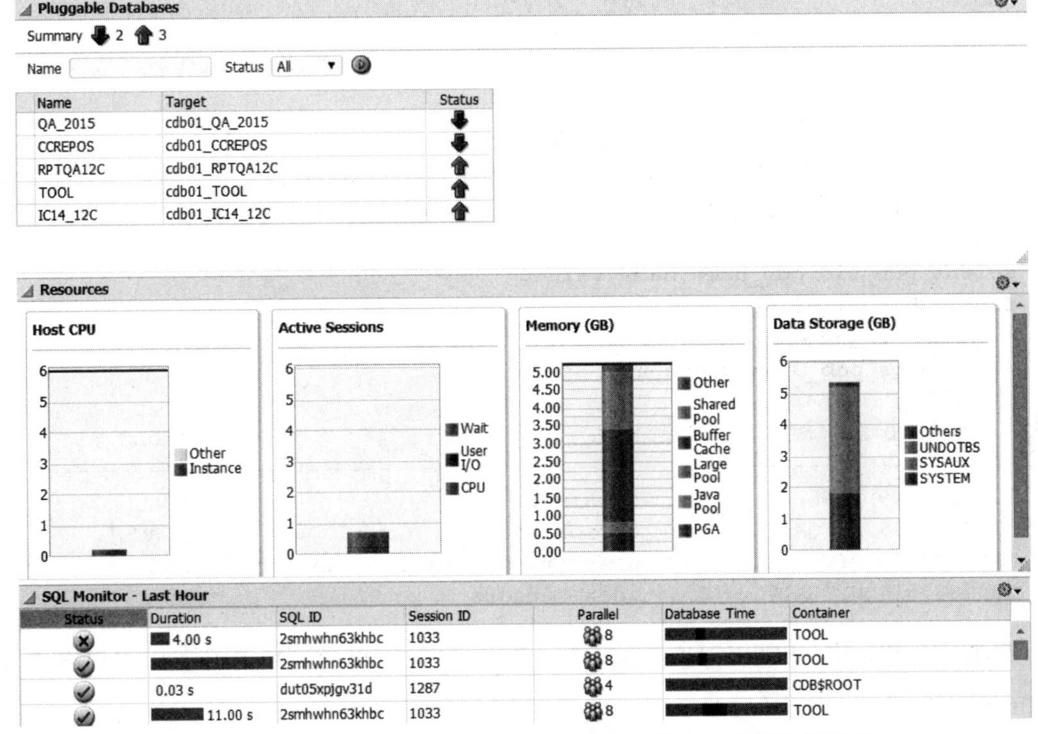

图 8-4　在 CDB 中使用 Cloud Control 12*c* 来查看 PDB 资源使用情况

可以使用三种不同方法在一个 CDB 中的多个 PDB 之间分配资源：

- **无(None)**　如果其他任何 PDB 都不活动，让每个 PDB 使用 CDB 的所有资源；如果多个 PDB 都需要资源，则均分资源。
- **最小(Minimum)**　为每个 PDB 分配最低限度的保障资源。
- **最小/最大(Minimum/maximum)**　每个 PDB 都获得最低限度的保障资源和最高限度的保障资源。

CDB 中的资源使用分配用“份额(share)”来度量。默认情况下，所有 PDB 可使用分配给

CDB 的所有资源。稍后将更详细地介绍如何分配和计算份额。

2. 更改初始参数

你将在第 11 章中看到，每个 CDB 实例中只有一个 SPFILE。所有数据库参数都存储在 CDB 的 SPFILE 中，但其中的 171 个参数(在 Oracle Database 12*c* 12.1.0.1 中，共有 367 个参数)可在 PDB 级别进行更改。可通过 ISPDB_MODIFIABLE 列来方便地了解可在 PDB 级别更改哪些参数：

```
SQL> select ispdb_modifiable,count(ispdb_modifiable)
  2  from v$parameter
  3  group by ispdb_modifiable;

ISPDB COUNT(ISPDB_MODIFIABLE)
----- -----------------------
TRUE                      171
FALSE                     196

SQL>
```

当拔下一个 PDB 时，其自定义参数仍保留在已拔下的 PDB 中，当 PDB 插回时，无论插入到哪个 PDB，都会设置自定义参数。当克隆 PDB 时，也会克隆自定义参数。在容器级别，可查看数据字典视图 PDB_SPFILE$，来查看哪些参数在 PDB 上是不同的：

```
select pdb_uid,pdb_name,name,value$
from pdb_spfile$ ps
  join cdb_pdbs cp
    on ps.pdb_uid=cp.con_uid;

   PDB_UID PDB_NAME        NAME                           VALUE$
---------- --------------- ------------------------------ ----------
1258510409 TOOL            sessions                       200
1288637549 RPTQA12C        cursor_sharing                 'FORCE'
1288637549 RPTQA12C        star_transformation_enabled    TRUE
1288637549 RPTQA12C        open_cursors                   300
```

在 TOOL PDB 中，SESSIONS 参数不同于默认值(在 CDB 级别)；RPTQA12C PDB 设置了三个非默认参数。

8.8.3 使用内存顾问

CDB 中的缓冲区缓存在所有 PDB 中共享，行为与非 CDB 中的缓冲区缓存类似：相同的 LRU 算法用于确定块何时(以及是否)保留在缓冲区缓存中。由于共享缓冲区缓存，PDB 的容器 ID(CON_ID)也存储在每个块中。相同的容器 ID 存储在其他 SGA 和 PGA 内存区域，如 SGA 和全局 PGA 中的共享池。Oracle Database 旧版本中的内存顾问与多租户环境中的内存顾问的使用方式相同；建议在 CDB(实例)级别重新调整大小。可在 PDB 级别调整的内存参数仅限于 SORT_AREA_SIZE 和 SORT_AREA_RETAINED_SIZE，但 Oracle 通常建议，最好仅设置

PGA_AGGREGATE_TARGET，让 Oracle 管理其他内存区域。

图 8-5 显示从 Cloud Control 12*c* 启动的 SGA 内存顾问(Memory Advisor)的输出结果。

即使 CDB01 容器中有多个 PDB，看起来 CDB 的总内存也至少可以减少 1GB，并使所有 PDB 保持良好性能。

为将 CDB 中可能更多的会话数目考虑在内，添加了 PGA_AGGREGATE_LIMIT 参数来设置使用的 PGA 内存的硬性限制。在旧版本中，现有参数 PGA_AGGREGATE_TAGET 也是有用的，用作柔性限制，但仅用于可调整的内存。使用不可调内存的一些会话(如分配大内存阵列的 PL/SQL 应用程序)可能用尽所有可用的 PGA 内存，导致在操作系统级别出现交换活动，从而影响服务器上所有实例的性能。因此添加 PGA_AGGREGATE_LIMIT 参数来终止 PGA 内存请求(一个或多个非 SYSTEM 连接)，以控制在该范围之内。

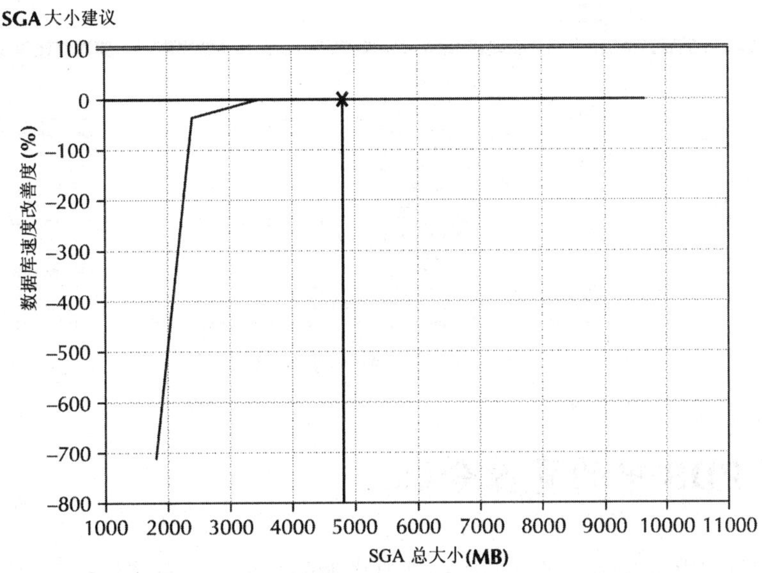

图 8-5　Cloud Control 12*c* 中的 CDB SGA 内存顾问

8.8.4　使用 AWR 报告

与前述的所有 Oracle 调整工具一样，AWR 快照包含一个容器 ID 编号，而且这个容器编号反映在任何 AWR 报告中。图 8-6 摘录了在为 AWR 报告指定的三小时窗口中执行的 SQL 语句。

在此窗口期间运行的 SQL 语句来自两个 PDB 和根容器。与非 CDB 环境一样，调整工作将首先聚焦于耗时最长的语句，以及多次执行的总时间位列首位的语句。

8.8.5　使用 SQL 调整顾问

如图 8-6 所示，针对一个或多个 SQL 语句运行 SQL 调整顾问(SQL Tuning Advisor)时，该程序将仅在单个 PDB 上下文中有效。换言之，建议仅基于相应 PDB 中的性能和资源使用状况。即使相同的 SQL 语句在多个 PDB 中运行，不同 PDB 之间的模式名、统计数据、数据量和初始参数可以(也很可能)是不同的。因此，如果实施任何建议，也仅适于单个 PDB。

Oracle Database 12*c* 中新增的和增强的 SQL 调整功能也适用于 CDB 和非 CDB：

- 适应性 SQL 计划管理
- 自动改时 SQL 计划基准
- SQL 管理基准
- SQL 计划指令
- 更快收集统计数据

这些工具的使用超出了本书的讨论范围。

SQL ordered by Elapsed Time

- Resources reported for PL/SQL code includes the resources used by all SQL statements called by the code.
- % Total DB Time is the Elapsed Time of the SQL statement divided into the Total Database Time multiplied by 100
- %Total - Elapsed Time as a percentage of Total DB time
- %CPU - CPU Time as a percentage of Elapsed Time
- %IO - User I/O Time as a percentage of Elapsed Time
- Captured SQL account for 118.9% of Total DB Time (s): 216
- Captured PL/SQL account for 11.0% of Total DB Time (s): 216

Elapsed Time (s)	Executions	Elapsed Time per Exec (s)	%Total	%CPU	%IO	SQL Id	SQL Module	PDB Name	SQL Text
46.45	3	15.48	21.54	27.70	9.92	2smhwhn63khbc	SQL*Plus	TOOL	insert /*+ parallel(8) */ int...
33.03	165	0.20	15.31	95.94	2.03	dt2babdaankpg	EM Realtime Connection		select dbms_report.get_report(...
22.73	165	0.14	10.54	96.82	2.65	6fwy90bgdvdfn	EM Realtime Connection		with base_metrics as (select...
19.88	2	9.94	9.22	95.55	2.82	gsbdfku007tup	Admin Connection		select output from table(dbms_...
15.23	240	0.06	7.06	98.61	0.00	5yv7yvjgjxugg			select TIME_WAITED_MICRO from ...
14.36	117	0.12	6.66	90.79	2.91	fhf8upax5cxsz	MMON_SLAVE		BEGIN sys.dbms_auto_report_int...
12.64	117	0.11	5.86	91.75	3.16	0w26sk6t6gq98	MMON_SLAVE		SELECT XMLTYPE(DBMS_REPORT.GET...
8.63	117	0.07	4.00	88.42	4.47	7r24h5ucyjggz	MMON_SLAVE		WITH MONITOR_DATA AS (SELECT I...
7.66	4	1.91	3.55	32.30	10.03	8fypn587m9tc5	SQL*Plus	TOOL	insert into temp_objects selec...
7.54	165	0.05	3.49	99.35	0.00	01w7zgb118hpb	EM Realtime Connection		select xmlelement("references...
6.19	1,437	0.00	2.87	96.95	0.28	fnq8p3fj3r5as			select /*+ no_monitor */ job,
5.07	78	0.07	2.35	98.94	0.00	5m2z5vch05wap	EM Realtime Connection		select end_time endTime, round...
4.44	49	0.09	2.06	98.51	0.14	g57kbmvd1ggfk	EM Realtime Connection		select dbms_sqltune.report_sql...
3.97	6	0.66	1.84	21.87	62.07	4t8wz8471kxf2	EM Realtime Connection	RPTQA12C	WITH F AS (select tablespace_n...
3.62	2	1.81	1.68	73.18	26.94	a3a61zmn8t5k4	SQL*Plus	TOOL	select owner, status, count(ob...
3.57	6	0.60	1.66	98.86	0.10	2vwhap18bjf9h	ClarityDataTransferService.exe	RPTQA12C	SELECT DISTINCT CC.COLUMN_NAME...

图 8-6　多租户环境中的 AWR 报告

8.9 管理 PDB 中的资源分配

上一节介绍了使用份额在一个 CDB 中共享资源的概念。本节将扩展介绍该概念，讲述如何在一个 CDB 中的多个 PDB 之间分配份额。另外，将探讨一个 PDB 中的资源管理，这与在非 CDB 环境和旧版本 Oracle Database 中运行 Resource Manager 的方式类似。

一旦将部分资源分配给一个 PDB，Resource Manager 将确定用户资源请求的优先级。这两种情况下，将使用 DBMS_RESOURCE_MANAGER 程序包来创建和部署资源分配。

8.9.1 使用份额来管理 PDB 之间的资源分配

插入 CDB 中的每个 PDB 都会竞用 CDB 中的资源，主要是 CPU、并行服务器(对于 Oracle Exadata 而言，还有 I/O)。每个 PDB 获得多少资源取决于在创建相应 PDB 时为其分配了多少份额。

注意：

不能为根容器定义使用者组(使用 Resource Manager)，也不能为其定义份额。

默认情况下，除非另行指定，每个 PDB 都获得份额 1。当添加一个新的 PDB，或拔下一个现有的 PDB 时，每个 PDB 中的份额数依然保持不变。表 8-1 显示了具有四个 PDB 的 CDB：HR、BI、REPOS 和 TOOL。BI PDB 的份额为 3，其余三个 PDB 的份额均为默认值 1。

表 8-1　PDB 以及为四个 PDB 分配的份额

PDB 名	份　额	CPU 使用率(最大)
HR	1	16.67 %
BI	3	50%
REPOS	1	16.67%
TOOL	1	16.67%

例如，如果需要，TOOL 数据库保证能获得 16.67%的服务器 CPU 资源。如果一个或多个其他 PDB 都处于非活动状态，TOOL 可使用为这些 PDB 默认分配的资源。

假定创建了一个名为 NCAL 的 PDB，但未给其指定份额数，则默认份额为 1，结果如表 8-2 所示。

表 8-2　PDB 以及添加一个 PDB 后为 5 个 PDB 分配的份额

PDB 名	份　额	CPU 百分比(最大)
HR	1	14.29%
BI	3	42.86%
REPOS	1	14.29%
TOOL	1	14.29%
NCAL	1	14.29%

会基于新的份额总数，自动重新计算每个 PDB 保证能获得的最低 CPU 百分比。每个 PDB 的一个份额现在可获得 14.29%的 CPU 资源使用率；对于 BI PDB 而言，可以获得的 CPU 资源百分比至少为 42.86%。

8.9.2　创建和修改 Resource Manager 计划

为进一步优化资源使用，可使用 Resource Manager 设置每个 PDB 中的极限。从 PDB 的角度看，所有资源都由使用 DBMS_RESOURCE_MANAGER 创建的指令所控制。CPU、Exadata I/O 和 PDB 使用的并行服务器数量默认为 100%，但可以根据每天的时间和其他环境将其下调为 0。

资源计划本身在 CDB 级别创建，可为 CDB 中的每个 PDB 创建指令。可为没有显式指令集的 PDB 指定一组默认指令。

1. 确定参数来限制 PDB 资源使用率

作为每个 PDB 中使用计划的一部分，你可以控制两个重要限制：CPU、Exadata I/O 和并行服务器的数量限制，以及并行服务器限制。这两个计划指令限制分别是 UTILIZATION_LIMIT 和 PARALLEL_SERVER_LIMIT。

资源指令 UTILIZATION_LIMIT 定义 PDB 可用的 CPU、I/O 和并行服务器数量的百分比。

如果将 UTILIZATION_LIMIT 设置为 30，则 PDB 使用的资源不能超过 CDB 可用资源的 30%。

为进一步精细设置资源限制，可使用 PARALLEL_SERVER_LIMIT 来定义 CDB 的 PARALLEL_SERVERS_TARGET 值的最大百分比；该值会覆盖 UTILIZATION_LIMIT 指令，但仅用于并行资源。默认值是 100%。

2. 创建 CDB 资源计划

创建 CDB 资源计划的步骤与在非 CDB 中创建资源计划的步骤类似，只是增加了针对每个 PDB 的步骤。仅从根容器创建和管理资源计划。表 8-3 列出了创建和配置 CDB 资源计划所需的步骤和相应的 DBMS_RESOURCE_MANAGER 调用。

表 8-3 使用 DBMS_RESOURCE_MANAGER 调用来创建资源计划的步骤

步　骤	说　明	DBMS_RESOURCE_MANAGER 过程
1	创建待定区域	CREATE_PENDING_AREA
2	创建 CDB 资源计划	CREATE_CDB_PLAN
3	创建 PDB 指令	CREATE_CDB_PLAN_DIRECTIVE
4	更新默认的 PDB 指令	UPDATE_CDB_DEFAULT_DIRECTIVE
5	更新默认的 AutoTask 指令	UPDATE_CDB_AUTOTASK_DIRECTIVE
6	验证待定区域	VALIDATE_PENDING_AREA
7	提交待定区域	SUBMIT_PENDING_AREA

DBMS_RESOURCE_MANAGER 中的其他主要过程包括 UPDATE_CDB_PLAN 和 DELETE_CDB_PLAN；前者用于改变 CDB 资源计划的特征，后者用于删除资源计划和所有指令。为更新和删除单独的 CDB 计划指令，可使用 UPDATE_CDB_PLAN_DIRECTIVE 和 DELETE_CDB_PLAN_DIRECTIVE。

下面的示例为 CDB01 容器创建 CDB 资源计划，为 CDB 中的两个 PDB 定义计划指令。

(1) 为 CDB 计划创建待定区域(pending area)：

```
SQL> connect / as sysdba
Connected.
SQL> exec dbms_resource_manager.create_pending_area();

PL/SQL procedure successfully completed.
```

(2) 创建用于管理 TOOL 和 CCREPOS PDB 的资源计划，来最大限度地降低 CPU 和其他资源使用率：

```
SQL> begin
       dbms_resource_manager.create_cdb_plan(
         plan    => 'low_prio_apps',
         comment  => 'TOOL and repository database low priority');
     end;
     /

PL/SQL procedure successfully completed.
SQL>
```

(3) 创建计划指令，为 TOOL 和 CCREPOS PDB 指定份额 1。TOOL 的资源使用限制是 50%，CCREPOS 的资源使用限制是 75%。

```
SQL> begin
    dbms_resource_manager.create_cdb_plan_directive(
      plan => 'low_prio_apps',
      pluggable_database => 'tool',
      shares => 1,
      utilization_limit => 50,
      parallel_server_limit => 50);
end;
/

PL/SQL procedure successfully completed.

SQL> begin
    dbms_resource_manager.create_cdb_plan_directive(
       plan => 'low_prio_apps',
      pluggable_database => 'ccrepos',
      shares => 1,
      utilization_limit => 75,
      parallel_server_limit => 75);
end;
/

PL/SQL procedure successfully completed.

SQL>
```

(4) 验证和提交待定区域：

```
SQL> exec dbms_resource_manager.validate_pending_area();

PL/SQL procedure successfully completed.

SQL> exec dbms_resource_manager.submit_pending_area();

PL/SQL procedure successfully completed.

SQL>
```

(5) 最后，将该资源管理器计划指定为当前计划：

```
SQL> alter system set resource_manager_plan='low_prio_apps';
System altered.
SQL>
```

3. 查看资源计划指令

在 Oracle Database 12*c* 中，可通过数据字典视图 DBA_CDB_RSRC_PLAN_DIRECTIVES 来查看所有当前资源计划。查询该视图，可以看到刚才为 TOOL 和 CCREPOS 创建的资源计划：

```
SQL> select plan, pluggable_database, shares,
  2    utilization_limit, parallel_server_limit
  3  from dba_cdb_rsrc_plan_directives
  4  order by plan,pluggable_database;

PLAN                      PLUGGABLE_DATABASE SHARES UTILIZA PARALLEL_
------------------------- ------------------ ------ ------- ---------
DEFAULT_CDB_PLAN          ORA$AUTOTASK                   90       100
DEFAULT_CDB_PLAN          ORA$DEFAULT_PDB_DI      1     100       100
                          RECTIVE
DEFAULT_MAINTENANCE_PLAN  ORA$AUTOTASK                   90       100
DEFAULT_MAINTENANCE_PLAN  ORA$DEFAULT_PDB_DI      1     100       100
                          RECTIVE

LOW_PRIO_APPS             CCREPOS                 1      75        75
LOW_PRIO_APPS             ORA$AUTOTASK                   90       100
LOW_PRIO_APPS             ORA$DEFAULT_PDB_DI      1     100       100
                          RECTIVE
LOW_PRIO_APPS             TOOL                    1      50        50
ORA$INTERNAL_CDB_PLAN     ORA$AUTOTASK
ORA$INTERNAL_CDB_PLAN     ORA$DEFAULT_PDB_DI
                          RECTIVE
ORA$QOS_CDB_PLAN          ORA$AUTOTASK                   90       100
ORA$QOS_CDB_PLAN          ORA$DEFAULT_PDB_DI      1     100       100
                          RECTIVE
```

在旧版 Oracle Database 中，以及 Oracle Database 12*c* 的非 CDB 中，与之相对应的数据字典视图是 DBA_RSRC_PLAN_DIRECTIVE。

4. 管理 PDB 中的资源

资源计划也可管理一个 PDB 中的工作负荷。这些资源计划称为 PDB 资源计划，其对工作负荷的管理方式与非 CDB 中的类似，但有一些限制，也存在少许差异。表 8-4 列出了非 CDB 和 PDB 资源计划的参数和特性差异。

表 8-4 非 CDB 和 PDB 资源计划之间的差异

资源计划特性	非 CDB	PDB
多级别计划	是	否
使用者组	最大：32	最大：8
子计划	是	否
CREATE_PLAN_DIRECTIVE 参数	N/A	SHARE
CREATE_PLAN_DIRECTIVE 参数	MAX_UTILIZATION_LIMIT	UTILIZATION_LIMIT
CREATE_PLAN_DIRECTIVE 参数	PARALLEL_TARGET_PERCENTAGE	PARALLEL_SERVER_LIMIT

无论哪种容器类型，仍使用 V$RSRC_PLAN 动态性能视图来查看资源计划。要找到活动的 CDB 资源计划，在 V$RSRC_PLAN 中选择行，其中 CON_ID=1。

5. 迁移非 CDB 资源计划

你很可能会转换和插入多个非 CDB，并创建新的 PDB。该过程简单直接，所有应用程序都会按预期的方式工作。如果非 CDB 有资源计划，只要符合以下条件，也会对其进行转换：

- 使用者组的数量不超过 8 个
- 没有子计划
- 在级别 1 分配所有资源

换句话说，迁移的资源计划必须符合新的 PDB 资源计划，需要遵循上一节中介绍的规则。如果某个计划违背了其中任何条件，在插入操作期间会将该计划转换为与 PDB 兼容的计划。该计划可能并不合适，你可以删除资源计划、修改资源计划或创建新的资源计划。原计划保存在 DBA_RSRC_PLAN_DIRECTIVES 中，STATUS 列的值为 LEGACY。

8.10 执行数据库重放

Oracle Database 12*c* 也增强了 Oracle Database 旧版本中的数据库重放(Database Replay)功能，包括同时工作负荷重放作为一个计划工具，来评估多个非 CDB 在 CDB 环境中的执行效果。你可以采用非 CDB 环境中多个服务器的生产工作负荷，在一个新服务器上使用不同配置重放它们，来模拟在多租户环境中它们的共存效果。

8.10.1 分析源数据库工作负荷

当捕获多租户部署的工作负荷时，工作负荷通常位于不同的部门和位置上；每个应用程序的尖峰负荷可能处于一天中的不同时间，从而使得这些应用程序成为理想的合并物。图 8-7 显示不同服务器上当前应用程序的一组典型工作负荷。

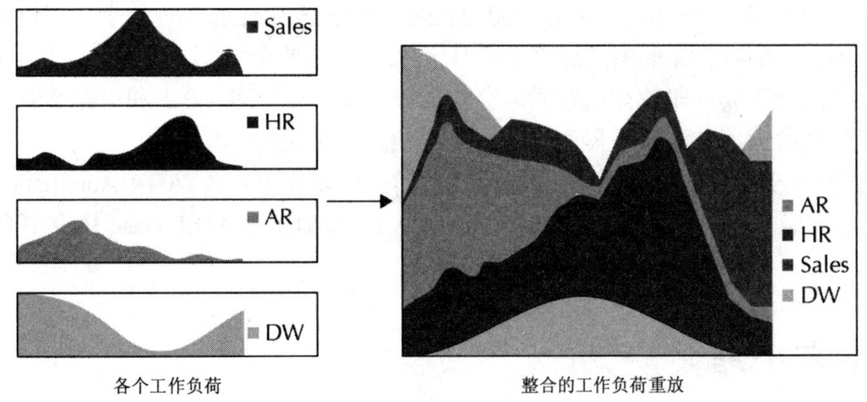

图 8-7　多租户整合的工作负荷合并

也可分析现有的 PDB，并捕获工作负荷，查看它们如何在不同服务器上作为另一个 CDB 的 PDB 执行。该分析阶段执行的一般步骤如下：

(1) 捕获现有非 CDB 或 PDB 的工作负荷。

(2) 酌情为数据库导出 AWR 快照。

(3) 将候选数据库还原到目标系统。

(4) 根据需要更改导入的候选数据库，如升级到 Oracle Database 12c。

(5) 将生成的工作负荷文件复制到目标系统。

(6) 作为一次性先决步骤处理工作负荷。

(7) 为其他所有候选数据库重复步骤 1~6。

(8) 配置目标系统用于重放(如工作负荷重放客户端进程)。

(9) 在目标系统上的单个 CDB 中，为所有 PDB 重放工作负荷。

8.10.2 捕获源数据库工作负荷

在源数据库服务器上，将捕获典型的 8 小时或 24 小时期间的工作负荷。你希望所有捕获的工作负荷涵盖同一时间周期。为优化重放测试的性能，可酌情导出 AWR 快照、SQL 配置文件和 SQL 调整集。

8.10.3 在目标系统上处理工作负荷

将候选数据库导入新 CDB 中的 PDB 后，导入在源服务器上生成的工作负荷。在准备重放时(每个导入的工作负荷只发生一次)预处理工作负荷文件。建议分别重放每个导入的工作负荷，确保与源服务器上的数据库性能相比，性能未发生剧烈变化。

8.10.4 在目标 CDB 上重放工作负荷

创建和预处理所有 PDB 后，重新映射可能指向目标系统上不存在对象的任何连接。创建一个重放进度表，采用与源系统上相同的时间和速度重放每个工作负荷。可创建多个时间表，查看如何转移工作负荷，来优化 CDB 的总体性能。

8.10.5 验证重放结果

完成重放会话后，查看由 Consolidated Database Replay 生成的报告，来了解该整合平台能否满足源服务器上的数据库的响应速度和总体 SLA。如果严重衰退，可使用本章前面讨论的调整方法，再次运行重放。即使在调整后，会发现服务器需要更多 CPU 和内存资源。理想情况下，会发现每个数据库与源服务器上运行得一样快，甚至更快！

最后，拥有便于管理的 CDB 和 PDB 精确诊断信息比以往更重要。ADR(Automatic Diagnostic Repository)与旧版本中的结构相同，CDB 和 CDB 中的 PDB 在 ADR Base 目录中有各自的子目录。

8.11 本章小结

本章并未涵盖所有潜在的调整解决方案。但本章介绍的技术和工具都有一个基础。在耗费时间和资源来实现新特性前，首先搭建稳定的环境和体系结构——服务器、数据库和应用程序。如果环境是稳定的，应能快速达到两个目标：

(1) 成功地重现性能问题。

(2) 成功地隔离问题原因。

为实现这些目标，需要准备一个测试环境来测试性能。一旦成功隔离了问题，可将本章列出的步骤应用于问题。一般而言，调整方法应沿袭本章各节的排列顺序：

(1) 评估应用程序设计
(2) 调整 SQL
(3) 调整内存使用
(4) 调整数据访问
(5) 调整数据操纵
(6) 调整网络流量
(7) 调整物理和逻辑存储
(8) 使用 AWR 来调整查询
(9) 管理 PDB 资源
(10) 利用数据库重放来规划资源

根据应用程序的性质，选择不同的步骤顺序，或合并步骤。

如果无法改动应用程序设计，也无法改动 SQL，你可以调整应用程序使用的内存和磁盘区域。改变内存和磁盘区域设置时，务必复查应用程序设计和 SQL 实现，确保你的更改不会对应用程序造成负面影响。如果选用数据复制方法，则复查应用程序设计过程十分重要，因为复制的数据的合时性可能在应用程序支持的业务流程中产生问题。

最后，需要扩充调整技术，学会在多租户环境中调整可插入数据库。这种调整技术易于获得：可将容器数据库作为传统的单实例数据库来调整，而使用你已经熟悉的工具(如 SQL 调整顾问)来调整可插入数据库的各个语句。多租户环境中的资源管理增加了“份额”概念，用于在一个容器数据库中的多个可插入租户之间分配资源。在每个可插入的数据库中，你能使用在 Oracle Database 旧版本已使用的、自己熟悉的 Resource Manager 工具。

第 9 章

In-Memory 选项

第 8 章介绍了可使吞吐量最大化和响应时间最小化的调整方法及其他方法。In-Memory 选项是 Oracle Database 12*c* 中最有用、功能最强大的新特性之一；该特性在 12.1.0.2 版本中引入，是另一个可使查询速度超越从前的工具。

本章概述 Oracle In-Memory 选项，简单列出有效使用该选项的系统要求，以及该选项能做什么，不能做什么。将列举向几个实例来说明 In-Memory 的工作方式，并回顾用于确定 In-Memory 选项在你的环境的运行效果的动态性能视图。

9.1 Oracle In-Memory 选项概述

使用 In-Memory 选项的主要考虑事项有：许可成本以及可将多少内存分配给 In-Memory

列存储。从版本 12.1.0.2 开始，In-Memory 的许可成本与 RAC 的许可成本相当；内存价格逐年下降，但由于将数据从 I/O 移到内存的瓶颈，服务器内存总线和内存速度开始极大地影响 In-Memory 的整体性能。

In-Memory (IM)列存储作为 SGA 的一部分来分配，因此，总体 SGA 大小(SGA_MAX_SIZE)包括要分配给 IM 列存储的内存。顾名思义，IM 列存储包含存储在缓冲区缓存和磁盘中的表行以及存储在 SGA 中的表的一列或多列。对 IM 列值的任何更改都与缓冲区缓存中存储的行以及表的数据文件中的行保持同步。

不必非要为每个表启用 IM 列存储——可为单个列启用它，也可为整个表空间启用它(默认方式)。对于分区表而言，一个分区可默认驻留在 IM 列存储中，而其余分区仅存储在行存储中。

下列情况下，使用IM列存储的优势最明显：

- 查询聚合(Query aggregate)
- 使用诸如=、<、>和 IN 的操作符扫描大量行
- 在包含大量列的表中频繁检索很少的几列
- 小表和大表之间的联接(如数据仓库维度表和事实表)

如果有可用的内存，可在 IM 列存储中连续存储最大的表中的大多数列；列一旦驻留在 IM 列存储中，便与磁盘上的行存储一并维护；只有另一个表的另一个更频繁访问的列将其推出，或数据库实例重启时，才会将其从 IM 列存储中删除。使用 ALTER TABLE 为相应列禁用 IM 列存储时，可立即从 SGA 刷新并使该列的内容失效。

9.1.1 系统需求和设置

要使用 IM 列存储，目前的配置可能已基本满足需要；你可能需要稍增加一点内存，增加一个 CPU；I/O 需求会在一定程度上变低，因为执行的 I/O 操作几乎肯定变少了。甚至不需要更多 CPU 线程，因为 I/O 减少了，耗费的时间短了(在批处理环境或数据仓库环境中，将会明显减少)，在内存中管理 IM 存储列所需的处理被抵消了。

实施 IM 列存储时，最重要的硬件组件是需要添加内存，以便在内存中驻留表和表列。内存带宽(不仅是内存量)变得更重要，因为吞吐量瓶颈已经从 I/O 子系统转移到内存；你使用现有的缓冲区缓存来驻留表行(行缓存)，同时在专门的 IM 列存储中维护一部分列或所有列。

是否需要足量内存，在内存中驻留所有表和所有列？根本不需要。很可能只驻留最大的表中最频繁访问的一个小型列子集。另外，任何给定的表列将采用四个压缩级别之一存储在内存中；要根据列中数据的分布和类型以及可用的 CPU 资源来选择压缩级别。无论使用哪种压缩类型，都不会过度压缩主键列，但诸如 SERVICE_DATE 或 LOCATION_ID 的列将得到很好的压缩。

不需要 Exadata 工程化系统就能有效使用 IM 列存储。一个包含大量较快内存的传统一体式服务器实际上就具备 Exadata 系统的一些优势，而且总拥有成本(TCO)更低。

如果已经拥有 Exadata 工程化系统，当然可以利用 IM 列存储。尽量 Exadata 存储子系统利用了很多 IM 列存储使用的算法，但在 Exadata RAC 环境的多个节点的内存上驻留多个表的列仍可以减少存储子系统所需的 I/O 量。性能最佳的 I/O 依然是你不需要插手的 I/O。

9.1.2 In-Memory 案例研究

只要你了解 IM 列存储的限制和需要，就可以方便地使用 IM 列存储。设置初始参数是很

简单的，但也要认识到在实例运行期间无法更改哪些初始参数，以及这些参数的依赖关系。本节将介绍你需要设置的主要初始参数，并讲述如何标记整个表空间、表或列来利用 IM 列存储。

1. 初始参数

使用 IM 列存储的主要参数是 INMEMORY_SIZE、SGA_TARGET 和 SGA_MAX_SIZE。在使用 384GB RAM 的服务器上，首先要定义 SGA 的总大小(包括 IM 列存储)，为 OS 和 PGA 留出空间。勿将 IM 列存储区域设置得过大，因为 SGA 中还需要空间来驻留共享池和标准缓冲区缓存；这种情况下仍可以使用 SGA_TARGET，但要记住，目标大小务必包含 IM 列存储的大小：

```
alter system set sga_max_size=240g scope=spfile;
alter system set inmemory_size=128g scope=spfile;
alter system set sga_target=200g scope=spfile;
```

设置这些参数后重新启动实例。如果 SGA_TARGET 值过低，甚于更糟，小于 INMEMORY_SIZE 的值，实例将无法启动，你需要创建基于文本的临时初始文件(PFILE)再次启动实例。

由于 SGA_MAX_SIZE 和 INMEMORY_SIZE 参数是静态的，在重启实例前，你可能需要采用其他方式来控制 IM 列存储的使用。例如，可在系统级别将 INMEMORY_QUERY 设置为 DISABLE 关闭所有使用的 IM 列存储，或在会话级别设置，来方便地测试使用和不使用 IM 列存储情况下的查询性能(即使查询中的表列当前位于其他会话的 IM 列存储中)。

2. 标记表空间、表和列

使用列存储中的其他控制点当然是标记要使用IM列存储的表和列。可在实例运行期间执行该操作。但要记住，为关闭一个列的IM列存储特性再启用该特性，需要执行重新填充操作，而这会短暂影响实例性能，因为在重新填充过程中需要使用更多CPU。

如果要使所有启用了IM的表驻留在单个表空间中，可使用ALTER TABLESPACE命令标记整个表空间，为相应表空间中创建的任何表或移到该表空间的任意表自动启用IM列存储。

```
alter tablespace users default inmemory;
```

INMEMORY设置的默认值可能效果不错，但你也可以精调要使用的压缩级别，压缩是否应支持SELECT语句或DML语句，以及当没有足够空间来同时驻留所有所选列时相应表空间中的对象使用IM列存储的优先级。

```
alter tablespace users default inmemory
  memcompress for query low priority high;
```

始终可在表级别或列级别覆盖这些设置，即使表驻留在默认设置是INMEMORY的表空间中，也同样如此。要将ORDER_PROC表标记为驻留在IM列存储中，仅需要使用如下语句：

```
alter table order_proc
  inmemory memcompress for query high;
```

指定 QUERY HIGH 意味着，ORDER_PROC 的所有列在存储时使用较高压缩级别，但仍适用于频繁的 SELECT 查询活动。但是，考虑到 ORDER_PROC 表有 215 列，而且在大多数报表中并不需要使用所有这些列，需要加以选择。如果大多数大报表仅需要 ORDER_PROC_ID、PROC_CODE 和 PANEL_PROC_ID 列，可改为仅标记这些列：

```
alter table clarity.order_proc
  inmemory memcompress for query high
  (
     order_proc_id,proc_code,panel_proc_id
  );
```

如果需要灵活性，可根据需要使用不同压缩级别标记这些列。

3. 前后的查询性能

如前所述，可能没有足够的内存空间在IM列存储中保留所有需要的列。你还可能将一些较小的表的列移出IM列存储，转而依赖SGA缓冲区缓存和传统I/O，来控制内存争用。虽然一些列在使用IM列存储，但其他列在给定的时间可能并不需要过多CPU，因为它们与I/O等待绑定(即使磁盘很快，通常不如服务器内存快)。在本例中，批量日报表由大约4000个报表组成，以大约3 GBps的速度使用I/O，超出了I/O子系统的最大吞吐量。图9-1显示该批量报表的I/O吞吐量以及类型。

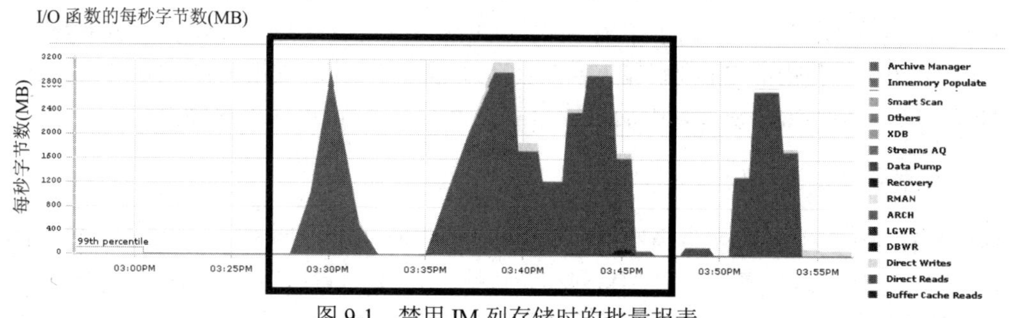

图 9-1 禁用 IM 列存储时的批量报表

经过一番分析后，确定有少量的表(虽然较大)参与了大多数长时间运行的查询。另外，在这些大表中，报表中引用的列都只涉及其中的 20 列。因此，与上一节中的示例一样，将这些表标记为 INMEMORY 和 QUERY HIGH。耗费几分钟构建 ALTER TABLE 语句，重新运行批处理报表，看一下新 IM 列存储配置的结果。在图 9-2 中可以看到，即使这样最简单的分析，也能产生显著效果。

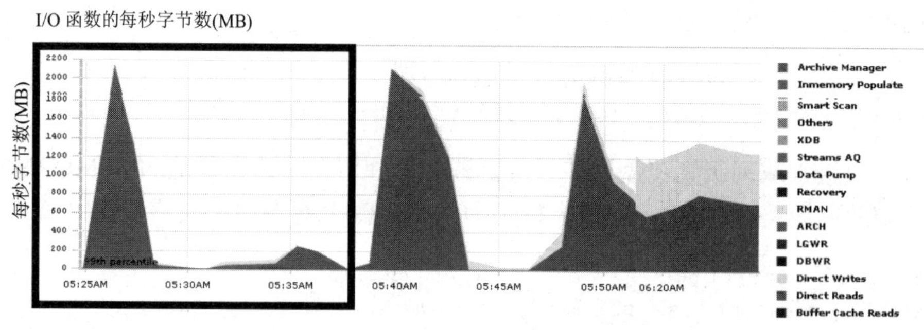

图 9-2 启用 IM 列存储时的批量报表

经历的时间从20分钟降至12分钟，整体I/O使用量也减少了2/3。与批处理报表开头的查询一样，批处理报表后半部分中的查询引用了许多相同的列(虽然可能使用不同谓词和聚合)。通过其他一些分析，就可以进一步缩短经历的时间，但此时，通过将I/O转移到IM列存储，I/O子系统可为其他数据库实例提供额外带宽。

4. 执行计划

与你的预期相同，Oracle优化器能够比较通过IM列存储使用列数据的执行成本与通过针对磁盘行存储的传统I/O从缓冲区缓存检索列的成本。在图9-3的执行计划中，查询中引用的每个列都标记为在IM列存储中存储。

Plan Statistics | Plan | Parallel | Activity

Plan Hash Value 1831788054 | Plan Note

Operation	Name	Line ID	Estimated Rows	Cost
SELECT STATEMENT		0		
PX COORDINATOR		1		
PX SEND QC (ORDER)	:TQ10006	2	781K	62K
SORT ORDER BY		3	781K	62K
PX RECEIVE		4	781K	62K
PX SEND RANGE	:TQ10005	5	781K	62K
HASH JOIN		6	781K	62K
JOIN FILTER CREATE	:BF0000	7	685K	55K
PX RECEIVE		8	685K	55K
PX SEND BROADCAST	:TQ10004	9	685K	55K
HASH JOIN RIGHT OUTER BUFFERED		10	685K	55K
PX RECEIVE		11	4,616	9
PX SEND BROADCAST	:TQ10000	12	4,616	9
PX SELECTOR		13		
TABLE ACCESS INMEMORY FULL	CLARITY_DEP	14	4,616	9
FILTER		15		
HASH JOIN RIGHT OUTER		16	685K	55K
PX RECEIVE		17	14K	2
PX SEND BROADCAST	:TQ10001	18	14K	2
PX SELECTOR		19		
TABLE ACCESS INMEMORY FULL	CLARITY_SER_DEPT	20	14K	2
HASH JOIN RIGHT OUTER		21	1,073K	55K
PX RECEIVE		22	88K	20
PX SEND HASH	:TQ10002	23	88K	20
PX SELECTOR		24		
TABLE ACCESS INMEMORY FULL	CLARITY_SER	25	88K	20
PX RECEIVE		26	1,073K	55K
PX SEND HASH	:TQ10003	27	1,073K	55K
PX BLOCK ITERATOR		28	1,073K	55K
TABLE ACCESS FULL	PAT_ENC	29	1,073K	55K
JOIN FILTER USE	:BF0000	30	16M	7,112

图9-3 使用IM列存储列查询的执行计划

引用表的大多数步骤确认使用了IM列存储：

```
TABLE ACCESS INMEMORY FULL
```

但可以看到，正在使用传统I/O在缓冲区缓存中访问表PAT_ENC。使用全表扫描的优化器成本低于使用IM列存储中副本的成本。出现这种情况的原因有多个。例如，PAT_ENC中的列可为 IM 列存储标记为 CAPACITY HIGH，意即在 IM 列存储中解压缩和扫描这些列的 CPU 成本高于在缓冲区缓存中检索未压缩列的 CPU 成本。

还将看到这样的情形：查询中的每个表的每一列都在 IM 列存储中标记为 QUERY LOW，但优化器仍选用磁盘上的一个表索引。如果检索的行数很少，这不失为一个明智的成本决策，与在内存中扫描整个表的列值相比，从磁盘检索几个索引块通常耗费较少的时间和成本。

9.2 数据字典视图

只能通过几个动态性能视图来查看 IM 列存储的状态：V$IM_SEGMENTS、V$INMEMORY_AREA 和经典的 V$SGA。

9.2.1 V$IM_SEGMENTS

要监视IM列存储的状态，V$IM_SEGMENTS视图显然是最详明的重要视图。

```
SQL> select segment_name, inmemory_compression,
  2>     inmemory_size,bytes
  3> from v$im_segments;

SEGMENT_NAME            INMEMORY_COMPRESS    INMEMORY_SIZE           BYTES
----------------------- ----------------- ---------------- ----------------
PATIENT                 FOR QUERY HIGH         137,822,208      588,251,136
RES_DB_MAIN             FOR QUERY HIGH         963,248,128    1,342,177,280
IB_RECEIVER             FOR QUERY LOW          371,785,728    1,549,795,328
CLARITY_DEP             FOR QUERY HIGH           1,179,648          589,824
IB_MESSAGES             FOR QUERY LOW          440,991,744    2,469,396,480
HSP_WQ_HISTORY          FOR QUERY HIGH       1,953,628,160    5,161,091,072
HSP_WORKQUEUES          FOR QUERY HIGH           1,179,648          720,896
CLARITY_EMP             FOR QUERY HIGH           3,276,800       16,777,216
. . .
LPF_PREF_LISTS          FOR QUERY LOW           32,702,464       45,088,768
ORD_PRFLST_TRK          FOR QUERY LOW        1,361,969,152    2,697,986,048
PAT_ENC_HSP             FOR QUERY LOW          495,190,016    5,786,042,368

33 rows selected.

SQL>
```

注意，即使对于标记为 FOR QUERY LOW 的列，压缩率也相当高；对于 PAT_ENC_HSP，压缩率将近 12:1。列的压缩(主要由于重复列值)减少了存储列的内存空间，也减少了扫描所有列值的时间。这在一定程度上抵消了在查询中使用它们时“解压缩”列值的 CPU 成本。

V$IM_SEGMENTS 中的其他列显示了 IM 列存储填充进程的状态(POPULATE_STATUS)、IM 列存储中段的类型(SEGMENT_TYPE：TABLE、TABLE PARTITION 或 TABLE SUBPARTITION)、填充进程的列优先级及其在 IM 列存储中的保留时间(INMEMORY_PRIORITY)。

9.2.2　V$INMEMORY_AREA

V$INMEMORY_AREA 视图显示 IM 列存储中每个池的高级状态。这两个池的作用明显不同：1MB 池在内存中存储实际列值，64KB 池包含有关存储在 1MB 池中的列值的元数据：

```
SQL> select pool,alloc_bytes,used_bytes,populate_status
  2> from v$inmemory_area;

POOL                 ALLOC_BYTES       USED_BYTES POPULATE_STATUS
--------------- ---------------- ---------------- --------------------
1MB POOL         109,511,180,288   16,715,350,016 DONE
64KB POOL         27,900,510,208      206,372,864 DONE

SQL>
```

与你预期的一样，只要你存储长表(有数百万行)的列，而非存储短表(只有数百行)的列，64KB池比1MB池小得多，占用的内存也少得多。

9.2.3　V$SGA

V$SGA视图与前一版Oracle Database的行数相同，为In-Memory区域添加了新行：

```
SQL> select name,value from v$sga;

NAME                            VALUE
-------------------- ----------------
Fixed Size                  6,875,568
Variable Size          32,212,256,336
Database Buffers       87,509,958,656
Redo Buffers              529,993,728
In-Memory Area        137,438,953,472

SQL>
```

9.3　本章小结

Oracle Database 12*c* (12.1.0.2)新引入的 In-Memory 选项是仅逊于多租户体系结构的一个最有用、最强大的特性。通过将表的部分列或所有列以特别压缩的格式存储在 SGA 新区域“In-Memory 列存储”中，可将查询速度提高一个量级或多个量级。列存储与传统的行存储同时使用，行存储在磁盘上维护行格式的表，其数据块保存在 SGA 缓冲区缓存或会话的专用 PGA 区域中。所有应用程序的工作方式与以往相同，IM 列存储与磁盘上行存储中的基础表的任意 DML 操作始终保持同步。

使用 IM 列存储加快了查询速度，显著减少了 I/O 数量，但这也是需要付出代价的：需要在 SGA 中分配更多内存，也可能需要分配更多 CPU 资源在列存储中执行压缩和解压缩操作。不过，更高的 CPU 和内存需求通常被减少的 I/O 和随之减少的等待事件数量而抵消，这意味着，任何给定查询需要经历的时间更短了，而且可以更方便地满足客户的 SLA。或者，在另一种场景中，更短的执行时间意味着在相同时间内能运行更多查询。

第 10 章

数据库安全性和审核

为了保护公司中最重要的财产，即它的数据，DBA 必须深入了解 Oracle 如何保护公司数据以及他们可以使用的不同工具。Oracle 提供的工具和机制分为三类：身份验证(authentication)、授权(authorization)和审核(auditing)。

身份验证包括用于标识谁正在访问数据库的方法，确认用户身份，而不考虑正在请求数据库的什么资源。即使仅尝试访问自助餐厅每日的午餐菜单，向数据库正确标识自己也非常重要。例如，如果基于 Web 的数据库应用程序能根据用户账户给出定制内容，就应确保某个用户获得位于德克萨斯州休斯顿市的分部的午餐菜单，而不是位于纽约州布法罗市的总部的午餐菜单！

只要数据库对用户进行了身份验证，授权就可为用户提供对数据库中各种对象的访问。可以授权一些用户运行针对每日销售表的报表；有些用户可能是开发人员，因此需要创建表和报表，而有些用户可能只被允许查看每日的午餐菜单。一些用户可能从来不会登录，但他们的模式可能拥有特定应用程序的大量表，例如工资单和账户应收款项。还应为数据库管理员提供额外授权方法，这是由于数据库管理员拥有极大的权限。由于 DBA 可以关闭和启动数据库，因此也应为其提供额外的授权级别。

授权并不只是对表或报表的简单访问，它也包括使用数据库中系统资源的权利以及在数据库中执行某些操作的权限。某个数据库用户的每个会话可能只允许使用 15 秒的 CPU 时间，或者在与数据库断开连接之前只可以空闲 5 分钟。另一个数据库用户可能被授予在任何其他用户的模式中创建或删除表的权限，但不能创建同义词或查看数据字典表。细粒度的访问控制为 DBA 提供了对如何访问数据库对象的更多控制。例如，标准对象权限将为用户提供对表中一个整行的访问，或完全不可以访问；使用细粒度的访问控制，DBA 可创建由存储过程实现的策略，该策略基于以下三种情况或者其中某一种情况来限制访问：一天当中的不同时间、请求源自哪里、访问表的哪些列。

在关于数据库授权的结尾部分中，将列举关于 Virtual Private Database(VPD)的简短示例，VPD 用于提供定义、设置和访问应用程序属性的方法。同时也介绍了一些谓词(通常是 WHERE 子句)，用于控制哪些数据是应用程序用户可访问的，或者是可以返回给应用程序用户的。

Oracle 数据库中的审核包含数据库中大量不同级别的监控。在较高级别，审核可记录成功的和不成功的登录尝试、访问对象或者执行操作。细粒度审核(FGA)不仅可记录访问了什么对象，还可记录在对列中的数据执行插入、更新或删除时访问表的哪些列。细粒度审核是审核用于标准授权的细粒度访问控制：有关访问对象和执行操作的更精确的控制和信息。

DBA 必须经过深思熟虑再使用审核，以免无法理解审核记录，或者由于实现连续的审核而导致过多的系统开销。但是，通过监控谁正在使用什么资源、什么时候使用、多长时间使用一次，以及这次访问是否成功，审核可以帮助保护公司财产。因此，审核是 DBA 应该持续使用的另一种工具，用于监控数据库的安全状况。

10.1 非数据库的安全性

如果对操作系统的访问是不安全的，或者物理硬件处于不安全的位置，则本章后面介绍的所有方法学就没有任何作用。本节将讨论数据库以外的一些元素，在认为数据库是安全的之前，需要确保这些元素是安全的。

下面列出一些需要在数据库外部考虑的内容：

- **操作系统安全性** 除非 Oracle 数据库运行在自己的专用硬件上，并且只启用了 root 和 oracle 用户账户，否则就必须检查和实现操作系统安全性。确保使用 oracle 账户而不是 root 账户安装软件。也可考虑使用另一个账户而不是 oracle 账户作为软件和数据库文件的拥有者，从而防止黑客对这个容易的目标进行攻击。确保只有 oracle 账户和 oracle 所属的组才能读取软件和数据文件。除了需要 SUID 的 Oracle 可执行文件以外，在不需要 SUID 的文件上关闭 SUID(设置 UID，或者使用根权限运行)位。不要通过以纯文本编写的电子邮件发送密码(操作系统密码或 Oracle 密码)给用户。最后，删除支持数据库的服务器上不需要的任何系统服务，例如 telnet 和 ftp。
- **保护备份介质的安全** 确保数据库备份介质，无论是磁带、磁盘或 CD/DVD-ROM，都只可以由有限数量的人访问。如果黑客可以获得数据库的备份副本并在另一个服务器上加载它们，则安全的操作系统和数据库上健壮的、加密的密码就没有任何价值。这同样适用于任何包含从数据库中复制的数据的服务器。

- **后台安全性检查** 审查处理敏感数据库数据的雇员是必须要做的工作，无论雇员是DBA、审核者或操作系统管理员。
- **安全性教育** 确保所有数据库用户都了解 IT 基础结构的安全性和使用策略。需要用户理解和遵循安全性策略，要着重强调数据对公司的关键特性和价值，包括数据库中的信息。受过良好教育的用户更可能抵抗黑客通过社会工程(social-engineering)技巧进行的系统访问尝试。
- **控制对硬件的访问** 所有驻留数据库的计算机硬件都应该位于安全环境中，只可以使用证件或安全访问代码进行访问。

10.2 数据库身份验证方法

在数据库允许某人或应用程序对数据库中的对象或权限进行访问之前，必须验证此人或应用程序的身份。换句话说，需要验证尝试访问数据库的人的身份。

本节将概述用于允许访问数据库的最基本方法：用户账户，也称为“数据库身份验证”。此外，本章也将介绍如何减少用户需要记住的密码数量，其方法是允许操作系统验证用户身份，并自动将用户连接到数据库。使用通过应用程序服务器的 3 层身份验证、网络身份验证或 Oracle 的身份管理(Identity Management)，这样可以更进一步减少密码数量。最后，本节讨论在数据库停机或无法提供身份验证服务时，使用密码文件来验证 DBA 身份。

10.2.1 数据库身份验证

在通过使用防火墙来隔离外部环境和网络，并且客户和数据库服务器之间的网络通信量使用某种加密方法的环境中，数据库身份验证是在数据库中身份验证用户的最常见和最容易的方法。验证用户身份需要的所有信息存储在 SYSTEM 表空间中的一个表中。

非常特殊的数据库操作，如启动和关闭数据库，需要更安全的不同身份验证形式，即通过使用操作系统身份验证或使用密码文件。

网络身份验证依赖于第三方身份验证服务，例如分布式计算环境(Distributed Computing Environment，DCE)、Kerberos、公钥基础结构(Public Key Infrastructure，PKI)以及远程身份验证拨号用户服务(Remote Authentication Dial-In User Service，RADIUS)。3 层身份验证虽然乍看起来是一种网络身份验证方法，但它与网络身份验证方法的区别在于，中间层——例如 Oracle 应用程序服务器(Oracle Application Server)——在验证用户身份的同时在服务器上维护客户的身份。此外，中间层为客户提供了连接入池服务，并实现了业务逻辑。

本章第 10.2.7 节将介绍 DBA 在数据库中建立账户进行身份验证可以使用的所有方法。

10.2.2 数据库管理员身份验证

数据库并不总是可用于验证数据库管理员的身份，例如在由于意外断电或由于进行脱机数据库备份而关闭数据库时。为解决这种情况，Oracle 使用密码文件来维护一个数据库用户列表，允许这些用户执行一些功能，例如启动和关闭数据库、初始化备份等。

另外，数据库管理员可使用操作系统身份验证，下面将讨论该方法。图 10-1 显示的流程图标识了数据库管理员在决定哪种方法最适合应用于他们环境中时的选择。

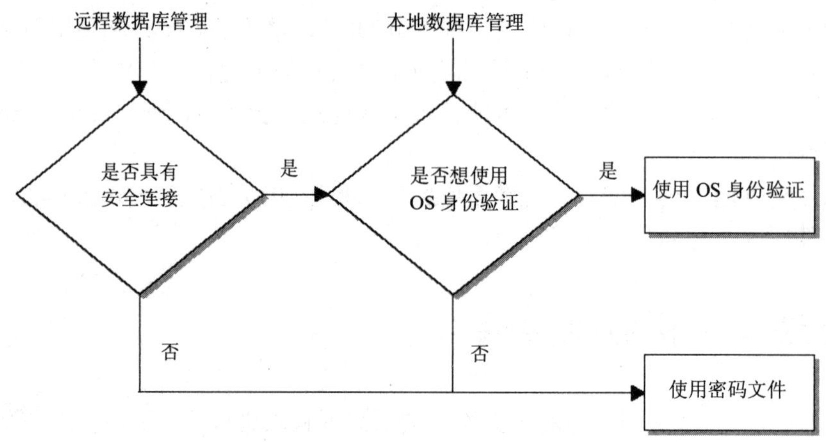

图 10-1 身份验证方法流程图

对于本地服务器连接，主要的考虑方面是以下两种情况之间的对比：将相同账户用于操作系统和 Oracle 服务器的方便性与维护密码文件的方便性。对于远程管理员，连接的安全性是选择身份验证方法时的驱动因素。如果没有安全的连接，黑客就可以很容易地扮演具有和服务器自身上的管理员相同账户的用户，并且可以获得对使用 OS 身份验证的数据库的完全访问。

注意：

使用密码文件进行身份验证时，确保密码文件自身在某个目录位置中，只有操作系统管理员和拥有 Oracle 软件安装权限的用户或组可以访问该目录位置。

稍后将详细讨论系统权限。然而，现在只需要知道存在三种特殊的系统权限，它们可为管理员提供数据库中的特殊身份验证：

- **SYSOPER** 拥有 SYSOPER 权限的管理员可以启动和关闭数据库，执行联机和脱机备份，归档当前的重做日志文件，并在数据库处于 RESTRICTED SESSION 模式时连接到该数据库。
- **SYSDBA** SYSDBA 权限包含 SYSOPER 的所有权利，另外还能创建数据库，并且可给其他数据库用户授权 SYSDBA 或 SYSOPER 权限。
- **SYSASM** SYSASM 权限是 Oracle Database 11*g* 的新增特性，它是 ASM 实例所特有的，用来管理数据库存储。

Oracle Database 12*c* 有三种附加权限，来进一步增强 Oracle 对职责分离的支持：SYSBACKUP、SYSDG 和 SYSKM。

为从 SQL*Plus 会话连接到数据库，可将 AS SYSDBA 或 AS SYSOPER 附加到 CONNECT 命令。下面是一个示例：

```
[oracle@kthanid ~]$ sqlplus /nolog
SQL*Plus: Release 12.1.0.2.0 Production on Tue Oct 28 10:18:22 2014
```

```
Copyright (c) 1982, 2014, Oracle.  All rights reserved.

SQL> connect rjb/rjb as sysdba;
Connected.
SQL> show user
USER is "SYS"
SQL>
```

对于作为 SYSDBA 或 SYSOPER 连接的用户，除了具有不同的额外权限，在他们连接到数据库时，默认的模式也不相同。使用 SYSDBA 或 SYSASM 权限连接的用户将作为 SYS 用户连接，SYSOPER 权限设置用户为 PUBLIC。SYSKM、SYSBACKUP 和 SYSDG 权限都使用相同的名称连接到数据库用户。

与任何数据库连接请求一样，可在 sqlplus 命令的同一行上指定用户名和密码，同时指定 SYSDBA 或 SYSOPER 关键字：

```
[oracle@dw ~]$ sqlplus rjb/rjb as sysdba
```

虽然使用 Oracle Universal Installer(具有种子数据库)或使用 Database Creation Assistant 的 Oracle Database 默认安装将自动创建密码文件，但在无意中删除或损坏密码文件的情况下，可能需要重新创建该文件。orapwd 命令可创建密码文件，其中只有一个用于 SYS 用户的条目，而在运行没有任何选项的 orapwd 命令时，其他选项将显示出来：

```
[oracle@dw ~]$ orapwd
Usage: orapwd file=<fname> password=<password>
    entries=<users> force=<y/n> ignorecase=<y/n> nosysdba=<y/n>

  where
    file - name of password file (required),
    password - password for SYS (optional),
    entries - maximum number of distinct DBA (required),
    force - whether to overwrite existing file (optional),
    ignorecase - passwords are case-insensitive (optional),
    nosysdba - whether to shut out the SYSDBA logon
      (optional Database Vault only).

  There must be no spaces around the equal-to (=) character.
[oracle@dw ~]$
```

一旦重新创建密码文件，则必须将 SYSDBA 和 SYSOPER 权限授权给前面已经具有这些权限的数据库用户。此外，如果在 orapwd 命令中提供的密码不是 SYS 账户在数据库中具有的相同密码，也没有什么问题：当使用 CONNECT / AS SYSDBA 连接数据库时，使用的是操作系统身份验证。这里要重申的只是，如果数据库处于停机状态或处于 MOUNT 模式，则必须使用操作系统身份验证或密码文件。另外值得注意的是，操作系统身份验证优先于密码文件身份验证，因此，只要满足了操作系统身份验证需求，即使存在密码文件，也不使用密码文件进行身份验证。

警告：

从 Oracle Database 11g 开始，数据库密码区分大小写。要禁用区分大小写，可将 SEC_CASE_SENSITIVE_LOGON 初始参数设置为 FALSE。

系统初始参数 REMOTE_LOGIN_PASSWORDFILE 可控制密码文件如何用于数据库实例。它有 3 个可能的值：NONE、SHARED 以及 EXCLUSIVE。

如果 REMOTE_LOGIN_PASSWORDFILE 参数的值是 NONE，则 Oracle 忽略任何已有的密码文件。必须通过其他方式验证任何具有权限的用户的身份，例如通过操作系统身份验证，下一节将讨论操作系统身份验证。

REMOTE_LOGIN_PASSWORDFILE 参数的值是 SHARED 时，多个数据库可以共享同一密码文件，但只有 SYS 用户使用密码文件来验证身份，并且不可以改变 SYS 的密码。因此，这种方法不是最安全的，但它确实允许 DBA 使用一个 SYS 账户维护多个数据库。

提示：

如果必须使用共享的密码文件，则确保 SYS 的密码至少为 12 个字符长，并且包括如下的组合：大小写字母、数字以及可以防护强力猜测攻击的特殊字符。

REMOTE_LOGIN_PASSWORDFILE 参数的值是 EXCLUSIVE 则表示将密码文件只绑定到一个数据库，并且其他数据库用户账户可以存在于密码文件中。一旦创建密码文件，使用这个值可最大化 SYSDBA 和 SYSOPER 连接的安全性。

动态性能视图 V$PWFILE_USERS 列出所有具有 SYSDBA 或 SYSOPER 权限的数据库用户，如下所示：

```
SQL> select * from v$pwfile_users;

USERNAME                       SYSDB SYSOP SYSAS SYSBA SYSDG SYSKM     CON_ID
------------------------------ ----- ----- ----- ----- ----- ----- ----------
SYS                            TRUE  TRUE  FALSE FALSE FALSE FALSE          0
SYSDG                          FALSE FALSE FALSE FALSE TRUE  FALSE          0
SYSBACKUP                      FALSE FALSE FALSE TRUE  FALSE FALSE          0
SYSKM                          FALSE FALSE FALSE FALSE FALSE TRUE           0
RJB                            TRUE  FALSE FALSE FALSE FALSE FALSE          0

5 rows selected.

SQL>
```

10.2.3 操作系统身份验证

如果 DBA 选择实现操作系统身份验证，则在数据库用户使用下面的 SQL*Plus 语法时，他将自动连接到数据库：

```
SQL> sqlplus /
```

该方法类似于管理员连接到数据库的方法，但是没有 AS SYSDBA 或 AS SYSOPER 子句。主要区别在于，使用了操作系统账户授权方法，而不是使用 Oracle 生成和维护的密码文件。

实际上，管理员也可使用操作系统身份验证，通过 AS SYSDBA 或 AS SYSOPER 进行连接。如果管理员的操作系统登录账户位于 Unix 组 dba(或 Windows 组 ORA_DBA)中，管理员就可以使用 AS SYSDBA 连接到数据库。类似地，如果操作系统登录账户位于 Unix 组 oper(或 Windows 组 ORA_OPER)中，管理员就可以使用 AS SYSOPER 连接到数据库，而不需要使用 Oracle 密码文件。

Oracle Server 建立如下假设：如果通过操作系统账户验证用户的身份，则该用户也通过了数据库身份验证。使用操作系统身份验证时，Oracle 不需要维护数据库中的密码，但仍维护用户名。用户名仍需要设置默认模式和表空间，此外还需要提供信息进行审核。

在默认的 Oracle 12*c* 安装中，以及在以前的 Oracle 版本中，如果使用 identified externally 子句创建数据库用户，则为用户账户启用操作系统身份验证。数据库用户名的前缀必须匹配初始参数 OS_AUTHENT_PREFIX 的值，默认值是 OPS$。下面是示例：

```
SQL> create user ops$corie identified externally;
```

当用户使用账户 CORIE 登录到操作系统时，将在 Oracle 数据库中自动验证该账户身份，如同使用数据库身份验证创建 OPS$CORIE 账户一样。

设置 OS_AUTHENT_PREFIX 的值为空字符串，这就允许数据库管理员和操作系统账户管理员在使用外部身份验证时使用相同的用户名。

使用 IDENTIFIED GLOBALLY 类似于使用 IDENTIFIED EXTERNALLY，这时在数据库外部完成身份验证。然而使用全局标识的用户时，则通过企业目录服务执行身份验证，例如 Oracle Internet Directory(OID)。OID 可简化数据库管理员的账户维护工作，并且方便需要访问多个数据库或服务的数据库用户的单点登录(Single Sign-On，SSO)。

10.2.4　网络身份验证

通过网络服务进行身份验证是 DBA 验证数据库用户身份的另一个可用选项。虽然完整的处理方法超出了本书的讨论范围，但此处将简述每种方法及其组成部分。这些组成部分包括安全套接字层(Secure Sockets Layer，SSL)、分布式计算环境(Distributed Computing Environment，DCE)、Kerberos、PKI、RADIUS 以及基于目录的服务。

1. 安全套接字层协议

安全套接字层(SSL)最初是由 Netscape Development Corporation 开发的用于 Web 浏览器中的协议。因为它是公共标准，并且是开放源代码的，因此需要接受编程界的连续审查，从而确保没有漏洞或“后门”可以损害到其健壮性。

最低限度，需要使用服务器端的证书进行身份验证。客户身份验证也可使用 SSL，验证客户的有效性，但建立证书很可能成为一项庞大的管理工作。

在 TCP/IP 上面使用 SSL 只需要稍微改变侦听器配置，具体做法是在 listener.ora 文件中的不同端口号中添加另一个协议(TCPS)。在下面的摘要中，使用 Oracle Net Configuration Assistant(netca)进行配置，服务器 dw10g 上名为 LISTENER 的侦听器将接受端口 1521 上的 TCP 流量以及端口 2484 上的 SSL TCP 流量：

```
# listener.ora Network Configuration File:
   /u01/app/oracle/product/12.1.0/network/admin/listener.ora
# Generated by Oracle configuration tools.
SID_LIST_LISTENER =
  (SID_LIST =
    (SID_DESC =
      (SID_NAME = PLSExtProc)
      (ORACLE_HOME = /u01/app/oracle/product/12.1.0)
      (PROGRAM = extproc)
    )
    (SID_DESC =
      (GLOBAL_DBNAME = dw.world)
      (ORACLE_HOME = /u01/app/oracle/product/12.1.0)
      (SID_NAME = dw)
    )
  )

LISTENER =
  (DESCRIPTION_LIST =
    (DESCRIPTION =
      (ADDRESS_LIST =
        (ADDRESS = (PROTOCOL = TCP)(HOST = dw12c)(PORT = 1521))
      )
      (ADDRESS_LIST =
        (ADDRESS = (PROTOCOL = TCPS)(HOST = dw12c)(PORT = 2484))
      )
    )
  )
```

2. 分布式计算环境

分布式计算环境(Distributed Computing Environment，DCE)提供了大量服务，例如远程过程调用、分布式文件服务以及分布式时间服务，此外还有安全服务。DCE 支持所有主要软件和硬件平台上不同环境类型中的分布式应用程序。

DCE 是支持单点登录(SSO)的一种协议。一旦用户使用 DCE 进行身份验证，他们就可以安全地访问使用 DCE 配置的任何 Oracle 数据库，而不需要指定用户名或密码。

3. Kerberos

Kerberos 是另一个可信的第三方身份验证系统，类似于 DCE，它也提供了 SSO 功能。Oracle 完全支持 Kerberos 版本 5，该版本具有 Oracle Database 12*c* 企业版本下的 Oracle Advanced Security。

与其他中间件身份验证解决方案一样，基本前提是永远不要通过网络发送密码，所有身份验证都由 Kerberos 服务器进行代理。在 Kerberos 术语中，密码是“共享的秘密”。

4. 公钥基础结构

公钥基础结构(Public Key Infrastructure，PKI)由大量组件组成。使用 SSL 协议实现公钥基础结构，并且该基础结构是基于秘密的私钥和相关的公钥，从而有助于客户和服务器之间的安全通信。

为提供标识和身份验证服务，PKI 使用证书和认证授权(Certificate Authority，CA)。简单地说，证书是实体的公钥，由可信的第三方(认证授权中心)身份验证该公钥，并且证书包含证书用户的名称、到期日期、公钥等相关信息。

5. RADIUS

远程身份验证拨号用户服务(Remote Authentication Dial-In User Service，RADIUS)是一个轻量级协议，用于身份验证以及授权和账户管理服务。在 Oracle 环境中，从 Oracle 客户发送授权请求时，Oracle Server 扮演 RADIUS 服务器的客户。

支持 RADIUS 标准的任何身份验证方法，无论是标记卡、智能卡或 SecurID ACE，都可以作为新的身份验证方法简单地添加到 RADIUS 服务器，而不需要在客户或服务器配置文件(例如 sqlnet.ora)上进行任何改动。

10.2.5　三层身份验证

在三层或多层环境中，应用程序服务器可为客户提供身份验证服务，并提供数据库服务器的常见接口，即使客户使用多种不同的浏览器或“胖”客户应用程序。然后，使用数据库验证应用程序服务器的身份，并且表明允许客户连接到数据库，从而在所有层中保存客户的身份。

在多层环境中，给予用户和中间层尽可能少的权限，即只向它们提供完成工作所需的权限。使用如下的命令授权中间层代表用户执行操作：

```
alter user kmourgos
    grant connect through oes_as
    with role all except ordmgmt;
```

在该示例中，授权应用程序服务器服务 OES_AS 代表数据库用户 KMOURGOS 执行操作。已经赋予了用户 KMOURGOS 很多角色，并且可以通过应用程序服务器启用所有这些角色，除了 ORDMGMT 角色。因此，当 KMOURGOS 通过应用程序服务器连接时，允许他通过 Web 访问通过角色授予他的所有表和权限，除了订单管理功能。因为他所在公司具有适当的业务规则，所有对订单管理应用程序的访问必须通过对数据库的直接连接完成。本章第 10.3.4 一节将详细讨论角色。

10.2.6　客户端身份验证

客户端身份验证是在多层环境中验证用户身份的一种方法，但 Oracle 强烈建议不使用这种方法，除非所有的客户都位于安全的网络中，在防火墙内，并且不允许来自于防火墙外部的任何数据库连接。此外，用户不应该具有任何可以连接到数据库的任何工作站上的管理权利。

如果使用 IDENTIFIED EXTERNALLY 属性创建 Oracle 用户，并将初始参数 REMOTE_OS_AUTHENT 设置为 TRUE，则攻击者可以简单地使用匹配 Oracle 用户账户的本地用户账户在工作站上验证自己身份，并最终获得对数据库的访问。

因此，强烈推荐将 REMOTE_OS_AUTHENT 参数设置为 FALSE。必须停止并重新启动数据库，从而使这一改动生效。

注意：

从 Oracle Database 11*g* 开始不赞成使用参数 REMOTE_OS_AUTHENT。有其他几种更安全的方法允许远程访问数据库。

10.2.7 用户账户

为获得对数据库的访问，用户必须提供用户名，这样才能访问与账户关联的资源。每个用户名必须有一个密码，并且只和数据库中的一个模式关联。有些账户可能在模式中没有任何对象，但有授予该账户的权限，用于访问其他模式中的对象。

本节将解释相关语法，并给出创建、改变和删除用户的示例。此外，本节将介绍如何成为另一个用户，而不需要显式地知道该用户的密码。

1. 创建用户

CREATE USER 命令非常简单。它具有大量参数，表 10-1 列出了其中最重要的参数，并且简要描述了每个参数。

表 10-1 CREATE USER 命令的选项

参　数	用　法
username	模式的名称，因此是将要创建的用户名。用户名最多可以为 30 个字符长，并且不可以是保留字，除非加上引号(不推荐这样做)
IDENTIFIED { BY *password* | EXTERNALLY | GLOBALLY AS '*extname*' }	指定如何验证用户身份：通过数据库使用密码验证身份，通过操作系统(本地的或远程的)，或者通过服务(例如 Oracle Internet Directory)
DEFAULT TABLESPACE *tablespace*	在其中创建永久对象的表空间，除非在创建期间显式指定了一个表空间
TEMPORARY TABLESPACE *tablespace*	在排序操作、创建索引等期间，在其中创建临时段的表空间
QUOTA { *size* | UNLIMITED } ON *tablespace*	为指定表空间上创建的对象预留的空间量。其大小以千字节(K)或兆字节(M)为单位
PROFILE *profile*	赋予这个用户的配置文件。本章后面将讨论配置文件。如果没有指定配置文件，则使用 DEFAULT 配置文件
PASSWORD EXPIRE	在第一次登录时，用户必须改变他们的密码
ACCOUNT {LOCK | UNLOCK}	指定是否锁定账户或解除账户锁定。默认情况下，账户是解除锁定的
ENABLE EDITIONS	允许用户在模式中创建版本化对象的一个或多个版本
CONTAINER = {CURRENT | ALL}	在多租户数据库的当前容器或在所有容器(一个常见用户)中创建一个用户账户。如果账户是一个常见用户，则必须以 C##或 c##开头，本地用户不得以 C##或 c##开头

下面的示例创建了一个用户(KLYNNE)，对应于用户 Jeff K. Lynne，该用户在 HR.EMPLOYEES 表中的雇员号为 100，该表来自于和数据库一起安装的示例模式：

```
SQL> create user klynne identified by KLYNNE901
  2    account unlock
  3    default tablespace users
  4    temporary tablespace temp;
User created.
```

通过数据库验证用户 KLYNNE 的身份，该用户具有初始密码 KLYNNE901。第二行不是必需的，所有账户在创建时都是默认解除锁定的。在数据库级别中定义默认的永久表空间和默认的临时表空间，从而该命令的最后两行不是必需的，除非需要为用户提供不同的默认永久表空间或默认临时表空间。

即使已经显式地或隐式地为用户 KLYNNE 分配了默认的永久表空间，他也不可以在数据库中创建任何对象，直到提供磁盘限额以及在他们自己的模式中创建对象的权利。

限额是针对给定用户的、按照表空间而定的简单空间限制。除非显式分配限额或授予用户 UNLIMITED TABLESPACE 权限(本章后面将讨论权限)，否则用户不可以在自己的模式中创建对象。在下面的示例中，为 KLYNNE 账户提供 USERS 表空间中 250MB 的限额：

```
SQL> alter user KLYNNE quota 250M on users;
User altered.
```

注意，可能已在创建账户时随同 CREATE USER 命令中的几乎其他每个选项一起授予了该限额。然而，只可以在创建账户后分配默认的角色(本章后面将讨论角色管理)。

除非将一些基本权限授予新账户，否则账户甚至不可以登录。因此，至少需要授予 CREATE SESSION 权限或 CONNECT 角色(本章后面将详细讨论角色)。对于 Oracle Database 10*g* 版本 1 及更早的版本，CONNECT 角色包含 CREATE SESSION 权限以及其他基本权限，例如 CREATE TABLE 和 ALTER SESSION。从 Oracle Database 10*g* 版本 2 开始，CONNECT 角色只有 CREATE SESSION 权限，因此不赞成使用 CONNECT 角色。在下面的示例中，将 CREATE SESSION 和 CREATE TABLE 权限授予 KLYNNE：

```
SQL> grant create session, create table to KLYNNE;
Grant succeeded.
```

现在，用户 KLYNNE 具有 USERS 表空间上的限额，同时具有在该表空间中创建对象的权限。

可从基于 Web 的 Oracle Cloud Control 12*c* 界面上获得 CREATE USER 的所有这些选项，如图 10-2 所示。

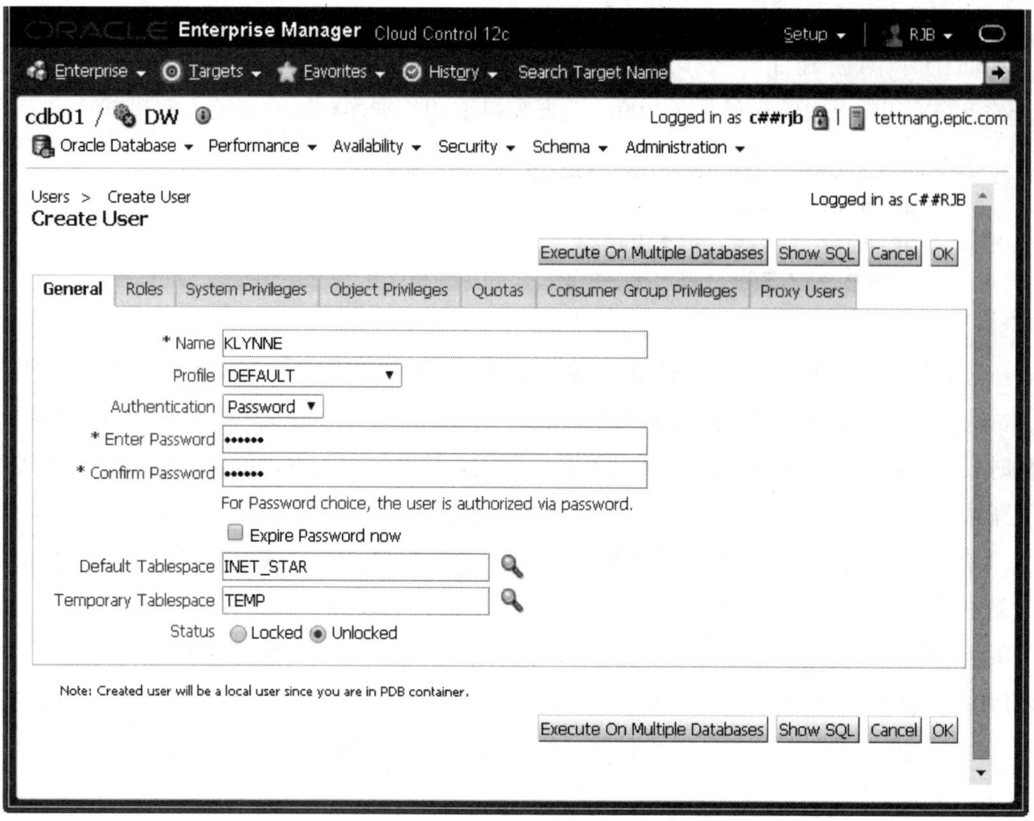

图 10-2 使用 Cloud Control 创建用户

和任何 Cloud Control 操作一样，Show SQL 按钮显示了实际的 SQL 命令，例如 CREATE 和 GRANT，创建用户时将运行这些命令。这是利用 Web 界面易用性的极好方法，同时也可以复习 SQL 命令的语法。

在图 10-3 中可以看到，也可以非常容易地选择一个已有的用户，并且创建具有相同特征(除了密码)的新用户。

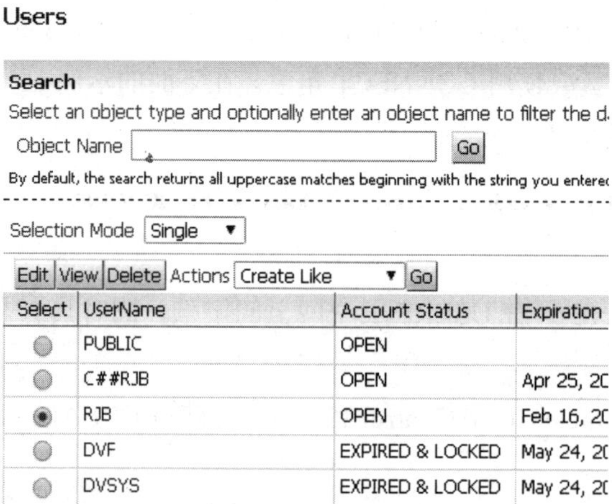

图 10-3 使用 Cloud Control 复制用户

Cloud Control 界面中的其他可用选项包括使用户账户到期，生成用于创建账户的 DDL，以及锁定账户或解除账户锁定。

2. 改变用户

可通过使用 ALTER USER 命令改变用户的特征。ALTER USER 命令的语法基本等同于 CREATE USER 命令的语法，但 ALTER USER 命令允许分配角色以及授权给中间层应用程序，该应用程序代表用户执行功能。

在该示例中，将用户 KLYNNE 修改为使用不同的默认永久表空间：

```
SQL> alter user KLYNNE
  2      default tablespace users2
  3      quota 500M on users2;
User altered.
```

注意，用户 KLYNNE 仍可在 USERS 表空间中创建对象，但他必须在任何 CREATE TABLE 和 CREATE INDEX 命令中显式指定 USERS。

3. 删除用户

删除用户非常简单，可以使用 DROP USER 命令来完成。此命令唯一的参数是需要删除的用户名以及 CASCADE 选项。如果没有使用 CASCADE 选项，则必须显式删除该用户拥有的任何对象，或将这些对象移动到另一个模式。在下面的示例中，删除用户 QUEENB，如果 QUEENB 拥有任何对象，则也自动删除这些对象：

```
SQL> drop user queenb cascade;
User dropped.
```

如果任何其他模式对象，例如视图或程序包，依赖于删除用户时删除的对象，则这些模式对象标记为 INVALID，并且必须重新编码以使用其他对象，然后重新编译。此外，如果删除第一个用户，则由第一个用户通过 WITH GRANT OPTION 子句授予第二个用户的任何对象权限都会自动取消。

4. 成为另一个用户

为调试应用程序，DBA 有时需要作为另一个用户来连接数据库，从而模仿存在的问题。不需要知道该用户实际的纯文本密码，DBA 可从数据库中检索加密的密码，改变该用户的密码，使用改过的密码连接到数据库，然后使用 ALTER USER 命令中没有归档的子句改回密码。上面的操作假设 DBA 可访问 DBA_USERS 表，同时具有 ALTER USER 权限。如果 DBA 具有 DBA 角色，则可以满足这两种情况。

第一步是检索用户的加密密码，该密码存储在表 DBA_USERS 中：

```
SQL> select password from user$
  2     where username = 'KLYNNE';
```

```
PASSWORD
------------------------------
83C7CBD27A941428

1 row selected.
```

在 GUI 环境中使用复制和粘贴保存该密码，或者将其保存在文本文件中，便于以后进行检索。下一步是临时改变用户的密码，然后使用临时密码进行登录：

```
SQL> alter user KLYNNE identified by temp_pass;
User altered.
SQL> connect KLYNNE/temp_pass@tettnang:1521/dw;
Connected.
```

此时，可从 KLYNNE 的观点来调试应用程序。一旦完成调试，则使用 ALTER USER 命令中未归档的 BY VALUES 子句改回密码：

```
SQL> alter user KLYNNE identified by values '83C7CBD27A941428';
User altered.
```

与 KLYNNE 用户连接确保可在运行应用程序时看到 KLYNNE 可以看到的内容。但有些情况下，可使用 ALTER SESSION 命令和 CURRENT_SCHEMA 选项避免更改密码。

```
[oracle@yeb ~]$ sqlplus / as sysdba
SQL> alter session set current_schema=KLYNNE;
Session altered.
SQL> show user
USER is "SYS"
SQL> create table emp2
  2  (employee_id        number,
  3   salary             number);
Table created.
SQL> select owner,table_name from dba_tables where owner='KLYNNE';

OWNER                          TABLE_NAME
------------------------------ ------------------------------
KLYNNE                         EMP2

SQL>
```

将在 CURRENT_SCHEMA 参数指定的用户上下文中运行所有 DML 和 SELECT 命令。

5. 与用户相关的数据字典视图

大量数据字典视图都包含与用户和用户特征相关的信息。表 10-2 列出最常见的视图和表。在多租户环境中，对等的视图以 CDB_开头，而非以 DBA_开头。

表 10-2　与用户相关的数据字典视图和表

数据字典视图	说　明
DBA_USERS	包含用户名、加密的密码、账户状态以及默认的表空间
DBA_TS_QUOTAS	按照用户和表空间确定的磁盘空间利用率以及限制，针对其限额不是 UNLIMITED 的用户
DBA_PROFILES	可以赋予用户的配置文件，这些用户具有赋予配置文件的资源限制
USER_HISTORY$	具有用户名、加密密码和时间戳的密码历史记录。如果将初始参数 RESOURCE_LIMIT 设置为 TRUE，则用于实施密码重用规则，使用 ALTER PROFILE 参数 PASSWORD_REUSE_*可以限制密码重用

10.3　数据库授权方法

一旦使用数据库身份验证了用户，下一步就是确定用户有权访问或使用的对象类型、权限和资源。本节将介绍配置文件控制管理密码的方式，还将介绍配置文件在各种类型的系统资源上添加限制的方式。

此外，本节将讨论 Oracle 数据库中两种类型的权限：系统权限和对象权限。这两种权限都可以直接赋予用户，或者通过角色间接赋予用户，这是另一种在将权限赋予用户时可以简化 DBA 工作的机制。

在多租户环境中管理配置文件和权限的方式类似于非 CDB 环境中的管理方式，仅有几处例外，可参见第 11 章了解详情。

本节末尾将概述 Oracle 的虚拟专用数据库(VPD)特性，以及如何使用此特性更精确地控制：用户根据赋予自己的一组 DBA 定义的证书可以查看表的哪些部分。为了帮助使这一概念更加清晰，我们将完整地实现一个 VPD。

10.3.1　配置文件的管理

看起来似乎总是不会有足够的 CPU 功率或磁盘空间或 I/O 带宽来运行用户的查询。因为所有这些资源本来就是有限的，Oracle 提供了一种机制来控制用户可以使用多少资源，Oracle 配置文件就是提供这种机制的指定资源限制集。

此外，配置文件可用作授权机制来控制如何创建、重用和身份验证用户密码。例如，可能希望实施最小的密码长度，同时需要密码中至少出现一个大写字母和一个小写字母。本节将讨论配置文件如何管理密码和资源。

1. CREATE PROFILE 命令

CREATE PROFILE 命令有双重用途。可以创建配置文件，将用户的连接时间限制为 120 分钟。

```
create profile lim_connect limit
    connect_time 120;
```

类似地，可限制在锁定账户之前登录可以连续失败的次数：

```
create profile lim_fail_login limit
    failed_login_attempts 8;
```

或者，可将这两种类型的限制合并在一个配置文件中：

```
create profile lim_connectime_faillog limit
    connect_time 120
    failed_login_attempts 8;
```

Oracle 如何响应超出的一种资源限制取决于限制的类型。当到达一个连接时间限制或空闲时间限制(如 CPU_PER_SESSION)时，回滚进行中的事务，并且取消会话连接。对于大多数其他资源限制(如 PRIVATE_SGA)，回滚当前的事务，将一个错误返回给用户，并且用户可以选择提交或回滚事务。如果操作超出某个调用的限制(如 LOGICAL_READS_PER_ CALL)，则中断该操作，回滚当前的语句，并将一个错误返回给用户。事务的剩余部分保持不变，然后，用户可以回滚、提交或尝试在不超出语句限制的情况下完成事务。

Oracle 提供了 DEFAULT 配置文件，如果没有指定其他的配置文件，则将该配置文件应用于任何新用户。下面针对数据字典视图 DBA_PROFILES 的查询显示了 DEFAULT 配置文件的限制：

```
SQL> select *
  2  from dba_profiles
  3  where profile = 'DEFAULT';

PROFILE      RESOURCE_NAME                       RESOURCE LIMIT           COM
------------ ----------------------------------- -------- --------------- ---
DEFAULT      COMPOSITE_LIMIT                     KERNEL   UNLIMITED       NO
DEFAULT      SESSIONS_PER_USER                   KERNEL   UNLIMITED       NO
DEFAULT      CPU_PER_SESSION                     KERNEL   UNLIMITED       NO
DEFAULT      CPU_PER_CALL                        KERNEL   UNLIMITED       NO
DEFAULT      LOGICAL_READS_PER_SESSION           KERNEL   UNLIMITED       NO
DEFAULT      LOGICAL_READS_PER_CALL              KERNEL   UNLIMITED       NO
DEFAULT      IDLE_TIME                           KERNEL   UNLIMITED       NO
DEFAULT      CONNECT_TIME                        KERNEL   UNLIMITED       NO
DEFAULT      PRIVATE_SGA                         KERNEL   UNLIMITED       NO
DEFAULT      FAILED_LOGIN_ATTEMPTS               PASSWORD 10              NO
DEFAULT      PASSWORD_LIFE_TIME                  PASSWORD 180             NO
DEFAULT      PASSWORD_REUSE_TIME                 PASSWORD UNLIMITED       NO
DEFAULT      PASSWORD_REUSE_MAX                  PASSWORD UNLIMITED       NO
DEFAULT      PASSWORD_VERIFY_FUNCTION            PASSWORD NULL            NO
DEFAULT      PASSWORD_LOCK_TIME                  PASSWORD 1               NO
DEFAULT      PASSWORD_GRACE_TIME                 PASSWORD 7               NO

16 rows selected.

SQL>
```

DEFAULT 配置文件中唯一真正的约束将锁定账户前连续不成功的登录尝试数量(FAILED_LOGIN_ATTEMPTS)限制为 10，将必须改变密码前此密码可以使用的天数

(PASSWORD_LIFE_TIME)设置为 180。此外，没有启用任何密码身份验证功能。

2. 配置文件和密码控制

表 10-3 中是密码相关的配置文件参数。按照天数指定所有时间单位(例如，为了以分钟为单位指定这些参数，可以将其除以 1440)：

```
SQL> create profile lim_lock limit password_lock_time 5/1440;
Profile created.
```

表 10-3　密码相关的配置文件参数

密 码 参 数	说　明
FAILED_LOGIN_ATTEMPTS	锁定账户前失败的登录尝试次数
PASSWORD_LIFE_TIME	在必须改变密码前可以使用该密码的天数。如果没有在 PASSWORD_GRACE_TIME 中进行改动，则必须在允许登录前改变该密码
PASSWORD_REUSE_TIME	用户在重新使用密码前必须等待的天数；该参数和 PASSWORD_REUSE_MAX 结合起来使用
PASSWORD_REUSE_MAX	在可以重用密码前必须进行的密码改动次数；该参数和 PASSWORD_REUSE_TIME 结合起来使用
PASSWORD_LOCK_TIME	在 FAILED_LOGIN_ATTEMPTS 尝试后锁定账户的天数。在这个时间周期后，账户自动解除锁定
PASSWORD_GRACE_TIME	在多少天之后到期密码必须改变。如果没有在这个时间周期内进行改动，则账户到期，并且必须在用户可以成功登录之前改变该密码
PASSWORD_VERIFY_FUNCTION	PL/SQL 脚本，用于提供高级密码验证例程。如果指定为 NULL(默认值)，则不执行任何密码验证

在该示例中，在登录失败指定的次数后，账户将只锁定 5 分钟。

参数值 UNLIMITED 表示未限制可以使用的给定资源数量。DEFAULT 表示该参数从 DEFAULT 配置文件中获得它的值。

参数 PASSWORD_REUSE_TIME 和 PASSWORD_REUSE_MAX 必须同时使用。设置其中一个参数，而不设置另一个参数，则不会有任何作用。在下面的示例中，创建一个配置文件，将 PASSWORD_REUSE_TIME 设置为 20 天，而将 PASSWORD_REUSE_MAX 设置为 5：

```
create profile lim_reuse_pass limit
    password_reuse_time 20
    password_reuse_max 5;
```

对于具有该配置文件的用户，如果他们的密码至少已经改变了 5 次，则这些密码可以在 20 天后重新使用。如果为其中一个参数指定一个值，而为另一个参数指定 UNLIMITED，则用户可以永远不重用密码。

与其他大多数操作一样，使用 Oracle Cloud Control 可以很容易地管理配置文件。图 10-4 显示了一个示例：将 DEFAULT 配置文件改为在 15 分钟不活动后取消用户连接。

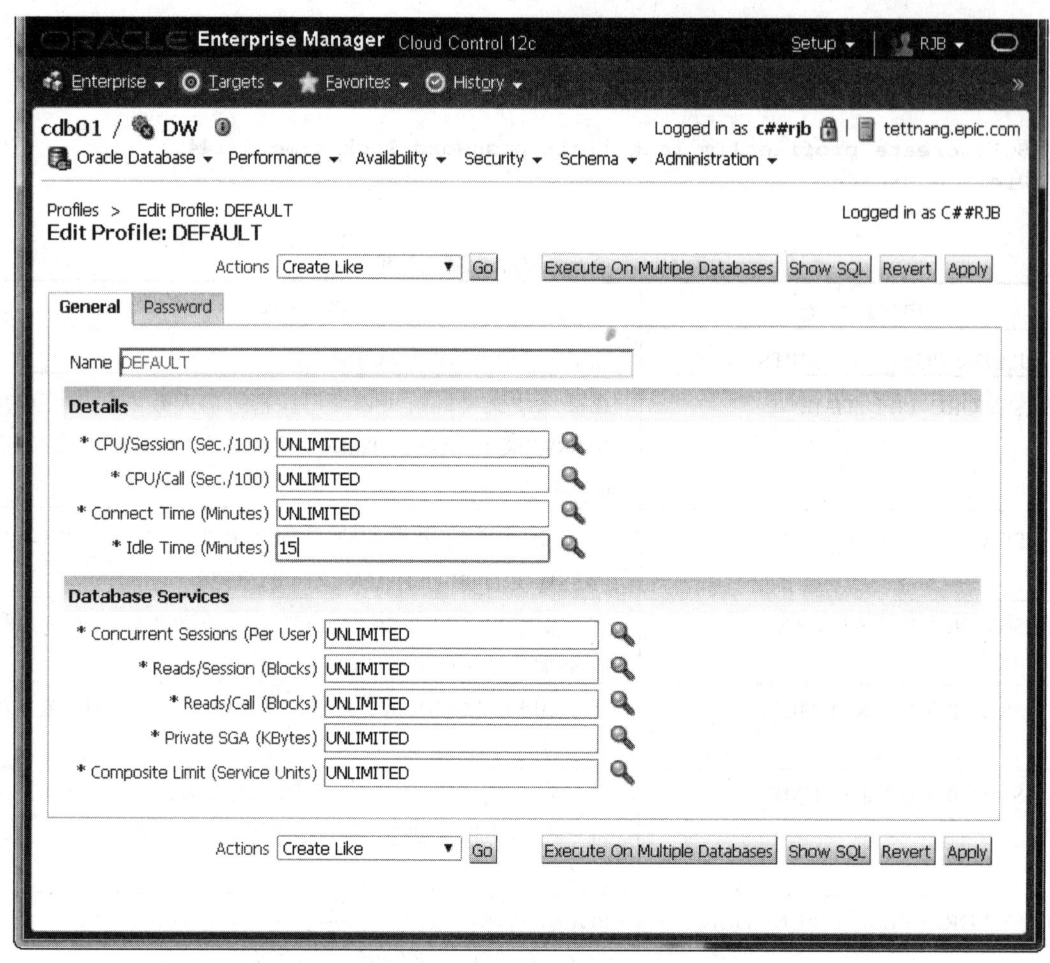

图 10-4 使用 Oracle Cloud Control 改变密码限制

如果希望对如何创建和重用密码提供更严格的控制，例如在每个密码中混合使用大写字母和小写字母，则需要在每个应用程序配置文件中启用 PASSWORD_VERIFY_FUNCTION 限制。Oracle 提供了一个模板来实施组织的密码策略。该模板位于$ORACLE_HOME/rdbms/admin/utlpwdmg.sql。该脚本的一些关键部分如下：

```
CREATE OR REPLACE FUNCTION ora12c_verify_function
(username varchar2,
 password varchar2,
 old_password varchar2)
 RETURN boolean IS
  n boolean;
  m integer;
  differ integer;
  isdigit boolean;
  ischar  boolean;
  ispunct boolean;
```

```
   db_name varchar2(40);
   digitarray varchar2(20);
   punctarray varchar2(25);
   chararray varchar2(52);
   i_char varchar2(10);
   simple_password varchar2(10);
   reverse_user varchar2(32);

BEGIN
   digitarray:= '0123456789';
   chararray:= 'abcdefghijklmnopqrstuvwxyzABCDEFGHIJKLMNOPQRSTUVWXYZ';
. . .
   -- Check if the password is same as the username reversed
   FOR i in REVERSE 1..length(username) LOOP
     reverse_user := reverse_user || substr(username, i, 1);
   END LOOP;
   IF NLS_LOWER(password) = NLS_LOWER(reverse_user) THEN
     raise_application_error(-20003, 'Password same as username reversed');
   END IF;
. . .
   -- Everything is fine; return TRUE ;
   RETURN(TRUE);
END;
/

-- This script alters the default parameters for Password Management
-- This means that all the users on the system have Password Management
-- enabled and set to the following values unless another profile is
-- created with parameter values set to different value or UNLIMITED
-- is created and assigned to the user.

ALTER PROFILE DEFAULT LIMIT
PASSWORD_LIFE_TIME 180
PASSWORD_GRACE_TIME 7
PASSWORD_REUSE_TIME UNLIMITED
PASSWORD_REUSE_MAX UNLIMITED
FAILED_LOGIN_ATTEMPTS 10
PASSWORD_LOCK_TIME 1 PASSWORD_VERIFY_FUNCTION ora12c_verify_function;
```

该脚本为密码复杂性提供了如下功能：

- 确保密码与用户名不同。
- 确保密码至少具有 4 个字符长。
- 进行检查，确保密码不是简单的、显而易见的单词，例如 ORACLE 或 DATABASE。
- 需要密码包含一个字母、一个数字以及一个标点符号。
- 确保密码与前面的密码至少有 3 个字符不同。

为使用这一策略，首先应对该脚本进行自定义改动。例如，可能希望具有几个不同的验证函数，每个函数针对一个国家或一个业务部门，用于使数据库密码复杂性需求匹配特定国家或业务部门中使用的操作系统的需求。例如，可将这种函数重命名为 VERIFY_FUNCTION_US_MIDWEST。此外，可能希望将简单单词的列表改为包括公司的部门名称或建筑大楼名称。

一旦成功编译该函数，可通过 ALTER PROFILE 命令，改变已有的配置文件以使用该函数，或者可创建使用该函数的新配置文件。在下面的示例中，改变 DEFAULT 配置文件以使用函数 VERIFY_FUNCTION_US_MIDWEST：

```
SQL> alter profile default limit
  2     password_verify_function verify_function_us_midwest;
Profile altered.
```

对于所有使用 DEFAULT 配置文件的已有用户，或者是使用 DEFAULT 配置文件的新用户，通过 VERIFY_FUNCTION_US_MIDWEST 函数检查他们的密码。如果该函数返回不同于 TRUE 的值，则不允许该密码，用户必须指定不同的密码。如果用户的当前密码不符合该函数中的规则，该密码仍然有效，直到改变密码，此时该函数必须验证新的密码。

3. 配置文件和资源控制

表 10-4 中列出了使用 CREATE PROFILE *profilename* LIMIT 后可以出现的资源控制配置文件选项列表。每个参数都可以是整数、UNLIMITED 或 DEFAULT。

表 10-4 与资源相关的配置文件参数

资源参数	说明
SESSIONS_PER_USER	用户可同时具有的最大会话数量
CPU_PER_SESSION	每个会话允许的最大 CPU 时间，以 1%秒为单位
CPU_PER_CALL	语句解析、执行或读取操作的最大 CPU 时间，以 1%秒为单位
CONNECT_TIME	最大总计消耗时间，以分钟为单位
IDLE_TIME	当查询或其他操作停止执行时，会话中的最大连续不活动时间，以分钟为单位
LOGICAL_READS_PER_SESSION	每个会话从内存或磁盘中读取的数据块总量
LOGICAL_READS_PER_CALL	语句解析、执行或读取操作的最大数据块读取量
COMPOSITE_LIMIT	以服务单位划分的总计资源成本，作为 CPU_PER_SESSION、CONNECT_TIME、LOGICAL_READS_PER_SESSION 和 PRIVATE_SGA 的组合加权和
PRIVATE_SGA	会话可在共享池中分配的最大内存量，以字节、千字节或兆字节为单位

与密码相关的参数一样，UNLIMITED 表示未限制可以使用的资源数量。DEFAULT 表示该参数从 DEFAULT 配置文件中获得它的值。

COMPOSITE_LIMIT 参数允许在使用的资源类型剧烈变化时控制一组资源限制。它允许用户在一个会话期间使用大量 CPU 时间和较少的磁盘 I/O，而在另一个会话期间采用相反的情况，但不需要通过策略来取消连接。

默认情况下，所有的资源成本为 0：

```
SQL> select * from resource_cost;
```

```
RESOURCE_NAME                     UNIT_COST
--------------------------------- ----------
CPU_PER_SESSION                           0
LOGICAL_READS_PER_SESSION                 0
CONNECT_TIME                              0
PRIVATE_SGA                               0

4 rows selected.
```

为调整资源成本的权值，可使用 ALTER RESOURCE COST 命令。在下面的示例中，改变加权，从而 CPU_PER_SESSION 更关注 CPU 利用率而不是连接时间，其比例系数为 25:1。换句话说，用户将更可能由于 CPU 利用率(而不是连接时间)而取消连接：

```
SQL> alter resource cost
  2     cpu_per_session 50
  3     connect_time 2;
Resource cost altered.

SQL> select * from resource_cost;

RESOURCE_NAME                     UNIT_COST
--------------------------------- ----------
CPU_PER_SESSION                          50
LOGICAL_READS_PER_SESSION                 0
CONNECT_TIME                              2
PRIVATE_SGA                               0

4 rows selected.
```

下一步是创建新的配置文件或修改已有的配置文件，从而可以使用组合的限制：

```
SQL> create profile lim_comp_cpu_conn limit
  2     composite_limit 250;

Profile created.
```

因此，赋予配置文件 LIM_COMP_CPU_CONN 的用户将使用下面的公式计算成本，从而限制他们的会话资源：

```
composite_cost = (50 * CPU_PER_SESSION) + (2 * CONNECT_TIME);
```

在表 10-5 中，提供了资源利用的一些示例，用于查看是否超出了组合限制 250。

表 10-5　资源利用情况

CPU(秒)	连接(秒)	组合的成本	是 否 超 出
0.05	100	(50*5) + (2*100) = 450	是
0.02	30	(50*2) + (2*30) = 160	否
0.01	150	(50*1) + (2*150) = 350	是
0.02	5	(50*2) + (2*5) = 110	否

在这个特定的示例中没有使用参数 PRIVATE_SGA 和 LOGICAL_READS_PER_SESSION，除非在配置文件定义中的其他位置指定它们，否则它们默认为在 DEFAULT 配置文件中的值。使用组合限制的目的在于用户可以运行更多类型的查询或 DML。在某些天中，他们可能运行许多查询，这些查询执行大量计算，但是没有访问过多的表行。在其他一些天中，他们可能执行许多完整的表扫描，但是没有保持长时间的连接。这些情况下，不希望通过单一的一个参数来限制用户，而通过总计的资源利用率来限制用户，该资源利用率按照服务器上每个资源的可用性的加权来获得。

10.3.2 系统权限

系统权限是在数据库中任何对象上执行操作的权利，以及其他一些权限，这些权限完全不涉及对象，而是涉及运行批处理作业、改变系统参数、创建角色、甚至是连接到数据库自身等方面。Oracle 12*c* 的版本 1 (12.1.0.2)中有 237 个系统权限。可在数据字典表 SYSTEM_PRIVILEGE_MAP 中看到所有这些权限：

```
SQL> select * from system_privilege_map;

PRIVILEGE  NAME                                      PROPERTY
---------- ---------------------------------------- ----------
        -3 ALTER SYSTEM                                      0
        -4 AUDIT SYSTEM                                      0
        -5 CREATE SESSION                                    0
        -6 ALTER SESSION                                     0
        -7 RESTRICTED SESSION                                0
       -10 CREATE TABLESPACE                                 0
       -11 ALTER TABLESPACE                                  0
       -12 MANAGE TABLESPACE                                 0
       -13 DROP TABLESPACE                                   0
       -15 UNLIMITED TABLESPACE                              0
       -20 CREATE USER                                       0
       -21 BECOME USER                                       0
       -22 ALTER USER                                        0
       -23 DROP USER                                         0
. . .
      -318 INSERT ANY MEASURE FOLDER                         0
      -319 CREATE CUBE BUILD PROCESS                         0
      -320 CREATE ANY CUBE BUILD PROCESS                     0
      -321 DROP ANY CUBE BUILD PROCESS                       0
      -322 UPDATE ANY CUBE BUILD PROCESS                     0
      -326 UPDATE ANY CUBE DIMENSION                         0
      -327 ADMINISTER SQL MANAGEMENT OBJECT                  0
      -350 FLASHBACK ARCHIVE ADMINISTER                      0

237 rows selected.
```

表 10-6 列出了一些更常见的系统权限，并简要描述了这些权限。

表 10-6　常见的系统权限

系统权限	功　能
ALTER DATABASE	对数据库进行改动，例如将数据库状态从 MOUNT 改为 OPEN，或者是恢复数据库
ALTER SYSTEM	发布 ALTER SYSTEM 语句：切换到下一个重做日志组，改变 SPFILE 中的系统初始参数
AUDIT SYSTEM	发布 AUDIT 语句
CREATE DATABASE LINK	创建到远程数据库的数据库链接
CREATE ANY INDEX	在任意模式中创建索引；针对用户的模式，随同 CREATE TABLE 一起授权 CREATE INDEX
CREATE PROFILE	创建资源/密码配置文件
CREATE PROCEDURE	在自己的模式中创建函数、过程或程序包
CREATE ANY PROCEDURE	在任意模式中创建函数、过程或程序包
CREATE SESSION	连接到数据库
CREATE SYNONYM	在自己的模式中创建私有同义词
CREATE ANY SYNONYM	在任意模式中创建私有同义词
CREATE PUBLIC SYNONYM	创建公有同义词
DROP ANY SYNONYM	在任意模式中删除私有同义词
DROP PUBLIC SYNONYM	删除公有同义词
CREATE TABLE	在自己的模式中创建表
CREATE ANY TABLE	在任意模式中创建表
CREATE TABLESPACE	在数据库中创建新的表空间
CREATE USER	创建用户账户/模式
ALTER USER	改动用户账户/模式
CREATE VIEW	在自己的模式中创建视图
SYSDBA	如果启用了外部密码文件，则在外部密码文件中创建一个条目；同时，执行启动/关闭数据库，改变数据库，创建数据库，恢复数据库，创建 SPFILE，以及当数据库处于 RESTRICTED SESSION 模式时连接数据库
SYSOPER	如果启用了外部密码文件，则在外部密码文件中创建一个条目；同时，执行启动/关闭数据库，改变数据库，恢复数据库，创建 SPFILE，以及当数据库处于 RESTRICTED SESSION 模式时连接数据库

1. 授予系统权限

使用 GRANT 命令将权限授予用户、角色或 PUBLIC，使用 REVOKE 命令撤消权限。PUBLIC 是一个特殊的组，包含所有数据库用户，通过它可以便捷地将权限授予数据库中的每个人。

为授予用户 SCOTT 创建存储过程和同义词的能力，可使用如下命令：

```
SQL> grant create procedure, create synonym to scott;
Grant succeeded.
```

撤消权限也非常容易：

```
SQL> revoke create synonym from scott;
Revoke succeeded.
```

如果希望允许被授权者有权将相同的权限授予其他某个人，可在授予权限时包括 WITH ADMIN OPTION 选项。在前面的示例中，希望用户 SCOTT 能将 CREATE PROCEDURE 权限授予其他用户。为此，需要重新授予 CREATE PROCEDURE 权限：

```
SQL> grant create procedure to scott with admin option;
Grant succeeded.
```

现在用户 SCOTT 可发布 GRANT CREATE PROCEDURE 命令。注意，如果撤消 SCOTT 将该权限授予其他人的许可，他已经授予权限的用户将保留该权限。

2. 系统权限数据字典视图

表 10-7 包含了与系统权限相关的数据字典视图。

表 10-7 系统权限数据字典视图

数据字典视图	说　明
DBA_SYS_PRIVS	赋予角色和用户的系统权限
SESSION_PRIVS	对该会话的这个用户有效的所有系统权限，直接授权或通过角色授权
ROLE_SYS_PRIVS	通过角色授权给用户的当前会话权限

10.3.3 对象权限

与系统权限相比，“对象权限”是在特定对象(如表或序列)上执行特定类型操作的权利，该对象不在用户自己的模式中。与系统权限一样，使用 GRANT 和 REVOKE 命令来授予和取消对象上的权限。

与系统权限一样，可授予对象权限给 PUBLIC 或特定用户，具有对象权限的用户可将其传递给其他用户，其方法是使用 WITH GRANT OPTION 子句授予对象权限。

警告：

仅当所有当前的和未来的数据库用户确实需要权限时，才将对象权限或系统权限授予 PUBLIC。

一些模式对象，例如群集和索引，依赖于系统权限来控制访问。这些情况下，如果用户拥有这些对象或具有 ALTER ANY CLUSTER 或 ALTER ANY INDEX 系统权限，则可以改变这些对象。

在自己的模式中拥有对象的用户自动拥有这些对象上的所有对象权限，并可将这些对象上的任何对象权限授予任意用户或另一角色，使用或不使用 GRANT OPTION 子句。

表 10-8 中是可用于不同类型对象的对象权限，一些权限只适用于某些类型的对象。例如，INSERT 权限只对表、视图和物化视图有意义。另一方面，EXECUTE 权限适用于函数、过程和程序包，但不适用于表。

表 10-8　对象权限

对 象 权 限	功　　能
ALTER	可改变表或序列的定义
DELETE	可从表、视图或物化视图中删除行
EXECUTE	可执行函数或过程，使用或不使用程序包
DEBUG	允许查看在表上定义的触发器中的 PL/SQL 代码，或者查看引用表的 SQL 语句。对于对象类型，该权限允许访问在对象类型上定义的所有公有和私有变量、方法和类型
FLASHBACK	允许使用保留的撤消信息在表、视图和物化视图中进行闪回查询
INDEX	可在表上创建索引
INSERT	可向表、视图或物化视图中插入行
ON COMMIT REFRESH	可根据表创建提交后刷新的物化视图
QUERY REWRITE	可根据表创建用于查询重写的物化视图
READ	可使用 Oracle DIRECTORY 定义读取操作系统目录的内容
REFERENCES	可创建引用另一个表的主键或唯一键的外键约束
SELECT	可从表、视图或物化视图中读取行，此外还可从序列中读取当前值或下面的值
UNDER	可根据已有的视图创建视图
UPDATE	可更新表、视图或物化视图中的行
WRITE	可使用 Oracle DIRECTORY 定义将信息写入操作系统目录

值得注意的是，不可将 DELETE、UPDATE 和 INSERT 权限授予物化视图，除非这些视图是可更新的。一些对象权限和系统权限重复；例如，如果没有表上的 FLASHBACK 对象权限，但只要有 FLASHBACK ANY TABLE 系统权限，就仍然可以执行闪回查询。

在下面的示例中，DBA 授权 SCOTT 对表 HR.EMPLOYEES 的完全访问，但只允许 SCOTT 将 SELECT 对象权限传递给其他用户：

```
SQL> grant insert, update, delete on hr.employees to scott;
Grant succeeded.
SQL> grant select on hr.employees to scott with grant option;
Grant succeeded.
```

注意，如果取消了 SCOTT 在表 HR.EMPLOYEES 上的 SELECT 权限，则也取消他授予该权限的用户的 SELECT 权限。

1. 表权限

可在表上授予的权限类型主要分为两类：DML 操作和 DDL 操作。DML 操作包括 DELETE、INSERT、SELECT 和 UPDATE，而 DDL 操作包括添加、删除和改变表中的列，以及在表上创建索引。

授权表上的 DML 操作时，可将这些操作限制为只针对某些列。例如，可能希望允许 SCOTT 查看和更新 HR.EMPLOYEES 表中所有的行和列，除了 SALARY 列。为此，首先需要取消表上已有的 SELECT 权限：

```
SQL> revoke update on hr.employees from scott;
Revoke succeeded.
```

接下来，让 SCOTT 更新除了 SALARY 列之外的所有列：

```
SQL> grant update (employee_id, first_name, last_name, email,
  2              phone_number, hire_date, job_id, commission_pct,
  3              manager_id, department_id)
  4  on hr.employees to scott;

Grant succeeded.
```

SCOTT 将能更新 HR.EMPLOYEES 表中除 SALARY 列外的所有列：

```
SQL> update hr.employees set first_name = 'Steve' where employee_id = 100;
1 row updated.
SQL> update hr.employees set salary = 50000 where employee_id = 203;
update hr.employees set salary = 50000 where employee_id = 203
          *
ERROR at line 1:
ORA-01031: insufficient privileges
```

使用基于 Web 的 Cloud Control 工具也很容易执行该操作，如图 10-5 所示。

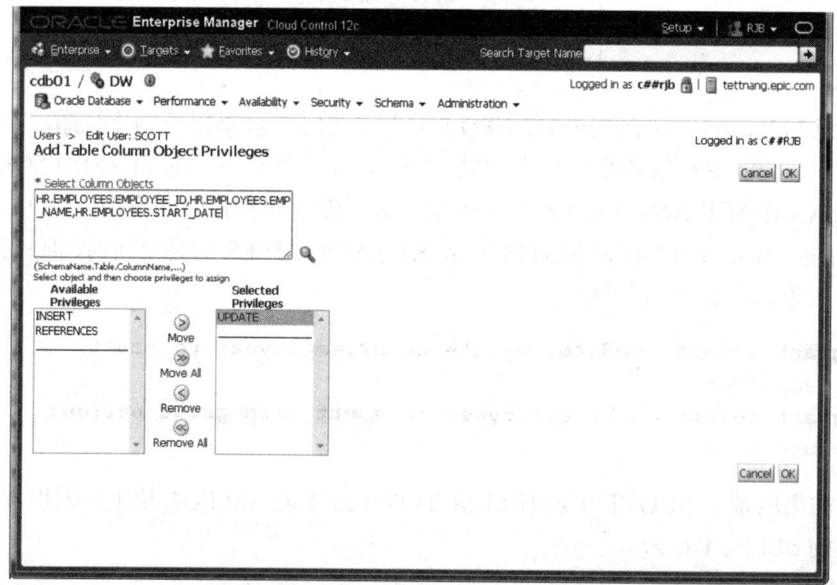

图 10-5 在 Oracle Cloud Control 中授予列权限

2. 视图权限

视图上的权限类似于在表上授予的权限。假设视图是可更新的，则可以选择、更新、删除或插入视图中的行。为创建视图，首先需要 CREATE VIEW 系统权限(用于在自己的模式中创建视图)或 CREATE ANY VIEW 系统权限(用于在任意模式中创建视图)。即使是创建视图，也必须至少具有视图的底层表上的 SELECT 对象权限以及 INSERT、UPDATE 和 DELETE 等对象权限(如果希望在视图上执行这些操作，并且视图是可更新的)。作为选择，如果底层的对象不在自己的模式中，则可以有 SELECT ANY TABLE、INSERT ANY TABLE、UPDATE ANY TABLE 或 DELETE ANY TABLE 权限。

为允许其他人使用你的视图，必须使用 GRANT OPTION 获得视图的基表上的权限，或者必须使用 ADMIN OPTION 获得系统权限。例如，如果创建针对 HR.EMPLOYEES 表的视图，则必须通过 WITH GRANT OPTION 子句授予 HR.EMPLOYEES 表上的 SELECT 对象权限，或者通过 WITH ADMIN OPTION 子句拥有 SELECT ANY TABLE 系统权限。

3. 过程权限

对于过程、函数以及包含过程和函数的程序包，EXECUTE 权限是唯一可以应用的对象权限。从 Oracle 8*i* 开始，可从定义者、过程或函数的创建者、调用者、运行函数或过程的用户等的角度来运行过程和函数。

使用定义者的权利运行过程时，如同定义者自身运行该过程一样，定义者所有的权限都对过程中引用的对象有效。这是在私有数据库对象上实施约束的好方法：授予其他用户在过程上的 EXECUTE 许可，而没有授予引用对象上的任何许可。结果，定义者可控制其他用户如何访问对象。

相反，使用调用者权利的过程需要调用者具有针对该过程中引用的任何对象的直接权利，例如 SELECT 和 UPDATE。该过程可能引用了无限定的表 ORDERS，并且如果数据库的所有用户都具有 ORDERS 表，则自己有 ORDERS 表的任何用户都可以使用相同的过程。使用调用者权利的过程的另一个优点是在过程中启用该角色。本章后面将深入讨论角色。

默认情况下，使用定义者的权利创建过程。为指定过程使用调用者的权利，必须在过程定义中包括关键字 AUTHID CURRENT_USER，如同下面的示例所示：

```
create or replace procedure process_orders (order_batch_date  date)
authid current_user as
begin
    -- process user's ORDERS table here using invoker's rights,
    -- all roles are in effect
end;
```

为创建过程，用户必须拥有 CREATE PROCEDURE 或 CREATE ANY PROCEDURE 系统权限。对于正确编译的过程，用户必须具有针对过程中引用的所有对象的直接权限，即使在运行时，在使用调用者权利的过程中启用了角色以获得这些相同的权限。为允许其他用户访问过程，可授予过程或程序包上的EXECUTE权限。

4. 对象权限数据字典视图

大量数据字典视图包含了赋予用户的对象权限的相关信息。表10-9列出了包含对象权限信息的最重要的视图。

表10-9 对象权限数据字典视图

数据字典视图	说 明
DBA_TAB_PRIVS	授予角色和用户的表权限。包括将权限授予角色或用户的用户，使用或不使用GRANT OPTION
DBA_COL_PRIVS	授予角色或用户的列权限。包含列名和列上的权限类型
SESSION_PRIVS	对会话的该用户有效的所有系统权限，直接授予或通过角色
ROLE_TAB_PRIVS	对于当前会话，通过角色授予的表上的权限

10.3.4 创建、分配和维护角色

角色是一组指定的权限，这些权限是系统权限、对象权限或者两者的结合，用于帮助简化权限的管理。不同于单独将系统权限或对象权限授予每个用户，可将一组系统权限或对象权限授予一个角色，然后将该角色授予用户。这将大量减少维护用户的权限所需的管理开销。图10-6显示了角色如何减少在将角色用于分组权限时需要执行的GRANT命令(最终是REVOKE命令)的数量。

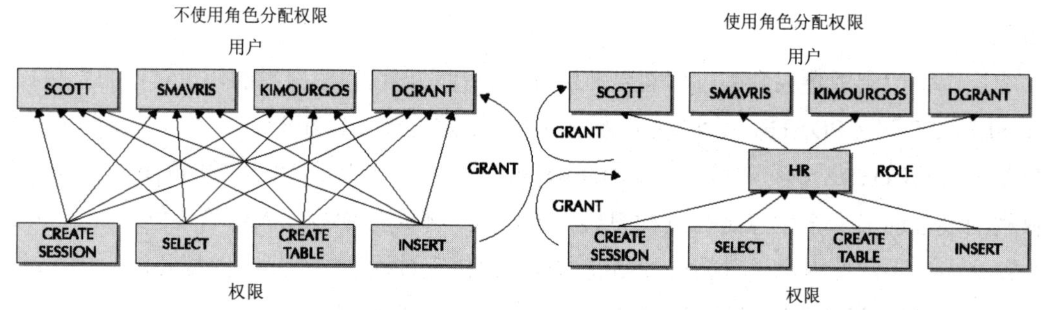

图10-6 使用角色管理权限

如果需要改变由角色授权给一组人的权限，则只需要改变该角色的权限，并且该角色的用户有能力自动使用改动后的新权限。用户可有选择地启用角色，有些角色可在登录时自动启用。此外，可使用密码保护角色，添加对数据库中该功能的另一种身份验证级别。

表10-10列出数据库自动提供的最常见角色，其中也简要描述了每个角色的权限。

表 10-10　预定义的 Oracle 角色

角　色　名	权　　限
CONNECT	Oracle Database 10*g* 版本 2 之前的版本：ALTER SESSION、CREATE CLUSTER、CREATE DATABASE LINK、CREATE SEQUENCE、CREATE SESSION、CREATE SYNONYM、CREATE TABLE、CREATE VIEW。这些权限一般是提供给数据库普通用户的权限，允许他们连接和创建表、索引以及视图。Oracle Database 10*g* 版本 2 及之后的版本：只有 CREATE SESSION
RESOURCE	CREATE CLUSTER、CREATE INDEXTYPE、CREATE OPERATOR、CREATE PROCEDURE、CREATE SEQUENCE、CREATE TABLE、CREATE TRIGGER、CREATE TYPE。这些权限一般用于可能正在编写 PL/SQL 过程和函数的应用程序开发人员
DBA	所有具有 WITH ADMIN OPTION 的系统权限。允许具有 DBA 角色的人将系统权限授予其他人
DELETE_CATALOG_ROLE	没有任何系统权限，而只有 SYS.AUD$和 FGA_LOG$上的对象权限(DELETE)。换句话说，该角色允许用户从用于常规或细粒度审核的审核跟踪中删除审核记录
EXECUTE_CATALOG_ROLE	各种系统程序包、过程和函数上的执行权限，例如 DBMS_FGA 和 DBMS_RLS
SELECT_CATALOG_ROLE	1638 个数据字典表上的 SELECT 对象权限
EXP_FULL_DATABASE	EXECUTE_CATALOG_ROLE、SELECT_CATALOG_ROLE 以及诸如 BACKUP ANY TABLE 和 RESUMABLE 等系统权限。允许具有该角色的用户导出数据库中的所有对象
IMP_FULL_DATABASE	类似于 EXP_FULL_DATABASE，但是具有多很多的系统权限，例如 CREATE ANY TABLE，用于允许导入前面导出的完整数据库
AQ_USER_ROLE	Advanced Queuing 所需例程的执行访问，例如 DBMS_AQ
AQ_ADMINISTRATOR_ROLE	Advanced Queuing 查询的管理程序
SNMPAGENT	由 Cloud Control Intelligent Agent 使用
RECOVERY_CATALOG_OWNER	用于创建一个用户，该用户拥有用于 RMAN 备份和恢复的恢复目录
HS_ADMIN_ROLE	提供对表 HS_*和程序包 DBMS_HS 的访问，用于管理 Oracle Heterogeneous Services
SCHEDULER_ADMIN	提供对程序包 DBMS_SCHEDULER 的访问，以及用于创建批处理作业的权限

提供角色 CONNECT、RESOURCE 和 DBA 主要是为了兼容以前的 Oracle 版本，而在将来的 Oracle 版本中可能不会有这些角色。数据库管理员应该使用授权给这些角色的权限作为起点来创建自定义的角色。

1. 创建或删除角色

为创建角色，可使用 CREATE ROLE 命令，并且必须拥有 CREATE ROLE 系统权限。一般来说，该系统权限只授予数据库管理员或应用程序管理员。下面是示例：

```
SQL> create role hr_admin not identified;
Role created.
```

默认情况下，启用或使用已分配的角色不需要任何密码或身份验证。因此，NOT IDENTIFIED 子句是可选项。

与创建用户一样，可通过密码(使用 IDENTIFIED BY password 的数据库授权)、通过操作系统(IDENTIFIED EXTERNALLY)或者通过网络或目录服务(IDENTIFIED GLOBALLY)授权使用角色。

除了这些熟悉的方法，还可通过使用程序包授权角色：这称为使用“安全应用程序角色”。这类角色使用程序包中的过程来启用角色。一般来说，只在某些条件下启用这种角色：用户正在通过 Web 接口或某个 IP 地址连接，或者是一天的某个时间。下面是使用过程启用的角色：

```
SQL> create role hr_clerk identified using hr.clerk_verif;
Role created.
```

创建角色时，过程 HR.CLERK_VERIF 不需要存在。然而，当授予该角色的用户需要启用它时，它必须经过编译并且有效。一般来说，使用安全应用程序角色时，默认情况下不针对用户启用该角色。为指定在默认情况下启用除了安全应用程序角色之外的所有角色，可使用如下命令：

```
SQL> alter user klynne default role all except hr_clerk;
User altered.
```

通过这种方式，当 HR 应用程序启动时，它可以启用角色，其方法是执行 SET ROLE HR_CLERK 命令，从而调用过程 HR.CLERK_VERIF。用户不需要知道角色或启用角色的过程，因此，对象的访问和角色提供的权限都不可用于应用程序外部的用户。

删除角色和创建角色一样简单：

```
SQL> drop role keypunch_operator;
Role dropped.
```

下次连接到数据库时，赋予该角色的任何用户将丢失赋予该角色的权限。如果他们当前已经登录，他们将保留这些权限，直到断开与数据库的连接。

2. 将权限授予角色

将权限赋予角色非常简单，可以使用 GRANT 命令将权限赋予角色，如同将权限赋予用户一样：

```
SQL> grant select on hr.employees to hr_clerk;
Grant succeeded.
SQL> grant create table to hr_clerk;
Grant succeeded.
```

在该示例中，将对象权限和系统权限赋予 HR_CLERK 角色。在图 10-7 中，可使用基于 Web 的 Cloud Control 将更多对象权限或系统权限添加给该角色。

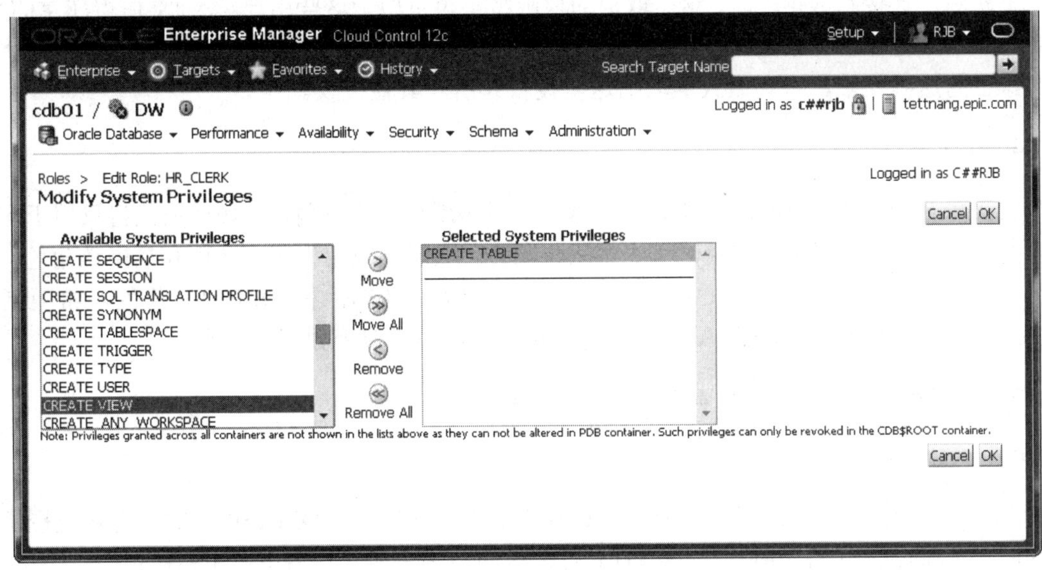

图 10-7　使用 Cloud Control 将权限赋予角色

3. 分配或取消角色

一旦已经将所需的对象权限和系统权限赋予角色，就可以使用如下熟悉的语法将角色赋予用户：

```
SQL> grant hr_clerk to smavris;
Grant succeeded.
```

SMAVRIS 可自动使用未来授予 HR_CLERK 角色的其他任何权限，因为 SMAVRIS 已经被授予该角色。

可将角色授予其他角色，这就允许 DBA 设计多层次的角色，从而使角色管理更容易。例如，可能已经具有名为 DEPT30、DEPT50 和 DEPT100 的角色，每个角色具有一些对象权限，分别对应各个部门的表。将为部门 30 中的雇员分配 DEPT30 角色，依此类推。公司的董事长希望看到所有部门中的表，不必将单个的对象权限赋予角色 ALL_DEPTS，而是可以将单个的部门角色赋予 ALL_DEPTS：

```
SQL> create role all_depts;
Role created.
SQL> grant dept30, dept50, dept100 to all_depts;
Grant succeeded.
SQL> grant all_depts to KLYNNE;
Grant succeeded.
```

角色 ALL_DEPTS 可能也包含单个对象权限和系统权限，这些权限不适用于单个部门，例如订单条目表或账户应收款项表上的对象权限。

从用户处取消角色非常类似于从用户处取消权限：

```
SQL> revoke all_depts from KLYNNE;
Revoke succeeded.
```

下次用户连接到数据库时，这些取消的权限将不再可用于这些用户。然而，值得注意的是，如果另一个角色包含与删除角色相同对象上的权限，或者直接授予对象上的权限，则用户将保留对象上的这些权限，直到显式地取消这些授权和所有其他授权。

4. 默认角色

默认情况下，当用户连接到数据库时启用授予该用户的所有角色。如果角色将只用于应用程序的上下文中，则在用户登录时可先禁用该角色，然后在应用程序中启用和禁用该角色。如果用户 SCOTT 具有 CONNECT、RESOURCE、HR_CLERK 和 DEPT30 角色，希望指定 HR_CLERK 和 DEPT30 默认情况下不启用，则可以使用类似于如下的代码：

```
SQL> alter user scott default role all
  2>     except hr_clerk, dept30;
User altered.
```

当 SCOTT 连接到数据库时，他自动具有除 HR_CLERK 和 DEPT30 外的所有角色授予的所有权限。通过使用 SET ROLE，SCOTT 可在他的会话中显式地启用一个角色：

```
SQL> set role dept30;
Role set.
```

当完成对部门 30 的表的访问时，可在会话中禁用该角色：

```
SQL> set role all except dept30;
Role set.
```

注意：
在 Oracle 10g 中不赞成使用初始参数 MAX_ENABLED_ROLES。保留该参数只是为了和以前的版本兼容。

5. 启用密码的角色

为增强数据库中的安全性，DBA 可为角色赋予密码。在创建角色时为其赋予密码：

```
SQL> create role dept99 identified by d99secretpw;
Role created.
SQL> grant dept99 to scott;
Grant succeeded.
SQL> alter user scott default role all except hr_clerk, dept30, dept99;
User altered.
```

当用户 SCOTT 连接到数据库时，他正在使用的应用程序将提供密码或提示用户输入密码，或者他可以在启用角色时输入密码：

```
SQL> set role dept99 identified by d99secretpw;
Role set.
```

6. 角色数据字典视图

表 10-11 列出了与角色相关的数据字典视图。

表 10-11　与角色相关的数据字典视图

数据字典视图	说　明
DBA_ROLES	所有的角色以及它们是否需要密码
DBA_ROLE_PRIVS	授予用户或其他角色的角色
ROLE_ROLE_PRIVS	授予其他角色的角色
ROLE_SYS_PRIVS	已经授予角色的系统权限
ROLE_TAB_PRIVS	已经授予角色的表权限和表列权限
SESSION_ROLES	当前对该会话有效的角色。可用于每个用户会话

视图 DBA_ROLE_PRIVS 可以很好地用于：找出哪些角色被授予了用户，这些用户是否可将该角色传递给另一个用户(ADMIN_OPTION)，以及该角色是否在默认情况下启用(DEFAULT_ROLE)：

```
SQL> select * from dba_role_privs
  2 where grantee = 'SCOTT';

GRANTEE      GRANTED_ROLE         ADMIN_OPTION DEFAULT_ROLE
------------ -------------------- ------------ ------------
SCOTT        DEPT30               NO           NO
SCOTT        DEPT50               NO           YES
SCOTT        DEPT99               NO           YES
SCOTT        CONNECT              NO           YES
SCOTT        HR_CLERK             NO           NO
SCOTT        RESOURCE             NO           YES
SCOTT        ALL_DEPTS            NO           YES
SCOTT        DELETE_CATALOG_ROLE  NO           YES

8 rows selected.
```

类似地，可找出将哪些角色赋予 ALL_DEPTS 角色：

```
SQL> select * from dba_role_privs
  2> where grantee = 'ALL_DEPTS';

GRANTEE      GRANTED_ROLE         ADMIN_OPTION DEFAULT_ROLE
------------ -------------------- ------------ ------------
ALL_DEPTS    DEPT30               NO           YES
ALL_DEPTS    DEPT50               NO           YES
ALL_DEPTS    DEPT100              NO           YES

3 rows selected.
```

数据字典视图 ROLE_ROLE_PRIVS 也可用于获得这些信息。它只包含有关赋予角色的角色信息，没有 DEFAULT_ROLE 信息。

为找出表或表列上授予用户的权限，可编写两个查询：一个查询用于检索直接授予的权限，另一个查询用于检索通过角色间接授予的权限。检索直接授予的权限非常简单：

```
SQL> select dtp.grantee, dtp.owner, dtp.table_name,
  2       dtp.grantor, dtp.privilege, dtp.grantable
  3  from dba_tab_privs dtp
  4  where dtp.grantee = 'SCOTT';

GRANTEE      OWNER      TABLE_NAME      GRANTOR      PRIVILEGE    GRANTABLE
------------ ---------- --------------- ------------ ------------ ----------
SCOTT        HR         EMPLOYEES       HR           SELECT       YES
SCOTT        HR         EMPLOYEES       HR           DELETE       NO
SCOTT        HR         EMPLOYEES       HR           INSERT       NO

4 rows selected.
```

为检索通过角色授予的表权限，需要连接 DBA_ROLE_PRIVS 和 ROLE_TAB_PRIVS。DBA_ROLE_PRIVS 具有赋予用户的角色，而 ROLE_TAB_PRIVS 具有赋予角色的权限：

```
SQL> select drp.grantee, rtp.owner, rtp.table_name,
  2      rtp.privilege, rtp.grantable, rtp.role
  3  from role_tab_privs rtp
  4      join dba_role_privs drp on rtp.role = drp.granted_role
  5  where drp.grantee = 'SCOTT';

GRANTEE    OWNER    TABLE_NAME      PRIVILEGE    GRANTABLE  ROLE
---------- -------- --------------- ------------ ---------- ---------------
SCOTT      HR       EMPLOYEES       SELECT       NO         HR_CLERK
SCOTT      HR       JOBS            SELECT       NO         JOB_MAINT
SCOTT      HR       JOBS            UPDATE       NO         JOB_MAINT
SCOTT      SYS      AUD$            DELETE       NO         DELETE_CATA
                                                            LOG_ROLE
SCOTT      SYS      FGA_LOG$        DELETE       NO         DELETE_CATA
                                                            LOG_ROLE

5 rows selected.
```

在 SCOTT 的权限中，注意他具有 HR.EMPLOYEES 表上的 SELECT 权限，该权限不仅直接通过 GRANT 命令授予，而且还通过角色授予。取消其中一个权限不会影响 SCOTT 对 HR.EMPLOYEES 表的访问，除非同时删除这两个权限。

10.3.5 使用 VPD 实现应用程序安全策略

虚拟专用数据库(Virtual Private Database，VPD)将服务器实施的细粒度访问控制和安全应用程序上下文结合起来。支持上下文的函数返回一个谓词，即 WHERE 子句，该子句自动附加到所有的 SELECT 语句或其他 DML 语句。换句话说，由 VPD 控制的表、视图、同义词上的 SELECT 语句将根据 WHERE 子句返回行的子集，该子句由通过应用程序上下文生效的安全策略函数自动生成。VPD 的主要组成部分是行级别的安全性(RLS)，也称为细粒度的访问控制(fine-grained access control，FGAC)。

因为 VPD 在语句解析期间透明地生成谓词，因此无论用户是否正在运行特别的查询、检索应用程序中的数据或者查看 Oracle Forms 中的数据，都可以一致地实施安全策略。因为 Oracle Server 在解析时将谓词应用于语句，所以应用程序不需要使用特殊的表、视图等来实现该策略。因此，Oracle 可使用索引、物化视图和并行操作来优化查询，而以其他的方式则不能够进行优化。因此，相对于使用应用程序或其他方式过滤结果的查询，使用 VPD 可能会产生较少的系统开销。

从维护角度看，安全策略可在策略函数中定义，使用角色和权限很难创建这种策略函数。类似地，应用程序服务器提供商(Application Server Provider，ASP)可能只需要建立一个数据库为同一应用程序的多个客户服务，使用 VPD 策略来确保一个顾客的雇员只可以查看他们自己的数据。DBA 可使用少量 VPD 策略维护一个较大的数据库，而不是针对每个客户都使用一个单独的数据库。

使用列级别的 VPD，DBA 可约束对表中特定列的访问。查询返回相同数量的行，但如果用户的上下文不允许访问列，则在约束的列中返回 NULL 值。

VPD 策略可以是静态的、上下文相关的或动态的。静态的或上下文相关的 VPD 策略可极大地改进性能，因为它们不需要在每次运行查询时调用策略函数，这是由于在会话中将其缓存以方便以后使用。在 Oracle Database 10*g* 之前，所有策略都是动态的。换句话说，每次解析包含目标 VPD 表的 SQL 语句时都运行策略函数。每次登录，静态策略都要评估一次，并且在整个会话期间保持缓存，而不考虑应用程序上下文。使用上下文相关的策略时，如果应用程序上下文改变，则在语句解析时调用策略函数：例如，实施“雇员只可以看到他们自己的薪水历史记录，但经理可以看到他们雇员的所有薪水情况”这种业务规则的策略。如果执行语句的雇员没有改变，就不需要再次调用策略函数，从而减少由于 VPD 策略实施而产生的系统开销量。

可使用 CREATE CONTEXT 命令创建应用程序上下文，并且使用程序包 DBMS_RLS 管理 VPD 策略。可像其他任何函数一样创建用于返回谓词以实施策略的函数，但这种函数具有两个必需的参数，并且返回一个 VARCHAR2。本章后面将详细介绍这些函数，并使用在 Oracle 数据库安装期间提供的示例模式来创建一个 VPD 示例。

1. 应用程序上下文

使用 CREATE CONTEXT 命令，可创建应用程序定义的属性的名称，这些属性用于实施安全策略。此外，还可以定义函数和过程的程序包名称，这些函数和过程用于设置用户会话的安全上下文。下面是示例：

```
create context hr_security using vpd.emp_access;

create or replace package emp_access as
   procedure set_security_parameters;
end;
```

在该示例中，上下文名称是 HR_SECURITY，用于在会话期间为用户建立特征或属性的程序包称为 EMP_ACCESS。在登录触发器中调用过程 SET_SECURITY_PARAMETERS。由于上下文 HR_SECURITY 只绑定到 EMP_ACCESS，因此没有其他过程可改变会话属性。这可以确保在连接到数据库后用户或任何其他进程都不可以改变安全的应用程序上下文。

在用于实现应用程序上下文的典型程序包中，使用内置的上下文 USERENV 来检索有关用户会话自身的信息。在表 10-12 中是 USERENV 上下文中一些更常见的参数。

表 10-12 常见的 USERENV 上下文参数

参 数	返 回 值
CURRENT_SCHEMA	会话的默认模式
DB_NAME	在初始参数 DB_NAME 中指定的数据库名称
HOST	用户连接的主机名称
IP_ADDRESS	用户连接的 IP 地址
OS_USER	启动数据库会话的操作系统账户
SESSION_USER	经过身份验证的数据库用户名

例如，下面对 SYS_CONTEXT 的调用将检索数据库会话的用户名和 IP_ADDRESS：

```
declare
    username       varchar2(30);
    ip_addr        varchar2(30);
begin
    username := SYS_CONTEXT('USERENV','SESSION_USER');
    ip_addr := SYS_CONTEXT('USERENV','IP_ADDRESS');
    -- other processing here
end;
```

类似地，可在 SQL SELECT 语句中使用 SYS_CONTEXT 函数：

```
SQL> select SYS_CONTEXT('USERENV','SESSION_USER') username from dual;

USERNAME
-------------------------
KLYNNE
```

使用 USERENV 上下文和数据库中授权信息的一些组合，可使用 DBMS_SESSION.SET_CONTEXT，将值赋予所创建的应用程序上下文中的参数：

```
dbms_session.set_context('HR_SECURITY','SEC_LEVEL','HIGH');
```

在该示例中，应用程序上下文变量 SEC_LEVEL 在 HR_SECURITY 上下文中设置为 HIGH。可根据大量条件来分配该值，包括根据用户 ID 来分配安全级别的映射表。

为确保针对每个会话设置上下文变量，可使用登录触发器来调用与该上下文关联的过程。前面提及，在分配的程序包中只可设置或改变上下文中的变量。下面是一个示例登录触发器，该触发器调用过程以建立上下文：

```
create or replace trigger vpd.set_security_parameters
  after logon on database
begin
  vpd.emp_access.set_security_parameters;
end;
```

在该示例中，过程 SET_SECURITY_PARAMETERS 将需要调用 DBMS_SESSION.SET_

CONTEXT。

在 Oracle Cloud Control 中，可使用 Security 下拉菜单中的 Application Contexts 来建立上下文和策略组，如图 10-8 所示。

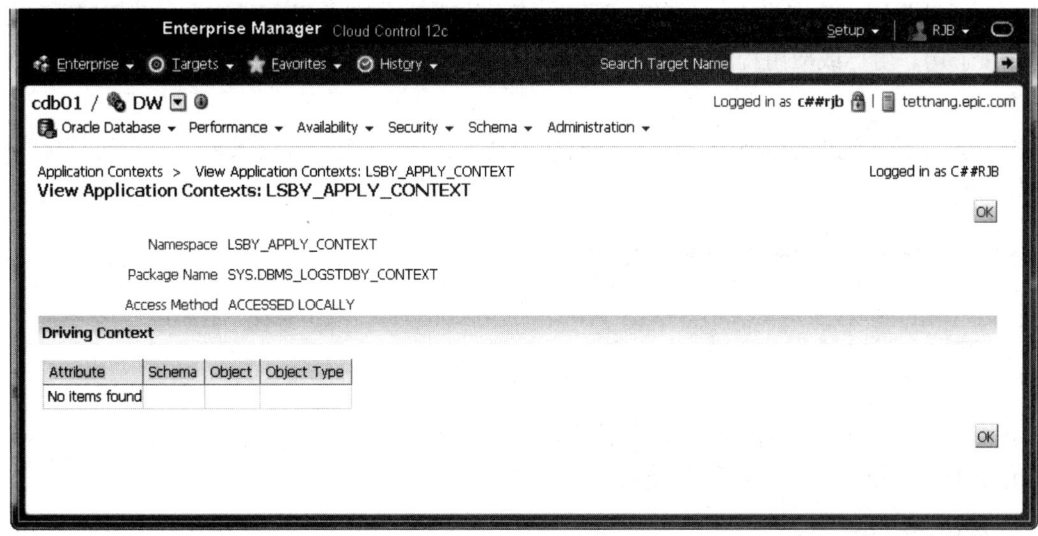

图 10-8　Oracle Policy Manager

2. 安全策略实现

基础结构到位后，就可以建立安全环境，下一步就是定义用于生成谓词的函数，这些谓词将附加到受保护表的每个 SELECT 语句或 DML 命令。用于实现谓词生成的函数有两个参数：受保护对象的拥有者、拥有者模式中对象的名称。一个函数只可以处理一种操作类型的谓词生成，例如 SELECT，或者可适用于所有 DML 命令，这取决于该函数如何关联受保护的表。下面的示例显示了包含两个函数的程序包主体：一个函数将用于控制 SELECT 语句中的访问，另一个函数将用于其他任何 DML 语句：

```
create or replace package body get_predicates is

  function emp_select_restrict(owner varchar2, object_name varchar2)
       return varchar2 is
    ret_predicate   varchar2(1000);  -- part of WHERE clause
  begin
    -- only allow certain employees to see rows in the table
    -- . . . check context variables and build predicate
    return ret_predicate;
  end emp_select_restrict;

  function emp_dml_restrict(owner varchar2, object_name varchar2)
       return varchar2 is
    ret_predicate   varchar2(1000);  -- part of WHERE clause
  begin
    -- only allow certain employees to make changes to the table
    -- . . . check context variables and build predicate
    return ret_predicate;
```

```
  end emp_dml_restrict;

end; -- package body
```

每个函数返回一个包含表达式的字符串，该表达式被添加到 SELECT 语句或 DML 命令的 WHERE 子句。用户或应用程序永远不会看到这个 WHERE 子句的值，它在解析时自动添加到该命令。

开发人员必须确保这些函数总是返回有效表达式。否则，任何对受保护表的访问总会失败，如同下面的示例所示：

```
SQL> select * from hr.employees;
select * from hr.employees
              *
ERROR at line 1:
ORA-28113: policy predicate has error
```

错误消息不会表明谓词是什么，并且所有用户都无法访问表，直到修正谓词函数。本章后面将介绍关于如何调试谓词函数的技巧。

3. 使用 DBMS_RLS

内置的程序包 DBMS_RLS 包含大量子程序，DBA 使用这些子程序维护与表、视图和同义词关联的安全策略。表 10-13 列出了程序包 DBMS_RLS 包中的子程序。任何需要创建和管理策略的用户都必须被授予程序包 SYS.DBMS_RLS 上的 EXECUTE 权限。

表 10-13 DBMS_RLS 程序包的子程序

子 程 序	说 明
ADD_POLICY	将细粒度的访问控制策略添加到对象
DROP_POLICY	删除对象中的 FGAC 策略
REFRESH_POLICY	重新解析与策略关联的、缓存的所有语句
ENABLE_POLICY	启用或禁用 FGAC 策略
CREATE_POLICY_GROUP	创建策略组
ADD_GROUPED_POLICY	将策略添加到策略组
ADD_POLICY_CONTEXT	添加当前应用程序的上下文
DELETE_POLICY_GROUP	删除策略组
DROP_GROUPED_POLICY	从策略组中删除一个策略
DROP_POLICY_CONTEXT	删除活动应用程序的上下文
ENABLE_GROUPED_POLICY	启用或禁用组策略
DISABLE_GROUPED_POLICY	禁用组策略
REFRESH_GROUPED_POLICY	重新解析与策略组关联的、缓存的所有语句

本章将介绍最常用的子程序 ADD_POLICY 和 DROP_POLICY。ADD_POLICY 的语法如下：

```
DBMS_RLS.ADD_POLICY
(
```

```
    object_schema         IN varchar2 null,
    object_name           IN varchar2,
    policy_name           IN varchar2,
    function_schema       IN varchar2 null,
    policy_function       IN varchar2,
    statement_types       IN varchar2 null,
    update_check          IN boolean false,
    enable                IN boolean true,
    static_policy         IN boolean false,
    policy_type           IN binary_integer null,
    long_predicate        IN in Boolean false,
    sec_relevant_cols     IN varchar2,
    sec_relevant_cols_opt IN binary_integer null
);
```

注意，其中一些参数具有 BOOLEAN 默认值，并且较少使用的参数都靠近参数列表的末尾处。对于绝大多数情况来说，这更便于编写和理解对 DBMS_RLS.ADD_POLICY 的特定调用的语法。表 10-14 提供了每个参数的说明和用法。

表 10-14　DBMS_RLS.ADD_POLICY 的参数

参　数	说　明
object_schema	包含由策略保护的表、视图或同义词的模式。如果该值是 NULL，则使用调用过程的用户的模式
object_name	由策略保护的表、视图或同义词的名称
policy_name	添加到该对象的策略的名称。对于受保护的每个对象，该策略名必须唯一
function_schema	拥有策略函数的模式；如果该值为 NULL，则使用调用过程的用户的模式
policy_function	函数名称，该函数为针对 object_name 的策略生成谓词。如果函数是程序包的一部分，则在此处必须也指定程序包名，用于限定策略函数名
statement_types	应用策略的语句类型。允许的值(以逗号分隔)可以是 SELECT、INSERT、UPDATE、DELETE 和 INDEX 的任意组合。默认情况下，除了 INDEX 之外的所有类型都适用
update_check	对于 INSERT 或 UPDATE 类型，该参数是可选项，它默认为 FALSE。如果该参数为 TRUE，则在检查 SELECT 或 DELETE 操作时，对 INSERT 或 UPDATE 语句也要检查该策略
enable	该参数默认为 TRUE，表明添加该策略时是否启用它
static_policy	如果该参数为 TRUE，该策略为任何访问该对象的人产生相同的谓词字符串，除了 SYS 用户或具有 EXEMPT ACCESS POLICY 权限的任何用户。该参数的默认值为 FALSE
policy_type	如果该值不是 NULL，则覆盖 static_policy。可允许的值是 STATIC、SHARED_STATIC、CONTEXT_SENSITIVE、SHARED_CONTEXT_SENSITIVE 和 DYNAMIC
long_predicate	该参数默认为 FALSE。如果它为 TRUE，谓词字符串最多可为 32K 字节长。否则，限制为 4000 字节

(续表)

参　数	说　明
sec_relevant_cols	实施列级别的 VPD，这是 Oracle 10*g* 的新增内容。只应用于表和视图。在列表中指定受保护的列，使用逗号或空格作为分隔符。该策略只应用于指定的敏感列位于查询或 DML 语句中时。默认情况下，所有的列都是受保护的
sec_relevant_cols_opt	允许在列级别 VPD 过滤查询中的行仍然出现在结果集中，敏感列返回 NULL 值。该参数的默认值为 NULL；如果不是默认值，则必须指定 DBMS_RLS.ALL_ROWS，用于显示敏感列为 NULL 的所有列

如果不介意用户是否会看到行的一部分内容，只是不让他们看到包含机密信息的列，例如 Social Security Number(社会保障号)或薪水情况，则使用参数 sec_relevant_cols 非常便利。在本章后面的示例中，将根据定义的第一个安全策略对公司大多数雇员过滤敏感数据。

在下面的示例中，将名为 EMP_SELECT_RESTRICT 的策略应用于表 HR.EMPLOYEES。模式 VPD 拥有策略函数 GET_PREDICATES.EMP_SELECT_RESTRICT。该策略显式地应用于表上的 SELECT 语句。然而，将 UPDATE_CHECK 设置为 TRUE 时，在更新行或将行插入到表中时，也会检查 UPDATE 或 DELETE 命令：

```
dbms_rls.add_policy (
        object_schema =>  'HR',
        object_name =>    'EMPLOYEES',
        policy_name =>    'EMP_SELECT_RESTRICT',
        function_schema =>'VPD',
        policy_function =>'get_predicates.emp_select_restrict',
        statement_types =>'SELECT',
        update_check =>   TRUE,
        enable =>         TRUE
);
```

因为没有设置 static_policy，所以它默认为 FALSE，这意味着该策略是动态的，并且在每次解析 SELECT 语句时检查该策略。这是在 Oracle Database 10*g* 之前唯一可用的行为。

使用子程序 ENABLE_POLICY 是临时禁用策略的一种简单方法，并且不需要在以后将策略重新绑定到表：

```
dbms_rls.enable_policy(
        object_schema =>  'HR',
        object_name =>    'EMPLOYEES',
        policy_name =>    'EMP_SELECT_RESTRICT',
        enable =>         FALSE
);
```

如果为同一对象指定多个策略，则在每个谓词之间添加 AND 条件。如果需要在多个策略的谓词之间使用 OR 条件，则很可能需要修订策略。每个策略的逻辑需要整合到一个策略中，该策略在谓词的每个部分之间具有 OR 条件。

4. 创建 VPD

本节将从头到尾遍历 VPD 的完整实现，该示例依赖于和 Oracle Database 12*c* 一起安装的示例模式。具体来说，将实现 HR.EMPLOYEES 表上的 FGAC 策略，用于根据经理状态和雇员的部门编号来限制访问。如果是雇员，可在 HR.EMPLOYEES 中看到自己的行；如果是经理，则可以看到他直接管理的所有雇员的行。

提示：
如果没有在数据库中安装示例模式，则可使用$ORACLE_HOME/demo/schema 中的脚本创建它们。

示例模式到位后，需要在数据库中创建一些用户，他们想要查看表 HR.EMPLOYEES 中的行：

```
create user smavris identified by smavris702;
grant connect, resource to smavris;

create user dgrant identified by dgrant507;
grant connect, resource to dgrant;

create user kmourgos identified by kmourgos622;
grant connect, resource to kmourgos;
```

用户 KMOURGOS 是所有存货管理员的经理，而 DGRANT 是 KMOURGOS 的一个雇员。用户 SMAVRIS 是公司的 HR 代表。

在下面的 3 个步骤中，将 HR.EMPLOYEES 表上的 SELECT 权限授予数据库中的每个人，并将创建一个查找表，将雇员 ID 号映射到他们的数据库账户。设置用户会话上下文变量的过程将使用该表把雇员 ID 号赋予上下文变量，在策略函数中将使用该上下文变量来生成谓词。

```
grant select on hr.employees to public;

create table hr.emp_login_map (employee_id, login_acct)
  as select employee_id, email from hr.employees;

grant select on hr.emp_login_map to public;
```

接下来创建称为 VPD 的用户账户，该账户具有创建上下文和维护策略函数的权限：

```
create user vpd identified by vpd439;
grant connect, resource, create any context, create public synonym to vpd;
```

连接到 VPD 模式，创建称为 HR_SECURITY 的上下文，并定义用于设置应用程序上下文的程序包和过程：

```
connect vpd/vpd439@dw;

create context hr_security using vpd.emp_access;

create or replace package vpd.emp_access as
```

```
   procedure set_security_parameters;
end;
```

记住，程序包 VPD.EMP_ACCESS 中的过程是可以设置上下文变量的唯一过程。VPD.EMP_ACCESS 的程序包主体如下：

```
create or replace package body vpd.emp_access is

--
-- At user login, run set_security_parameters to
-- retrieve the user login name, which corresponds to the EMAIL
-- column in the table HR.EMPLOYEES.

--
-- context USERENV is pre-defined for user characteristics such
-- as username, IP address from which the connection is made,
-- and so forth.
--
-- for this procedure, we are only using SESSION_USER
-- from the USERENV context.
--

  procedure set_security_parameters is
    emp_id_num      number;
    emp_login       varchar2(50);
  begin

    -- database username corresponds to email address in HR.EMPLOYEES
    emp_login := sys_context('USERENV','SESSION_USER');

    dbms_session.set_context('HR_SECURITY','USERNAME',emp_login);

    -- get employee id number, so manager rights can be established
    -- but don't restrict access for other DB users who are not in the
    -- EMPLOYEES table
    begin
      select employee_id into emp_id_num
        from hr.emp_login_map where login_acct = emp_login;

      dbms_session.set_context('HR_SECURITY','EMP_ID',emp_id_num);
    exception
      when no_data_found then
        dbms_session.set_context('HR_SECURITY','EMP_ID',0);
    end;

    -- Future queries will restrict rows based on emp_id

  end; -- procedure

end; -- package body
```

有关该过程还需要注意一些事情。我们通过查询 USERENV 上下文来检索用户的模式，默认情况下为所有用户自动启用该上下文。然后，将该模式赋给新创建的上下文 HR_SECURITY 中的变量 USERNAME。通过在映射表 HR.EMP_LOGIN_MAP 中进行查找来确定另一个 HR_SECURITY 上下文变量 EMP_ID。不希望该过程在已登录的用户不在映射表中时中断，并且显示一个错误。相反，分配 EMP_ID 的值为 0，结果就是在策略函数中生成谓词时没有对 HR.EMPLOYEES 表的任何访问。

在下面的步骤中，授予数据库中每个人程序包上的 EXECUTE 权限，并为其创建一个同义词，从而在每次需要调用它时节省一些击键次数：

```
grant execute on vpd.emp_access to PUBLIC;
create public synonym emp_access for vpd.emp_access;
```

为确保在每个用户登录时为其定义上下文，我们将以 SYSTEM 身份连接到数据库，并创建一个登录触发器，用于在上下文中设置变量：

```
connect system/nolongermanager@dw as sysdba;

create or replace trigger vpd.set_security_parameters
  after logon on database
begin
  vpd.emp_access.set_security_parameters;
end;
```

因为为每个连接到数据库的用户激活该触发器，所以如果不是为每个用户测试代码的话，则为每类用户测试代码就极其重要！如果触发器失败并且显示一个错误，那么常规用户将无法登录。

到目前为止，已经有了定义的上下文、用来设置上下文变量的过程以及自动调用该过程的触发器。作为前面定义的 3 个用户中的一个进行登录，可以查询上下文的内容：

```
SQL> connect smavris/smavris702@dw
Connected.

SQL> select * from session_context;

NAMESPACE                 ATTRIBUTE                 VALUE
------------------------- ------------------------- ----------------------
HR_SECURITY               USERNAME                  SMAVRIS
HR_SECURITY               EMP_ID                    203

2 rows selected.
```

注意当 SMAVRIS 尝试冒充另一个雇员时发生的情况：

```
SQL> begin
  2    dbms_session.set_context('HR_SECURITY','EMP_ID',100);
  3  end;

begin
*
ERROR at line 1:
ORA-01031: insufficient privileges
```

```
ORA-06512: at "SYS.DBMS_SESSION", line 94
ORA-06512: at line 2
```

只允许程序包 VPD.EMP_ACCESS 设置或改变上下文中的变量。

最后的步骤包括定义将生成谓词的过程，以及将其中的一个或多个过程赋给 HR.EMPLOYEES 表。作为用户 VPD，该用户已经拥有了上下文过程，接下来建立定义谓词的程序包：

```
connect vpd/vpd439@dw;

create or replace package vpd.get_predicates as

  -- note -- security function ALWAYS has two parameters,
  -- table owner name and table name

  function emp_select_restrict
     (owner varchar2, object_name varchar2) return varchar2;

  -- other functions can be written here for INSERT, DELETE, and so forth.

end get_predicates;



create or replace package body vpd.get_predicates is

  function emp_select_restrict
    (owner varchar2, object_name varchar2) return varchar2 is

    ret_predicate   varchar2(1000);  -- part of WHERE clause

  begin
    -- only allow employee to see their row or immediate subordinates
    ret_predicate := 'EMPLOYEE_ID = ' ||
                     sys_context('HR_SECURITY','EMP_ID') ||
                     ' OR MANAGER_ID = ' ||
                     sys_context('HR_SECURITY','EMP_ID');
    return ret_predicate;
  end emp_select_restrict;

end; -- package body
```

一旦使用 DBMS_RLS 将该函数附加到表，将生成一个文本字符串，在每次访问表时将该文本字符串用于 WHERE 子句中。该字符串总是类似于：

```
EMPLOYEE_ID = 124 OR MANAGER_ID = 124
```

和建立上下文环境的程序包一样，需要允许用户访问该程序包：

```
grant execute on vpd.get_predicates to PUBLIC;
create public synonym get_predicates for vpd.get_predicates;
```

最后(但并非最不重要的方面)，使用 DBMS_RLS.ADD_POLICY 过程将策略函数附加到表：

```
dbms_rls.add_policy (
        object_schema =>  'HR',
        object_name =>    'EMPLOYEES',
        policy_name =>    'EMP_SELECT_RESTRICT',
        function_schema => 'VPD',
        policy_function => 'get_predicates.emp_select_restrict',
        statement_types => 'SELECT',
        update_check =>   TRUE,
        enable =>         TRUE
);
```

雇员可以像前面一样访问 HR.EMPLOYEES 表，但他们将只能看到自己的行，以及为其工作的雇员的行(如果存在这种雇员的话)。作为 KMOURGOS 登录，尝试检索 HR.EMPLOYEES 表的所有行，但只可以看到 KMOURGOS 的行以及他直接管理的雇员的行：

```
SQL> connect kmourgos/kmourgos622@dw;
Connected.
SQL> select employee_id, first_name, last_name,
  2         email, job_id, salary, manager_id from hr.employees;

EMPLOYEE_ID FIRST_NAME LAST_NAME   EMAIL      JOB_ID     SALARY  MANAGER_ID
----------- ---------- ----------- ---------- ---------- ------- ----------
        124 Kevin      Mourgos     KMOURGOS   ST_MAN       5800         100
        141 Trenna     Rajs        TRAJS      ST_CLERK     3500         124
        142 Curtis     Davies      CDAVIES    ST_CLERK     3100         124
        143 Randall    Matos       RMATOS     ST_CLERK     2600         124
        144 Peter      Vargas      PVARGAS    ST_CLERK     2500         124
        196 Alana      Walsh       AWALSH     SH_CLERK     3100         124
        197 Kevin      Feeney      KFEENEY    SH_CLERK     3000         124
        198 Donald     OConnell    DOCONNEL   SH_CLERK     2600         124
        199 Douglas    Grant       DGRANT     SH_CLERK     2600         124

9 rows selected.
```

对于用户 DGRANT，情况则完全不同：

```
SQL> connect dgrant/dgrant507@dw;
Connected.
SQL> select employee_id, first_name, last_name,
  2         email, job_id, salary, manager_id from hr.employees;

EMPLOYEE_ID FIRST_NAME LAST_NAME   EMAIL      JOB_ID     SALARY  MANAGER_ID
----------- ---------- ----------- ---------- ---------- ------- ----------
        199 Douglas    Grant       DGRANT     SH_CLERK     2600         124

1 row selected.
```

DGRANT 开始只能看到自己的行，因为他不管理公司内的其他任何人。

在 SMAVRIS 的情况中，可通过查询看到类似结果：

```
SQL> connect smavris/smavris702@dw;
Connected.
SQL> select employee_id, first_name, last_name,
  2        email, job_id, salary, manager_id from hr.employees;

EMPLOYEE_ID FIRST_NAME LAST_NAME    EMAIL      JOB_ID     SALARY MANAGER_ID
----------- ---------- ------------ ---------- ---------- ------- ----------
        203 Susan      Mavris       SMAVRIS    HR_REP       6500        101

1 row selected.
```

但需要注意，SMAVRIS 属于人力资源(HR)部门，所以应能看到表中的所有行。此外，SMAVRIS 应该是可以查看所有雇员薪水信息的唯一的人。因此，需要改变策略函数，为 SMAVRIS 和 HR 部门中的其他雇员提供对 HR.EMPLOYEES 表的完全访问。此外，可使用策略赋值中列级别的约束来返回相同数量的行，但其中的敏感数据作为 NULL 值返回。

为方便 HR 部门的雇员对 HR.EMPLOYEES 表的访问，首先需要改变映射表，使其包括 JOB_ID 列。如果 JOB_ID 列的值是 HR_REP，则该雇员就属于 HR 部门。首先禁止该策略生效，并创建新的映射表：

```
SQL> begin
  2    dbms_rls.enable_policy(
  3         object_schema =>    'HR',
  4         object_name =>      'EMPLOYEES',
  5         policy_name =>      'EMP_SELECT_RESTRICT',
  6         enable =>           FALSE
  7      );
  8  end;
  9  /
PL/SQL procedure successfully completed.

SQL> drop table hr.emp_login_map;
Table dropped.

SQL> create table hr.emp_login_map (employee_id, login_acct, job_id)
  2    as select employee_id, email, job_id from hr.employees;
Table created.

SQL> grant select on hr.emp_login_map to public;
Grant succeeded.
```

用于设置上下文变量的过程 VPD.EMP_ACCESS 需要添加另一个上下文变量，该上下文变量表明访问表的用户的安全级别。改变 SELECT 语句，并对 DBMS_SESSION.SET_CONTEXT 进行另一次调用，如下所示：

```
. . .
     emp_job_id      varchar2(50);
. . .
        select employee_id, job_id into emp_id_num, emp_job_id
          from hr.emp_login_map where login_acct = emp_login;
```

```
        dbms_session.set_context('HR_SECURITY','SEC_LEVEL',
           case emp_job_id when 'HR_REP' then 'HIGH' else 'NORMAL' end );
. . .
```

当雇员具有 HR_REP 的职位时，将上下文变量 SEC_LEVEL 设置为 HIGH 而不是 NORMAL。在策略函数中，需要检查这个新的条件，如下所示：

```
create or replace package body vpd.get_predicates is

  function emp_select_restrict
    (owner varchar2, object_name varchar2) return varchar2 is

    ret_predicate   varchar2(1000);  -- part of WHERE clause

  begin
    -- only allow employee to see their row or immediate subordinates,
    -- unless they have high security clearance
    if sys_context('HR_SECURITY','SEC_LEVEL') = 'HIGH' then
      ret_predicate := '';  -- no restrictions in WHERE clause
    else
      ret_predicate := 'EMPLOYEE_ID = ' ||
                       sys_context('HR_SECURITY','EMP_ID') ||
                       ' OR MANAGER_ID = ' ||
                       sys_context('HR_SECURITY','EMP_ID');
    end if;
    return ret_predicate;
  end emp_select_restrict;

end; -- package body
```

由于策略是动态的，因此每次执行 SELECT 语句时都生成谓词，从而不需要进行策略刷新。当用户 SMAVRIS，即 HR 部门的代表，现在运行查询时，可以看到 HR.EMPLOYEES 表中的所有行：

```
SQL> connect smavris/smavris702@dw;
Connected.
SQL> select employee_id, first_name, last_name,
  2         email, job_id, salary, manager_id from hr.employees;

EMPLOYEE_ID FIRST_NAME  LAST_NAME   EMAIL      JOB_ID     SALARY MANAGER_ID
----------- ----------- ----------- ---------- ---------- ------- ----------
        100 Steven      King        KLYNNE      AD_PRES    24000
        101 Neena       Kochhar     NKOCHHAR   AD_VP      17000         100
. . .
        204 Hermann     Baer        HBAER      PR_REP     10000         101
        205 Shelley     Higgins     SHIGGINS   AC_MGR     12000         101
        206 William     Gietz       WGIETZ     AC_ACCOUNT  8300         205

107 rows selected.
```

SMAVRIS 在 HR_SECURITY 上下文中的安全级别是 HIGH：

```
SQL> connect smavris/smavris702
Connected.

SQL> select sys_context('HR_SECURITY','SEC_LEVEL') from dual;

SYS_CONTEXT('HR_SECURITY','SEC_LEVEL')
--------------------------------------------------------------
HIGH

SQL>
```

然而，DGRANT仍然只可以看到表中自己的行，因为他在HR_SECURITY上下文中的安全级别是NORMAL：

```
SQL> connect dgrant/dgrant507@dw;
Connected.

SQL> select employee_id, first_name, last_name,
  2        email, job_id, salary, manager_id from hr.employees;

EMPLOYEE_ID FIRST_NAME LAST_NAME   EMAIL      JOB_ID     SALARY MANAGER_ID
----------- ---------- ----------- ---------- ---------- ------- ----------
        199 Douglas    Grant       DGRANT     SH_CLERK     2600        124

1 row selected.

SQL> select sys_context('HR_SECURITY','SEC_LEVEL') from dual;

SYS_CONTEXT('HR_SECURITY','SEC_LEVEL')
--------------------------------------------------------------
NORMAL
```

为实施只有HR雇员可以看到薪水信息的需求，需要稍微修改策略函数，启用具有列级别约束的策略。首先，在创建新策略前删除当前策略：

```
DBMS_RLS.DROP_POLICY (
        object_schema =>  'HR',
        object_name =>    'EMPLOYEES',
        policy_name =>    'EMP_SELECT_RESTRICT');

dbms_rls.add_policy (
        object_schema =>  'HR',
        object_name =>    'EMPLOYEES',
        policy_name =>    'EMP_SELECT_RESTRICT',
        function_schema =>'VPD',
        policy_function =>'get_predicates.emp_select_restrict',
        statement_types =>'SELECT',
        update_check =>   TRUE,
        enable =>         TRUE,
        sec_relevant_cols => 'SALARY',
        sec_relevant_cols_opt => dbms_rls.all_rows
);
```

最后一个参数 SEC_RELEVANT_COLS_OPT 指定程序包常量 DBMS_RLS.ALL_ROWS，用于表明仍希望看到查询结果中的所有行，但具有返回 NULL 值的相关列(在本例是 SALARY)。否则，将不会看到包含 SALARY 列的查询中的任何行。

5. 调试 VPD 策略

即使没有获得"ORA-28113: policy predicate has error"或"ORA-00936: missing expression"，查看语句解析时生成的实际谓词也会非常有用。有两种方法可调试谓词，这两种方法各有其优缺点。

第一种方法使用动态性能视图 V$SQLAREA 和 V$VPD_POLICY。顾名思义，V$SQLAREA 包含当前位于共享池中的 SQL 语句，以及当前的执行统计。视图 V$VPD_POLICY 列出当前在数据库中实施的所有策略，以及谓词。如同下面的示例所示，连接两个表，可提供一些信息，我们需要通过这些信息来帮助调试在查询结果中遇到的任何问题：

```
SQL> select s.sql_text, v.object_name, v.policy, v.predicate
  2    from v$sqlarea s, v$vpd_policy v
  3    where s.hash_value = v.sql_hash;

SQL_TEXT                  OBJECT_NAM POLICY              PREDICATE
------------------------- ---------- ------------------ ------------------
select employee_id, first EMPLOYEES  EMP_SELECT_RESTRICT EMPLOYEE_ID = 199
_name, last_name, email,                                OR MANAGER_ID = 199
job_id, salary, manager_i
d from hr.employees

select employee_id, first EMPLOYEES  EMP_SELECT_RESTRICT
_name, last_name, email,
job_id, salary, manager_i
d from hr.employees

SQL>
```

如果在此查询中添加一个到 V$SESSION 的连接，则可识别哪个用户正在运行 SQL。这在第二个 SQL 语句中尤其重要，此 SQL 语句没有应用谓词，因此，我们能推断的只是 HR 雇员之一运行此查询。该方法的不足之处在于：如果数据库非常忙，则在有机会运行该查询之前，可能由于其他的 SQL 命令而在共享池中刷新了当前 SQL 命令。

另一个方法使用 ALTER SESSION 命令来生成纯文本的跟踪文件，该文件包含前面查询的许多信息。下面是建立跟踪的命令：

```
SQL> begin
  2    dbms_rls.refresh_policy;
  3  end;
  4  /
PL/SQL procedure successfully completed.

SQL> alter session set events '10730 trace name context forever, level 12';
Session altered.
```

为跟踪 RLS 策略谓词定义事件 10730。其他可跟踪的常见事件是用于会话登录/退出的 10029 和 10030、用于跟踪位图索引访问的 10710、用于模仿重做日志的写入错误的 10253，以及其他事件。一旦改变会话，用户 DGRANT 运行其查询：

```
SQL> select employee_id, first_name, last_name,
  2     email, job_id, salary, manager_id from hr.employees;

EMPLOYEE_ID FIRST_NAME  LAST_NAME   EMAIL      JOB_ID     SALARY MANAGER_ID
----------- ----------- ----------- ---------- ---------- ------- ----------
        199 Douglas     Grant       DGRANT     SH_CLERK     2600        124

1 row selected.
```

下面查看跟踪文件底部的内容，该跟踪文件位于由初始参数 DIAGNOSTIC_DEST(在 Oracle Database 11*g* 和 12*c*)、USER_DUMP_DEST(在 Oracle Database 10*g*)指定的目录中：

```
Trace file
/u01/app/oracle/diag/rdbms/dw/dw/trace/dw_ora_31128.trc
Oracle Database 12c Enterprise Edition
                Release 12.1.0.2.0 - Production
With the Partitioning, OLAP, Data Mining and
                Real Application Testing options
ORACLE_HOME = /u01/app/oracle/product/12.1.0.2/db_1
System name:    Linux
Node name:      dw
Release:        2.6.9-55.0.2.0.1.EL
Version:        #1 Mon Jun 25 14:24:38 PDT 2014
Machine:        i686
Instance name: dw
Redo thread mounted by this instance: 1
Oracle process number: 40
Unix process pid: 31128, image: oracle@dw (TNS V1-V3)

*** 2014-08-12 12:48:37.852
*** SESSION ID:(120.9389) 2014-08-12 12:48:37.852
*** CLIENT ID:() 2014-08-12 12:48:37.852
*** SERVICE NAME:(SYS$USERS) 2014-08-12 12:48:37.852
*** MODULE NAME:(SQL*Plus) 2014-08-12 12:48:37.852
*** ACTION NAME:() 2014-08-12 12:48:37.852

-------------------------------------------------------------
Logon user     : DGRANT
Table/View     : HR.EMPLOYEES
Policy name    : EMP_SELECT_RESTRICT
Policy function: VPD.GET_PREDICATES.EMP_SELECT_RESTRICT
RLS view :
SELECT  "EMPLOYEE_ID","FIRST_NAME","LAST_NAME",
"EMAIL","PHONE_NUMBER",
"HIRE_DATE","JOB_ID","SALARY","COMMISSION_PCT","MANAGER_ID",
"DEPARTMENT_ID" FROM "HR"."EMPLOYEES"
"EMPLOYEES" WHERE (EMPLOYEE_ID = 199 OR MANAGER_ID = 199)
```

用户的初始 SQL 语句以及附加的谓词都清楚地显示在跟踪文件中。使用这种方法的不利方面在于，虽然用户也许能访问动态性能视图，但开发人员通常可能没有对服务器自身的用户转储目录的访问权。因此，在尝试调整谓词问题时可能需要 DBA 的参与。

确保在完成调试时关闭跟踪，这样可减少与跟踪操作关联的系统开销和磁盘空间(否则只能退出系统)：

```
SQL> alter session set events '10730 trace name context off';
Session altered.
```

10.4 审核

Oracle 使用大量不同的审核方法来监控使用何种权限，以及访问哪些对象。审核不会防止使用这些权限，但可以提供有用的信息，用于揭示权限的滥用和误用。

表 10-15 总结了 Oracle 数据库中不同类型的审核。

表 10-15　审 核 类 型

审 核 类 型	说　　明
语句审核	按照语句类型审核 SQL 语句，而不论访问何种特定的模式对象。也可在数据库中指定一个或多个用户，针对特定的语句审核这些用户
权限审核	审核系统权限，例如 CREATE TABLE 或 ALTER INDEX。和语句审核一样，权限审核可以指定一个或多个特定的用户作为审核的目标
模式对象审核	审核特定模式对象上运行的特定语句(例如，DEPARTMENTS 表上的 UPDATE 语句)。模式对象审核总是应用于数据库中的所有用户
细粒度审核	根据访问对象的内容来审核表访问和权限。使用程序包 DBMS_FGA 来建立特定表上的策略

下面介绍 DBA 如何管理系统和对象权限使用的审核。当需要一定的粒度时，DBA 可使用细粒度的审核来监控对表中某些行或列的访问，而不仅是否访问表。

10.4.1 审核位置

审核记录可发送到 SYS.AUD$数据库表或操作系统文件。为启用审核并指定记录审核记录的位置，将初始参数 AUDIT_TRAIL 设置为如下几个值之一：

参 数 值	动　　作
NONE, FALSE	禁用审核
OS	启用审核，将审核记录发送到操作系统文件
DB, TRUE	启用审核，将审核记录发送到 SYS.AUD$表
DB_EXTENDED	启用审核，将审核记录发送到 SYS.AUD$表，并在 CLOB 列 SQLBIND 和 SQLTEXT 中记录额外的信息

XML	启用审核，以XML格式写入所有审核记录
EXTENDED	启用审核，在审核跟踪中记录所有列，包括SQLTEXT和SQLBIND值

参数AUDIT_TRAIL不是动态的，为使AUDIT_TRAIL参数中的改动生效，必须关闭数据库并重新启动。对SYS.AUD$表进行审核时，应该密切注意监控该表的大小，以免影响SYS表空间中其他对象的空间需求。推荐定期归档SYS.AUD$中的行，并截取该表。Oracle提供了角色DELETE_CATALOG_ROLE，和批处理作业中的特殊账户一起使用，用于归档和截取审核表。

从Oracle Database 12*c*开始，使用统一的审核数据记录(audit data trail)来简化系统安全管理。在以前的版本中，必须访问以下各表来获取审核信息：

- SYS.AUD$ 数据库审核记录
- SYS.FGA_LOG$ 细粒度审核
- DVSYS.AUDIT_TRAIL$ Database Vault审核记录

将新的统一审核记录命名为UNIFIED_AUDIT_TRAIL。这个新的审核记录也有自己的模式：AUDSYS模式专用于统一的审核记录。另外，两个新角色AUDIT_ADMIN和AUDIT_VIEWER进一步更好地分离了职责。

```
SQL> describe unified_audit_trail
 Name                                      Null?    Type
 ----------------------------------------- -------- ----------------------------
 AUDIT_TYPE                                         VARCHAR2(64)
 SESSIONID                                          NUMBER
 PROXY_SESSIONID                                    NUMBER
 OS_USERNAME                                        VARCHAR2(30)
 USERHOST                                           VARCHAR2(128)
 TERMINAL                                           VARCHAR2(30)
 INSTANCE_ID                                        NUMBER
 DBID                                               NUMBER
 AUTHENTICATION_TYPE                                VARCHAR2(1024)
 DBUSERNAME                                         VARCHAR2(30)
. . .
RMAN_OPERATION                                      VARCHAR2(20)
 RMAN_OBJECT_TYPE                                   VARCHAR2(20)
 RMAN_DEVICE_TYPE                                   VARCHAR2(5)
 DP_TEXT_PARAMETERS1                                VARCHAR2(512)
 DP_BOOLEAN_PARAMETERS1                             VARCHAR2(512)
 DIRECT_PATH_NUM_COLUMNS_LOADED                      NUMBER
SQL>
```

如你所料，UNIFIED_AUDIT_TRAIL中的列是现有各个审核表的混合产物。你可能已经看到，在多租户环境中，数据字典视图没有CON_ID列；但是，在审核记录行上，DBMS_AUDIT_MGMT.CLEAN_AUDIT_TRAIL和FLUSH_UNIFIED_AUDIT_TRAIL等与审核相关的过程允许指定单个容器或所有容器。

10.4.2 语句审核

所有类型的审核都使用AUDIT命令来打开审核，使用NOAUDIT命令来关闭审核。对于语句审核，AUDIT 命令的格式看起来如下所示：

```
AUDIT sql_statement_clause BY {SESSION | ACCESS}
    WHENEVER [NOT] SUCCESSFUL;
```

sql_statement_clause 包含很多条不同的信息，例如希望审核的 SQL 语句类型以及审核什么人。

此外，希望在每次动作发生时都对其进行审核(BY ACCESS)或者只审核一次(BY SESSION)。默认是 BY SESSION。

有时希望审核成功的动作：没有生成错误消息的语句。对于这些语句，添加 WHENEVER SUCCESSFUL。而有时只关心使用审核语句的命令是否失败，失败原因是权限违犯、用尽表空间中的空间还是语法错误。对于这些情况，使用 WHENEVER NOT SUCCESSFUL。

对于大多数类别的审核方法，如果确实希望审核所有类型的表访问或某个用户的任何权限，则可指定 ALL 而不是单个的语句类型或对象。

表 10-16 列出可审核的语句类型，并在每个类别中包含了相关语句的简要描述。如果指定 all，则审核该列表中的任何语句。然而，表 10-17 中的语句类型在启用审核时不属于 ALL 类别；必须在 AUDIT 命令中显式地指定它们。

表 10-16　包括在 ALL 类别中的可审核语句

语 句 选 项	SQL 操 作
ALTER SYSTEM	所有 ALTER SYSTEM 选项，例如，动态改变实例参数，切换到下一个日志文件组，以及终止用户会话
CLUSTER	CREATE、ALTER、DROP 或 TRUNCATE 群集
CONTEXT	CREATE CONTEXT 或 DROP CONTEXT
DATABASE LINK	CREATE 或 DROP 数据库链接
DIMENSION	CREATE、ALTER 或 DROP 维数
DIRECTORY	CREATE 或 DROP 目录对象
INDEX	CREATE、ALTER 或 DROP 索引
MATERIALIZED VIEW	CREATE、ALTER 或 DROP 物化视图
NOT EXISTS	由于不存在的引用对象而造成的 SQL 语句的失败
PROCEDURE	CREATE 或 DROP FUNCTION、LIBRARY、PACKAGE、PACKAGE BODY 或 PROCEDURE
PROFILE	CREATE、ALTER 或 DROP 配置文件
PUBLIC DATABASE LINK	CREATE 或 DROP 公有数据库链接
PUBLIC SYNONYM	CREATE 或 DROP 公有同义词
ROLE	CREATE、ALTER、DROP 或 SET 角色
ROLLBACK SEGMENT	CREATE、ALTER 或 DROP 回滚段
SEQUENCE	CREATE 或 DROP 序列
SESSION	登录和退出
SYNONYM	CREATE 或 DROP 同义词
SYSTEM AUDIT	系统权限的 AUDIT 或 NOAUDIT
SYSTEM GRANT	GRANT 或 REVOKE 系统权限和角色

(续表)

语句选项	SQL 操作
TABLE	CREATE、DROP 或 TRUNCATE 表
TABLESPACE	CREATE、ALTER 或 DROP 表空间
TRIGGER	CREATE、ALTER(启用/禁用)、DROP 触发器；具有 ENABLE ALL TRIGGERS 或 DISABLE ALL TRIGGERS 的 ALTER TABLE
TYPE	CREATE、ALTER 和 DROP 类型以及类型主体
USER	CREATE、ALTER 或 DROP 用户
VIEW	CREATE 或 DROP 视图

表 10-17 显式指定的语句类型

语句选项	SQL 操作
ALTER SEQUENCE	任何 ALTER SEQUENCE 命令
ALTER TABLE	任何 ALTER TABLE 命令
COMMENT TABLE	将注释添加到表、视图、物化视图或它们中的任何列
DELETE TABLE	删除表或视图中的行
EXECUTE PROCEDURE	执行程序包中的过程、函数或任何变量或游标
GRANT DIRECTORY	GRANT 或 REVOKE DIRECTORY 对象上的权限
GRANT PROCEDURE	GRANT 或 REVOKE 过程、函数或程序包上的权限
GRANT SEQUENCE	GRANT 或 REVOKE 序列上的权限
GRANT TABLE	GRANT 或 REVOKE 表、视图或物化视图上的权限
GRANT TYPE	GRANT 或 REVOKE TYPE 上的权限
INSERT TABLE	INSERT INTO 表或视图
LOCK TABLE	表或视图上的 LOCK TABLE 命令
SELECT SEQUENCE	引用序列的 CURRVAL 或 NEXTVAL 的任何命令
SELECT TABLE	SELECT FROM 表、视图或物化视图
UPDATE TABLE	在表或视图上执行 UPDATE

一些示例可帮助读者更清楚地了解所有这些选项。在示例数据库中，用户 KLYNNE 具有 HR 模式和其他模式中所有表上的权限。允许 KLYNNE 创建其中一些表上的索引，但如果有一些与执行计划改动相关的性能问题，则需要知道何时创建这些索引。可以使用如下命令审核 KLYNNE 创建的索引：

```
SQL> audit index by klynne;
Audit succeeded.
```

后面的某一天，KLYNNE 在 HR.JOBS 表上创建了一个索引：

```
SQL> create index job_title_idx on hr.jobs(job_title);
Index created.
```

检查数据字典视图 DBA_AUDIT_TRAIL 中的审核跟踪，可以看到 KLYNNE 实际上在 8 月 12 日的下午 5:15 创建了索引：

```
SQL> select username, to_char(timestamp,'MM/DD/YY HH24:MI') Timestamp,
  2     obj_name, action_name, sql_text from dba_audit_trail
  3  where username = 'KLYNNE';

USERNAME   TIMESTAMP      OBJ_NAME         ACTION_NAME     SQL_TEXT
---------- -------------- ---------------- --------------- ----------------
KSHELTON   08/12/14 17:15 JOB_TITLE_IDX    CREATE INDEX    create index hr.
                                                           job_title_idx on
                                                           hr.jobs(job_title)

1 row selected.
```

注意：

从 Oracle Database 11g 开始，只有在初始参数 AUDIT_TRAIL 被设置为 DB_EXTENDED 时，才填充DBA_AUDIT_TRAIL 中的列 SQL_TEXT 和 SQL_BIND。默认情况下，AUDIT_TRAIL 的值是 DB。

为关闭 HR.JOBS 表上 KLYNNE 的审核，可使用 NOAUDIT 命令，如下所示：

```
SQL> noaudit index by klynne;
Noaudit succeeded.
```

也可能希望按常规方式审核成功的和不成功的登录，这需要两个 AUDIT 命令：

```
SQL> audit session whenever successful;
Audit succeeded.
SQL> audit session whenever not successful;
Audit succeeded.
```

回顾审核跟踪，可看到用户 RJB 在 8 月 10 日的失败的登录尝试：

```
SQL> select username, to_char(timestamp,'MM/DD/YY HH24:MI') Timestamp,
  2      obj_name, returncode, action_name, sql_text from dba_audit_trail
  3  where action_name in ('LOGON','LOGOFF')
  4      and username in ('SCOTT','RJB','KLYNNE')
  5  order by timestamp desc;

USERNAME   TIMESTAMP      OBJ_NAME   RETURNCODE ACTION_NAME       SQL_TEXT
---------- -------------- ---------- ---------- ----------------- ----------
KSHELTON   08/12/14 17:04                     0 LOGON
SCOTT      08/12/14 16:10                     0 LOGOFF
RJB        08/12/14 11:35                     0 LOGON
RJB        08/12/14 11:35                     0 LOGON
RJB        08/11/14 22:51                     0 LOGON
RJB        08/11/14 22:51                     0 LOGOFF
RJB        08/11/14 21:55                     0 LOGOFF
RJB        08/11/14 21:40                     0 LOGOFF
```

```
RJB        08/10/14 22:52                               0 LOGOFF
RJB        08/10/14 22:52                               0 LOGOFF
RJB        08/10/14 22:52                            1017 LOGON
RJB        08/10/14 12:23                               0 LOGOFF
SCOTT      08/03/14 04:18                               0 LOGOFF

13 rows selected.
```

RETURNCODE 代表 ORA 错误消息。ORA-1017 消息表明输入了不正确的密码。注意，如果仅对登录和退出感兴趣，可改用 DBA_AUDIT_SESSION 视图。

语句审核也包括启动和关闭操作。虽然可审核 SYS.AUD$表中的命令 SHUTDOWN IMMEDIATE，但不可审核 SYS.AUD$中的 STARTUP 命令，因为必须在可将行添加到这个表中之前启动数据库。对于这些情况，可在初始参数 AUDIT_FILE_DEST 中指定的目录中查找，查看由系统管理员执行的启动操作的记录(默认情况下，此参数包含$ORACLE_HOME/admin/dw/adump)。下面是使用 STARTUP 命令启动数据库时创建的文本文件：

```
Oracle Database 12c Enterprise Edition Release 12.1.0.2.0 - Production
With the Partitioning, OLAP, Data Mining
                   and Real Application Testing options
ORACLE_HOME = /u01/app/oracle/product/12.1.0/db_1
System name:    Linux
Node name:      dw
Release:        2.6.9-55.0.2.0.1.EL
Version:        #1 Mon Jun 25 14:24:38 PDT 2014
Machine:        i686
Instance name: dw
Redo thread mounted by this instance: 1
Oracle process number: 44
Unix process pid: 28962, image: oracle@dw (TNS V1-V3)

Sun Aug 12 11:57:36 2014
ACTION : 'CONNECT'
DATABASE USER: '/'
PRIVILEGE : SYSDBA
CLIENT USER: oracle
CLIENT TERMINAL: pts/2
STATUS: 0
```

在该示例中，由主机系统上作为 oracle 角色连接的用户启动数据库，并且该用户使用操作系统身份验证连接到实例。下一节将介绍额外的系统管理员审核问题。

10.4.3 权限审核

审核系统权限具有与语句审核相同的基本语法，但审核系统权限是在 sql_statement_clause 中(而不是在语句中)指定系统权限。

例如，可能希望将 ALTER TABLESPACE 权限授予所有 DBA，但希望在发生这种情况时生成审核记录。启用对这种权限的审核的命令看起来类似于语句审核：

```
SQL> audit alter tablespace by access whenever successful;
Audit succeeded.
```

每次成功使用 ALTER TABLESPACE 权限时，都会将一行内容添加到 SYS.AUD$。

使用 SYSDBA 和 SYSOPER 权限或以 SYS 用户连接到数据库的系统管理员可利用特殊的审核。为启用这种额外的审核级别，可设置初始参数 AUDIT_SYS_OPERATIONS 为 TRUE。这种审核记录发送到与操作系统审核记录相同的位置。因此，这个位置是和操作系统相关的。当使用其中一种权限时执行的所有 SQL 语句，以及作为用户 SYS 执行的任何 SQL 语句，都会发送到操作系统审核位置。

10.4.4　模式对象审核

审核对各种模式对象的访问看起来类似于语句审核和权限审核：

```
AUDIT schema_object_clause BY {SESSION | ACCESS}
    WHENEVER [NOT] SUCCESSFUL;
```

schema_object_clause 指定对象访问的类型以及访问的对象。可以审核特定对象上 14 种不同的操作类型，表 10-18 列出了这些操作。

表 10-18　对象审核选项

对 象 选 项	说　　明
ALTER	改变表、序列或物化视图
AUDIT	审核任何对象上的命令
COMMENT	将注释添加到表、视图或物化视图
DELETE	从表、视图或物化视图中删除行
EXECUTE	执行过程、函数或程序包
FLASHBACK	执行表或视图上的闪回操作
GRANT	授予任何类型对象上的权限
INDEX	创建表或物化视图上的索引
INSERT	将行插入表、视图或物化视图中
LOCK	锁定表、视图或物化视图
READ	对 DIRECTORY 对象的内容执行读操作
RENAME	重命名表、视图或过程
SELECT	从表、视图、序列或物化视图中选择行
UPDATE	更新表、视图或物化视图

如果希望审核 HR.JOBS 表上的所有 INSERT 和 UPDATE 命令，而不管谁正在进行更新，则每次该动作发生时，都可以使用如下所示的 AUDIT 命令：

```
SQL> audit insert, update on hr.jobs by access whenever successful;
Audit successful.
```

用户 KLYNNE 决定向 HR.JOBS 表添加两个新行：

```
SQL> insert into hr.jobs (job_id, job_title, min_salary, max_salary)
  2  values ('IN_CFO','Internet Chief Fun Officer', 7500, 50000);
```

```
1 row created.

SQL> insert into hr.jobs (job_id, job_title, min_salary, max_salary)
  2 values ('OE_VLD','Order Entry CC Validation', 5500, 20000);
1 row created.
```

查看 DBA_AUDIT_TRAIL 视图，可以看到 KLYNNE 会话中的两个 INSERT 命令：

```
USERNAME   TIMESTAMP      OWNER    OBJ_NAME   ACTION_NAME
SQL_TEXT
---------- -------------- -------- ---------- ---------------
---------------------------------------------------------------
KLYNNE     08/12/14 22:54 HR       JOBS       INSERT
insert into hr.jobs (job_id, job_title, min_salary, max_salary)
 values ('IN_CFO','Internet Chief Fun Officer', 7500, 50000);
KSHELTON   08/12/14 22:53 HR       JOBS       INSERT
insert into hr.jobs (job_id, job_title, min_salary, max_salary)
 values ('OE_VLD','Order Entry CC Validation', 5500, 20000);
KSHELTON   08/12/14 22:51                     LOGON

3 rows selected.
```

10.4.5 细粒度的审核

从 Oracle9*i* 开始，通过引入细粒度的对象审核，或称为 FGA，审核变得更关注某个方面，并且更精确。由称为 DBMS_FGA 的 PL/SQL 程序包实现 FGA。

使用标准审核，可轻松发现访问了哪些对象以及由谁访问，但无法知道访问了哪些行或列。细粒度的审核可解决这个问题，它不仅为需要访问的行指定谓词(或 WHERE 子句)，还指定了表中访问的列。通过只在访问某些行和列时审核对表的访问，可极大地减少审核表条目的数量。

程序包 DBMS_FGA 具有 4 个过程：

- ADD_POLICY 添加使用谓词和审核列的审核策略
- DROP_POLICY 删除审核策略
- DISABLE_POLICY 禁用审核策略，但保留与表或视图关联的策略
- ENABLE_POLICY 启用策略

用户 TAMARA 通常每天访问 HR.EMPLOYEES 表，查找雇员的电子邮件地址。系统管理员怀疑 TAMARA 正在查看经理们的薪水信息，因此他们建立一个 FGA 策略，用于审核任何经理对 SALARY 列的任何访问：

```
begin
    dbms_fga.add_policy(
        object_schema =>  'HR',
        object_name =>    'EMPLOYEES',
        policy_name =>    'SAL_SELECT_AUDIT',
        audit_condition => 'instr(job_id,''_MAN'') > 0',
        audit_column =>   'SALARY'
     );
end;
```

可使用数据字典视图 DBA_FGA_AUDIT_TRAIL 访问细粒度审核的审核记录。如果一般需要查看标准的审核行和 FGA 行，则数据字典视图 DBA_COMMON_AUDIT_TRAIL 结合了这两种审核类型中的行。

继续看示例，用户 TAMARA 运行了如下两个 SQL 查询：

```
SQL> select employee_id, first_name, last_name, email from hr.employees
  2     where employee_id = 114;

EMPLOYEE_ID FIRST_NAME           LAST_NAME                 EMAIL
----------- -------------------- ------------------------- --------------
        114 Den                  Raphaely                  DRAPHEAL

1 row selected.

SQL> select employee_id, first_name, last_name, salary from hr.employees
  2     where employee_id = 114;

EMPLOYEE_ID FIRST_NAME           LAST_NAME                 SALARY
----------- -------------------- ------------------------- -------
        114 Den                  Raphaely                   11000

1 row selected.
```

第一个查询访问经理信息，但没有访问 SALARY 列。第二个查询与第一个查询相同，但访问了 SALARY 列，因此触发了 FGA 策略，从而在审核跟踪中生成了一行：

```
SQL> select to_char(timestamp,'mm/dd/yy hh24:mi') timestamp,
  2     object_schema, object_name, policy_name, statement_type
  3  from dba_fga_audit_trail
  4  where db_user = 'TAMARA';

TIMESTAMP      OBJECT_SCHEMA  OBJECT_NAME    POLICY_NAME      STATEMENT_TYPE
-------------- -------------- -------------- ---------------- --------------
08/12/14 18:07 HR             EMPLOYEES      SAL_SELECT_AUDIT SELECT

1 row selected.
```

由于在本章前面的 VPD 示例中建立了细粒度的访问控制来阻止对 SALARY 列的未授权访问，因此需要核查策略函数，确保仍然正确限制了 SALARY 信息。细粒度的审核以及标准审核是确保首先正确建立授权策略的好方法。

10.4.6　与审核相关的数据字典视图

表 10-19 包含了与审核相关的数据字典视图。

表 10-19 与审核相关的数据字典视图

数据字典视图	说 明
AUDIT_ACTIONS	包含审核跟踪动作类型代码的描述，例如 INSERT、DROP VIEW、DELETE、LOGON 和 LOCK
DBA_AUDIT_OBJECT	与数据库中对象相关的审核跟踪记录
DBA_AUDIT_POLICIES	数据库中的细粒度审核策略
DBA_AUDIT_SESSION	与 CONNECT 和 DISCONNECT 相关的所有审核跟踪记录
DBA_AUDIT_STATEMENT	与 GRANT、REVOKE、AUDIT、NOAUDIT 和 ALTER SYSTEM 命令相关的审核跟踪条目
DBA_AUDIT_TRAIL	包含标准审核跟踪条目。USER_AUDIT_TRAIL 只包含已连接用户的审核行
DBA_FGA_AUDIT_TRAIL	细粒度审核策略的审核跟踪条目
DBA_COMMON_AUDIT_TRAIL	将标准的审核行和细粒度的审核行结合在一个视图中
DBA_OBJ_AUDIT_OPTS	对数据库对象生效的审核选项
DBA_PRIV_AUDIT_OPTS	对系统权限生效的审核选项
DBA_STMT_AUDIT_OPTS	对语句生效的审核选项

10.4.7 保护审核跟踪

审核跟踪自身需要受到保护，特别是在非系统用户必须访问表 SYS.AUD$时。内置的角色 DELETE_ANY_CATALOG 是非 SYS 用户可以访问审核跟踪的一种方法(例如，归档和截取审核跟踪，以确保它不会影响 SYS 表空间中其他对象的空间需求)。

为建立对审核跟踪自身的审核，以 SYSDBA 身份连接到数据库，并运行以下命令：

```
SQL> audit all on sys.aud$ by access;
Audit succeeded.
```

现在，所有针对表 SYS.AUD$的动作，包括 SELECT、INSERT、UPDATE 和 DELETE，都记录在 SYS.AUD$自身中。但是，你可能会问，如果某个人删除了标识对表 SYS.AUD$访问的审核记录，这时会发生什么？此时将删除表中的行，但接着插入另一行，记录行的删除。因此，总是存在一些针对 SYS.AUD$表的(有意的或偶然的)活动的证据。此外，如果将 AUDIT_SYS_OPERATIONS 设置为 TRUE，则使用 AS SYSDBA、AS SYSOPER 或以 SYS 自身连接的任何会话将记录到操作系统审核位置中，甚至 Oracle DBA 可能都无法访问该位置。因此，有许多合适的安全措施，用于确保记录数据库中所有权限的活动，以及隐藏该活动的任何尝试。

10.5 数据加密技术

数据加密可增强数据库内部和外部的安全性。用户可能具有访问表中大多数列的合法需求，但如果对其中一列进行加密，并且用户不知道加密密钥，则无法使用相关的信息。同样的问题也适用于需要通过网络安全发送的信息。本章已介绍的技术，包括身份验证、授权和审核，可确保数据库用户合法访问数据，但不能阻止操作系统用户访问数据，因为这些用户可能具有操作系统文件的访问权，而数据库本身就是由这些操作系统文件组成的。

用户可采用如下两种方法进行数据加密：一种方法是使用程序包 DBMS_CRYPTO(在 Oracle Database 10*g* 中，这一程序包替换了 Oracle9*i* 中的 DBMS_OBFUSCATION_TOOLKIT 程序包)；另一种方法是透明数据加密，这种方法以全局方式存储加密密钥，并包含加密整个表空间的方法。

10.5.1　DBMS_CRYPTO 程序包

作为 Oracle 10*g* 的新增内容，程序包 DBMS_CRYPTO 代替了 DBMS_OBFUSCATION_TOOLKIT，并且包括 Advanced Encryption Standard(AES)加密算法，AES 算法代替了 Data Encryption Standard(DES)算法。

DBMS_CRYPTO 中的过程可生成私有密钥，也可自己指定并存储密钥。与只可以加密 RAW 或 VARCHAR2 数据类型的 DBMS_OBFUSCATION_TOOLKIT 不同的是，DBMS_ CRYPTO 可以加密 BLOB 和 CLOB 类型。

10.5.2　透明数据加密

透明数据加密是一种基于密钥的访问控制系统，它依赖于外部模块实施授权。包含加密列的每个表都有自己的加密密钥，加密密钥又由为数据库创建的主密钥来加密，加密密钥以加密方式存储在数据库中，但主密钥并不存储在数据库中。重点要强调的是“透明”这一术语——当访问表中或加密表空间中的加密列时，授权用户不必指定密码或密钥。

虽然 Oracle Database 11g 显著增强了透明数据加密特性，但它的使用仍然受到一些限制，例如，不能使用外键约束对列进行加密，因为每个表都有一个唯一的列加密密钥。一般来说，这不应该是什么问题，因为外键约束中使用的密钥应该是系统生成的、唯一的和非智能的。表的业务键和其他业务属性可能更需要加密，且它们通常并不参与与其他表的外键关系。其他数据库特性和类型也不适合进行透明数据加密：

- 除 B-树索引外的其他索引类型
- 索引的范围扫描搜索
- BFILE(外部对象)
- 物化视图日志
- 同步的更改数据捕获(Synchronous Change Data Capture)
- 可移植的表空间
- 原来的导入/导出实用工具(Oracle9i 及更早版本)

另外还可选用 DBMS_CRYPTO 以手动方式加密这些类型和特性。

注意：
在 Oracle Database 11g 中，现在可以加密内部大对象，例如 BLOB 和 CLOB 类型。

10.6 本章小结

有效地审核数据库访问是保护和管理数据库环境的关键。数据库管理员(或精细划分职责的企业的安全管理员)需要了解谁访问数据库、访问时间以及所执行的操作。更重要的是，DBA首先必须确保非授权人员无法访问数据库。

如果数据库用户已通过操作系统、网络和防火墙的身份验证，则数据库设置将确定用户是否有权连接到数据库并访问特定的模式、表或列。

数据库上的权限粒度可以很大，如授予某些用户一揽子权限来查看或修改表；但更常见的情形是需要缩减粒度，更精细地控制这些权限。因此，可使用大概数百个权限来控制对应用程序模式中数据库对象的访问，并控制数据库用户可以使用表中的哪些列。为进一步细化(和审核)对表行的访问，可利用 Oracle 的 VPD，并透明地限制和控制对敏感数据的访问(无论采用哪种方式访问表)。

一旦用户通过身份验证，并获权访问数据库对象，你仍想要了解用户在什么时间访问了什么内容。使用 Oracle Database 的新特性，可利用审核方法及其关联的审核记录位置。Oracle Database 12*c* 引入统一的审核记录(可满足所有安全审核需求的一站式特性)简化了大量列审核记录的导航。

第11章

多租户数据库体系结构

使用诸如Oracle Exadata的数据库一体机帮助数据库管理员整合一个服务器机房中的数十个甚至数百个数据库。不过，从资源管理角度看，分别管理其中每个数据库仍具挑战性。每个数据库的实例可能无法高效使用它们的内存和CPU资源，从而阻止将更多数据库部署到服务器。使用Oracle Database 12*c*中引入的可插入数据库(Pluggable Database，PDB)，可更有效地利用数据库资源，因此许多不同的数据库(每个数据库由一组模式组成)可共存于一个容器数据库(CDB)中。CDB也称为多租户容器数据库。

可插入数据库允许DBA更方便地管理数据库。作为整体收集所有PDB的性能指标。另外，DBA仅需管理一个SGA，不必管理每个PDB的SGA。应用的数据库补丁更少：只需要给一个CDB打补丁，不需要为CDB中的每个PDB打补丁。使用PDB，可更高效地使用硬件，DBA可在同样的时间里管理更多数据库。

开发人员、网络管理员、存储管理员和数据库应用程序用户极少与PDB交互，甚至不知道自己在使用PDB。某一天，可将PDB插入容器数据库CDB01，第二天，又将其插入容器数据库CDB02，因此，CDB的表现与其他任何数据库类似，只是它减少了DBA的维护工作，并为数据库用户提供了更高的可用性。

虽然CDB的复杂度高于传统数据库Oracle Database 12*c*之前的数据库，但用于管理CDB和PDB的工具足够强大，可化解这种复杂性。Enterprise Manager Cloud Control 12*c* Release 3全面支持CDB和PDB的监控；Oracle SQL Developer version 4.0和更新版本拥有一个DBA模块来执行需要在CDB环境中执行的大多数甚至全部操作。

本章介绍一些高级主题；确切地讲，将概述多租户体系结构，解释如何预配PDB，如何管理安全，如何使用RMAN执行备份和恢复。首先要决定是否创建多租户容器，大多数情况下，都需要创建该容器。通过超预配(over-provision)CDB，可方便地修复任何错误：从超预配的CDB拔下一个或多个PDB，再将PDB插入同一个(或另一个)服务器的另一个CDB。除将PDB移到另一个容器，还讲述如何从种子模板新建PDB，以及如何克隆现有的PDB。

本章开篇的介绍类似于Oracle数据库管理；涉及设置到数据库的连接，启动和关闭数据库，设置数据库参数等内容。区别在于，你将容器(CDB)作为一个整体看待，而非针对CDB中的每个PDB分别予以处理。你将发现，一些数据库参数仅适用于CDB级别，而其他参数可在PDB级别设置。一旦启动CDB，可使每个PDB处于不同状态。一些PDB仍处于MOUNT状态，而其余的可以READ ONLY或READ WRITE形式打开。

在多租户环境中管理永久和临时表空间类似于在非 CDB 环境中管理这些类型的表空间。SYSTEM 和 SYSAUX 表空间存在于 CDB(CDB$ROOT)以及每个 PDB 中，一些 SYSTEM 和 SYSAUX 对象在 CDB 和各个 PDB 中共享。另外，CDB 和每个 PDB 都有各自独立的永久表空间。就临时表空间而言，每个 PDB 可使用 CDB 中的临时表空间。另外，如果特定 PDB 对临时表空间有特殊要求，不能在 CDB 的共享临时表空间中高效运行，那么 PDB 可拥有自己的临时表空间。

在任何数据库环境中，安全至关重要；在多租户数据库环境中这也不例外。多租户环境中的DBA必须理解公共用户和本地用户的区别，理解分配给它们的角色和权限。与应用程序用户不了解数据库是PDB还是非CDB一样，DBA可在PDB中拥有一个本地用户账户，不需要该PDB之外的权限和可见性即可管理该PDB。

在多租户环境中，仍需要执行备份和恢复，但使用的工具与非CDB环境无异，而且与非CDB环境相比，可在更短时间内备份更多数据库。与任意数据库环境一样，需要备份和恢复CDB或PDB。用于备份整个CDB和仅备份一个PDB的方法略有不同，当然影响也会不同。

11.1 理解多租户体系结构

本节将扩展介绍上面罗列的一些概念，并演示使用几个不同工具新建CDB的机制。一旦CDB准备就绪，就可以通过克隆种子数据库(PDB$SEED)来创建新的PDB。

也考虑了在Oracle 11*g*中创建的数据库。可将12*c*之前的数据库升级到12.1，然后将其插入现有的CDB，或使用11*g*数据库中的Data Pump导出(expdp)，然后在新的PDB上使用Data Pump导入(impdp)。

在多租户环境中，数据库有三种类型：独立数据库(非CDB)、容器数据库或可插入数据库。

下面将详细描述多租户体系结构以及使用多租户环境的诸多优势。

11.1.1　利用多租户数据库

在Oracle Database 12*c*之前，可创建的唯一数据库类型是非CDB(此处的称呼，那时尚未出现CDB或PDB概念)，作为独立数据库，或作为群集的一部分(RAC)。即使在同一服务器上运行多个非CDB实例，每个实例也都有自己的内存结构(SGA、PGA等)和数据库文件(存储结构)。

即使在每个数据库中有效地管理内存和磁盘空间，也会出现冗余的内存结构和数据库对象。另外，当升级数据库版本时，至少在包含应用程序的每个服务器上执行一次软件升级。通过多租户数据库更高效地使用内存和磁盘，可将更多应用程序整合在少量服务器上，甚至是一个服务器上。

除将多个数据字典整合到一个CDB中，还可以通过复制特定于PDB的对象子集，在容器中快速预配新数据库。如果只想将一个PDB升级到数据库新版本，可将相应数据库从当前CDB中拔下，将其插入版本正确的新CDB(需要的时间是导出和导入PDB元数据的时间)。

使用PDB，可以有效地使用资源，同时维护职责和应用程序的分离。

注意：

多租户体系结构包括容器数据库，也包含运行在容器数据库中的可插入数据库。非 CDB 并非指可插入数据库，而指一个传统的 Oracle 数据库(不考虑版本)，有些称为独立数据库。Oracle 文档将 PDB 称为用户容器(user container)。PDB 可拔下，也可插入，两种情况下都是 PDB。

11.1.2　理解多租户配置

有了 Oracle Database 12*c* 的多租户体系结构，可通过多种方式来利用 CDB 和 PDB。

- **多租户配置**　一个 CDB 在任意时间可包含零个、一个或多个 PDB
- **单租户配置**　一个 CDB 包含一个 PDB(不需要获得多租户选项的许可)
- **非 CDB**　Oracle 11*g* 体系结构(独立数据库和实例)

图 11-1 显示了一个多租户配置的示例，其中有一个 CDB 实例和一个非 CDB 实例。CDB 实例中有三个 PDB。

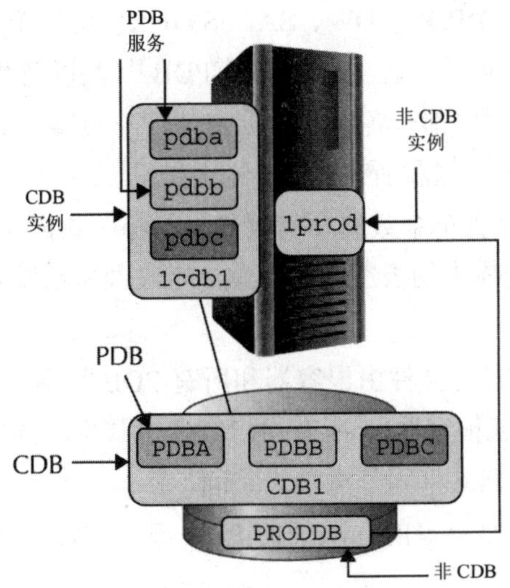

图 11-1　使用 CDB 和非 CDB 的多租户体系结构

下面描述三种类型的容器和数据库：系统容器(CDB)、用户容器(PDB)和独立数据库(非CDB)。

1. 系统容器数据库体系结构

创建系统容器(即CDB)非常简单，只需要在DBCA(Database Configuration Assistant，数据库配置助手)中选中一个单选按钮即可。最终数据库成为新数据库的容器，要预配新数据库，可复制种子数据库，也可插入一个此前即是该CDB租户的数据库或从一个不同CDB中拔下的数据库。图11-2显示典型的CDB配置。

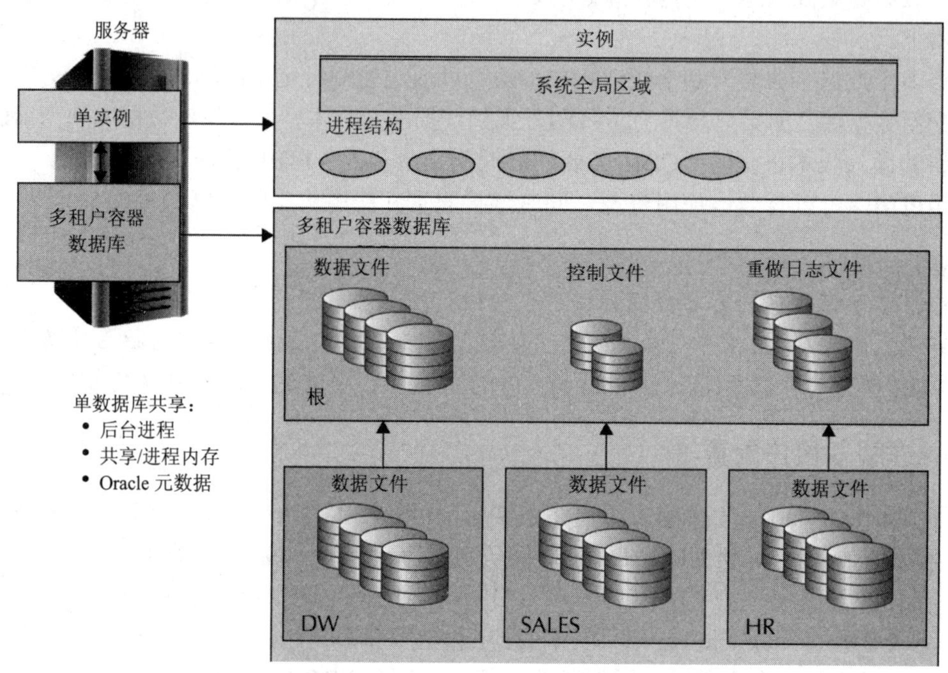

图 11-2 典型的容器数据库

图11-2中的单个CDB有三个PDB：DW、SALES和HR。这三个PDB共享一个实例及其进程结构。根容器包含控制文件、重做日志文件(由所有PDB共享)以及数据文件(包含所有数据库共用的系统元数据)。各个应用程序都有各自的数据文件，与容器中的其他所有PDB分隔。SYS用户由根容器所有，可管理根容器和所有PDB。

如前所述，一个CDB可包含单个数据库实例和一组相关数据文件(与CDB中的PDB数量无关)。非CDB或12*c*之前的数据库中的表空间和对象的定义及用法基本相同，但存在以下例外和限制：

- **重做日志文件** 重做日志文件由根容器和所有 PDB 共享。重做日志文件中的条目标识重做来源(哪个 PDB 或根容器)。所有用户容器也共享相同的 ARCHIVELOG 模式。
- **撤消表空间** 所有容器共享同一撤消表空间。
- **控制文件** 控制文件是共享的。从任何 PDB 添加的数据文件都记录在公共的控制文件中。

- **临时表空间** CDB 中需要一个临时表空间，是每个 PDB 的初始默认临时表空间。但是，根据应用程序需求，每个 PDB 可能有各自的临时表空间。
- **数据字典** 每个用户容器在其 SYSTEM 表空间副本(公共对象具有指向系统容器数据库中 SYSTEM 表空间的指针)中有自己的数据字典和专用元数据。
- **SYSAUX 表空间** 每个 PDB 都有自己的 SYSAUX 表空间副本。

可在特定于应用程序的每个 PDB 中创建表空间。使用 CON_ID 列中的容器 ID 在 CDB 的数据字典中识别每个表空间的数据文件。稍后介绍有关容器元数据的更多信息。

2. 用户容器数据库

像非CDB一样，用户容器(即PDB)拥有SYSTEM表空间，但拥有指向整个容器常用元数据的链接。仅将特定于相应PDB的用户元数据存储在PDB的SYSTEM表空间中。PDB、非CDB或CDB中的对象名是相同的，如OBJ$、TAB$和SOURCE$。因此，对应用程序而言，PDB像是一个独立数据库。可安排一名DBA使用在Oracle Database 12*c*中创建的新角色和权限来管理相应的应用程序。PDB中应用程序的DBA也不必意识到有一个或多个PDB在共享CDB中的资源。

3. 非 CDB 数据库

独立数据库(即非 CDB)仍可在 Oracle Database 12*c* 中创建(使用 Oracle Database 11*g* 体系结构)。系统元数据、用户元数据与 PL/SQL 及其他用户对象一起存储在同一 SYSTEM 表空间中。可使用 DBMS_PDB 包将非 CDB 转换为 PDB。如果非 CDB 数据库存在于 Oracle Database 11*g*，必须首先将其升级到 12*c*，然后使用 DBMS_PDB 进行转换。其他升级选项包括 Data Pump Export/Import 或诸如 Oracle Data Integrator (ODI)的 ETL 工具。

11.2 在多租户环境中预配

一旦创建一个或多个容器数据库，你必须决定在每个容器中创建哪些可插入数据库。初始的资源使用评估可能有误，但允许灵活地在容器之间移动PDB。与创建一个新的非CDB数据库或使用RMAN将一个数据库克隆到(或移到)另一服务器的时间相比，将一个PDB移到一个新容器不会导致那么长的停机时间。

与非CDB环境中一样，有时需要删除CDB和PDB。这里将介绍一个包含两个步骤的过程，从CDB删除一个PDB，并释放分配给该PDB的磁盘空间。删除CDB的情况较少见，但如果确实要删除一个CDB，那么首先必须拔下或删除CDB中的所有PDB。

11.2.1 理解可插入数据库预配

上一节区分了系统容器(CDB)和用户容器(PDB)。系统容器又称根容器。创建一个新CDB时，种子容器成为新PDB的模板，以便在CDB中创建新的PDB。

1. 理解根容器

CDB容器中的根容器仅包含全局Oracle元数据。该元数据包含诸如SYS的CDB用户，对于CDB中所有当前和未来的PDB而言，SYS是全局性的。一旦预配一个新的PDB，所有用户数据驻留在PDB拥有的数据文件中。根容器中不保留用户数据。将根容器命名为CDB$ROOT，稍后介绍将元数据存储在什么位置。

2. 利用种子 PDB

创建新的CDB时，会创建一个PDB：种子PDB。它拥有PDB的结构或模板，其中包含新应用程序数据库的用户数据。种子数据库名为PDB$SEED。这个预配操作速度较快，因为它主要包含为用户元数据创建几个小型表空间和空表。

3. 使用 CDB 内部的链接

将数据库部署为 Oracle Database 11*g* 中的非 CDB 数据库或 Oracle Database 12*c* 中的非 CDB 数据库时，经常需要在数据库之间共享数据，无论数据库位于不同服务器还是位于同一服务器上。在 Oracle Database 12*c* 和许多 Oracle 旧版本中，使用数据库链接来访问其他数据库中的表。也使用数据库链接来访问同一 CDB 中其他 PDB 的表。但由于两个 PDB 中的对象驻留在同一容器中，因此实际上在使用数据库链接的快捷版本。记住，一个 PDB 并不知道另一个 PDB 或非 CDB 数据库的驻留位置，因此数据库链接的定义和使用是相同的，与两个数据库的位置无关。

4. 查询 V$CONTAINERS

系统容器的动态性能视图 V$CONTAINERS 包含你需要了解的有关 CDB 中用户容器和系统容器的所有相关信息。在下面的示例中，你查看可用的 PDB，然后打开 PDB DW_01，使其可供所有用户使用：

```
[oracle@kthanid ~]$ . oraenv
ORACLE_SID = [orcl] ? qa
The Oracle base remains unchanged with value /u01/app/oracle
[oracle@kthanid ~]$ sqlplus / as sysdba

SQL*Plus: Release 12.1.0.2.0 Production on Fri Nov 14 10:08:00 2014
Copyright (c) 1982, 2014, Oracle.  All rights reserved.

Connected to:
Oracle Database 12c Enterprise Edition Release 12.1.0.2.0 - 64bit Production
With the Partitioning, Automatic Storage Management, OLAP, Advanced Analytics
and Real Application Testing options

SQL> select con_id,name,open_mode,total_size
  2  from v$containers;

    CON_ID NAME                           OPEN_MODE  TOTAL_SIZE
---------- ------------------------------ ---------- ----------
         1 CDB$ROOT                       READ WRITE  975175680
         2 PDB$SEED                       READ ONLY   283115520
         3 CCREPOS                        MOUNTED             0
         4 DW_01                          MOUNTED             0
         5 QA_2014                        MOUNTED             0
```

```
SQL> alter pluggable database dw_01 open read write;

Pluggable database altered.
SQL> select con_id,name,open_mode,total_size
  2  from v$containers;

    CON_ID NAME                           OPEN_MODE  TOTAL_SIZE
---------- ------------------------------ ---------- ----------
         1 CDB$ROOT                       READ WRITE  975175680
         2 PDB$SEED                       READ ONLY   283115520
         3 CCREPOS                        MOUNTED             0
         4 DW_01                          READ WRITE  283115520
         5 QA_2014                        MOUNTED             0
SQL>
```

系统容器(即 CDB)正好拥有一个种子数据库和一个根容器；用户容器是可选的(但最终仍有一个或多个)。一个 CDB 最多可包含 253 个用户容器(即 PDB)，其中包含种子数据库。根容器(CDB$ROOT)和种子数据库(PDB$SEED)以及 PDB 显示在 V$CONTAINERS 中。

5. 利用 CDB 安全特性

多租户体系结构需要新的安全对象和新的安全层次结构，因为你同样必须维护职责分离和应用程序分区(将每个应用程序存储在各自的数据库中时即存在)。

为管理整个 CDB 以及系统容器中的所有 PDB，需要一个"超级用户"，该用户也称为"容器数据库管理员(CDBA)"。CDB 中的每个 PDB 都拥有 CDB 中的 DBA 权限，称为"可插入数据库管理员(PDBA)"。在非 CDB 中，DBA 角色与 Oracle Database 11*g* 中的相同。

在多租户环境中，用户(拥有权限或不拥有权限)分为两类：公共用户(common user)或本地用户(local user)。顾名思义，公共用户有权访问 CDB 中的所有 PDB，而本地用户仅有权访问特定 PDB。授予权限的方式是相同的。可在整个容器或仅一个 PDB 上授予权限。

新的数据字典表 CDB_USERS 包含存在于所有 PDB 中数据字典表 DBA_USERS 中的用户。向 CDB 中新添公共用户时，相应用户也显示在每个 PDB 的 DBA_USERS 表中。与多租户特性中的其他所有特性一样，每个 PDB 中的 DBA_USERS 表仅包含特定于相应 PDB 的用户，这些用户与在非 CDB 数据库或 12*c* 之前的数据库创建的用户具有相同特点。

如你所料，公共用户可执行全局操作，如启动或关闭 CDB，以及拔下或插入 PDB。要拔下一个数据库，首先关闭该 PDB，然后发出 ALTER PLUGGABLE DATABASE 命令创建 XML 元数据文件，以便该 PDB 可在以后插入当前 CDB 或另一个 CDB：

```
SQL> alter pluggable database dw_01
  2  unplug into '/u01/app/oracle/plugdata/dw_01.xml';

Pluggable database altered.

SQL>
```

除了诸如 CDB_USERS 的新数据字典视图，CDB 容器还包含可在非 CDB 数据库中看到的其他 DBA_视图的相应视图，如 CDB_TABLESPACES 和 CDB_PDBS：

```
SQL> select con_id,tablespace_name,status
  2  from cdb_tablespaces;

    CON_ID TABLESPACE_NAME                STATUS
---------- ------------------------------ ---------
         1 SYSTEM                         ONLINE
         1 SYSAUX                         ONLINE
         1 UNDOTBS1                       ONLINE
         1 TEMP                           ONLINE
         1 USERS                          ONLINE
         2 SYSTEM                         ONLINE
         2 SYSAUX                         ONLINE
         2 TEMP                           ONLINE
         5 SYSTEM                         ONLINE
         5 SYSAUX                         ONLINE
         5 TEMP                           ONLINE

11 rows selected.

SQL>
```

从PDB本地用户的角度看，所有DBA_视图的行为都与非CDB数据库中的相同。

11.2.2 配置和创建 CDB

创建多租户容器数据库有多种配置和选项。与旧版的 Oracle Database 在同一服务器上使用 RAC 或多个非 CDB 数据库相比，使用多租户体系结构来分组和整合数据库的灵活性已极大地增强，同时不会增加管理 CDB 中多个数据库的复杂度。事实上，管理一个 CDB 中的多个 PDB 不仅能更有效地使用内存和 CPU 资源，还便于管理多个数据库。与前几章所述，你将能在 CDB 上执行升级，从而自动升级相应 CDB 中的多个 PDB。

容器数据库可由开发人员和测试人员使用，当然可用于生产环境。对于一个新应用程序，可以克隆一个现有数据库，也可以使用种子数据库来新建数据库，所用的时间只占新建独立数据库的时间的一小部分。为在新的硬件和软件环境中测试应用程序，可方便地从一个 CDB 中拔下一个数据库，然后将其插入同一服务器或不同服务器上的另一个 CDB 中。

下面将介绍如何使用 SQL*Plus 或 Database Configuration Assistant (DBCA)来创建新的 CDB。为查看和管理多租户环境中的诊断信息，将分析 ADR (Automatic Diagnostic Repository，自动诊断库)的结构。本节最后将回顾可在容器级别使用的新数据字典视图。

1. 使用不同方法创建 CDB

与许多 Oracle 特性一样，可以使用多个工具来创建和维护对象，即创建 CDB 和 PDB。具体使用什么工具，要取决于创建这些对象时所需的控制级别，以及是否要编写脚本在批处理环境中执行操作。表 11-1 显示了可用于在 CDB 和 PDB 中执行各种操作的工具。

表 11-1　可用于 CDB 和 PDB 的 Oracle 工具

操作/工具	SQL*Plus	OUI	DBCA	EM Cloud Control 12*c*	SQL Developer	DBUA	EMDE
创建新的 CDB 或 PDB	√	√	√	√ (仅限 PDB)	√ (仅限 PDB)		
浏览 CDB 或 PDB	√			√	√		√ (仅限 PDB)
将 12.1 中的非 CDB 升级为 CDB	√					√	

为创建新的 CDB，有三个选项：SQL*Plus、Database Configuration Assistant(数据库配置助手)和 OUI(Oracle Universal Installer，Oracle 通用安装程序)。EMDE (Enterprise Manager Database Express)不能创建 CDB 或浏览 CDB 或 PDB 体系结构。但是，EMDE 可查看任意 PDB，就像 PDB 是独立数据库(非 CDB)一样。

使用 SQL*Plus 创建 CDB　使用 SQL*Plus 创建 CDB 在很多方面类似于创建新的独立数据库实例，明显区别是在 CREATE DATABASE 命令中使用一些新关键字，如 ENABLE PLUGGABLE DATABASE 和 SEED FILE_NAME_CONVERT。一旦创建了初始 CDB，就像 Oracle 11*g* 数据库或非 CDB 12*c* 数据库那样运行创建后脚本。

创建 CDB 的步骤如下：

(1) 使用典型参数为任意实例创建 init.ora 文件，如 DB_NAME、CONTROL_FILES 和 DB_BLOCK_SIZE，以及新参数 ENABLE_PLUGGABLE_DATABASE。

(2) 设置ORACLE_SID环境变量。

(3) 使用 CREATE DATABASE 命令和 ENABLE PLUGGABLE DATABASE 关键字创建 CDB。

(4) 设置特殊会话参数，指出这是一个新的CDB：

```
alter session set "_oracle_script"=true;
```

(5) 关闭和打开种子PDB。

(6) 运行包括以下脚本在内的创建后脚本：

```
?/rdbms/admin/catalog.sql
?/rdbms/admin/catblock.sql
?/rdbms/admin/catproc.sql
?/rdbms/admin/catoctk.sql
?/rdbms/admin/owminst.plb
?/sqlplus/admin/pupbld.sql
```

使用 SQL*Plus 来创建新的 CDB 是最终的杀手锏，但可以看到，它可能十分复杂。除非需要一次性创建多个数据库(仅在多个服务器上简单修改参数或同一组数据库)，否则下一节讨论的 DBCA 是创建 CDB 的更简便、更不易出错的方法。

2. 使用 DBCA 创建 CDB

Database Configuration Assistant 工具可能是你用于新建 CDB 的工具。事实上，它提供了多个选项，允许创建非 CDB 数据库(与 12.1 节之前的数据库类似)、仅创建 CDB 或包含新 PDB 的 CDB。在图 11-3 中，使用 express 方法创建一个新容器数据库 CDB58，它驻留在现有的 ASM 磁盘组+DATA。恢复文件将驻留在+RECOV 中。将随容器一起创建名为 RPTQA10 的 PDB。

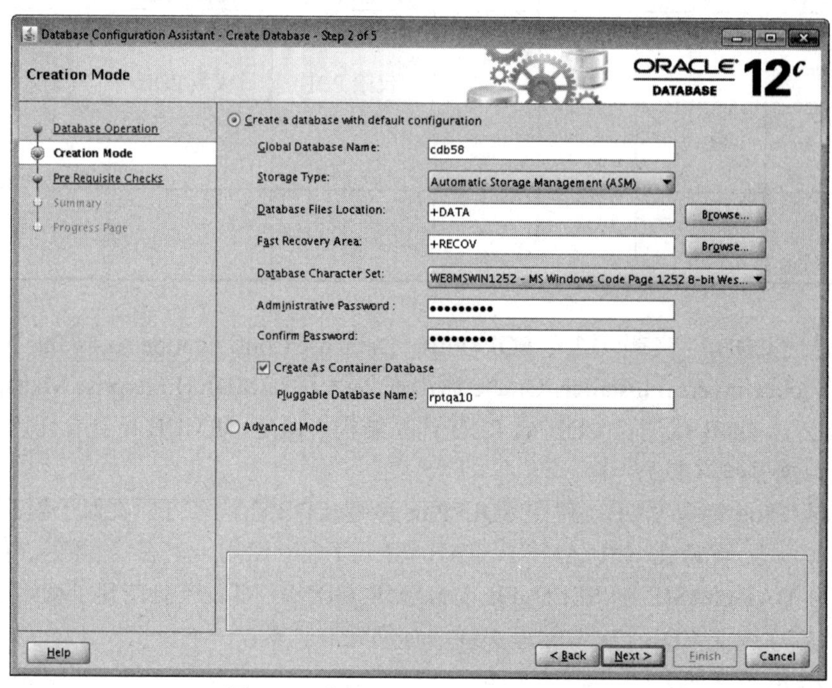

图 11-3 使用 DBCA 创建容器数据库

在下一个窗口中，可查看要创建的CDB的汇总信息。注意在图11-4中，创建CDB时也会创建PDB。

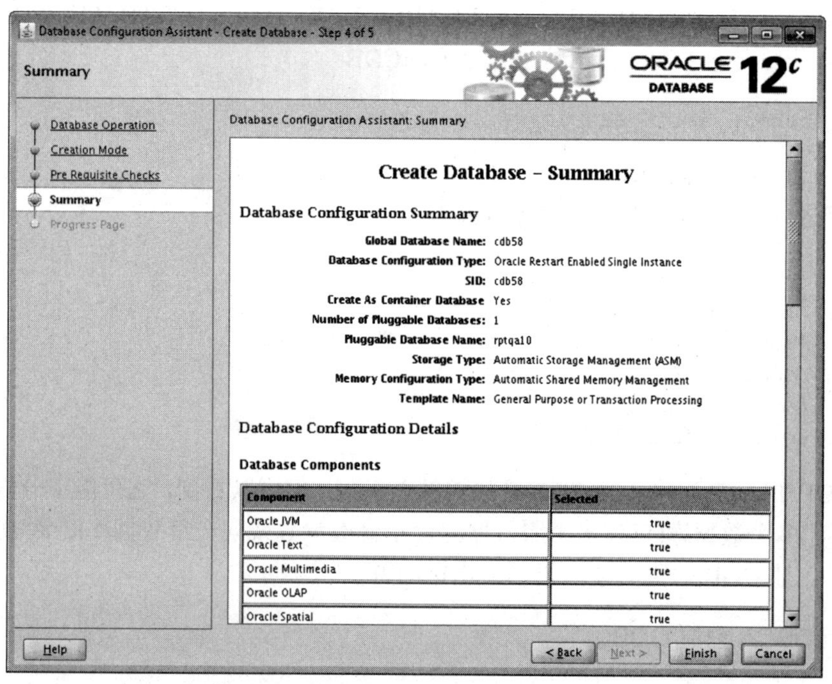

图 11-4 创建数据库——Summary 页面

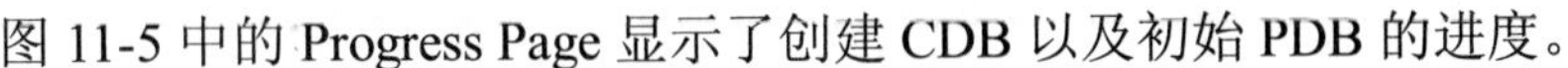

图 11-5 中的 Progress Page 显示了创建 CDB 以及初始 PDB 的进度。

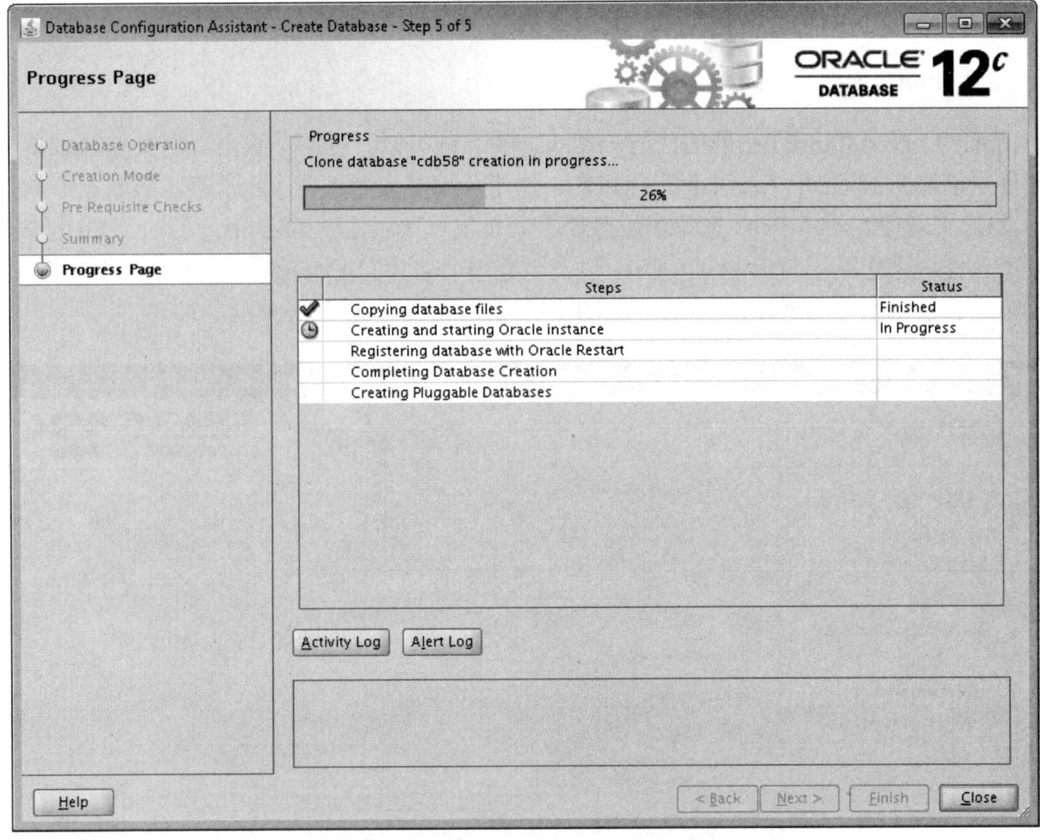

图 11-5　容器数据库 Progress Page

一旦安装完毕，可看到新的 CDB 在/etc/oratab 中列出。

```
#
# Multiple entries with the same $ORACLE_SID are not allowed.
#
#
+ASM:/u01/app/product/12.1.0/grid:N:          # line added by Agent
complref:/u01/app/product/12.1.0/database:N:   # line added by Agent
cdb58:/u01/app/product/12.1.0/database:N:      # line added by Agent
```

那么初始 PDB 在何处呢？可查看侦听器来找到线索：

```
[oracle@oel63 ~]$ lsnrctl status
LSNRCTL for Linux: Version 12.1.0.1.0 - Production on 27-MAY-2013 20:47:02
. . .
Service "cdb58" has 1 instance(s).
  Instance "cdb58", status READY, has 1 handler(s) for this service...
. . .
Service "complrefXDB" has 1 instance(s).
  Instance "complref", status READY, has 1 handler(s) for this service...
Service "rptqa10" has 1 instance(s).
  Instance "cdb58", status READY, has 1 handler(s) for this service...
The command completed successfully
```

```
[oracle@oel63 ~]$
```

侦听器将 rptqa10 服务的任何请求传给容器数据库 CDB58 中的同名 PDB。

3. 使用 OUI 创建 CDB

Oracle Universal Installer 的用法与一站式购物十分类似。可在一次会话中安装 Oracle 数据库文件，创建新的 CDB，或创建新的 PDB。由于你可能在服务器上一次性安装数据库软件，使用 OUI 来新建容器或 PDB 在每个服务器上只发生一次。在图 11-6 中，启动了 OUI 来安装数据库软件，创建名为 CDB99 的 CDB，以及创建单个名为 QAMOBILE 的 PDB。默认情况下，如果可在服务器上使用 ASM 磁盘组，OUI 将为数据库文件使用 ASM。

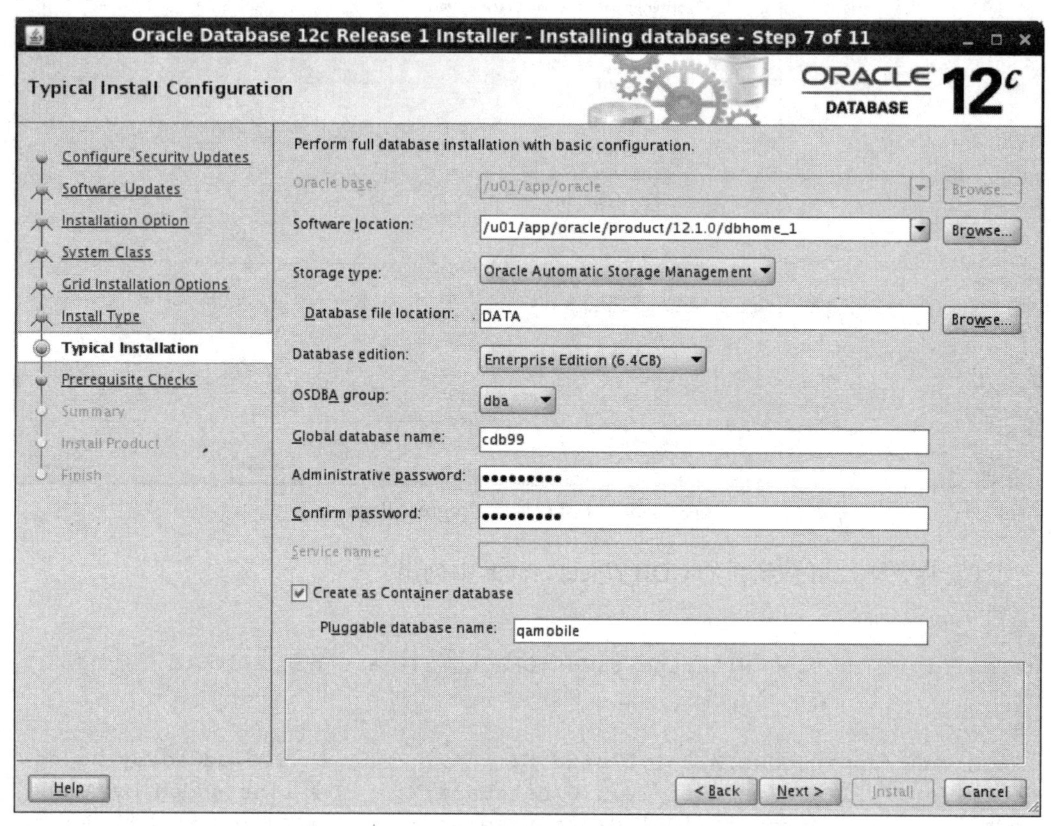

图 11-6 使用 OUI 来安装 Oracle Database 软件和容器数据库

11.2.3 理解新增的后续数据字典视图

本章前面简要介绍了多租户环境中可用的新数据字典视图。记住，从本地观点的角度看，非 CDB 和 PDB 没有区别。本地用户仍查看与容器相关的动态性能视图和数据字典视图，但会基于数据库用户的权限和范围来过滤返回的行。

例如，拥有 DBA 权限(特别是 SELECT ANY DICTIONARY 系统权限)的公共用户可以看到 CDB 中的所有 PDB：

```
[oracle@oel63 ~]$ sqlplus c##rjb/rjb@oel63/cdb01
SQL*Plus: Release 12.1.0.1.0 Production on Tue May 27 23:46:10 2014
```

```
Copyright (c) 1982, 2013, Oracle.  All rights reserved.
Last Successful login time: Tue May 27 2014 23:15:45 -05:00
Connected to:
Oracle Database 12c Enterprise Edition Release 12.1.0.1.0 - 64bit Production
With the Partitioning, Automatic Storage Management, OLAP, Advanced Analytics
and Real Application Testing options
SQL> select pdb_id,pdb_name from cdb_pdbs;

    PDB_ID PDB_NAME
---------- -------------------------
         3 QATEST1
         2 PDB$SEED
         4 QATEST2

SQL>
```

一个无权限公共用户甚至看不到该数据字典视图：

```
SQL> connect c##klh
Enter password:
Connected.
SQL> select pdb_id,pdb_name from cdb_pdbs;
select pdb_id,pdb_name from cdb_pdbs
                            *
ERROR at line 1:
ORA-00942: table or view does not exist

SQL>
```

拥有DBA权限的本地用户可看到诸如CDB_PDBS的数据字典视图，但看不到任何PDB：

```
[oracle@oel63 ~]$ sqlplus rjb/rjb@oel63/qatest1

SQL*Plus: Release 12.1.0.1.0 Production on Tue May 27 23:53:19 2014

Copyright (c) 1982, 2013, Oracle.  All rights reserved.

Last Successful login time: Tue May 27 2014 23:37:44 -05:00

Connected to:
Oracle Database 12c Enterprise Edition Release 12.1.0.1.0 - 64bit Production
With the Partitioning, Automatic Storage Management, OLAP, Advanced Analytics
and Real Application Testing options

SQL> select pdb_id,pdb_name from cdb_pdbs;

no rows selected

SQL>
```

在以前的 Oracle Database 中，USER_视图显示访问视图的用户拥有的对象，ALL_视图显示访问视图的用户可使用的对象；DBA_视图显示数据库中的所有对象，可供拥有 SELECT ANY

DICTIONARY 系统权限(通常通过 DBA 角色授予)的用户访问。无论数据库是非 CDB、CDB 还是 PDB，DBA_视图都显示视图访问位置相关的对象。例如，在 PDB 中，DBA_TABLESPACES 视图显示仅存在于相应 PDB 中的表空间。

如果在根容器中，DBA_USERS 将仅显示公共用户，因为根容器中只存在公共用户。在 PDB 中，DBA_USERS 显示公共用户和本地用户。

对于 Oracle Database 12*c* 中创建的数据库，CDB_数据字典视图显示所有 PDB 的对象信息，所有 CDB_视图甚至存在于非 CDB 中。对于本地用户和非 CDB，CDB_视图显示与对等的 DBA_视图相同的信息：即使本地用户拥有 DBA 角色，可见性也不会越过 PDB 或非 CDB。下面列出一些 CDB_数据字典视图，其中包括新的数据字典视图 CDB_PDBS：

- CDB_PDBS　CDB 中的所有 PDB
- CDB_TABLESPACES　CDB 中的所有表空间
- CDB_DATA_FILES　CDB 中的所有数据文件
- CDB_USERS　CDB 中的所有用户(公共和本地)

图 11-7 显示多租户环境中数据字典视图的层次结构。在 CDB_视图级别，表结构的主要区别在于新列 CON_ID，该列是拥有对象的容器 ID。根容器和种子容器也是容器，都有自己的 CON_ID。

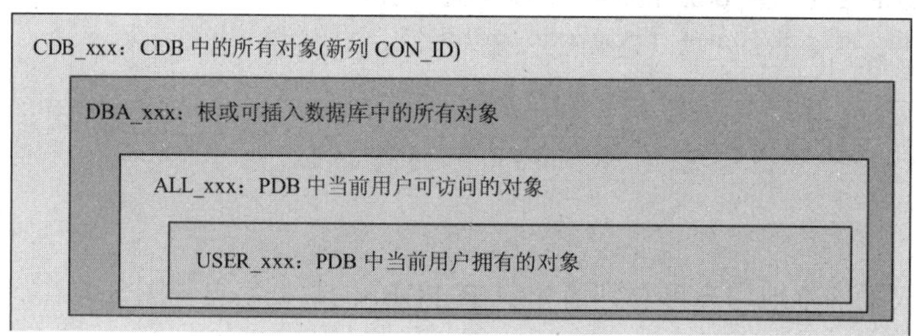

图 11-7　多租户数据字典视图层次结构

注意，即使对于公共用户(用户名以 C##作为前缀)，也仅在拥有 SELECT ANY DICTIONARY 系统权限或拥有通过角色(如 DBA)授予的该权限时才能访问 CDB_视图。

11.2.4　创建 PDB

一旦创建了容器数据库，无论在创建 CDB 时是否创建了新的 PDB，都可以添加新的 PDB。有四种方法来创建 PDB：克隆种子 PDB、克隆现有 PDB、插入以前拔下的 PDB 或插入非 CDB。

1. 使用 PDB$SEED 新建 PDB

每个容器数据库都有一个只读种子数据库容器 PDB$SEED，该容器用于快速创建新的可插入数据库。从 PDB$SEED 创建新的 PDB 时，无论你使用 SQL*Plus、SQL Developer 还是 Enterprise Manager Cloud Control 12*c*，都会执行以下操作。通过手工方式或 DBCA，使用 CREATE PLUGGABLE DATABASE 语句执行每个步骤：

- 将 PDB$SEED 中的数据文件复制到新的 PDB
- 创建 SYSTEM 和 SYSAUX 表空间的本地版本
- 初始化本地元数据目录(包含指向根容器中公共只读对象的指针)

- 创建公共用户 SYS 和 SYSTEM
- 创建本地用户并授予其本地 PDB_DBA 角色
- 为 PDB 创建新的默认服务，并注册到侦听器

这些步骤中的数据创建和移动量都不大，因此 PDB 创建起来速度很快。

2. 克隆 PDB 来创建新的 PDB

如果需要一个与现有数据库类似的新数据库，可克隆 CDB 中的现有数据库。除了 PDB 名和 DBID 之外，新的 PDB 与源数据库完全相同。在本例中，将使用 SQL Developer 的 DBA 特性来克隆 PDB。不必考虑底层细节；在执行每个步骤的过程中，你可以看到 SQL Developer 用于创建克隆的 DDL 语句。

克隆现有的 PDB 之前，必须将其关闭，然后在 READ ONLY 模式下重新打开：

```
SQL> alter pluggable database qa_2014 close;

Pluggable database altered.
SQL> alter pluggable database qa_2014 open read only;

Pluggable database altered.

SQL>
```

可浏览 DBA 连接，找到容器数据库 CDB01 及其 PDB。右击 QA_2014 PDB，选择 Clone Pluggable Database，如图 11-8 所示。

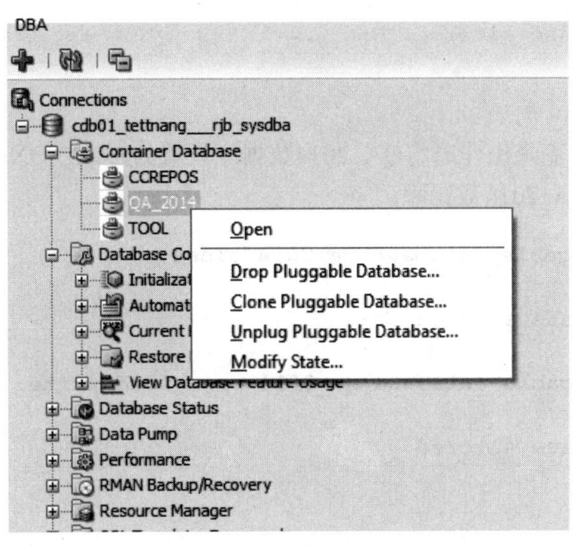

图 11-8　选择在 SQL Developer 中克隆的数据库

如图 11-9 所示，在打开的对话框中，将数据库名改为 QA_2015。会为 QA_2015 保留 QA_2014 的其他所有特性和选项。

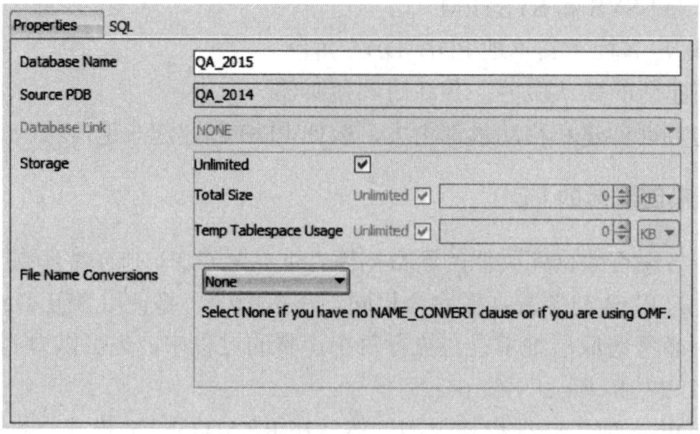

图 11-9 指定 PDB 克隆特征

SQL 选项卡显示 SQL Developer 为克隆数据库将要运行命令：

```
CREATE PLUGGABLE DATABASE QA_2015 FROM QA_2014
 STORAGE UNLIMITED
 FILE_NAME_CONVERT=NONE;
```

单击Apply按钮后，克隆操作继续创建新的PDB。与使用SQL*Plus方法创建新的PDB一样，必须以READ WRITE方式打开新的PDB：

```
SQL> alter pluggable database qa_2015 open read write;

Pluggable database altered.

SQL>
```

最后，考虑到执行克隆操作时将QA_2014数据库设置为READ ONLY，因此需要以READ WRITE方式再次打开QA_2014数据库。

```
SQL> alter pluggable database qa_2014 close;

Pluggable database altered.

SQL> alter pluggable database qa_2014 open read write;

Pluggable database altered.

SQL>
```

3. 将非 CDB 插入 CDB

你可能有一个独立(非 CDB) Oracle 12*c* 数据库，并想将其整合到现有 CDB 中。如果是早于 12*c* 的数据库，则必须首先升级到 12*c* 数据库，或使用备用方法移动相应数据库。对于一个现有的非 CDB 12*c* 数据库，做法很简单，只需要使用 PL/SQL 过程 DBMS_PDB.DESCRIBE。

使用 DBMS_PDB.DESCRIBE，可快速将非 CDB 的元数据导出到 XML OS 文件。在 tettnang

服务器上有三个实例：ASM、CDB01 和 RPTQA12C。

```
[oracle@tettnang ~]$ cat /etc/oratab
. . .
#
+ASM:/u01/app/oracle/product/12.1.0/grid:N:
cdb01:/u01/app/oracle/product/12.1.0/dbhome_1:N:
rptqa12c:/u01/app/oracle/product/12.1.0/dbhome_1:N:
```

下面分析如何导出 RPTQA12C 数据库的元数据。连接到目标数据库(该数据库将被同化到 CDB01 中)，将其状态改为 READ ONLY，然后运行以下过程：

```
SQL> startup mount
ORACLE instance started.

Total System Global Area 2622255104 bytes
Fixed Size                  2685024 bytes
Variable Size            1644169120 bytes
Database Buffers          956301312 bytes
Redo Buffers               19099648 bytes
Database mounted.
SQL> alter database open read only;

Database altered.

SQL> exec dbms_pdb.describe('/tmp/rptqa12c.xml');

PL/SQL procedure successfully completed.

SQL>
```

XML 代码如下所示：

```
<?xml version="1.0" encoding="UTF-8"?>
<PDB>
  <pdbname>rptqa12c</pdbname>
  <cid>0</cid>
  <byteorder>1</byteorder>
  <vsn>202375168</vsn>
  <dbid>1288637549</dbid>
  <cdbid>1288637549</cdbid>
  <guid>F754FCD8744A55AAE043E3A0080A3B17</guid>
  <uscnbas>3905844</uscnbas>
  <uscnwrp>0</uscnwrp>
  <rdba>4194824</rdba>
  <tablespace>
    <name>SYSTEM</name>
    <type>0</type>
    <tsn>0</tsn>
    <status>1</status>
    <issft>0</issft>
    <file>
```

```
      <path>+DATA/RPTQA12C/DATAFILE/system.261.845207525</path>
 . . .
    </options>
    <olsoid>0</olsoid>
    <dv>0</dv>
    <ncdb2pdb>1</ncdb2pdb>
    <APEX>4.2.0.00.27:1</APEX>
    <parameters>
      <parameter>processes=300</parameter>
      <parameter>shared_pool_size=805306368</parameter>
      <parameter>sga_target=2634022912</parameter>
      <parameter>db_block_size=8192</parameter>
      <parameter>compatible=12.1.0.0.0</parameter>
      <parameter>shared_servers=0</parameter>
      <parameter>open_cursors=300</parameter>
      <parameter>star_transformation_enabled=TRUE</parameter>
      <parameter>pga_aggregate_target=524288000</parameter>
    </parameters>
    <tzvers>
      <tzver>primary version:18</tzver>
      <tzver>secondary version:0</tzver>
    </tzvers>
    <walletkey>0</walletkey>
  </optional>
</PDB>
```

接下来，连接到容器数据库 CDB01，并导入 RPTQA12C 的 XML：

```
[oracle@tettnang ~]$ . oraenv
ORACLE_SID = [rptqa12c] ? cdb01
The Oracle base remains unchanged with value /u01/app/oracle
[oracle@tettnang ~]$ sqlplus / as sysdba

SQL*Plus: Release 12.1.0.1.0 Production on Wed May 28 12:40:34 2014

Copyright (c) 1982, 2013, Oracle.  All rights reserved.


Connected to:
Oracle Database 12c Enterprise Edition Release 12.1.0.1.0 - 64bit Production
With the Partitioning, Automatic Storage Management, OLAP, Advanced Analytics
and Real Application Testing options

SQL> create pluggable database rptqa12c using '/tmp/rptqa12c.xml';

Pluggable database created.

SQL>
```

如果非 CDB 数据库的数据文件与目标 CDB 位于同一 ASM 磁盘组中，插入操作仅需一两分钟即可完成。在使用已插入的数据库之前，需要完成一些最终的清理和配置工作。脚本 noncdb_to_pdb.sql 清理多租户环境中的多余元数据。另外，就像在克隆操作中那样，必须打开新插入的数据库：

```
SQL> alter session set container=rptqa12c;
SQL> @$ORACLE_HOME/rdbms/admin/noncdb_to_pdb.sql
. . .
      IF (sqlcode <> -900) THEN
        RAISE;
      END IF;
    END;
  END;
  /

PL/SQL procedure successfully completed.

SQL>
SQL> WHENEVER SQLERROR CONTINUE;
SQL> alter pluggable database rptqa12c open read write;

Pluggable database altered.

SQL>
```

4. 将拔下的 PDB 插入 CDB

在任何给定时间，都可能有几个拔下的数据库。通常都处于将一个 PDB 从一个容器迁移到同一服务器或不同服务器上另一个容器的过程。无论哪种情况，未插入的数据库都不能在 CDB 之外打开，因此可能要将拔下的数据库(PDB)插回 CDB。在本例中，PDB CCREPOS 当前被拔下，且其 XML 文件位于服务器的/tmp/ccrepos.xml 中。与大多数多租户操作一样，将一个当前拔下的 PDB 插入 CDB 的步骤十分简单，很快就能完成。只需要运行一条命令将其插入，运行另一条命令将其打开。如下所示，使用 ALTER PLUGGABLE DATABASE 权限作为公共用户连接(使用 OS 身份验证，以 SYSDBA 身份连接到 CDB01 效果最好)：

```
SQL> create pluggable database ccrepos using '/tmp/ccrepos.xml' nocopy;

Pluggable database created.

SQL> alter pluggable database ccrepos open read write;

Pluggable database altered.

SQL>
```

注意，必须从 CDB 删除 PDB(而非只是拔下)，之后才能将其插回。如果 PDB 的数据文件已经位于正确位置，使用 NOCOPY 选项可以节省时间。

11.2.5　拔下和删除 PDB

因为 PDB 本质上是高度可移植的，你可能将其移到同一服务器或另一服务器上的另一个 CDB 中。可将其拔下，使用户无法使用它(防止公共用户不经意间将其打开)。你可能还要拔下它，将它完全删除。可采用几种不同方法来拔下和删除 PDB。

1. 用不同方法拔下 PDB

可使用 SQL*Plus 或 SQL Developer 拔下 PDB。两种方法都很便捷。可根据舒适度和当时正好打开的工具，来确定使用其中的哪一个。

使用 SQL*Plus 拔下 PDB 从一个 CDB 中拔下 PDB 时，用户将无法使用该 PDB，但其状态仍为 UNPLUGGED。要从 CDB 中删除 PDB，参见下一节“删除 PDB”。在拔下一个 PDB 之前，必须首先关闭它，如下所示。当拔下时，为 PDB 的元数据指定 XML 文件的位置。元数据将确保 PDB 在以后仍是可插入的，可供插入同一 CDB 或另一个 CDB。

```
SQL> alter pluggable database ccrepos close;

Pluggable database altered.

SQL> alter pluggable database ccrepos unplug into '/tmp/ccrepos.xml';

Pluggable database altered.

SQL>
```

使用 SQL Developer 拔下 PDB 与使用 SQL*Plus 相比，使用 SQL Developer 拔下 PDB 更简单。在 DBA 窗口的 CDB 连接中，扩展 Container Database 分支，右击要拔下的 PDB。从上下文菜单中选择 Unplug Pluggable Database，如图 11-10 所示。

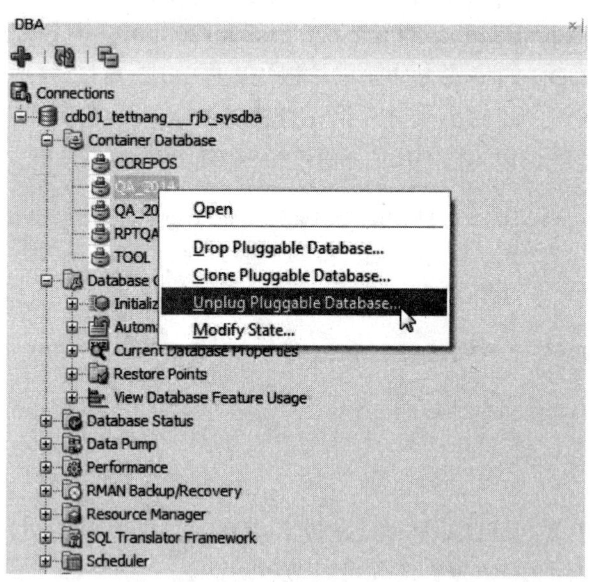

图 11-10 从 SQL Developer 拔下 PDB

在 Unplug 对话框中，可指定包含 PDB 元数据的 XML 文件的名称和位置，如图 11-11 所示。

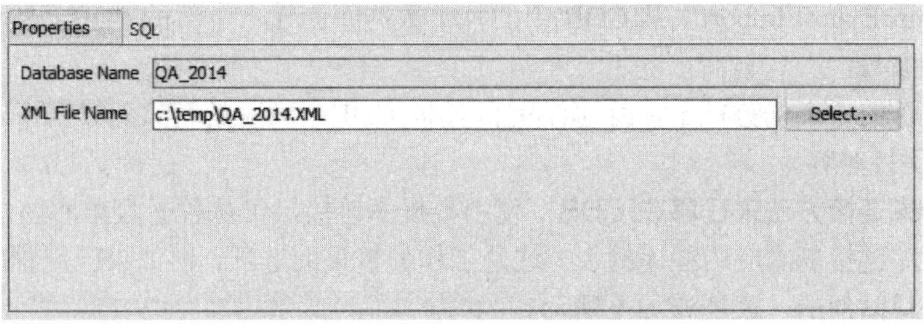

图 11-11　为拔下的 PDB 指定 XML 文件位置

2. 删除 PDB

与大多数 CDB 和 PDB 操作一样，可使用 SQL*Plus 和 SQL Developer 来删除 PDB。另外，可使用 DBCA 和 Enterprise Manager Cloud Control 12*c* 来删除 PDB。删除一个 PDB 时，将从 CDB 的控制文件删除对该 PDB 的所有引用。默认情况下，会保留数据文件，因此，如果以前曾拔下一个 PDB，可使用 XML 文件，将该 PDB 插回同一个 CDB 或另一个 CDB。在本例中，将删除 QA_2014 PDB 及其数据文件。虽然仍有 XML 元数据，但无法再将其插入另一数据库中。

```
SQL> alter pluggable database qa_2014 close;

Pluggable database altered.

SQL> drop pluggable database qa_2014 including datafiles;

Pluggable database dropped.

SQL>
```

如果拥有 QA_2014 PDB 的 RMAN 备份，可从那里将其还原。否则，如果想要删除 QA_2014 所有剩余的踪迹，则需要使用 RMAN 手工删除 QA_2014 的备份。

注意：
无法拔下、打开或删除种子数据库 PDB$SEED。

3. 将 12.1 版本前的非 CDB 数据库迁移到 CDB

将 Oracle Database 12*c* 非 CDB 转换到 PDB 是一个快捷的过程，但如果数据库是旧版本，如 11*g* 甚至 10*g* 会怎样？你有几个选项，可根据是否要在一段时间内保持源数据库完整性来从中选择。

使用升级方法来迁移非 CDB　如果应用程序不依赖于数据库版本或对数据库版本不敏感(此时应该已经得到验证)，那么最彻底的方式是将非 CDB 升级到 12*c* (12.1.0.1 或更新版本)，然后使用本章前面介绍的方法插入 CDB。该方法最大的优势在于不需要像其他两种方法那样，为迁移分配额外空间。

使用 Data Pump 方法迁移非 CDB　要使用 Data Pump 方法，就像在非 CDB 环境中那样使用 Data Pump Export/Import。从 CDB 中的种子数据库创建一个新的 PDB，然后对照现有数据库调整初始参数。

使用该方法的一个优势在于可就地保留当前非 CDB，确保在删除源数据库之前与 Oracle Database 12*c* 保持兼容。

使用数据库链接方法来迁移非 CDB 使用数据库链接，可从种子数据库创建新的 PDB，然后使用数据库链接复制应用程序的表。这是工作最繁重的选项，但如果应用程序中表的数量少，却可能是最简便的。表迁移如下所示：

```
SQL> insert into hr.employee_hist select * from employee_hist@HR11gDB;
```

11.3 管理 CDB 和 PDB

就像连接到非 CDB 一样连接到 PDB 或 CDB。可通过 OS 身份验证和公共用户 SYS 连接到 CDB。否则，你将使用服务名连接到 CDB 或 CDB 中的一个 PDB。使用 EasyConnect 字符串或 tnsnames.ora 项引用服务名。无论使用 SQL*Plus 或 SQL Developer，该方法都是相同的。

默认情况下，为每个新的、克隆的或插入的 PDB 创建服务名。如果在你的环境中这仍不足，将使用 DBMS_SERVICE 包为 PDB 创建其他服务。

11.3.1 理解 CDB 和 PDB 服务名

在非 CDB 环境中，数据库实例与至少一个服务(由至少一个侦听器来管理)关联。一个侦听器可管理非 CDB 和 PDB 服务的组合。数据库服务器 oel63 有两个数据库：DBAHANDBOOK 和 CDB01。如你所猜想的，数据库 CDB01 是多租户数据库，DBAHANDBOOK 是非 CDB，但它们都是 Oracle Database 12*c*，由单个称为 LISTENER 的侦听器来管理：

```
[oracle@oel63 ~]$ lsnrctl status

LSNRCTL for Linux: Version 12.1.0.1.0 - Production on 02-JUL-2014 22:47:35

Copyright (c) 1991, 2013, Oracle.  All rights reserved.
. . .
Services Summary...
Service "+ASM" has 1 instance(s).
  Instance "+ASM", status READY, has 1 handler(s) for this service...
Service "cdb01" has 1 instance(s).
  Instance "cdb01", status READY, has 1 handler(s) for this service...
Service "cdb01XDB" has 1 instance(s).
  Instance "cdb01", status READY, has 1 handler(s) for this service...
Service "dbahandbook" has 1 instance(s).
  Instance "dbahandbook", status READY, has 1 handler(s) for this service...
Service "dbahandbookXDB" has 1 instance(s).
  Instance "dbahandbook", status READY, has 1 handler(s) for this service...
Service "dw17" has 1 instance(s).
  Instance "cdb01", status READY, has 1 handler(s) for this service...
Service "qatest1" has 1 instance(s).
  Instance "cdb01", status READY, has 1 handler(s) for this service...
```

```
The command completed successfully
[oracle@oel63 ~]$
```

容器数据库 CDB01 有两个 PDB，即 DW17 和 QATEST1，同一侦听器管理这两个 PDB 的连接。

CDB 中的每个容器都有各自的服务名。CDB 本身有默认的服务名，这与容器名加上域(如果有)相同。对于创建或克隆的每个 PDB，除非另行指定，将由默认侦听器来创建和管理新服务。如你所料，该规则的唯一例外是种子数据库(PDB$SEED)。由于它是只读的，仅用于创建新的 PDB，因此没理由为其创建服务和连接。

除了使用服务名来连接到 CDB 或其中的 PDB，可使用 OS 身份验证，就像非 CDB 那样作为 SYSDBA 连接。你将作为 SYS 用户来连接，SYS 是一个公共用户，拥有权限来维护 CDB 中的所有 PDB。

PDB 是透明的，对于无权限用户而言看似非 CDB，可将透明性进一步扩展到使用 tnsnames.ora 中的条目或使用 Oracle EasyConnect 进行连接。回顾一下，EasyConnect 连接字符串的格式如下：

```
<username>/<password>@<hostname>:<port_number>/<service_name>
```

因此，要连接到服务器 oel63 上名为 DW17 的 PDB(位于名为 CDB01 的 CDB)中的用户 RJB，在启动 SQL*Plus 时可使用如下代码：

```
[oracle@oel63 ~]$ sqlplus rjb/rjb@oel63:1521/dw17

SQL*Plus: Release 12.1.0.1.0 Production on Thu Jul 3 21:56:44 2014

Copyright (c) 1982, 2013, Oracle.  All rights reserved.


Connected to:
Oracle Database 12c Enterprise Edition Release 12.1.0.1.0 - 64bit Production
With the Partitioning, Automatic Storage Management, OLAP, Advanced Analytics
and Real Application Testing options

SQL>
```

注意，不需要引用 CDB01。PDB 的服务名遮盖了存在的 CDB 及其中的其他任何 PDB。

11.3.2　使用 SQL Developer 连接到 CDB 或 PDB

可以方便地使用 SQL Developer 连接到根容器或容器中的任意 PDB。使用公共或本地用户名、服务器名、端口和服务名。换句话说，使用 EasyConnect 格式。图 11-12 显示了几个到 CDB01 的连接以及到非 CDB 的连接。

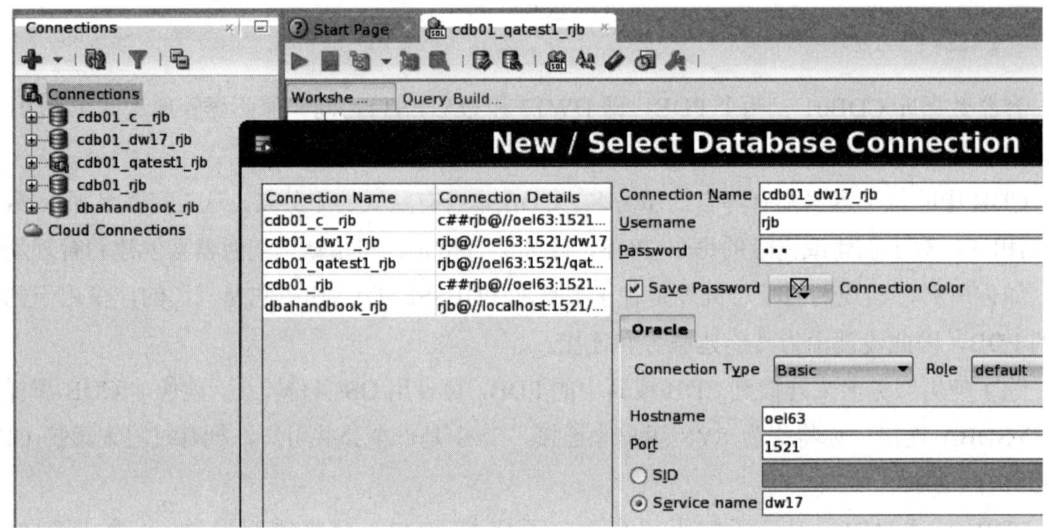

图 11-12 在 SQL Developer 中连接到 CDB 和 PDB

11.3.3 为 CDB 或 PDB 创建服务

如果正在使用独立服务器环境(使用 Oracle Restart)或群集环境(使用 Oracle Clusterware)，你将自动获得使用新的或克隆的 PDB 或非 CDB(数据库实例)创建的新服务。如果需要针对 PDB 的附加服务，可使用如下的 srvctl 命令：

```
[oracle@oel63 ~]$ srvctl add service -db cdb01 -service dwsvc2 -pdb dw17
[oracle@oel63 ~]$ srvctl start service -db cdb01 -service dwsvc2
[oracle@oel63 ~]$ lsnrctl status
. . .
Service "dwsvc2" has 1 instance(s).
  Instance "cdb01", status READY, has 1 handler(s) for this service...
. . .
[oracle@oel63 ~]$
```

在非Oracle Restart或非群集环境中，可使用DBMS_SERVICE包来创建和启动服务。要像上例那样，使用srvctl(而非使用DBMS_SERVICE)创建同样的新服务，可执行如下语句：

```
SQL> begin
  2     dbms_service.create_service(
  3        service_name => 'dwsvc2',
  4        network_name => 'dwsvcnew');
  5     dbms_service.start_service(service_name => 'dwsvc2');
  6  end;
  7  /

PL/SQL procedure successfully completed.

SQL>
```

注意本例中 DBMS_SERVICE 的细微区别：实际服务名仍为 dwsvc2，但向最终用户公开的服务名是 dwsvcnew，并将用于连接字符串供客户端访问该服务。

11.3.4　在 CDB 中切换连接

从前几章的例子中可以推出，如果你是公共用户(使用 SET CONTAINE 系统权限)或在每个容器中拥有本地用户(你使用服务名连接)，则可在会话中切换容器。

```
[oracle@oel63 ~]$ sqlplus / as sysdba

SQL*Plus: Release 12.1.0.1.0 Production on Sat Jul 5 22:09:41 2014

Copyright (c) 1982, 2013, Oracle.  All rights reserved.


Connected to:
Oracle Database 12c Enterprise Edition Release 12.1.0.1.0 - 64bit Production
With the Partitioning, Automatic Storage Management, OLAP, Advanced Analytics
and Real Application Testing options

SQL> show con_name

CON_NAME
------------------------------
CDB$ROOT
SQL> alter session set container=qatest1;

Session altered.

SQL> show con_name

CON_NAME
------------------------------
QATEST1
SQL> connect rjb/rjb@oel63/dw17
Connected.
SQL> show con_name

CON_NAME
------------------------------
DW17
SQL>
```

在第一个 PDB 中有一个挂起的事务，切换到另一个 PDB，再切换回第一个 PDB，此时，你仍可以选择对挂起的事务执行 COMMIT 或 ROLLBACK 操作。

注意：

在切换容器时，拥有 SET CONTAINER 系统权限的公共用户或使用 CONNECT local_user@PDB_NAME 切换容器的本地用户不会自动提交挂起的事务。

11.3.5　启动和关闭 CDB 及 PDB

对于启动和关闭非CDB的Oracle DBA来说，启动和关闭CDB以及打开和关闭PDB看起来都很熟悉。经常被忽视的一个要点是CDB终究是单个数据库实例，每个PDB共享CDB实例的资源。这是符合预期的，因为使用每个表的CON_ID列(在根容器和每个PDB之间共享)从逻辑上将每个PDB与其他PDB分开。这种逻辑分区也扩展到用户账户和安全领域；因此，在非公共用户看来，PDB拥有自己的专用实例。

注意：
在群集(RAC)环境中，CDB 在群集的每个节点上拥有一个实例。

由于 CDB 是一个数据库实例，当关闭一个 CDB 时，将关闭或断开在 CDB 中运行的所有程序。这意味着，在启动和显式打开 CDB(由 DBA 手动打开或通过触发器打开)前，PDB 对于用户而言是关闭的；同样，在 CDB 实例关闭时会关闭 PDB。

下面将介绍如何启动和关闭 CDB 及 PDB，以及如何自动完成该过程。将分析如何更改特定于 PDB 的参数，以及如何创建数据库对象的 PDB 特定版本；如果默认全局临时表空间无法满足 PDB 应用程序的需要，临时表空间就是此类数据库对象的例子。

1. 启动 CDB 实例

CDB 实例基本上与传统的非 CDB 实例类似。图 11-13 显示了多租户环境中 CDB 和 PDB 的五种可能状态。

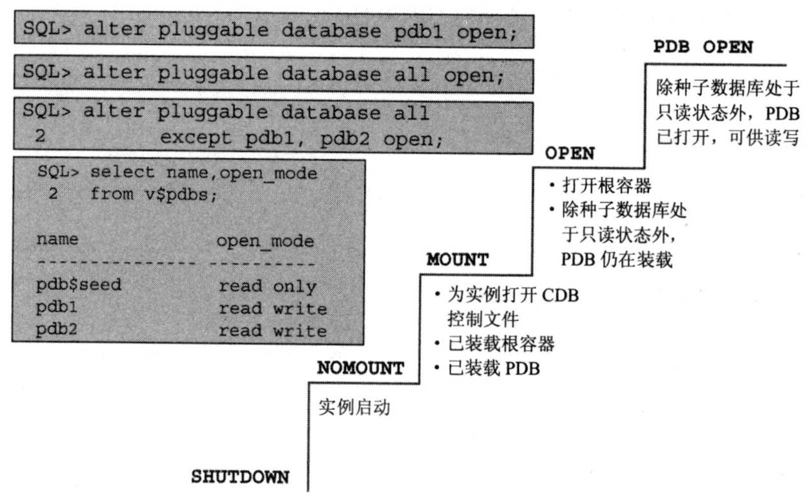

图 11-13 CDB 和 PDB 状态

从关闭状态(SHUTDOWN)开始，可执行 STARTUP NOMOUNT(使用 OS 身份验证方式，以 AS SYSDBA 身份连接)来启动 CDB 实例，方法如下：打开 SPFILE，创建进程和内存结构，但不打开控制文件：

```
SQL> startup nomount
ORACLE instance started.

Total System Global Area 2622255104 bytes
Fixed Size            2291808 bytes
Variable Size            1140852640 bytes
Database Buffers      1459617792 bytes
```

```
Redo Buffers              19492864 bytes
SQL> select con_id,name,open_mode from v$pdbs;

no rows selected

SQL>
```

在启动过程的这一阶段，实例尚不了解 CDB 中有关 PDB 的信息。如果需要为 CDB 实例重新创建或还原一个丢失的控制文件，通常执行 STARTUP NOMOUNT。

如图 11-13 所示，将 CDB 移到 MOUNT 状态时，将执行很多操作。CDB 的控制文件将向实例开放，CDB$ROOT 和所有 PDB 改为 MOUNT 状态。

```
SQL> alter database mount;

Database altered.

SQL> select con_id,name,open_mode from v$pdbs;

    CON_ID NAME                           OPEN_MODE
---------- ------------------------------ ----------
         2 PDB$SEED                       MOUNTED
         3 QATEST1                        MOUNTED
         5 DW17                           MOUNTED

SQL>
```

如果需要任何数据文件操作(例如还原和恢复)，特别是 PDB 的 SYSTEM 表空间需要这些操作，可在此时予以执行。

要使用根容器打开 PDB，最后一步是将 CDB 的状态改为 OPEN。CDB$ROOT 处于 OPEN 状态后，便可执行读写操作。仍装载 PDB，种子数据库 PDB$SEED 装载为 READ ONLY：

```
SQL> alter database cdb01 open;

Database altered.

SQL> select con_id,name,open_mode from v$pdbs;

    CON_ID NAME            OPEN_MODE
---------- --------------- ----------
        2  PDB$SEED        READ ONLY
        3  QATEST1         MOUNTED
        5  DW17            READ WRITE

SQL>
```

由于此处为本章前面提到的名为 DW17 的 PDB 创建了第二个服务，并在该环境中安装了 Oracle Restart，DW17 将在 READ WRITE 模式中自动打开。种子数据库 PDB$SEED 始终以 READ ONLY 模式打开。

打开 CDB 后(换句话说，根容器的数据文件、全局临时表空间和联机重做日志文件可供使用)，PDB 已经装载，但尚未打开供用户使用。除非使用触发器或通过 Oracle Restart 打开 PDB，它就仍处于 MOUNTED 状态。

此时，CDB 实例的行为与非 CDB 实例类似。下一节将介绍如何打开和关闭各个 PDB。

2. 打开和关闭 PDB

打开 CDB 的根容器(CDB$ROOT)后，可在 CDB 中的各个 PDB 上执行所有必需的操作，包括克隆 PDB、从种子数据库创建新的 PDB、拔下 PDB、插入以前拔下的 PDB 以及其他操作。记住，打开 CDB$ROOT 时，种子容器 PDB$SEED 始终处于打开状态，不过是处于 READ ONLY 的 OPEN_MODE。

在打开或关闭 PDB 时，可使用多个选项。以 SYSDBA 或 SYSOPER 身份连接时，可使用 ALTER PLUGGABLE DATABASE；如果在某个 PDB 中以 SYSDBA 身份连接，则可使用同一命令，而且不必指定 PDB 名。另外，可酌情使用 ALL 或 EXCEPT ALL 选项，打开或关闭一个或多个 PDB。

使用 ALTER PLUGGABLE DATABASE 命令 通过指定 PDB 名，可从任意容器打开或关闭相应的 PDB。另外，可将会话上下文改为特定 PDB，并在相应的 PDB 上执行多个操作，而不必限定，如下面的示例所示。

无论当前容器是哪一个，都可以通过显式指定 PDB 名来打开和关闭任意 PDB：

```
SQL> select con_id,name,open_mode from v$pdbs;

    CON_ID NAME                           OPEN_MODE
---------- ------------------------------ ----------
         2 PDB$SEED                       READ ONLY
         3 QATEST1                        MOUNTED
         5 DW17                           READ WRITE

SQL> alter pluggable database dw17 close;

Pluggable database altered.

SQL> alter pluggable database dw17 open read only;

Pluggable database altered.

SQL> alter pluggable database qatest1 open;

Pluggable database altered.

SQL>
```

另外，可在会话级别设置默认PDB名。

```
SQL> alter session set container=dw17;

Session altered.

SQL> alter pluggable database close;

Pluggable database altered.
```

```
SQL> alter pluggable database open read write;

Pluggable database altered.

SQL>
```

要重新将根容器设置为默认容器，在 ALTER SESSION 命令中使用 CONTAINER=CDB$ROOT。

酌情打开或关闭 PDB　即使在 CDB 中，将 PDB 配置为使用触发器自动打开，但如果 CDB 中有数十个 PDB，你想打开所有 PDB，但有一个 PDB 例外，该怎么做？可使用 ALL EXCEPT，在一条命令中完成该操作：

```
SQL> select con_id,name,open_mode from v$pdbs;

    CON_ID NAME                           OPEN_MODE
---------- ------------------------------ ----------
         2 PDB$SEED                       READ ONLY
         3 QATEST1                        MOUNTED
         4 DEV2015                        MOUNTED
         5 DW17                           MOUNTED

SQL> alter pluggable database all except qatest1 open;

Pluggable database altered.

SQL> select con_id,name,open_mode from v$pdbs;

    CON_ID NAME                           OPEN_MODE
---------- ------------------------------ ----------
         2 PDB$SEED                       READ ONLY
         3 QATEST1                        MOUNTED
         4 DEV2015                        READ WRITE
         5 DW17                           READ WRITE

SQL>
```

如果要一次性关闭所有 PDB，使用 ALL 即可：

```
SQL> alter pluggable database all close;

Pluggable database altered.

SQL> select con_id,name,open_mode from v$pdbs;

    CON_ID NAME                           OPEN_MODE
---------- ------------------------------ ----------
         2 PDB$SEED                       READ ONLY
         3 QATEST1                        MOUNTED
         4 DEV2015                        MOUNTED
         5 DW17                           MOUNTED

SQL>
```

打开或关闭所有 PDB 时，根容器仍处于当前状态；如前所述，种子容器 PDB$SEED 始终处于 READ ONLY 状态，仅当 CDB 处于 MOUNT 状态时，才会处于 MOUNT 状态。

注意：

对于特定 PDB，可使用 SHUTDOWN 或 SHUTDOWN IMMEDIATE。对于 CDB 实例或非 CDB 实例而言，不存在可用于 PDB 的对等 TRANSACTIONAL 或 ABORT 选项。

当关闭一个或多个 PDB 时，可添加 IMMEDIATE 关键字来回滚 PDB 中所有挂起的事务。如果未使用 IMMEDIATE，就像在非 CDB 数据库实例中一样，只有提交或回滚了所有挂起的事务，而且用户断开了所有用户会话之后，才会关闭 PDB。如果会话上下文处于特定的 PDB 中，也可以用 SHUTDOWN IMMEDIATE 语句来关闭该 PDB，但注意这不影响其他任何 PDB，根容器的实例仍会运行。

关闭 CDB 实例 连接到根容器时，就像关闭一个非 CDB 数据库实例一样，可使用一条命令来关闭 CDB 实例以及所有 PDB：

```
SQL> shutdown immediate
Database closed.
Database dismounted.
ORACLE instance shut down.
SQL>
```

指定 IMMEDIATE 时，CDB 实例不等待挂起事务的 COMMIT 或 ROLLBACK 操作，也不等待与任意 PDB 的所有用户会话断开连接。使用 TRANSACTIONAL 时，会等待所有挂起事务完成，然后断开与所有会话的连接，再终止实例。

如上一节所述，可使用相同命令来关闭特定的 PDB，此时，仅关闭该 PDB 的数据文件，在再次打开前，其服务不再接受连接请求。

自动启动 PDB 对于多租户环境而言，可在数据库事件触发器中使用新选项。其中一个触发器是持久的，另外两个是非持久的；稍后将解释原因。

默认情况下，启动一个CDB实例后，该CDB中的所有PDB都处于MOUNT模式。如果未使用其他方法(如Oracle Restart)自动打开PDB，可创建数据库触发器来启动一个PDB、一部分PDB乃至全部PDB。在容器数据库CDB01中，可插入数据库DW17通过Oracle Restart自动启动；对于DEV2015可插入数据库，你将创建一个触发器，当容器数据库打开时，将其状态改为OPEN READ WRITE，如下所示：

```
SQL> select con_id,name,open_mode from v$pdbs;

    CON_ID NAME                           OPEN_MODE
---------- ------------------------------ ----------
         2 PDB$SEED                       READ ONLY
         3 QATEST1                        MOUNTED
         4 DEV2015                        MOUNTED
         5 DW17                           READ WRITE

SQL> create trigger open_dev
  2    after startup on database
  3  begin
```

```
    execute immediate 'alter pluggable database dev2015 open';
end;
/

Trigger created.

SQL>
```

接下来，关闭并重新启动容器 CDB01，看一下发生了什么？

```
SQL> shutdown immediate
Database closed.
Database dismounted.
ORACLE instance shut down.
SQL> startup
ORACLE instance started.

Total System Global Area 2622255104 bytes
Fixed Size                  291808 bytes
Variable Size              1140852640 bytes
Database Buffers    1459617792 bytes
Redo Buffers                 19492864 bytes
Database mounted.
Database opened.
SQL> select con_id,name,open_mode from v$pdbs;

    CON_ID NAME                           OPEN_MODE
---------- ------------------------------ ----------
         2 PDB$SEED                       READ ONLY
         3 QATEST1                        MOUNTED
         4 DEV2015                        READ WRITE
         5 DW17                           READ WRITE

SQL>
```

AFTER STARTUP ON DATABASE 触发器会持久存在，除非你删除或禁用它。Oracle Database 12*c* 新增的两个数据库事件触发器 AFTER CLONE 和 BEFORE UNPLUG 更具动态特点。必须使用 ON PLUGGABLE DATABASE 指定这两个触发器，否则不会激活触发器，触发器无效。

在测试或开发环境中，可为经常需要克隆的 PDB 使用诸如 AFTER CLONE 的触发器。触发器本身存在于源 PDB 中，将持久存在，除非将其显式删除。但是，在克隆包含触发器的现有 PDB 来创建新的 PDB 时，可在克隆后，立即在克隆的 PDB 中执行一次性初始任务。完成这些任务后，会删除触发器，这样一来，如果再克隆已经克隆的数据库，将不再执行这些初始任务。

更改 PDB 状态　在非 CDB 环境中，常出于各种原因限制对数据库的访问，比如执行维护任务，或使其就绪以便执行可传输表空间或数据库操作。在 CDB 环境中，情况依然如此。本章前面介绍了如何以 READ ONLY 模式打开 PDB。就像在非 CDB 环境中一样，如果要限制用户(授予全局用户或本地用户 SYSDBA 权限)对任意 PDB 的访问，可使用 RESTRICTED 子句：

```
SQL> alter pluggable database qatest1 close;

Pluggable database altered.

SQL> alter pluggable database qatest1 open restricted;

Pluggable database altered.

SQL> select con_id,name,open_mode from v$pdbs;

    CON_ID NAME                           OPEN_MODE
---------- ------------------------------ ----------
         2 PDB$SEED                       READ ONLY
         3 QATEST1                        RESTRICTED
         4 DEV2015                        READ WRITE
         5 DW17                           READ WRITE

SQL>
```

要关闭 RESTRICTED 模式，可关闭 PDB，并在不使用 RESTRICTED 关键字的情况下重新打开 PDB。

对于 PDB(不需要以 RESTRICTED 模式重新启动 PDB)，可执行以下几项操作：

- 使 PDB 数据文件脱机，再使它们联机
- 更改 PDB 的默认表空间
- 更改 PDB 的默认临时表空间(本地表空间)
- 更改 PDB 的最大值

```
alter pluggable database storage (maxsize 50g);
```

- 更改 PDB 的名称

这些动态设置有助于尽量提高 PDB 的可用性，并允许更快地更改 PDB，因为你不必像在非 CDB 环境中那样关闭和重新启动数据库。

11.3.6 更改 CDB 中的参数

虽然应用程序开发人员或 PDB 的数据库用户看不到与非 CDB 相比 PDB 在操作方式上的任何差异，但全局和局部 DBA 需要认真考虑其中一些差异。一部分参数可在 PDB 级别进行更改，但大多数参数设置都是 PDB 从 CDB 那里继承的。此外，一些 ALTER SYSTEM 命令的表现稍有不同，具体取决于 DBA 运行时，该命令所在的上下文。

1. 理解参数更改的作用域

由于 CDB 是数据库实例，而 PDB 共享该实例，因此一些 CDB 参数(当然存储在 SPFILE 中)应用于 CDB 和所有 PDB，不能针对任何给定的 PDB 加以修改。通过查看 V$PARAMETER 的 ISPDB_MODIFIABLE 列，可识别可在 PDB 级别进行更改的参数。数据字典视图 PDB_SPFILE$显示了所有 PDB 上特定参数的非默认值：

```
SQL> select pdb_uid,name,value$
  2  from pdb_spfile$
```

```
  3 where name='star_transformation_enabled';

   PDB_UID NAME                                   VALUE$
---------- -------------------------------------- --------------------
2557165657 star_transformation_enabled            'FALSE'
3994587631 star_transformation_enabled            'TRUE'

SQL>
```

即使克隆或拔下了某个 PDB，本地设置仍保留在该 PDB 中。

2. 在多租户环境中使用 ALTER SYSTEM

在非 CDB 环境中使用的许多 ALTER SYSTEM 命令同样可在多租户环境中使用，但有一些例外，有一些需要注意之处。一些 ALTER SYSTEM 命令仅影响运行此类命令的 PDB 或 CDB。而一些 ALTER SYSTEM 命令只能在根容器中运行。

使用特定于 PDB 的 ALTER SYSTEM 命令 在 PDB 中(使用本地 DBA 或全局 DBA 身份，将 PDB 作为当前容器)，下面的 ALTER SYSTEM 命令影响特定 PDB 的对象、参数或会话，不影响其他任何 PDB 或根容器：

- ALTER SYSTEM FLUSH SHARED_POOL
- ALTER SYSTEM FLUSH BUFFER_CACHE
- ALTER SYSTEM ENABLE RESTRICTED SESSION
- ALTER SYSTEM KILL SESSION
- ALTER SYSTEM SET <*parameter*>

如果刷新一个 PDB 的共享池会影响其他任何 PDB 的共享池，则副作用极大，而且是不可接受的。

理解 ALTER SYSTEM 命令在 PDB 中的副作用 一些 ALTER SYSTEM 命令可在 PDB 级别运行，但会影响整个 CDB。例如，运行 ALTER SYSTEM CHECKPOINT 会影响整个容器的数据文件，除非 PDB 包含的数据文件以 READ ONLY 或 OFFLINE 模式打开。

使用特定于 CDB 的 ALTER SYSTEM 命令 一些 ALTER SYSTEM 命令仅对整个容器有效，必须由拥有 SYSDBA 权限的公共用户在根容器中运行。例如，运行 ALTER SYSTEM SWITCH LOGFILE 切换到下一个联机重做日志文件组。由于联机重做日志文件是所有容器公用的，这也就不足为怪了。

11.3.7 管理 CDB 和 PDB 中的永久和临时表空间

在多租户环境中，其中的表空间和数据文件属于根容器或 CDB 中的一个 PDB。当然，一些对象由所有 PDB 共享，这些对象存储在根容器的表空间中，由 PDB 通过数据库链接进行共享。在 PDB 中，CREATE DATABASE 命令的语法有一些变化，CREATE TABLESPACE 以及其他与表空间相关的命令有一些行为变化。

1. 使用 CREATE DATABASE

CDB 中的 CREATE DATABASE 语句与非 CDB 中的该语句几乎完全相同，仅有几处例外。Oracle 建议使用 DBCA 创建新的 CDB，但如果必须使用 CREATE DATABASE 命令(例如，在脚本中创建几十个 CDB)，则将使用 USER_DATA TABLESPACE 子句为在该 CDB 中创建的所有 PDB 的用户对象指定默认表空间。不在根容器中使用该表空间。

2. 使用 CREATE TABLESPACE

使用 CREATE TABLESPACE 在 CDB 容器(根容器)中创建新的表空间看上去类似于在任何 PDB 中创建表空间。如果连接到 CDB$ROOT，则表空间仅在根容器中可见和可用；同样，连接到 PDB 时创建的表空间仅在相应 PDB 中可见，除非使用数据库链接进行连接，否则其他任何 PDB 都不能使用所创建的表空间。

为便于管理，Oracle 建议使用独立目录来存储 CDB 和每个 PDB 的数据文件。使用 ASM 时会更方便，将按容器 ID 将数据文件和其他数据库对象自动分离到不同目录中。下面演示如何将容器数据库 CDB01 的数据文件存储在 ASM 磁盘组中：

```
SQL> select con_id,name,open_mode from v$pdbs;

    CON_ID NAME                                     OPEN_MODE
---------- ---------------------------------------- ----------
         2 PDB$SEED                                 READ ONLY
         3 QATEST1                                  READ WRITE
         4 DEV2015                                  READ WRITE
         5 DW17                                     READ WRITE

SQL> quit
Disconnected from Oracle Database 12c Enterprise Edition
    Release 12.1.0.1.0 - 64bit Production
With the Partitioning, Automatic Storage Management, OLAP, Advanced Analytics
and Real Application Testing options
[oracle@oel63 ~]$ . oraenv
ORACLE_SID = [cdb01] ? +ASM
The Oracle base has been changed from /u01/app/oracle to /u01/app
[oracle@oel63 ~]$ asmcmd
ASMCMD> ls
DATA/
RECOV/
ASMCMD> cd data
ASMCMD> ls
ASM/
CDB01/
DBAHANDBOOK/
orapwasm
ASMCMD> cd cdb01
ASMCMD> ls
CONTROLFILE/
DATAFILE/
DD7C48AA5A4404A2E04325AAE80A403C/
EA128C7783417731E0434702A8C08F56/
EA129627ACA47C9DE0434702A8C0836F/
FAE6382E325C40D8E0434702A8C03802/
FD8E768DE1094F9AE0434702A8C03E94/
ONLINELOG/
```

```
PARAMETERFILE/
TEMPFILE/
spfilecdb01.ora
ASMCMD> cd datafile
ASMCMD> ls
SYSAUX.272.830282801
SYSTEM.273.830282857
UNDOTBS1.275.830282923
USERS.274.830282921
ASMCMD>
```

容器的数据文件存储在 DATAFILE 子目录中；每个 PDB 都有各自的一组数据文件，保存在其中一个子目录中(使用十六进制数字的长字符串)。这里结合使用 OMF (Oracle Managed Files)和 ASM；你不需要了解或关心这些十六进制字符的含义，系统将自动管理这些数据文件的位置。

3. 更改 PDB 中的默认表空间

在 CDB 或 PDB 中更改默认表空间与在非 CDB 中更改默认表空间是相同的。对于 CDB 和 PDB 而言，都使用 ALTER DATABASE DEFAULT TABLESPACE 命令。如果更改 PDB 的默认表空间，应添加 PLUGGABLE 关键字，因为 PDB 中的 ALTER DATABASE 命令将在未来版本中废弃。在本例中，将容器设置为 QATEST1，在 QATEST1 中创建新的表空间，将默认表空间改为刚才所创建的表空间：

```
SQL> alter session set container=qatest1;

Session altered.

SQL> create tablespace qa_dflt datafile size 100m
  2      autoextend on next 100m maxsize 1g;

Tablespace created.

SQL> alter pluggable database
  2      default tablespace qa_dflt;

Pluggable database altered.

SQL>
```

另外，QATEST1 中不拥有特定默认永久表空间的任何新本地用户将使用表空间 QA_DFLT。

4. 使用本地临时表空间

对于任意 CDB，可在 CDB 级别定义一个默认的临时表空间或临时表空间组，它们可用于所有 PDB，作为 PDB 的临时表空间。但是，你可以为一个 PDB 创建一个临时表空间，仅供该 PDB 使用。这里在 PDB QATEST1 中创建了一个新的临时表空间 QA_DFLT_TEMP，使其成为 QATEST1 的默认临时表空间：

```
SQL> create temporary tablespace qa_dflt_temp
  2  tempfile size 100m autoextend on
  3  next 100m maxsize 500m;

Tablespace created.

SQL> alter pluggable database
  2  default temporary tablespace qa_dflt_temp;

Pluggable database altered.

SQL>
```

在一个 PDB 中创建临时表空间后，即使该 PDB 被拔下然后插回到原 CDB 或另一个 CDB 中，临时表空间也保留在该 PDB 中。如果没有给一个用户分配特定的临时表空间，则为该用户分配该 PDB 的默认临时表空间。如果 PDB 没有默认临时表空间，则应用 CDB 的默认临时表空间。

11.4 多租户安全

如本章前面所述，在多租户环境中，有两类用户：公共用户和本地用户。CDB(根容器)中的公共用户能访问根容器，在根容器以及 CDB 的每个 PDB 中都有自动可用的账户。公共用户不能自动拥有每个 PDB 上的相同权限；这十分灵活，简化了身份验证过程，也允许方便地精调每个 PDB 中的授权。

11.4.1 管理公共和本地用户

公共用户名以 C##开头，这样就能方便地区分公共用户与每个 PDB 中的本地用户。创建本地用户与在非 CDB 中创建用户十分类似。可以作为公共用户或另一个本地用户(拥有 CREATE USER 权限)创建一个本地用户：

```
SQL> alter session set container=qatest1;

Session altered.

SQL> create user qa_fnd1 identified by qa901;

User created.

SQL> grant create session to qa_fnd1;

Grant succeeded.

SQL> connect qa_fnd1/qa901@oel63:1521/qatest1
Connected.
SQL>
```

根容器(CDB$ROOT)不能拥有本地用户，只有公共用户。无论在当前还是未来，公共用户在根容器和每个 PDB 中拥有相同的标识和密码。拥有公共用户账户并不意味着你在每个 PDB(包括根容器)拥有相同权限。账户 SYS 和 SYSTEM 是公共用户，可将任意 PDB 设置为默认容器。对于新的公共用户而言，用户名必须以 C##或 c##开头，强烈建议不要将用户名放在双引号中来创建包含小写字母的用户名。

使用 CREATE USER 命令创建本地用户时，通常为命令添加 CONTAINER=ALL，如下例所示：

```
SQL> create user c##secadmin identified by sec404 container=all;

User created.

SQL> grant dba to c##secadmin;

Grant succeeded.

SQL>
```

如果连接到根容器，并拥有 CREATE USER 权限，则 CONTAINER=ALL 子句是可选的。这同样适用于本地用户和 CONTAINER=CURRENT 子句。C##SECADMIN 用户现在拥有根容器的 DBA 权限。该用户在每个 PDB 中设置账户，但除非显式分配，否则在任意 PDB 中都没有权限：

```
SQL> connect c##secadmin/sec404@oel63:1521/cdb01
Connected.
SQL> alter session set container=qatest1;
ERROR:
ORA-01031: insufficient privileges


SQL>
```

为了允许用户 C##SECADMIN 至少连接到 QATEST1 数据库，则授予适当权限，如下代码所示：

```
SQL> grant create session, set container to c##secadmin;

Grant succeeded.

SQL> connect c##secadmin/sec404@oel63:1521/cdb01
Connected.
SQL> alter session set container=qatest1;

Session altered.

SQL>
```

使用 CREATE USER 时，可酌情指定默认表空间、默认临时表空间和配置文件。这三个属性必须存在于每个 PDB 中；否则，会将这些值设置为 PDB 中的默认值。

在 RESTRICTED 或 READ ONLY 模式下，如果在一个 PDB 当前未打开时创建了一个公共用户，情况会如何？将在下次打开其他 PDB 时，同步新的公共用户的属性。

11.4.2 管理公共和本地权限

公共和本地权限应用于公共和本地用户。如果向公共用户授予所有容器上的权限，授予的就是公共权限。同理，无论对于本地用户还是公共用户，在单个 PDB 上下文中授予的权限都是本地权限。

在上一节，为公共用户 C##SECADMIN 授予 CREATE SESSION 权限，但仅限于 QATEST1 容器。如果 C##SECADMIN 需要默认访问所有 PDB，则使用 CONTAINER=ALL 关键字，在 CDB 中所有当前 PDB 和新 PDB 上授予该权限：

```
SQL> connect / as sysdba
Connected.
SQL> show con_id

CON_ID
------------------------------
1
SQL> grant create session to c##secadmin container=all;

Grant succeeded.

SQL> connect c##secadmin/sec404@oel63:1521/dw17
Connected.
SQL>
```

从安全角度看，可在根容器(不包括其他任何容器)中授予公共用户权限。记住，无论授予什么权限，只有公共用户可连接到根容器；要使公共用户连接到根容器，用户将需要根容器上下文中的 CREATE SESSION 权限，如下例所示：

```
SQL> connect / as sysdba
Connected.
SQL> alter session set container=cdb$root;

Session altered.

SQL> create user c##rootadm identified by adm580;

User created.

SQL> connect c##rootadm/adm580@oel63:1521/cdb01
ERROR:
ORA-01045: user C##ROOTADM lacks CREATE SESSION privilege; logon denied


Warning: You are no longer connected to ORACLE.
SQL>
```

为给 C##ROOTADM 修复此问题，需要在根容器上下文中授予 CREATE SESSION 权限：

```
SQL> grant create session to c##rootadm container=current;
```

```
Grant succeeded.

SQL> connect c##rootadm/adm580@oel63:1521/cdb01
Connected.
SQL>
```

与旧版本和非 CDB 一样，可使用 REVOKE 命令来撤消用户和角色的权限。在多租户环境中使用 GRANT 和 REVOKE 的主要区别在于添加了 CONTAINER 子句，在其中指定 GRANT 或 REVOKE 的上下文。下面列出 CONTAINER 子句的一些示例：

- CONTAINER=QATEST1(权限仅在 PDB QATEST1 中有效)
- CONTAINER=ALL(权限在当前和未来的所有 PDB 上有效)
- CONTAINER=CURRENT(在当前容器中授予或撤消权限)

为使用 CONTAINER=ALL 授予权限，授予者必须拥有 SET CONTAINER 权限和 GRANT ANY PRIVILEGE 系统权限。

11.4.3　管理公共和本地角色

与系统和对象权限类似，角色在多租户环境的工作方式与在非 CDB 环境中相近。公共角色与公共用户使用的约定相同，也以 C##开头；公共角色可在所有容器上拥有相同权限，或在容器子集上拥有特定权限或没有权限。使用 CONTAINER 子句来指定角色的上下文：

```
SQL> connect / as sysdba
Connected.
SQL> create role c##mv container=all;

Role created.

SQL> alter session set container=dw17;

Session altered.

SQL> create user dw_repl identified by dw909;

User created.

SQL> grant c##mv to dw_repl;

Grant succeeded.

SQL>
```

注意，在该示例中，将公共角色(C##MV) 授予 DW17 中的本地用户(DW_REPL)。用户 DW_REPL 继承 C##MV 角色中的所有权限，但仅限于 DW17 PDB。也可执行反向操作：可给公共用户(如 C##RJB)授予特定 PDB(如 QATEST1)中的本地角色(如 LOCAL_ADM)，因此对于 C##RJB，通过 LOCAL_ADM 授予的权限仅用于 QATEST1。

11.4.4 使公共用户访问特定 PDB 中的数据

与非 CDB 环境类似，你可能想与其他 PDB 中的用户共享对象。默认情况下，公共用户或本地用户创建的任意表不能共享，只能在创建它们的 PDB 中进行访问。

另一方面，共享表存在一些限制。只有 Oracle 提供的公共用户(如 SYS 或 SYSTEM)可创建共享表；DBA 创建的公共用户(即使拥有 CREATE USER、DROP ANY TABLE 等权限)不能创建共享表。

两类共享对象是“链接的”：对象链接(Object Link)和元数据链接(Metadata Link)。对象链接将每个 PDB 连接到根容器中的表，每个 PDB 看到相同的行。诸如 DBA_HIST_ACTIVE_SESSION_HISTORY 的表中的 AWR(Automatic Workload Repository)数据是这样一个不错的示例，它有一个 CON_ID 列，因此可以识别 DBA_HIST_ACTIVE_ SESSION_HISTORY 中的行适用于哪个容器。

与之形成对照的是，元数据链接允许访问根容器中的表及其专用的数据副本。大多数 DBA_视图都使用该方法。例如，可以看到，从 PDB 的角度看，在 PDB QATEST1 中的 DBA_USERS 视图中不存在 CON_ID 列。

```
SQL> select username, common from dba_users;

USERNAME                       COMMON
------------------------------ ----------
C##KLH                         YES
PDBADMIN                       NO
AUDSYS                         YES
GSMUSER                        YES
SPATIAL_WFS_ADMIN_USR          YES
C##RJB                         YES
SPATIAL_CSW_ADMIN_USR          YES
APEX_PUBLIC_USER               YES
RJB                            NO
SYSDG                          YES
DIP                            YES
QA_FND1                        NO
```

但从根容器的同一个表中可以找到 CDB_USER，查看所有容器上的本地用户和公共用户：

```
SQL> select con_id,username,common from cdb_users
  2  order by username,con_id;

    CON_ID USERNAME                       COMMON
---------- ------------------------------ ----------
         1 ANONYMOUS                      YES
. . .
         5 AUDSYS                         YES
         1 C##KLH                         YES
         3 C##KLH                         YES
         4 C##KLH                         YES
         5 C##KLH                         YES
         1 C##RJB                         YES
         3 C##RJB                         YES
```

```
         4 C##RJB                    YES
         5 C##RJB                    YES
         1 C##ROOTADM                YES
         3 C##ROOTADM                YES
. . .
         4 DVSYS                     YES
         5 DVSYS                     YES
         5 DW_REPL                   NO
         1 FLOWS_FILES               YES
         2 FLOWS_FILES               YES
. . .
         5 OUTLN                     YES
         3 PDBADMIN                  NO
         3 QAFRED                    NO
         3 QA_FND1                   NO
         3 RJB                       NO
         4 RJB                       NO
         5 RJB                       NO
         1 SI_INFORMTN_SCHEMA        YES
         2 SI_INFORMTN_SCHEMA        YES
. . .
198 rows selected.

SQL>
```

每个 PDB(种子数据库除外)上都存在诸如 C##RJB 的公共用户。只有 CON_ID=3 的 PDB (QATEST1)存在诸如 QAFRED 的用户。另外注意，创建的公共用户必须以 C##开头，Oracle 提供的公共用户不需要使用该前缀。

默认情况下，公共用户看不到有关特定 PDB 的信息。这遵循了“完成任务所需的最低权限”原则；除非显式授权，否则公共用户不能自动连接到特定 PDB，也不能查看任何 PDB 的元数据。

为使公共用户利用数据字典视图的粒度，将使用 ALTER USER 命令来指定公共用户、用户可以访问的容器数据以及从哪个容器访问。例如，你可能仅希望公共用户 C##RJB 在连接到 PDB QATEST1 时看到针对 PDB DW17 的 V$SESSION 中的行。为此，可使用如下命令：

```
SQL> alter user c##rjb
  2     set container_data=(cdb$root,dw17)
  3     for v$session container=current;

User altered.

SQL>
```

为查看用户列表以及用户可以访问的容器对象，可查看 DBA_CONTAINER_DATA：

```
SQL> select username,owner,object_name,
  2     all_containers,container_name
  3  from dba_container_data
  4  where username='C##RJB';
```

```
USERNAME      OWNER        OBJECT_NAME     A CONTAINER_NAME
------------ ------------ --------------- - -------------------------
C##RJB        SYS          V$SESSION       N DW17
C##RJB        SYS          V$SESSION       N CDB$ROOT

SQL>
```

公共用户 C##RJB 将仅能看到针对 DW17 容器的 V$SESSION 中的行。

11.5 多租户环境中的备份和恢复

CDB 和 PDB 有多个备份和恢复选项。使用 ARCHIVELOG 模式将增强数据库的恢复能力，但在多租户环境中，仅能在 CDB 级别启用 ARCHIVELOG 模式，因为重做日志文件仅处于 CDB 级别。否则，仍可以像在非 CDB 环境中那样备份数据库。可备份整个 CDB、单个 PDB、表空间、数据文件乃至容器任何位置中的单个块。

数据恢复顾问(Data Recovery Advisor)与旧版 Oracle Database 中该顾问的工作方式类似：发生故障时，数据恢复顾问将故障信息收集到 ADR (Automatic Diagnostic Repository)中。数据恢复顾问也在用户会话检查到故障前主动进行检查。

也可使用 RMAN 方便地复制 PDB。与使用 CREATE PLUGGABLE DATABASE . . . FROM . . .选项相比，使用 RMAN，可更灵活地复制 PDB。例如，可使用 RMAN DUPLICATE 命令，将 CDB 中的所有 PDB 复制到一个新的 CDB，新的 CDB 包含相同的 PDB 以及根数据库或种子数据库。

11.5.1 执行 CDB 和所有 PDB 的备份

对于多租户数据库，已修改了 RMAN 语法，添加了新子句。在 OS 级别，环境变量 ORACLE_SID 之前在实例级别设置，但现在，CDB 中的所有数据库都在相同数据库实例上运行，你可以使用服务名(而非实例名)，通过 RMAN 连接到单个 PDB。下面是一个示例：

```
[oracle@tettnang ~]$ echo $ORACLE_SID
cdb01
[oracle@tettnang ~]$ rman target rjb/rjb@tettnang/tool

Recovery Manager: Release 12.1.0.1.0 - Production on Tue Jun 3 07:50:06 2014

Copyright (c) 1982, 2013, Oracle and/or its affiliates.  All rights reserved.

connected to target database: CDB01 (DBID=1382179355)

RMAN>
```

与旧版本一样，可使用自己熟悉的语法，通过 RMAN 连接到 CDB：

```
[oracle@tettnang ~]$ rman target /

Recovery Manager: Release 12.1.0.1.0 - Production on Tue Jun 3 07:52:33 2014
```

```
Copyright (c) 1982, 2013, Oracle and/or its affiliates.  All rights reserved.

connected to target database: CDB01 (DBID=1382179355)

RMAN>
```

但注意，两种情况下，目标数据库都显示为CDB01。如何确定自己连接到特定PDB，而非CDB？为此，只需要使用REPORT SCHEMA命令：

```
[oracle@tettnang ~]$ rman target /

Recovery Manager: Release 12.1.0.1.0 - Production on Tue Jun 3 10:00:38 2014

Copyright (c) 1982, 2013, Oracle and/or its affiliates.  All rights reserved.

connected to target database: CDB01 (DBID=1382179355)

RMAN> report schema;

using target database control file instead of recovery catalog
Report of database schema for database with db_unique_name CDB01

List of Permanent Datafiles
===========================
File Size(MB) Tablespace       RB segs Datafile Name
---- -------- ---------------- ------- ------------------------
1    790      SYSTEM           ***  +DATA/CDB01/DATAFILE/system.268.845194003
3    1460     SYSAUX           ***   +DATA/CDB01/DATAFILE/sysaux.267.845193957
4    735      UNDOTBS1         ***  +DATA/CDB01/DATAFILE/undotbs1.270.845194049
5    250      PDB$SEED:SYSTEM  *** +DATA/CDB01/DD7C48AA5A4404A2E04325AAE80A403C/
                                    DATAFILE/system.277.845194085
6    5        USERS            ***  +DATA/CDB01/DATAFILE/users.269.845194049
7    590      PDB$SEED:SYSAUX  ***  +DATA/CDB01/DD7C48AA5A4404A2E04325AAE80A
                                     403C/DATAFILE/sysaux.276.845194085
18   260      TOOL:SYSTEM      ***  +DATA/CDB01/FA782A61F8447D03E043E3A0080A
                                     9E54/DATAFILE/system.286.848743627
. . .
27   5        CCREPOS:USERS    ***  +DATA/CDB01/F751E0E9988D6064E043E3A0080A
                                     6DC5/DATAFILE/users.283.845194257
28   100      UNDOTBS1         ***  +DATA/CDB01/DATAFILE/undotbs1.263.848922747
29   100      TOOL:PROCREPO    ***  +DATA/CDB01/FA782A61F8447D03E043E3A0080A
                                     9E54/DATAFILE/procrepo.257.849257047

List of Temporary Files
=======================
File Size(MB) Tablespace     Maxsize(MB) Tempfile Name
---- -------- -------------- ----------- --------------------
1    521      TEMP           32767      +DATA/CDB01/TEMPFILE/temp.275.845194083
2    20       PDB$SEED:TEMP  32767      +DATA/CDB01/DD7C48AA5A4404A2E04325AAE
                                         80A403C/DATAFILE/pdbseed_temp01.dbf
3    20       CCREPOS:TEMP   32767      +DATA/CDB01/F751E0E9988D6064E043E3A
                                         0080A6DC5/TEMPFILE/temp.282.848755025
```

```
4     20       TOOL:TEMP      32767     +DATA/CDB01/FA782A61F8447D03E043E3A
                                         0080A9E54/TEMPFILE/temp.299.848743629
6     20       QA_2015:TEMP   32767     +DATA/CDB01/FA787E0038B26FFBE043E3A
                                         0080A1A75/TEMPFILE/temp.291.848745313
7     60       RPTQA12C:TEMP  32767     +DATA/CDB01/F754FCD8744A55AAE043E3A
                                         0080A 3B17/TEMPFILE/temp.300.848752943
8     100      TEMP           1000      +DATA/CDB01/TEMPFILE/temp.258.848922745

RMAN> quit


Recovery Manager complete.
```

注意，连接到 CDB 会显示所有表空间，包括种子数据库和根容器中的表空间。连接到单个 PDB 将为 REPORT SCHEMA 命令返回不同结果，但该结果符合预期：

```
[oracle@tettnang ~]$ rman target rjb/rjb@tettnang/tool

Recovery Manager: Release 12.1.0.1.0 - Production on Tue Jun 3 10:00:50 2014

Copyright (c) 1982, 2013, Oracle and/or its affiliates.  All rights reserved.

connected to target database: CDB01 (DBID=1382179355)

RMAN> report schema;

using target database control file instead of recovery catalog
Report of database schema for database with db_unique_name CDB01

List of Permanent Datafiles
===========================
File Size(MB) Tablespace      RB segs Datafile Name
---- -------- --------------- ------- ------------------------
18   260      SYSTEM          ***   +DATA/CDB01/FA782A61F8447D03E043E3A0080A
                                    9E54/DATAFILE/system.286.848743627
19   620      SYSAUX          ***   +DATA/CDB01/FA782A61F8447D03E043E3A0080A
                                    9E54/DATAFILE/sysaux.303.848743627
29   100      PROCREPO        ***  +DATA/CDB01/FA782A61F8447D03E043E3A0080A
                                    9E54/DATAFILE/procrepo.257.849257047

List of Temporary Files
=======================
File Size(MB) Tablespace           Maxsize(MB) Tempfile Name
---- -------- -------------------- ----------- --------------------
4    20       TEMP                 32767
+DATA/CDB01/FA782A61F8447D03E043E3A0080A9E54/TEMPFILE/temp.299.848743629

RMAN>
```

RMAN BACKUP、RESTORE和RECOVER命令已得到增强，当运行于一个或多个PDB时，增加了PLUGGABLE关键字：

```
RMAN> backup pluggable database rptqa12c;
```

另外，可使用 PDB 名来限定表空间备份，从而备份 PDB 中的一个特定表空间：

```
[oracle@tettnang ~]$ rman target /

Recovery Manager: Release 12.1.0.1.0 - Production on Tue Jun 3 08:44:15 2014

Copyright (c) 1982, 2013, Oracle and/or its affiliates.  All rights reserved.

connected to target database: CDB01 (DBID=1382179355)

RMAN> backup tablespace tool:procrepo;

Starting backup at 03-JUN-14
using target database control file instead of recovery catalog
allocated channel: ORA_DISK_1
channel ORA_DISK_1: SID=258 device type=DISK
channel ORA_DISK_1: starting full datafile backup set
channel ORA_DISK_1: specifying datafile(s) in backup set
input datafile file number=00029 name=+DATA/CDB01
   /FA782A61F8447D03E043E3A0080A9E54
   /DATAFILE/procrepo.257.849257047
channel ORA_DISK_1: starting piece 1 at 03-JUN-14
channel ORA_DISK_1: finished piece 1 at 03-JUN-14
piece handle=+RECOV/CDB01
   /FA782A61F8447D03E043E3A0080A9E54
   /BACKUPSET/2014_06_03/nnndf0_tag20140603t084425_0.256.849257065
tag=TAG20140603T084425 comment=NONE
channel ORA_DISK_1: backup set complete, elapsed time: 00:00:01
Finished backup at 03-JUN-14

Starting Control File and SPFILE Autobackup at 03-JUN-14
piece handle=+RECOV/CDB01/AUTOBACKUP/2014_06_03/s_849257066.257.849257067
comment=NONE
Finished Control File and SPFILE Autobackup at 03-JUN-14

RMAN>
```

如果未加限定，当连接到 CDB 时，所有 RMAN 命令将运行于根容器和所有 PDB。要仅备份根容器，使用名称 CDB$ROOT，由第 11 章可知，CDB$ROOT 是 CDB 中根容器的名称。

11.5.2 备份 CDB

如上一节所述，可备份整个 CDB(作为一次全面备份)、CDB 中的一个 PDB 乃至任何 PDB 或根容器中的单独表空间。要运行 RMAN 并备份一个容器，用户必须拥有公共账户，该账户拥有根容器中的 SYSDBA 或 SYSBACKUP 权限。为分离职责，Oracle 建议，如果一个数据库用户仅负责数据库备份和恢复，应只为该用户分配 SYSBACKUP 权限。

由于 CDB 类似于 12*c* 之前的数据库(非 CDB)，备份看起来类似于在 Oracle Database 11*g* 中创建的 RMAN 备份。可创建备份集或映像副本，以及控制文件、SPFILE 以及可选的归档重做日志文件。

像旧版本一样，如果在容器打开时备份 CDB 以及所有 PDB，需要使用 ARCHIVELOG 模式；如果 CDB 处于 NOARCHIVELOG 模式，容器必须以 MOUNT 模式打开(因此也未打开任何 PDB)。下面列举一个例子：

```
[oracle@tettnang ~]$ rman target /

Recovery Manager: Release 12.1.0.1.0 - Production on Tue Jun 3 12:13:26 2014

Copyright (c) 1982, 2013, Oracle and/or its affiliates.  All rights reserved.

connected to target database: CDB01 (DBID=1382179355)

RMAN> backup database;

Starting backup at 03-JUN-14
using target database control file instead of recovery catalog
allocated channel: ORA_DISK_1
channel ORA_DISK_1: SID=6 device type=DISK
allocated channel: ORA_DISK_2
channel ORA_DISK_2: SID=1021 device type=DISK
allocated channel: ORA_DISK_3
channel ORA_DISK_3: SID=1281 device type=DISK
allocated channel: ORA_DISK_4
channel ORA_DISK_4: SID=1025 device type=DISK
channel ORA_DISK_1: starting compressed full datafile backup set
channel ORA_DISK_1: specifying datafile(s) in backup set
input datafile file number=00003
name=+DATA/CDB01/DATAFILE/sysaux.267.845193957
channel ORA_DISK_1: starting piece 1 at 03-JUN-14
channel ORA_DISK_2: starting compressed full datafile backup set
channel ORA_DISK_2: specifying datafile(s) in backup set
input datafile file number=00023
name=+DATA/CDB01/F754FCD8744A55AAE043E3A0080A3B17/DATAFILE/sysaux.302.
848752939
channel ORA_DISK_2: starting piece 1 at 03-JUN-14
channel ORA_DISK_3: starting compressed full datafile backup set
channel ORA_DISK_3: specifying datafile(s) in backup set
input datafile file number=00004
name=+DATA/CDB01/DATAFILE/undotbs1.270.845194049
input datafile file number=00028
name=+DATA/CDB01/DATAFILE/undotbs1.263.848922747
. . .
channel ORA_DISK_2: backup set complete, elapsed time: 00:00:00
channel ORA_DISK_3: finished piece 1 at 03-JUN-14
piece
handle=+RECOV/CDB01/F751E0E9988D6064E043E3A0080A6DC5/BACKUPSET/2014_06_03/
nnndf0_tag20140603t121337_0.280.849269683 tag=TAG20140603T121337 comment=
NONE
channel ORA_DISK_3: backup set complete, elapsed time: 00:00:01
Finished backup at 03-JUN-14
```

```
Starting Control File and SPFILE Autobackup at 03-JUN-14
piece handle=+RECOV/CDB01/AUTOBACKUP/2014_06_03/s_849269683.281.849269683
comment=NONE
Finished Control File and SPFILE Autobackup at 03-JUN-14

RMAN>
```

注意，对表空间和数据文件的引用如下：

```
name=+DATA/CDB01/F754FCD8744A55AAE043E3A0080A3B17/
          DATAFILE/sysaux.302.848752939
```

它是一个 PDB 中 SYSAUX 表空间的数据文件。要查找是哪一个，可查看动态性能视图 V$PDBS 的 GUID 列。全局唯一标识符(GUID)值是一个长十六进制字符串，它唯一识别容器，即使从一个 CDB 拔下再插入另一个 CDB，也是如此。

```
SQL> select con_id,dbid,guid,name from v$pdbs;

  CON_ID       DBID GUID                             NAME
-------- ---------- -------------------------------- --------------------
       2 4087805696 F751D8C27D475B57E043E3A0080A2A47 PDB$SEED
       3 1248256969 F751E0E9988D6064E043E3A0080A6DC5 CCREPOS
       4 1258510409 FA782A61F8447D03E043E3A0080A9E54 TOOL
       6 2577431197 FA787E0038B26FFBE043E3A0080A1A75 QA_2015
       7 1288637549 F754FCD8744A55AAE043E3A0080A3B17 RPTQA12C

SQL>
```

这里，SYSAUX 数据文件属于 RPTQA12C PDB。

如果需要执行部分 CDB 备份，使用 RMAN 连接到容器(CDB)，使用 PLUGGABLE DATABASE 子句，在一条命令中备份一个或多个容器以及根容器，如下例所示：

```
RMAN> backup pluggable database tool,rptqa12c,"CDB$ROOT";
```

在恢复场景中，可从 RPTQA12C PDB 或仅从根容器分别还原和恢复 TOOL PDB。

11.5.3 备份 PDB

备份 PDB 也类似于备份 Oracle Database 12*c* 或旧版本中的非 CDB。注意，备份 PDB 等同于备份一部分 CDB，但不含根容器(CDB$ROOT)。为分离职责，只有一个 PDB 中包含拥有 SYSBACKUP 权限的用户。用户将连接到 PDB，对其进行备份，就像在非 CDB 中那样。本例显示了备份管理员以本地用户身份仅连接到 CCREPOS PDB，并执行完整 RMAN 备份：

```
[oracle@tettnang ~]$ rman target rjb/rjb@tettnang/ccrepos

Recovery Manager: Release 12.1.0.1.0 - Production on Tue Jun 3 21:00:27 2014

Copyright (c) 1982, 2013, Oracle and/or its affiliates.  All rights reserved.

connected to target database: CDB01 (DBID=1382179355)
```

```
RMAN> backup database;

Starting backup at 03-JUN-14
using target database control file instead of recovery catalog
allocated channel: ORA_DISK_1
channel ORA_DISK_1: SID=1027 device type=DISK
allocated channel: ORA_DISK_2
channel ORA_DISK_2: SID=1283 device type=DISK
allocated channel: ORA_DISK_3
channel ORA_DISK_3: SID=1028 device type=DISK
allocated channel: ORA_DISK_4
channel ORA_DISK_4: SID=13 device type=DISK
channel ORA_DISK_1: starting compressed full datafile backup set
channel ORA_DISK_1: specifying datafile(s) in backup set
input datafile file number=00026
name=+DATA/CDB01/F751E0E9988D6064E043E3A0080A6DC5
   /DATAFILE/sysaux.281.845194249
channel ORA_DISK_1: starting piece 1 at 03-JUN-14
channel ORA_DISK_2: starting compressed full datafile backup set
channel ORA_DISK_2: specifying datafile(s) in backup set
input datafile file number=00025
name=+DATA/CDB01/F751E0E9988D6064E043E3A0080A6DC5
   /DATAFILE/system.280.845194249
channel ORA_DISK_2: starting piece 1 at 03-JUN-14
channel ORA_DISK_3: starting compressed full datafile backup set
channel ORA_DISK_3: specifying datafile(s) in backup set
input datafile file number=00027
name=+DATA/CDB01/F751E0E9988D6064E043E3A0080A6DC5
   /DATAFILE/users.283.845194257
channel ORA_DISK_3: starting piece 1 at 03-JUN-14
channel ORA_DISK_3: finished piece 1 at 03-JUN-14
piece handle=+RECOV/CDB01/F751E0E9988D6064E043E3A0080A6DC5
   /BACKUPSET/2014_06_03/nnndf0_tag20140603t210035_0.284.849301235
tag=TAG20140603T210035 comment=NONE
channel ORA_DISK_3: backup set complete, elapsed time: 00:00:01
channel ORA_DISK_2: finished piece 1 at 03-JUN-14
piece handle=+RECOV/CDB01/F751E0E9988D6064E043E3A0080A6DC5
   /BACKUPSET/2014_06_03/nnndf0_tag20140603t210035_0.285.849301235
tag=TAG20140603T210035 comment=NONE
channel ORA_DISK_2: backup set complete, elapsed time: 00:00:07
channel ORA_DISK_1: finished piece 1 at 03-JUN-14
piece handle=+RECOV/CDB01/F751E0E9988D6064E043E3A0080A6DC5
   /BACKUPSET/2014_06_03/nnndf0_tag20140603t210035_0.283.849301235
tag=TAG20140603T210035 comment=NONE
channel ORA_DISK_1: backup set complete, elapsed time: 00:00:25
Finished backup at 03-JUN-14

Starting Control File and SPFILE Autobackup at 03-JUN-14
piece handle=+RECOV/CDB01/F751E0E9988D6064E043E3A0080A6DC5
   /AUTOBACKUP/2014_06_03/s_849301260.286.849301261 comment=NONE
Finished Control File and SPFILE Autobackup at 03-JUN-14
```

```
RMAN>
```

注意，你不需要指定 PLUGGABLE 关键字，因此你在从单个 PDB 角度执行备份。你在备份单个 PDB，虽然控制文件和 SPFILE 在整个容器上共享，控制文件也包含在完整备份中。

11.5.4　恢复丢失的 PDB 数据文件

与非 CDB 数据库一样，PDB 和 CDB 都可能遇到实例故障或介质故障，需要执行某种恢复操作。可在 CDB 级别、PDB 级别、PDB 中的表空间、数据文件甚至单个块上执行恢复。一个重要区别在于实例恢复：由于所有 PDB 和 CDB 共享一个实例，如果 CDB 停运，所有 PDB 都会停运，因此实例的崩溃恢复仅发生在 CDB 级别。与此类似，存在于 CDB 级别的任意全局对象，如控制文件、重做日志文件或根容器的 SYSTEM 或 UNDO 表空间的数据文件仅需要 CDB 级别的介质恢复。

下面介绍介质故障类型以及恢复方式。多数场景的恢复方案与非 CDB 相同，对于单个 PDB 而言，一个 PDB 的恢复对同时打开的其他 PDB 几乎(或完全)没有干扰。

1. 恢复临时文件

由本章前面可知，CDB 级别存在一个临时表空间，临时表空间中包含一个或多个临时文件，但是，如果应用程序具有不同需求，每个 PDB 将有各自的临时表空间。如果 PDB 的 DML 或 SELECT 语句需要 CDB 级别的 TEMP 表空间，但由于介质故障，TEMP 表空间突然丢失，语句将失败。在本例中，一个 ASM 管理员无意间删除了属于 CDB 的一个临时文件：

```
[oracle@tettnang ~]$ asmcmd
ASMCMD> cd +data/cdb01/tempfile
ASMCMD> ls -l
Type      Redund  Striped  Time             Sys  Name
TEMPFILE  UNPROT  COARSE   JUN 03 08:00:00  Y    TEMP.258.848922745
TEMPFILE  UNPROT  COARSE   JUN 03 08:00:00  Y    TEMP.275.845194083
ASMCMD> rm TEMP.258.848922745
ASMCMD> quit
[oracle@tettnang ~]$
```

一个解决该问题的简单粗暴方式是重新启动整个 CDB。相反，你可以仅向 TEMP 表空间添加另一个临时文件，并删除那个不复存在的临时文件：

```
SQL> alter tablespace temp add tempfile '+DATA'
  2    size 100m autoextend on next 100m maxsize 2g;

Tablespace altered.

SQL> alter tablespace temp drop tempfile
  2    '+DATA/CDB01/TEMPFILE/temp.258.848922745';

Tablespace altered.

SQL>
```

与非 CDB 一样，如果 CDB 或 PDB 级别的临时表空间在启动容器时丢失，会自动地重新创建临时表空间。

2. 恢复丢失的控制文件

丢失一个或所有控制文件的严重程度与在非 CDB 中丢失控制文件相同。Oracle 建议最好保留控制文件的三个副本。如果丢失了控制文件的所有副本，可从最新的 RMAN 自动备份中获取。在本例中，+RECOV 磁盘组中控制文件的副本丢失，CDB 将无法启动(因此，PDB 都无法启动)：

```
[oracle@tettnang ~]$ . oraenv
ORACLE_SID = [+ASM] ? cdb01
The Oracle base remains unchanged with value /u01/app/oracle
[oracle@tettnang ~]$ sqlplus / as sysdba

SQL*Plus: Release 12.1.0.1.0 Production on Tue Jun 3 23:03:52 2014

Copyright (c) 1982, 2013, Oracle.  All rights reserved.

Connected to an idle instance.

SQL> startup
ORACLE instance started.

Total System Global Area 5027385344 bytes
Fixed Size                  2691952 bytes
Variable Size            1241517200 bytes
Database Buffers         3774873600 bytes
Redo Buffers                8302592 bytes
ORA-00205: error in identifying control file, check alert log for more info


SQL>
```

关闭实例，从最新的 RMAN 备份中恢复控制文件：

```
SQL> shutdown immediate
ORA-01507: database not mounted


ORACLE instance shut down.
SQL> quit
Disconnected from Oracle Database 12c Enterprise Edition Release 12.1.0.1.0 -
64bit Production
With the Partitioning, OLAP, Advanced Analytics and Real Application Testing
options
[oracle@tettnang ~]$ rman target /

Recovery Manager: Release 12.1.0.1.0 - Production on Tue Jun 3 23:07:30 2014

Copyright (c) 1982, 2013, Oracle and/or its affiliates.  All rights reserved.
```

```
connected to target database (not started)

RMAN> startup nomount;

Oracle instance started

Total System Global Area   5027385344 bytes

Fixed Size                    2691952 bytes
Variable Size              1241517200 bytes
Database Buffers           3774873600 bytes
Redo Buffers                  8302592 bytes

RMAN> restore controlfile from autobackup;

Starting restore at 03-JUN-14
using target database control file instead of recovery catalog
allocated channel: ORA_DISK_1
channel ORA_DISK_1: SID=1021 device type=DISK

recovery area destination: +RECOV
database name (or database unique name) used for search: CDB01
channel ORA_DISK_1: AUTOBACKUP
+RECOV/CDB01/AUTOBACKUP/2014_06_03/s_849308463.289.849308463 found in the
recovery area
AUTOBACKUP search with format "%F" not attempted because DBID was not set
channel ORA_DISK_1: restoring control file from AUTOBACKUP
+RECOV/CDB01/AUTOBACKUP/2014_06_03/s_849308463.289.849308463
channel ORA_DISK_1: control file restore from AUTOBACKUP complete
output file name=+DATA/CDB01/CONTROLFILE/current.271.849308871
output file name=+RECOV/CDB01/CONTROLFILE/current.260.845194075
Finished restore at 03-JUN-14

RMAN>
```

虽然只丢失了控制文件的一个副本，RMAN 恢复操作将还原两个副本；其余的控制文件几乎肯定与自动备份版本不同步：

```
RMAN> alter database mount;

Statement processed
released channel: ORA_DISK_1

RMAN> recover database;

Starting recover at 03-JUN-14
Starting implicit crosscheck backup at 03-JUN-14
allocated channel: ORA_DISK_1
channel ORA_DISK_1: SID=1021 device type=DISK
allocated channel: ORA_DISK_2
channel ORA_DISK_2: SID=260 device type=DISK
```

```
allocated channel: ORA_DISK_3
channel ORA_DISK_3: SID=514 device type=DISK
allocated channel: ORA_DISK_4
channel ORA_DISK_4: SID=769 device type=DISK
Crosschecked 25 objects
Finished implicit crosscheck backup at 03-JUN-14

Starting implicit crosscheck copy at 03-JUN-14
using channel ORA_DISK_1
using channel ORA_DISK_2
using channel ORA_DISK_3
using channel ORA_DISK_4
Finished implicit crosscheck copy at 03-JUN-14

searching for all files in the recovery area
cataloging files...
cataloging done

List of Cataloged Files
=======================
File Name: +RECOV/CDB01/AUTOBACKUP/2014_06_03/s_849308463.289.849308463

using channel ORA_DISK_1
using channel ORA_DISK_2
using channel ORA_DISK_3
using channel ORA_DISK_4

starting media recovery

archived log for thread 1 with sequence 215 is already on disk as file
+DATA/CDB01/ONLINELOG/group_2.273.845194077
archived log file name=+DATA/CDB01/ONLINELOG/group_2.273.845194077 thread=1
sequence=215
media recovery complete, elapsed time: 00:00:00
Finished recover at 03-JUN-14

RMAN> alter database open resetlogs;

Statement processed

RMAN> alter pluggable database all open;

Statement processed

RMAN>
```

除非已恢复的控制文件(在控制文件的最新 RMAN 自动备份之后创建)中有定义的对象，否则不会丢失数据。

3. 恢复丢失的重做日志文件

重做日志文件仅存在于 CDB 级别，因此与非 CDB 的恢复方式相同。重做日志文件至少要有两个副本，从而进行多元复用。如果一个重做日志组的副本丢失或受损，数据库会在剩余的日志组成员中写入，并发出警报。不需要进行数据库恢复，但应尽快替换已丢失或已损坏的重做日志组成员，以免丢失数据。

如果重做日志文件组的所有成员都丢失或受损，数据库将关闭，可能需要执行介质恢复；原因是丢失的重做日志文件组中的已提交事务尚未写入数据文件。如果整个日志文件组位于临时脱机的磁盘上，只需要将日志文件组的状态改成 ONLINE，就会触发自动实例恢复，不会丢失数据。

4. 恢复丢失的根数据文件

丢失重要的 SYSTEM 或 UNDO 表空间数据文件的严重程度与在非 CDB 中丢失它们是相同的。如果没有自动关闭实例，你必须关闭 CDB，再执行介质恢复。介质恢复也影响在丢失或损坏数据文件时打开的任意 PDB。

丢失 SYSTEM 或 UNDO 时，恢复过程与非 CDB 中的相同。丢失不重要的表空间(如应用程序专用的表空间)允许在恢复介质时，使 CDB 和所有 PDB 仍处于打开状态。

5. 恢复 SYSTEM 或 UNDO 表空间

例如，假设 CDB 的 SYSTEM 表空间的数据文件在 CDB 停运时被无意中删除。不出所料，启动时就会看到不好的消息：

```
[oracle@tettnang ~]$ . oraenv
ORACLE_SID = [+ASM] ? cdb01
The Oracle base remains unchanged with value /u01/app/oracle
[oracle@tettnang ~]$ sqlplus / as sysdba

SQL*Plus: Release 12.1.0.1.0 Production on Wed Jun 4 07:37:25 2014

Copyright (c) 1982, 2013, Oracle.  All rights reserved.

Connected to an idle instance.

SQL> startup
ORACLE instance started.

Total System Global Area 5027385344 bytes
Fixed Size                  2691952 bytes
Variable Size            1241517200 bytes
Database Buffers         3774873600 bytes
Redo Buffers                8302592 bytes
Database mounted.
ORA-01157: cannot identify/lock data file 1 - see DBWR trace file
ORA-01110: data file 1: '+DATA/CDB01/DATAFILE/system.268.845194003'


SQL>
```

由于处于 ARCHIVELOG 模式，而且最近做了完整备份，可将 CDB 的 SYSTEM 表空间还原和恢复到最后一次关闭 CDB 所在的时间点。就像在非 CDB 中那样停止实例并启动恢复。

```
SQL> shutdown immediate
ORA-01109: database not open


Database dismounted.
ORACLE instance shut down.
SQL> quit
Disconnected from Oracle Database 12c Enterprise Edition Release 12.1.0.1.0 -
64bit Production
With the Partitioning, Automatic Storage Management, OLAP, Advanced Analytics
and Real Application Testing options
[oracle@tettnang ~]$ rman target /

Recovery Manager: Release 12.1.0.1.0 - Production on Wed Jun 4 07:39:44 2014

Copyright (c) 1982, 2013, Oracle and/or its affiliates.  All rights reserved.

connected to target database (not started)

RMAN> startup mount

Oracle instance started
database mounted

Total System Global Area   5027385344 bytes

Fixed Size                    2691952 bytes
Variable Size              1241517200 bytes
Database Buffers           3774873600 bytes
Redo Buffers                  8302592 bytes

RMAN> restore tablespace system;

Starting restore at 04-JUN-14
using target database control file instead of recovery catalog
allocated channel: ORA_DISK_1
. . .
channel ORA_DISK_1: restoring datafile 00001 to
+DATA/CDB01/DATAFILE/system.268.845194003
channel ORA_DISK_1: reading from backup piece
+RECOV/CDB01/BACKUPSET/2014_06_04/nnndf0_tag20140604t073433_0.302.849339275
channel ORA_DISK_1: piece handle=+RECOV/CDB01/BACKUPSET
    /2014_06_04/nnndf0_tag20140604t073433_0.302.849339275
tag=TAG20140604T073433
channel ORA_DISK_1: restored backup piece 1
channel ORA_DISK_1: restore complete, elapsed time: 00:00:25
Finished restore at 04-JUN-14

RMAN> recover tablespace system;
```

```
Starting recover at 04-JUN-14
using channel ORA_DISK_1
using channel ORA_DISK_2
using channel ORA_DISK_3
using channel ORA_DISK_4

starting media recovery
media recovery complete, elapsed time: 00:00:00

Finished recover at 04-JUN-14

RMAN> alter database open;

Statement processed

RMAN> alter pluggable database all open;

Statement processed

RMAN>
```

注意，在 Oracle Database 12*c* 中，可在 SQL*Plus 中运行的所有命令现在几乎都可以在 RMAN 中使用，而且不需要使用 SQL 关键字限定它们。

6. 恢复 SYSAUX 或其他根表空间

还原和恢复丢失的除 SYSTEM 或 UNDO 外的不重要根容器表空间(如 SYSAUX)更加简便；不需要关闭数据库(如果它尚未停运)。只需要使包含已丢失数据文件的表空间脱机，执行表空间的还原和恢复，然后使表空间联机。所有 PDB 和根容器在执行此操作期间依然联机，因为除 SYSTEM、TEMP 和 UNDO 外的根容器专用表空间并非由任意 PDB 共享(当然，如果 PDB 没有自己的 TEMP 表空间，TEMP 算是例外)。下面列出命令系列：

```
RMAN> alter tablespace sysaux offline immediate;
RMAN> restore tablespace sysaux;
RMAN> recover tablespace sysaux;
RMAN> alter tablespace sysaux online;
```

7. 恢复 PDB 数据文件

因为所有 PDB 都独立运行，像是非 CDB 一样，所以一个 PDB 上出现故障或丢失数据文件不影响根容器或其他 PDB(除非该 PDB 的 SYSTEM 表空间中的数据文件丢失或受损)；否则，还原/恢复 PDB 中的数据文件与还原/恢复 CDB 或非 CDB 中的数据文件是相同的。

丢失 PDB SYSTEM 数据文件 少数情况下，必须关闭整个 CDB；丢失一个打开的 PDB 中的 SYSTEM 表空间便是这种情况之一，此时，需要关闭整个 CDB，来恢复 PDB 的 SYSTEM 表空间。否则，如果 PDB 由于 SYSTEM 数据文件受损或丢失而关闭且无法打开，CDB 和其他 PDB 在 PDB 还原和恢复操作期间仍可打开。

在本例中，关闭 CCREPOS 时，无意中删除了 PDB CCREPOS 的 SYSTEM 数据文件。如你所料，将无法打开 CCREPOS：

```
SQL> alter pluggable database ccrepos open;
alter pluggable database ccrepos open
*
ERROR at line 1:
ORA-01157: cannot identify/lock data file 30 - see DBWR trace file
ORA-01110: data file 30:
'+DATA/CDB01/FB03AEEBB6F60995E043E3A0080AEE85/DATAFILE/system.258.849342981
'
SQL>
```

接下来启动 RMAN，开始恢复 SYSTEM 表空间。在 RESTORE 命令中，务必用 PDB 名来限定表空间名：

```
RMAN> restore tablespace ccrepos:system;

Starting restore at 04-JUN-14
using target database control file instead of recovery catalog
allocated channel: ORA_DISK_1
channel ORA_DISK_1: SID=774 device type=DISK
allocated channel: ORA_DISK_2
channel ORA_DISK_2: SID=1028 device type=DISK
allocated channel: ORA_DISK_3
channel ORA_DISK_3: SID=1279 device type=DISK
allocated channel: ORA_DISK_4
channel ORA_DISK_4: SID=9 device type=DISK

channel ORA_DISK_1: starting datafile backup set restore
channel ORA_DISK_1: specifying datafile(s) to restore from backup set
channel ORA_DISK_1: restoring datafile 00030 to
+DATA/CDB01/FB03AEEBB6F60995E043E3A0080AEE85/DATAFILE/system.258.849342981
channel ORA_DISK_1: reading from backup piece
+RECOV/CDB01/FB03AEEBB6F60995E043E3A0080AEE85
   /BACKUPSET/2014_06_04/nnndf0_tag20140604t084003_0.316.849343205
channel ORA_DISK_1: piece
handle=+RECOV/CDB01/FB03AEEBB6F60995E043E3A0080AEE85
   /BACKUPSET/2014_06_04/nnndf0_tag20140604t084003_0.316.849343205
tag=TAG20140604T084003
channel ORA_DISK_1: restored backup piece 1
channel ORA_DISK_1: restore complete, elapsed time: 00:00:07
Finished restore at 04-JUN-14

RMAN> recover tablespace ccrepos:system;

Starting recover at 04-JUN-14
using channel ORA_DISK_1
using channel ORA_DISK_2
using channel ORA_DISK_3
using channel ORA_DISK_4

starting media recovery
media recovery complete, elapsed time: 00:00:00
```

```
Finished recover at 04-JUN-14

RMAN> alter pluggable database ccrepos open;

Statement processed

RMAN>
```

丢失 PDB 非 SYSTEM 数据文件　恢复 PDB 中的非 SYSTEM 数据文件时，与在 CDB 中恢复非 SYSTEM 数据文件或表空间的步骤是相同的：使该表空间脱机，再进行还原和恢复。唯一区别是使用 PDB 名来限定表空间名：

```
RMAN> restore tablespace tool:fishinv;
RMAN> recover tablespace tool:fishinv;
. . .
SQL> connect rjb/rjb@tettnang/tool
SQL> alter tablespace fishinv online;
```

11.5.5　使用 DRA

DRA(Data Recovery Advisor，数据恢复顾问)可主动和被动地分析故障。这两种情况下，它不会自动修复所找到的问题，而是提供一个或多个可能的修复选项和命令。从 Oracle Database 12*c* 第 1 版(12.1.0.1)开始，仅支持非 CDB 和单实例 CDB(非 RAC 环境)。

在以前的 Oracle RMAN 版本中，你可以使用 VALIDATE 命令，前瞻性地检查数据库的数据文件。在 CDB 环境中，增强了 VALIDATE 命令，来分析各个 PDB 或整个 CDB。

1. 数据故障

在前面介绍的一种场景中，CCREPOS PDB 中 SYSTEM 表空间的数据文件丢失了。查看警报日志后(更可能的情形是，在用户提交帮助请求，表示无法访问 CCREPOS 数据库后)，会得出这样的结论。你怀疑还有其他故障，因此启动 RMAN，并使用 DRA 命令 LIST FAILURE、ADVISE FAILURE 和 REPAIR FAILURE 来修复一个或多个问题。

要查看和修复包含 CCREPOS PDB 的 CDB 的任意问题，可从根容器启动 RMAN，运行 LIST FAILURE DETAIL 命令：

```
RMAN> list failure detail;

using target database control file instead of recovery catalog
Database Role: PRIMARY

List of Database Failures
=========================

Failure ID Priority Status    Time Detected Summary
---------- -------- --------- ------------- -------
1562       CRITICAL OPEN      04-JUN-14     System datafile 30:
'+DATA/CDB01/FB03AEEBB6F60995E043E3A0080AEE85/DATAFILE/system.258.849343395'
is missing
  Impact: Database cannot be opened
```

```
Failure ID Priority Status    Time Detected Summary
---------- -------- --------- ------------- -------
1542       CRITICAL OPEN      04-JUN-14     System datafile 30:
'+DATA/CDB01/FB03AEEBB6F60995E043E3A0080AEE85/DATAFILE/system.258.849342981'
is missing
  Impact: Database cannot be opened

RMAN>
```

看起来 SYSTEM 数据文件在本章前面已经丢失了一回(已恢复)！但并未从 RMAN 清理该故障，故使用 CHANGE FAILURE 来清理早期事件：

```
RMAN> change failure 1542 closed;

Database Role: PRIMARY

List of Database Failures
=========================

Failure ID Priority Status    Time Detected Summary
---------- -------- --------- ------------- -------
1542       CRITICAL OPEN      04-JUN-14     System datafile 30:
'+DATA/CDB01/FB03AEEBB6F60995E043E3A0080AEE85/DATAFILE/system.258.849342981'
is missing

Do you really want to change the above failures (enter YES or NO)? yes
closed 1 failures

RMAN>
```

接下来，看一下 RMAN 建议如何修复该问题：

```
RMAN> advise failure 1562;

Database Role: PRIMARY

List of Database Failures
=========================

Failure ID Priority Status    Time Detected Summary
---------- -------- --------- ------------- -------
1562       CRITICAL OPEN      04-JUN-14     System datafile 30:
'+DATA/CDB01/FB03AEEBB6F60995E043E3A0080AEE85/DATAFILE/system.258.849343395'
is missing

analyzing automatic repair options; this may take some time
allocated channel: ORA_DISK_1
channel ORA_DISK_1: SID=774 device type=DISK
allocated channel: ORA_DISK_2
channel ORA_DISK_2: SID=1028 device type=DISK
allocated channel: ORA_DISK_3
```

```
channel ORA_DISK_3: SID=1276 device type=DISK
allocated channel: ORA_DISK_4
channel ORA_DISK_4: SID=10 device type=DISK
analyzing automatic repair options complete

Mandatory Manual Actions
========================
no manual actions available

Optional Manual Actions
=======================
1. If file
+DATA/CDB01/FB03AEEBB6F60995E043E3A0080AEE85/DATAFILE/system.258.849343395
was unintentionally renamed or moved, restore it
2. Automatic repairs may be available if you shut down the database and restart
it in mount mode

Automated Repair Options
========================
Option Repair Description
------ ------------------
1      Restore and recover datafile 30
  Strategy: The repair includes complete media recovery with no data loss
  Repair script: /u01/app/oracle/diag/rdbms/cdb01/cdb01/hm/reco_461168804.hm

RMAN>
```

RMAN生成如下的修复脚本：

```
# restore and recover datafile
sql 'CCREPOS' 'alter database datafile 30 offline';
restore ( datafile 30 );
recover datafile 30;
sql 'CCREPOS' 'alter database datafile 30 online';
```

维持 RMAN 中生成的运行脚本不变。由于已经关闭了 CCREPOS PDB，意味着跳过开头和末尾的命令，仅运行 RESTORE 和 RECOVER 命令：

```
RMAN> restore (datafile 30);

Starting restore at 04-JUN-14
using channel ORA_DISK_1
using channel ORA_DISK_2
using channel ORA_DISK_3
using channel ORA_DISK_4

channel ORA_DISK_1: starting datafile backup set restore
channel ORA_DISK_1: specifying datafile(s) to restore from backup set
channel ORA_DISK_1: restoring datafile 00030 to
+DATA/CDB01/FB03AEEBB6F60995E043E3A0080AEE85/DATAFILE/system.258.849343395
channel ORA_DISK_1: reading from backup piece
+RECOV/CDB01/FB03AEEBB6F60995E043E3A0080AEE85/BACKUPSET/2014_06_04/nnndf0_
```

```
tag20140604t084003_0.316.849343205
channel ORA_DISK_1: piece
handle=+RECOV/CDB01/FB03AEEBB6F60995E043E3A0080AEE85/BACKUPSET/2014_06_04/
nnndf0_tag20140604t084003_0.316.849343205 tag=TAG20140604T084003
channel ORA_DISK_1: restored backup piece 1
channel ORA_DISK_1: restore complete, elapsed time: 00:00:07
Finished restore at 04-JUN-14

RMAN> recover datafile 30;

Starting recover at 04-JUN-14
using channel ORA_DISK_1
using channel ORA_DISK_2
using channel ORA_DISK_3
using channel ORA_DISK_4

starting media recovery
media recovery complete, elapsed time: 00:00:01

Finished recover at 04-JUN-14

RMAN>
```

最后，打开 PDB，看一下是否一切完好：

```
RMAN> alter pluggable database ccrepos open;
Statement processed
RMAN>
```

由于CCREPOS现在可正常启动，所以可清除RMAN中的故障：

```
RMAN> change failure 1562 closed;

Database Role: PRIMARY

List of Database Failures
=========================

Failure ID Priority Status    Time Detected Summary
---------- -------- --------- ------------- -------
1562       CRITICAL OPEN      04-JUN-14     System datafile 30:
'+DATA/CDB01/FB03AEEBB6F60995E043E3A0080AEE85/DATAFILE/system.258.849343395'
is missing

Do you really want to change the above failures (enter YES or NO)? yes
closed 1 failures

RMAN>
```

2. PITR 场景

有时要将整个数据库回滚到这样一个时间点：在逻辑损坏发生之前。如果闪回保留不足以回滚到想要的位置，则不得不还原整个数据库，然后应用增量备份和归档重做日志，到达发生逻辑损坏之前的时间点(例如，删除多个大表或更新数百个包含错误日期的表)。

因此，时间点恢复(Point-In-Time Recovery，PITR)是 PDB 表空间或整个 PDB 的良好解决方案。为一个 PDB 执行 PITR 时，其他所有 PDB 和 CDB 不受影响。与非 CDB PITR 一样，在执行不完整恢复时，必须以 RESETLOG 模式打开 PDB。对于 PDB 中的表空间，在表空间 PITR 期间，PDB 依然打开。

在下例名为 TOOL 的 PDB 中，有一系列常规事务和一个逻辑一致的数据库(从 SCN 4759498 开始)：

```
SQL> select current_scn from v$database;

CURRENT_SCN
-----------
    4759498
SQL>
```

当天晚些时候，在 SCN=4767859 处，BIG_IMPORT 表中的所有行被无意间删除，而该表的闪回数据以及 UNDO 数据都不可用。唯一可行的选项是使用 PITR，将表空间 USERS 恢复到 SCN=4759498：

```
RMAN> recover tablespace tool:users until scn 4759498
2>       auxiliary destination '+RECOV';
. . .
SQL> alter tablespace tool:users online;
```

如果该 PDB 未使用闪回恢复区，AUXILIARY DESTINATION 子句将指定保存辅助实例的临时文件的位置，包括数据文件、控制文件和联机日志文件。

3. 使用闪回 CDB

如果 CDB 中所有 PDB 的指定恢复窗口的闪回日志都有足够空间，而执行完整 CDB 还原和恢复操作需要明显更长的时间，那么使用闪回(Flashback)CDB 是另一个不错的恢复选项。即使为闪回日志准备了足够的磁盘空间，闪回操作也跨越所有 PDB 和 CDB。如果需要闪回单个 PDB，可改用 PDB PITR，让剩余的 PDB 和 CDB 处于当前的 SCN。

要配置快速恢复区，可启用 ARCHIVELOG 模式，设置闪回保留目标，并启用闪回：

```
SQL> alter system set db_flashback_retention_target=4000;

System altered.

SQL> alter database flashback on;

Database altered.

SQL>
```

使用闪回 CDB 时还要注意一点，不能将 CDB 闪回到这样一个时间点：早于已使用数据库 PITR 倒回的任意 PDB。

11.5.6 确定受损的块

RMAN VALIDATE 命令在 CDB 环境中的工作方式类似于 Oracle 旧版本，但使用所需的 Oracle Database 12*c* 粒度，来验证单个 PDB、根容器或整个 CDB。在 RMAN 中连接到根容器，本例中使用 VALIDATE 命令来确认 TOOL 和 CCREPOS PDB 中的所有数据文件是否存在，并检查确定任意受损的块：

```
[oracle@tettnang ~]$ rman target /

Recovery Manager: Release 12.1.0.1.0 - Production on Wed Jun 4 21:09:02 2014

Copyright (c) 1982, 2013, Oracle and/or its affiliates.  All rights reserved.

connected to target database: CDB01 (DBID=1382179355)

RMAN> validate pluggable database tool,ccrepos;

Starting validate at 04-JUN-14
using target database control file instead of recovery catalog
allocated channel: ORA_DISK_1
channel ORA_DISK_1: SID=1276 device type=DISK
allocated channel: ORA_DISK_2
channel ORA_DISK_2: SID=517 device type=DISK
allocated channel: ORA_DISK_3
channel ORA_DISK_3: SID=1277 device type=DISK
allocated channel: ORA_DISK_4
channel ORA_DISK_4: SID=1025 device type=DISK
channel ORA_DISK_1: starting validation of datafile
channel ORA_DISK_1: specifying datafile(s) for validation
input datafile file number=00033
name=+DATA/CDB01/FA782A61F8447D03E043E3A0080A9E54/DATAFILE/users.283.849369
565
. . .
channel ORA_DISK_3: validation complete, elapsed time: 00:00:01
List of Datafiles
=================
File Status Marked Corrupt Empty Blocks Blocks Examined High SCN
---- ------ -------------- ------------ --------------- ----------
31   OK     0              20112        80685           4769786
  File Name:
+DATA/CDB01/FB03AEEBB6F60995E043E3A0080AEE85/DATAFILE/sysaux.282.849342981
  Block Type Blocks Failing Blocks Processed
  ---------- -------------- ----------------
  Data       0              14367
  Index      0              7673
  Other      0              38488

Finished validate at 04-JUN-14

RMAN>
```

11.5.7　使用 RMAN 复制 PDB

前面介绍了如何使用 CREATE PLUGGABLE DATABASE . . . FROM 命令来克隆 PDB。使用 RMAN 时，可更灵活地复制一个 CDB 中的一个或多个 PDB 或整个 CDB，而且更具扩展性。

与 RMAN DUPLICATE 操作一样，必须为目的地 CDB 和 PDB 创建辅助实例。即使在复制 PDB 时，也必须使用初始参数 ENABLE_PLUGGABLE_DATABASE=TRUE 来启动辅助实例，因此目标是一个包含根容器(CDB$ROOT)和种子数据库(PDB$SEED)的完整 CDB。

要将单个名为 TOOL 的 PDB 复制到一个名为 NINE 的新 CDB 中，可使用如下的 RMAN DUPLICATE 命令：

```
RMAN> duplicate database to nine pluggable database tool;
```

如果要复制两个或更多 PDB，只需要将它们添加到 DUPLICATE 命令的末尾处即可：

```
RMAN> duplicate database to nine pluggable database qa_2015,tool;
```

DUPLICATE 命令中允许使用排除选项。如果要克隆除 CCREPOS PDB 外的整个 CDB，可执行以下命令：

```
RMAN> duplicate database to nine skip pluggable database ccrepos;
```

最后，不仅可将 PDB 复制到新的 CDB，也可将各个表空间复制到新的 CDB 中：

```
RMAN> duplicate database to nine
2>       pluggable databases qa_2015,ccrepos tablespace tool:users;
```

在本例中，你希望新的 CDB 包含名为 QA_2015_CCREPOS 的新 PDB(仅包含来自名为 TOOL 的现有 PDB 的 USERS 表空间)。

11.6　本章小结

Oracle Database 12*c* 新引入 Oracle 多租户体系结构。给予数据库管理员范围完整的新功能来简化和减少维护活动，对资源需求的变化做出响应，以及最大限度地利用现有技术架构。

与前几版的 Oracle 数据库一样，仅需要一小段时间就可以创建新的数据库甚至克隆现有数据库。一个原因是在容器数据库中共享了资源，如基本数据字典构成了新数据库元数据的主体，且不需要为每个可插入数据库复制该字典。临时表空间、撤消表空间以及联机重做日志文件都已齐备，不过，PDB 可拥有自己的临时表空间(如果需要支持的特定应用程序工作负荷不同于同一 CDB 中的其他 PDB)。

可方便地将一个 PDB 移到同一服务器上的另一容器或不同服务器上的另一个容器，只需要关闭数据库，使用该 PDB 的元数据创建一个 XML 文件，然后将数据库文件本身复制到新 CDB 可访问的位置即可。

使用该特性最大的亮点在于，你可以使用以前惯用的工具。仍使用 RMAN 来备份和恢复 PDB，初始参数的行为基本与前几版中的相同，用户不必更改应用程序即可使其在多租户环境中高效运行。

第Ⅲ部分

高 可 用 性

第 12 章　实时应用群集

第 13 章　备份和恢复选项

第 14 章　使用恢复管理器(RMAN)

第 15 章　Oracle Data Guard

第 16 章　其他高可用性特性

第 12 章

实时应用群集

第 4 章概述了自动存储管理(Automatic Storage Management，ASM)和 Oracle 管理文件(Oracle Managed Files，OMF)，并介绍了它们如何简化管理、增强性能和改善系统可用性。可以向快速增长的 VLDB 添加一个或多个磁盘卷，而不会降低实例的性能。

第 6 章讨论了大文件表空间，它们不仅允许数据库的总体规模远远大于旧版 Oracle 数据库，并将维护任务从数据文件转移到表空间，从而方便了管理。第 17 章将浓墨重彩地描述 Oracle 网络(Oracle Net)，介绍一些基本知识，以确保你的客户可高效、便捷地访问数据库服务器。除介绍其他一些方便管理大型数据库的工具(如分区表支持、可传输表空间以及 Oracle 10*g* 引入的 Oracle Data Pump 功能)外，第 16 章将进一步讲解大文件表空间。

随着数据库规模的不断增长以及用户数量的不断增加，可用性需求变得愈加重要。RAC (Real Application Clusters，实时应用群集)将 OMF、大文件表空间、健壮的网络基础设施和 ASM 整合成 RAC 体系结构的关键要素。本章将重温这些数据库特性，但重点是讨论如何将它们用于 RAC 环境中。

本章将集中讨论大量有关 RAC 的主题，包括与单服务器数据库环境相比，RAC 环境的硬件、软件和网络配置上的差异。还将介绍如何使用单个 SPFILE 来控制 RAC 数据库中一个实例、多个实例或所有实例的初始参数。最后将列举一些示例，演示 RAC 如何提供大多数单数据库环境中不具备的扩展性和可用性。

在安装 RAC 的过程中，可配置 Enterprise Manager 代理和 Enterprise Manager Database Control 12*c* 来管理群集。Cloud Control 12*c* 通过提供一个支持群集的层扩展了管理一个单独的实例可用的功能；可从一个单独的 Web 界面来管理 Oracle 实例和底层的群集配置。

后续章节将介绍其他一些确保数据库高可用性和可恢复性的方法。第 15 章将详述具有准实时故障转移能力的 Oracle Data Guard，第 19 章将介绍用于高级复制的 Oracle Streams。第 16 章将讲解如何执行 Flashback Drop(闪回删除)和 Flashback Database(闪回数据库)以及如何使用 LogMiner 来撤消单独的事务处理，以此来结束从第 7 章开始介绍的有关 Flashback(闪回)选项的讨论。

12.1 实时应用群集概述

实时应用群集(RAC)数据库是高度可用和可扩展的。群集中一个节点的失效不影响客户会话或群集自身的可用性，直到该群集中的最后一个节点失效。一个节点的失效对群集的唯一影响是响应速度的轻微降级，降级的程度取决于群集中节点的总数。

RAC 数据库有几个缺陷。它的许可成本较高，因为群集中的每个节点都必须拥有各自的 Oracle 许可，还需要 RAC 选项的许可。由于群集互连的高速要求使得群集内节点在物理上具有紧密的邻近性，这意味着一次自然灾难就可能破坏整个群集；使用远程备用数据库有助于缓解其中一些问题。相对于增加的成本和轻微增加的 RAC 数据库维护工作，必须权衡获得高可用性(或缺乏可用性)的代价。

注意：

延伸群集(stretch cluster)，或者说在广域网(WAN)上使用 RAC 技术的群集，可以保护整个数据中心避免发生故障，但它增加了基础设施成本，因为必须跨站点复制已经冗余的存储系统，而且网络带宽必须很高才能保持峰值事务期间的同步任务。

接下来将介绍 RAC 数据库的一些硬件和软件要求，并详细说明成功建立一个群集的网络配置和磁盘存储要求。

12.1.1 硬件配置

完整讨论 RAC 数据库所有可能的硬件配置超出了本书的范畴。对于一个 RAC 数据库而言，应至少包括两个(更希望是三个)节点，每个节点具有冗余电源、网卡、双 CPU 和错误纠正内存。对于任何类型的服务器而言，这些都是期望具有的特性，而不仅限于 Oracle 服务器！在群集中配置的节点数量越多，当其中的一个节点失效时，遭受的性能降级越少。

共享磁盘子系统也应该具有内置的硬件冗余——多个电源、支持 RAID 的磁盘等(或仅利用诸如 Oracle Exadata 的工程化系统！)。你将需要折中考虑共享磁盘内置的冗余性和将为 RAC

创建的磁盘组类型。内置于磁盘子系统硬件的冗余性越高，越能够潜在地降低在创建数据库的磁盘组时需要指定的软件冗余量。

12.1.2　软件配置

尽管从 Oracle 版本 6 开始就可以使用 Oracle 群集解决方案，但直到 Oracle 版本 10*g* 才自带了群集软件(clusterware)解决方案，它可以更加紧密地将数据库和磁盘卷管理解决方案结合在一起。群集就绪服务(Cluster Ready Service，CRS)是一种可用于所有主流平台上的群集解决方案，而不是操作系统(OS)供应商或第三方的群集软件。

在安装 RDBMS 之前安装 CRS，并且必须安装在它自己的主目录下，该目录称为 CRS_HOME。如果近期只使用一个单独实例但打算在稍后的时期实施群集的话，那么首先安装 CRS 是有用的，这样可以使 ASM 和 RAC 需要的 CRS 组件位于 RDBMS 目录结构中。如果没有首先安装 CRS，那么在以后必须执行一些额外步骤，以便从 RDBMS 主目录中清除与 CRS 相关的可执行程序。

安装了 CRS 后，将数据库软件安装在称为 ORACLE_HOME 的主目录中。在一些平台上，如 Microsoft Windows，该目录可以是一个所有节点共有的目录，而对于其他一些平台，如 Linux，则需要 OCFS 版本 2.*x* 或更高的版本。否则，每个节点将拥有它自己的二进制可执行文件的副本。

12.1.3　网络配置

RAC 中的每个节点最少要有 3 个 IP 地址：一个地址用于公用网络，一个地址用于专用网络互连，还有一个虚拟 IP 地址用来支持节点发生故障时执行更快的故障切换。因此，至少需要两个物理网卡来支持 RAC。额外的网卡可在公用网络上提供冗余，并可作为输入连接的一条可选网络路径。对于专用网络，额外网卡通过为互连流量提供更大的总带宽而提高了网络性能。图 12-1 给出一个两节点的 RAC 网络配置，每个节点将一个网卡用于专用网络互连，并将另一个网卡用于连接公用网络。

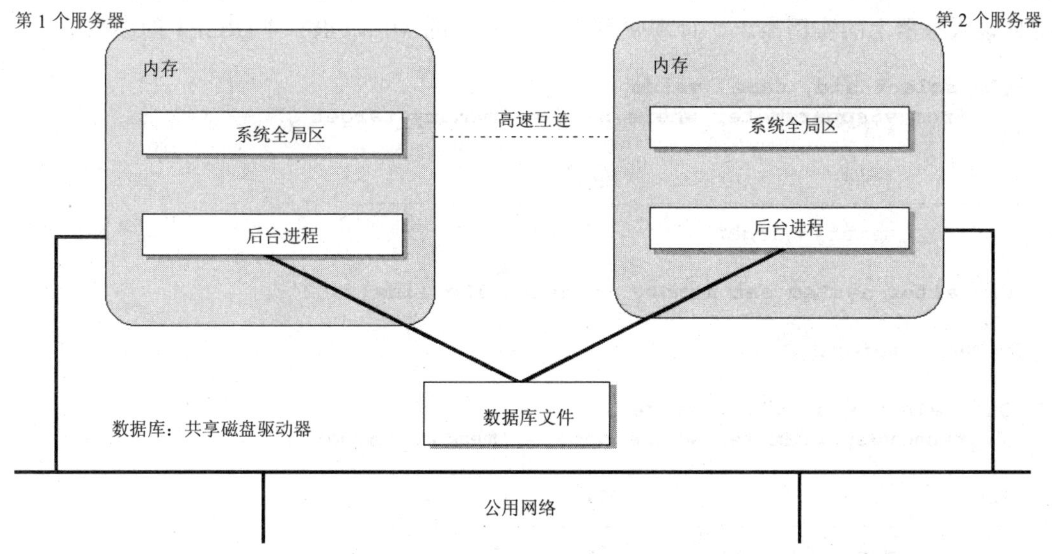

图 12-1　RAC 网络配置

公用网络用于往返于节点和服务器之间的所有常规连接。互连网络(或专用网络)支持群集内节点之间的通信，如节点状态信息和节点之间共享的实际数据块。这种接口速率应该尽可能快，并在此接口上不应进行其他类型的通信，否则会降低 RAC 数据库的性能。

虚拟 IP 地址是分配给 Oracle 侦听程序的地址，并支持快速的连接时故障切换(rapid connect-time failover)，该功能能以远快于第三方高可用解决方案的速度将网络流量和 Oracle 连接切换到 RAC 数据库中的一个不同实例上。

12.1.4 磁盘存储

共享磁盘驱动器可能是也可能不是一个用于支持冗余的 RAID 设备。更重要的是，应该多元复用磁盘控制器和到共享存储的连接以确保高可用性。如果没有镜像共享驱动器中的磁盘，则可以使用 ASM 的镜像功能来增强系统性能和可用性。

12.2 RAC 特征

RAC 实例在很多方面不同于一个独立实例。本节将分析 RAC 数据库特有的一些初始化参数。此外，还会介绍一些数据字典视图和动态性能视图，这些视图或者是 RAC 特有的，或者它们具有一些只有当实例是 RAC 一部分的时候才填入的数据列。

12.2.1 服务器参数文件特征

服务器参数文件(SPFILE)驻留在 ASM 磁盘组上，因此它为群集中的每个节点所共享。在 SPFILE 内，可按逐个实例的方式为特定参数分配不同的值；换句话说，不同实例的初始化参数值可以不同。如果一个初始化参数对群集中的所有节点都是相同的，它将以“*.”为前缀，否则将以节点名为前缀。

在该示例中，由于有其他应用程序当前正运行在服务器上(虽然理想情况下，除 Oracle 外不会有其他应用程序运行在服务器上)，因此暂时地减少群集服务器 oc2 上的物理内存。因此，要降低该服务器上的实例需求，将需要改变 rac2 实例的 MEMORY_TARGET 的参数值。

```
SQL> select sid, name, value
  2  from v$spparameter where name = 'memory_target';

SID        NAME                 VALUE
---------- -------------------- ----------------
*          memory_target         17179869184

SQL> alter system set memory_target = 12g sid='rac2';

System altered.

SQL> select sid, name, value
  2  from v$spparameter where name = 'memory_target';

SID        NAME                 VALUE
---------- -------------------- ----------------
*          memory_target         17179869184
rac2       memory_target         12884901888
```

根据你分配和取消分配的硬件和内存量，重调内存大小的操作可能需要数秒，也可能需要数分钟(取决于当前系统负载)。一旦解决了内存问题，可按如下方式还原 rac2 实例上 SGA 的大小：

```
SQL> alter system set memory_target = 16g sid='rac2';

System altered.
SQL>
```

作为一种可选方法，也常是更简单的方法，可将此值重置为与群集的其余节点相同的值。为此，可使用 ALTER SYSTEM 命令的 RESET 选项：

```
SQL> alter system reset memory_target sid = 'rac2';

System altered.

SQL> select sid, name, value
  2  from v$spparameter where name = 'memory_target';

SID        NAME                 VALUE
---------- -------------------- ----------------
*          memory_target        17179869184

SQL>
```

12.2.2　与 RAC 相关的初始化参数

许多初始化参数只在 RAC 环境下使用。尽管这些初始化参数存在于任何实例中，但在单实例环境中，它们或者为空或者参数值为 1(例如，INSTANCE_NUMBER)。在表 12-1 中，将概述一些关键的与 RAC 相关的初始化参数。

表 12-1　与 RAC 相关的初始化参数

初始化参数	说　明
INSTANCE_NUMBER	用于标识群集中实例的唯一编号
INSTANCE_NAME	群集内实例的唯一名称；通常情况下群集名带有一个数字后缀
CLUSTER_DATABASE	如果该实例正参与 RAC 环境，则该参数为 TRUE
CLUSTER_DATABASE_INSTANCES	为该群集配置的实例数量，而不考虑每个实例是否激活如果 INSTANCE_TYPE 为 ASM，则该参数的值为 4
CLUSTER_INTERCONNECTS	指定用于群集的 IPC 流量的网络

12.2.3　动态性能视图

在单实例环境中，所有以 V$开头的动态性能视图有一个以 GV$开头的对应视图，并且附加的列 INST_ID 总设置为 1。对于具有两个节点的 RAC 环境，GV$视图拥有的行数是对应的

V$视图的两倍；对于一个三节点 RAC，拥有的行数是对应的 V$视图的三倍，以此类推。随后将介绍一些显示相同内容而与连接的节点无关的 V$动态性能视图，并介绍一些能显示每个节点上 V$视图的内容而不需要显式连接到每个节点的 GV$视图。

1. 通用数据库文件视图

无论是处于 RAC 环境还是单实例环境，一些动态性能视图是相同的，ASM 配置就是这种情况的一个极佳示例。下面这个查询运行在群集的任何数据库实例上，我们想要在此查询中验证所有数据库文件都存储在两个 ASM 磁盘组中的一个磁盘组上(+DATA1 或+RECOV1)。

```
SQL> select name from v$datafile union
  2  select name from v$tempfile union
  3  select member from v$logfile union
  4  select name from v$controlfile union
  5  select name from v$flashback_database_logfile;

NAME
----------------------------------------------------------
+DATA1/rac/controlfile/current.260.631034951
+DATA1/rac/datafile/example.264.631035151
+DATA1/rac/datafile/sysaux.257.631034659
+DATA1/rac/datafile/system.256.631034649
+DATA1/rac/datafile/undotbs1.258.631034665
+DATA1/rac/datafile/undotbs2.265.631035931
+DATA1/rac/datafile/undotbs3.266.631035935
+DATA1/rac/datafile/users.259.631034665
+DATA1/rac/onlinelog/group_1.261.631034959
+DATA1/rac/onlinelog/group_2.262.631034973
+DATA1/rac/onlinelog/group_3.269.631036295
+DATA1/rac/onlinelog/group_4.270.631036303
+DATA1/rac/onlinelog/group_5.267.631036273
+DATA1/rac/onlinelog/group_6.268.631036281
+DATA1/rac/tempfile/temp.263.631035129
+RECOV1/rac/controlfile/current.256.631034953
+RECOV1/rac/onlinelog/group_1.257.631034965
+RECOV1/rac/onlinelog/group_2.258.631034977
+RECOV1/rac/onlinelog/group_3.261.631036301
+RECOV1/rac/onlinelog/group_4.262.631036307
+RECOV1/rac/onlinelog/group_5.259.631036277
+RECOV1/rac/onlinelog/group_6.260.631036285

22 rows selected.

SQL> show parameter spfile

NAME                   TYPE        VALUE
---------------------- ----------- --------------------------
spfile                 string      +DATA1/rac/spfilerac.ora
SQL>
```

2. 支持群集的动态性能视图

通过 GV$视图可方便地在一个单独的 SELECT 语句中查看每个实例的特征，与此同时筛选出不希望看到的节点。还可以通过这些视图方便地得到群集中的部分节点或所有节点的总数量，如下例所示。

```
SQL> select nvl(to_char(inst_id),'TOTAL') INST#,
  2      count(inst_id) sessions from gv$session
  3      group by rollup(inst_id)
  4      order by inst_id;

INST#      SESSIONS
-------- ----------
1                48
2                48
3                44
TOTAL           140

4 rows selected.
```

从该查询中，通过使用视图 GV$SESSION，可以看到每个实例的会话数以及该群集的实例总数。

12.3　RAC 维护

在一个单节点实例上执行的大多数维护操作可直接应用到多节点 RAC 数据库环境中。本节将回顾维护 RAC 的基础知识——包括启动 RAC，并讨论重做日志和撤消表空间是如何操作的，然后讲解一个实例失效情况下的例子，该示例使用透明应用程序故障转移(Transparent Application Failover，TAF)。

12.3.1　启动 RAC

启动 RAC 与启动一个独立实例没有太大区别。RAC 中的节点可按任何顺序启动，并且可在任何时候关闭和启动它们，而对群集内其余节点的影响极小。在数据库启动期间，首先启动 ASM 实例并装载共享磁盘组，接下来，RDBMS 实例启动并加入群集。

在 Linux 上，可修改/etc/oratab 文件来自动启动每个群集上的实例(包括 ASM 实例和 RDBMS 实例)：

```
# This file is used by ORACLE utilities.  It is created by root.sh
# and updated by the Database Configuration Assistant when creating
# a database.

# A colon, ':', is used as the field terminator.  A new line terminates
# the entry.  Lines beginning with a pound sign, '#', are comments.
#
# Entries are of the form:
#   $ORACLE_SID:$ORACLE_HOME:<N|Y>:
```

```
#
# The first and second fields are the system identifier and home
# directory of the database respectively.  The third field indicates
# to the dbstart utility that the database should , "Y", or should not,
# "N", be brought up at system boot time.
#
# Multiple entries with the same $ORACLE_SID are not allowed.
#
#
+ASM1:/u01/app/oracle/product/11.1.0/db_1:Y
rac:/u01/app/oracle/product/11.1.0/db_1:Y
```

12.3.2 RAC 环境中的重做日志

与单节点实例的情况一样，联机重做日志用于 RAC 环境中的实例恢复。RAC 环境中的每个实例都有其自己的联机重做日志文件集合，该集合用来前滚重做日志中的所有信息，然后可以使用撤消表空间来回滚在该节点上发起的任何未提交的事务。

甚至在失效的实例重启之前，一个存活的实例就可以检测到实例失效并使用联机重做日志文件来确保没有丢失提交的事务。如果在失效的实例重启之前完成了这一过程，那么重启的实例不需要实例恢复。即使多个实例失效，实例恢复所需要的也只是一个幸存的节点。如果 RAC 中的所有实例都失效，那么启动的第一个实例将使用该群集内所有实例的联机重做日志文件为数据库执行实例恢复。

如果需要介质恢复并必须恢复整个数据库，那么除了一个实例外，必须关闭所有实例并从一个单独实例上来执行介质恢复。如果正在恢复非关键数据库文件，只要将包含要恢复文件的表空间标记为 OFFLINE，则所有节点都可启动。

12.3.3 RAC 环境中的撤消表空间

与重做日志一样，RAC 环境中的每个实例必须在一个共享驱动器或磁盘组上拥有其自己的撤消表空间。该撤消表空间用于在常规的事务操作或实例恢复过程中回滚事务。此外，群集内的其他节点可以使用撤消表空间来支持一些事务的读取一致性，例如，这些事务正从节点 rac2 上的一个表中读取数据行，与此同时，节点 rac1 上的一个数据录入过程对同一个表进行更新并且还没有提交该事务。rac2 上的用户需要看到存储在 rac1 的撤销表空间中的前像数据。这正是每一个撤销表空间必须对群集内所有节点都是可见的原因。

12.3.4 故障转移情况和 TAF

如果已经正确地配置了客户程序并且客户程序连接的实例失效，那么客户程序可以快速切换到该群集中的另一个实例，并且数据处理可以继续进行，只是响应时间稍有延长。

这里给出在前面创建的 racsvc 服务的 tnsnames.ora 条目：

```
racsvc =
  (description =
    (address = (protocol = tcp)(host = voc1)(port = 1521))
    (address = (protocol = tcp)(host = voc2)(port = 1521))
    (address = (protocol = tcp)(host = voc3)(port = 1521))
```

```
    (load_balance = yes)
    (connect_data =
      (server = dedicated)
      (service_name = racsvc.world)
      (failover_mode =
        (type = select)
        (method = basic)
        (retries = 180)
        (delay = 5)
      )
    )
  )
```

下面将介绍如何判断一个会话是否连接到群集以及它的实例是否失效，并且说明在这些情况出现时的后果。首先通过 racsvc 连接到群集，并找到正在连接的节点和实例：

```
SQL> connect rjb/rjb@racsvc;
Connected.
SQL> select instance_name, host_name, failover_type,
  2       failover_method, failed_over
  3  from v$instance
  4  cross join
  5  (select failover_type, failover_method, failed_over
  6   from v$session
  7   where username = 'RJB');

INSTANCE_NAME HOST_NAME FAILOVER_TYPE FAILOVER_METHOD FAILED_OVER
------------- --------- ------------- --------------- -----------
rac1          oc1       SELECT        BASIC           NO

SQL>
```

可使用 V$INSTANCE 中的列为连接的实例和主机命名，然后将名称加入到 V$SESSION 并检索与故障转移相关的列，并且仅在 RAC 环境下填充这些列。在这个例子中，会话尚未经历故障转移，并且故障转移类型是 BASIC(该类型是在创建服务时指定的)。

接下来将从另一个会话关闭实例 rac1，同时仍连接到第一个会话：

```
SQL> connect system@rac1 as sysdba
Connected.
SQL> shutdown immediate
Database closed.
Database dismounted.
ORACLE instance shut down.
SQL>
```

返回到用户会话，重新运行查询来找到正在连接到哪个节点：

```
SQL> select instance_name, host_name, failover_type,
  2       failover_method, failed_over
  3  from v$instance
  4  cross join
  5  (select failover_type, failover_method, failed_over
```

```
from v$session
where username = 'RJB');

INSTANCE_NAME HOST_NAME FAILOVER_TYPE FAILOVER_METHOD FAILED_OVER
------------- --------- ------------- --------------- -----------
rac3          oc3       SELECT        BASIC           YES

SQL>
```

如果在实例关闭时正在运行一个查询，那么该查询会暂停一两秒钟，然后继续进行，就像什么都没发生过一样。如果结果集很大，并已检索到了结果集的大部分内容，则暂停时间会稍长些，因为必须重新查询并丢弃结果集前面部分的内容。

12.3.5 调整 RAC 节点

调整 RAC 节点的第一个步骤是首先调整每个单独的实例。如果一个单独的实例调整不当，则整个群集的性能将不是最优的。可使用自动工作负荷存储库(Automatic Workload Repository，AWR)来调整一个实例，就像它不属于一个群集。

借助于 Cloud Control 12*c*，可进一步利用 AWR 中的统计信息生成 RAC 范围的报告。在图 12-2 中，可看到如何利用 Cloud Control 12*c* 方便地分析共享全局缓存的性能和每个实例的缓存性能，甚至比较给定日子与过去某个相似时间段的群集范围性能。

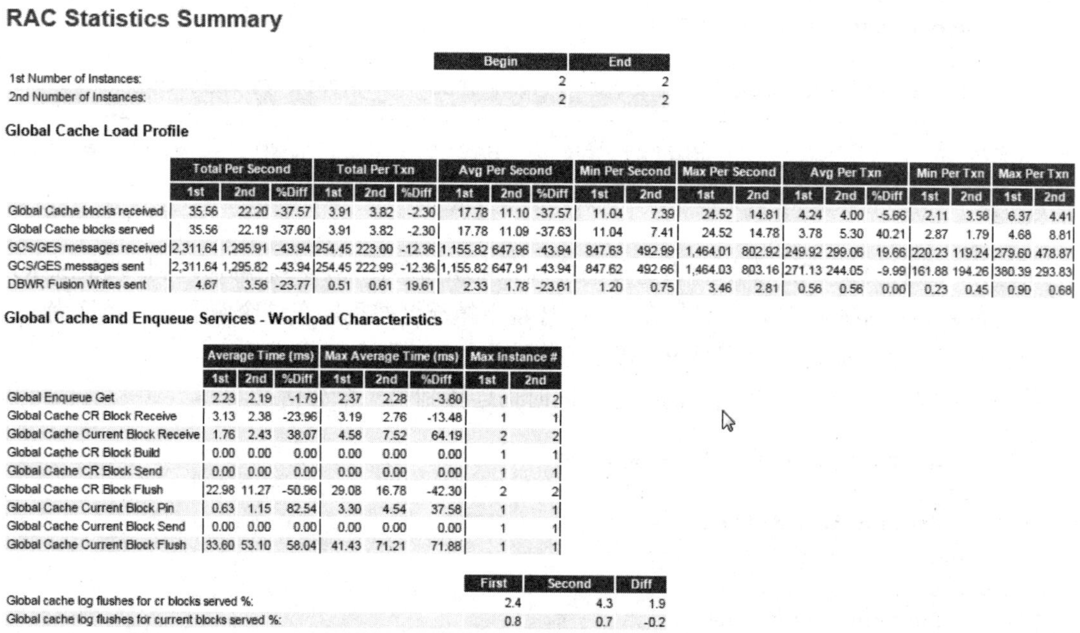

RAC Statistics Summary

	Begin	End
1st Number of Instances:	2	2
2nd Number of Instances:	2	2

Global Cache Load Profile

	Total Per Second			Total Per Txn			Avg Per Second			Min Per Second	
	1st	2nd	%Diff	1st	2nd	%Diff	1st	2nd	%Diff	1st	2nd
Global Cache blocks received	35.56	22.20	-37.57	3.91	3.82	-2.30	17.78	11.10	-37.57	11.04	7.39
Global Cache blocks served	35.56	22.19	-37.60	3.91	3.82	-2.30	17.78	11.09	-37.63	11.04	7.41
GCS/GES messages received	2,311.64	1,295.91	-43.94	254.45	223.00	-12.36	1,155.82	647.96	-43.94	847.63	492.99
GCS/GES messages sent	2,311.64	1,295.82	-43.94	254.45	222.99	-12.36	1,155.82	647.91	-43.94	847.62	492.66
DBWR Fusion Writes sent	4.67	3.56	-23.77	0.51	0.61	19.61	2.33	1.78	-23.61	1.20	0.75

	Max Per Second		Avg Per Txn			Min Per Txn		Max Per Txn	
	1st	2nd	1st	2nd	%Diff	1st	2nd	1st	2nd
Global Cache blocks received	24.52	14.81	4.24	4.00	-5.66	2.11	3.58	6.37	4.41
Global Cache blocks served	24.52	14.78	3.78	5.30	40.21	2.87	1.79	4.68	8.81
GCS/GES messages received	1,464.01	802.92	249.92	299.06	19.66	220.23	119.24	279.60	478.87
GCS/GES messages sent	1,464.03	803.16	271.13	244.05	-9.99	161.88	194.26	380.39	293.83
DBWR Fusion Writes sent	3.46	2.81	0.56	0.56	0.00	0.23	0.45	0.90	0.68

Global Cache and Enqueue Services - Workload Characteristics

	Average Time (ms)			Max Average Time (ms)			Max Instance #	
	1st	2nd	%Diff	1st	2nd	%Diff	1st	2nd
Global Enqueue Get	2.23	2.19	-1.79	2.37	2.28	-3.80	1	2
Global Cache CR Block Receive	3.13	2.38	-23.96	3.19	2.76	-13.48	1	1
Global Cache Current Block Receive	1.76	2.43	38.07	4.58	7.52	64.19	2	2
Global Cache CR Block Build	0.00	0.00	0.00	0.00	0.00	0.00	1	1
Global Cache CR Block Send	0.00	0.00	0.00	0.00	0.00	0.00	1	1
Global Cache CR Block Flush	22.98	11.27	-50.96	29.08	16.78	-42.30	2	2
Global Cache Current Block Pin	0.63	1.15	82.54	3.30	4.54	37.58	1	1
Global Cache Current Block Send	0.00	0.00	0.00	0.00	0.00	0.00	1	1
Global Cache Current Block Flush	33.60	53.10	58.04	41.43	71.21	71.88	1	1

	First	Second	Diff
Global cache log flushes for cr blocks served %:	2.4	4.3	1.9
Global cache log flushes for current blocks served %:	0.8	0.7	-0.2

图 12-2 Cloud Control 12*c* RAC 缓存统计信息

12.4 本章小结

本章简明扼要地介绍了 Oracle 的主要可用性和扩展性解决方案：实时应用群集(RAC)。管理 RAC 的组件与管理单实例数据库是相同的：你使用很多相同的工具来管理用户、表空间和其他服务器资源。使用 RAC 也给用户带来方便：在几乎所有情况下，对于运行查询或 DML 语句的用户而言，群集中任意节点的故障是完全透明的。SQL 语句的处理会继续完成，不需要用户重新提交语句。

第 13 章

备份和恢复选项

Oracle 提供了大量用来保护 Oracle 数据库的备份过程和选项。正确地应用这些选项可以使你有效地备份数据库，并且很容易高效地恢复这些数据库。

Oracle 的备份功能包括逻辑备份和物理备份，两种备份都有很多可用的选项。本章不会详述每种可能的选项和恢复方案。相反，本章将重点介绍如何尽可能最有效地使用最佳选项。你将了解如何以最佳方式相互集成各种可用的备份方法以及和操作系统备份进行集成，还会学习 Oracle Database 10*g* 中引入的关于 Data Pump Export(数据泵导出)和 Data Pump Import(数据泵导入)的选项细节。

13.1 备份功能

可采用 3 种标准方法备份 Oracle 数据库：导出、脱机备份和联机备份。导出是数据库的逻辑备份，其他两种备份方法是物理文件备份。下面将描述每种选项。用于物理备份的优先考虑的标准工具是 Oracle 的恢复管理器(Recovery Manager，RMAN)实用程序，有关 RMAN 的实现和用法的详细信息，请参阅第 14 章。

健壮的备份策略应包括物理备份和逻辑备份。一般而言，产品数据库将物理备份作为它们的主要备份方法，而将逻辑备份作为次要备份方法。对于开发数据库和某些小型的数据移动处理，逻辑备份是一种可行的解决方案。你应该理解物理和逻辑两种备份方法的内涵和用法，以便开发最合适的应用程序解决方案。

13.2 逻辑备份

对一个数据库进行逻辑备份包括读取一组数据库记录并将它们写入一个文件中，这些记录的读取与它们的物理位置无关。在 Oracle 中，Data Pump Export 实用程序执行此类数据库备份。为恢复使用由 Data Pump Export 实用程序生成的文件，应使用 Data Pump Import。

注意：

在 Oracle Database 10*g* 推出之前就存在的 Oracle Import and Export 实用程序的 Import(imp)仍是 Oracle 12*c* 安装的一部分，仍可用于读取在旧版本创建的转储文件。鼓励用户采用 Data Pump Export 和 Data Pump Import 实用程序来替换原有的 Import and Export 实用程序。

Oracle 的 Data Pump Export 实用程序查询数据库，包括数据字典，并将输出写到一个称为“导出转储文件”(export dump file)的 XML 文件中。可导出完整的数据库、指定用户、表空间或指定的表。在导出过程中，可选择是否导出与数据表相关的数据字典信息，如授权、索引和约束条件。由 Data Pump Export 所写的文件将包含可完整地重新创建所有选择的对象和数据所需的命令。

一旦数据已通过 Data Pump Export 实用程序导出，就可以通过 Data Pump Import 实用程序导入数据库。Data Pump Import 实用程序读取由 Data Pump Export 创建的转储文件并执行此文件中的命令。例如，这些命令可能包括一个 CREATE TABLE 命令，后跟一个将数据加载到表中的 INSERT 命令。

注意：

Data Pump Export 和 Data Pump Import 实用程序可使用网络连接同时执行导出和导入操作，从而避免使用中间操作系统文件，并减少导出和导入所耗费的时间。如果网络带宽足够大，也可以利用并行方式(parallelism)。

不必将已导出的数据导入同一数据库中，使用的模式也不必和原来用于生成导出转储文件的模式相同。可在不同模式下，也可在独立数据库中使用导出转储文件来创建一组导出对象的副本。

可导入全部或者部分已导出的数据。如果完整地导入一个由全库导出得到的转储文件，那么在导入过程中将创建包括表空间、数据文件和用户在内的所有数据库对象。然而，预先创建表空间和用户，以便指定对象在数据库中的物理分布或提供这些表空间的不同属性，这样做常常是有好处的。即使在 ASM 存储环境中，该建议也适用。

如果仅打算从导出转储文件中导入部分数据，应在导入前设置将拥有和存储这些数据的表空间、数据文件和用户。

13.3 物理备份

物理备份要复制构成数据库的文件，这些备份也称作“文件系统备份”，因为它们涉及使用操作系统文件备份命令。Oracle支持两种不同类型的物理文件备份：脱机备份和联机备份，也分别称为“冷备份”和“热备份”。可使用RMAN实用程序来执行所有的物理备份。可酌情编写你自己的脚本程序来执行物理备份，但这样做无法利用RMAN方法带来的诸多好处。

13.3.1 脱机备份

当使用SHUTDOWN命令的NORMAL、IMMEDIATE或TRANSACTIONAL选项正常关闭数据库时(也就是说，不是由于实例故障而关闭)，会发生一致的脱机备份。当数据库处于脱机状态时，应备份以下文件：

- 所有数据文件
- 所有控制文件
- 所有归档的重做日志文件
- init.ora 文件或服务器参数文件(SPFILE)

警告：
不要希望备份联机重做日志文件，也不需要这么做。虽然在完全停机后从冷备份恢复稍微可以节省一点时间，但丢失被提交事务的风险却大于所提供的方便。应该镜像和多元复用联机重做日志，这样就不会丢失当前的联机日志文件。

在关闭数据库时对所有这些文件进行备份，可提供一个在数据库关闭时该数据库的完整映像。以后可从备份中检索恢复这些文件的完整集合，并且该数据库能够正常发挥功效。当数据库处于打开状态时对它执行文件系统备份是无效的，除非正在执行联机备份。也将在数据库异常关闭后执行的脱机备份看作是不一致的，并且需要在恢复过程中花费更多的工作——如果这些备份可用的话。

13.3.2 联机备份

对任何运行在ARCHIVELOG模式下的数据库都可以使用联机备份。在这种模式下，将归档联机重做日志，从而创建一个数据库中所有事务的日志。

Oracle采用一种循环方式将日志写入联机重做日志文件中：写满第一个日志文件后，它开始将日志写入第二个文件直到写满该文件，然后它开始写入第三个文件。一旦写满最后一个联机重做日志文件，LGWR(Log Writer)后台进程将开始重写第一个重做日志文件的内容。

当Oracle运行在ARCHIVELOG模式时，Archiver后台进程(ARC0~ARC9和ARCa~ARCt)在重写每个重做日志文件之前将制作该文件的一个副本。通常将这些归档的重做日志文件写入一个磁盘设备上。虽然也可将归档的重做日志文件直接写入到一个磁带设备中，但由于磁盘空间已很便宜，所以在发生灾难恢复操作时，归档到磁盘的额外花费已被节省的时间和人力所抵消。

注意：

大多数产品数据库，特别是那些支持事务处理应用程序的数据库，必须运行在ARCHIVELOG模式下，从而确保可在介质发生故障时进行恢复。

可在一个数据库处于打开状态时对其执行文件系统备份，前提是该数据库运行在ARCHIVELOG模式下。联机备份需要将每个表空间设置为备份状态，备份其数据文件，然后将表空间恢复到正常状态。

注意：

在使用Oracle提供的恢复管理器(Recovery Manager，RMAN)实用程序时，不必手动将每个表空间设为备份状态。RMAN使用和Oracle查询相同的方式来读取数据块。

可从联机备份中完全恢复数据库，并可通过归档的重做日志将数据库向前滚动到发生故障前的任何时间点。因此打开数据库时，将恢复故障发生时数据库中任何已提交的事务，并回滚任何未提交的事务。

当数据库处于打开状态时，可备份以下文件：

- 所有数据文件
- 所有归档的重做日志文件
- 一个控制文件，通过ALTER DATABASE BACKUP CONTROLFILE命令执行
- 服务器参数文件(SPFILE)

注意：

每当备份整个数据库或SYSTEM表空间，并在RMAN中将CONTROLFILE AUTOBACKUP作为默认设置时，RMAN都会自动备份控制文件和SPFILE。

由于下面两方面的原因使得联机备份程序的功能非常强大。首先，它们可提供完整的时间点恢复。其次，它们允许在文件系统备份过程中数据库仍保持打开状态。甚至还可对那些由于用户要求而不能关闭的数据库执行文件系统备份。保持数据库处于打开状态还可以防止在关闭和重启数据库时清除数据库实例的系统全局区(SGA)。防止清除SGA内存可提高数据库的性能，因为这将减少数据库所需的物理IO次数。

注意：

可选用Oracle Database 10*g*引入的Flashback Database选项将数据库在时间上向后回滚，而不依赖于物理备份。为使用FLASHBACK DATABASE命令，必须定义快速恢复区(fast recovery area)，并运行在ARCHIVELOG模式下，并且必须在装载数据库但没有打开它时已发出ALTER DATABASE FLASHBACK ON命令。在Flashback Database操作的过程中，Oracle使用写入快速恢复区中的日志。

13.4　使用 Data Pump Export 和 Data Pump Import

Oracle Database 10*g* 引入的 Data Pump 提供了一种基于服务器的数据提取和数据导入实用程序。Data Pump 的特点是在体系结构和功能上显著增强了原有的 Import 和 Export 实用程序。Data Pump 允许停止和重启作业，查看运行作业的状态，以及限制导出和导入的数据。

注意：
Data Pump 文件与那些由原有的 Export 实用程序生成的文件不兼容。

Data Pump 作为一个服务器进程运行，可使用户在多方面受益。启动作业的客户进程可断开连接，并在以后重新连接到该作业。相对于原有的 Export/Import 实用程序，数据库的性能得到改善，因为数据不再必须由一个客户程序处理。Data Pump 提取和加载可并行执行，由此进一步提高了性能。

本节将介绍如何使用 Data Pump，以及它的主要选项的描述和示例。这包括 Data Pump 如何使用字典对象，指定命令行选项，以及在 Data Pump 命令行界面中停止和启动作业。

13.4.1　创建目录

Data Pump 要求为将要创建和读取的数据文件和日志文件创建目录。使用 CREATE DIRECTORY 命令在 Oracle 内创建目录指针，指向将使用的外部目录。将要访问 Data Pump 文件的用户必须拥有该目录的 READ 和 WRITE 权限。

在开始操作前，要验证外部目录是否存在，而且发出 CREATE DIRECTORY 命令的用户需要拥有 CREATE ANY DIRECTORY 系统权限。

注意：
在 Oracle Database 12*c* 默认安装中，创建了一个称为 DATA_PUMP_DIR 的目录对象，在非多租户环境中，该对象指向目录$ORACLE_BASE/admin/*database_name*/dpdump。

下例在 Oracle 实例 dw 中创建了一个名为 DPXFER 的目录对象，此对象引用文件系统目录/u01/app/oracle/DataPumpXfer，示例还将 DPXFER 目录上的 READ 和 WRITE 权限授予用户 RJB：

```
SQL> create directory dpxfer as '/u01/app/oracle/DataPumpXfer';

Directory created.

SQL> grant read, write on directory dpxfer to rjb;

Grant succeeded.

SQL>
```

RJB 用户现在可为 Data Pump 作业使用 DPXFER 目录。文件系统目录/u01/app/oracle/DataPumpXfer 可存在于源服务器、目标服务器或网络中的任何服务器，只要每个服务器可访问此目录，且此目录上的权限允许 oracle 用户(拥有 Oracle 可执行文件的用户)读/写访问即可。

在服务器 oc1 上，管理员创建了一个同名目录，该目录引用相同的网络文件系统，但此目录上的权限授予的是 HR 用户：

```
SQL> create directory dpxfer as '/u01/app/oracle/DataPumpXfer';

Directory created.

SQL> grant read,write on directory dpxfer to hr;

Grant succeeded.

SQL>
```

13.4.2 Data Pump Export 选项

Oracle 提供了一个名为 expdp 的实用程序作为到 Data Pump 的接口。如果以前用过 Export 实用程序，就会熟悉其中一些选项。但只有通过 Data Pump 才可以使用一些重要的功能特征。表 13-1 给出在创建一个作业时用于 expdp 的命令行输入参数。除非另行指定，否则这些参数都可在参数文件中指定。

表 13-1 用于 expdp 的命令行输入参数

参 数	说 明
ACCESS_METHOD	默认为 AUTOMATIC，但如果 AUTOMATIC 未选择正确的值，你可指定 DIRECT_PATH 或 EXTERNAL_TABLE
ATTACH	将一个客户会话连接到一个当前运行的 Data Pump Export 作业上
CLUSTER	默认为 YES。在 RAC 环境中启用 Data Pump 来使用多个节点上的资源
COMPRESSION	指定要压缩的数据 ALL、DATA_ONLY、METADATA_ONLY、NONE
COMPRESSION_ALGORITHM	BASIC、LOW、MEDIUM 或 HIGH。使用 BASIC 来平衡速度和大小。拥有 Advanced Compression 许可才能使用 LOW、MEDIUM 或 HIGH 值
CONTENT	筛选导出的内容：DATA_ONLY、METADATA_ONLY 或 ALL
DATA_OPTIONS	如果此参数设置为 XML_CLOBS，则不压缩地导出 XMLType 列
DIRECTORY	为日志文件和转储文件集指定目标目录
DUMPFILE	为转储文件指定名称和目录
ENCRYPTION	输出的加密级别：ALL、DATA_ONLY、ENCRYPTED_COLUMNS_ONLY 、METADATA_ONLY、NONE
ENCRYPTION_ALGORITHM	执行加密使用的加密方法：AES128、AES192、AES256
ENCRYPTION_MODE	使用密码或 Oracle 钱夹或者二者都使用：其值是 DUAL、PASSWORD、TRANSPARENT

(续表)

参　　数	说　　明
ENCRYPTION_PASSWORD	加密或解密备份文件所需的密钥
ESTIMATE	确定用于估计转储文件大小的方法(BLOCKS 或 STATISTICS)
ESTIMATE_ONLY	一个 Y/N 标志，用于向 Data Pump 指示是否应该导出数据或者只是进行估计
EXCLUDE	规定用于排除导出对象和数据的标准
FILESIZE	规定每个导出转储文件的最大文件尺寸
FLASHBACK_SCN	导出过程中闪回到的数据库的系统更改号(SCN)
FLASHBACK_TIME	导出过程中闪回到的数据库的时间戳。FLASHBACK_TIME 和 FLASHBACK_SCN 是互斥的
FULL	在 Full 导出模式下通知 Data Pump 导出所有的数据和元数据
HELP	显示一个可用的命令和选项的清单
INCLUDE	规定用于导出对象和数据的标准
JOB_NAME	为作业指定一个名字，默认情况下是系统生成的名字
KEEP_MASTER	Y/N 标志，指定是否在导出或导入作业结束时保留主元数据表
LOGFILE	导出日志的名字和可选的目录名
LOGTIME	为日志文件中每个步骤添加时间戳
METRICS	Y/N 标志，指定是否为日志文件添加更多元数据，如对象数量和经历的时间
NETWORK_LINK	为一个导出远程数据库的 Data Pump 作业指定源数据库链接
NOLOGFILE	一个用于禁止创建日志文件的 Y/N 标志
PARALLEL	为 Data Pump Export 作业设置工作进程的数量
PARFILE	如果要使用参数文件的话，命名参数文件
QUERY	在导出过程中从表中筛选行
REMAP_DATA	指定能转换数据中一列或多列的函数，以便测试或屏蔽敏感数据
REUSE_DUMPFILES	覆盖已有的转储文件
SAMPLE	指出数据块的百分比，以便轻松地从每个表中选择一定百分比的行
SCHEMAS	在一个 Schema 模式导出中命名将导出的模式
STATUS	显示 Data Pump 作业的详细状态
TABLES	列出将用于一个 Table 模式导出而导出的表和分区
TABLESPACES	列出表空间模式中将导出的表空间
TRANSPORT_FULL_CHECK	指定是否首先应该验证正在导出的表空间是一个自包含集

(续表)

参　数	说　明
TRANSPORT_TABLESPACES	指定一个 Transportable Tablespace 模式导出
TRANSPORTABLE	只为表模式导出而导出元数据
VERSION	规定将创建的数据库对象的版本，以便转储文件集可以和早期版本的 Oracle 兼容。选项包括 COMPATIBLE、LATEST 和数据库版本号(不低于 9.2)

如表 13-1 所示，它支持 5 种模式的 Data Pump Export：

- Full(全库)　导出数据库的所有数据和元数据。
- Schema(模式)　导出特定用户模式的数据和元数据。
- Tablespace(表空间)　导出表空间的数据和元数据。
- Table(表)　导出表和表分区的数据和元数据。
- Transportable Tablespace(可移动表空间)　为将一个表空间从一个数据库移到另一个数据库而导出特定表空间的元数据。

注意：
为执行一个全库导出或可移动表空间导出，必须拥有 EXP_FULL_DATABASE 系统权限。

提交一项作业时，Oracle 会赋予该作业一个系统生成的名称。如果通过 JOB_NAME 参数为该作业指定了一个名称，则必须确认该作业名不会与你的模式中的任何表或视图的名称冲突。在 Data Pump 作业期间，Oracle 将在该作业的持续时间内创建和维护一个主表。该主表将具有和 Data Pump 作业相同的名称，因此它的名称不能与现有对象冲突。

当一个作业在运行时，可通过 Data Pump 的界面执行表 13-2 中列出的命令。

表 13-2　用于交互模式 Data Pump Export 的参数

参　数	说　明
ADD_FILE	添加转储文件
CONTINUE_CLIENT	退出交互模式并进入日志模式
EXIT_CLIENT	退出客户会话，但是允许服务器 Data Pump Export 作业继续运行
FILESIZE	重新为随后的转储文件定义默认大小
HELP	显示用于导入的联机帮助
KILL_JOB	取消当前的作业并释放相关的客户会话
PARALLEL	改变用于 Data Pump Export 作业的工作进程的数量
START_JOB	重新启动附属的作业
STATUS	显示 Data Pump 作业的详细状态
STOP_JOB	停止作业以便随后重启

13.4.3 启动 Data Pump Export 作业

可将作业参数存储在一个参数文件中，然后通过 expdp 的 PARFILE 参数引用该文件。例如，可创建一个名为 dp_rjb.par 并具有如下记录项的文件：

```
directory=dpxfer
dumpfile=metadata_only.dmp
content=metadata_only
```

逻辑 Data Pump 目录是本章前面曾创建的 DPXFER。Data Pump Export 只有元数据。转储文件名 metadata_only.dmp 反映转储文件的内容。下面显示如何使用此参数文件启动 Data Pump 作业：

```
expdp rjb/rjb parfile=dp_rjb.par
```

接着，Oracle 会将 dp_rjb.par 记录项传递到 Data Pump Export 作业中，并执行一个 Schema 类型的 Data Pump Export(默认类型)，并将输出(只包括元数据，而不是表行)写入 DPXFER 目录内的一个文件中。下面是 expdp 命令的输出：

```
[oracle@dw ~]$ expdp rjb/rjb parfile=dp_rjb.par

Export: Release 12.1.0.2.0 - Production on Thu Nov 13 09:13:10 2014

Copyright (c) 1982, 2014, Oracle and/or its affiliates.  All rights reserved.

Connected to: Oracle Database 12c Enterprise Edition Release 12.1.0.2.0 - 64bit
Production
With the Partitioning, Automatic Storage Management, OLAP, Advanced Analytics
and Real Application Testing options

Starting "RJB"."SYS_EXPORT_SCHEMA_01":  rjb/******** parfile=dp_rjb.par
Processing object type SCHEMA_EXPORT/USER
Processing object type SCHEMA_EXPORT/SYSTEM_GRANT
Processing object type SCHEMA_EXPORT/ROLE_GRANT
Processing object type SCHEMA_EXPORT/DEFAULT_ROLE
Processing object type SCHEMA_EXPORT/PRE_SCHEMA/PROCACT_SCHEMA
Processing object type SCHEMA_EXPORT/TABLE/TABLE
Processing object type SCHEMA_EXPORT/TABLE/COMMENT
Processing object type SCHEMA_EXPORT/TABLE/INDEX/INDEX
Processing object type SCHEMA_EXPORT/TABLE/CONSTRAINT/CONSTRAINT
Processing object type SCHEMA_EXPORT/TABLE/INDEX/STATISTICS/INDEX_STATISTICS
Processing object type SCHEMA_EXPORT/TABLE/STATISTICS/TABLE_STATISTICS
Processing object type SCHEMA_EXPORT/STATISTICS/MARKER
Master table "RJB"."SYS_EXPORT_SCHEMA_01" successfully loaded/unloaded
***************************************************************************
***
Dump file set for RJB.SYS_EXPORT_SCHEMA_01 is:
  /u01/app/oracle/DataPumpXfer/metadata_only.dmp
Job "RJB"."SYS_EXPORT_SCHEMA_01" successfully completed at Thu Nov 13 09:13:50
2014 elapsed 0 00:00:27 [oracle@dw ~]$
```

如上面的程序清单所示，输出文件的名字是 metadata_only.dmp。输出转储文件包含一个二进制头以及用于为 RJB 模式重新创建数据库结构的 XML 记录项。在导出过程中，Data Pump 创建并使用了一个名为 SYS_EXPORT_SCHEMA_01 的外部表。

注意：
转储文件不会覆盖同一目录中以前就存在的转储文件，除非使用 REUSE_DUMPFILES 参数。

可为一个单独的 Data Pump Export 使用多个目录和转储文件。在 DUMPFILE 参数设置中，按如下格式列出目录以及文件名。

```
DUMPFILE=directory1:file1.dmp,
        directory2:file2.dmp
```

在 DUMPFILE 参数中使用多个目录有两个好处：除将转储文件传播到磁盘空间可用的任何地方之外，Data Pump 作业还可使用并行处理(用 PARALLEL 参数)。也可在文件名规范说明中使用替换变量%U 自动创建多个转储文件，这些转储文件可自动被多个进程执行写操作。即使只有一个进程正在写转储文件，将%U 替换变量与 FILESIZE 参数结合起来使用也可限制每个转储文件的大小。

1. 停止和重启正在运行的作业

启动一个 Data Pump Export 作业后，可关闭用来启动该作业的客户程序窗口。因为它是基于服务器的，导出作业将可继续运行。可连接到作业，检查它的状态并修改它。例如，可通过 expdp 启动作业：

```
expdp rjb/rjb parfile=dp_rjb.par
```

按下 Ctrl+C 来允许显示日志，Data Pump 将使你返回到 expdb 提示符：

```
Export>
```

使用 exit_client 命令可以退出客户程序：

```
Export> exit_client
```

然后，可重启客户程序并连接到正在当前模式下运行的作业：

```
expdp rjb/rjb attach
```

如果要为 Data Pump Export 作业命名(或者当作业启动时在日志文件中识别作业名)，可指定该名称作为 attach 参数调用的一部分。例如，如果已将作业命名为 RJB_JOB，通过该名称连接到该作业：

```
expdp rjb/rjb attach=RJB_JOB
```

当连接到一个正在运行的作业时，Data Pump 将显示该作业的状态—— 它的基本配置参数和它的当前状态。然后，可发出 continue_client 命令来查看生成的日志记录项，或者可修改正在运行的作业：

```
Export> continue_client
```

此外，可以使用 stop_job 命令来停止一个作业：

```
Export> stop_job
```

作业并没有被取消，只是被挂起。在作业停止时，可通过 ADD_FILE 选项在新目录中添加额外的转储文件。然后，可使用 start_job 重启该作业：

```
Export> start_job
```

可通过 LOGFILE 参数为导出日志文件指定一个日志文件位置。如果未指定一个 LOGFILE 值，日志文件将与转储文件写入同一目录中。

2. 从另一个数据库中导出

可使用 NETWORK_LINK 参数从一个不同的数据库中导出数据，如果已经登录到 HQ 数据库，并且拥有一个到 DW 数据库的数据库链接，Data Pump 可以使用此链接连接到 DW 数据库并提取它的数据。

注意：
如果源数据库是只读的，源数据库上的用户必须将一个本地管理的表空间作为一个临时表空间分配，否则该作业将失败。

在参数文件中或在 expdp 命令行上，将 NETWORK_LINK 参数设置为与数据库链接的名字相同。Data Pump Export 作业将来自远程数据库的数据写入在你的本地数据库内定义的目录中。

3. 使用 EXCLUDE、INCLUDE 和 QUERY

可通过 EXCLUDE 和 INCLUDE 选项从 Data Pump Export 中排除或包含表集合。也可按类型和名字来排除对象。如果排除了一个对象，也将排除所有与它相关的对象。EXCLUDE 选项的格式如下：

```
EXCLUDE=object_type[:name_clause] [, ...]
```

注意：
如果指定 CONTENT=DATA_ONLY，则不能指定 EXCLUDE。

例如，为从一个全库导出中排除 ANGUSP 模式，用于 EXCLUDE 选项的格式将是：

```
EXCLUDE=SCHEMA:"='ANGUSP'"
```

注意：
可在同一个 Data Pump Export 作业内指定多个 EXCLUDE 选项。

上例中的 EXCLUDE 选项包含一个位于一组双引号内的限制条件。object_type 变量可以是任何 Oracle 对象类型，包括授权、索引或表。name_clause 变量用来限制返回的值。例如，为从导出中排除所有名字以 TEMP 开头的表，可使用如下 EXCLUDE 子句：

```
EXCLUDE=TABLE:"LIKE 'TEMP%'"
```

当在 Linux 命令行上输入该命令时，可能需要使用转义字符，以便将引号和其他特殊的字符正确地传给 Oracle。expdp 命令将采用如下格式：

```
expdp rjb/rjb EXCLUDE=TABLE:\"LIKE \'TEMP%\'\"
```

注意：
该示例只显示了部分语法，而不是用于该命令的完整语法。

如果没有提供 name_clause 值，则将排除所有指定类型的对象。例如，为排除所有索引，可使用如下的 EXCLUDE 子句：

```
expdp rjb/rjb EXCLUDE=INDEX
```

为获取一个能筛选的对象列表，可查询 DATABASE_EXPORT_OBJECTS、SCHEMA_EXPORT_OBJECTS 和 TABLE_EXPORT_OBJECTS 数据字典视图。如果 object_type 值是 CONSTRAINT，将排除除 NOT NULL 外的所有约束。另外，不能排除成功地创建一个表所需的约束(例如用于按索引组织的表的主键约束)。如果 object_type 值是 USER，将排除用户定义，但仍将导出用户模式中的对象。如上例所示，使用 SCHEMA object_type 来排除一个用户以及该用户所有的对象。如果 object_type 值是 GRANT，将排除所有的对象授权和系统特权。

也可使用第二个选项—— INCLUDE。当使用INCLUDE时，只导出那些符合标准的对象，其他所有对象均被排除。INCLUDE和EXCLUDE是互斥的。用于INCLUDE选项的格式如下：

```
INCLUDE = object_type[:name_clause] [, ...]
```

注意：
如果指定 CONTENT=DATA_ONLY，则不能指定 INCLUDE。

例如，为导出两个特定的表和所有过程，参数文件将包括如下两行代码：

```
INCLUDE=TABLE:"IN ('BOOKSHELF','BOOKSHELF_AUTHOR')"
INCLUDE=PROCEDURE
```

对于满足EXCLUDE或INCLUDE标准的对象，将导出哪些行呢？默认情况下，会导出每个表的所有行。可使用QUERY选项来限制返回的行。QUERY参数的格式如下：

```
QUERY = [schema.][table_name:] query_clause
```

如果没有为 schema 和 table_name 变量指定值， 则将把 query_clause 应用到所有导出的表上。由于 query_clause 通常将包括特定列名，当选择导出将要包含的表时，应该非常谨慎。可为一个单独的表指定一个 QUERY 值，如下例所示：

```
QUERY=BOOKSHELF:'"where rating > 2"'
```

因此，转储文件将只包括BOOKSHELF表中那些满足QUERY标准以及任何INCLUDE或EXCLUDE标准的行。也可在接下来的Data Pump Import作业中应用这些筛选器，这方面的内容将在下一节中介绍。

13.4.4　Data Pump Import 选项

要导入一个由 Data Pump Export 导出的转储文件，需要使用 Data Pump Import。与导出进程相同，导入进程作为一个基于服务器的作业运行，可在它执行时对其进行管理。可通过命令行界面、一个参数文件以及一个交互式界面与 Data Pump Import 交互。表 13-3 列出了用于命令行界面的参数。

表 13-3　Data Pump Import 命令行参数

参　　数	说　　明
ACCESS_METHOD	默认为 AUTOMATIC，但如果 Data Pump Import 未选择最佳选项，可指定 DIRECT_PATH、EXTERNAL_TABLE 或 CONVENTIONAL 中的一个
ATTACH	将客户程序连接到一个服务器会话上并置于交互模式
CLUSTER	默认为 YES。在 RAC 环境中启用 Data Pump 以便使用多个节点上的资源
CONTENT	筛选导入的内容：ALL、DATA_ONLY 或 METADATA_ONLY
DATA_OPTIONS	指定如何处理某些异常。可能的值是 DISABLE_APPEND_HINT、SKIP_CONSTRAINT_ERRORS 和 REJECT_ROWS_WITH_REPL_CHAR。如果其他会话在导入期间可能访问表，而且不希望阻塞它们，则使用 DISABLE_APPEND_HINT 是有用的(反之亦然)
DIRECTORY	为日志和 SQL 文件指定转储文件集合和目标目录的位置
DUMPFILE	为转储文件集合指定名字和可选的目录
ENCRYPTION_PASSWORD	指定在 Data Pump Export 期间加密导出所用的密码
ESTIMATE	确定用于估计转储文件大小的方法(BLOCKS 或 STATISTICS)
EXCLUDE	排除导出的对象和数据
FLASHBACK_SCN	导入过程中闪回到的数据库的 SCN
FLASHBACK_TIME	导入过程中闪回到的数据库的时间戳
FULL	一个 Y/N 标记，用于指示希望导入完整的转储文件
HELP	显示用于导入的联机帮助
INCLUDE	为将导入的对象规定标准
JOB_NAME	为作业指定一个名称，默认情况下是系统生成的
KEEP_MASTER	指定在作业完成后是保留还是删除主表(YES 或 NO)。如果作业中存在错误，始终保留主表
LOGFILE	导入日志的名字和可选的目录名
LOGTIME	选择在导入期间何时为每个日志项附加时间戳。值包括 NONE(默认值)、STATUS(仅限状态消息上的时间戳), LOGFILE(仅限日志文件消息上的时间戳)或 ALL
METRICS	在日志文件中添加有关作业的更多信息

(续表)

参 数	说 明
NETWORK_LINK	为一个导入远程数据库的 Data Pump 作业指定源数据库链接
NOLOGFILE	一个用于禁止创建日志文件的 Y/N 标志
PARALLEL	为 Data Pump Import 作业设置工作进程的数量
PARFILE	如果要使用参数文件的话，命名参数文件
PARTITION_OPTIONS	NONE 创建与源分区具有相同特征的分区，MERGE 将分区合并成一个表，DEPARTITION 为每个源分区创建一个新表
QUERY	在导入过程中从表中筛选行
REMAP_DATA	在插入到目标数据库之前，使用用户定义的函数重新映射列内容
REMAP_DATAFILE	在导入过程中的 CREATE LIBRARY、CREATE TABLESPACE 和 CREATE DIRECTORY 命令中将源数据文件的名字改为目标数据文件
REMAP_SCHEMA	将从源模式导出的数据导入到目标模式
REMAP_TABLE	在导入过程中重新命名表
REMAP_TABLESPACE	将从源表空间导出的数据导入到目标表空间
REUSE_DATAFILES	指定在 Full 模式导入过程中 CREATE TABLESPACE 命令是否重用现有的数据文件
SCHEMAS	为一个 Schema 模式导入命名将导出的模式
SKIP_UNUSABLE_INDEXES	一个 Y/N 标志，如果设为 Y，导入不将数据加载到索引设置为 Index Unusable 状态的表中
SQLFILE	为导入时将 DDL 写入其中的文件命名，将不会把数据和元数据加载到目标数据库中
STATUS	显示 Data Pump 作业的详细状态
STREAMS_CONFIGURATION	一个 Y/N 标志，用于指定是否应导入 Streams 配置信息
TABLE_EXISTS_ACTION	如果正导入的表已经存在的话，指示导入如何进行。可取的值包括 SKIP、APPEND、TRUNCATE 和 REPLACE。如果 CONTENT=DATA_ONLY，默认的值是 APPEND；否则，默认值是 SKIP
TABLES	列出用于一个 Table 模式导入的表
TABLESPACES	列出用于一个 Tablespace 模式导入的表空间
TRANSFORM	在导入过程中指示改变段属性或存储
TRANSPORT_DATAFILES	在一个 Transportable Tablespace 模式导入过程中列出要导入的数据文件
TRANSPORT_FULL_CHECK	指定是否首先应该验证正在导入的表空间是一个自包含集
TRANSPORT_TABLESPACES	列出在一个 Transportable Tablespace 模式导入过程中将导入的表空间
TRANSPORTABLE	指定是否应将可移动选项与表模式导入一同使用(ALWAYS 或 NEVER)
VERSION	指定将创建的数据库对象的版本，以便转储文件集可以和早期版本的 Oracle 兼容。选项包括 COMPATIBLE、LATEST 和数据库版本号(不低于 10.0.0)，仅对 NETWORK_LINK 和 SQLFILE 有效
VIEWS_AS_TABLES	将转储文件中的视图转换为永久表

与 Data Pump Export 一样，Data Pump Import 支持 5 种模式：

- **Full(全库)** 导入数据库的所有数据和元数据。
- **Schema(模式)** 导入特定用户模式的数据和元数据。
- **Tablespace(表空间)** 导入表空间的数据和元数据。
- **Table(表)** 导入表和表分区的数据和元数据。
- **Transportable Tablespace(可移动表空间)** 为从源数据库移动一个表空间而导入特定表空间的元数据。

如果未指定模式，则 Data Pump Import 试图加载整个转储文件。

注意：

转储文件和日志文件的目录必须已经存在。参阅 13.4.1 节关于 CREATE DIRECTORY 命令的内容。

表 13-4 列出在 Data Pump Import 的交互模式中有效的参数。Data Pump Import 的许多参数与 Data Pump Export 中使用的参数相同。下一节将介绍如何启动一个导入作业，以及描述 Data Pump Import 特有的主要选项。

表 13-4 Data Pump Import 的交互式参数

参　数	说　明
CONTINUE_CLIENT	退出交互模式并进入日志模式，如果空闲的话，将重新启动作业
EXIT_CLIENT	退出客户会话，但是允许服务器 Data Pump Import 作业继续运行
HELP	显示用于导入的联机帮助
KILL_JOB	取消当前的作业并释放相关的客户会话
PARALLEL	改变 Data Pump Import 作业的工作进程的数量
START_JOB	重新启动附属的作业
STATUS	显示 Data Pump 作业的详细状态
STOP_JOB	停止作业以便随后重启

1. 启动 Data Pump Import 作业

可通过 Oracle Database 12*c* 提供的可执行的 impdp OS 程序来启动一项 Data Pump Import 作业。使用命令行参数为所有文件指定导入模式和位置。可将参数值存储到一个参数文件中，然后通过 PARFILE 选项引用该文件。

在本章的第一个导出示例中使用 RJB 模式，名为 rjb_dp.par 的参数文件(复制到目标数据库并重命名为 rjb_dp_imp.par)包含如下条目：

```
directory=dpxfer
dumpfile=metadata_only.dmp
content=metadata_only
```

如果 Oracle 目录对象在目标数据库上具有相同的名称，则可重用相同的参数文件。要在目标数据库上的一个不同模式中创建 RJB 模式的对象，则使用 REMAP_SCHEMA 参数，如下所示：

```
REMAP_SCHEMA=source_schema:target_schema
```

也可使用 REMAP_TABLESPACE 选项改变目标表空间。在启动导入前，创建一个新用户 KFC，如下所示：

```
SQL> grant create session, unlimited tablespace to kfc identified by kfc;
Grant succeeded.
SQL>
```

接下来，将 REMAP_SCHEMA 参数添加到从源数据库复制的参数文件的末尾：

```
directory=dpxfer
dumpfile=metadata_only.dmp
content=metadata_only
remap_schema=RJB:KFC
```

注意：
必须在启动作业时指定所有的转储文件。

此时可启动导入作业。由于正要改变模式的初始所有者，因此必须拥有 IMP_FULL_DATABASE 系统权限。通过 impdp 实用程序来启动 Data Pump Import 作业。下面给出命令，包括修订过的参数文件：

```
impdp user/password parfile=rjb_dp_imp.par
```

然后，Data Pump Import会执行导入并显示进度。由于未指定NOLOGFILE选项，因此会把用于导入的日志文件放在与转储文件相同的目录中，并赋予名字import.log。可通过登录到KFC模式并检查对象来检验导入是否成功。下面是来自impdp命令的日志文件：

```
[oracle@oc1 ~]$ impdp rjb/rjb parfile=rjb_dp_imp.par

Import: Release 12.1.0.2.0 - Production on Thu Nov 13 10:15:40 2014

Copyright (c) 1982, 2014, Oracle and/or its affiliates.  All rights reserved.
Password:

Connected to: Oracle Database 12c Enterprise Edition Release 12.1.0.2.0 - 64bit
Production
With the Partitioning, Automatic Storage Management, OLAP, Advanced Analytics
and Real Application Testing options
Master table "RJB"."SYS_IMPORT_FULL_01" successfully loaded/unloaded
Starting "RJB"."SYS_IMPORT_FULL_01":  rjb/******** parfile=rjb_dp_imp.par
Processing object type SCHEMA_EXPORT/USER
ORA-31684: Object type USER:"KFC" already exists
Processing object type SCHEMA_EXPORT/SYSTEM_GRANT
Processing object type SCHEMA_EXPORT/ROLE_GRANT
Processing object type SCHEMA_EXPORT/DEFAULT_ROLE
Processing object type SCHEMA_EXPORT/PRE_SCHEMA/PROCACT_SCHEMA
Job "RJB"."SYS_IMPORT_FULL_01" completed with 1 error(s) at Thu Nov 13 10:15:48
```

```
2014 elapsed 0 00:00:03

[oracle@ocl ~]$
```

运行 impdp 命令时的唯一错误是 KFC 用户已经存在，以前曾显式创建过此用户，可安全地忽略这个错误消息。

如果一个正在导入的表已经存在，该怎么办？在该示例中，已将 CONTENT 选项设置为 METADATA_ONLY，默认情况下将跳过该表。如果 CONTENT 选项设置为 DATA_ ONLY，新数据将附加到现有表数据后。为改变这种行为，可使用 TABLE_ EXISTS_ACTION 选项，该选项的有效值包括 SKIP、APPEND、TRUNCATE 和 REPLACE。

停止和重新启动运行的作业　启动一个 Data Pump Import 作业后，可关闭用来启动该作业的客户程序窗口。因为该作业是基于服务器的，所以导入将继续运行。然后，可连接到该作业，检查它的状态并修改它：

```
impdp rjb/rjb parfile=rjb_dp_imp.par
```

按下 Ctrl+C 离开日志，Data Pump Import 将使你返回到 impdp 提示符：

```
Import>
```

通过 exit_client 命令退出操作系统：

```
Import> exit_client
```

然后，可以重启客户程序并连接到当前正在模式下运行的作业：

```
impdp rjb/rjb attach
```

如果要为 Data Pump Import 作业命名，应指定该名称作为 attach 参数调用的一部分。当连接到一个正运行的作业时，Data Pump Import 将显示该作业的状态——它的基本配置参数和它当前的状态。然后，可发出 continue_client 命令来查看生成的日志项，或者可修改正在运行的作业：

```
Import> continue_client
```

可使用 stop_job 命令暂时停止一个作业：

```
Import> stop_job
```

在作业停止时，可通过 parallel 选项来增加它的并行性。然后，可重启该作业：

```
Import> start_job
```

EXCLUDE、INCLUDE 和 QUERY　如前所述，和 Data Pump Export 一样，Data Pump Import 允许通过使用 EXCLUDE、INCLUDE 和 QUERY 选项来限制将要处理的数据。由于可同时将这些选项用于导出和导入操作，因此可非常灵活地使用导入。例如，可选择导出一个完整表，但仅导入该表的一部分——那些与 QUERY 标准相匹配的行。可选择导出一个完整模式，但当通过导入来恢复数据库时可以只包括最必要的表，因此能最小化应用中断的时间。在导出和导入作业过程中，EXCLUDE、INCLUDE 和 QUERY 选项为开发人员和数据库管理员提供了强大功能。

转换导入的对象　除在导入过程中改变或选择模式、表空间、数据文件和数据行外，还可在导入过程中通过 TRANSFORM 选项来改变段属性和存储要求。TRANSFORM 选项的格式如下：

```
TRANSFORM = transform_name:value[:object_type]
```

transform_name 变量的可取值是 SEGMENT_ATTRIBUTES 或 STORAGE。可使用 value 变量来包含或排除段属性(存储属性、表空间和日志等物理属性)。object_type 变量是可选的，并且如果指定该变量，它必须是以下这些值之一：

- CLUSTER
- CONSTRAINT
- INC_TYPE
- INDEX
- ROLLBACK_SEGMENT
- TABLE
- TABLESPACE
- TYPE

例如，在导出/导入过程中可能要改变对象存储要求——可能正在使用 QUERY 选项来限制导入的行，或者可能只是导入不带表数据的元数据。为从导入的表中排除导出的存储子句，可向参数文件中添加如下语句：

```
transform=storage:n:table
```

为从所有的表和索引中排除导出的表空间和存储子句，可使用如下语句：

```
transform=segment_attributes:n
```

当导入对象时，将为它们分配用户的默认表空间，并且它们会使用默认表空间的存储参数。

2. 生成 SQL

可为对象(而不是数据)生成 SQL，并将它存储在操作系统上的一个文件中，而不是导入数据和对象。该文件将写到由 SQLFILE 选项指定的目录和文件名上。SQLFILE 选项的格式如下：

```
SQLFILE=[directory_object:]file_name
```

注意：
如果没有为 directory_object 变量指定一个值，将在转储文件目录中创建文件。

下面是与本章前面导入时所使用的参数文件相同的参数文件，只是为了创建 SQL 而做了修改：

```
directory=dpxfer
dumpfile=metadata_only.dmp
sqlfile=sql.txt
```

注意，不需要 content=metadata_only 或 remap_schema 参数，因为我们只是想要创建 SQL

语句。

```
impdp rjb/rjb parfile=rjb_dp_imp_sql.par
```

在导入过程所创建的 sql.txt 文件中，将可以看到模式内每种对象类型的记录项。下面是文件摘录：

```
-- CONNECT RJB
. . .
-- new object type path: SCHEMA_EXPORT/USER
-- CONNECT SYSTEM
 CREATE USER "RJB" IDENTIFIED BY VALUES 'S:46. . .569A6174D117AAC'
      DEFAULT TABLESPACE "USERS"
      TEMPORARY TABLESPACE "TEMP";
-- new object type path: SCHEMA_EXPORT/SYSTEM_GRANT
GRANT UNLIMITED TABLESPACE TO "RJB";
-- new object type path: SCHEMA_EXPORT/ROLE_GRANT
 GRANT "CONNECT" TO "RJB";
 GRANT "RESOURCE" TO "RJB";
 GRANT "DBA" TO "RJB";
-- new object type path: SCHEMA_EXPORT/DEFAULT_ROLE
 ALTER USER "RJB" DEFAULT ROLE ALL;
-- new object type path: SCHEMA_EXPORT/PRE_SCHEMA/PROCACT_SCHEMA
-- CONNECT RJB
BEGIN
sys.dbms_logrep_imp.instantiate_schema(schema_name=>SYS_CONTEXT('USERENV','
CURRENT_SCHEMA'), export_db_name=>'BOB', inst_scn=>'1844409');
COMMIT;
END;
/
-- new object type path: SCHEMA_EXPORT/TABLE/TABLE
CREATE TABLE "RJB"."EMPLOYEE_ARCHIVE"
   (    "EMPLOYEE_ID" NUMBER(6,0),
        "FIRST_NAME" VARCHAR2(20 BYTE),
        "LAST_NAME" VARCHAR2(25 BYTE) NOT NULL ENABLE,
        "EMAIL" VARCHAR2(25 BYTE) NOT NULL ENABLE,
        "PHONE_NUMBER" VARCHAR2(20 BYTE),
        "HIRE_DATE" DATE NOT NULL ENABLE,
        "JOB_ID" VARCHAR2(10 BYTE) NOT NULL ENABLE,
        "COMMISSION_PCT" NUMBER(2,2),
        "MANAGER_ID" NUMBER(6,0),
        "DEPARTMENT_ID" NUMBER(4,0)
   ) SEGMENT CREATION DEFERRED
  PCTFREE 10 PCTUSED 40 INITRANS 1 MAXTRANS 255
 NOCOMPRESS LOGGING
  STORAGE( INITIAL 65536 NEXT 1048576 MINEXTENTS 1 MAXEXTENTS 2147483645
  PCTINCREASE 0 FREELISTS 1 FREELIST GROUPS 1
  BUFFER_POOL DEFAULT FLASH_CACHE DEFAULT CELL_FLASH_CACHE DEFAULT)
  TABLESPACE "USERS" ;
-- new object type path: SCHEMA_EXPORT/TABLE/STATISTICS/TABLE_STATISTICS
-- new object type path: SCHEMA_EXPORT/STATISTICS/MARKER
```

SQLFILE 输出的是一个纯文本文件，因此可编辑该文件，在 SQL*Plus 或 SQL Developer 中使用它，或将它保存为应用程序的数据库结构文档。

13.5 实现脱机备份

脱机备份是指在通过 SHUTDOWN NORMAL、SHUTDOWN IMMEDIATE 或 SHUTDOWN TRANSACTIONAL 命令关闭数据库后对数据库文件所执行的物理备份。当关闭数据库时，将备份数据库正在使用的每个文件。这些文件为该数据库提供了一个在关闭它时存在期间的完整映像。

注意：

不能信赖一个在执行 SHUTDOWN ABORT 后所做的脱机备份，因为这种情况下它可能是不一致的。如果必须执行 SHUTDOWN ABORT，则应该重新启动数据库，并在开始脱机备份之前执行正常的 SHUTDOWN、SHUTDOWN IMMEDIATE 或 SHUTDOWN TRANSACTIONAL 命令。

在冷备份过程中应备份以下文件：

- 所有数据文件
- 所有控制文件
- 所有归档的重做日志文件
- 初始化参数文件或服务器参数文件(SPFILE)
- 密码文件

如果正在使用裸设备进行数据库存储，则无论是否有 ASM，也必须联合使用操作系统命令(如 dd)和压缩实用工具来备份这些设备，如下例所示：

```
dd if=/dev/sdb | gzip > /mnt/bkup/dw_sdb_backup.img.gz
```

在恢复期间，脱机备份可将数据库恢复到它关闭时的状态。脱机备份一般用于灾难恢复计划中，因为它们是自包含的，并且在灾难恢复服务器上它们比其他类型的备份更容易还原。如果数据库正运行在 ARCHIVELOG 模式下，则可将最近归档的重做日志应用于还原的脱机备份，以便将数据库恢复到发生介质故障或数据库完全丢失时的时间点。贯穿全书一直强调的一点是，如果使用 RMAN，则消除或最小化了冷备份的需要。你的数据库可能从来不需要关机进行冷备份(除非遇到灾难——在此情况下也要确保创建 RAC 数据库)。

13.6 实现联机备份

只有在关闭数据库时才能执行一致的脱机备份。然而，也可在数据库处于打开的情况下对数据库进行物理文件备份——只要该数据库正在 ARCHIVELOG 模式下运行并正确执行了备份，这样的备份称为“联机备份”。

Oracle采用循环方式将日志写入联机重做日志文件中：写满第一个日志文件后，它开始将日志写入第二个文件直到写满该文件，然后开始将日志写入第三个文件。一旦写满最后一个联机重做日志文件，日志写入器(Log Writer，LGWR)后台进程开始重写第一个重做日志文件的内容。

当 Oracle 在 ARCHIVELOG 模式下运行时，在 LGWR 进程完成写入到重做日志文件后，archiver 后台进程(ARC0~ARC9 和 ARCa~ARCt)将制作每个重做日志文件的副本。通常将这些归档的重做日志文件写入磁盘设备，也可以将它们直接写入到磁带设备中，但是这种方法往往需要操作员耗费非常大的精力。

13.6.1 开始(操作)

为利用 ARCHIVELOG 功能，必须首先将数据库置于 ARCHIVELOG 模式下。在启动处于 ARCHIVELOG 模式的数据库前，要确保正在使用下列配置之一，这些配置是按照它们的推荐使用顺序而排列的，第一种配置最好：

- 启用只归档到快速恢复区，对包含快速恢复区的磁盘使用磁盘镜像。DB_RECOVERY_FILE_DEST 参数指定文件系统的位置或包含快速恢复区的 ASM 磁盘组。Oracle 建议最好在镜像的 ASM 磁盘组(与主磁盘组分离)创建快速恢复区。
- 启用归档到快速恢复区，并至少将一个 LOG_ARCHIVE_DEST_*n* 参数设置为快速恢复区外部的另一个位置。
- 至少将两个 LOG_ARCHIVE_DEST_*n* 参数设置为归档到非快速恢复区目标位置。

注意：
如果指定了初始化参数 DB_RECOVERY_FILE DEST 而没有指定 LOG_ARCHIVE_DEST_n 参数，则隐式地将 LOG_ARCHIVE_DEST_10 参数设置为快速恢复区。

在下例中，假设已选择了最佳配置，即单一被镜像的快速恢复区。下面的程序清单给出了将一个数据库置于 ARCHIVELOG 模式所需的步骤，首先要关闭数据库，然后发出这些命令：

```
SQL> startup mount;
SQL> alter database archivelog;
SQL> alter database open;
```

注意：
为查看当前活动的联机重做日志及其序列号，可查询 V$LOG 动态视图。

如果启用了归档，但未指定任何归档位置，则归档的日志文件驻留在一个默认的、与平台相关的位置。在 Unix 和 Linux 平台上，默认位置是$ORACLE_HOME/dbs。

每个归档的重做日志文件包含来自一个单独的联机重做日志的数据。这些日志文件按它们创建的顺序依次编号。归档的重做日志文件的大小可变化，但是不能超过联机重做日志文件的大小。

如果归档的重做日志文件的目标目录的空间已经不足，那么 ARC*n* 进程将停止处理联机重做日志数据，并且数据库自身也将停止。可通过向归档的重做日志文件的目标磁盘添加更多空间，或通过备份归档的重做日志文件然后将它们从该目录中清除的方法来处理这种情况。如果正为归档的重做日志文件使用快速恢复区，则当快速恢复区的可用空间小于 15%时，数据库会发出警告性报警，而当可用空间小于 3%时，会发出严重报警。假设没有失控的进程消耗快速恢复区中的空间，则在可用空间为 15%时采取措施(例如，增加大小或改变快速恢复区的位置)很可能会避免任何服务中断。

初始化参数 DB_RECOVERY_FILE_DEST_SIZE 也可协助管理快速恢复区的大小。尽管此参数的主要作用是限制指定磁盘组或文件系统目录上的快速恢复区所使用的磁盘空间量，但一旦收到报警，也可临时增加这一参数的值，以便为 DBA 提供额外时间来为磁盘组分配更多磁盘空间或重新定位快速恢复区。

DB_RECOVERY_FILE_DEST_SIZE 不仅有助于管理数据库中的空间，还有助于管理使用同一 ASM 磁盘组的所有数据库的空间。每个数据库都有各自的 DB_RECOVERY_FILE_DEST_SIZE 设置。

只要没有收到警告性报警或严重报警，就可以较主动地监控快速恢复区的大小，可通过动态性能视图 V$RECOVERY_FILE_DEST 查看目标文件系统上已使用的和可回收的空间总量。此外，可使用动态性能视图 V$FLASH_RECOVERY_AREA_USAGE 按文件类型查看利用率明细情况：

```
SQL> select * from v$recovery_file_dest;

NAME                 SPACE_LIMIT SPACE_USED SPACE_RECLAIMABLE NUMBER_OF_FILES
-------------------- ----------- ---------- ----------------- ---------------
+RECOV                8589934592 1595932672          71303168              13

SQL> select * from v$flash_recovery_area_usage;

FILE_TYPE       PERCENT_SPACE_USED PERCENT_SPACE_RECLAIMABLE NUMBER_OF_FILES
--------------- ------------------ ------------------------- ---------------
CONTROL FILE                   .12                         0               1
REDO LOG                      1.87                         0               3
ARCHIVED LOG                   .83                         1               7
BACKUP PIECE                 15.75                         0               2
IMAGE COPY                       0                         0               0
FLASHBACK LOG                    0                         0               0
FOREIGN ARCHIVE                  0                         0               0
D LOG

7 rows selected.

SQL>
```

在此例中，快速恢复区只使用了不到 20%的空间，具有最大的可用空间百分比，这归功于 RMAN 备份。

13.6.2 执行联机数据库备份

一旦数据库运行在 ARCHIVELOG 模式下，就可在数据库处于打开状态并且用户可使用它时对其进行备份。利用这种功能，可获得全天候的数据库可用性，同时仍保证数据库的可恢复性。

尽管可在正常工作时间执行联机备份，但考虑到以下多种原因，应在用户活动最少的时候安排实施联机备份。首先，联机备份会使用操作系统命令来备份物理文件，并且这些命令会使用系统中可用的 I/O 资源(影响交互式用户使用系统的性能)。其次，当备份表空间时，将事务写入归档重做日志文件的方式会改变。将表空间置于“联机备份”模式时，DBWR 进程将缓冲存储器(buffer cache)中属于表空间一部分的任何文件的所有数据块回写到磁盘上。当数据块读回内存并随后改变时，在数据块首次改变时会被复制到日志缓冲区中。只要数据块停留在缓冲存储器中，则不会将它们再复制到联机重做日志文件。这种操作将在归档重做日志文件的目标目录中使用多得多的空间。

注意：
可创建一个命令文件来执行联机备份，但考虑到多种原因，更倾向于使用 RMAN: RMAN 维护一个备份的目录(表)，允许管理备份库，并允许对数据库进行增量式备份。

要执行联机数据库备份或单个表空间备份，应遵循以下这些步骤：

(1) 将数据库设置为备份状态(在 Oracle 10*g* 之前，唯一的选择是逐个表空间启用备份)。具体做法是或对每个表空间使用 ALTER TABLESPACE . . . BEGIN BACKUP 命令，或对所有表空间使用 ALTER DATABASE BEGIN BACKUP 命令，将所有表空间置于联机备份模式。
(2) 使用操作系统命令备份数据文件。
(3) 通过对数据库中的每个表空间发出 ALTER TABLESPACE . . . END BACKUP 命令或对所有表空间发出 ALTER DATABASE END BACKUP 命令，将数据库设置回它的正常状态。
(4) 备份未归档的重做日志文件，以便发出 ALTER SYSTEM ARCHIVE LOG CURRENT 命令后可使用恢复表空间备份需要的重做日志。
(5) 备份归档重做日志文件。如有必要，压缩或删除备份的归档重做日志文件来释放磁盘上的空间。
(6) 备份控制文件。

请参见第 14 章，了解有关这种进程的 RMAN 自动操作的细节。

13.7 集成备份过程

由于可使用多种方法来备份 Oracle 数据库，因此在采用的备份策略中可避免单点故障。根据数据库的特征，应选择一种备份方法，并使用至少一种其他方法作为主备份方法的备用方法。

注意：
在进行物理备份时，也应考虑评估使用 RMAN 来执行增量式物理备份。

下面将介绍如何为数据库选择主备份方法，如何集成逻辑备份和物理备份，以及如何集成数据库备份和文件系统备份。有关RMAN的详情，请参见第14章。

13.7.1 集成逻辑备份和物理备份

究竟哪种备份方法更适合用作数据库的主备份方法呢？在做决定时，应考虑每种备份方法的特点，如表 13-5 所示：

表 13-5 每种备份方法的特点

方　法	类　型	恢复特点
Data Pump Export	逻辑的	能将任何数据库对象恢复到导出它时的状态
脱机备份	物理的	能将数据库恢复到关闭它时的状态；如果数据库运行在 ARCHIVELOG 模式下，可将该数据库恢复到它在任何时间点的状态
联机备份	物理的	能将数据库恢复到它在任何时间点的状态

如果数据库运行在 NOARCHIVELOG 模式下，那么脱机备份是一种备份数据库灵活性最差的方法。脱机备份是数据库的一个时间点的快照。而且，由于脱机备份是物理备份，数据库管理员(DBA)不能从中有选择地恢复逻辑对象(如表)。尽管有时采用脱机备份是合适的(如用于灾难恢复)，但脱机备份通常应该用作在主备份方法失败时的一种备用手段。如果数据库正运行在 ARCHIVELOG 模式下(强烈建议数据库运行在这一模式下)，可使用脱机备份作为介质恢复的基础，但是联机备份通常更适合这种情况。

在其余两种方法中，哪种方法更合适呢？对于产品环境而言，答案几乎总是选用联机备份。当数据库运行在 ARCHIVELOG 模式时，联机备份允许将数据库恢复到系统即将出现故障或用户即将产生错误前的时间点的状态。使用基于 Data Pump Export 的策略将限制你只能把数据回溯到它最后一次导出时的状态。

要考虑数据库的大小以及很可能要恢复的对象。考虑一种标准恢复情况——例如磁盘丢失——那么恢复数据将花费多长时间呢？如果丢失一个文件，最快的恢复该文件的方法通常是通过一种物理备份，此时再次显示了联机备份相对于数据导出的优势。

如果数据库很小、事务量很低并且数据库的可用性不是所关注的问题，那么脱机备份可以满足你的要求。如果仅仅关心一两张表，则可使用 Data Pump Export 来有选择地备份这些表。但是，如果数据库很大，Data Pump Export/Import 方法所需的恢复时间就可能是不可接受的。在事务很大而事务量不多的环境中，脱机备份可能更合适。

无论选择什么样的主备份方法，最终的实现应该包括一种物理备份和某种逻辑备份，或者通过 Data Pump Export，或者通过复制。这种冗余是必要的，因为这些方法将检验数据库的不同方面：Data Pump Export 验证数据在逻辑上是完好的，而物理备份验证数据是物理可靠的。一种好的数据库备份策略应该集成逻辑备份和物理备份。执行备份的频率和类型因数据库的使用特点而异。

其他一些数据库活动可能要求特别的备份方法。这类特殊备份可能包括在执行数据库升级前的脱机备份以及应用程序在数据库之间迁移过程中的导出操作。

13.7.2 集成数据库备份和操作系统备份

正如本章介绍的那样，DBA 的备份行动通常要涉及分配给一个系统管理组大量任务：监控磁盘的使用、维护磁带等。最好不要重复这些工作，而是集成这些任务，从而将精力放在根据流程来安排组织上。应改变数据库备份策略，以便系统管理人员的文件系统备份可维护所有的磁带处理，从而使你关注环境中的产品控制流程。

通常可通过将磁盘驱动器专门用作物理文件备份的目标位置来实现产品控制流程的集中

化。不将文件备份到磁带驱动装置上，而将备份写入同一服务器的其他磁盘上。系统管理人员的常规文件系统备份应将这些磁盘作为备份目标。DBA 不必运行一个独立的磁带备份作业。但数据库管理员需要证实正确地执行并成功完成了系统管理组的备份过程。

如果数据库环境包括位于数据库之外的文件(例如用于外部表的数据文件或由 BFILE 数据类型访问的文件)，那么必须决定打算以怎样一种方法来备份这些文件，以便可在恢复数据时提供数据的一致性。这些平面文件的备份应与数据库备份相协调，也应集成到任何灾难恢复计划中。

13.8　本章小结

与大多数 Oracle 特性和工具一样，可通过多种方式来完成特定任务。执行备份和恢复也不例外。可使用 Data Pump Export 和 Data Pump Import 来执行数据库的逻辑备份；使用 RMAN 在 ARCHIVELOG 模式执行数据库物理备份；通过关闭数据库来执行物理备份；或在数据库处于 ARCHIVELOG 模式时，手动执行数据文件、控制文件、SPFILE 以及其他文件(如密码文件和钱夹)的物理数据库备份。

应根据数据库所需的可用性、可为备份分配的存储空间以及发生故障时还原和恢复数据库的速度，来确定使用的方法。使用本章描述的两种方法或更多方法，确保备份基础结构不会成为工作环境中的单个故障点。

第 14 章

使用恢复管理器(RMAN)

在第 11 章和第 13 章中，我们讨论了可采用许多不同方法来备份数据和保护数据库免于遭到意外的、无意的或有意的破坏。数据库的物理备份可确保不会丢失已提交的事务，并且我们可将数据库从任何以前的备份恢复到当前的时间点或者中间的任何时间点。逻辑备份允许 DBA 或用户获取单个数据库对象在某个特定时间点时的内容，当完整的数据库还原操作对数据库的其余部分影响过大时，逻辑备份提供了一种可替换的恢复选项。

Oracle 的 RMAN 将备份和恢复提升到一种新的保护级别，并且使用方便。自从在 Oracle 版本 8 中推出 RMAN 以来，已进行了许多重大的改进和增强，RMAN 也利用了 Oracle Database 12*c* 中引入的多租户体系结构特性，使得 RMAN 成为可用于几乎所有数据库环境的一站购齐式解决方案。在 Oracle 12*c* 中除改进了 RMAN 命令行界面外，还将所有 RMAN 功能都包含在基于 Web 的 Enterprise Manager Cloud Control 12*c*(EM Cloud Control)界面中，从而可在只能使用 Web 浏览器连接时允许 DBA 监视和执行备份操作。

本章将列举大量 RMAN 操作的示例，同时采用命令行语法和 EM Cloud Control Web 界面。这些示例将从 RMAN 环境设置中运行 gamut 来进行备份，并对备份自身进行恢复和验证。我们将较详细地讲解有关 RMAN 如何管理与数据库及其备份相关联的元数据。最后，将概述其他许多主题，例如使用 RMAN 对 RMAN 环境外创建的备份进行编目。

Oracle Database 12*c* 甚至为 RMAN 环境引入了更多功能。为便于从命令行管理数据库，过去在 SQL>提示符下运行的几乎所有命令现在都可用于 RMAN>提示符，而且不必使用 RMAN sql 命令。现在，可在表级别执行还原和恢复操作——通常使用 Data Pump 执行表对象的逻辑导出和导入，但这赋予另一个使用最新 RMAN 备份来检索单个表或少量表的选项。最后，DUPLICATE 命令通过利用辅助实例上的更高并行度以及更优秀的压缩算法，在网络连接上更快地执行备份；这极大地提高了创建数据库备份的速度。

由于存在大量各种各样的磁带备份管理系统，讨论任何特定的硬件配置均不在本书的讲解范围之内。相反，本章将重点说明有关快速恢复区(Fast Recovery Area)的用法，这是一个在磁盘上分配的专用区域，用来存储 RMAN 可以备份的所有类型的对象的基于磁盘的副本。快速恢复区(过去称为闪回恢复区)是 Oracle Database 10*g* 新引入的功能。

对于本章中的所有示例，我们将采用一个配合 RMAN 使用的恢复目录。尽管只有通过使用目标数据库的控制文件才能利用 RMAN 的大部分功能，却可得到能存储 RMAN 脚本以及具有额外的恢复功能等诸多好处，这些好处远远超过在不同数据库中维护 RMAN 用户账户所花费的较低代价。

14.1 RMAN 的特性和组件

RMAN 并不仅是一个可通过 Web 界面使用的客户端可执行程序。它由大量其他组件组成，这些组件包括将要备份的数据库(目标数据库)、一个可选的恢复目录、一个可选的快速恢复区和一个用于支持磁带备份系统的介质管理软件。本节将简要介绍每个组件。

在第 13 章介绍的备份方法中，无法找到与 RMAN 的许多特征相对应的方法。我们将对比使用 RMAN 和采用传统的备份方法的优缺点。

14.1.1 RMAN 组件

RMAN 环境中首要的最基本组件是可执行的 RMAN 程序。该程序和其他 Oracle 实用程序都位于$ORACLE_HOME/bin 目录中，默认情况下标准版和企业版的 Oracle Database 12*c* 都会安装该程序。可从命令行提示符调用带有或者不带有命令行参数的 RMAN。下例将使用操作系统身份验证来启动 RMAN，而不需要连接到一个恢复目录。

```
[oracle@tettnang ~]$ rman target /
RMAN>
```

命令行参数是可选的，我们也可从 RMAN>提示符指定目标数据库和恢复目录。在图 14-1 中，可以看到如何从 EM Cloud Control 来访问 RMAN 特性。

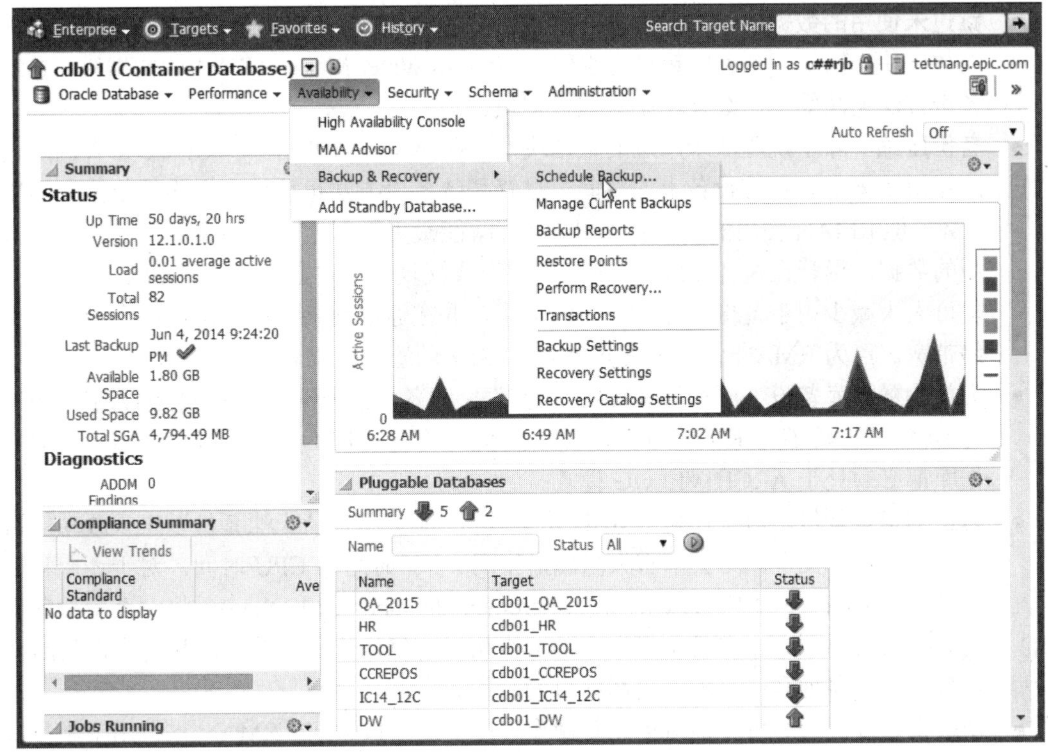

图 14-1　从 EM Cloud Control 访问 RMAN 的功能

我们不会经常使用 RMAN，除非需要备份数据库。可在恢复目录中对一个或多个目标数据库进行编目，此外，正在备份的数据库的控制文件包含有关 RMAN 所执行的备份的信息。从 RMAN 客户程序中，还可为那些使用 RMAN 自带的命令不能执行的操作发出 SQL 命令。

无论是使用目标数据库控制文件还是分离的数据库中的专用存储库，RMAN 恢复目录均包含恢复数据的位置、它自己的配置设置和目标数据库模式。目标数据库控制文件至少要包含这类数据；为能存储脚本并维护目标数据库控制文件的一个副本，我们极力推荐采用恢复目录。在本章中，所有例子都将使用恢复目录。

从 Oracle 10g 开始，通过在磁盘上定义用来存放所有 RMAN 备份的位置，快速恢复区简化了基于磁盘的备份和恢复。除指定存放位置外，DBA 还可指定快速恢复区中使用的磁盘空间大小的上限。一旦在 RMAN 中指定了保留策略，RMAN 将通过从磁盘和磁带上删除过时的备份来自动管理备份文件。下一节将介绍与快速恢复区相关的初始化参数。

为访问所有不基于磁盘的存储介质，例如磁带和 BD-ROM，RMAN 利用第三方介质管理软件在这些离线和近线(near-line)设备之间来回转移备份文件，自动请求加载和卸载适当的介质来支持备份和还原操作。大多数主要介质管理软件和硬件供应商提供直接支持 RMAN 的设备驱动程序。

14.1.2　RMAN 与传统备份方法

几乎没理由不将 RMAN 用作管理备份的主要工具。这里给出一些 RMAN 的主要特性，它们或者不能使用传统的备份方法获得，或者使用传统的备份方法会使它们具有很大的局限性：

- **跳过未使用的数据块** 当备份是一个 RMAN 备份集时，RMAN 不会备份从未被写入的数据块，例如一个表中超过高水位标志(High Water Mark，HWM)的数据块。传统的备份方法无法知道已经使用了哪些数据块。
- **备份压缩** 除了跳过从未用过的数据块外，RMAN 还可使用一种 Oracle 特有的二进制压缩模式来节省备份设备上的空间。尽管传统备份方法也可使用操作系统特有的压缩技术，但 RMAN 使用的压缩算法是定制的，能最大限度地压缩 Oracle 数据块中一些典型的数据。尽管在执行 RMAN 压缩的备份或恢复操作时会略微增加 CPU 运算时间，但可大大减少用于备份的存储介质的数量，并在通过网络执行备份时还会极大减少网络带宽。可为 RMAN 备份配置多个 CPU 来帮助缓解压缩开销。
- **开放的数据库备份** 可在 RMAN 中执行表空间备份，而不必将 ALTER TABLESPACE 与 BEGIN/END BACKUP 子句一起使用。但无论使用 RMAN 还是传统的备份方法，数据库都必须处于 ARCHIVELOG 模式。
- **真正的增量备份** 对于任何 RMAN 增量备份，不会将自从上次备份以来未改动的数据块写入到备份文件。这会节省大量磁盘空间、I/O 时间和 CPU 时间。对于还原和恢复操作，RMAN 支持增量更新的备份(incrementally updated backup)。将一个增量备份中的数据块应用到上一个备份可潜在地减少执行恢复操作所需的时间和需要访问的文件数量。稍后将列举一个增量更新备份的示例。
- **块级别恢复** 为尽可能地避免恢复操作过程中的停机时期，RMAN 支持用于恢复操作的块级别恢复(block-level recovery)，它只需要还原或修复在备份操作中标识为损坏的少量数据块。在 RMAN 修复损坏的块时，表空间的其余部分以及表空间中的对象仍可以联机。应用程序和用户甚至可使用表中未被 RMAM 修复的那些行。
- **表级别恢复** 如果表的逻辑备份不可用，或 FLASHBACK TABLE 无法将表返回到以前的状态，可使用 RMAN 备份，从截至任意 SCN(从使用 ARCHIVELOG 模式的数据库的最后一次完整 RMAN 备份算起)的 RMAN 备份还原表。这样，与不得不还原和恢复整个表空间(甚至整个数据库)相比，仅针对一个表的表级别恢复更加简便。
- **多路 I/O 通道** 在备份或恢复操作中，RMAN 可通过不同的操作系统进程使用多个 I/O 通道来执行并发的 I/O。传统的备份方法，例如 Unix 的 cp 命令，通常都是单线程操作。
- **平台无关性** 无论采用何种硬件或软件平台，使用 RMAN 命令制作的备份在句法上都将是相同的，唯一的区别在于介质管理通道配置。另一方面，如果将备份脚本迁移到 Windows 平台，使用许多 cp 命令的 Unix 脚本将不能很好地运行。
- **磁带管理器支持** 通过由磁带备份供应商提供的第三方介质管理驱动程序，在 RMAN 中支持所有主要的企业备份系统。
- **编目** 所有 RMAN 备份的记录都记录在目标数据库控制文件中，并可以有选择地记录在不同数据库存储的恢复目录中。相对于使用 copy 命令手动跟踪操作系统级备份，这种方法使还原和恢复操作更简单。
- **脚本功能** 可将 RMAN 脚本保存在恢复目录中，以便在一个备份会话中进行检索。相对于使用操作系统自带的调度机制将传统的操作系统脚本存储在操作系统目录中的方法，紧密集成的脚本语言、RMAN 中便于维护的脚本以及 Oracle 调度工具使得 RMAN 成为一种更好的选择。

● **加密的备份** RMAN 使用集成到 Oracle Database 12*c* 中的备份加密(包括高级压缩)来存储加密的备份。要将加密的备份存储在磁带上，需要使用 Advanced Security 选项。

极少数情况下，传统备份方法可能优于 RMAN。不过，现在的 RMAN 使用 Oracle Secure Backup 支持对密码文件和其他非数据库文件的备份，如 tnsnames.ora、listener.ora 和 sqlnet.ora；因此，将 RMAN 用作单个备份和恢复解决方案是可行的。

14.1.3 备份类型

RMAN 支持许多不同的备份方法，这依赖于可用性需求、恢复窗口的期望尺寸以及在恢复操作中使用数据库或一部分数据库的时候可容忍的停机时间。

1. 一致备份和不一致备份

物理备份可分为两类：即一致备份和不一致备份。在一致备份中，所有数据文件有相同的 SCN。换句话说，重做日志中的所有改动都已经应用到数据文件上。由于打开的没有未提交事务的数据库可能会在缓冲区缓存中存有一些脏数据块，因此很少将打开的数据库备份看成一致备份。因此，当正常关闭数据库或当数据库处于 MOUNT 状态时，执行一致备份。

与此相反，当数据库处于打开状态且用户正在访问数据库时，执行不一致备份。由于在发生不一致备份时数据文件的 SCN 通常不匹配，因此使用不一致备份执行的恢复操作必须依赖归档重做日志文件和联机重做日志文件，以便在数据库打开之前将它转换为一致状态。因此，为使用不一致备份方法，数据库必须处于 ARCHIVELOG 模式。

2. 完整备份和增量备份

完整备份(full backup)包括一个表空间或数据库内的每个数据文件的所有数据块；它本质上逐比特地复制数据库中的一个或多个数据文件。可使用 RMAN 或操作系统命令来执行完整备份，尽管在将 RMAN 之外执行的备份用于 RMAN 恢复操作之前必须使用 RMAN 对其进行编目。

在 Oracle 11*g* 和更新版本中，增量备份可以是 0 级或 1 级。0 级增量备份是一种对数据库的所有数据块的完整备份，可与数据库恢复操作中的差异备份、增量备份或累积增量 1 级备份协同使用。在恢复策略中使用增量备份的一个显著优点是，不需要归档重做日志文件和联机重做日志文件将数据库或表空间恢复到一致状态；增量备份可能需要部分或全部数据块。稍后介绍一个使用 0 级和 1 级增量备份的示例。增量备份只能在 RMAN 中执行。

3. 映像副本

映像副本是通过操作系统命令或 RMAN BACKUP AS COPY 命令创建的完整备份。尽管可在以后将使用 Unix cp 命令创建的完整备份作为数据库备份注册到 RMAN 目录中，但在 RMAN 中制作同样的映像副本备份具有自身的优点，RMAN 可在读取数据块时检查损坏的块，并可将有关坏块的信息记录在数据字典中。在 RMAN 中，映像副本是默认的备份文件格式。

这是 Oracle 12*c* 的 RMAN 的一个重要特性，其原因如下：如果将另一个数据文件添加到表空间，还需要记住将这个新的数据文件添加到 Unix 脚本 cp 命令中。通过使用 RMAN 创建映像副本，所有数据文件会自动包含在备份中。忘记向 Unix 脚本添加新的数据文件轻则使恢复操作极不方便，重则产生灾难性后果。

4. 备份集和备份片

可在几乎任何备份环境下创建映像副本，但却只能使用 RMAN 创建和还原备份集(backupset)。备份集是部分或全部数据库的一个 RMAN 备份，由一个或多个备份片(backup piece)组成。每个备份片只属于一个备份集，可包含数据库中一个或多个数据文件的备份。和任何其他 RMAN 启动的备份相同，所有备份集和备份片都记录在 RMAN 存储库中。

5. 压缩的备份

对于任何创建备份集的 Oracle12*c* RMAN 备份，可采用压缩来减少存储备份所需的磁盘空间或磁带数量。只有 RMAN 可使用压缩的备份，并且在用于恢复操作时不需要对它们进行特殊处理；RMAN 自动对备份解压缩。只需要在 RMAN BACKUP 命令中指定 AS COMPRESSED BACKUPSET 和 COMPRESSION ALGORITHM(或作为默认设置)就可以创建压缩的备份。

14.2 RMAN 命令和选项的概述

接下来将介绍常用的一组基本命令，说明如何通过持久化 RMAN 会话中的一些设置来方便工作。此外，将设置保留策略和用于存储 RMAN 元数据的存储库。

本节最后将说明一些与 RMAN 备份和快速恢复区相关的初始化参数。

14.2.1 在 RMAN 中运行 SQL 命令

在 Oracle Database 12*c* 中，可更方便地在 RMAN 会话中运行 SQL 命令。除非一个 RMAN 命令与 SQL 或 SQL*Plus 命令同名，否则只需要在 RMAN 命令行中输入它，就像使用 SQL*Plus 一样，如本例所示：

```
[oracle@tettnang ~]$ rman target /
Recovery Manager: Release 12.1.0.1.0 - Production on Tue Aug 19 21:57:11 2014
Copyright (c) 1982, 2013, Oracle and/or its affiliates.  All rights reserved.
connected to target database: HR (DBID=3516035730)
using target database control file instead of recovery catalog
RMAN> select ts#,name,bigfile
2> from v$tablespace
3> where name like 'S%';

       TS# NAME                           BIG
---------- ------------------------------ ---
         0 SYSTEM                         NO
         1 SYSAUX                         NO
RMAN>
```

如果要避免含糊，或不希望更改任何的现有 RMAN 脚本，仍可使用在 RMAN 中运行 SQL 语句的现有方法，即 SQL “*command*”。

14.2.2　常用命令

表 14-1 列出了最常用的 RMAN 命令以及每个命令的通用选项和说明。要了解所有 RMAN 命令的完整清单以及这些命令的语法，请参见 *Oracle Database Backup and Recovery Reference, 12c Release 1*。

表 14-1　常用的 RMAN 命令

RMAN 命令	说明
@	运行@后指定的路径名中的 RMAN 命令脚本。如果未指定路径，则假定路径为调用 RMAN 所用的目录
ADVISE FAILURE	显示针对所发现故障的修复选项
BACKUP	执行带有或不带有归档重做日志的 RMAN 备份。备份数据文件、数据文件副本或执行增量 0 级或 1 级备份。备份整个数据库或一个单独的表空间或数据文件。使用 VALIDATE 子句来验证要备份的数据块
CATALOG	将有关文件副本和用户管理备份的信息添加到存储库
CHANGE	改变 RMAN 存储库中的备份的状态。可用于显式地从还原或恢复操作中排除备份，或者向 RMAN 通知 RMAN 以外的操作系统命令无意或有意地删除了备份文件
CONFIGURE	为 RMAN 配置持久性的参数。在接下来的每个 RMAN 会话中这些配置参数都是有效的，除非显式地清除或修改它们
CONVERT	为跨平台传送表空间或整个数据库而转换数据文件格式
CREATE CATALOG	为一个或多个目标数据库创建包含 RMAN 元数据的存储库目录。强烈建议不要将该目录存储在其中一个目标数据库内
CROSSCHECK	对照磁盘或磁带上的实际文件，检查 RMAN 存储库中的备份记录。将对象标记为 EXPIRED、AVAILABLE、UNAVAILABLE 或 OBSOLETE。如果对象对 RMAN 是不可用的，那么把它标记为 UNAVAILABLE
DELETE	删除备份文件或副本，并在目标数据库控制文件中将它们标记为 DELETED。如果使用了存储库，会清除备份文件的记录
DROP DATABASE	从磁盘删除目标数据库并取消注册
DUPLICATE	使用目标数据库的备份(或使用活动数据库)来创建副本数据库
FLASHBACK DATABASE	执行 Flashback Database(闪回数据库)操作。按照 SCN 或日志序号使用闪回日志将数据库还原到过去的某个时间点，以取消 SCN 或日志序号之前对数据库所做的改动，然后应用归档重做日志将数据库前置到一致的状态
LIST	显示在目标数据库控制文件或存储库中记录的有关备份集和映像副本的信息。参见 REPORT 来标识备份集之间的复杂关系
RECOVER	对数据文件、表空间或者整个数据库执行完全的或不完全的恢复。还可将增量备份应用到一个数据文件映像副本，以便在时间上前滚该副本
REGISTER DATABASE	在 RMAN 存储库中注册目标数据库

(续表)

RMAN 命 令	说 明
REPAIR FAILURE	修复自动诊断存储库(ADR)中记录的一个或多个故障
REPORT	对 RMAN 存储库进行详尽的分析。例如，该命令可以标识哪些文件需要备份来满足保留策略或者哪些备份文件可以删除
RESTORE	通常在存储介质失效后，将文件从映像副本或备份集恢复到磁盘上。通过指定 PREVIEW 选项可以使用该命令来验证一个还原操作，而实际上并不执行还原
RUN	运行"{"和"}"之间的作为一个组的一连串 RMAN 语句。在执行该组语句的过程中允许重写默认的 RMAN 参数
SET	为 RMAN 会话过程设定配置设置，例如分配的磁盘或磁带通道。使用 CONFIGURE 来分配持久设置
SHOW	显示所有或单个 RMAN 配置设置
SHUTDOWN	从 RMAN 中关闭目标数据库，等同于 SQL*Plus 中的 SHUTDOWN 命令
STARTUP	启动目标数据库。该命令和 SQL*Plus STARTUP 命令具有相同的选项和功能
SQL	在 RMAN 中运行 SQL 命令。极少使用，因为从 Oracle Database 12*c* 开始，几乎所有的 SQL 命令都可从 RMAN 命令行直接运行
TRANSPORT TABLESPACE	为一个或多个表空间从备份创建可移植的表空间集
VALIDATE	检查备份集并报告它的数据是否完好以及是否一致

如果备份使用快速恢复区，可通过运行下面的命令来备份数据库，而不需要任何其他显式的 RMAN 配置：

```
RMAN> backup database;
```

注意，这是一个全库备份，它可与归档重做日志文件一起用来恢复数据库。但这不是 0 级备份，不能用作增量备份策略的一部分。

14.2.3 设置存储库

无论将存储库用来存储一个数据库还是上百个数据库的元数据，存储库的设置均十分简单，并且只需要执行一次。以下例子假定我们已默认安装了 Oracle 12*c* 数据库。当 RMAN 需要更新存储库中的元数据时，如果没有较大的性能降级，那么存储数据库自身就可用于其他应用程序。

警告：

强烈建议不要将 RMAN 目标数据库用作存储库。目标数据库的丢失将使得无法再用 RMAN 来成功地恢复目标数据库，因为存储库中的元数据随着目标数据库一起丢失了。

以下一系列命令创建一个表空间和一个用户，以便维护存储数据库中的元数据。在该示例以及接下来的例子中，将一个带有 SID 为 rman_rep 的数据库用于所有的存储库操作。

存放存储数据库的表空间至少需要 125MB 来存放恢复目录条目，下面给出表空间的空间需求：

- SYSTEM 表空间需要 90MB。
- TEMP 表空间需要 5MB。
- UNDO 表空间需要 5MB。
- 在 RMAN 的默认表空间中，在恢复目录中注册的每个数据库需要 15MB。
- 对每个联机重做日志文件需要 1MB。

开始可用的空闲空间是 125MB，第一年时这一规模在大多数情况下足够了，在很长时间内，每年增加 75MB 盘区足够了，这取决于在恢复目录中管理的数据库数量。大体说来，与数 TB 字节的数据仓库相比，这只是很少量的磁盘空间。

用 SYSDBA 权限连接到存储数据库，并在 RMAN 表空间中创建 RMAN 账户和恢复目录，如下所示：

```
[oracle@kthanid ~]$ sqlplus rjb/rjb909@kthanid:1521/rman_rep

SQL*Plus: Release 12.1.0.2.0 Production on Wed Aug 20 06:58:59 2014
Copyright (c) 1982, 2014, Oracle.  All rights reserved.
Last Successful login time: Wed Aug 20 2014 06:50:11 -05:00

Connected to:
Oracle Database 12c Enterprise Edition Release 12.1.0.2.0 - 64bit Production
With the Partitioning, Automatic Storage Management, OLAP, Advanced Analytics
and Real Application Testing options

SQL> create tablespace rman datafile 'data12c'
  2    size 125m autoextend on next 75m maxsize 1g;

Tablespace created.
SQL> grant recovery_catalog_owner to rman identified by rman;
Grant succeeded.
SQL> alter user rman default tablespace rman
  2    quota unlimited on rman;
User altered.
SQL>
```

提示：

不使用独立的 CREATE USER 命令语句，可使用 GRANT 命令来创建用户、授予权限以及指定密码。

现在存储数据库中存在一个 RMAN 用户账户，因此我们从包含目标数据库的服务器启动 RMAN，连接到目录，并使用 CREATE CATALOG 命令来初始化存储库：

```
[oracle@tettnang ~]$ rman catalog rman/rman@kthanid/rman_rep

Recovery Manager: Release 12.1.0.1.0 - Production on Wed Aug 20 07:05:29 2014
```

```
Copyright (c) 1982, 2013, Oracle and/or its affiliates.  All rights reserved.

connected to recovery catalog database

RMAN> create catalog;

recovery catalog created

RMAN
```

从这个时候开始，使用存储库只需要在RMAN命令行上使用CATALOG参数指定存储库用户名和密码，或在一个RMAN会话中使用CONNECT CATALOG命令。在EM Cloud Control中可持久保存存储库凭据，如图14-2所示。

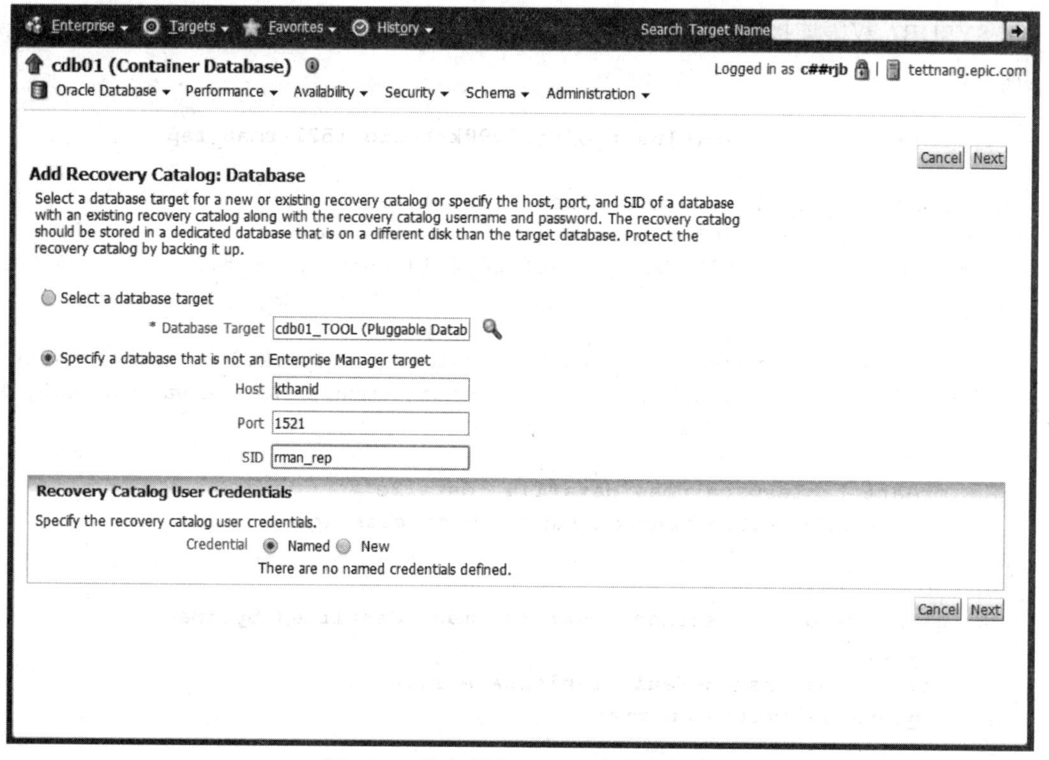

图 14-2 持久保存RMAN存储库凭据

在以后的EM Cloud Control会话中，任何RMAN备份或恢复操作将自动使用恢复目录。

14.2.4 注册数据库

对于每个使用RMAN执行备份或恢复的数据库，必须在RMAN存储库中对它们进行注册。该操作记录诸如目标数据库模式和目标数据库的唯一数据库 ID(DBID)等信息。只需要注册目标数据库一次，随后连接到目标数据库的RMAN会话将自动引用存储库中正确的元数据。

```
[oracle@tettnang ~]$ rman target / catalog rman/rman@kthanid/rman_rep

Recovery Manager: Release 12.1.0.1.0 - Production on Wed Aug 20 08:44:21 2014
```

```
Copyright (c) 1982, 2013, Oracle and/or its affiliates.  All rights reserved.

connected to target database: CDB01 (DBID=1382179355)
connected to recovery catalog database

RMAN> register database;

database registered in recovery catalog
starting full resync of recovery catalog
full resync complete

RMAN>
```

在上一个示例中，我们使用操作系统身份验证连接到目标数据库并使用密码身份验证连接到存储库。注意，在本示例中，CDB01 数据库可能是容器数据库(CDB)也可能不是，但这无关紧要，因为 RMAN 必须连接到根容器中的 CDB，为整个 CDB 或任意单个 PDB 执行备份和恢复操作。

所有向存储库注册的数据库必须具有唯一的 DBID，再次试图注册数据库会得到以下错误信息：

```
RMAN> register database;

RMAN-00571: ===========================================================
RMAN-00569: =============== ERROR MESSAGE STACK FOLLOWS ===============
RMAN-00571: ===========================================================
RMAN-03009: failure of register command on default channel
     at 08/28/2014 21:38:44
RMAN-20002: target database already registered in recovery catalog

RMAN>
```

14.2.5　持久保存 RMAN 设置

为简化数据库管理员的工作，可持久保存许多 RMAN 设置。换句话说，这些设置在 RMAN 各会话之间仍将是有效的。在下例中，使用 SHOW 命令来显示默认的 RMAN 设置：

```
RMAN> show all;

RMAN configuration parameters for database with db_unique_name CDB01 are:
CONFIGURE RETENTION POLICY TO REDUNDANCY 1; # default
CONFIGURE BACKUP OPTIMIZATION ON;
CONFIGURE DEFAULT DEVICE TYPE TO DISK; # default
CONFIGURE CONTROLFILE AUTOBACKUP ON; # default
CONFIGURE CONTROLFILE AUTOBACKUP FORMAT FOR DEVICE TYPE DISK TO '%F'; # default
CONFIGURE DEVICE TYPE DISK PARALLELISM 4 BACKUP TYPE TO COMPRESSED BACKUPSET;
CONFIGURE DATAFILE BACKUP COPIES FOR DEVICE TYPE DISK TO 1; # default
CONFIGURE ARCHIVELOG BACKUP COPIES FOR DEVICE TYPE DISK TO 1; # default
CONFIGURE MAXSETSIZE TO UNLIMITED; # default
CONFIGURE ENCRYPTION FOR DATABASE OFF; # default
CONFIGURE ENCRYPTION ALGORITHM 'AES128'; # default
CONFIGURE COMPRESSION ALGORITHM 'BASIC' AS OF RELEASE 'DEFAULT'
```

```
    OPTIMIZE FOR LOAD TRUE ; # default
CONFIGURE RMAN OUTPUT TO KEEP FOR 7 DAYS; # default
CONFIGURE ARCHIVELOG DELETION POLICY TO NONE; # default
CONFIGURE SNAPSHOT CONTROLFILE NAME TO
    '/u01/app/oracle/product/12.1.0/dbhome_1/dbs/snapcf_cdb01.f'; # default

RMAN>
```

任何设置为默认值的参数在配置设置的末尾都标有# default。使用 EM Cloud Control 可方便地检查和改变这些参数，如图 14-3 所示。

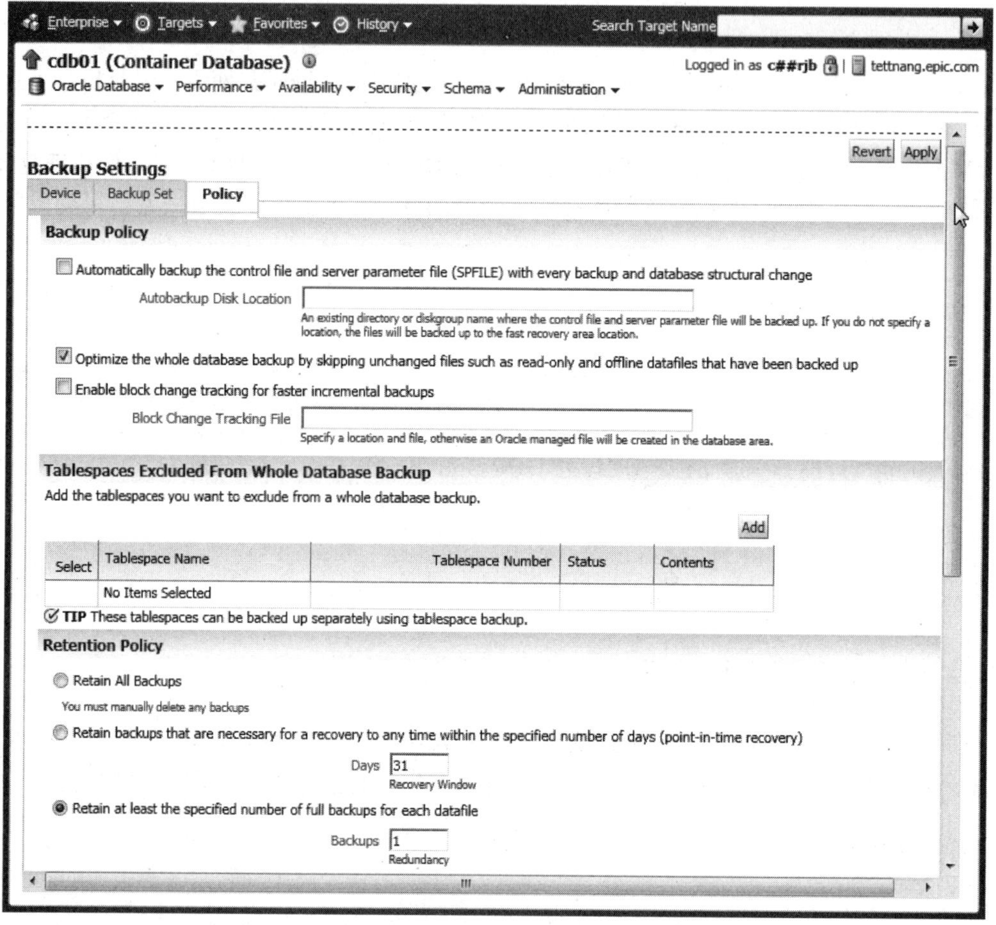

图 14-3　查看 EM Cloud Control 中的 RMAN 设置

接下来将介绍几个常见的 RMAN 持久性设置。

1. 保留策略

使用如下两种方法之一可自动保留和管理备份：通过恢复窗口(recovery window)或冗余。使用恢复窗口，RMAN 将可根据需要保留多个备份，以便将数据库切换到恢复窗口内的任何时间点。例如，采用一个 7 天的恢复窗口，RMAN 将维护足够的映像副本、增量备份和归档重做日志，从而保证可以将数据库还原和恢复到最后 7 天内的任何时间点。任何不需要用于支持该恢复窗口的备份标记为 OBSOLETE，如果使用快速恢复区并且需要磁盘空间来存储新备份，

RMAN 将自动删除这些过时的备份。

与此不同，冗余保留策略指导 RMAN 保留每个数据文件和控制文件的特定数量的备份或副本。超出冗余策略中指定数量的任何额外副本或备份都标记为 OBSOLETE。与恢复窗口的情况一样，如果使用了快速恢复区并且需要磁盘空间，RMAN 会自动删除这些过时的备份。否则，可使用 DELETE OBSOLETE 命令来删除这些备份文件并更新目录。

如果将保留策略设置为 NONE，则不再将备份或副本看成过时的。因此，DBA 必须手动从目录和磁盘上删除那些不需要的备份。

在下面的示例中，我们将把保留策略设置为一个 4 天的恢复窗口(默认的冗余策略为 1 个副本)：

```
RMAN> configure retention policy to recovery window of 4 days;

new RMAN configuration parameters:
CONFIGURE RETENTION POLICY TO RECOVERY WINDOW OF 4 DAYS;
new RMAN configuration parameters are successfully stored
RMAN>
```

2. 设备类型

如果将默认设备类型设置为 DISK 并且没有指定路径名参数，RMAN 将快速恢复区用于所有备份(本例中为磁盘组+RECOV)。在 EM Cloud Control 中很容易重写磁盘备份的位置，如图 14-4 所示。和 Oracle 12*c* 中的许多简化的管理任务一样，不需要为备份分配或释放一个特定的通道，除非正在使用磁带设备。

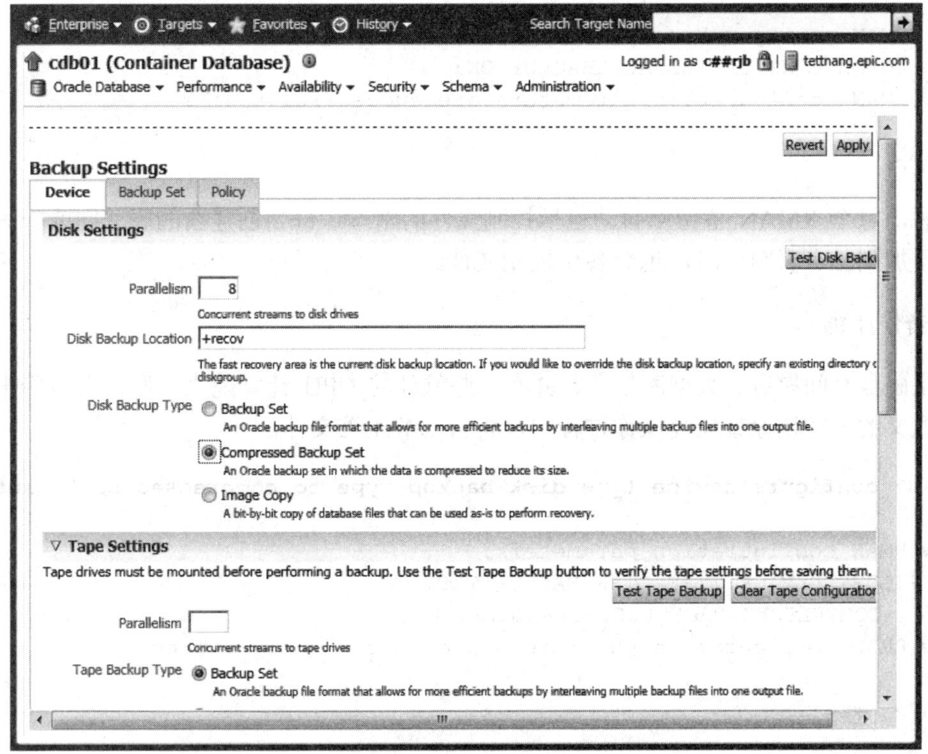

图 14-4　使用 EM Cloud Control 配置备份目标

尽管配置磁带设备与特定安装相关，但通常情况下，按如下方式来配置磁带设备：

```
RMAN> configure channel device type sbt
2>   parms='ENV=(<vendor specific arguments>)';
```

注意：

sbt 是用于任何磁带备份子系统的设备类型，而与供应商无关。

尽管可使用快速恢复区从磁盘上完全还原和恢复数据库，但有时把所有备份保存在磁盘上将是低效率的，特别是在采用一个大的恢复窗口的情况下。因此，可将备份文件的副本转移到磁带上，在需要从磁带上还原或恢复数据库，或者需要还原归档重做日志以便在快速恢复区中前滚映像副本的情况下，RMAN 将会忠实地跟踪备份存放的位置。

3. 控制文件自动备份

考虑到控制文件的重要性，我们希望至少每次在数据库结构中的修改造成控制文件变化时对其进行备份。默认情况下，控制文件不会自动备份。考虑到控制文件的重要性以及备份控制文件只需要占用很少的磁盘空间，这一默认设置有些令人不可思议。幸运的是，当成功的备份必须记录在存储库的任何时候，或者当结构上的改动影响了控制文件内容的时候(换句话说，是指如果当需要执行恢复操作时必须使用控制文件备份才能确保成功恢复的情况)，可以很容易地配置 RMAN 来自动地备份控制文件。

```
RMAN> configure controlfile autobackup on;

new RMAN configuration parameters:
CONFIGURE CONTROLFILE AUTOBACKUP ON;
new RMAN configuration parameters are successfully stored

RMAN>
```

此时，每个 RMAN 备份都自动包括控制文件的副本。每当创建新的表空间或将另一个数据文件添加到已有表空间时，也会备份控制文件。

4. 备份压缩

如果磁盘空间昂贵、数据库很大、并有一些额外的 CPU 计算能力，则压缩备份来节省空间是有意义的。在还原或恢复操作过程中，将自动解压缩文件。

```
RMAN> configure device type disk backup type to compressed backupset;

new RMAN configuration parameters:
CONFIGURE DEVICE TYPE DISK BACKUP TYPE TO
      COMPRESSED BACKUPSET PARALLELISM 8;
new RMAN configuration parameters are successfully stored

RMAN>
```

如果操作系统的文件系统已启用了压缩或者如果磁带设备硬件可以自动压缩备份，那么或许没必要压缩备份集。但是，由于已经调整了 RMAN 的压缩算法来高效地备份 Oracle 数据块，因此压缩备份集可能是更好的选择。

14.2.6 初始化参数

控制 RMAN 备份将使用大量初始化参数。本节将介绍一些非常重要的参数。

1. CONTROL_FILE_RECORD_KEEP_TIME

所有 RMAN 备份的记录保存在目标控制文件中。CONTROL_FILE_RECORD_KEEP_TIME 参数指定 RMAN 会设法将备份的记录保存在目标控制文件中的天数。在该时间之后，RMAN 将开始重用比这个保留时期更长的记录。如果 RMAN 需要写一个新的备份记录，并且还没有达到保留期，那么 RMAN 将设法扩大控制文件的尺寸。通常可成功完成此操作，因为相对于其他数据库对象，控制文件的尺寸相对较小。然而，如果没有可用的空间来扩充控制文件，RMAN 将重用控制文件中最老的记录，并向警报日志写入一个消息。

根据经验，应将 CONTROL_FILE_RECORD_KEEP_TIME 设置为超出实际的恢复窗口几天，以保证备份记录保留在控制文件中。默认设置是 7 天。

2. DB_RECOVERY_FILE_DEST

该参数指定快速恢复区的位置。它应位于一个不同于任何数据库数据文件、控制文件或重做日志文件(无论是联机重做日志文件还是归档重做日志文件)的文件系统上。如果丢失了带有数据文件的磁盘，同时也会丧失快速恢复区，从而减弱使用快速恢复区的优点。

3. DB_RECOVERY_FILE_DEST_SIZE

DB_RECOVERY_FILE_DEST_SIZE 参数指定用于快速恢复区的磁盘空间量的上限。底层的文件系统具有的空间量可能多于或少于此数量，DBA 应该保证至少有此数量的空间用于备份。注意，这只是此数据库的恢复空间的数量，如果多个数据库共享同一 ASM 磁盘组作为它们的快速恢复区，则 DB_RECOVERY_FILE_DEST_SIZE 的所有值之和一定不能超过此磁盘组中的可用空间。

在我们的数据仓库数据库 dw 中，快速恢复区在磁盘组+RECOV 中定义，最大容量为 8GB。达到这个限制时，RMAN 将自动删除过时备份，并且当未过时的备份占用的空间量达到 DB_RECOVERY_FILE_DEST_SIZE 中指定数值的 10%以内时，RMAN 会在警报日志中生成一个警告。

参数 DB_RECOVERY_FILE_DEST 和 DB_RECOVERY_FILE_DEST_SIZE 均是动态的，可在实例运行时对它们进行即时的改动，以便响应磁盘空间可用性的变化。

14.2.7 数据字典和动态性能视图

在目标数据库和目录数据库上，有许多 Oracle 数据字典和动态性能视图都包含和 RMAN 操作相关的信息。表 14-2 中列出与 RMAN 相关的重要视图。稍后将详细介绍其中的每种视图。

表 14-2 RMAN 数据字典和动态性能视图

视 图	说 明
RC_*	RMAN 恢复目录视图。它仅存在于 RMAN 存储数据库中并且包含所有目标数据库的恢复信息
V$RMAN_STATUS	显示完成的和进行中的 RMAN 作业
V$RMAN_OUTPUT	包含 RMAN 会话生成的消息以及在会话中执行的每个 RMAN 命令
V$SESSION_LONGOPS	包含运行超过 6 秒的长期运行的管理操作的状态；除了 RMAN 恢复和备份操作外，包括统计收集和长期运行的查询
V$DATABASE_BLOCK_CORRUPTION	在 RMAN 会话过程中检测到的损坏的块
V$FLASH_RECOVERY_AREA_USAGE	按对象类型给出快速恢复区中已用空间的百分比
V$RECOVERY_FILE_DEST	快速恢复区的文件数量、已使用的空间、可回收的空间以及空间限制
V$RMAN_CONFIGURATION	该数据库的使用非默认值的 RMAN 配置参数

RC_*视图仅存在于用作 RMAN 存储库的数据库中，V$视图存在于任何使用 RMAN 备份的数据库中并在数据库中拥有数据行。为突出说明这种区别，我们在目标数据库中查看 V$RMAN_CONFIGURATION 视图：

```
[oracle@tettnang ~]$ sqlplus rjb/rjb@tettnang/dw

SQL*Plus: Release 12.1.0.1.0 Production on Wed Aug 20 09:06:37 2014

Copyright (c) 1982, 2013, Oracle.  All rights reserved.


Connected to:
Oracle Database 12c Enterprise Edition Release 12.1.0.1.0 - 64bit Production
With the Partitioning, Automatic Storage Management, OLAP, Advanced Analytics
and Real Application Testing options

SQL> select * from v$rman_configuration;

     CONF# NAME                     VALUE                          CON_ID
---------- ------------------------ --------------------------- ----------
         1 BACKUP OPTIMIZATION      ON                                  0
         2 DEVICE TYPE              DISK BACKUP TYPE TO COMPRESSED      0
                                    BACKUPSET PARALLELISM 4

         3 RETENTION POLICY         TO RECOVERY WINDOW OF 4 DAYS        0
         4 CONTROLFILE AUTOBACKUP   ON                                  0

SQL>
```

注意，这些是改动后的 RMAN 持久化参数，不同于默认值。对于所有注册到 RMAN 的数据库，恢复目录数据库把这些非默认值保存在 RC_RMAN_CONFIGURATION 视图中。另外注意多租户环境中数据库的 CON_ID 列。PDB 将有 CON_ID=0(对 CDB 中的其他 PDB 不可见)；当连接到根容器器时，每个 PDB 的 CON_ID 将有一个唯一标识符。

```
SQL> connect rman/rman@kthanid/rman_rep
Connected.
SQL> select db_key, db_unique_name, name, value
  2      from rman.rc_rman_configuration;

    DB_KEY DB_UNIQUE_NAME      NAME                      VALUE
---------- ------------------- ------------------------- ----------------
         1 CDB01               BACKUP OPTIMIZATION       ON
         1 CDB01               DEVICE TYPE               DISK BACKUP TYP
                                                         E TO COMPRESSED
                                                          BACKUPSET PARA
                                                         LLELISM 4

         1                     RETENTION POLICY          TO RECOVERY WIN
                                                         DOW OF 4 DAYS

         1 CDB01               CONTROLFILE AUTOBACKUP    ON

4 rows selected.
```

如果正使用 RMAN 备份另一个数据库，对于带有非默认 RMAN 参数的其他目标数据库而言，该视图将包含其他 DB_KEY 和 DB_UNIQUE_NAME 值。

因为没有使用 RMAN 来备份 rman_rep 数据库，所以 V$RMAN_*视图是空的。

14.3 备份操作

本节将通过一些示例讲解使用多种方法备份目标数据库：我们将执行两类完整备份，创建选定的数据库文件的映像副本，分析增量备份如何工作，进一步讨论备份压缩、增量备份优化以及快速恢复区。

我们将继续使用数据仓库数据库 dw 作为目标数据库，并使用数据库 rman_rep 作为 RMAN 存储库。

14.3.1 完整数据库备份

在第一个完整数据库备份示例中，使用备份集将所有数据库文件(包括 SPFILE)复制到快速恢复区：

```
RMAN> backup as compressed backupset database spfile;
Starting backup at 20-AUG-14
starting full resync of recovery catalog
full resync complete
allocated channel: ORA_DISK_1
```

```
channel ORA_DISK_1: SID=269 device type=DISK
allocated channel: ORA_DISK_2
channel ORA_DISK_2: SID=523 device type=DISK
allocated channel: ORA_DISK_3
channel ORA_DISK_3: SID=778 device type=DISK
allocated channel: ORA_DISK_4
channel ORA_DISK_4: SID=1024 device type=DISK
skipping datafile 5; already backed up 1 time(s)
skipping datafile 7; already backed up 1 time(s)
skipping datafile 18; already backed up 1 time(s)
skipping datafile 19; already backed up 1 time(s)
. . .
piece
handle=+RECOV/CDB01/F754FCD8744A55AAE043E3A0080A3B17/BACKUPSET/2014_08_20/n
nndf0_tag20140820t094015_0.758.856086089 tag=TAG20140820T094015 comment=NONE
channel ORA_DISK_2: backup set complete, elapsed time: 00:01:07
Finished backup at 20-AUG-14
Starting Control File and SPFILE Autobackup at 20-AUG-14
piece handle=+RECOV/CDB01/AUTOBACKUP/2014_08_20/s_856086157.752.856086157
comment=NONE
Finished Control File and SPFILE Autobackup at 20-AUG-14
RMAN>
```

注意：

使用恢复目录时，RMAN 仅能连接到根容器(CDB)来执行备份和恢复操作。

由于将 BACKUP OPTIMIZATION 设置配置为 ON，文件 5、7、18 和 19 不需要备份。另外注意，将 SPFILE 备份了两次，第二次是与控制文件一起备份的。由于将 CONFIGURE CONTROLFILE AUTOBACKUP 设置为 ON，因此当执行任何类型的备份或数据库结构变化时，都会自动备份控制文件和 SPFILE。因此不必在 BACKUP 命令中指定 SPFILE。

用 asmcmd 工具观察快速恢复区，对于最近的归档重做日志和刚执行的完整数据库备份，我们可看到许多含义模糊的文件名：

```
[oracle@tettnang ~]$ sqlplus / as sysdba

SQL*Plus: Release 12.1.0.1.0 Production on Wed Aug 20 09:46:59 2014

Copyright (c) 1982, 2013, Oracle.  All rights reserved.


Connected to:
Oracle Database 12c Enterprise Edition Release 12.1.0.1.0 - 64bit Production
With the Partitioning, Automatic Storage Management, OLAP, Advanced Analytics
and Real Application Testing options

SQL> show parameter db_recov
```

```
NAME                                 TYPE         VALUE
------------------------------------ ------------ ------------------------------
db_recovery_file_dest                string       +RECOV
db_recovery_file_dest_size            big integer 25G
SQL> select name from v$database;
NAME
---------
CDB01
SQL> exit
[oracle@tettnang ~]$ . oraenv
ORACLE_SID = [cdb01] ? +ASM
The Oracle base remains unchanged with value /u01/app/oracle
[oracle@tettnang ~]$ asmcmd
ASMCMD> ls
DATA/
RECOV/
ASMCMD> cd recov
ASMCMD> ls
CDB01/
HR/
ASMCMD> cd cdb01
ASMCMD> ls
00FF6323468C3972E053E3A0080AAFD5/
AUTOBACKUP/
BACKUPSET/
CONTROLFILE/
F754FCD8744A55AAE043E3A0080A3B17/
FA782A61F8447D03E043E3A0080A9E54/
FA787E0038B26FFBE043E3A0080A1A75/
FB03AEEBB6F60995E043E3A0080AEE85/
FBA928F391D2217DE043E3A0080AB287/
FC9588B12BBD413FE043E3A0080A5528/
ASMCMD> ls -l backupset
Type  Redund  Striped  Time          Sys  Name
                                      Y    2014_06_04/
                                      Y    2014_08_20/
ASMCMD> ls -l backupset/2014_08_20
Type       Redund  Striped  Time               Sys  Name
BACKUPSET  UNPROT  COARSE   AUG 20 09:00:00  Y    nnndf0_TAG2014082
0T094015_0.756.856086105
BACKUPSET  UNPROT  COARSE   AUG 20 09:00:00  Y    nnndf0_TAG2014082
0T094015_0.757.856086105
BACKUPSET  UNPROT  COARSE   AUG 20 09:00:00  Y    nnndf0_TAG2014082
0T094015_0.762.856086041
BACKUPSET  UNPROT  COARSE   AUG 20 09:00:00  Y    nnsnf0_TAG2014082
0T093249_0.763.856085647
BACKUPSET  UNPROT  COARSE   AUG 20 09:00:00  Y    nnsnf0_TAG2014082
```

```
0T094015_0.753.856086141
ASMCMD>
```

作为一种可选方法，当这些备份编目在目标数据库控制文件和 RMAN 存储库中时，使用 RMAN 的 LIST 命令可看到这些备份。共有 4 个备份集，其中 1 个备份集针对前一个完整数据库备份，其他 3 个备份集分别是：一个备份集包含数据文件自身的最新完整备份、一个备份集用于显式的 SPFILE 备份，还有一个备份集用于隐式的 SPFILE 和控制文件备份。

```
RMAN> list backup by backup;


List of Backup Sets
===================

BS Key  Type LV Size       Device Type Elapsed Time Completion Time
------- ---- -- ---------- ----------- ------------ ---------------
1606    Full    1.39M      DISK        00:00:00     04-JUN-14
        BP Key: 1633   Status: AVAILABLE  Compressed: YES  Tag:
TAG20140604T073433
        Piece Name:
+RECOV/CDB01/BACKUPSET/2014_06_04/nnndf0_tag20140604t073433_0.300.849339275
  List of Datafiles in backup set 1606
  File LV Type Ckp SCN    Ckp Time  Name
  ---- -- ---- --------- --------- ----
  4       Full 4733015    04-JUN-14 +DATA/CDB01/DATAFILE/undotbs1.270.845194049
  28      Full 4733015    04-JUN-14 +DATA/CDB01/DATAFILE/undotbs1.263.848922747
. . .
  126     Full 13866695  20-AUG-14 +DATA/CDB01/
F754FCD8744A55AAE043E3A0080A3B17/DATAFILE/epicixsochx.387.850144917

BS Key  Type LV Size       Device Type Elapsed Time Completion Time
------- ---- -- ---------- ----------- ------------ ---------------
2109    Full    18.39M     DISK        00:00:01     20-AUG-14
        BP Key: 2133   Status: AVAILABLE  Compressed: NO  Tag:
TAG20140820T094237
        Piece Name: +RECOV/CDB01/AUTOBACKUP/2014_08_20/
s_856086157.752.856086157
  SPFILE Included: Modification time: 20-AUG-14
  SPFILE db_unique_name: CDB01
  Control File Included: Ckp SCN: 13868824     Ckp time: 20-AUG-14

RMAN>
```

可协同使用完整备份之一和归档重做日志(默认情况下存储在驻留在 ASM 磁盘组+RECOV 中的快速恢复区中)，以便将数据库恢复到截至最后一个已提交事务的任何时间点。

图 14-5 给出了使用 EM Cloud Control 配置运行的整个数据库备份。注意，可查看、复制或编辑 EM Cloud Control 生成的 RMAN 脚本。

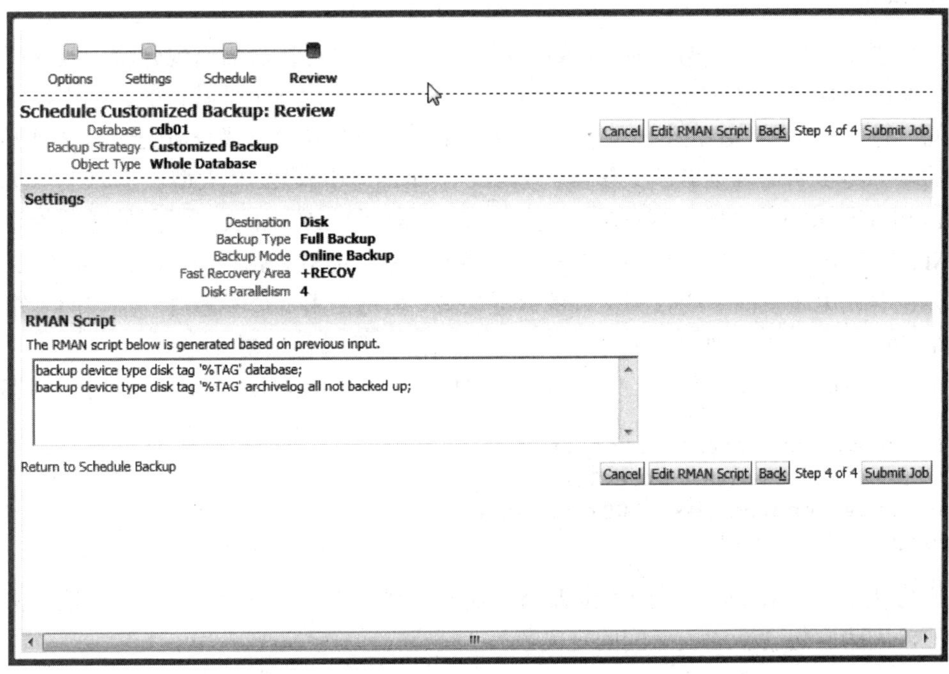

图 14-5　使用 EM Cloud Control 配置备份作业

在 EM Cloud Control 中可以非常容易地显示目录的内容。图 14-6 给出了等价于 LIST BACKUP BY BACKUP 命令的结果。

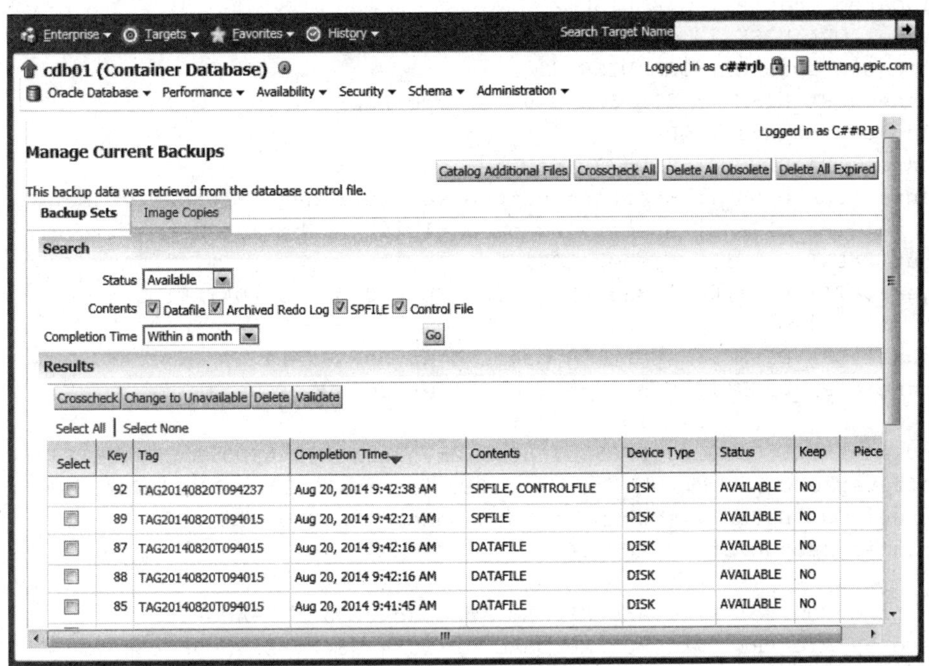

图 14-6　使用 EM Cloud Control 显示备份集信息

稍后将详细介绍 LIST 和 REPORT 命令。

14.3.2 备份表空间

将一个表空间添加到数据库后，立刻对表空间进行备份可在以后出现介质失效的情况下缩短还原表空间所耗费的时间。此外，对于因为太大而不能一次性全部备份的数据库，可备份单个表空间。另外，经常创建表空间的备份集或映像副本会在以后出现介质失效的情况下减少对表空间的陈旧备份所需要重做的工作量。例如，一个环境中有 3 个大型表空间——USERS、USERS2 和 USERS3——以及默认的表空间 SYSTEM 和 SYSAUX，可在星期天备份表空间 SYSTEM 和 SYSAUX，在星期一备份 USERS，星期三备份 USERS2，并在星期五备份 USERS3。如果任何包含以上表空间中的数据文件的介质失效，都可使用一个不超过一星期的表空间备份加上这个期间内的归档重做日志文件和联机重做日志文件进行恢复。

在下例中，向 dw 数据库添加一个表空间(CDB01 容器中的 PDB)来支持一组新的星型模式：

```
SQL> create tablespace inet_star
  2  datafile '+data' size 100m
  3  autoextend on next 100m maxsize 5g;
Tablespace created.
```

我们将从一个 RMAN 会话中备份表空间以及控制文件。在该示例中，备份控制文件是非常关键的，因为它包含新的表空间的定义。

```
RMAN> backup tablespace dw:inet_star;
Starting backup at 20-AUG-14
allocated channel: ORA_DISK_1
channel ORA_DISK_1: SID=10 device type=DISK
allocated channel: ORA_DISK_2
channel ORA_DISK_2: SID=268 device type=DISK
allocated channel: ORA_DISK_3
channel ORA_DISK_3: SID=522 device type=DISK
allocated channel: ORA_DISK_4
channel ORA_DISK_4: SID=776 device type=DISK
channel ORA_DISK_1: starting compressed full datafile backup set
channel ORA_DISK_1: specifying datafile(s) in backup set
input datafile file number=00218
name=+DATA/CDB01/00FF6323468C3972E053E3A0080AAFD5/DATAFILE/inet_star.493.85
6087357
channel ORA_DISK_1: starting piece 1 at 20-AUG-14
channel ORA_DISK_1: finished piece 1 at 20-AUG-14
piece
handle=+RECOV/CDB01/00FF6323468C3972E053E3A0080AAFD5/BACKUPSET/2014_08_20/n
nndf0_tag20140820t100445_0.751.856087487 tag=TAG20140820T100445 comment=NONE
channel ORA_DISK_1: backup set complete, elapsed time: 00:00:01
Finished backup at 20-AUG-14

Starting Control File and SPFILE Autobackup at 20-AUG-14
piece handle=+RECOV/CDB01/AUTOBACKUP/2014_08_20/s_856087488.750.856087489
comment=NONE
Finished Control File and SPFILE Autobackup at 20-AUG-14
```

```
RMAN>
```

由于 dw 数据库是 CDB01 容器中的 PDB(Oracle Database 12*c* 中的新特性，可参见第 11 章)，即使只有一个 PDB 包含具有该名称的表空间，也必须使用 PDB 名来限制表空间名。

在图 14-7 中，可在存储库中看到新的 RMAN 备份记录(TAG20140820T100448)——控制文件/SPFILE 自动备份和表空间的组合备份集。

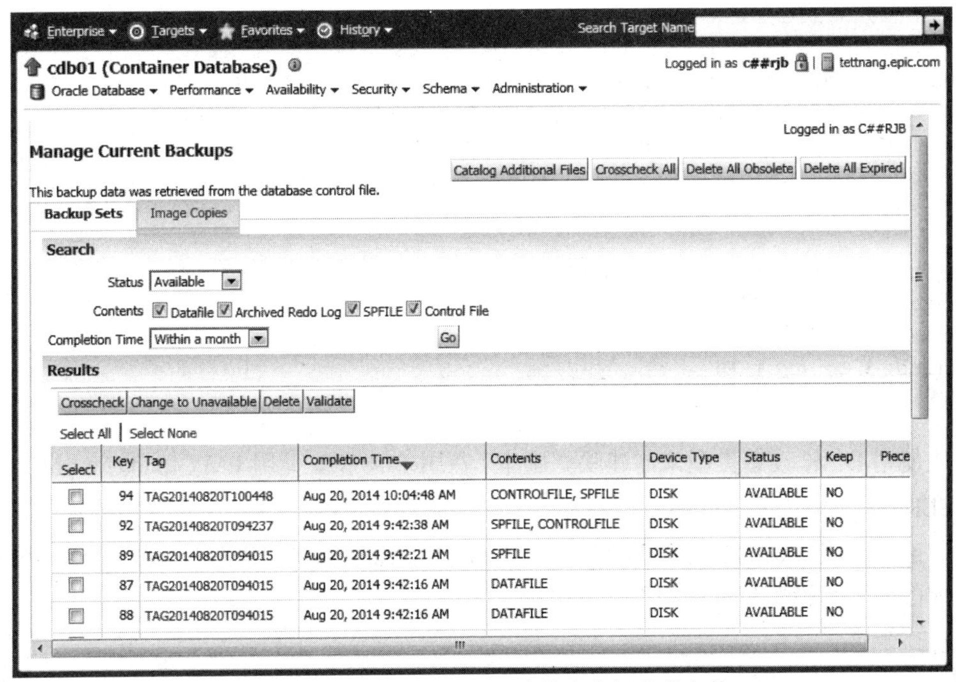

图 14-7　EM Cloud Control 中的表空间备份文件

14.3.3　备份数据文件

备份单独的数据文件如同备份表空间一样简单。如果在一个 RMAN 会话中备份一个完整的表空间不切实际的话，可在一段日子中备份表空间中单独的数据文件，归档重做日志文件将在恢复操作中负责完成其余的事情。下面这个示例是非 ASM 表空间内一个单独的数据文件的数据文件备份：

```
RMAN> backup as backupset datafile
2>       '/u04/oradata/ord/oe_trans_06.dbf';
```

14.3.4　映像副本备份

截至现在，我们一直在使用备份集备份。与此相反，映像副本对指定的表空间或整个数据库执行逐比特的复制。使用 RMAN 来执行映像副本备份有两个显著优点：首先，备份自动记录在 RMAN 存储库中；其次，当读取数据块并将它们复制到备份目的地时，会检查所有数据块是否受损。制作映像副本的另一个附带的好处是，如果由于某种原因必须在 RMAN 之外执行恢复操作，可在 RMAN 外“原样”使用这些副本。

在下面的示例中，对 INET_STAR 表空间创建了另一个备份，这次采用映像副本的方式：

```
RMAN> backup as copy tablespace dw:inet_star;
Starting backup at 20-AUG-14
using channel ORA_DISK_1
using channel ORA_DISK_2
using channel ORA_DISK_3
using channel ORA_DISK_4
channel ORA_DISK_1: starting datafile copy
input datafile file number=00218 name=+DATA/CDB01/
00FF6323468C3972E053E3A0080AAFD5/DATAFILE/inet_star.493.856087357
output file name=+RECOV/CDB01/
00FF6323468C3972E053E3A0080AAFD5/DATAFILE/inet_star.749.856087951
tag=TAG20140820T101231 RECID=3 STAMP=856087951
channel ORA_DISK_1: datafile copy complete, elapsed time: 00:00:01
Finished backup at 20-AUG-14

Starting Control File and SPFILE Autobackup at 20-AUG-14
piece handle=+RECOV/CDB01/AUTOBACKUP/2014_08_20/s_856087953.748.856087953
comment=NONE
Finished Control File and SPFILE Autobackup at 20-AUG-14
RMAN>
```

只能使用 DISK 设备类型来创建映像副本。在图 14-8 中，使用 EM Cloud Control 生成根容器的 USERS 表空间的映像副本。

由于前面已将默认的备份类型配置为 COMPRESSED BACKUPSET，因此对于该备份，我们已在前面的一个设置界面中重写了默认值。

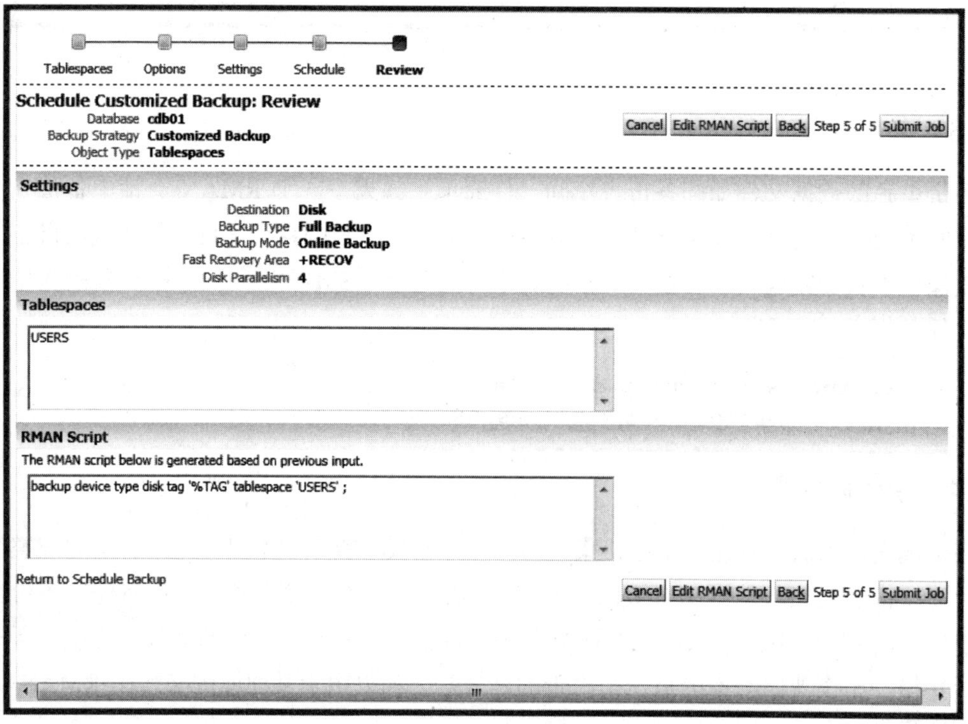

图 14-8 使用 EM Cloud Control 生成表空间的映像副本

14.3.5　备份控制文件和 SPFILE

为手动备份控制文件和 SPFILE，使用如下的 RMAN 命令：

```
RMAN> backup current controlfile spfile;
Starting backup at 20-AUG-14
allocated channel: ORA_DISK_1
channel ORA_DISK_1: SID=10 device type=DISK
allocated channel: ORA_DISK_2
channel ORA_DISK_2: SID=268 device type=DISK
allocated channel: ORA_DISK_3
channel ORA_DISK_3: SID=522 device type=DISK
allocated channel: ORA_DISK_4
channel ORA_DISK_4: SID=776 device type=DISK
channel ORA_DISK_1: starting datafile copy
copying current control file
channel ORA_DISK_2: starting full datafile backup set
channel ORA_DISK_2: specifying datafile(s) in backup set
including current SPFILE in backup set
channel ORA_DISK_2: starting piece 1 at 20-AUG-14
output file name=+RECOV/CDB01/CONTROLFILE/backup.747.856089293
tag=TAG20140820T103452 RECID=4 STAMP=856089292
channel ORA_DISK_1: datafile copy complete, elapsed time: 00:00:01
channel ORA_DISK_2: finished piece 1 at 20-AUG-14
piece handle=+RECOV/CDB01/BACKUPSET/2014_08_20/nnsnf0_
tag20140820t103452_0.746.856089293 tag=TAG20140820T103452 comment=NONE
channel ORA_DISK_2: backup set complete, elapsed time: 00:00:01
Finished backup at 20-AUG-14

Starting Control File and SPFILE Autobackup at 20-AUG-14
piece handle=+RECOV/CDB01/AUTOBACKUP/2014_08_20/s_856089294.745.856089295
comment=NONE
Finished Control File and SPFILE Autobackup at 20-AUG-14

RMAN>
```

需要注意，由于已将 AUTOBACKUP 设置为 ON，因此实际上执行了控制文件和 SPFILE 的两个备份。但是，控制文件的第二个备份有第一个控制文件和 SPFILE 备份的记录。

14.3.6　备份归档重做日志

即使在将归档重做日志发送到多个目的地(包括快速恢复区)时，考虑到归档重做日志的重要性，我们仍希望将日志的副本备份到磁带上或另一个磁盘目的地。一旦完成备份，可选择将日志保留在原位置，只删除 RMAN 用于备份的日志，或者删除所有已备份到磁带上的归档日志的副本。

在下例中，将所有的归档日志文件备份在快速恢复区中，然后从磁盘上删除它们：

```
RMAN> backup device type sbt archivelog all delete input;
```

如果将归档日志文件发送到多个存放位置，将只删除一组归档重做日志文件。如果希望删除所有副本，可用 DELETE ALL INPUT 来替代 DELETE INPUT。到了 Oracle Database 11g，与旧版本一样，受损或丢失的归档日志文件并不会阻止对归档日志成功地完成 RMAN 备份，只要对于给定的日志序号，归档日志文件目的地之一有一个有效的日志文件，则备份就可成功完成。

可通过在 BACKUP ARCHIVELOG 命令中指定一个日期范围，来达到备份并仅删除陈旧的归档重做日志文件的目的。

```
RMAN> backup device type sbt
2>      archivelog from time 'sysdate-30' until time 'sysdate-7'
3>      delete all input;
```

在上例中，将所有从过去三周开始超过一周的陈旧归档重做日志复制到磁带上，并从磁盘上删除它们。此外，可使用 SCN 或日志序号来指定范围。

14.3.7 增量备份

除依赖于采用归档重做日志和完整备份外，另一种可选的策略是使用增量备份以及归档重做日志进行恢复。初始的增量备份称为 0 级(level 0)增量备份。在初始的增量备份之后的每个增量备份(也称为 1 级(level 1)增量备份)只包含改变了的数据块，因此耗费更少的时间和占用更少的空间。1 级增量备份可是累积的(cumulative)或差异(differential)的备份。累积备份记录从初始增量备份以来所有变化的数据块，差异备份记录上一个增量备份(无论是 0 级还是 1 级增量备份)以来所有改变了的数据块。

当目录中存在许多不同类型的备份时，例如映像副本、表空间备份集和增量备份，RMAN 将选择最佳的备份组合来最有效地还原和恢复数据库。DBA 仍可选择禁止 RMAN 使用某个特定备份(例如，如果 DBA 认为某个特定的备份是损坏的，则 RMAN 将在恢复操作中拒绝它)。

采用累积备份还是差异备份在一定程度上取决于希望将 CPU 周期花费在何处以及有多少可用的磁盘空间。使用累积备份意味着每个增量备份将日益庞大并耗费更长时间，直到执行又一个 0 级增量备份，但在一次还原和恢复过程中，只需要两个备份集。另一方面，差异备份只记录从上次备份以来的变化，因此每个备份集可能小于或大于上一个备份集，并且备份的数据块没有重叠。但如果需要从多个备份集而不只是两个备份集进行还原，那么这种还原和恢复操作可能耗费更长时间。

现在继续 dw 数据库的示例，将保留策略改为 8 天窗口。因此，需要执行备份来满足该策略：

```
RMAN> report need backup;

RMAN retention policy will be applied to the command
RMAN retention policy is set to recovery window of 8 days
Report of files whose recovery needs more than 8 days of archived logs

File #bkps Name
---- ----- -----------------------------------------------------
5    1     +DATA/CDB01/DD7C48AA5A4404A2E04325AAE80A403C/DATAFILE/
system.277.845194085
7    1     +DATA/CDB01/DD7C48AA5A4404A2E04325AAE80A403C/DATAFILE/
sysaux.276.845194085
34   1
```

```
. . .
216  1    +DATA/CDB01/00FF6323468C3972E053E3A0080AAFD5/DATAFILE/
system.490.856007869
217  1    +DATA/CDB01/00FF6323468C3972E053E3A0080AAFD5/DATAFILE/
sysaux.491.856007871

RMAN>
```

为处理这种情况，可执行另一个完整备份，或者可采用更容易实现和维护的增量备份策略。为设置增量备份策略，首先需要执行 0 级增量备份：

```
RMAN> backup incremental level 0
2>      as compressed backupset database;

Starting backup at 20-AUG-14
allocated channel: ORA_DISK_1
channel ORA_DISK_1: SID=10 device type=DISK
allocated channel: ORA_DISK_2
channel ORA_DISK_2: SID=268 device type=DISK
allocated channel: ORA_DISK_3
channel ORA_DISK_3: SID=522 device type=DISK
allocated channel: ORA_DISK_4
channel ORA_DISK_4: SID=776 device type=DISK
. . .
Finished backup at 20-AUG-14

Starting Control File and SPFILE Autobackup at 20-AUG-14
piece handle=+RECOV/CDB01/AUTOBACKUP/2014_08_20/s_856090305.314.856090305
comment=NONE
Finished Control File and SPFILE Autobackup at 20-AUG-14

RMAN>
```

在这个 0 级备份完成后的任何时刻，可执行增量 1 级差异备份：

```
RMAN> backup as compressed backupset
2>     incremental level 1 database;
```

默认的增量备份类型是差异备份，执行这种备份既不需要也不允许使用关键字 DIFFERENTIAL。然而，为执行累积备份，要添加关键字 CUMULATIVE：

```
RMAN> backup as compressed backupset
2>      incremental level 1 cumulative database;
```

执行的数据库活动的数量也可用来决定是采用累积备份还是差异备份。在具有大量插入和更新活动的 OLTP 环境中，就磁盘空间使用而言，增量备份可能更容易管理。对于变化很少的数据仓库环境，差异备份策略或许更合适。与使用重做日志文件相比，两类增量备份在恢复数据库所需的时间上都具有很大的优势。无论哪种情况，我们都采用了 RMAN 的保留策略：

```
RMAN> report need backup;
RMAN retention policy will be applied to the command
RMAN retention policy is set to recovery window of 8 days
```

```
Report of files that must be backed up to satisfy 8 days recovery window
File Days  Name
---- ----- -----------------------------------------------------

RMAN>
```

14.3.8 增量更新的备份

通过将变化从 1 级增量备份滚动到 0 级增量映像备份，增量更新的备份(incrementally updated backup)可能更有效地执行还原和恢复操作。如果每天都执行增量更新备份，那么任何恢复操作至多将需要更新的映像副本、一个增量 1 级备份以及最新的归档重做日志和联机重做日志。下例使用一个可在每天同一时间调度运行的 RMAN 脚本来支持增量更新备份策略：

```
run
{
   recover copy of database with tag 'incr_upd_img';
   backup incremental level 1
        for recover of copy with tag 'incr_upd_img' database;
}
```

RUN 脚本中的两个命令的关键部分是 RECOVER COPY 子句。我们正通过使用增量备份来恢复数据库数据文件的一个副本，而不是对实际的数据库数据文件进行恢复。对 RMAN 备份使用一个标记(tag)允许我们将增量备份应用到正确的映像副本上。标记可使 DBA 方便地应用特定的备份来执行恢复或目录清理操作。如果 BACKUP 命令没有提供标记，将自动生成一个用于备份集的标记，并且该标记对于目标数据库中的备份集而言是唯一的。

稍后将介绍标准恢复操作的基本知识和 RMAN 脚本的功能。

EM Cloud Control 备份向导使得自动执行增量更新备份策略变得很简单。在下面的图示中，我们将说明在 EM Cloud Control 内配置这种策略需要执行的步骤。

在图 14-9 中，我们指定备份数据库所采用的策略。

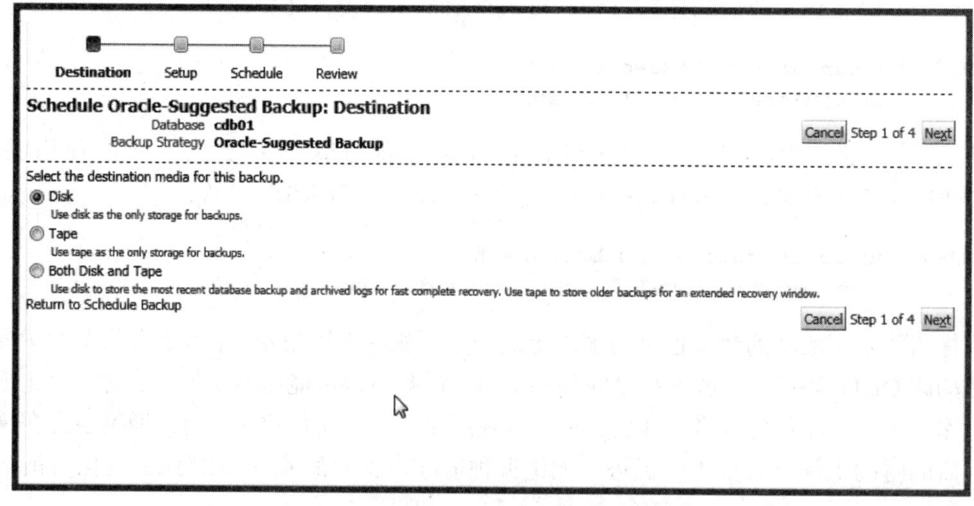

图 14-9　EM Cloud Control 备份策略选择

数据库是打开的，启用 ARCHIVELOG 模式，备份将遵照 Oracle 为备份策略建议的指导原则。图 14-10 显示了备份配置过程中的下一个步骤：数据库名的摘要、选择的策略、将备份发送在何处、使用的恢复目录以及关于如何执行备份的简要说明。

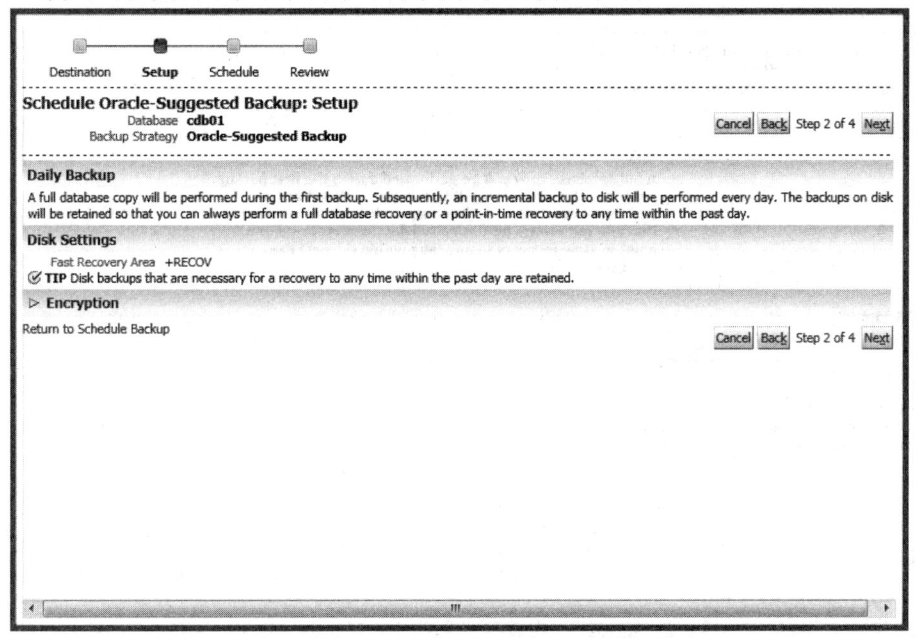

图 14-10　EM Cloud Control 备份设置摘要

在图 14-11 中，指定什么时候将启动备份以及它们将在每天的哪个时间运行。尽管备份作业可在一天中的任何时间运行，但因为正在执行热备份(数据库是打开的并且用户可以处理事务)，所以我们希望在活动性较低的时期调度备份作业，以便最小化可能对查询和 DML 响应时间造成的影响。

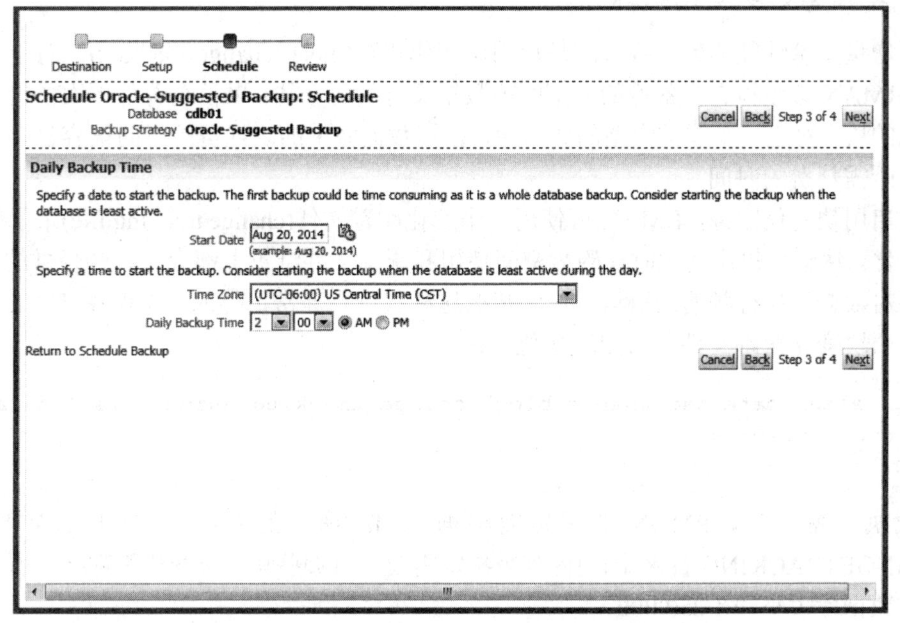

图 14-11　EM Cloud Control 备份调度

图 14-12 帮我们回顾将要如何执行备份以及备份将驻留在何处。

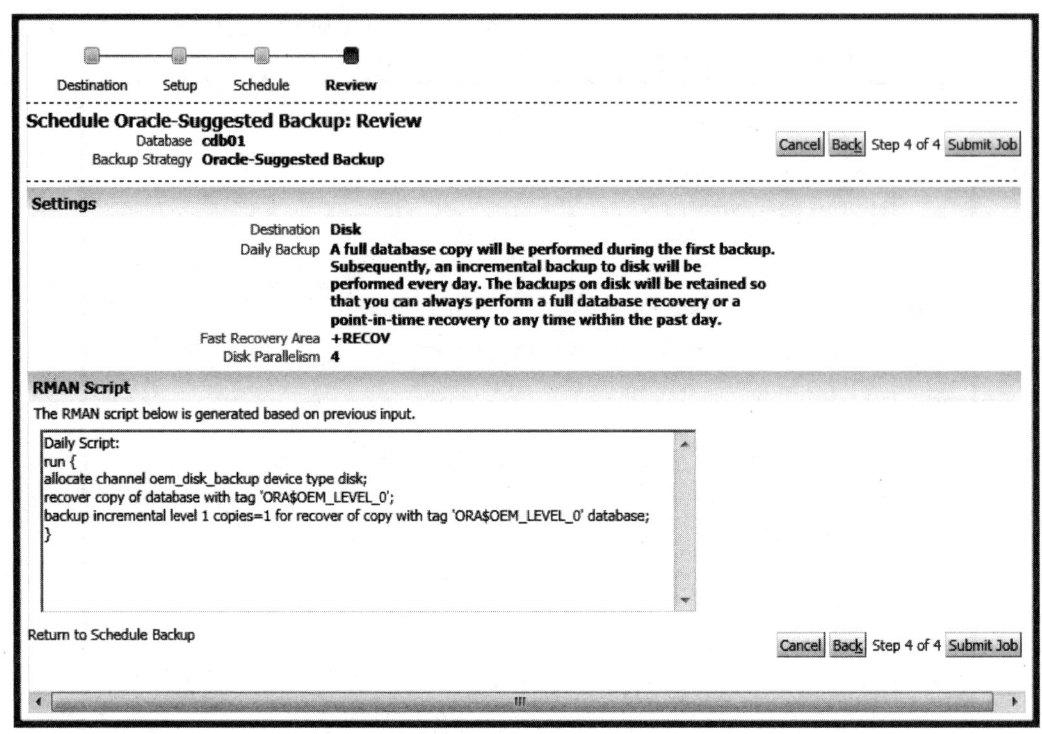

图 14-12 EM Cloud Control 备份摘要

浏览器窗口的底部是一个实际的每天都要调度运行的 RMAN 脚本(参见图 14-12)。巧合的是，它非常类似于在本节前面介绍过的 RMAN 脚本。

14.3.9 增量备份块变化跟踪

提高增量备份性能的另一种方法是启用块变化跟踪(block change tracking)。对于传统的增量备份，RMAN 必须检查要备份的表空间或数据文件的每个块，以便查看从上次备份以来是否存在变化的块。对于一个非常大型的数据库，扫描数据库中的块耗费的时间很容易超过执行实际的备份所需耗费的时间。

通过启用块变化跟踪，RMAN 可使用一个变化跟踪文件(change tracking file)来了解哪些块发生了变化。尽管块每次变化时在磁盘空间使用和跟踪文件维护上都会有一些轻微的开销，但如果需要对数据库执行频繁的增量备份，那么这种代价是非常值得的。下例在 DATA 磁盘组中创建一个块变化跟踪文件并启用块变化跟踪：

```
RMAN> alter database enable block change tracking using file '+data';
Statement processed
RMAN>
```

下次执行备份时，RMAN 将只需要根据 OMF 命名的文件(位于 DATA 磁盘组的 DW/CHANGETRACKING 目录中)的内容来决定需要备份哪些块。块变化跟踪文件所需的空间约为整个数据库大小的 1/250 000。

动态性能视图 V$BLOCK_CHANGE_TRACKING 包含块变化跟踪文件的名字和大小以及是否启用块变化跟踪：

```
SQL> select filename, status, bytes from v$block_change_tracking;

FILENAME                                          STATUS          BYTES
------------------------------------------------- ---------- ----------
+DATA/ CDB01/CHANGETRACKING/ctf.494.856091195     ENABLED      11599872
SQL>
```

14.3.10 使用快速恢复区

本章前面介绍了设置快速恢复区所需的初始化参数：DB_RECOVERY_FILE_DEST 和 DB_RECOVERY_FILE_DEST_SIZE。这两个参数都是动态的，允许 DBA 改变用来备份的 RMAN 目的地或改变在快速恢复区中允许用作备份的空间量，而不需要重启实例。

为实现完全基于磁盘的恢复方案，快速恢复区应该足够大，以容纳所有的数据文件、增量备份文件、联机重做日志、不在磁带上的归档重做日志、控制文件自动备份以及 SPFILE 备份的副本。使用一个更大或更小的恢复窗口或调整冗余策略将需要相应地调整快速恢复区的大小。如果由于磁盘空间的限制导致快速恢复区大小受限，至少应有足够空间来存放尚未复制到磁带上的归档日志文件。动态性能视图 V$RECOVERY_FILE_DEST 显示有关快速恢复区中文件的数量、当前占用多少空间以及快速恢复区中可用空间的总量等信息。

快速恢复区自动使用 OMF。作为 Oracle Database 11*g* 简化的管理结构的一部分，如果只需要一个存放归档重做日志文件的位置，则不必显式地设置任何 LOG_ARCHIVE_DEST_*n* 初始化参数；如果数据库处于 ARCHIVELOG 模式，并定义了快速恢复区，那么初始化参数 LOG_ARCHIVE_DEST_10 隐式地定义为快速恢复区。

正如可在前面许多示例中看到的那样，RMAN 按照一种非常有条理的方式使用快速恢复区——归档日志、备份集、映像副本、块变化跟踪文件，以及控制文件和 SPFILE 的自动备份均使用单独的目录。此外，通过日期标记可进一步划分每个子目录，从而可以方便地在需要时找到备份集或映像副本。

多个数据库，甚至一个主数据库和一个备用数据库，可共享同一快速恢复区。即使使用相同的 DB_NAME，只要 DB_UNIQUE_NAME 参数是不同的，就不存在任何冲突。RMAN 使用 DB_UNIQUE_NAME 来区分使用同一快速恢复区的不同数据库的备份。

14.3.11 验证备份

如果实时数据库文件或控制文件有问题，则采用多个映像备份或足够的归档重做日志文件来支持恢复窗口并没有多大意义。RMAN 的 BACKUP VALIDATE DATABASE 命令会模拟一个备份，检查特定的文件是否存在，并确保这些文件没有损坏。此时，并没有创建备份文件。在能事先对数据库或归档重做日志进行检查的情况下，该命令是有用的，这就有机会在实际的备份操作之前修正问题，或者在晚上安排额外的时间来修复白天找到的问题。

在下例中，将在一些日志被意外删除后验证整个数据库以及归档重做日志：

```
[oracle@tettnang ~]$ asmcmd
ASMCMD> ls
DATA/
RECOV/
ASMCMD> cd recov
```

```
ASMCMD> ls
CDB01/
HR/
ASMCMD> cd cdb01
ASMCMD> ls
00FF6323468C3972E053E3A0080AAFD5/
ARCHIVELOG/
AUTOBACKUP/
BACKUPSET/
CONTROLFILE/
F751D8C27D475B57E043E3A0080A2A47/
F754FCD8744A55AAE043E3A0080A3B17/
FA782A61F8447D03E043E3A0080A9E54/
FA787E0038B26FFBE043E3A0080A1A75/
FB03AEEBB6F60995E043E3A0080AEE85/
FBA928F391D2217DE043E3A0080AB287/
FC9588B12BBD413FE043E3A0080A5528/
ONLINELOG/
ASMCMD> cd backupset
ASMCMD> ls
2014_06_04/
2014_08_20/
ASMCMD> cd 2014_06_04
ASMCMD> ls
nnndf0_TAG20140604T073433_0.298.849339275
nnndf0_TAG20140604T073433_0.300.849339275
nnndf0_TAG20140604T073433_0.302.849339275
ASMCMD> rm *275
You may delete multiple files and/or directories.
Are you sure? (y/n) y
ASMCMD>
. . .
RMAN> backup validate database archivelog all;

Starting backup at 20-AUG-14
allocated channel: ORA_DISK_1
channel ORA_DISK_1: SID=10 device type=DISK
allocated channel: ORA_DISK_2
channel ORA_DISK_2: SID=4 device type=DISK
allocated channel: ORA_DISK_3
channel ORA_DISK_3: SID=268 device type=DISK
allocated channel: ORA_DISK_4
channel ORA_DISK_4: SID=522 device type=DISK
. . .
RMAN-00571: ===========================================================
RMAN-00569: =============== ERROR MESSAGE STACK FOLLOWS ===============
RMAN-00571: ===========================================================
RMAN-03002: failure of backup command at 08/20/2014 11:14:30
RMAN-06059: expected archived log not found, loss of archived log compromises
recoverability
ORA-19625: error identifying file
+RECOV/CDB01/ARCHIVELOG/2014_06_28/thread_1_seq_494.780.851385617
```

```
ORA-17503: ksfdopn:2 Failed to open file
+RECOV/CDB01/ARCHIVELOG/2014_06_28/thread_1_seq_494.780.851385617
ORA-15012: ASM file '+RECOV/CDB01/ARCHIVELOG/2014_06_28/thread_1_
seq_494.780.851385617' does not exist
RMAN>
```

BACKUP VALIDATE 命令已标识了一个不再位于快速恢复区中的归档重做日志文件。可能已将它归档到 RMAN 外的磁带上，或已无意中删除了它(在此例中，似乎是有意删除了日志文件)。查看日志文件的日期标记，可看到它位于采用的 4 天的恢复窗口之外，因此就可恢复性而言，它不是一个关键文件。

稍后将介绍使用 CROSSCHECK 命令对快速恢复区和目录进行同步。一旦已经修正了刚才发现的交叉引用问题，就可以执行其余的验证：

```
RMAN> backup validate database archivelog all;

Starting backup at 20-AUG-14
using channel ORA_DISK_1
using channel ORA_DISK_2
using channel ORA_DISK_3
using channel ORA_DISK_4
channel ORA_DISK_1: starting compressed full datafile backup set
channel ORA_DISK_1: specifying datafile(s) in backup set
input datafile file number=00003 name=+DATA/CDB01/DATAFILE/
sysaux.267.845193957
channel ORA_DISK_2: starting compressed full datafile backup set
channel ORA_DISK_2: specifying datafile(s) in backup set
input datafile file number=00042 name=+DATA/CDB01/
F754FCD8744A55AAE043E3A0080A3B17/DATAFILE/epicstagelarge.296.849782391
input datafile file number=00036 name=+DATA/CDB01/
F754FCD8744A55AAE043E3A0080A3B17/DATAFILE/epicstagemedium.266.849459763
input datafile file number=00057 name=+DATA/CDB01/
F754FCD8744A55AAE043E3A0080A3B17/DATAFILE/epicsmall.318.850144911. . .
List of Datafiles
=================
File Status Marked Corrupt Empty  Blocks Blocks Examined High SCN
---- ------ -------------- ------ ------ --------------- ----------
218  OK     0              12673  12800                  13871102
  File Name: +DATA/CDB01/00FF6323468C3972E053E3A0080AAFD5/DATAFILE/inet_
star.493.856087357
  Block Type Blocks Failing Blocks Processed
  ---------- -------------- ----------------
  Data       0              0
  Index      0              0
  Other      0              127

Finished backup at 20-AUG-14

RMAN>
```

在验证过程中没有发现错误。RMAN 读取每个归档重做日志文件和数据文件的每个块，以确保它们是可读的并且没有受损的块。但是，实际上并没有将备份写到磁盘或磁带通道上。

14.4 恢复操作

每个良好的备份方案都包括灾难恢复机制，以便可从备份中检索数据文件和日志并恢复数据库文件。本节从几个不同方面来说明 RMAN 恢复操作。

RMAN 能以各种粒度级别执行还原和恢复操作，并且这些操作大多都可在数据库处于打开状态并且用户使用它的时候执行。我们可恢复单独的块、表空间、数据文件甚至整个数据库。另外，RMAN 具有各种验证还原操作的方法，而不需要对数据库的数据文件执行实际的恢复。

14.4.1 块介质恢复

当数据库中只有少量的块需要恢复时，RMAN 可执行块介质恢复(block media recovery)而非完整的数据文件恢复。块介质恢复可最小化重做日志应用程序时间，并能极大地减少仅恢复所考虑的块所需要的 I/O 数量。当块介质恢复在进行的时候，受影响的数据文件仍可联机并供用户使用。

注意：

只有通过 RMAN 应用程序才能使用块介质恢复。

可使用许多方法来检测块损坏。在 INSERT 或 SELECT 语句的读写操作中，Oracle 可检测受损的块，在用户跟踪文件中写入一个错误，并终止事务。RMAN BACKUP 或 BACKUP VALIDATE 命令可将受损的块记录在动态性能视图 V$DATABASE_BLOCK_CORRUPTION 中。此外，SQL 命令 ANALYZE TABLE 和 ANALYZE INDEX 也可发现受损的块。

为恢复一个或多个数据块，RMAN 必须知道数据文件编号和数据文件内的块编号。在一个用户跟踪文件上可获取这些信息，如下面的示例所示：

```
ORA-01578: ORACLE data block corrupted (file # 6, block # 403)
ORA-01110: data file 6: '/u09/oradata/ord/oe_trans01.dbf'
```

此外，块还可出现在使用 RMAN BACKUP 命令之后的 V$DATABASE_BLOCK_CORRUPTION 视图中；FILE#和 BLOCK#列提供了执行 RECOVER 命令所需的信息。CORRUPTION_TYPE 列标识块中损坏的类型，例如 FRACTURED、CHECKSUM 或 CORRUPT。在 RMAN 中可方便地修复块：

```
RMAN> recover datafile 6 block 403;

Starting recover at 04-SEP-14
using channel ORA_DISK_1

starting media recovery
media recovery complete, elapsed time: 00:00:01

Finished recover at 04-SEP-14

RMAN>
```

必须完整地还原一个受损的块。换句话说，在可再次使用该数据块之前，必须应用直到该数据块的最新的 SCN 为止的所有重做操作。

注意：
在以前的 RMAN 版本中可使用的 BLOCKRECOVER 命令在 Oracle Database 11*g* 中已不赞成再使用，而建议使用 RECOVER 命令。在其他方面，命令的语法是相同的。

14.4.2　还原控制文件

在发生极其少见的控制文件的所有副本丢失的情况下，使用恢复目录可以方便地还原控制文件。用带 NOMOUNT 选项的命令启动实例(因为不需要用带 MOUNT 选项的命令读取的控制文件)，并发出如下 RMAN 命令：

```
RMAN> restore controlfile;
```

如果没有使用恢复目录，可向命令添加 FROM '<*FILENAME*>'子句来指定最新的控制文件存放的位置：

```
RMAN> restore controlfile from '/u11/oradata/ord/bkup.ctl';
```

恢复控制文件后，必须对数据库执行完全的介质恢复，并使用 RESETLOGS 选项打开数据库。可使用 RMAN 或第 13 章中介绍的方法来执行完全的介质恢复。

14.4.3　还原表空间

如果包含表空间的数据文件的磁盘失效或遭到破坏，可在数据库保持打开并能够使用的时候恢复表空间。这种情况的例外是 SYSTEM 表空间。在 dw 数据库中，假定包含用于根容器的 USERS2 表空间的数据文件的磁盘已经崩溃。在收到用户的第一次电话通知后(这种情况甚至可能出现在 EM Cloud Control 通知错误之前)，可检查动态性能视图 V$DATAFILE_HEADER 来了解需要恢复哪些数据文件：

```
SQL> select file#, status, error, tablespace_name, name
  2  from v$datafile_header
  3  where error is not null;

     FILE# STATUS  ERROR             TABLESPACE_NAME          NAME
---------- ------- ---------------- -------------------------
----------------
       219 OFFLINE OFFLINE NORMAL

SQL>
```

顺便提一句，使 USERS2 表空间再次联机时，也将看到该错误：

```
SQL> alter tablespace users2 online;
alter tablespace users2 online
*
ERROR at line 1:
ORA-01157: cannot identify/lock data file 219 - see DBWR trace file
```

```
ORA-01110: data file 219: '+DATA/CDB01/DATAFILE/users2.495.856093073'
```

更换磁盘驱动器后，还可以用 REPORT SCHEMA 命令来找到与文件编号 219 相关的表空间。为还原和恢复表空间，我们强制表空间脱机，还原和恢复表空间，再使其联机。如果 USERS2 表空间尚未脱机，则可在恢复之前在 RMAN 中做到这一点：

```
RMAN> alter tablespace users2 offline immediate;

Statement processed
RMAN> restore tablespace users2;

Starting restore at 20-AUG-14
allocated channel: ORA_DISK_1
channel ORA_DISK_1: SID=10 device type=DISK
allocated channel: ORA_DISK_2
channel ORA_DISK_2: SID=1280 device type=DISK
allocated channel: ORA_DISK_3
channel ORA_DISK_3: SID=14 device type=DISK
allocated channel: ORA_DISK_4
channel ORA_DISK_4: SID=522 device type=DISK
. . .
channel ORA_DISK_1: starting datafile backup set restore
channel ORA_DISK_1: specifying datafile(s) to restore from backup set
channel ORA_DISK_1: restoring datafile 00219 to +DATA/CDB01/DATAFILE/
users2.495.856093073
channel ORA_DISK_1: reading from backup piece +RECOV/CDB01/
BACKUPSET/2014_08_20/nnndf0_tag20140820t113833_0.302.856093115
channel ORA_DISK_1: piece handle=+RECOV/CDB01/BACKUPSET/2014_08_20/nnndf0_
tag20140820t113833_0.302.856093115 tag=TAG20140820T113833
channel ORA_DISK_1: restored backup piece 1
channel ORA_DISK_1: restore complete, elapsed time: 00:00:24
Finished restore at 20-AUG-14
starting full resync of recovery catalog
full resync complete
RMAN> recover tablespace users2;

Starting recover at 20-AUG-14
using channel ORA_DISK_1
using channel ORA_DISK_2
using channel ORA_DISK_3
using channel ORA_DISK_4

starting media recovery
media recovery complete, elapsed time: 00:00:00

Finished recover at 20-AUG-14

RMAN> alter tablespace users2 online;
Statement processed
starting full resync of recovery catalog
full resync complete
```

```
RMAN>
```

RESTORE 命令将 USERS 表空间中数据文件最新的映像副本或备份集副本复制到它们原始的位置，RECOVER 命令应用重做日志文件或增量备份中的重做(操作)将表空间中的对象恢复到最近的 SCN。一旦表空间返回到联机状态，用户就可再次使用它，而不会损失任何提交到表空间的表中的事务。

14.4.4 还原表

从 Oracle Database 12*c* 开始，可使用 RMAN 来备份和恢复单个表。该方法填平了表空间时间点恢复(Tablespace Point In Time Recovery，TSPITR)方法和可供数据库用户使用的诸如 Flashback Table(使用 UNDO 表空间和可能的 Flashback Data Archive)的方法间的鸿沟；前一种方法既耗时，又需要 DBA 的参与。由于表的逻辑损坏可能在 UNDO 数据过期并从 UNDO 表空间清除后很长时间才发现，因此，从 RMAN 备份恢复单个表填平了完整 TSPITR 和 Flashback Table 或 Flashback Drop 操作之间的鸿沟。

1. 从备份恢复表的场景

除了恢复整个表空间的时间与从一个表空间备份中恢复单个表的时间的相异外，还有几个原因，导致需要从备份恢复表(Table Recovery From Backup，TRFB)，而不采用其他闪回方法。

如果需要恢复表空间中的多个表，使用 TSPITR 可能是一个合理选项；但如果表空间不是独立的，又怎么样呢？此时，需要恢复多个表空间，TSPITR 的吸引力也下降了。

你可能时常依靠 Flashback Drop 来恢复早前(甚至数周前)删除的一个表，但由于空间压力，该表已被清除，或在删除该表时关闭了回收站。

最后，即使 UNDO 表空间大，保留期长，也可能在最近更改了表的结构，那样，将无法在 UNDO 表空间上执行任何闪回操作。

2. 从备份恢复表的前提条件和限制

除上一节提到的限制外，在执行 TRFB 时，还必须满足以下几个附加条件：

- 数据库必须处于读写模式
- 数据库必须处于 ARCHIVELOG 模式
- 必须将 COMPATIBLE 设置为 12.0 或更高
- 不能从 SYS 模式恢复表或表分区
- 不能从 SYSTEM 或 SYSAUX 表空间恢复对象
- 不能将对象恢复到备用数据库

3. 使用 TRFB

使用 TRFB (Table Recovery From Backup，从备份恢复表)在很多方面类似于 TSPITR。事实上，你可能认为 TRFB 更像一个 RMAN 恢复方法，而非 Flashback 工具箱中的工具。关键是你恢复到早前时间点或 SCN 的对象的作用域。

图 14-13 显示了恢复操作的一般步骤和流程。

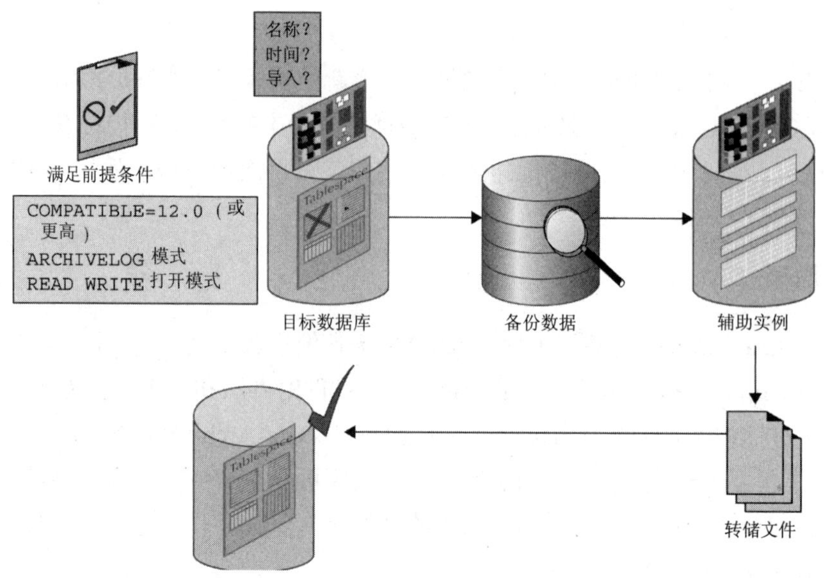

图 14-13 TRFB 的处理流程

下面列出在 RMAN 中使用 TRFB 恢复单个表的步骤：

(1) 指定 TRFB 操作的 RMAN 参数：

   a. 要恢复的表或表分区的名称

   b. 需要将对象恢复到的时间点(时间戳或SCN)

   c. 是否必须将已恢复的对象导入目标数据库

(2) RMAN 确定将用于操作的备份。

(3) RMAN 创建一个临时辅助实例。

(4) RMAN 将表恢复到该辅助实例可使用的表空间中。

(5) RMAN 使用恢复的对象创建 Data Pump Export 转储文件。

(6) 如果指定，RMAN 将使用 Data Pump Import，将对象复制到目标数据库。

你可能已经注意到，与 TSPITR 相比，该操作的自动化程度更高，在 Oracle Database 12*c* 之前的版本中尤其如此。但必须由 DBA 执行该操作。

14.4.5 还原数据文件

还原数据文件是一个非常类似于还原表空间的操作。一旦使用 V$DATAFILE_HEADER 视图标识了遗失的或损坏的数据文件，使用的 RMAN 命令就非常类似于 14.4.3 节“还原表空间”的例子。将表空间置为脱机，还原和恢复数据文件，然后使表空间返回联机状态。如果只丢失了编号为 7 的文件，RECOVER 和 RESTORE 命令就如下面所示那样简单：

```
RMAN> restore datafile 7;
RMAN> recover datafile 7;
```

14.4.6 还原整个数据库

尽管整个数据库的损失是一项严重和灾难性事件，但按照在本章前面介绍过的那样，采用一种可靠的备份和恢复策略，能花费极小的代价使数据库返回到最近提交的事务。在下面的情景中，我们已丢失了所有数据文件。但由于已将控制文件和联机重做日志文件多元复用到许多不同的磁盘上，因此可在 RMAN 还原和恢复操作中使用它们。另一方面，可在装载数据库之前还原控制文件或将联机重做日志文件复制到其他目的地。如果由于替换的磁盘位置不可用，从而使这种方法行不通，则可改变参数文件或 SPFILE，指出哪些文件仍然可用。

可在 RMAN 内执行完整的还原和恢复操作。首先，启动 RMAN，并在 MOUNT 模式下打开数据库，如在 SQL*Plus 提示符下使用 STARTUP MOUNT 命令一样：

```
[oracle@tettnang ~]$ rman target / catalog rman/rman@kthanid/rman_rep

Recovery Manager: Release 12.1.0.1.0 - Production on Wed Aug 20 11:58:15 2014

Copyright (c) 1982, 2013, Oracle and/or its affiliates.  All rights reserved.

connected to target database (not started)
connected to recovery catalog database

RMAN> startup mount

Oracle instance started
database mounted

Total System Global Area    5027385344 bytes

Fixed Size                    2691952 bytes
Variable Size              3338669200 bytes
Database Buffers           1677721600 bytes
Redo Buffers                  8302592 bytes
starting full resync of recovery catalog
full resync complete
RMAN> restore database;
Starting restore at 20-AUG-14
allocated channel: ORA_DISK_1
channel ORA_DISK_1: SID=1022 device type=DISK
allocated channel: ORA_DISK_2
channel ORA_DISK_2: SID=1275 device type=DISK
allocated channel: ORA_DISK_3
. . .
channel ORA_DISK_1: restored backup piece 1
channel ORA_DISK_1: restore complete, elapsed time: 00:01:50
Finished restore at 20-AUG-14
RMAN> recover database;
Starting recover at 20-AUG-14
using channel ORA_DISK_1
using channel ORA_DISK_2
using channel ORA_DISK_3
using channel ORA_DISK_4
. . .
starting media recovery
media recovery complete, elapsed time: 00:00:03
```

```
Finished recover at 20-AUG-14
RMAN> alter database open;
database opened
RMAN>
```

数据库现在是打开的，并且是可以使用的。RMAN 会选取最有效的方法来执行请求的操作，使被访问文件的数量最少或磁盘 I/O 数量最少可以尽快将数据库返回到一致的状态。在前一个例子中，RMAN 使用完整数据库备份集和归档重做日志文件来恢复数据库。

在恢复操作过程中，RMAN 可能需要从磁带上还原归档重做日志。为限制在恢复操作中使用的磁盘空间量，前一个示例中的 RECOVER 命令可使用如下命令替代：

```
RMAN> recover database delete archivelog maxsize 2gb;
```

参数 DELETE ARCHIVELOG 指导 RMAN 从磁盘上删除那些用于此恢复选项但从磁带上还原的归档日志文件。MAXSIZE 2GB 参数将还原的归档日志文件在任何时间点可以占用的空间量限制到 2GB。在 dw 数据库中，不需要这两个参数。恢复数据库需要的所有归档日志文件保存在磁盘上的快速恢复区中，以便支持定义的保留策略。

14.4.7 验证还原操作

在本章的前面，我们验证了希望备份的数据文件中的数据块。本节将采取相反的方法，改为验证已经创建的备份。我们还将从 RMAN 中找出在一个恢复操作中将使用哪些备份集、映像副本和归档重做日志，而不用真正地执行恢复。

1. 还原预览

命令 RESTORE PREVIEW 负责提供 RMAN 执行请求的操作将使用的文件清单。预览还可以指示是否需要一个磁带卷。实际上并没有还原文件，只是查询恢复目录来确定需要哪些文件。在下例中，我们希望了解如果要恢复 USERS 表空间，RMAN 将需要哪些文件：

```
RMAN> restore tablespace users preview;
Starting restore at 20-AUG-14
using channel ORA_DISK_1
using channel ORA_DISK_2
using channel ORA_DISK_3
using channel ORA_DISK_4


List of Backup Sets
===================

BS Key  Type LV Size       Device Type Elapsed Time Completion Time
------- ---- -- ---------- ----------- ------------ ---------------
2583    Incr 0  1.48M      DISK        00:00:00     20-AUG-14
        BP Key: 2613   Status: AVAILABLE  Compressed: YES  Tag:
TAG20140820T104812
        Piece Name: +RECOV/CDB01/BACKUPSET/2014_08_20/nnndn0_tag2014082
0t104812_0.737.856090217
```

```
  List of Datafiles in backup set 2583
  File LV Type Ckp SCN    Ckp Time  Name
  ---- -- ---- ---------- --------- ----
  6    0  Incr 13878805   20-AUG-14 +DATA/CDB01/DATAFILE/users.269.845194049

List of Archived Log Copies for database with db_unique_name CDB01
=====================================================================

Key     Thrd Seq     S Low Time
------- ---- ------- - ---------
2981    1    1484    A 20-AUG-14
        Name: +RECOV/CDB01/ARCHIVELOG/2014_08_20/thread_1_
seq_1484.318.856090843
Media recovery start SCN is 13878805
Recovery must be done beyond SCN 13878805 to clear datafile fuzziness
Finished restore at 20-AUG-14
RMAN>
```

对于还原操作，RMAN 需要使用表空间中单一数据文件的一个备份集。使用归档重做日志文件以便将表空间置于当前的 SCN。

如果需要立即执行一个还原操作，并且 RMAN 执行该操作所需要的文件之一脱机，那么此时可使用 CHANGE … UNAVAILABLE 命令将备份集标记为不可用，然后运行 RESTORE TABLESPACE … PREVIEW 命令来查看 RMAN 是否可使用基于磁盘的备份集来完成该请求。

2. 还原验证

RESTORE … PREVIEW 命令并不读取实际备份集，只读取目录信息。如果希望验证备份集本身是否可读取并且有无损坏的话，可使用 RESTORE … VALIDATE 命令。与其他大多数 RMAN 命令一样，可对数据文件、表空间或者整个数据库执行验证。在下例中，对于 USERS 表空间，我们将会对 RMAN 在上一个示例中报告的相同的备份集执行验证。

```
RMAN> restore tablespace users validate;
Starting restore at 20-AUG-14
using channel ORA_DISK_1
using channel ORA_DISK_2
using channel ORA_DISK_3
using channel ORA_DISK_4

channel ORA_DISK_1: starting validation of datafile backup set
channel ORA_DISK_1: reading from backup piece +RECOV/CDB01/
BACKUPSET/2014_08_20/nnndn0_tag20140820t104812_0.737.856090217
channel ORA_DISK_1: piece
handle=+RECOV/CDB01/BACKUPSET/2014_08_20/nnndn0_tag2
0140820t104812_0.737.856090217 tag=TAG20140820T104812
channel ORA_DISK_1: restored backup piece 1
channel ORA_DISK_1: validation complete, elapsed time: 00:00:01
Finished restore at 20-AUG-14
RMAN>
```

读取了备份集的所有块，以确保它们可用于 USERS 表空间的还原操作。

14.4.8 时间点恢复

RMAN 可用来实现时间点恢复(PITR)，或将数据库还原和恢复到数据库发生失效的时间点之前的时间戳或 SCN。正如在第 13 章中了解到的那样，时间点恢复对于恢复昨天删除了一个表但直到今天才检测到的用户失误可能是有用的。使用 PITR，可将数据库恢复到恰好在删除该表之前的时间点的状态。

使用 PITR 的缺点是会丢失从还原数据库的时间点开始对数据库所做的所有其他改动，因此需要权衡这种缺点和删除的表所造成的后果。如果这两种选择都不符合需要，应考虑使用另一种方法，例如闪回表(Flashback Table)、闪回数据库(Flashback Database)或 TSPITR，作为替换方法来恢复这些类型的用户失误。如果正在使用 Oracle Database 12*c*，也可使用 RMAN 来还原和恢复表，如本章前面所述。

14.4.9 数据恢复顾问

数据恢复顾问(Data Recovery Advisor，DRA)在 Oracle Database 12*c* 中得到增强，可前瞻性地或响应性地分析故障。这两种情况下，它不会自动修复找到的问题，而是提供一个或多个可供选择的修复方案，并提供执行修复的命令。从 Oracle Database 12*c* 版本 1(12.1.0.2)开始，仅支持非 CDB 和单实例 CDB(非 RAC 环境)。

在旧版 Oracle RMAN 中，可使用 VALIDATE 命令前瞻性地检查数据库的数据文件。在 CDB 环境中，VALIDATE 已得到增强，可分析单个 PDB 或整个 CDB。

本场景将演示 DRA 如何在多租户环境中工作，这意味着，它同样可用于 Oracle Database 12*c* 之前的数据库或非 CDB。在容器数据库 CDB01 中，丢失了 CCREPOS SYSTEM 表空间的数据文件。查看警报日志后(更可能的情形是，在用户提交帮助请求，表示无法访问 CCREPOS 数据库后)，会得出这样的结论。你怀疑还有其他故障，因此启动 RMAN，并使用 DRA 命令 LIST FAILURE、ADVISE FAILURE 和 REPAIR FAILURE 来修复一个或多个问题。

要查看和修复包含 CCREPOS PDB 的 CDB 的任意问题，可从根容器启动 RMAN，运行 LIST FAILURE DETAIL 命令：

```
RMAN> list failure detail;

using target database control file instead of recovery catalog
Database Role: PRIMARY

List of Database Failures
=========================

Failure ID Priority Status    Time Detected Summary
---------- -------- --------- ------------- -------
1562       CRITICAL OPEN      04-JUN-14     System datafile 30: '+DATA/CDB01/
FB03AEEBB6F60995E043E3A0080AEE85/DATAFILE/system.258.849343395' is missing
  Impact: Database cannot be opened

Failure ID Priority Status    Time Detected Summary
---------- -------- --------- ------------- -------
1542       CRITICAL OPEN      04-JUN-14     System datafile 30: '+DATA/CDB01/
FB03AEEBB6F60995E043E3A0080AEE85/DATAFILE/system.258.849342981' is missing
```

```
  Impact: Database cannot be opened
RMAN>
```

看起来 SYSTEM 数据文件在本章前面已经丢失了一回(已恢复)！但并未从 RMAN 清理该故障，故使用 CHANGE FAILURE 来清理早期事件：

```
RMAN> change failure 1542 closed;

Database Role: PRIMARY

List of Database Failures
=========================

Failure ID Priority Status    Time Detected Summary
---------- -------- --------- ------------- -------
1542       CRITICAL OPEN      04-JUN-14     System datafile 30: '+DATA/CDB01/
FB03AEEBB6F60995E043E3A0080AEE85/DATAFILE/system.258.849342981' is missing

Do you really want to change the above failures (enter YES or NO)? yes
closed 1 failures

RMAN>
```

接下来，看一下RMAN建议如何修复该问题：

```
RMAN> advise failure 1562;

Database Role: PRIMARY

List of Database Failures
=========================

Failure ID Priority Status    Time Detected Summary
---------- -------- --------- ------------- -------
1562       CRITICAL OPEN      04-JUN-14     System datafile 30: '+DATA/CDB01/
FB03AEEBB6F60995E043E3A0080AEE85/DATAFILE/system.258.849343395' is missing

analyzing automatic repair options; this may take some time
allocated channel: ORA_DISK_1
channel ORA_DISK_1: SID=774 device type=DISK
allocated channel: ORA_DISK_2
channel ORA_DISK_2: SID=1028 device type=DISK
allocated channel: ORA_DISK_3
channel ORA_DISK_3: SID=1276 device type=DISK
allocated channel: ORA_DISK_4
channel ORA_DISK_4: SID=10 device type=DISK
analyzing automatic repair options complete

Mandatory Manual Actions
========================
no manual actions available
```

```
Optional Manual Actions
=======================
1. If file
+DATA/CDB01/FB03AEEBB6F60995E043E3A0080AEE85/DATAFILE/system.258.849343395
was unintentionally renamed or moved, restore it
2. Automatic repairs may be available if you shut down the database and restart
it in mount mode

Automated Repair Options
========================
Option Repair Description
------ ------------------
1      Restore and recover datafile 30
  Strategy: The repair includes complete media recovery with no data loss
  Repair script: /u01/app/oracle/diag/rdbms/cdb01/cdb01/hm/reco_461168804.hm

RMAN>
```

RMAN生成如下的修复脚本：

```
# restore and recover datafile
sql 'CCREPOS' 'alter database datafile 30 offline';
restore ( datafile 30 );
recover datafile 30;
sql 'CCREPOS' 'alter database datafile 30 online';
```

维持RMAN中生成的运行脚本不变。由于已经关闭了CCREPOS PDB，意味着跳过开头和末尾的命令，仅运行RESTORE和RECOVER命令：

```
RMAN> restore (datafile 30);

Starting restore at 04-JUN-14
using channel ORA_DISK_1
using channel ORA_DISK_2
using channel ORA_DISK_3
using channel ORA_DISK_4

channel ORA_DISK_1: starting datafile backup set restore
channel ORA_DISK_1: specifying datafile(s) to restore from backup set
channel ORA_DISK_1: restoring datafile 00030 to +DATA/CDB01/
FB03AEEBB6F60995E043E3A0080AEE85/DATAFILE/system.258.849343395
channel ORA_DISK_1: reading from backup piece +RECOV/CDB01/
FB03AEEBB6F60995E043E3A0080AEE85/BACKUPSET/2014_06_04/nnndf0_
tag20140604t084003_0.316.849343205
channel ORA_DISK_1: piece handle=+RECOV/CDB01/
FB03AEEBB6F60995E043E3A0080AEE85/BACKUPSET/2014_06_04/nnndf0_tag20140604t08
4003_0.316.849343205 tag=TAG20140604T084003
channel ORA_DISK_1: restored backup piece 1
channel ORA_DISK_1: restore complete, elapsed time: 00:00:07
Finished restore at 04-JUN-14

RMAN> recover datafile 30;
```

```
Starting recover at 04-JUN-14
using channel ORA_DISK_1
using channel ORA_DISK_2
using channel ORA_DISK_3
using channel ORA_DISK_4

starting media recovery
media recovery complete, elapsed time: 00:00:01

Finished recover at 04-JUN-14

RMAN>
```

最后打开PDB，看一下是否一切完好：

```
RMAN> alter pluggable database ccrepos open;
Statement processed
RMAN>
```

由于CCREPOS现在可正常启动，因此可清除RMAN中的故障：

```
RMAN> change failure 1562 closed;

Database Role: PRIMARY

List of Database Failures
=========================

Failure ID Priority Status    Time Detected Summary
---------- -------- --------- ------------- -------
1562       CRITICAL OPEN      04-JUN-14     System datafile 30: '+DATA/CDB01/
FB03AEEBB6F60995E043E3A0080AEE85/DATAFILE/system.258.849343395' is missing

Do you really want to change the above failures (enter YES or NO)? yes
closed 1 failures

RMAN>
```

14.5　其他操作

在接下来的几节中，将概述 RMAN 除备份、还原和恢复操作外的其他一些功能。将说明如何记录在数据库之外创建的其他备份的存在，并执行一些目录维护。还会列举几个 LIST 和 REPORT 命令的示例。

14.5.1　编目其他备份

有时，我们希望恢复目录包括在 RMAN 之外创建的备份，例如使用操作系统命令或使用 asmcmd 命令制作的映像副本，如下例所示：

```
ASMCMD> pwd
+data/cdb01/datafile
ASMCMD> ls
SYSAUX.267.845193957
SYSTEM.268.849339613
UNDOTBS1.263.848922747
UNDOTBS1.270.845194049
USERS.269.845194049
USERS2.495.856093717
ASMCMD> cp users.269.845* /u01/image_copy
copying +data/cdb01/datafile/USERS.269.845194049 ->
     /u01/image_copy/USERS.269.845194049
ASMCMD>
```

警告：

由操作系统命令创建的映像副本必须在关闭数据库时执行或通过使用 ALTER TABLESPACE ... BEGIN/END BACKUP 命令来执行。

在 RMAN 中使用 CATALOG 命令可很容易地记录这个 USERS 表空间的映像副本。

```
[oracle@tettnang u01]$ rman target / catalog rman/rman@kthanid/rman_rep

Recovery Manager: Release 12.1.0.1.0 - Production on Wed Aug 20 12:16:24 2014

Copyright (c) 1982, 2013, Oracle and/or its affiliates.  All rights reserved.

connected to target database: CDB01 (DBID=1382179355)
connected to recovery catalog database

RMAN> catalog datafilecopy '/u01/image_copy/USERS.269.845194049';

cataloged datafile copy
datafile copy file name=/u01/image_copy/USERS.269.845194049 RECID=5
STAMP=856095390

RMAN>
```

既然已将映像副本记录在 RMAN 存储库中，那么可考虑将它用于 USERS 表空间的还原和恢复操作。

14.5.2 目录维护

本章前面讨论了使用 BACKUP VALIDATE 命令来保证备份操作中可能用到的所有文件是可用的、可读取的并且是没有损坏的。在那个例子中，我们发现目录所报告的内容和磁盘上的归档重做日志之间存在不匹配，并在一次清除操作中无意间从磁盘上删除了一些旧的归档重做日志。可使用 CROSSCHECK 命令，根据哪些归档重做日志文件位于快速恢复区，哪些已丢失，来更新恢复目录。

```
[oracle@tettnang u01]$ rman target / catalog rman/rman@kthanid/rman_rep
```

```
Recovery Manager: Release 12.1.0.1.0 - Production on Wed Aug 20 12:30:37 2014

Copyright (c) 1982, 2013, Oracle and/or its affiliates.  All rights reserved.

connected to target database: CDB01 (DBID=1382179355)
connected to recovery catalog database

RMAN> crosscheck archivelog all;

allocated channel: ORA_DISK_1
channel ORA_DISK_1: SID=260 device type=DISK
allocated channel: ORA_DISK_2
channel ORA_DISK_2: SID=6 device type=DISK
allocated channel: ORA_DISK_3
channel ORA_DISK_3: SID=1031 device type=DISK
allocated channel: ORA_DISK_4
channel ORA_DISK_4: SID=522 device type=DISK
validation succeeded for archived log
archived log file name=+RECOV/CDB01/ARCHIVELOG/2014_08_20/thread_1_
seq_1484.318.856090843 RECID=560 STAMP=856090843
. . .
validation failed for archived log
archived log file name=+RECOV/CDB01/ARCHIVELOG/2014_06_29/thread_1_
seq_546.832.851526505 RECID=559 STAMP=851526504
validation failed for archived log
archived log file name=+RECOV/CDB01/ARCHIVELOG/2014_08_20/thread_1_
seq_1485.322.856094699 RECID=561 STAMP=856094699
Crosschecked 54 objects
RMAN>
```

现在，遗失的归档重做日志在目录中标记为 EXPIRED，在验证备份或者执行还原或恢复操作时将不会考虑它们。

RMAN 可考虑用于备份操作的所有数据文件，包括归档重做日志，都是可用和可读取的。

14.5.3 REPORT 和 LIST

贯穿本章，提供了许多示例来说明如何从恢复目录中提取信息，无论它是驻留在目标数据库控制文件还是目录数据库存储库中。我们已用过 LIST 和 REPORT 命令，这两个命令的主要区别在于它们的复杂性：LIST 命令显示关于存储库中备份集和映像副本的信息，并列出存储在存储库目录中的脚本的内容：

```
RMAN> list backup summary;

List of Backups
===============
Key     TY LV S Device Type Completion Time #Pieces #Copies Compressed Tag
------- -- -- - ----------- --------------- ------- ------- ---------- ---
1606    B  F  A DISK        04-JUN-14       1       1       YES
TAG20140604T073433
1607    B  F  A DISK        04-JUN-14       1       1       YES
TAG20140604T073433
```

```
1608    B  F  A DISK        04-JUN-14       1         1         YES
TAG20140604T073433
1609    B  F  A DISK        04-JUN-14       1         1         YES
TAG20140604T073433
1610    B  F  A DISK        04-JUN-14       1         1         YES
TAG20140604T073433
1611    B  F  A DISK        04-JUN-14       1         1         YES
TAG20140604T073433
. . .
3735    B  F  A DISK        20-AUG-14       1         1         NO
TAG20140820T123711
RMAN>
```

与此相反，REPORT 命令对恢复目录中的信息执行更详细的分析。正如在前面的示例那样，我们曾使用 REPORT 命令来标识需要备份哪些数据库文件以便符合保留策略。在下例中，我们查看数据文件在 2014 年 8 月 19 日时的情况：

```
RMAN> report schema at time='19-aug-2014';
Report of database schema for database with db_unique_name CDB01
List of Permanent Datafiles
===========================
File Size(MB) Tablespace           RB segs Datafile Name
---- -------- -------------------- ------- ------------------------
1    810      SYSTEM               YES     +DATA/CDB01/DATAFILE/
system.268.849339613
3    2950     SYSAUX               NO      +DATA/CDB01/DATAFILE/
sysaux.267.845193957
4    900      UNDOTBS1             YES     +DATA/CDB01/DATAFILE/
undotbs1.270.845194049
5    250      PDB$SEED:SYSTEM      NO      +DATA/CDB01/
DD7C48AA5A4404A2E04325AAE80A403C/DATAFILE/system.277.845194085
. . .
List of Temporary Files
=======================
File Size(MB) Tablespace           Maxsize(MB) Tempfile Name
---- -------- -------------------- ----------- --------------------
1    521      TEMP                 32767       +DATA/CDB01/TEMPFILE/
temp.275.845194083
2    20       PDB$SEED:TEMP        32767       +DATA/CDB01/
DD7C48AA5A4404A2E04325AAE80A403C/DATAFILE/pdbseed_temp01.dbf
3    20       CCREPOS:TEMP         32767       +DATA/CDB01/
FB03AEEBB6F60995E043E3A0080AEE85/TEMPFILE/temp.262.849342985
4    20       TOOL:TEMP            32767       . . .
. . .
14   20       HR:TEMP              32767
+DATA/CDB01/FC9588B12BBD413FE043E3A0080A5528/TEMPFILE/temp.485.851068789
RMAN>
```

从 8/19/2014 至今的某个时刻，我们创建过表空间 INET_STAR，从本报告对该表空间的省略可发现这一点。

14.6　本章小结

如果你自从 Oracle Database 11*g* 以来尚未大量使用 RMAN，那么到了 Oracle Database 12*c*，你务必要使用 RMAN，而且要将其作为最主要的工具。RMAN 可管理部门数据库或数百个数据库(包括企业中的 OLTP 和数据仓库数据库)的物理备份和恢复的所有方面。

RMAN 包含的特性与 Oracle 数据库的新特性保持同步。在 Oracle 12*c* 中备份整个容器数据库或可插入数据库就像在 Oracle 11*g* 中备份非 CDB 数据库一样容易。RMAN 拥有其他新特性，如通过网络将数据库以压缩方式并行地复制到辅助实例，这意味着，你不需要磁盘上的任意中间 RMAN 备份即可支持复制过程。

最后，拥有恢复目录意味着，即使丢失了所有数据文件和控制文件，也可方便地恢复整个数据库。如果环境中有多个产品数据库，则有必要维护一个恢复目录。

第 15 章

Oracle Data Guard

Oracle Data Guard(Oracle 数据卫士)提供了一种解决方案来实现高可用性、增强的性能和自动的故障转移。我们可使用 Oracle Data Guard 为主数据库创建和维护多个备用数据库。可按只读模式启动备用数据库来支持报表用户，然后返回到备用模式。主数据库的改变能自动从主数据库传递到备用数据库，并保证在此过程中没有数据丢失。备用数据库服务器在物理上可与主服务器分离。

本章将介绍如何管理 Oracle Data Guard 环境，并介绍一个用于 Data Guard 环境示例的配置文件。

15.1 Data Guard 体系结构

在 Data Guard 的实现中，将一个运行在 ARCHIVELOG 模式下的数据库指定为服务于一个应用程序的主数据库。通过 Oracle Net(Oracle 网络)可访问的一个或多个备用数据库提供故障转移功能。Data Guard 自动将重做信息传送到应用此信息的备用数据库。因此，备用数据库在事务处理上可保持一致。根据重做应用程序过程的配置情况，备用数据库可能与主数据库同步，也可能滞后于主数据库。图 15-1 给出了一个标准的 Data Guard 实现。

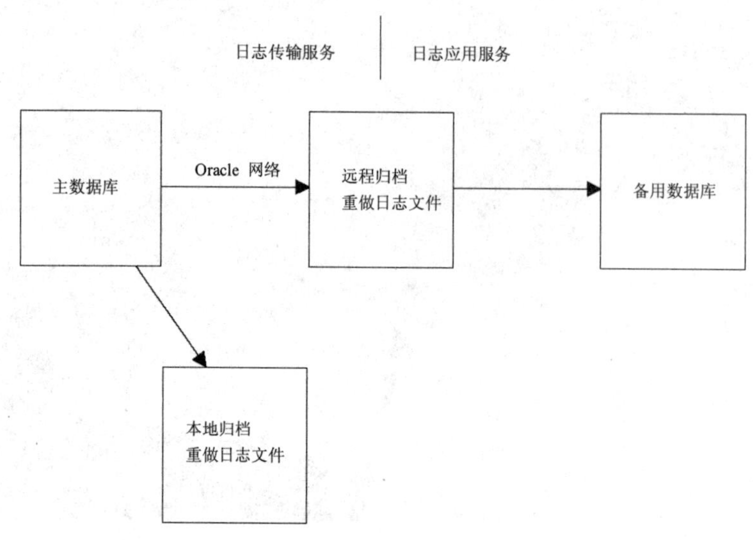

图 15-1 简单的 Data Guard 配置

日志传输服务(Log Transport Services)将重做日志数据传递到备用数据库，可通过初始化参数设置来定义日志传输服务。日志应用服务(Log Apply Services)将重做信息应用到备用数据库。第三组服务，即全局数据服务(Global Data Service)，可简化使备用数据库充当主数据库的过程。

注意：

主数据库可以是一个单实例或多实例的 RAC 实现。

15.1.1 物理备用数据库与逻辑备用数据库

有两类备用数据库：物理备用数据库和逻辑备用数据库。物理备用数据库具有和主数据库相同的结构。逻辑备用数据库具有不同的内部结构(如用于报表的额外索引或不同的表空间布局)。通过将重做数据转换为依据备用数据库执行的 SQL 语句，可同步逻辑备用数据库和主数据库。

物理备用数据库和逻辑备用数据库服务于不同的目的。物理备用数据库是一种对主数据库的逐块复制，因此它可用作替代主数据库的数据库备份。在灾难恢复过程中，物理备用数据库看起来就像是它替代的主数据库。

由于逻辑备用数据库支持额外的数据库结构，因此可更容易地支持特定的报表需求，否则这种需求会加重主数据库的负担。另外，当使用逻辑备用数据库时，能够以最短的停用时间执行主数据库和备用数据库的滚动更新。使用的备用类型依赖于需要，许多环境最开始将物理备用数据库用于灾难恢复，然后添加额外的逻辑备用数据库来支持特定的报表和业务需求。

注意：

从 Oracle Database 11g 开始，主位置和备用位置上的操作系统和平台体系结构不需要相同。主数据库和备用数据库的目录结构可以有所不同，但应最小化这种区别来简化管理和故障转移过程。如果备用数据库和主数据库位于同一服务器上，则这两个数据库必须使用不同的目录结构，并且它们不能共享一个归档日志目录。另外，Oracle Data Guard 只能用于 Oracle 企业版中。此外，即使是 Oracle Database 12*c* (12.1.0.2)，也不能支持所有的跨平台 Data Guard 复制，可参阅 *My Oracle Support* 备注：Data Guard Support for Heterogeneous Primary and Physical Standbys in Same Data Guard Configuration (ID 413484.1)。

15.1.2　数据保护模式

当配置主数据库和备用数据库时，将需要确定业务可接受的数据丢失的程度。在主数据库中，需要定义它的归档日志目的区，并且至少有一个目的区将会引用备用数据库使用的远程站点。备用数据库的 LOG_ARCHIVE_DEST_*n* 参数设置的 ASYNC、SYNC、ARCH、LGWR、NOAFFIRM 和 AFFIRM 属性(参见表 15-1)将指导 Oracle Data Guard 在多种操作模式中做出选择：

- 在最大保护(或“无数据丢失”)模式下，在将一个事务提交到主数据库之前，必须至少写入到一个备用位置。如果备用数据库的日志存放位置不可用，主数据库会关闭。
- 在最大可用性模式下，在将一个事务提交到主数据库中之前，必须至少写入到一个备用位置。如果备用位置不可用，主数据库不会关闭。纠正了错误后，从错误出现起已经生成的重做数据会传送并应用到备用数据库上。
- 在最大性能模式(默认模式)下，可在将它们的重做信息传送到备用位置之前提交事务。一旦完成写入到本地联机重做日志，就可以在主数据库中进行提交。默认情况下，由 ARC*n* 进程负责写入到备用位置(在 Oracle Database 12*c* 中，最多有 30 个归档进程)。

一旦为配置确定了备用类型和数据保护模式，就可以创建备用数据库。

表 15-1　LOG_ARCHIVE_DEST_*n* 参数属性

属　性	说　明
AFFIRM 和 NOAFFIRM	AFFIRM 保证在日志写入进程(LGWR)能够继续写入之前，同步执行并成功完成到备用目的地的归档重做日志文件或备用重做日志文件的所有磁盘 I/O 操作。为确保不丢失数据，AFFIRM 是必需的。 NOAFFIRM 指示将要异步地执行到归档重做日志文件和备用重做日志文件的所有磁盘 I/O 操作；在备用目的地上的磁盘 I/O 操作完成前，可重用主数据库上的联机重做日志文件。在 Oracle Database 12*c* 中，可结合使用 NOAFFIRM 和 Data Guard Maximum Availability 特性，确认在写入远程重做日志文件前在内存中收到了重做数据

(续表)

属　　性	说　　明
ALTERNATE 和 NOALTERNATE	当原始的归档目的地失效时，ALTERNATE 指定一个可替换使用的 LOG_ARCHIVE_DEST_*n* 目的地
COMPRESSION	在传输到重做传输目的地之前压缩重做数据。该特性是 Advanced Compression 选项的一部分，Advanced Compression 选项是 Oracle Database 12.1.0.2 或更新版本的独立许可产品
DB_UNIQUE_NAME 和 NODB_UNIQUE_NAME	DB_UNIQUE_NAME 为目的地指定唯一的数据库名字
DELAY 和 NODELAY	DELAY 指定在备用站点上归档重做数据和将归档重做日志文件应用到备用数据库之间的时间间隔；DELAY 可用来保护备用数据库免受损坏或错误的主数据的影响。如果没有指定 DELAY 和 NODELAY，默认采用 NODELAY。如果指定 DELAY，但未提供任意值，则使用默认值 30 分钟
ENCRYPTION	在传输前加密重做数据。仅在 Zero Data Loss Recovery 一体机上支持
LOCATION 和 SERVICE	每个目的地必须指定 LOCATION 或 SERVICE 属性来标识一个本地磁盘目录(通过 LOCATION)或一个远程数据库目的地(通过 SERVICE)，Log Transport Service 可以向此数据库传送重做数据
MANDATORY 和 OPTIONAL	如果目的地是 OPTIONAL，到此目的地的归档操作可能失败，然而仍可重用联机重做日志文件并最终可以重写它。如果一个 MANDATORY 目的地的归档操作失败，则不能重写联机重做日志文件
MAX_CONNECTIONS	使用重做传输目的地的附加网络路径
MAX_FAILURE 和 NOMAX_FAILURE	MAX_FAILURE 指定在主数据库永久放弃备用数据库之前执行的重新打开尝试的最大次数
NET_TIMEOUT 和 NONET_TIMEOUT	NET_TIMEOUT 指定在终结网络连接之前主系统上的 LGWR 进程等待来自网络服务器进程的状态所允许的秒数。默认值是 180 秒
REGISTER 和 NOREGISTER	REGISTER 指示归档重做日志文件的位置将记录在对应的目的地
REOPEN 和 NOREOPEN	REOPEN 指定在归档器进程(ARCn)或日志写入器进程(LGWR)尝试再次访问一个以前失效的目的地之前允许的最小秒数(默认值是 300 秒)

(续表)

属　性	说　明
SYNC 和 ASYNC	在使用日志写入器进程(LGWR)时，SYNC 和 ASYNC 指定网络 I/O 操作是同步执行还是异步执行。默认情况下，SYNC=PARALLEL，用于存在多个使用 SYNC 属性的目的地的情况下。所有的目的地应该使用相同的值
TEMPLATE 和 NOTEMPLATE	TEMPLATE 为备用目的地上的归档重做日志文件或备用重做日志文件的名字定义了一个目录规范和格式模版。可在主或备用初始化参数文件中指定这些属性，但该属性只适用于正在归档的数据库角色
VALID_FOR	VALID_FOR 根据以下因素来标识 Log Transport Service 什么时候可以向目的地传送重做数据：(1)数据库当前运行在主角色还是备用角色下，(2)当前是否正在该目的地的数据库上归档联机重做日志文件、备用重做日志文件或者这两类文件。该属性的默认值是 VALID_FOR= (ALL_LOGFILES, ALL_ROLES)。其他的值包括 PRIMARY_ROLE、STANDBY_ROLE、ONLINE_LOGFILES 和 STANDBY_LOGFILE

15.2 LOG_ARCHIVE_DEST_*n* 参数属性

正如以下的小节中说明的那样，Oracle Data Guard 配置依赖于 LOG_ARCHIVE_DEST_*n* 内的许多属性。表 15-1 总结了可用于该参数的属性。在几乎所有情况下，属性都是成对的。在一些情况下，属性对中的第二项只不过是用来取消设置。

注意：
除非没有 Oracle Database 12*c* 企业版，否则不建议使用 LOG_ARCHIVE_DEST 和 LOG_ARCHIVE_DUPLEX_DEST。如果有企业版，则应改用 LOG_ARCHIVE_DEST_*n*。

15.3 创建备用数据库配置

可使用 SQL*Plus、Oracle Enterprise Manager(OEM)或 Data Guard 特有的工具来配置和管理 Data Guard 配置。设定的参数将依赖于所选择的配置。

如果主数据库和备用数据库在同一服务器上，则需要为 DB_UNIQUE_NAME 参数设定一个值。由于这两个数据库的目录结构将是不同的，因此必须手动重新命名文件或为备用数据库中的 DB_FILE_NAME_CONVERT 和 LOG_FILE_NAME_CONVERT 参数定义值。必须通过

SERVICE_NAMES 初始化参数为主数据库和备用数据库设置唯一的服务名。

如果主数据库和备用数据库位于分离的服务器上，可将相同的目录结构用于每个数据库，从而不需要文件名转换参数。如果将一个不同目录结构用于数据库文件，则需要为备用数据库中的 DB_FILE_NAME_CONVERT 和 LOG_FILE_NAME_CONVERT 参数定义值。

在物理备用数据库中，所有重做(数据)来自主数据库。当物理备用数据库在只读模式下打开时，不会产生重做(数据)。然而，Oracle Data Guard的确要使用归档的重做日志文件来支持数据和SQL命令的复制，以便用于更新备用数据库。

注意：

对每个备用数据库而言，应创建一个备用重做日志文件来存储从主数据库上接收到的重做数据。

15.3.1 准备主数据库

在主数据库上，确保已为以下会影响重做日志数据传递的参数设定了值。下面列出的前 5 个参数对于大多数数据库而言是标准参数。将 REMOTE_LOGIN_PASSWORDFILE 设置为 EXCLUSIVE 来支持 SYSDBA 权限用户的远程访问：

DB_NAME	数据库名。所有备用数据库和主数据库都使用相同名字
DB_UNIQUE_NAME	数据库的唯一名字。每个备用数据库的这个参数值必须不同，且它们与主数据库的该参数值也不同
SERVICE_NAMES	数据库的服务名称；为主数据库和备用数据库设置不同的服务名
CONTROL_FILES	控制文件的位置
REMOTE_LOGIN_PASSWORDFILE	设置为 EXCLUSIVE 或 SHARED。为主数据库和备用数据库上的 SYS 设置相同的口令

下面列出的与LOG_ARCHIVE相关的参数将用于配置Log Transport Services的工作方式：

LOG_ARCHIVE_CONFIG	在 DB_CONFIG 参数内，列出主数据库和备用数据库
LOG_ARCHIVE_DEST_1	主数据库的归档重做日志文件的位置
LOG_ARCHIVE_DEST_2	用于存放备用重做日志文件的远程位置
LOG_ARCHIVE_DEST_STATE_1	设为 ENABLE
LOG_ARCHIVE_DEST_STATE_2	设为 ENABLE 来启用日志传输
LOG_ARCHIVE_FORMAT	为归档日志文件的名字指定格式

对于该示例，假定主数据库的 DB_UNIQUE_NAME 值为 HEADQTR 且物理备用数据库的 DB_UNIQUE_NAME 值为 SALESOFC。SERVICE_NAMES 的值可与 DB_UNIQUE_NAME 的值相同，但并不是必须相同。事实上，SERVICE_NAMES 的值对于 RAC 实例中的单一节点也许是唯一的。

LOG_ARCHIVE_CONFIG 参数设置可能如下：

```
LOG_ARCHIVE_CONFIG='DG_CONFIG=(headqtr,salesofc)'
```

有两个LOG_ARCHIVE_DEST_*n*项——一个用于归档重做日志文件的本地副本，另一个用于将传输到物理备用数据库上的远程副本：

```
LOG_ARCHIVE_DEST_1=
 'LOCATION=/arch/headqtr/
  VALID_FOR=(ALL_LOGFILES,ALL_ROLES)
  DB_UNIQUE_NAME=headqtr'
LOG_ARCHIVE_DEST_2=
 'SERVICE=salesofc
  VALID_FOR=(ONLINE_LOGFILES,PRIMARY_ROLE)
  DB_UNIQUE_NAME=salesofc'
```

LOG_ARCHIVE_DEST_1 参数为主数据库指定归档重做日志文件的位置(通过 DB_UNIQUE_NAME 参数来指定)。LOG_ARCHIVE_DEST_2 参数赋予物理备用数据库的服务名作为它的位置。对于每个目的地，对应的 LOG_ARCHIVE_DEST_STATE_*n* 参数应该有一个 ENABLE 值。

与备用角色相关的参数包括 FAL(Fetch Archive Log)参数，在 Oracle Database 10*g* 之前，这些参数用来消除复制到备用数据库的一系列归档日志中的间隙：

FAL_SERVER	指定 FAL 服务器(通常是主数据库)的服务名
FAL_CLIENT	指定 FAL 客户机(取用日志的备用数据库)的服务名
DB_FILE_NAME_CONVERT	如果主数据库和备用数据库使用不同的目录结构，则指定主数据库数据文件的路径名和文件名位置，后面跟着备用位置
LOG_FILE_NAME_CONVERT	如果主数据库和备用数据库使用不同的目录结构，则指定主数据库日志文件的路径名和文件名位置，后面跟着备用位置
STANDBY_FILE_MANAGEMENT	设为 AUTO

提示：

在每个节点上都应定义 FAL_SERVER 和 FAL_CLIENT，这样在角色切换后它们就做好准备切换回原来的角色。

下面的程序清单给出了这些参数的设置示例：

```
FAL_SERVER=headqtr
FAL_CLIENT=salesofc
LOG_FILE_NAME_CONVERT=
'/arch/headqtr/','/arch/salesofc/','/arch1/headqtr/','/arch1/salesofc/'
STANDBY_FILE_MANAGEMENT=AUTO
```

如果主数据库尚未处于 ARCHIVELOG 模式，那么在安装数据库但没有打开它的时候，通过发出ALTER DATABASE ARCHIVELOG命令来启用归档。另外，使用ALTER DATABASE FORCE LOGGING 命令启用主数据库的强制日志记录，以确保未记录日志而直接写入的所有操作都传播到备用数据库。

一旦设置了与日志相关的参数，就可以开始创建备用数据库的过程。

1. 步骤 1：备份主数据库的数据文件

首先，对主数据库执行物理备份。Oracle 建议使用 RMAN 实用程序来备份数据库，可在 RMAN 内使用 DUPLICATE 命令来自动创建备用数据库。

2. 步骤 2：为备用数据库创建控制文件

在主数据库中，发出如下命令来生成将用于备用数据库的控制文件：

```
alter database create standby controlfile as '/tmp/salesofc.ctl';
```

需要注意，必须为要创建的控制文件指定目录和文件名。而且，不要使用与主数据库相同的目录和控制文件名。

3. 步骤 3：为备用数据库创建初始化参数文件

在主数据库中，从服务器参数文件中创建参数文件:

```
create pfile='/tmp/initsalesofc.ora' from spfile;
```

编辑该初始化文件为备用数据库设定正确的值。为备用数据库设定 DB_UNIQUE_NAME、SERVICE_NAMES、CONTROL_FILES、DB_FILE_NAME_CONVERT、LOG_FILE_NAME_CONVERT、LOG_ARCHIVE_DEST_*n*、INSTANCE_NAME、FAL_SERVER 和 FAL_CLIENT 参数值。文件名转换应与主数库中的情况相同——当应用重做信息时，希望将文件名从主数据库转换到备用数据库格式：

```
LOG_ARCHIVE_DEST_1=
'LOCATION=/arch/salesofc/
VALID_FOR=(ALL_LOGFILES,ALL_ROLES)
DB_UNIQUE_NAME=salesofc'
LOG_ARCHIVE_DEST_2=
'SERVICE=headqtr
VALID_FOR=(ONLINE_LOGFILES,PRIMARY_ROLE)
```

在备用环境中，LOG_ARCHIVE_DEST_1 参数指向它的本地归档日志目的地，LOG_ARCHIVE_DEST_2 指向主数据库的服务名。如果交换这两个数据库的角色，原始的主数据库将可充当备用数据库。当备用数据库正运行在备用模式下时，将忽略 LOG_ARCHIVE_DEST_2 参数值。

注意：
为主数据库和备用数据库将 COMPATIBLE 参数设置为相同的值。为利用 Oracle 12*c* 中的新特性，将 COMPATIBLE 设置为 12.1.0 或更高的值。一旦将 COMPATIBLE 设置为 12.1.0，则不能把它重置为一个更低的值。

4. 步骤 4：将数据库文件复制到备用数据库位置

将步骤 1 中的数据文件、步骤 2 中的控制文件以及步骤 3 中的备用初始化文件复制到备用数据库位置。将这些文件放置在正确的目录中(按照 CONTROL_FILES、DB_FILE_NAME_CONVERT 和 LOG_FILE_NAME_CONVERT 参数定义的那样)。作为一种替换方法，使用主数据库的 RMAN 备份来创建备用数据库文件。

5. 步骤 5：配置备用数据库环境

此时，文件已处于适当位置。需要创建正确的环境变量和服务来允许实例访问这些文件。例如，在 Windows 环境中，应使用 ORADIM 实用程序来创建新服务，如下例所示：

```
oradim -new -sid salesofc -intpwd oracle -startmode manual
```

接下来，通过 orapwd 实用程序为备用数据库创建一个密码文件(创建新的密码文件的详细内容请参见第 2 章)。

然后，创建访问备用数据库所需的 Oracle Net 参数和服务。在备用环境中，为备用数据库创建一个 Oracle Net 侦听服务。在备用服务器的 sqlnet.ora 文件中，将 SQLNET.EXPIRE_TIME 参数设为 1，以便在 1 分钟后激活对断开连接的检测。 参见第 17 章进一步了解有关 Oracle Net 连接的细节。

接下来，在 tnsnames.ora 文件中为备用数据库创建一个服务名表项，然后将更新分发到主数据库和备用数据库服务器。

如果主数据库有一个加密钱夹，则将钱夹复制到备用数据库系统，并配置备用数据库来使用此钱夹。每当主加密密钥更新时，必须将钱夹从主数据库重新复制到所有备用数据库。

最后，通过 CREATE SPFILE FROM PFILE 命令创建一个服务器参数文件，将备用参数文件的名字和位置作为输入传递到该命令。

6. 步骤 6: 启动备用数据库

从 SQL*Plus 中，以 MOUNT 模式启动备用数据库，如下例所示：

```
startup mount;
```

注意：

可向备用数据库中的临时表空间添加新的临时文件。添加临时文件将支持报告备用数据库内的活动所需的排序操作(如果备用数据库将用于诸如报告的只读操作)。

Oracle 建议在每个备用数据库上创建等量的联机重做日志文件；创建的数量越少，迁移速度越快，但如果少于两个，实例将无法打开。

通过如下的 ALTER DATABASE 命令在备用数据库内启动重做应用程序过程：

```
alter database recover managed standby database
  using current logfile disconnect from session;
```

7. 步骤 7: 验证配置

为测试配置，使用主数据库并通过 ALTER SYSTEM 命令强制进行日志转换，如下所示：

```
alter system switch logfile;
```

随后，主数据库的重做日志数据将复制到备用位置。

在备用数据库上，可通过查询 V$ARCHIVED_LOG 视图或使用 ARCHIVE LOG LIST 命令来查看已将哪些归档日志应用到数据库上。当从主数据库上接收新的日志并将它们应用到备用数据库时，新行将添加到 V$ARCHIVED_LOG 中的列表上。

15.3.2 创建逻辑备用数据库

创建逻辑备用数据库与创建物理备用数据库有很多步骤是相同的。因为逻辑备用数据库依赖于重新执行 SQL 命令，所以在使用上逻辑备用数据库将有更大的限制。如果主数据库中的任何一个表使用如下的数据类型，在重做应用程序过程中将忽略它们：

- BFILE
- ROWID、UROWID
- 用户定义的数据类型
- 标识列
- 包含嵌入表和 REF 的对象
- 集合(可变数组、嵌套表)
- 空间数据类型

注意：

Oracle Database 12*c* 版本 1 (12.1.0.1)添加了对逻辑复制 XMLtype 的支持。Oracle 的 Extended Datatype Support (EDS)支持大多数原本不具有本地基于重做的支持的数据类型。

此外，在重做应用过程中会忽略采用表压缩的表和使用 Oracle 软件安装的模式。DBA_LOGSTDBY_UNSUPPORTED 视图列出不支持用于逻辑备用数据库的对象。DBA_LOGSTDBY_SKIP 视图列出将忽略的模式。图 15-2 显示逻辑备用数据库的 SQL 应用体系结构处理流程。

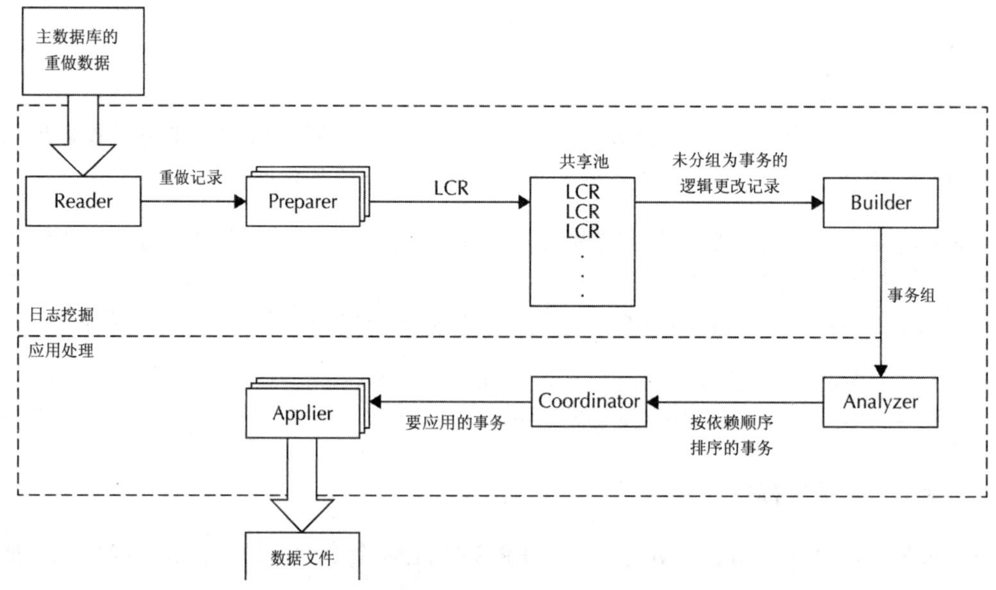

图 15-2 逻辑备用数据库的 SQL 应用体系结构处理流程

逻辑备用数据库不同于主数据库。在逻辑备用数据库中执行的每个事务必定是主数据库中已执行的事务的逻辑等价体。因此，应确保你的表对它们施加了适当约束——主键、唯一约束、检查约束和外键——因此能选取正确的行用于逻辑备用数据库中的更新。可查询 DBA_LOGSTDBY_ NOT_UNIQUE 来列出主数据库中那些缺少主键或唯一约束的表。

为创建逻辑备用数据库，请遵循以下步骤：

1. 步骤 1：创建物理备用数据库

遵照本章上一节中的步骤，创建一个物理备用数据库。创建并启动物理备用数据库后，停止物理备用数据库上的“重做应用(redo apply)”过程，以免将变更应用到包含补充日志信息的重做上：

```
alter database recover managed standby database cancel;
```

2. 步骤 2：启用补充日志

主数据库上的补充日志会在重做日志中生成额外信息。然后，在备用数据库上的重做应用程序过程中会使用这些信息，以便确保生成的 SQL 可作用于正确的行。为向重做数据添加主键和唯一的索引信息，在主数据库中发出如下命令：

```
execute dbms_logstdby.build;
```

此过程等待已存在的所有事务完成。如果主数据库上有长期运行的事务，则这一过程直到那些事务提交或回滚才完成。

3. 步骤 3：将物理备用转换为逻辑备用

重做日志文件包括将物理数据库转换为逻辑数据库所需的信息。运行这一命令继续对物理备用数据库运行重做日志数据应用，直到准备将物理备用数据库转换为逻辑备用数据库：

```
alter database recover to logical standby new_db_name;
```

Oracle 自动将新逻辑备用数据库的名称 *new_db_name* 存储在 SPFILE 中。否则此命令会生成一条消息，提醒你在关闭数据库之后改变初始化参数文件中的 DB_NAME 参数。

物理备用数据库以只读模式操作；逻辑备用数据库是打开的，以便可以写入，并且生成其自己的重做数据。在用于逻辑备用数据库的初始化文件中，为逻辑备用数据库的重做数据(LOG_ARCHIVE_DEST_1)和从主数据库中输入的重做数据(在这个例子中，将使用 LOG_ARCHIVE_DEST_3 来避免与前面的 LOG_ARCHIVE_DEST_2 设置相冲突)指定目的地。我们不希望逻辑备用数据库启用 LOG_ARCHIVE_DEST_2 目的地，并往回指向主数据库。

关闭并启动数据库，改变这些参数：

```
shutdown;
startup mount;
```

4. 步骤 4：启动逻辑备用数据库

使用逻辑备用数据库的新初始化参数文件或 SPFILE 打开逻辑备用数据库，如下所示：

```
alter database open resetlogs;
```

因为这是数据库被转换为备用数据库之后第一次打开，所以数据库的全局名被调整，以匹配新的 DB_NAME 初始化参数。

5. 步骤 5：启动重做应用进程

目前在逻辑备用数据库内，可启动重做应用进程：

```
alter database start logical standby apply immediate;
```

为查看已收到并应用到逻辑备用数据库的日志，可查询 DBA_LOGSTDBY_LOG 视图。可查询 V$LOGSTDBY 视图来了解逻辑备用重做应用进程的活动日志。现在，可使用逻辑备用数据库。

15.4 使用实时应用

默认情况下，直到已归档了备用重做日志文件后，才将重做数据应用到备用数据库。采用实时应用特性时，在接收重做数据的同时将它应用到备用数据库，从而减少了数据库之间的时间延迟并潜在地缩短了故障转移到备用数据库所需的时间。

为在物理备用数据库中启用实时应用，在备用数据库内执行如下命令：

```
alter database recover managed standby database
using current logfile;
```

对于逻辑备用数据库，使用的命令是：

```
alter database start logical standby apply immediate;
```

如果已启用了实时应用，那么 V$ARCHIVE_DEST_STATUS 视图的 RECOVERY_MODE 列将有一个 MANAGED REALTIME APPLY 值。

正如本章前面所述，可通过如下命令在物理备用数据库上启用重做应用进程：

```
alter database recover managed standby database disconnect;
```

与 Oracle 会话失去连接后，DISCONNECT 关键字允许该命令在后台运行。当启动了一个前台会话并发出相同的不带 DISCONNECT 关键字的命令时，控制不会返回到命令提示符，直到通过另一个会话取消了恢复。为在物理备用数据库中停止重做应用——无论是在后台会话还是在前台会话中——使用如下命令：

```
alter database recover managed standby database cancel;
```

对于逻辑备用数据库，停止 Log Apply Services 的命令是：

```
alter database stop logical standby apply;
```

15.5　管理归档日志序列中的间隙

如果备用数据库尚未收到由主数据库生成的一个或多个归档日志，它不会拥有主数据库中事务的完全记录。Oracle Data Guard 会自动检测归档日志序列中的间隙，它通过将遗失的日志文件序列复制到备用目的地来解决这一问题。在 Oracle Database 10*g* 之前，使用 FAL(Fetch Archive Log)客户机和服务器来解决源自主数据库的间隙。

为确定物理备用数据库中是否存在间隙，可查询 V$ARCHIVE_GAP 视图。对于每个间隙，该视图将报告备用数据库中遗失的一组日志中的最低和最高的日志序列号。如果由于某种原因 Oracle Data Guard 未能复制这些日志，可手动将这些文件复制到物理备用数据库环境中，并使用 ALTER DATABASE REGISTER LOGFILE *filename* 命令来注册它们，然后可启动重做应用进程。应用日志后，再次检查 V$ARCHIVE_GAP 视图来查看是否存在另一个要解决的间隙。

15.6　管理角色——切换和故障转移

参与 Data Guard 配置的每个数据库都有一个角色——或者是主数据库，或者是备用数据库。在某些时候，这些角色可能需要改变。例如，如果主数据库的服务器上有一个硬件故障，可在故障发生时转移到备用数据库。根据配置选择，在故障转移过程中可能有一些数据丢失。

第二类角色改变称为“切换”(switchover)，这种情况出现在当主数据库和备用数据库切换角色并且备用数据库变成新的主数据库的时候。在切换过程中，应该不存在数据丢失。切换和故障转移都需要数据库管理员的手动干预。

15.6.1　切换

切换是有计划的角色改变，通常考虑在主数据库服务器上执行维护活动。当选择一个备用数据库充当新的主数据库时，会发生切换，应用程序此刻把它们的数据写入到新的主数据库中。在以后的某个时间点，可把数据库切换回它们原始的角色。

注意：
可使用一个逻辑备用数据库或一个物理备用数据库来执行切换，物理备用数据库是首选的选项。

如果已定义了多个备用数据库，那么该怎么办呢？当其中一个物理备用数据库变为新的主数据库时，其他的备用数据库必须能从新的主数据库中接收它们的重做日志数据。在这种配置中，必须定义 LOG_ARCHIVE_DEST_*n* 参数，以便允许这些备用站点从新的主数据库那里接收数据。

注意：
要验证将变成新的主数据库的数据库是否正运行在 ARCHIVELOG 模式下。

下面将介绍执行切换到备用数据库所需的步骤。在切换前，备用数据库应主动应用重做日志数据，因为这会最小化完成切换所需的时间。

1. 切换到物理备用数据库

在主数据库上发起切换并在备用数据库上完成切换。在本节中，将了解切换到物理备用数据库所需要的步骤。在切换过程中不会丢失数据。

从验证主数据库是否能执行切换开始，查询 V$DATABASE 来了解 SWITCHOVER_STATUS 列的值：

```
select switchover_status from v$database;
```

如果 SWITCHOVER_STATUS 列的值不是 TO STANDBY，那么是不可能执行切换的(通常由于配置或硬件问题)。如果该列的值是 SESSIONS ACTIVE，则应该终止活动的用户会话。SWITCHOVER_STATUS 列的有效值如表 15-2 所示。

表 15-2 SWITCHOVER_STATUS 值

SWITCHOVER_STATUS 值	说 明
NOT ALLOWED	当前的数据库不是带有备用数据库的主数据库
PREPARING DICTIONARY	该逻辑备用数据库正向一个主数据库和其他备用数据库发送它的重做数据，以便为切换做准备
PREPARING SWITCHOVER	接受用于切换的重做数据时，逻辑备用配置会使用它
FAILED DESTINATION	在主数据库上，指示一个或多个备用目的地处于错误状态
RECOVERY NEEDED	备用数据库尚未接收到切换请求
RESOLVABLE GAP	在主数据库上，指出一个或多个备用目的地有重做间隙，这些间隙可通过从主数据库或另一个备用数据库检索丢失的重做日志自动消除
UNRESOLVABLE GAP	在主数据库上，指出一个或多个备用数据库有重做日志间隙，这些间隙无法通过从另一个数据库复制重做日志来自动消除
LOG SWITCH GAP	在主数据库上，指出由于最近的日志切换，一个或多个备用数据库正在丢失重做数据。由于很可能正在传输重做日志，通常可快速消除该状态
SESSIONS ACTIVE	在主数据库中存在活动的 SQL 会话；在继续执行之前必须断开这些会话
SWITCHOVER PENDING	适用于那些已收到主数据库切换请求但尚未处理该请求的备用数据库
SWITCHOVER LATENT	切换没有完成并返回到主数据库
TO LOGICAL STANDBY	主数据库已收到来自逻辑备用数据库的完整字典
TO PRIMARY	该备用数据库可切换为主数据库
TO STANDBY	该主数据库可切换为备用数据库

在主数据库中，可使用如下命令把它转换到物理备用数据库角色：

```
alter database commit to switchover to physical standby;
```

在执行该命令时，Oracle 会将当前主数据库的控制文件备份到一个跟踪文件上。此时，应该关闭主数据库并装载它：

```
shutdown immediate;
startup mount;
```

主数据库为切换做好了准备，现在应该回到将充当新的主数据库的物理备用数据库。

在物理备用数据库中，检查 V$DATABASE 视图中的切换状态，它的状态应该为 TO PRIMARY(参见表 15-2)。现在可通过如下命令将物理备用数据库切换为主数据库：

```
alter database commit to switchover to primary;
```

如果添加 WITH SESSION SHUTDOWN WAIT 子句，则在切换完成前该语句将不会返回到 SQL>提示符。使用 OPEN 关键字启动数据库：

```
alter database open;
```

数据库已经完成了到主数据库角色的转换。如果重做应用服务没有在后台运行的话，接下来在备用数据库上启动它们：

```
alter database recover managed standby database
  using current logfile
  disconnect from session;
```

2. 切换到逻辑备用数据库

在主数据库上发起切换并在备用数据库上完成切换。在本节中，将了解执行到逻辑备用数据库的切换所需的步骤。

首先检验主数据库能否执行切换，查询 V$DATABASE 来了解 SWITCHOVER_STATUS 列的值：

```
select switchover_status from v$database;
```

为完成切换，该状态必须是 TO STANDBY、TO LOGICAL STANDBY 或 SESSIONS ACTIVE。

在主数据库中，发出如下命令以便使主数据库准备用于切换：

```
alter database prepare to switchover to logical standby;
```

在逻辑备用数据库中，发出如下命令：

```
alter database prepare to switchover to primary;
```

此时，逻辑备用数据库将开始向当前的主数据库和配置中的其他备用数据库传送它的重做数据。此时，传送逻辑备用数据库中的重做数据，但没有应用这些数据。

在主数据库中，现在必须检验从逻辑备用数据库上接收了字典数据。在能继续执行下一步骤之前，V$DATABASE 中的 SWITCHOVER_STATUS 列的值在主数据库中必须读取为 TO LOGICAL STANDBY。当该状态值显示在主数据库中时，将主数据库切换到逻辑备用角色：

```
alter database commit to switchover to logical standby;
```

不需要关闭和重启旧的主数据库。现在应该回到最初的逻辑备用数据库并检验它在V$DATABASE 中的 SWITCHOVER_STATUS 值(应该是 TO PRIMARY)。然后可完成切换，在原有的逻辑备用数据库中，发出如下命令：

```
alter database commit to switchover to primary;
```

现在最初的逻辑备用数据库成为主数据库。在新的逻辑备用数据库(旧的主数据库)中，启动重做应用进程：

```
alter database start logical standby apply immediate;
```

至此完成了切换。

15.6.2 故障转移

当主数据库不再是主数据库配置的一部分时会出现故障转移(failover)。本节将介绍在 Data Guard 配置中执行物理备用数据库到主数据库角色的故障转移所需的步骤。后面将介绍在 Data Guard 配置中执行逻辑备用数据库到主数据库角色的故障转移所需的步骤。

1. 到物理备用数据库的故障转移

在备用数据库中，首先要设法标识和解决归档重做日志文件中的任何间隙。可能需要手动复制和注册日志文件，以便用于备用数据库。

然后在备用数据库中，必须完成恢复过程。如果已经配置了备用数据库拥有备用重做日志文件，要执行的命令是：

```
alter database recover managed standby database finish;
```

如果没有备用重做日志文件，则执行如下命令：

```
alter database recover managed standby database finish
   skip standby logfile;
```

一旦已完成了备用恢复操作，可使用如下命令执行切换：

```
alter database commit to switchover to primary;
```

关闭并重启新的主数据库来完成此转换。旧的主数据库不再是 Data Guard 配置的一部分。如果希望重新创建旧的主数据库并将它用作备用数据库，则必须采用本章前面提供的步骤将它创建为一个备用数据库。

2. 到逻辑备用数据库的故障转移

在备用数据库中，首先要设法标识和解决归档重做日志文件中的任何间隙。可能需要手动复制和注册日志文件，以便用于备用数据库。查询 DBA_LOGSTDBY_LOG 视图来了解将要应用的其余日志的详细信息。如果在逻辑备用数据库中没有激活重做应用进程，则使用如下命令来启动它：

```
alter database start logical standby apply nodelay finish;
```

接下来，为逻辑备用数据库生成的重做日志文件启用远程存储位置。可能需要更新逻辑备用数据库的 LOG_ARCHIVE_DEST_STATE_*n* 参数设置，以便配置中的其他备用数据库将可接收到由原始的逻辑备用数据库生成的重做数据。然后，可通过如下命令将原始的逻辑备用数据库激活为新的主数据库：

```
alter database activate logical standby database finish apply;
```

如果存在属于 Data Guard 配置的其他逻辑备用数据库，则可能需要重新创建它们或使用数据库链接将它们添加到新配置中。首先，在将要充当新的主数据库的逻辑备用数据库的每个数据库中创建一个链接。ALTER SESSION DISABLE GUARD 命令允许绕过会话中的 Data Guard 过程。数据库链接使用的数据库账户必须具有 SELECT_CATALOG_ROLE 角色：

```
alter session disable guard;
create database link salesofc
  connect to username identified by password using 'salesofc';
alter session enable guard;
```

应通过查询远程数据库(新的主数据库)中的 DBA_LOGSTDBY_PARAMETERS 视图来验证该链接。

在每个逻辑备用数据库中，现在可以基于新的主数据库来启动重做应用进程：

```
alter database start logical standby apply new primary salesofc;
```

15.7 管理数据库

下面介绍在属于 Data Guard 配置的数据库上执行标准的维护行动需要采取的步骤，包括启动和关闭操作。

15.7.1 启动和关闭物理备用数据库

当启动物理备用数据库时，应该启动重做应用进程。首先装载数据库：

```
startup mount;
```

接下来，启动重做应用进程：

```
alter database recover managed standby database disconnect from session;
```

使用 USING CURRENT LOGFILE 子句替代 DISCONNECT FROM SESSION 子句来启动实时应用。

为关闭备用数据库，应该首先停止 Log Apply Service。查询 V$MANAGED_STANDBY 视图，如果在视图中列出了 Log Apply Service，用如下命令来取消它们：

```
alter database recover managed standby database cancel;
```

然后，可以关闭数据库。

15.7.2 以只读模式打开物理备用数据库

为打开物理备用数据库用于读操作，首先应取消数据库中的任何日志应用操作：

```
alter database recover managed standby database cancel;
```

接下来，打开数据库：

```
alter database open;
```

15.7.3 在 Data Guard 环境中管理数据文件

本章前面指出过，应将 STANDBY_FILE_MANAGEMENT 初始化参数设置为 AUTO。设置该参数可简化 Data Guard 环境的管理，因为添加到主数据库环境中的文件能自动传播到物理备用数据库。当该参数设置为 AUTO 时，在主数据库中创建的任何新数据文件会自动在备用数据库中创建；当该参数设置为 MANUAL 时，必须在备用数据库中手动地创建新的数据文件。

当 STANDBY_FILE_MANAGEMENT 设置为 MANUAL 时，采用如下步骤将数据文件添加到表空间中：

(1) 在主数据库中添加新的数据文件。

(2) 改变该数据文件的表空间，使它处于脱机状态。

(3) 将数据文件复制到备用位置。

(4) 改变数据文件的表空间，使它再次联机。

为使用手动文件管理来添加一个新的表空间，采用相同的步骤——创建表空间，使表空间脱机，将它的数据文件复制到备用位置，然后修改表空间使它联机。如果正使用自动文件管理，只需要在主数据库中为它创建要传播到备用数据库的新表空间。

为删除表空间，只需要在主数据库中删除它并通过 ALTER SYSTEM SWITCH LOGFILE 命令强制执行日志切换。然后，可在主环境和备用环境的操作系统级删除文件。

不传播数据文件名的改动，即使正在使用自动文件管理。为在 Data Guard 配置中重命名一个数据文件，将表空间置为脱机，并在主服务器上的操作系统级对该数据文件重命名。在主数据库上使用 ALTER TABLESPACE RENAME DATAFILE 命令来指向数据文件的新位置。使用 ALTER TABLESPACE *tablespace_name* ONLINE 命令使表空间返回联机状态，在备用数据库上，查询 V$ARCHIVED_LOG 视图来检验是否已应用了所有日志，然后关闭重做应用服务：

```
alter database recover managed standby database cancel;
```

关闭备用数据库，并在备用服务器上重命名该文件。接下来，使用 STARTUP MOUNT 命令来安装备用数据库。在数据库已装载但未打开的情况下，使用 ALTER DATABASE RENAME FILE 命令来指向备用服务器上新的文件位置。最后，重新启动重做应用进程：

```
alter database recover managed standby database
 disconnect from session;
```

15.7.4 在逻辑备用数据库上执行 DDL

本章的前面说过，可在逻辑备用数据库中临时禁用 Data Guard。当需要执行 DDL 操作(例如创建新的索引来改善查询性能)时，遵循相同的基本步骤：

(1) 在逻辑备用数据库上停止重做应用程序。

(2) 禁用 Data Guard。

(3) 执行 DDL 命令。

(4) 启用 Data Guard。

(5) 重启重做应用进程。

例如，为创建一个新索引，首先要关闭 Data Guard 特性：

```
alter database stop logical standby apply; alter session disable guard;
```

此时，可执行 DDL 操作。当操作完成后，重新启用 Data Guard 特性：

```
alter session enable guard;
alter database start logical standby apply;
```

然后，逻辑备用数据库将重启它的重做应用进程，同时该索引可供其查询用户使用。

15.8 本章小结

灾难可能发生。可能发生物理灾难(数据中心火灾、洪灾等)，也可能是逻辑灾难(删除数据库，且没有最新备份)。即使有最新备份，也需要耗费数小时甚至数天的时间来还原和恢复已删除的数据库。使用 Oracle Data Guard (以及适当的重做日志文件应用延迟)，借助同一数据中心或位于地球另一端的备用数据库，仅需要几分钟(而非数小时或数日)即可重新工作和运行。在备用数据库依然执行普通操作时，可修复原来的主数据库并切换回去。物理 Data Guard 目的地与主数据库逐位匹配，包括表空间和数据文件的物理布局。

如果备用数据库主要用作只读报表数据库，那么使用逻辑备用数据库是合理的。逻辑备用数据库不需要具有同样的物理布局。事实上，逻辑备用数据库的布局与其“报表数据库”角色相去甚远：例如，你可能使用附加的临时表空间，来支持长期运行的报表，此类报表包含许多查询，查询中的 ORDER BY 和 GROUP BY 子句需要庞大的临时表空间。无论使用哪种备用类型，Oracle Database 12*c* 都有相应的配置，来维护和增强可恢复性、可扩展性和可用性。

第 16 章

其他高可用性特性

在本章中，将学习能显著增强数据库应用程序可用性的各种特性的实现细节。其中一些特性，如 LogMiner 选项，是对以前 Oracle 版本中可用特性的增强。其他特性，如回收站和 FLASHBACK DATABASE 命令，是在 Oracle Database 10*g* 新引入并在 Oracle Database 11*g* 和 12*c* 中得到增强。第 7 章全面涵盖只依赖于撤消数据的其他闪回选项，例如闪回表(Flashback Table)和闪回查询(Flashback Query)。在本章中，将会学习如何使用如下特性来增强数据库的可用性：

- Flashback Drop(闪回删除)
- Flashback Database(闪回数据库)
- LogMiner
- 联机对象重组织选项

闪回删除(Flashback Drop)依赖于 Oracle Database 10*g* 中引入的一种结构——回收站(recycle bin)，回收站的行为非常类似于基于 Windows 计算机中的回收站：如果表空间中有足够的空间，则被删除的对象可还原到它们最初的模式，所有索引和约束原封不动。闪回数据库(Flashback Database)依赖于闪回恢复区中存储的数据，闪回恢复区也是 Oracle Database 10*g* 中新引入的一种存储区域。从 Oracle9*i* 开始可用的 LogMiner 依赖归档重做日志文件来持续查看对表、索引和其他数据库结构(DDL 操作)所做的变更。

16.1 使用闪回删除来恢复被删除的表

当删除一个表及其相关的索引、约束和嵌套表时，Oracle 并不会立即释放该表的磁盘空间供表空间中的其他对象使用。相反，对象仍维护在回收站中，直到对象被其所有者清除，或者有新的对象需要已删除对象所占用的空间。

提示：

为利用回收站的特性，必须将初始参数 RECYCLEBIN 设置为 ON。

在此例中，考虑 AUTHOR 表，其定义如下：

```
SQL> describe author

Name                   Null?    Type
------------------ -------- ----------------------------
AUTHORNAME             NOT NULL VARCHAR2(50)
COMMENTS                        VARCHAR2(100)
```

现在，假设意外地删除了该表。当一个用户对存在于多个环境中的一个表拥有权限，他打算在开发环境中删除一个表，但在命令执行时却实际指向了产品数据库的时候，就会出现这种情况。

```
SQL> drop table author cascade constraints;

Table dropped.
```

如何才能恢复该表呢？从 Oracle Database 10*g* 以来，删除的表并没有完全消失。它的块仍旧保持在其表空间中，并仍占用空间限额。可通过查询 RECYCLEBIN 数据字典视图来查看删除的对象。需要注意，在不同的版本之间 OBJECT_NAME 列的格式可能有所不同：

```
SQL> select object_name, original_name, operation, type, user,
  2  can_undrop, space from recyclebin;

OBJECT_NAME                    ORIGINAL_NAME      OPERATION
------------------------------ ------------------ ---------
TYPE                     USER                           CAN_UNDROP  SPACE
------------------------ ------------------------------ ---------- ----------
BIN$AWo20R+6ce3gU8pnCAoT4Q==$0 SYS_C0010718       DROP
INDEX                    RJB                            NO          8

BIN$AWo20R+7ce3gU8pnCAoT4Q==$0 AUTHOR             DROP
```

```
TABLE                RJB                      YES            8

SQL>
```

RECYCLEBIN 是用于 USER_RECYCLEBIN 数据字典视图的公共同义词，为当前用户显示了回收站表项。DBA 可通过 DBA_RECYCLEBIN 数据字典视图来查看所有删除的对象。

注意：

从 Oracle Database 12*c* 版本 1 (12.1.0.2)开始，回收站是根容器和每个可插入数据库的本地特性，而且不拥有 CON_ID 列。这是合理的，因为在所有容器中共享的表空间，如 SYSTEM、UNDO 和可选的 TEMP，即使在非 CDB 环境中，也不支持回收站。

从上面的清单中可看到，一个用户已经删除了 AUTHOR 表及其关联的主键索引。尽管删除了它们，它们仍可用于闪回。索引不能独自恢复(它的 CAN_UNDROP 列的值是 NO，同时 AUTHOR 表的 CAN_UNDROP 值为 YES)。

可使用 FLASHBACK TABLE TO BEFORE DROP 命令从回收站中恢复该表：

```
SQL> flashback table author to before drop;

Flashback complete.
```

此时，已还原了该表以及它的行、索引和统计信息。

如果删除 AUTHOR 表，重新创建该表，再删除它，会出现什么情况呢？回收站将包含这两个表。回收站中的每个表项将会通过它的 SCN 和删除时间戳来标识。

注意：

FLASHBACK TABLE TO BEFORE DROP 命令不会恢复引用的约束。

为从回收站中清除旧的记录项，可使用 PURGE 命令。可清除所有删除的对象、数据库中所有已删除的对象(如果你是 DBA)、特定表空间中的所有对象或特定表空间中针对特定用户的所有对象。当闪回表时，可使用 FLASHBACK TABLE 命令的 RENAME TO 子句对该表重命名。

在 Oracle Database 12*c* 中，默认情况下，回收站是启用的。可使用初始化参数 RECYCLEBIN 打开和关闭回收站，也可在会话级别打开和关闭回收站，如下例所示：

```
alter session set recyclebin = off;
```

临时禁用回收站功能并不影响回收站中的当前对象。即使在回收站被禁用时，仍可恢复回收站中的当前对象。只有回收站被禁用时删除的对象不能恢复。

16.2　FLASHBACK DATABASE 命令

FLASHBACK DATABASE 命令将数据库返回到一个过去的时间或 SCN，提供了一种执行不完整数据库恢复的快速替换方法。采用 FLASHBACK DATABASE 操作时，为具有到闪回的数据库的写访问权，必须使用 ALTER DATABASE OPEN RESETLOGS 命令再次打开它。必须拥有 SYSDBA 系统权限，以便使用 FLASHBACK DATABASE 命令。

注意：

必须已经使用 ALTER DATABASE FLASHBACK ON 命令将数据库置于 FLASHBACK 模式。当执行该命令时，必须以独占的模式装载数据库但不打开它。

FLASHBACK DATABASE 命令的语法如下：

```
flashback [standby] database [database]
{ to {scn | timestamp} expr
| to before {scn | timestamp } expr
}
```

可使用 TO SCN 或 TO TIMESTAMP 子句来设置应将整个数据库闪回到的时间点。可闪回到一个临界点(例如一个对多个表产生了意外结果的事务)之前。使用 ORA_ROWSCN 伪列来查看最近作用于行上的事务的 SCN。

如果还没有这样做的话，需要关闭数据库，并在启动过程中使用如下一系列命令启用闪回：

```
startup mount;
alter database archivelog;
alter database flashback on;
alter database open;
```

注意：

在多租户环境中，不能仅闪回单个 PDB。FLASHBACK DATABASE 操作仅应用于整个 CDB (包括根容器和所有 PDB)。

有两个初始化参数设置用来控制保留在数据库中的闪回数据的数量。DB_FLASHBACK_RETENTION_TARGET 初始化参数为闪回数据库的时间程度设置上限(单位是分钟)。DB_RECOVERY_FILE_DEST 初始化参数设定闪回恢复区的大小(有关闪回恢复区设置的更多信息请参见第 13 章)。需要注意，FLASHBACK TABLE 命令使用已经存储在撤消表空间中的数据(它没有创建额外的记录项)，而 FLASHBACK DATABASE 命令依赖于存储在闪回恢复区中的闪回日志。

可通过查询 V$FLASHBACK_DATABASE_LOG 视图来确定可闪回数据库的程度。保留在数据库中的闪回数据量由初始化参数和闪回恢复区的大小来控制。下面的清单显示了 V$FLASHBACK_DATABASE_LOG 中可用的列和内容样本：

```
SQL> describe v$flashback_database_log

Name                                      Null?    Type
----------------------------------------- -------- -------
OLDEST_FLASHBACK_SCN                               NUMBER
OLDEST_FLASHBACK_TIME                              DATE
RETENTION_TARGET                                   NUMBER
FLASHBACK_SIZE                                     NUMBER
ESTIMATED_FLASHBACK_SIZE                           NUMBER
CON_ID                                             NUMBER


SQL> select * from v$flashback_database_log;
```

```
OLDEST_FLASHBACK_SCN OLDEST_FL RETENTION_TARGET FLASHBACK_SIZE
-------------------- --------- ---------------- --------------
ESTIMATED_FLASHBACK_SIZE     CON_ID
------------------------ ----------
             2977530 24-AUG-14            1440      104857600
                       0          0
```

可通过查询 V$DATABASE 来检验数据库的闪回状态。如果已经为数据库启用了闪回，则 FLASHBACK_ON 列将有一个 YES 值：

```
SQL> select current_scn, flashback_on from v$database;

CURRENT_SCN FLASHBACK_ON
----------- ------------------
    2979255 YES
```

保持数据库打开超过一个小时，验证闪回数据是可用的，然后对它执行闪回——这会丢失在此期间发生的所有事务：

```
shutdown;
startup mount;
flashback database to timestamp sysdate-1/24;
```

需要注意，FLASHBACK DATABASE 命令要求以独占模式安装数据库，这将影响它在任何 RAC 群集中的分区。

当执行 FLASHBACK DATABASE 命令时，Oracle 要检查确保所有需要的归档重做日志文件和联机重做日志文件是可用的。如果日志是可用的，则将联机数据文件还原到指定的时间或 SCN。

如果归档日志和闪回区中没有足够的联机数据，则需要使用传统的数据库恢复方法来恢复数据。例如，可能需要使用文件系统恢复方法或新的完整 RMAN 备份，接着向前滚动数据。

一旦完成闪回，则必须使用 RESETLOGS 选项打开数据库，以便拥有到数据库的写访问权：

```
alter database open resetlogs;
```

为关闭闪回数据库选项，当装载了数据库但未打开它时执行 ALTER DATABASE FLASHBACK OFF 命令：

```
startup mount;
alter database flashback off;
alter database open;
```

可使用闪回选项来执行一系列操作——恢复旧数据、将表还原为它早期的数据、维护各个行变化的历史记录，以及快速恢复整个数据库。如果已经配置数据库支持自动撤消管理(Automatic Undo Management，AUM)，那么可极大地简化所有这些操作。另外，FLASHBACK DATABASE 命令要求修改数据库的状态。尽管这些要求给 DBA 增加了额外负担，但在需要的恢复数量以及完成这些恢复的速度方面可以得到显著好处。

16.3 使用 LogMiner

Oracle 使用联机重做日志文件来跟踪对用户数据和数据字典所做的每处改动。在恢复过程中，使用存储在重做日志文件中的信息来重新创建部分或完整的数据库。为支持将数据库恢复到创建了数据库备份后的一个时间点，可维护重做日志文件的归档副本。LogMiner 实用程序提供了一种重要视图来了解数据库中已经发生的改动。

当使用 LogMiner 时，可看到已做出的改动(SQL_*redo* 列)和可用于还原这些改变的 SQL(SQL_*undo* 列)。因此，可查看数据库的历史记录而实际上不会应用任何重做日志，并可以获得用于还原有问题的事务的代码。使用 LogMiner，可指出首次出现损坏的事务，以便确定将合适的时间点或 SCN 用作数据库恢复的端点。

如有少量需要回滚的事务，在使用 LogMiner 前，必须将表还原到一个早期的状态(使用 Flashback Table，或使用 RMAN 备份来恢复单个表)，并应用归档日志文件将表前置到恰好在损坏出现之前的状态。当还原表并应用归档日志文件时，将有丢失随后想要保留的事务的风险。现在，可使用 LogMiner 来仅回滚那些有问题的事务，而不会随后丢失有效的事务。

原始形式的 LogMiner 在使用上有一些限制。使用原始的方法，一次只能查看一个日志文件，并且该工具的界面使用起来很不方便。LogMiner 包含一个可用于 Oracle Cloud Control 12*c* 的查看器。本节将对手动使用 LogMiner 的方法和 EM Cloud Control LogMiner Viewer 予以介绍。

16.3.1 LogMiner 的工作方式

为运行 LogMiner 实用程序，必须拥有对 DMBS_LOGMNR 包的 EXECUTE 权限、EXECUTE_CATALOG_ROLE 角色、SELECT ANY DICTIONARY 系统权限和 SELECT ANY TRANSACTION 系统权限。LogMiner 需要数据字典来完全地翻译重做日志文件内容，并将内部对象标识符和数据类型转换为对象名和外部数据格式。如果不能使用数据字典，LogMiner 将返回以十六进制格式标识的数据和以内部对象 ID 表示的对象信息。

有三种选择来获得一个供 LogMiner 使用的数据字典：

- 将数据字典信息提取到一个平面文件中。
- 将数据字典提取到重做日志文件中。
- 从当前数据库中使用联机数据字典。

LogMiner分析通常要求使用的数据字典源于生成重做日志文件的同一个数据库。但是，如果正在使用平面文件格式或正在使用源自重做日志文件的数据字典，则可从LogMiner正在其上运行的数据库或从另一个数据库来分析重做日志文件。但是，如果正从当前数据库中使用联机目录，只能从当前的数据库来分析重做日志文件。

由于可从一个数据库中依据另一个数据库中的重做日志文件来运行 LogMiner，因此这两个数据库上使用的字符集必须匹配。硬件平台也必须和生成重做日志文件时采用的平台相匹配。

16.3.2 提取数据字典

将数据字典提取到平面文件中的一个潜在问题是，当正在提取数据字典的时候，其他人可能正在发送 DDL 语句。因此，提取出的数据字典可能和数据库不同步。相对于使用重做日志文件，使用平面文件来存储数据字典时需要更少的系统资源。

将数据字典提取到重做日志文件时，在提取数据字典的过程中不能处理 DDL 语句。因此，字典将会和数据库同步。提取过程更加耗费资源，但更迅速。

为将数据字典提取到平面文件或重做日志文件中，可使用 DBMS_LOGMNR_D.BUILD 过程。数据字典文件放在一个目录中。因此，必须拥有放置该文件的目录的写权限。为定义目录位置，使用初始化参数 UTL_FILE_DIR。例如，为指定位置/u01/app/ora_mine 作为 LogMiner 的输出位置，可运行以下命令并重启数据库：

```
alter system set UTL_FILE_DIR='/u01/app/ora_mine/dict' scope=spfile;
```

为执行 DBMS_LOGMNR_D.BUILD 过程，必须为目录指定文件名，为文件指定目录路径名，并指定希望将目录写入到平面文件中还是重做日志文件中。为将数据字典提取到位于/u01/app/ora_mine/dict 目录中的名为 mydb_dictionary.ora 的平面文件中，可发出如下命令：

```
begin
   dbms_logmnr_d.build
   (
    dictionary_filename => 'mydb_dictionary.ora',
    dictionary_location => '/u01/app/ora_mine/dict',
    options => dbms_logmnr_d.store_in_flat_file
   );
end;
/
```

一旦将字典存储在平面文件中，可将它复制到另一个平台来运行 LogMiner。可能需要运行另一个数据库上的 dbmslmd.sql 来建立正确环境。可在 Linux 系统上的$ORACLE_HOME\rdbms\admin 目录中找到 dbmslmd.sql 文件。

可使用 DBMS_LOGMNR_D.STORE_IN_REDO_LOGS 作为其他选项，如果正在分析在同一数据库上生成的日志，该选项更常用：

```
begin
   dbms_logmnr_d.build
   (
       options => dbms_logmnr_d.store_in_redo_logs
   );
end;
/
```

16.3.3　分析一个或多个重做日志文件

为使用 LogMiner 分析重做日志文件，遵循以下步骤：

(1) 使用DBMS_LOGMNR.START_LOGMNR过程启动LogMiner实用程序。通过指定要使用的首个日志，来指定当启动LogMiner时要使用的重做日志文件。

(2) 查询V$LOGMNR_CONTENTS来查看结果。

(3) 一旦完成对重做日志的查看，使用 DBMS_LOGMNR.END_LOGMNR 来结束会话：

```
execute dbms_logmnr.end_logmnr;
```

表 16-1 介绍 DBMS_LOGMNR 包可用的子程序。

表 16-2 显示 START_LOGMNR 过程的参数。

表 16-1 DBMS_LOGMNR 子程序

子 程 序	说 明
ADD_LOGFILE	向要处理的归档文件清单添加一个文件
START_LOGMNR	初始化 LogMiner 实用程序
END_LOGMNR	完成并结束一个 LogMiner 会话
MINE_VALUE (函数)	对于任何从 V$LOGMNR_CONTENT 返回的行，返回由 COLUMN_NAME 参数指定的列名的撤消或重做列的值
COLUMN_PRESENT (函数)	对于任何从 V$LOGMNR_CONTENT 返回的行，决定是否存在由 COLUMN_NAME 参数指定的列名的撤消或重做列的值
REMOVE_LOGFILE	从 LogMiner 将要处理的日志文件清单中删除一个日志文件

表 16-2 START_LOGMNR 选项的值

选 项	说 明
COMMITTED_DATA_ONLY	如果设定了这个选项，只返回对应于提交的事务的 DML
SKIP_CORRUPTION	在从 V$LOGMNR_CONTENTS 选择的过程中，跳过重做日志文件中遇到的任何损坏的块。只有在实际的重做日志文件中存在一个损坏的块时，该选项才有用，如果数据头块损坏，则该选项不起作用
DDL_DICT_TRACKING	如果发生一个 DDL 事件，启用 LogMiner 来更新内部数据字典，以确保 SQL_REDO 和 SQL_UNDO 信息被维护并保持正确
DICT_FROM_ONLINE_CATALOG	指示 LogMiner 使用联机数据字典来代替平面文件或重做日志文件存储的字典
DICT_FROM_REDO_LOGS	指示 LogMiner 使用存储在一个或多个重做日志文件中的数据字典
NO_SQL_DELIMITER	指示 LogMiner 在重构的 SQL 语句末尾不插入 SQL 定界符(;)
NO_ROWID_IN_STMT	指示 LogMiner 在重构的 SQL 语句中不包含 ROWID 子句
PRINT_PRETTY_SQL	指示 LogMiner 格式化重构的 SQL 语句以便于阅读
CONTINUOUS_MINE	指示 LogMiner 自动添加重做日志文件来找到感兴趣的数据。指定起始 SCN、日期或要挖掘的第一个日志。LogMiner 必须连接到正在生成重做日志文件的同一个数据库实例

为创建一个可用于分析的重做日志文件的清单，如下所示运行带有 NEW 选项的 DBMS_LOGMNR.ADD_LOGFILE 过程，此例使用 Linux 文件系统：

```
begin
  dbms_logmnr.add_logfile
  (
   logfilename =>
     '+RECO/test12c/archivelog/2014_08_24/thread_1_seq_143.2005.856470967',
   options => dbms_logmnr.new
  );
  dbms_logmnr.start_logmnr
  (
   options =>
     dbms_logmnr.dict_from_online_catalog +
     dbms_logmnr.continuous_mine
  );
end;
/
```

在已经告知 LogMiner 数据字典的位置并添加了重做日志文件后，可使用 DBMS_LOGMNR.START_LOGMNR 包开始分析重做日志文件：

```
begin
  dbms_logmnr.start_logmnr
  (
   options =>
     dbms_logmnr.dict_from_online_catalog +
     dbms_logmnr.continuous_mine
  );
end;
/
```

如果没有输入起始和结束时间或者 SCN 编号范围，对于发出的每条 SELECT 语句，将读取整个文件。为查看重做代码和撤消代码，可选择 SQL_REDO 和 SQL_UNDO 列，如下所示：

```
select sql_redo, sql_undo
from v$logmnr_contents;
```

务必在完成时关闭 LogMiner：

```
execute dbms_logmnr.end_logmnr;
```

在 Oracle Database 11*g* 之前，DBA 不得不使用基于 Java 的 LogMiner 控制台，它很难安装，且不能与 Oracle Enterprise Manager Database Control(EM Cloud Control 的前身)完全集成。通过集成基于任务的日志挖掘操作与 Flashback Transaction，该集成进一步增强了 LogMiner 的易用性。图 16-1 展示了 LogMiner 的 OEM 界面。

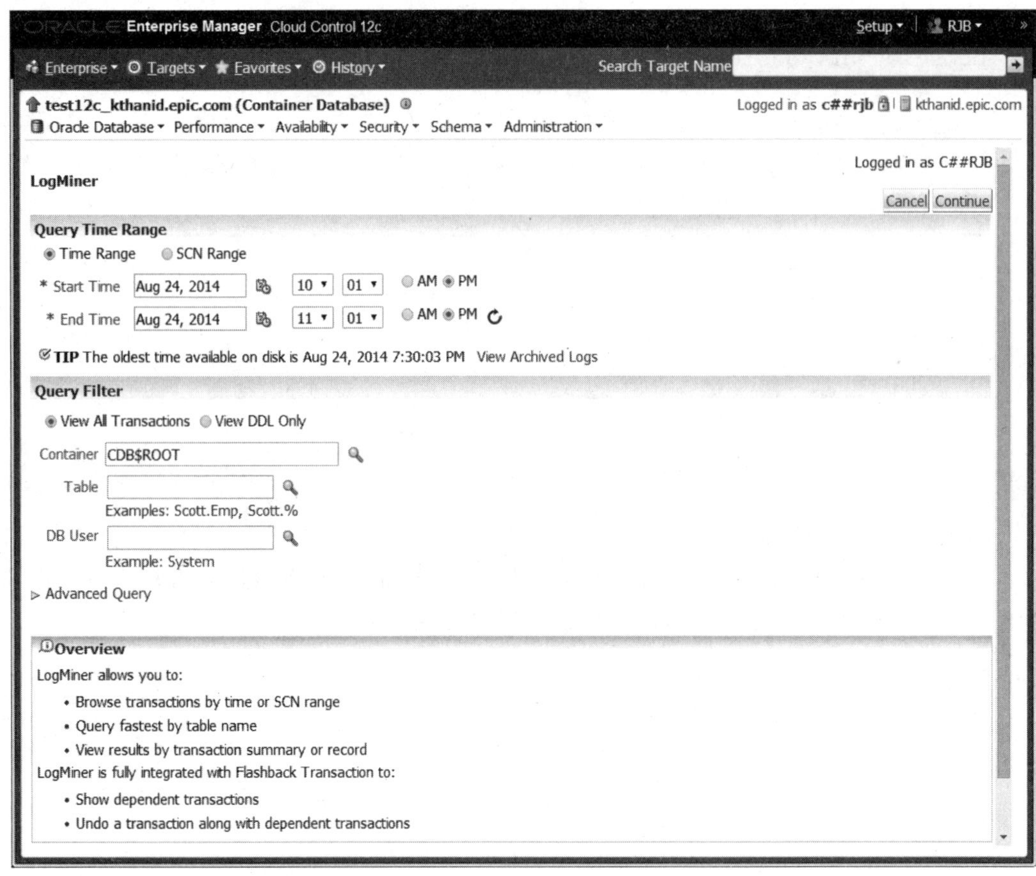

图 16-1 OEM LogMiner 和 Flashback Transaction 界面

16.4 联机对象重组织

可联机重组织许多数据库对象，可用选项如下：

- 联机创建索引
- 联机重建索引
- 联机合并索引
- 联机重建按索引组织的表
- 联机使用 DBMS_REDEFINITION 包来重新定义表
- 联机移动数据文件

在以下各节中，可看到以上每种操作的示例。

16.4.1 联机创建索引

在终端用户可访问基本表时可创建和重建索引。在创建索引的同时不允许 DDL 操作。为联机建立索引，使用 CREATE INDEX 命令的 ONLINE 子句，如下例所示：

```
create index auth$name on author (authorname) online;
```

16.4.2 联机重建索引

当使用 ALTER INDEX 命令的 REBUILD 子句时，Oracle 使用现有索引作为新索引的数据源。因此，在进行操作时必须有足够的空间来存储索引的两个副本。可使用 ALTER INDEX REBUILD 命令来改变一个索引的存储特征和表空间分配。

为联机重建索引，使用 ALTER INDEX 命令的 REBUILD ONLINE 子句，如下例所示：

```
alter index ix_auth$name rebuild online;
```

16.4.3 联机合并索引

可合并索引来回收索引内的空间。合并索引时，不能将它移到另一个表空间(对于重建索引是允许的)。合并不需要用于存储索引多个副本的空间，因此当试图在空间受限的环境下重组织索引时，这种方法可能是有用的。

为合并索引，使用 ALTER INDEX 命令的 COALESCE 子句。所有索引合并都是联机操作。下面是一个合并例子：

```
alter index auth$name coalesce;
```

16.4.4 联机重建以索引组织的表

可使用 ALTER TABLE ... MOVE ONLINE 命令来联机重建一个以索引组织的表(IOT)。在存在溢出的数据段的情况下，如果指定 OVERFLOW 关键字，则会重建该数据段。例如，如果 BOOKSHELF 是一个索引组织的表，则可通过如下命令联机重建它：

```
alter table bookshelf move online;
```

使用该命令时，不能执行并行的 DML。另外，MOVE ONLINE 选项只适用于非分区的索引组织的表。

16.4.5 联机重新定义表

当应用程序用户可访问表的时候，可改变表的定义。例如，当正在使用一个表时，可分区以前未分区的表——这是一项对高可用 OLTP 应用程序很有用的功能。

从 Oracle Database 11*g* 开始，对于不能联机重新定义的表的类型只有很少限制。下面列出了关键限制：

- 重新定义具有物化视图日志的表之后，必须完全刷新依赖的物化视图。
- IOT 的溢出表必须与基本 IOT 同时重新定义。
- 具有细粒度访问控制的表不能联机重新定义。
- 包含 BFILE 列的表不能联机重新定义。
- 包含 LONG 和 LONG RAW 列的表可重新定义，但必须将 LONG 和 LONG RAW 列转换为 CLOB 和 BLOB。
- SYS 和 SYSTEM 模式中的表不能联机重新定义。
- 临时表不能联机重新定义。

下例说明联机重新定义一个表需要的步骤。首先检验能重新定义该表。对于这个示例，将在 SCOTT 模式下创建 CUSTOMER 表，然后对其重新定义：

```
create table customer
(name    varchar2(25) primary key,
 street  varchar2(50),
 city    varchar2(25),
 state   char(2),
 zip     number);
```

接下来，通过执行 DBMS_REDEFINITION 包的 CAN_REDEF_TABLE 过程来检验能够重新定义该表。它的输入参数是用户名和表名：

```
execute dbms_redefinition.can_redef_table('SCOTT','CUSTOMER');
```

如果过程返回如下消息，则该表成为联机重新定义的候选对象：

```
PL/SQL procedure successfully completed.
```

如果它返回一个错误，则不能联机重新定义该表，并且错误消息会给出原因。

接下来，在同一模式下创建一个临时表，它具有重新定义的表的期望属性。例如，可分区 CUSTOMER 表(为简化该示例，不显示用于分区的 TABLESPACE 和 STORAGE 子句)：

```
create table customer_interim
(name     varchar2(25) primary key,
 street   varchar2(50),
 city     varchar2(25),
 state    char(2),
 zip      number)
partition by range (name)
 (partition part1  values less than ('l'),
  partition part2  values less than (maxvalue))
;
```

现在可执行 DBMS_REDEFINITION 包的 START_REDEF_TABLE 过程来开始重新定义过程。它的输入变量是模式所有者、将要重新定义的表、临时表名称和列映射(类似于一个选择查询中的列名称列表)。如果没有提供列映射，那么原始表和临时表中的所有列名和定义必须相同。

```
execute dbms_redefinition.start_redef_table -
  ('SCOTT','CUSTOMER','CUSTOMER_INTERIM');
```

接下来，在临时表上创建要求的任何触发器、索引、授权或约束。在该示例中，已在 CUSTOMER_INTERIM 上定义了主键，此时在重新定义过程中可添加外键、二级索引和授权。不允许创建外键，直到完成了重新定义过程。

注意：

为避免手动操作步骤，可使用 COPY_TABLE_DEPENDENTS 过程在临时表上创建所有相关的对象。通过这种方法支持的相关对象包括触发器、索引、授权和约束。

当重新定义过程完成时，临时表上的索引、触发器、约束和授权将会替代原始表上的对应对象。此时会启用临时表上禁用的引用约束。

为完成重定义，执行 DBMS_REDEFINITION 包的 FINISH_REDEF_TABLE 过程。它的输入参数是模式名、原始的表名和临时表名：

```
execute dbms_redefinition.finish_redef_table -
   ('SCOTT','CUSTOMER','CUSTOMER_INTERIM');
```

可通过查询表来验证重定义：

```
select table_name, high_value
from dba_tab_partitions
where table_owner = 'SCOTT';

TABLE_NAME                     HIGH_VALUE
------------------------------ ----------
CUSTOMER2                      '1'
CUSTOMER2                      MAXVALUE
```

执行了 START_REDEF_TABLE 过程后，为中断此过程，执行 ABORT_REDEF_TABLE 过程(输入参数是模式、原始表名和临时表名)。

16.4.6　联机移动数据文件

从 Oracle Database 12*c* 开始，可移动正在联机的数据文件。这么做的原因如下：

- 将所有数据文件迁移到新的存储设备中
- 将不常用的表空间移到低成本或速度较慢的存储设备中
- 将只读数据文件移到光盘介质中
- 将数据文件从文件系统存储移到 ASM 存储中

无论出于何种原因，都希望使数据库对用户尽量可用，这些用户不知道正在移动表空间中的一个或多个数据文件。下例将数据文件从文件系统目录移动到一个 ASM 磁盘组：

```
alter database move datafile
   '/u02/oradata/dw2010.dbf' to
   '+data12c/test12c/datafile/dw2010.imp';
```

执行移动操作时，确保目标位置有足够空间来存放数据文件的副本，因为在操作完成前，源文件必须一直可用。

16.5　本章小结

Oracle Database 的许多功能有助于尽量方便地获得维护性、可用性和可恢复性。Oracle Database 12*c* 的一些闪回特性属于这三种类别。

如果每个表空间时常有额外磁盘空间，则启用回收站，以便恢复由用户无意间误删的对象，不必求助于成本更高、更耗时的恢复工作。

同样，如果为数据库的增量更改留出部分快速恢复区，可使用 Flashback Database 将整个数据库恢复到最近的一个时间点。与仅使用前几个数据库版本中的方法(如执行完整数据库还原操作，然后恢复到发生逻辑损坏之前的时间点)所需的时间相比，该操作所需的时间要短得多。

Log Miner 是更精准的工具(更像手术刀，而非短斧)；如果启用了 ARCHIVELOG 模式，可查询归档重做日志文件，来查看哪些人在哪个时间执行了哪些更改。确定这些更改后，可使用 Log Miner 提取出所需的 DML 和 DDL 命令来撤消极小范围的一组更改，同时维护数据库的逻辑一致性。

Oracle 数据库的每个版本都会推出新特性来启用或增强高可用性。Oracle Database 12*c* 也不例外。你可创建和重建表以及索引，还可联机移动整个数据文件，期间不需要停机，对联机用户也基本没有影响。

第Ⅳ部分

网络化的 Oracle

第 17 章　Oracle Net

第 18 章　管理大型数据库

第 19 章　管理分布式数据库

第 17 章

Oracle Net

在多个服务器上分布计算能力以及跨越网络共享信息极大地增强了可用的计算资源的价值。服务器变为访问内联网、Internet 和相关网站的入口点，而不再是一个独立的服务器。

Oracle 的网络工具 Oracle Net Services(Oracle Net)可用来连接分布式数据库。Oracle Net 可方便数据库之间的数据共享，即使这些数据位于运行不同操作系统和通信协议的不同类型的服务器上。它还允许创建客户/服务器应用程序；于是服务器主要用于数据库 I/O 操作，而应用程序可放在一个中间层应用服务器中。此外，应用程序的数据显示功能可转移到前端客户机。在本章中，将会学习如何配置、管理和调整 Oracle Net。

Oracle Net 的安装和配置指令依赖于所使用的特定的硬件、操作系统和通信软件。这里提供的资料有助于了解数据库组网的大部分内容，而与配置无关。

17.1 Oracle Net 概述

可使用 Oracle Net 来分布与数据库应用程序相关的工作负载。由于许多数据库查询通过应用程序来执行，因此基于服务器的应用程序强制服务器支持应用程序的 CPU 要求和数据库的 I/O 要求。使用客户机/服务器配置(也称为“两层体系结构”)可在两台计算机上分布这类负载。第一台计算机称为“客户机”，它支持发起数据库请求的应用程序。上面驻留有数据库的后端计算机称为“服务器”。客户机承担着呈现数据的任务，而数据库服务器专门用来支持查询，而不是应用程序。这种资源需求的分布如图 17-1 所示。

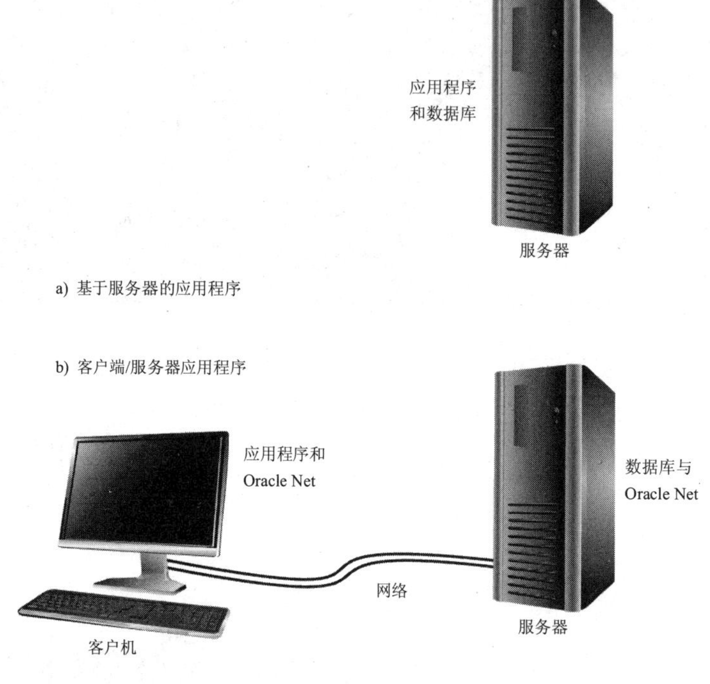

图 17-1 客户机/服务器体系结构

当客户机向服务器发送数据库请求时，服务器接收并执行传递给它的 SQL 语句。然后，服务器将 SQL 语句执行的结果加上返回的任何错误状态送回到客户机。对客户机资源的需求使得客户机/服务器配置有时称为“胖客户机体系结构”。尽管近年来工作站成本已经大幅下降，但对于一个公司而言，这种成本仍可能很大。

和 Oracle Net 一起使用的更通用和划算的体系结构是“瘦客户机”配置(也称为“三层体系结构”)。在一个与数据库服务器分离的服务器上驻留并执行使用 Java applets(Java 小应用程序)的应用程序代码，这使得客户机资源需求变得很低，并极大地降低了成本。应用程序代码与数据库隔离。图 17-2 给出了一种瘦客户机配置。

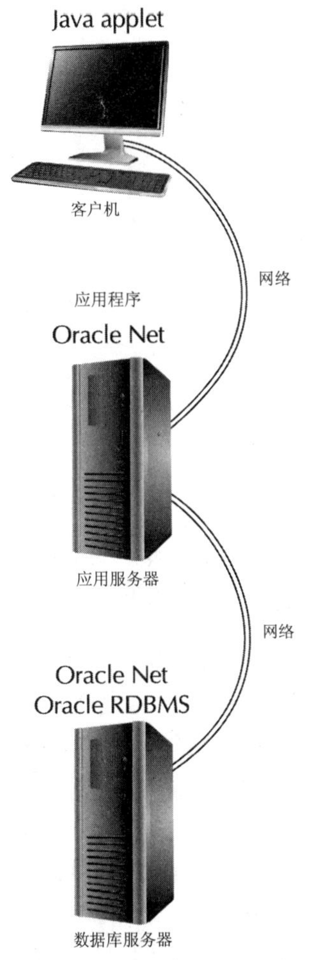

图 17-2　瘦客户机体系结构

客户机连接到应用服务器。一旦验证了客户机，显示管理代码以 Java applet 的形式下载到客户机中。从客户机发出的数据库请求经过应用服务器送到数据库服务器，然后数据库服务器接收并执行传递给它的 SQL 语句。接着，通过应用服务器将 SQL 语句执行的结果加上返回的任何错误状态送回到客户机。在某些形式的三层体系结构中，一些应用程序处理在应用服务器上执行，而其余处理在数据库服务器上执行。瘦客户机体系结构的优点在于客户端的资源要求和维护量较低，应用服务器的资源需求适中并可以集中进行维护，在一个或多个后端数据库服务器上有较高的资源需求，但维护要求较低。

除了客户机/服务器和瘦客户机实现外，还常需要服务器/服务器配置。在这种环境中，位于不同服务器上的数据库彼此共享数据。因此，可物理上将每个服务器与其他服务器相隔离，而逻辑上并没有隔离这些服务器。此类配置的一种典型实现是企业总部服务器与不同位置的部门服务器进行通信。每个服务器支持客户应用程序，但还具有和网络上的其他服务器通信的能力。这种体系结构如图 17-3 所示。

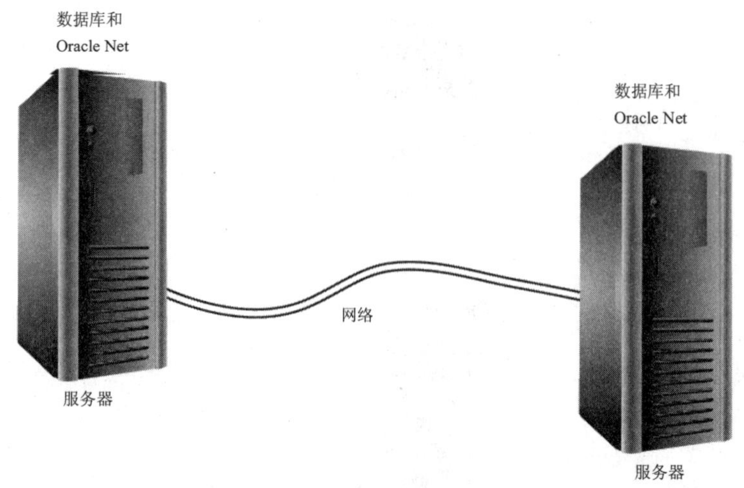

图 17-3 服务器/服务器体系结构

当一个服务器向另一个服务器发送数据库请求时，发送服务器的作用就像是一个客户机。接收服务器执行传递给它的 SQL 语句，然后将结果加上错误状态返回到发送方。

当 Oracle Net 运行在客户机和服务器上时，它允许将来自一个数据库(或应用程序)的数据库请求传递到一个独立服务器上的另一个数据库。大多数情况下，计算机既可充当客户机，又可担当服务器；唯一的例外是采用单用户体系结构的操作系统，例如网络设备。这种情况下，这些计算机只能担当客户机。

实现 Oracle Net 的最终目标是具备和所有通过网络可访问的数据库通信的能力。然后可以创建同义名，赋予应用程序真正的网络透明性：提交查询的用户将不知道用来解析查询的数据的位置。在本章中，将会学习用于管理数据库之间通信的主要配置方法和文件以及使用示例。在第 18 章，可看到更多分布式数据库管理的示例。

数据库中的每个对象由它的所有者和名称来唯一标识。例如，只存在一个用户 HR 拥有的名为 EMPLOYEE 的表；在相同模式内不能有两个具有相同名称和类型的表。

在分布式数据库中，必须额外添加两个对象标识层。第一，必须标识访问数据库的实例的名称。其次，必须标识在上面驻留实例的服务器的名称。将对象名称的 4 个部分放在一起——它的服务器、实例、所有者和名称——得到一个全局对象名。

要访问一个远程表，必须知道该表的全局对象名。DBA 和应用程序管理员可设置访问路径来自动选择全局对象名的所有 4 个部分。在以下内容中，将学习如何设置 Oracle Net 使用的访问路径。

Oracle Net 的基础是透明网络底层(Transparent Network Substrate，TNS)，它可解决所有的服务器级别的连接问题。Oracle Net 依赖客户机和服务器上的配置文件来管理数据库连接。如果客户机和服务器使用不同的通信协议，可使用稍后介绍的 Oracle Connection Manager(Oracle 连接管理器)来管理连接。组合 Oracle Connection Manager 和 TNS 可创建 Oracle Net 连接而不依赖于每个服务器运行的操作系统和通信协议。Oracle Net 还具有异步发送和接收数据请求的能力，这将允许它支持共享的服务器体系结构。

17.1.1 连接描述符

在 Oracle Net 中，对象的全局对象名的服务器和实例部分可通过连接描述符(connect descriptor)来标识。连接描述符指定了在执行查询时要使用的通信协议、服务器名和实例的服务名。由于 Oracle Net 的协议无关性，描述符还包括硬件连接信息。下例给出 Oracle Net 连接描述符的一般格式，它使用 TCP/IP 协议并指定连接到服务器 HQ 上一个服务名为 LOC 的实例(需要注意，关键字是协议特定的)：

```
(DESCRIPTION=
  (ADDRESS=
    (PROTOCOL=TCP)
    (HOST=HQ)
    (PORT=1521))
  (CONNECT DATA=
    (SERVICE_NAME=LOC)))
```

在这个连接描述符中，协议设置为 TCP/IP，服务器(HOST)设置为 HQ，并且主机上用于连接的端口是 1521 端口(它是 Oracle 默认注册的分配给 Oracle Net 的端口)。在描述符的一个分离部分将实例名指定为 SID 分配。虽然可指定实例名或 SID，但当指定了服务名时，并不需要指定实例名和 SID。指定服务名时，如果想要连接到 RAC 数据库中的一个特定实例，则只需要实例名。当服务名未指定为数据库初始化参数的一部分时，则使用 SID 参数。

提示：

作为安全策略的一部分，可将 Oracle 侦听器的默认端口由 1521 改为另一个未用的端口，以防止潜在的黑客攻击。更改此端口可能对合法数据库用户没有影响，具体取决于它们与数据库的连接方式。

描述符的结构对于所有协议都是一致的。而且，可通过 Net Configuration Assistant(网络配置助手)来自动生成描述符。如前所述，连接描述符使用的关键字是与协议相关的。在每个操作系统特定的 Oracle Net 文档中提供了要使用的关键字和它们的值。

17.1.2 网络服务名

用户不希望在他们每次访问远程数据时都要输入连接描述符。相反，DBA 可设置引用这些连接描述符的服务名或别名。服务名存储在 tnsnames.ora 文件中，应将此文件复制到数据库网络上的所有服务器中。每个客户机和应用服务器都应有此文件的一个副本。

在服务器上，tnsnames.ora 文件应位于由 TNS_ADMIN 环境变量指定的目录中。此文件通常存储在一个公共目录中，例如 Unix 或 Linux 系统上的$ORACLE_HOME/network/admin 目录。对于 Windows 服务器或客户机，此文件位于 Oracle 软件主目录下的\network\admin 子目录中。

下面的程序清单中给出 tnsnames.ora 文件中的一个示例项。该示例为前面给出的同名连接描述符分配了 LOC 网络服务名：

```
LOC=(DESCRIPTION=
  (ADDRESS=
    (PROTOCOL=TCP)
    (HOST=HQ)
```

```
      (PORT=1521))
    (CONNECT_DATA=
      (SERVICE_NAME=LOC)))
```

现在希望连接到 HQ 服务器上的 LOC 实例的用户可使用 LOC 网络服务名，如下例所示：

```
sqlplus hr/hr@loc;
```

@符号通知数据库使用它后面的网络服务名来确定登录哪个数据库。如果登录数据库的用户名和密码是正确的，那么可在此数据库打开一个会话，并且用户可开始使用数据库。

网络服务名为连接描述符创建别名，因此不必赋予网络服务名与实例相同的名称。例如，根据环境中 LOC 实例的用途，可为它赋予服务名 PROD 或 TEST。

17.1.3 用 Oracle Internet Directory 替换 tnsnames.ora

目录(directory)是一种专门用来存储有关一个或多个对象信息的电子数据库。电子邮件地址簿是目录的一个例子。在每个电子邮件地址记录项中是联系人的姓名、电子邮件地址、家庭和办公地址等信息。可使用地址簿来查找希望联系的某个特定的人。

Oracle 提供了一种称为 Oracle Internet 目录(Oracle Internet Directory，OID)的电子数据库工具，用来解决用户、服务器和数据库位置以及密码和其他重要信息的存储问题。为支持数千个客户机的部署和维护，重点已从在分布的计算机上支持多个独立的 tnsnames.ora 文件转移到在集中的计算机上支持一个或多个目录。

17.1.4 侦听程序

网络上的每个数据库服务器必须包含一个 listener.ora 文件。listener.ora 文件列出计算机上所有侦听程序进程的名称和地址以及它们支持的实例。侦听进程接收来自 Oracle Net 客户机的连接。

listener.ora 文件包括 4 部分：

- 头部分
- 协议地址列表
- 实例定义
- 操作参数

listener.ora 文件是由 Oracle Net Configuration Assistant 工具(Linux 系统中为 netca)自动生成的。只要遵守它的语法规则，就可以编辑生成的文件。下面的代码清单显示了一个 listener.ora 文件的样本代码段——一个地址定义和一个实例定义：

```
LISTENER =
 (ADDRESS_LIST =
    (ADDRESS=
     (PROTOCOL=IPC)
     (KEY=loc.world)
    )
    (ADDRESS=
     (PROTOCOL=TCP)
     (HOST=HR)
     (PORT=1521)
```

```
      )
    )
  SID_LIST_LISTENER =
   (SID_DESC =
     (GLOBAL_DBNAME = loc.world)
     (ORACLE_HOME = /u00/app/oracle/product/12.1.0/grid)
     (SID_NAME = loc)
    )
   )
```

该代码清单的第一部分包含协议地址列表——每个实例一项。协议地址列表定义了侦听程序用来接受连接的协议地址，包括一个进程间调用(IPC)地址定义段。在这个例子中，侦听程序正在侦听到 loc.world 服务的连接以及 1521 PORT(端口)上来自 HR 计算机的使用 TCP/IP 协议的任意请求。.world 后缀是 Oracle Net 连接的默认域名。

注意：

在 Oracle Database 10g 和更新版本中，并非必须使用 SID_LIST_LISTENER。如果使用 Oracle Enterprise Manager 来监控和管理实例，只有在以前的 Oracle Net 版本中才必须使用 SID_LIST_LISTENER。

该代码清单的第二部分以 SID_LIST_LISTENER 子句开头，按照此数据库的 init.ora 文件中定义的那样来标识全局数据库名称、标识侦听程序正在服务的每个实例的 Oracle 软件主目录以及实例名或 SID。GLOBAL_DBNAME 包含数据库名和数据库域。SID_LIST 描述符用于静态数据库注册、保持和以前版本的后向兼容性以及供 Oracle Enterprise Manager 使用。数据库启动时，数据库动态向侦听程序注册。Linux 系统上 Oracle Database 12*c* 的默认安装只包含具有 LISTENER 参数的 listener.ora 文件，如下面的 listener.ora 示例文件所示，此示例文件来自本书示例中所用的 RPT12C 数据库：

```
# listener.ora Network Configuration File:
/u00/app/oracle/product/12.1.0/grid/network/admin/listener.ora
# Generated by Oracle configuration tools.
LISTENER =
  (DESCRIPTION_LIST =
    (DESCRIPTION =
      (ADDRESS = (PROTOCOL = IPC)(KEY = EXTPROC1521))
      (ADDRESS = (PROTOCOL = TCP)(HOST = dw)(PORT = 1521))
    )
  )
# Cloud Control 12c agent settings
ENABLE_GLOBAL_DYNAMIC_ENDPOINT_LISTENER=ON       # line added by Agent
VALID_NODE_CHECKING_REGISTRATION_LISTENER=SUBNET # line added by Agent
```

对于服务器 dw(数据库实例 RPT12C)上的侦听程序，甚至不需要存在此 listener.ora 文件，除非你想要添加额外的侦听程序或提供静态注册条目：如果没有 listener.ora 文件，则默认侦听程序名是 LISTENER，默认的 PROTOCOL 值是 TCP，HOST 参数的默认设置是服务器的主机名，默认的 PORT 值(TCP/IP 端口号)是 1521。如果正在使用 Oracle Cloud Control 12*c* 监控该服务器及其数据库，那么代理软件将在此文件中添加行，如前面的示例所示。

注意：
如果改变了一个实例的 Oracle 软件主目录，则需要改变服务器的 listener.ora 文件。

listener.ora 的参数

listener.ora 文件支持大量参数，这些参数都应以侦听程序的名称为后缀。例如，默认的侦听程序名是 LISTENER，因此 LOG_FILE 参数的名称是 LOG_FILE_LISTENER。无论是否使用 ADR(Automatic Diagnostic Repository)，都会应用表 17-1 中的参数。

表 17-1 listener.ora 的参数(ADR 或非 ADR)

参　数	说　明
DESCRIPTION	作为侦听程序协议地址的容器
ADDRESS	指定一个单独的侦听程序协议地址，嵌入在 DESCRIPTION 内
IP	在指定主机名时，指定侦听器监听的 IP 地址，HOST 参数指定主机名。值是 FIRST、V4_ONLY 和 V6_ONLY
QUEUESIZE	指定侦听程序在一个 TCP/IP 或 IPC 侦听端点上可以接受的并发连接请求的数量
RECV_BUF_SIZE	指定会话的接收操作的缓冲区空间大小，单位是字节。嵌入在 DESCRIPTION 内
SEND_BUF_SIZE	指定会话的发送操作的缓冲区空间大小，单位是字节。嵌入在 DESCRIPTION 内
SID_LIST	列出 SID 描述符；为侦听程序配置服务信息；对于 OEM、外部过程调用和异构服务而言，该参数是必需的
SID_DESC	为一个特定的实例或服务指定服务信息，嵌入在 SID_LIST 内
ENVS	在执行由 PROGRAM 参数规定的一个专用服务器程序或可执行程序之前，为要设置的侦听程序指定环境变量。嵌入在 SID_DESC 内
GLOBAL_DBNAME	标识数据库服务，嵌入在 SID_DESC 内
ORACLE_HOME	为服务指定 Oracle 软件主目录，嵌入在 SID_DESC 内
PROGRAM	对服务可执行程序命名，嵌入在 SID_DESC 内
SID_NAME	为服务指定 Oracle 实例名，嵌入在 SID_DESC 内
CONNECTION_RATE_*listener_name*	指定受速率限制的所有侦听器端点的全局速率(以每秒连接数指定)
RATE_LIMIT	设置为 YES 或 NO，嵌入 ADDRESS 区域
SDU	为数据分组传输指定会话数据单元(SDU)的大小。值的范围从 512 到 32 768 字节。嵌入在 SID_DESC 内
DIAG_ADR_ENABLED_*listener_name*	设置为 ON 或 OFF，来启用或禁用与 ADR 相关的参数

(续表)

参　数	说　明
ADMIN_RESTRICTIONS_*listener_name*	禁止对侦听程序参数的运行时修改。参数值是 ON 和 OFF(默认值)
CRS_NOTIFICATION_*listener_name*	设置为 ON 或 OFF，从而在侦听器启动或停止时通知 CRS(Cluster Ready Services)
DEFAULT_SERVICE_*listener_name*	如果未指定服务名，为客户机指定默认服务名
INBOUND_CONNECT_TIMEOUT_*listener_name*	在网络连接建立后，指定客户机完成它到侦听程序连接请求的时间，单位是秒
LOGGING_*listener_name*	打开(ON)或关闭(OFF)侦听程序日志
PASSWORDS_*listener_name*	为侦听程序进程指定一个加密密码。可以通过侦听程序控制实用程序(lsnrctl)或 Oracle Net Manager 来生成密码
SAVE_CONFIG_ON_STOP_*listener_name*	参数值为 TRUE 或 FALSE，指定是否将运行时配置变化自动保存在 listener.ora 文件中
SSL_CLIENT_AUTHENTICATION	参数值为 TRUE 或 FALSE，指定是否使用 SSL 来验证客户身份
WALLET_LOCATION	为安全连接指定 SSL 使用的证书、密钥和信任点(trust point)的位置。对于 WALLET_LOCATION 参数，可以指定 SOURCE、METHOD、METHOD_DATA、DIRECTORY、KEY、PROFILE 和 INFILE 子参数

启动侦听程序后可修改它的参数。如果使用 SAVE_CONFIG_ON_STOP 选项，对一个运行的侦听程序所做的任何改动都将写入到它的 listener.ora 文件中。参阅本章后面的控制侦听程序行为的示例。

如果正使用 ADR (通过将 DIAG_ADR_ENABLED_*listener_name* 设置为 ON)，将应用表 17-2 中的参数，会忽略非 ADR 调试参数。

表 17-2　listener.ora 的参数(ADR)

参　数	说　明
ADR_BASE_*listener_name*	启用 ADR 时，用于存储跟踪文件和日志文件的基本目录。如果未定义 ORACLE_BASE，则默认为 ORACLE_BASE 或 ORACLE_HOME/ log
DIAG_ADR_ENABLED_*listener_name*	设置为 ON(默认)以使用与 ADR 相关的参数；否则为 OFF
LOGGING_*listener_name*	对于日志记录，默认为 ON。该参数也用于非 ADR 跟踪
TRACE_LEVEL_*listener_name*	使用除 OFF 或 0 的值启用跟踪。 ● 0/off：不跟踪 ● 4/user：用户跟踪 ● 10/admin：管理跟踪 ● 16/support：Oracle Support 跟踪
TRACE_TIMESTAMP_*listener_name*	为每个跟踪事件添加时间戳，格式为 dd-mon-yyyy hh:mi:ss:ms

可以看到，使用 ADR 意味着必须在 listener.ora 指定少量参数，让 Oracle 自动管理日志和跟踪文件。如果未使用 ADR，则应用表 17-3 中列出的与 listener.ora 跟踪相关的参数。

表 17-3 listener.ora 的参数(非 ADR)

参 数	说 明
LOG_DIRECTORY_*listener_name*	存储日志文件的目录
TRACE_DIRECTORY_*listener_name*	存储跟踪文件的目录
DIAG_ADR_ENABLED_*listener_name*	设置为 ON(默认)，将使用与 ADR 相关的参数；否则为 OFF
LOG_FILE_*listener_name*	指定侦听器的日志文件名
TRACE_FILE_*listener_name*	指定侦听器的跟踪文件名
TRACE_FILELEN_*listener_name*	限定每个侦听跟踪文件的大小(单位为 KB)
TRACE_FILENO_*listener_name*	与 TRACE_FILELEN 参数共同指定要保留的跟踪文件数。跟踪文件的循环方式与联机重做日志文件十分相似

17.2 使用 Oracle Net Configuration Assistant

安装 Oracle 软件后，Oracle Net Configuration Assistant(Oracle Net 配置助手)执行初始的网络配置步骤并自动创建默认的基本配置文件。可使用 Oracle Net Manager 工具来管理网络服务。这些工具具有可以配置以下元素的图形用户界面：

- 侦听程序
- 命名方法
- 本地网络服务名
- 目录使用

图 17-4 给出了 Oracle Net Configuration Assistant 的初始界面。在图 17-4 可以看到，Listener configuration(侦听程序配置)是默认选项。

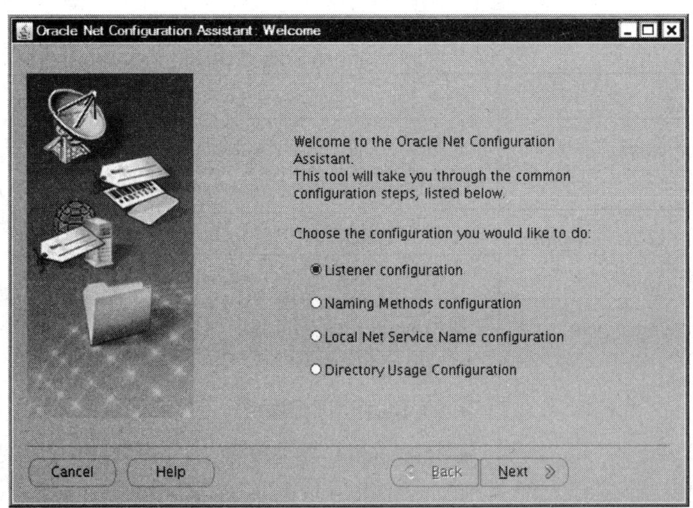

图 17-4 Oracle Net Configuration Assistant：Welcome 屏幕

17.2.1 配置侦听程序

使用 Oracle Net Configuration Assistant，可便捷地配置侦听程序。当选定了 Welcome 屏幕上的 Listener configuration 选项并单击 Next 时，可以选择添加、重配置、删除或重命名一个侦听程序。在选择 Add 选项并单击 Next 后，下一步选择一个侦听程序名。图 17-5 给出显示默认的侦听程序名称 LISTENER 的 Listener Name 界面。

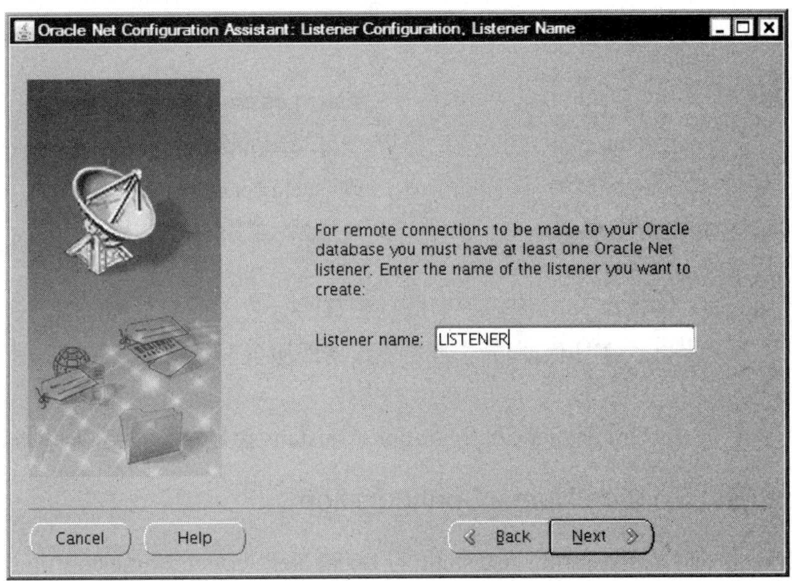

图 17-5 Listener Configuration，Listener Name 屏幕

选择侦听程序名称并单击 Next 后，必须选择一个协议，如图 17-6 所示。默认选择的协议是 TCP。

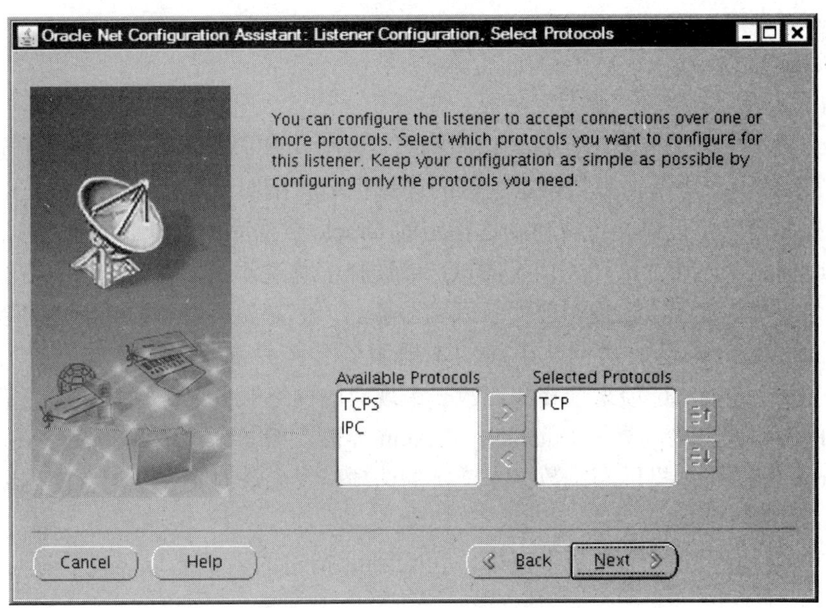

图 17-6 Listener Configuration, Select Protocols 屏幕

一旦选定协议并单击 Next，必须指定一个新的侦听程序将在上面侦听的端口号。显示的默认端口号是 1521，但可选择另一个端口。单击 Next 后，接下来的三个界面包括配置另一个侦听程序的提示、指示要启动的侦听器的请求以及配置完此侦听器的确认信息。

17.2.2 Naming Methods Configuration

Oracle Net Configuration Assistant 的 Naming Methods Configuration(命名方法配置)选项用来配置网络服务名，可参见图 17-4。对于命名方法有很多可用的选项。在此列出其中一些选项：

本地选项	tnsnames.ora 文件
Host Name	使用 TCP 命名服务。选择该选项将不能使用连接池或 Oracle Connection Manager
Sun NIS、DCE CDS、Directory	外部命名服务

如果接受 Host Name 选项，可看到一个信息屏幕，建议“此时”Host Name 命名不需要任何额外的配置。指导你以后在任何时候添加一个数据库服务时，必须在 TCP/IP 主机名解析系统中进行登记。

一旦选择命名方法，Oracle Net Configuration Assistant 会显示一个确认界面。

17.2.3 Local Net Service Name Configuration

可使用 Oracle Net Configuration Assistant 的 Local Net Service Name configuration(本地网络服务名配置)选项来管理网络服务名，可参见图 17-4。对于 Oracle Net Configuration Assistant 的 Local Net Service Name Configuration 工具，有 5 个可用选项：

- Add(添加)
- Reconfigure(重配置)
- Delete(删除)
- Rename(重命名)
- Test(测试)

对于 Add 选项，必须首先指定将要访问的数据库版本和服务名。一旦输入了全局服务名或 SID，将会提示你输入协议。必须指定主机的计算机名并指明侦听程序端口。

下一个界面提供了检验能否成功到达指定的 Oracle 数据库的选项。可选择忽略或执行连接测试。一旦选择测试连接并成功完成了测试，或选择了跳过测试，都会提示为新的网络服务指定网络服务名。默认情况下，使用前面录入的服务名，但是如果愿意的话，也可以指定一个不同的名称。最后，通知已成功创建了新的本地服务名，并询问是否希望配置另一个服务。

可使用 Reconfigure 选项来选择和修改一个现有的网络服务名。选择该选项后，会提示选择一个现有的网络服务名，显示 Database Version 界面、服务名界面、Select Protocols 界面以及 TCP/IP Protocol 界面，提供测试数据库连接的选项以及允许对正在重配置的网络服务重命名的网络服务名界面。

Test 选项可检验配置信息是否正确，可否到达指定的数据库以及能否建立一个成功的连接。

17.2.4 Directory Usage Configuration

目录服务为网络提供了一种集中式信息存储库。最常见的目录形式支持轻量级目录访问协议(Lightweight Directory Access Protocol，LDAP)。LDAP 服务器可提供以下功能：

- 存储网络服务名和它们的位置解析。
- 提供全局数据库连接和别名。
- 为跨越整个网络的客户机充当配置信息交换中心。
- 帮助配置其他客户机。
- 自动更新客户配置文件。
- 存储诸如用户名和密码等客户信息。

Oracle Net Configuration Assistant 的 Directory Usage Configuration(目录使用配置)选项支持 Oracle Internet Directory 和 Microsoft Active Directory(微软活动目录)。图 17-7 展示了 Linux 环境中的 Directory Type 屏幕，如果正在 Windows Server 上运行 Oracle 数据库，则可看到 Microsoft Active Directory 选项。

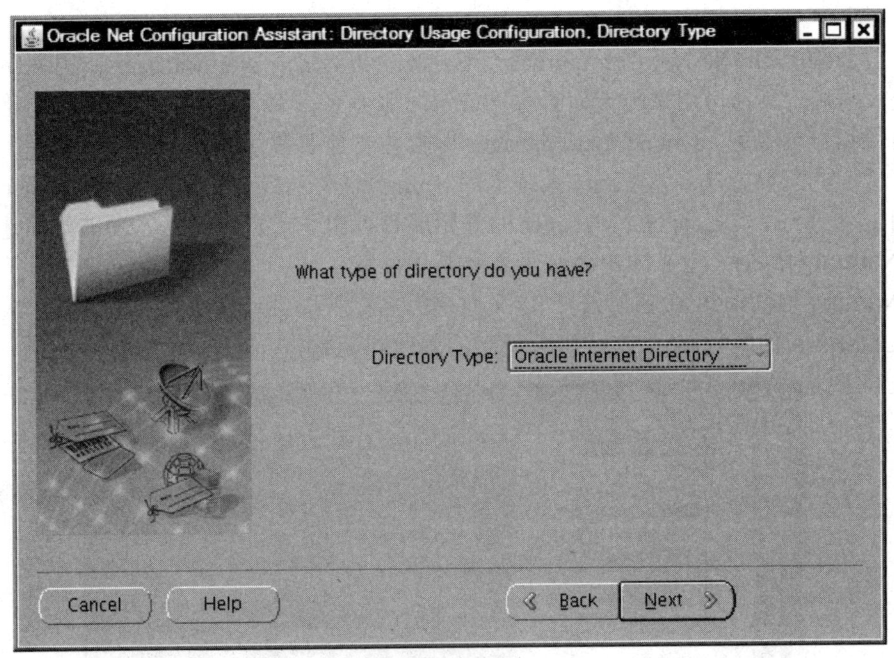

图 17-7 Directory Usage Configuration，Directory Type 屏幕

接下来会提示你提供目录服务位置主机名、端口和 SSL 端口，如图 17-8 的窗口所示。默认情况下，端口是 389，SSL 端口是 636。一旦指定这些信息，该工具尝试连接到目录存储库并检验已经建立了一种模式和一种上下文环境。如果还没有这样做，将收到一条指导你这样做的错误消息。

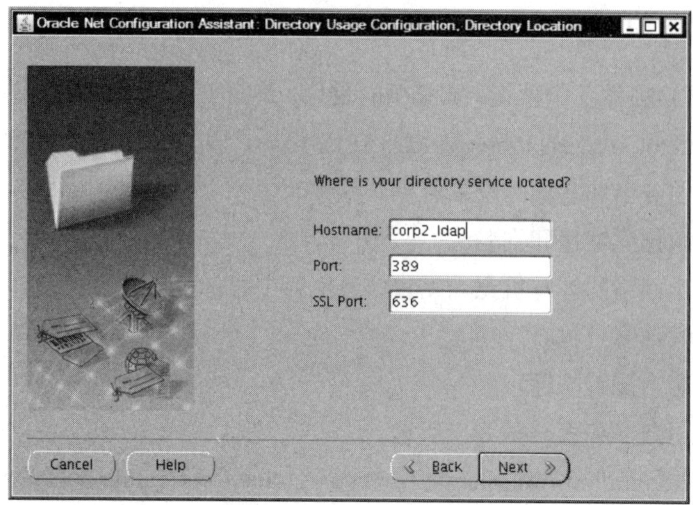

图 17-8　指定 LDAP 目录服务

17.3　使用 Oracle Net Manager

上一节介绍的 Oracle Net Configuration Assistant 和 Oracle Net Manager 实用程序之间存在一些重叠。两种工具都可用来配置侦听程序或网络服务名，都可用来方便地配置名称服务、本地配置文件和目录服务。Oracle Net Manager 尽管并不是非常便于用户使用，但提供了一种更全面的可替换的配置方法。在 Linux 系统上用 netmgr 命令来启动 Oracle Net Manager。

如图 17-9 所示，Oracle Net Manager 的开始屏幕列出了它提供的基本功能，简述如下：

- Naming(命名)　定义简单名称来表示服务位置
- Naming Methods(命名方法)　定义简单的名称映射到连接描述符的方法
- Listeners(侦听程序)　支持侦听程序的创建和配置

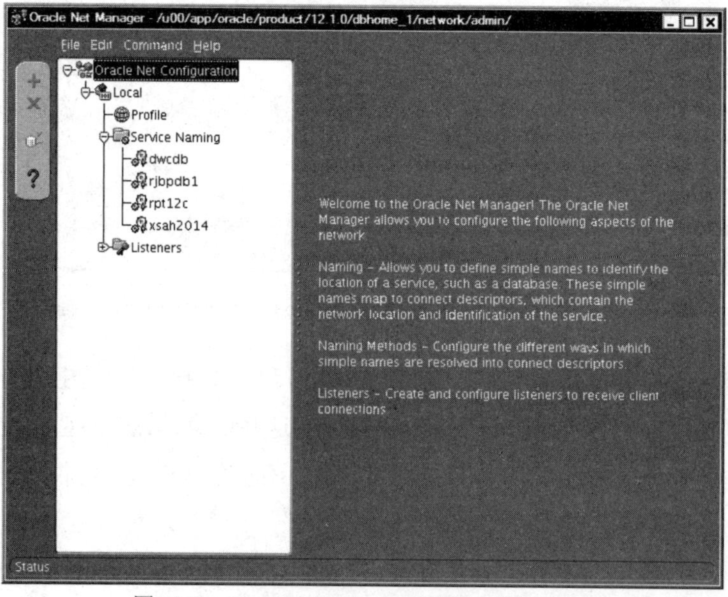

图 17-9　Oracle Net Manager 控制台配置窗口

可使用 Oracle Net Manager 管理配置文件和测试连接。通过 Oracle Net Manager 可管理诸如 Oracle Advanced Security(Oracle 高级安全)等选项。Oracle Advanced Security 选项在分布式环境中提供端到端的数据加密。默认情况下，数据会以明文方式穿越网络，除非采用 Oracle 的加密或基于硬件的加密。

可通过 Oracle Net Service Names Wizard(Oracle Net 服务名向导)为 tnsnames.ora 文件创建一个新的网络服务名。一旦指定网络服务名，会提示你选择希望使用的网络协议。可用选项如下：

- TCP/IP (Internet Protocol)
- TCP/IP with SSL(带有 SSL 的 TCP/IP) (Secure Internet Protocol)
- Named Pipes(命名管道) (Microsoft Networking)
- IPC (Local Database)(本地数据库)

Oracle Net Manager 会提示你输入建立数据库连接所需的每个参数，并修改本地 tnsnames.ora 文件来反映你提供的信息。提示你输入的信息包括主机、端口号、服务或 SID 名(取决于 Oracle 的版本)以及连接类型(或者是数据库默认设置，即共享的服务器，或者是专用服务器)。最后，你有机会测试新的服务名。还可通过从显示的服务列表中选择网络服务名，然后从菜单选项中选择 Test Connection 选项来测试现有的网络服务名。

保持客户机和服务器配置越简单，越能近似保持系统默认值，配置文件的管理也将越简单。Oracle Net Manager 可简化配置文件管理。需要提醒的一点是：如果正使用侦听程序侦听来自 Internet 的穿过防火墙的连接，务必不要让侦听程序在默认端口 1521 上侦听，因为穿越防火墙的一个漏洞可能使你暴露在潜在的远程侦听程序重配置之下。一个使用默认值的不可靠侦听程序可能使黑客获得足以危害你的站点的数据库信息。

17.4 启动侦听程序服务器进程

侦听程序进程由 Listener Control 实用程序控制并通过 lsnrctl 命令来执行。下一节会介绍 lsnrctl 命令可用的选项。为启动侦听程序，使用如下命令：

```
snrctl start
```

该命令将启动默认的侦听程序(名为 LISTENER)。如果希望启动一个不同名称的侦听程序，则将侦听程序的名称作为第二个参数包括在 lsnrctl 命令中。例如，如果创建了一个称为 ANPOP_LSNR 的侦听程序，可通过如下命令启动该程序：

```
lsnrctl start anpop_lsnr
```

在下一节中，将了解 Listener Control 实用程序可用的其他参数的说明。

启动一个侦听程序后，可通过使用 Listener Control 实用程序的 status 选项来检查它是否正在运行。可使用如下命令来执行这种检查：

```
[oracle@tettnang ~]$ lsnrctl status
LSNRCTL for Linux: Version 12.1.0.1.0 - Production on 10-JAN-2014 08:36:28
Copyright (c) 1991, 2013, Oracle.  All rights reserved.

Connecting to (ADDRESS=(PROTOCOL=tcp)(HOST=)(PORT=1521))
STATUS of the LISTENER
------------------------
```

```
Alias                    LISTENER
Version                  TNSLSNR for Linux: Version 12.1.0.1.0 ¨C Production
Start Date               01-OCT-2013 10:22:55
Uptime                   100 days 23 hr. 13 min. 33 sec
Trace Level              off
Security                 ON: Local OS Authentication
SNMP                     OFF
Listener Parameter File
/u00/app/oracle/product/12.1.0/grid/network/admin/listener.ora
Listener Log File
/u00/app/oracle/diag/tnslsnr/tettnang/listener/alert/log.xml
Listening Endpoints Summary...
  (DESCRIPTION=(ADDRESS=(PROTOCOL=ipc)(KEY=EXTPROC1521)))
  (DESCRIPTION=(ADDRESS=(PROTOCOL=tcp)(HOST=tettnang.epic.com)(PORT=1521)))
 (DESCRIPTION=(ADDRESS=(PROTOCOL=tcps)(HOST=tettnang.epic.com)(PORT=5501))

(Security=(my_wallet_directory=/u00/app/oracle/admin/XSAH2014/xdb_wallet))
   (Presentation=HTTP)(Session=RAW))
 (DESCRIPTION=(ADDRESS=(PROTOCOL=tcps)(HOST=tettnang.epic.com)(PORT=5500))
   (Security=(my_wallet_directory=/u00/app/oracle/admin/RPT12C/xdb_wallet))
   (Presentation=HTTP)(Session=RAW))
Services Summary...
Service "+ASM" has 1 instance(s).
  Instance "+ASM", status READY, has 1 handler(s) for this service...
Service "RPT12C" has 1 instance(s).
  Instance "RPT12C", status READY, has 1 handler(s) for this service...
Service "RPT12CXDB" has 1 instance(s).
  Instance "RPT12C", status READY, has 1 handler(s) for this service...
Service "XSAH2014.epic.com" has 1 instance(s).
  Instance "XSAH2014", status READY, has 1 handler(s) for this service...
Service "dwcdb" has 1 instance(s).
  Instance "dwcdb", status READY, has 1 handler(s) for this service...
Service "dwcdbXDB" has 1 instance(s).
  Instance "dwcdb", status READY, has 1 handler(s) for this service...
Service "rjbpdb1" has 1 instance(s).
  Instance "dwcdb", status READY, has 1 handler(s) for this service...
The command completed successfully
[oracle@tettnang ~]$
```

如果侦听程序的名称与 listener.ora 文件中的 LISTENER 不同，则必须将侦听程序的名称添加到 status 命令中。例如，如果侦听程序的名称是 ANPOP_LSNR，该命令如下：

```
lsnrctl status anpop_lsnr
```

状态输出会显示是否启动了侦听程序以及它当前支持的服务，正如它的 listener.ora 文件定义的那样。还会显示侦听程序参数文件及其日志文件位置。

如果希望查看涉及的操作系统级进程，可使用如下命令。该示例采用 Unix ps –ef 命令来列出系统的活动进程。然后，grep tnslsnr 命令用来删除那些不包含 tnslsnr 项的行。

```
[oracle@tettnang ~]$ ps -ef | grep tnslsnr
oracle    3756    1  0  2013 ?         00:06:52
   /u00/app/oracle/product/12.1.0/grid/bin/tnslsnr
```

```
  LISTENER -no_crs_notify -inherit
oracle    27106 21294  0 08:40 pts/0    00:00:00 grep tnslsnr
[oracle@tettnang ~]$
```

该输出显示了两个进程：侦听程序进程和正在检查它的进程。第一行输出已换行到了第二行，并且操作系统可能会截短它。

17.5 对侦听程序服务器进程进行控制

可使用 Listener Control 实用程序 lsnrctl 来启动、停止和修改数据库服务器上的侦听程序进程。表 17-4 列出它的命令选项，每个命令可能伴随着一个值。对于除了 set password 命令外的所有命令，该值将是一个侦听程序名。如果未指定侦听程序名，将使用默认值(LISTENER)。一旦使用 lsnrctl，则可通过 set current_listener 命令改变正在修改的侦听程序。

表 17-4 Listener Control 实用程序 lsnrctl 的命令

命　令	说　明
change_password	为侦听程序设置新密码，将提示你输入侦听程序的旧密码
exit	退出 lsnrctl
help	显示一个 lsnrctl 命令选项的清单。通过 help set 和 help show 命令还可看到额外选项
quit	退出 lsnrctl
reload	侦听程序启动后，允许你修改侦听程序服务。它强迫 SQL*Net 读取并使用最新的 listener.ora 文件
save_config	创建现有的 listener.ora 文件的一个备份，然后使用已经通过 lsnrctl 修改的参数来更新 listener.ora 文件
services	显示可用的服务以及它们的连接历史记录。它还列出是否为远程 DBA 或自动登录访问启用每种服务
set	设定参数值。选项如下： current_listener 可改变正在设定或显示其参数的侦听程序进程 displaymode 改变 services 和 status 命令的格式和详细级别 inbound_connect_timeout 设定在超时前客户机完成到侦听程序的连接所允许的时间，单位是秒 log_directory 为侦听程序日志文件设定目录 log_file 设定侦听程序日志文件的名称 log_status 设置日志是打开的(ON)还是关闭的(OFF) password 设定侦听程序的密码 raw_mode 改变显示所有数据的 displaymode 格式；只有和 Oracle Support 一起工作时使用 raw_mode 当退出 lsnrctl 时，save_config_on_stop 保存对 listener.ora 文件所做的配置改动 startup_waittime 设置在响应 lsnrctl start 命令之前侦听程序休眠的秒数 trc_directory 设定侦听程序跟踪文件的目录 trc_file 设定侦听程序跟踪文件的名称 trc_level 设定跟踪级别(ADMIN、USER、SUPPORT 或 OFF)，参见 lsnrctl trace

(续表)

命　令	说　明
show	显示当前参数设置。可用选项与 set 选项相同，唯一没有的选项是 password 命令
spawn	在 listener.ora 文件中生成一个使用别名运行的程序
start	启动侦听程序
status	提供有关侦听程序的状态信息，包括它启动的时间、参数文件名、日志文件和支持的服务。该命令可用来查询远程服务器上的侦听程序的状态
stop	停止侦听程序
trace	设置侦听程序的跟踪级别为以下 4 种之一：OFF、USER (有限的跟踪)、ADMIN (高级别的跟踪)或 SUPPORT(用于 ORACLE Support)
version	显示侦听程序、TNS 和协议适配器的版本信息

提示：

Oracle 最佳实践表明，在 Oracle 12*c* 中不要使用侦听程序密码。侦听程序的默认身份验证模式是本地操作系统身份验证，这就要求侦听程序管理员是本地 dba 组的一名成员。

可通过输入 lsnrctl 命令本身来进入 lsnrctl 命令实用程序 shell，然后可从该程序执行所有其他命令。

表 17-4 中列出的命令选项提供了大量选择来控制侦听程序进程，如下例所示。在大多数例子中，首先输入 lsnrctl 命令自身，这会使用户处于 lsnrctl 实用程序下(正如 LSNRCTL 提示符指示的那样)。可从这个实用程序中输入其余命令。下例显示了使用 lsnrctl 实用程序来停止和启动侦听程序，并生成有关它的诊断信息。

要停止侦听程序：

```
[oracle@tettnang ~]$ lsnrctl stop
LSNRCTL for Linux: Version 12.1.0.1.0 -
        Production on 10-JAN-2014 08:44:31
Copyright (c) 1991, 2013, Oracle.  All rights reserved.
Connecting to (ADDRESS=(PROTOCOL=tcp)(HOST=)(PORT=1521))
The command completed successfully
[oracle@tettnang ~]$
```

要显示侦听程序的状态信息：

```
lsnrctl status
```

要列出另一个主机上的一个侦听程序的状态，从该主机上将服务名作为一个参数添加到 status 命令。下例使用本章前面给出的 HQ 服务名：

```
lsnrctl status hq
```

要列出有关侦听程序的版本信息：

```
lsnrctl version
```

要列出有关侦听程序支持的服务的信息：

```
[oracle@tettnang ~]$ lsnrctl services
LSNRCTL for Linux: Version 12.1.0.1.0 -
  Production on 10-JAN-2014 08:46:57
Copyright (c) 1991, 2013, Oracle.  All rights reserved.
Connecting to (ADDRESS=(PROTOCOL=tcp)(HOST=)(PORT=1521))
Services Summary...
Service "+ASM" has 1 instance(s).
  Instance "+ASM", status READY, has 1 handler(s) for this service...
    Handler(s):
      "DEDICATED" established:0 refused:0 state:ready
         LOCAL SERVER
Service "RPT12C" has 1 instance(s).
  Instance "RPT12C", status READY, has 1 handler(s) for this service...
    Handler(s):
      "DEDICATED" established:0 refused:0 state:ready
         LOCAL SERVER
Service "RPT12CXDB" has 1 instance(s).
. . .
  Instance "dwcdb", status READY, has 1 handler(s) for this service...
    Handler(s):
      "DEDICATED" established:0 refused:0 state:ready
         LOCAL SERVER
The command completed successfully
[oracle@tettnang ~]$
```

17.6　Oracle Connection Manager

Oracle Net 的 Oracle Connection Manager(Oracle 连接管理器)部分充当一个路由器，用来在原本不兼容的网络协议之间建立数据库通信链路以及利用多路复用和访问控制。

Oracle Connection Manager 的优点在于所有服务器不必使用相同的通信协议。每个服务器能使用最适合它的环境的通信协议，并仍能和其他数据库来回传递数据。这种通信进行时不用考虑远程服务器上使用的通信协议；Oracle Connection Manager 考虑协议之间的差别。Oracle Connection Manager 支持的协议包括 IPC、Named Pipes、SDP、TCP/IP 和带有 SSL 的 TCP/IP。

可使用多条访问路径来处理不同的客户请求。Oracle Connection Manager 会根据路径可用性和网络负载来选择最合适的路径。当设置 Oracle Connection Manager 时，通过 Network Manager 实用程序来指定每条路径的相对成本。

在内联网环境中，可将 Oracle Connection Manager 用作控制 Oracle Net 流量的防火墙。可使用 Oracle Connection Manager 建立筛选规则来启用或禁用特定的客户访问。筛选规则可基于以下的任何标准：

- 目标主机名或服务器的 IP 地址
- 目标数据库服务名
- 源主机名或客户机的 IP 地址
- 客户机是否在使用 Oracle Advanced Security 选项

根据创建的筛选规则的一个或多个方面来筛选客户访问，从而可使用 Oracle Connection Manager 增强防火墙安全性。例如，可通过使用 cman.ora 文件中的 CMAN_RULES 参数来指定将被拒绝访问的 IP 地址。

可使用 sqlnet.ora 文件来指定除默认提供的诊断信息外的额外诊断信息。

17.6.1 使用 Oracle Connection Manager

Oracle Net 使用 Oracle Connection Manager 在同构网络中支持连接，减少数据库维护的物理连接数量。与 Oracle Connection Manager 关联的是两个主要进程和一个控制实用程序，如下所示：

CMGW　　充当 Connection Manager 的一个集线器的网关进程
CMADMIN　　负责所有管理任务和问题的多线程进程
CMCTL　　一个为 Oracle Connection Manager 管理启用基本管理功能的实用程序

1. CMGW 进程

连接管理器网关(Connection Manager Gateway，CMGW)进程自身要向 CMADMIN 进程注册，并侦听到来的连接请求。默认情况下，该进程使用 TCP/IP 协议在 1630 端口上侦听。CMGW 进程从客户机发起到侦听程序的连接请求，并在客户机和服务器之间转发数据。

2. CMADMIN 进程

多线程连接管理器管理(Connection Manager Administrative，CMADMIN)进程执行许多任务和功能。CMADMIN 进程处理 CMGW 注册并注册有关 CMGW 和侦听程序的源路由寻址信息。CMADMIN 进程的任务是标识至少支持一个数据库的所有侦听程序进程。使用 Oracle Internet Directory，CMADMIN 可执行以下任务：

- 定位本地服务器
- 监视注册的侦听程序
- 维护客户机地址信息
- 定期更新 Connection Manager 的可用服务的缓存

CMADMIN 进程处理关于 CMGW 和侦听程序的源路由信息。

17.6.2 配置 Oracle Connection Manager

默认情况下，cman.ora 文件在 Unix 系统中位于$ORACLE_HOME/network/admin 目录中，在 Windows 系统中位于%ORACLE_HOME%\network\admin 目录中，它包含用于 Oracle Connection Manager 的配置参数。该文件包含侦听网关进程的协议地址、访问控制参数和配置文件或控制参数。

表 17-5 给出完整的 cman.ora 参数集。

表 17-5　cman.ora 参数

参　数	说　明
ADDRESS	指定 Connection Manager 的协议地址(如协议、主机和端口)
RULE	指定用于筛选传入的连接的访问控制规则列表。子参数允许对源和目标主机名、IP 地址和服务名进行筛选

(续表)

参数	说明
PARAMETER_LIST	当重写默认的设置时指定属性值。列表中其余的参数是PARAMETER_LIST 设置中的子参数
ASO_AUTHENTICATION_FILTER	指定客户机是否必须使用 Oracle Advanced Security 身份验证设置。默认值是 OFF
CONNECTION_STATISTICS	指定 SHOW_CONNECTIONS 命令是否显示连接统计信息。默认值是 NO
EVENT_GROUP	指定将哪些事件组记入日志。默认值是 NONE
IDLE_TIMEOUT	指定一个已建立的连接保持激活而不需要传输数据的时间量，单位是秒。默认值是 0
INBOUND_CONNECT_TIMEOUT	指定 Oracle Connection Manager 侦听程序等待来自一个客户机的有效连接或Oracle Connection Manager的另一个实例的时间长度，单位是秒。默认值是 0
LOG_DIRECTORY	为 Oracle Connection Manager 日志文件指定目标目录。默认是 Oracle 主目录下的/network/log 子目录
LOG_LEVEL	指定日志级别(OFF、USER、ADMIN 或 SUPPORT)，默认值是 SUPPORT
MAX_CMCTL_SESSIONS	指定针对一个特定的实例，Oracle Connection Manager 控制实用程序所允许的并发的本地或远程会话的最大数量。默认值是 4
MAX_CONNECTIONS	指定一个网关进程可处理的最大连接数。默认值是 256
MAX_GATEWAY_PROCESSES	指定 Oracle Connection Manager 的一个实例支持的网关进程的最大数量。默认值是 16
MIN_GATEWAY_PROCESSES	指定 Oracle Connection Manager 的一个实例必须支持的网关进程的最小数量。默认值是 2
OUTBOUND_CONNECT_TIMEOUT	指定 Oracle Connection Manager 实例等待一个将和数据库服务器或另一个 Oracle Connection Manager 实例建立的有效连接所允许的时间长度，单位是秒。默认值是 0
PASSWORD_*instance_name*	如果设置的话，指加密实例的密码
REMOTE_ADMIN	指定是否允许远程访问一个 Oracle Connection Manager。默认值是 NO
SESSION_TIMEOUT	指定一个用户会话所允许的最长时间，单位是秒。默认值是 0
TRACE_DIRECTORY	指定跟踪文件的目录。默认是 Oracle 主目录下的/network/trace 子目录
TRACE_FILELEN	指定跟踪文件的大小，单位是 KB。默认值是 0
TRACE_FILENO	指定循环使用的跟踪文件的数量。默认值是 0
TRACE_LEVEL	指定跟踪级别(OFF、USER、ADMIN 或 SUPPORT)，默认值是 OFF
TRACE_TIMESTAMP	向跟踪文件中的每个跟踪事件添加一个时间戳。默认值是 OFF

17.6.3 使用连接管理器控制实用程序(CMCTL)

Connection Manager Control Utility 提供到 CMADMIN 和 CMGW 的管理访问。通过 cmctl 命令来启动 Connection Manager。该命令语法如下:

```
cmctl command process_type
```

从操作系统提示符输入的默认启动命令是:

```
cmctl start cman
```

这些命令被划分为 4 种基本类型:

- 操作命令，如 start
- 修改程序命令，如 set
- 提供信息的命令，如 show
- 命令实用程序操作，如 exit

使用参数 REMOTE_ADMIN，可控制但不能启动远程管理器。与本章前面讨论的 Listener 实用程序不同，不能交互地为 Oracle Connection Manager 设置密码。为给该工具设置密码，可将明文密码放在 cman.ora 文件中。表 17-6 给出了 cmctl 命令可用的命令选项。

表 17-6 cmctl 命令选项

命 令	说 明
ADMINISTER	选择 Oracle Connection Manager 的一个实例。使用格式是 administer –c，后面跟着实例名，并带有一个可选的 using *password* 子句
CLOSE CONNECTIONS	终止连接。可为要终止的连接指定源、目的地、服务、状态和网关进程 ID
EXIT	退出 Oracle Connection Manager Control 实用程序
HELP	列出所有 CMCTL 命令
QUIT	退出 Oracle Connection Manager Control 实用程序
RELOAD	从 cman.ora 文件中动态地重读参数和规则
RESUME GATEWAYS	恢复挂起的网关进程
SAVE_PASSWORD	将当前密码保存到 cman.ora 配置参数文件中
SET	显示一个可在 CMCTL 内修改的参数列表。可为 ASO_AUTHENTICATION_FILTER、CONNECTION_STATISTICS、EVENT、IDLE_TIMEOUT、INBOUND_CONNECT_TIMEOUT、LOG_DIRECTORY、LOG_LEVEL、OUTBOUND_CONNECT_TIMEOUT、PASSWORD、SESSION_TIMEOUT、TRACE_DIRECTORY 和 TRACE_LEVEL 设定参数值
SHOW	给出一个参数值可显示的参数列表。可通过显式地把它们列在 SHOW 命令后面来单独显示它们的值(例如，SHOW TRACE_LEVEL)
SHOW ALL	显示所有参数和规则的值
SHOW DEFAULTS	显示默认的参数设置
SHOW EVENTS	显示事件

(续表)

命 令	说 明
SHOW GATEWAYS	显示特定的网关进程的当前状态
SHOW PARAMETERS	显示当前的参数设置
SHOW RULES	显示当前的访问控制列表
SHOW SERVICES	显示关于 Oracle Connection Manager 服务的信息，包括网关处理程序和连接的数量
SHOW STATUS	显示有关实例的基本信息和它当前的统计信息
SHOW VERSION	显示 CMCTL 实用程序的当前版本和名称
SHUTDOWN	关闭特定的网关进程或整个 Oracle Connection Manager 实例
STARTUP	启动 Oracle Connection Manager
SUSPEND GATEWAY	阻止网关进程接受新的客户连接

如果 Connection Manager 已启动，那么任何已在它的 tnsnames.ora 文件中将 SOURCE_ROUTE 设置为 YES 的客户机都可以使用 Connection Manager。Connection Manager 在重用物理连接的时候，它通过维护逻辑连接可减少系统资源需求。

17.7 使用 Oracle Internet Directory 的目录命名

Oracle Internet Directory 可方便地支持分布式 Oracle 网络中用于集中式网络名称解析管理的服从 LDAP 的目录服务器。对于本地化管理，仍可使用 tnsnames.ora 文件。

17.7.1 Oracle Internet Directory 体系结构

ldap.ora 文件在 Unix 系统中位于$ORACLE_HOME/network/admin 目录中，在 Windows 环境中位于%ORACLE_HOME%\network\admin 目录中，它存储着用来访问目录服务器的配置参数。Oracle 支持 Oracle Internet Directory 和 Microsoft Active Directory LDAP 协议。

为使用集中式目录服务器来解析连接描述符，采用的步骤如下：

(1) Oracle Net代表客户机联系目录服务器，以便将连接标识符解析为连接描述符。

(2) 目录服务器取出连接标识符，定位相关的连接描述符，并将描述符返回Oracle Net。

(3) Oracle Net使用解析得到的描述符向适当的侦听程序建立连接请求。

目录服务器采用一种用于存储它的数据的树型结构。树中的每个节点是一个记录项(entry)。采用一种分级的记录项结构，称为“目录信息树”(Directory Information Tree，DIT)，并且每个记录项由一个唯一的识别名(Distinguished Name，DN)来标识，它可向目录服务器告知记录项所驻留的准确位置。可对 DIT 进行组织，使它能使用现有的域名系统(Domain Name System，DNS)、组织线或地理线，或者 Internet 命名机制。

例如，使用一个根据组织线组织的 DIT，HR 服务器的 DN 可能是这样的：(dn: cn=HR, cn=OracleContext, dc=us, dc=ourcompany, dc=com)。DN 的最底层的部分放在 DIT 最左边的位

置，并逐渐向树顶移动。图 17-10 的示意图给出了该示例的 DIT。

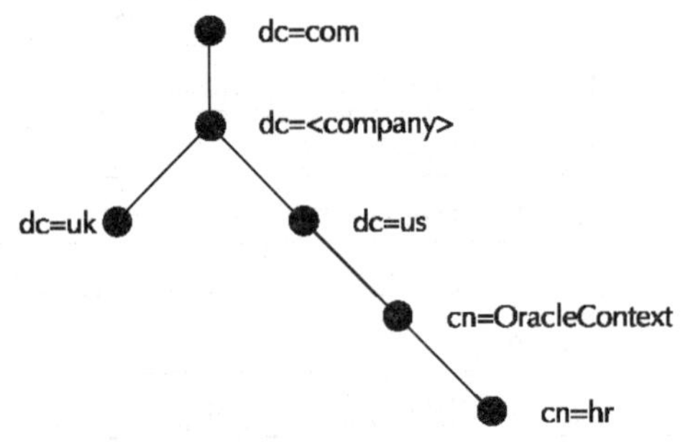

图 17-10 示例的 DIT

通常使用的 LDAP 属性包括:

- CommonName (cn) 一个记录项的公共名
- Country (c) 国家名
- Domain component (dc) 域组成部分
- Organization (o) 组织名
- OrganizationalUnitName (ou) 组织内的单位名

注意：

在目录服务器中，值 cn=OracleContext 是一个特殊记录项，它支持目录启用的(directory-enabled)功能特性，如目录命名。使用本章前面讨论的 Oracle Net Configuration Assistant 来创建 Oracle Context。

17.7.2 设置 Oracle Internet Directory

在前面详细说明过，可使用 Oracle Net Configuration Assistant 或 Oracle Net Manager 来执行初始配置任务。一旦建立了目录模式和 Oracle Context，可开始使用 Oracle Net Manager 向目录服务注册服务名。Oracle Context 区是存储与 Oracle 软件相关的所有信息的目录子树的根。

安装 Oracle Context 时，会创建两个实体：OracleDBCreators 和 OracleNetAdmins。创建带有 DN 为(cn=OracleDBCreators,cn=OracleContext)的 OracleDBCreators 实体。任何属于 OracleDBCreators 的成员的用户都可使用 Oracle Database Configuration Assistant 注册一个数据库服务器记录项或目录客户机记录项。指派为 OracleNetAdmins 的一个成员的用户可使用 Oracle Net Manager 创建、修改和删除网络服务名并修改数据库服务器的 Oracle Net 属性。如果你是一个目录管理员，可向这些组添加用户。

希望在目录中查找信息的客户机必须满足以下最低的要求：

- 必须配置它们使用目录服务器。
- 必须能在 Oracle Context 中访问 Oracle Net 记录项。
- 必须能在目录服务器上匿名验证身份。

客户程序可使用数据库服务器的公共名和网络服务记录项来执行查找，在连接字符串中可能还需要额外的目录位置信息。

17.8 使用 Easy Connect Naming

本章前文曾提到过，从 Oracle Database 10*g* 起，可使用 easy connect naming (轻松连接命名)方法来消除在 TCP/IP 环境中使用服务名文件的需要，事实上，可能根本不需要 tnsnames.ora 文件。通过在连接字符串中指定完整的连接信息，客户机可连接到一个数据库服务器，其格式如下面的 SQL*Plus CONNECT 命令所示：

```
connect username/password@[//]host[:port]
      [/service_name][/server][/instance_name]
```

连接标识符元素如下所示：

元素	说明
//	可选，为 URL 指定//
Host	必需，指定主机名或 IP 地址
Port	可选，指定端口或使用默认端口(1521)
service_name	可选，指定服务名。默认值是数据库服务器的主机名
server	可选，在 OCI 中也称为 connect_type，指定服务处理程序的类型：dedicated(专用的)、shared(共享的)或 pooled(组合的)
instance_name	可选，与 INSTANCE_NAME 初始化参数对应

例如，可使用这种语法连接到 LOC 服务：

```
connect username/ password@hq:1521/loc
```

为使用 easy connect naming，必须在客户机上安装 Oracle Net Services 10*g* 或更新的软件。必须使用 TCP/IP 协议，并且不支持要求更高级的连接描述符的特性。

警告：
Oracle Database 11g 和 12c 客户机和数据库不再支持使用 Oracle Names，但是，较早版本的客户机仍可以使用 Oracle Names 来解析 Oracle Database 10g 数据库的命名。

对于 URL 或 JDBC 连接，连接标识符的前缀是双斜杠(//)：

```
connect username/password@[//][host][:port][/service_name]
```

在安装时会自动配置 easy connect naming。在 sqlnet.ora 文件中，确保将 EZCONNECT 添加到 NAME.DIRECTORY_PATH 参数列表中的值列表中。对于 Oracle Database 11*g* 和更新版本的客户机安装，sqlnet.ora 文件的默认内容包括如下两行：

```
SQLNET.AUTHENTICATION_SERVICES= (NTS)
NAMES.DIRECTORY_PATH= (TNSNAMES, EZCONNECT)
```

换句话说，当解析服务名时，Oracle 客户机首先会尝试使用 tnsnames.ora 文件进行查找，然后使用 Easy Connect。

17.9 使用数据库链接

应该创建数据库链接来支持频繁使用的到远程数据库的连接。数据库链接指定将用于连接的连接描述符，还可指定要连接到的远程数据库中的用户名。

数据库链接通常用于创建通过服务器/服务器通信来访问远程数据库的本地对象(例如视图或同义名)。远程对象的本地同义名向本地用户提供了位置透明性。当 SQL 语句引用数据库链接时，它打开远程数据库中的一个会话并在那里执行 SQL 语句。然后返回数据，并且远程会话可能会保持打开，以便再次需要时可以使用它。数据库链接可创建为公用链接(由 DBA 创建的可由本地数据库中的所有用户使用的链接)或专用链接。

下例创建了一个称为 HR_LINK 的专用数据库链接：

```
create database link hr_link
  connect to hr identified by hr
  using 'loc';
```

如此示例所示，CREATE DATABASE LINK 命令有三个参数：

- 链接的名称(在该例子中是 HR_LINK)
- 要连接到的账户
- 网络服务名

通过向 CREATE DATABASE LINK 命令添加关键字 PUBLIC 可创建一条公用数据库链接，如下例所示：

```
create public database link hr_link
  connect to hr identified by hr
  using 'loc';
```

注意：

使用公用数据库链接的好做法包括使用 USING 子句而不是 CONNECT TO 子句。然后可创建一个同名的专用数据库链接，它包括 CONNECT TO 子句而不是 USING 子句。对于接下来的对数据的服务名的改变，只要求重新创建公用链接，而不需要改变专用链接和用户密码。

如果 LOC 实例转移到一个不同服务器上，只需要分发一个包含此更改的 tnsnames.ora 文件或通过修改目录服务器中的列表，就能将数据库链接重定向到 LOC 的新位置。通过使用本章前面介绍的 Oracle Net Configuration Assistant 工具或 Oracle Net Manager，可为 tnsnames.ora 文件或目录服务器生成修订的记录项。

为使用这些链接，只需要在命令中将它们作为后缀添加到表名上。下例使用 HR_LINK 数据库链接创建了一个远程表的本地视图：

```
create view local_employee_view
as
select * from employee@hr_link
where office='Annapolis';
```

该示例中的 FROM 子句引用 EMPLOYEE@HR_LINK。由于 HR_LINK 数据库链接指定了服务器名称、实例名和所有者名称，所以该表的全局对象名是已知的。如果没有指定账户名，将以用户的账户名来替代。如果创建 HR_LINK 而没有使用 CONNECT TO 子句，将使用当前的用户名和密码来连接远程数据库。

在该示例中，创建了一个视图以便限制用户能检索的记录。如果这种限制没必要，则可改为使用一个同义名。在下面的例子中会说明这种情况：

```
create public synonym employee for employee@hr_link;
```

查询本地公用同义名 EMPLOYEE 的本地用户会自动将他们的查询重定向到 HQ 服务器上 LOC 实例中的 EMPLOYEE 表，从而获得位置透明性。

默认情况下，一个单独的 SQL 语句最多能使用 4 个数据库链接。通过改动数据库的 SPFILE 或 init.ora 文件中的 OPEN_LINKS 参数可增加这一限制数量。如果此值设置为 0，则不允许分布式事务处理。

17.10　调整 Oracle Net

调整 Oracle Net 应用程序相当简单：在任何可能的情况下，减少通过网络传送的数据量，特别是对于联机事务处理应用程序而言。而且，要减少从数据库请求数据的次数。应采用的基本过程如下：

- 使用分布式对象，如物化视图，将静态数据复制到远程数据库中。
- 使用各种过程来减少通过网络传送的数据量。不期望来回反复传送数据，只需要返回过程的错误状态。
- 尽可能采用同构服务器来消除使用连接管理器的需要。
- 只对 OLTP 应用程序，使用共享的服务器来支持更多的带有更少进程的客户程序。

Oracle Net 使用的缓冲区大小应依据网络协议(如 TCP/IP)采用的分组尺寸。如果通过网络发送大的数据分组，分组可能需要分段。由于每个分组包含头信息，因此减少分组分段能降低网络通信量。

可调整服务层缓冲区的大小。服务层数据缓冲区的规范称为“会话数据单元”(Session Data Unit，SDU)；如果改变了它，则必须在客户机和服务器配置文件中指明这种情况。Oracle Net 将数据放在大小为 SDU 的缓冲区中，因此改变 SDU 的大小可能会改善性能。在 Oracle Database 11*g* 中，SDU 的默认大小是 8192，而在之前的版本中，SDU 的默认大小是 2048。在 Oracle Database 12*c* 中，对于客户机和专用服务器而言，默认 SDU 大小是 8192，对于共享服务器，则为 65 535。如果经常发送比这大得多的消息，可增大 SDU，最大不能超过 2MB。

要配置客户机使用非默认的 SDU，可向客户机配置文件添加新的 SDU 设置。对于应用到所有连接的改变，需要向 sqlnet.ora 文件添加如下参数：

```
DEFAULT_SDU_SIZE=32767
```

对于仅对特定的服务名所做的改变，需要在 tnsnames.ora 文件中修改相应的记录项：

```
LOC =(DESCRIPTION=
   (SDU=32767)
   (ADDRESS=
```

```
      (PROTOCOL=TCP)
      (HOST=HQ)
      (PORT=1521))
   (CONNECT DATA=
      (SERVICE_NAME=LOC)))
```

在数据库服务器上，配置 sqlnet.ora 文件中默认的 SDU 设置：

```
DEFAULT_SDU_SIZE=32767
```

对于共享的服务器进程，在实例初始化参数文件中向 DISPATCHERS 设置添加 SDU 设置：

```
DISPATCHERS="(DESCRIPTION=(ADDRESS=(PROTOCOL=tcp))(SDU=32767))"
```

对于专用的服务器进程，编辑 listener.ora 文件中的记录项：

```
SID_LIST_listener_name=
 (SID_LIST=
  (SID_DESC=
(SDU=32767)
(SID_NAME=loc)))
```

Oracle Net Service 为 Infiniband 高速网络(如 Oracle Exadata 和 Exalogic 一体机)提供 RDS (Reliable Datagram Sockets)和 SDP(Socket Direct Protocol)协议支持。使用 SDP 的应用程序将大多数通信负担放在网络接口卡上，从而减少了应用程序的 CPU 需求。如果正在使用 Infiniband 高速网络(例如用于应用层之间的通信)，可参考 Oracle 文档来了解硬件和软件配置的细节。

17.10.1 限制资源的使用

为限制未授权用户对系统的影响，可减少身份验证前保持资源的持续时间。本章前面列出的限制时间的参数有助于缓解由这些未授权的访问造成的性能问题。在 listener.ora 文件中，设置 INBOUND_CONNECT_TIMEOUT_*listener_name* 参数来终止在指定的时间期限内没有得到侦听程序验证的连接。失效的连接将记录到侦听程序日志文件中。在服务器端的 sqlnet.ora 文件中，设置 SQLNET.INBOUND_CONNECT_TIMEOUT 参数来终止在指定的时间间隔内不能建立并验证连接的连接尝试。设置服务器端的 SQLNET.INBOUND_CONNECT_TIMEOUT 参数值大于 listener.ora 文件中的 INBOUND_CONNECT_TIMEOUT_*listener_name* 参数值。

17.10.2 使用压缩

一旦调整了客户机和服务器之间的数据流量，可利用 Oracle Database 12*c* 中 Advanced Compression 包的新特性：Advanced Network Compression(高级网络压缩)。如果客户机和服务器有额外的 CPU 资源，那么压缩实际数据流将增加吞吐量，减少 Oracle Net 消息传递耗费的时间。

表 17-7 列出 sqlnet.ora 中用于实现 Advanced Network Compression 的设置。

表 17-7 sqlnet.ora 中的 Advanced Network Compression 设置

参　数	说　明
SQLNET.COMPRESSION	值为 ON 或 OFF，用于启用或禁用压缩。要进行压缩，必须在客户机和服务器上进行设置
SQLNET.COMPRESSION_LEVELS	将压缩级别指定为 LOW 或 HIGH。要使用高压缩级别，必须在客户机和服务器将其设置为 HIGH
SQLNET.COMPRESSION_THRESHOLD	指定压缩后的最小数据大小(单位为字节)，默认为 1024 字节

Advanced Network Compression 特性是 Oracle Advanced Compression 选项的一部分，因此，为使用该特性，必须获得使用 Advanced Compression 选项的许可。

17.10.3 调试连接问题

Oracle Net 连接要求正确地配置大量通信机制。连接涉及主机到主机通信、服务和数据库的正确标识，以及正确地配置侦听程序服务器进程。当使用 Oracle Net 出现连接问题的情况下，尽可能多地排除这些组成部件的问题是至关重要的。

首先要确保该连接设法到达的主机通过网络是可访问的，可通过 ssh 命令对此进行检查：

```
ssh host_name
```

如果此命令成功执行，则将提示你输入远程主机的用户名和密码。如果可使用 ping 命令，也可使用该命令来替代。下面的命令将检查远程主机是否可用并返回一个状态消息：

```
ping host_name
```

如果网络上的主机是可用的，则下一步检查侦听程序是否正在运行。可使用 Oracle 提供的 tnsping 实用程序来检验到远程数据库侦听程序的 Oracle Net 连接。tnsping 实用程序有两个参数——要连接的网络服务名(来自 tnsnames.ora)和尝试发起的连接数。tnsping 的输出将包括一个显示连接到远程数据库所需时间的清单。

例如，为确定是否可从 Windows 客户机访问 Linux Oracle 数据库服务器 tettnang，使用如下 tnsping 命令：

```
C:\> tnsping tettnang
TNS Ping Utility for 64-bit Windows: Version 12.1.0.1.0 -
   Production on 10-JAN-2014 09:12:36
Copyright (c) 1997, 2013, Oracle.  All rights reserved.
Used parameter files:
c:\app\orabase3\product\12.1.0\dbhome_1\network\admin\sqlnet.ora
Used EZCONNECT adapter to resolve the alias
Attempting to contact
   (DESCRIPTION=(CONNECT_DATA=(SERVICE_NAME=))
   (ADDRESS=(PROTOCOL=TCP)(HOST=10.6.160.207)(PORT=1521)))
OK (40 msec)
C:\>
```

注意，tnsping 如何在 Windows 系统中使用 Easy Connect 来获得服务器 tettnang 的 TCP/IP 地址，如何填充默认值，以及如何成功地定位 Linux 服务器上的侦听器。

除了 tnsping，还可以使用 trcroute 实用程序来发现连接采用的到远程数据库的路径。trcroute 实用程序(类似于 Linux 实用程序 traceroute)报告它经过的每个节点的 TNS 地址并报告出现的任何错误。该命令的格式如下：

```
trcroute net_service_name
```

在客户机/服务器通信中，调试连接问题的原则在这里也同样适用。首先，验证远程主机是可以访问的，用于客户机的大多数通信软件都包括 telnet 或 ping 命令。如果远程主机不可访问，则问题可能出现在客户端。验证其他客户机能访问驻留数据库的主机。如果它们能够访问，那么问题将定位到此客户机上。如果它们不能访问，问题则在服务器端，并应该检查服务器、它的侦听程序进程和它的数据库实例。

17.11 本章小结

除非在数据库控制台上完成所有工作，否则难免要在网络上使用 Oracle。因此，有必要了解将 Oracle Database 连接到其他 Oracle Database 或客户机的网络基础结构的所有组件。

根据网络的体系结构，可选择几种方法之一来连接数据库，如使用本地 tnsnames.ora 文件、Easy Connect 语法或企业 LDAP 服务器。无论哪种情况，都将在客户机上配置 sqlnet.ora 文件，来指定允许的连接方法。

连接的另一端是数据库，其侦听器将传递在服务器上运行的调度程序的连接请求。在群集环境中，DNS 服务器将有单个地址映射到群集中的每个节点。这将确保客户机连接的可用性和可靠性。

在 Oracle Database 12*c* 中，通过在客户机端和服务器端指定压缩级别，可极大地提高吞吐量。Advanced Network Compression 特性与数据库中的 Advanced Compression 实现类似：占用的带宽更小，执行压缩和解压缩操作的 CPU 开销极低。

第 18 章

管理大型数据库

在第 6 章中，我们讨论了大文件表空间，并说明了它们不仅使得数据库的总容量远大于以前 Oracle 版本中的容量，此外还通过将维护点从数据文件转移到表空间而方便了管理。

第 4 章概述了自动存储管理(ASM)以及它如何方便管理、增强性能和提高可用性。数据库管理员可向快速增长的超大型数据库(Very Large Database，VLDB)添加一个或多个磁盘卷，而不会降低实例的性能。

本章将重温许多这样的数据库特性，但将重点放在如何在 VLDB 环境中利用这些特性。尽管这些特性的确可在所有 Oracle 安装中提供好处，但它们尤其适用于大量耗费分配的磁盘空间量资源的数据库。首先，我们将审视隐藏在大文件表空间之后的一些概念，并深入研究如何使用一种新的 ROWID 格式来构造它们。还将说明可迁移表空间在 VLDB 环境中具有显著的优势，因为它们可避开在 Oracle9*i* 版本之前将表空间的内容从一个数据库转移到另一个数据库必须采用的一些导入/导出步骤。当 VLDB 环境中的表空间接近 EB(exabyte，10^{18}字节)规模时，传统的导出和导入操作要求的额外空间和执行导出所花费的时间都可能变得不能接受。如果使用 Oracle Database 11*g* 或 Oracle Database 12*c*，甚至可轻松地在不同硬件和软件平台之间移动表空间。

接下来将介绍在 VLDB 环境中常用到的各种非传统类型的(不是基于堆的)表。索引组织的表(Index-Organized Table，IOT)将传统表的最佳特性和索引的快速访问整合到一个段中。我们将通过一些示例来讲解当前在 Oracle 12*c* 中如何对 IOT 进行分区。全局临时表极大地减少了用于恢复的撤消表空间和重做日志的空间使用，因为表内容只需要保持一个事务处理或一个会话的持续时间。外部表使得访问非 Oracle 格式的数据变得很容易，就像数据是在一个表中一样。从 Oracle 10*g* 开始，可使用 Oracle Data Pump 来创建外部表，本章末尾会介绍这部分内容。最后，当使用直接路径 SQL*Loader 和 CREATE TABLE AS SELECT 语句加载数据行时，通过使用一种内部压缩算法可极大地减少一个表占用的空间量。

表和索引分区不仅可提高查询性能，而且允许在一个分区上执行维护操作时用户可以访问表的其他分区，从而大大改善了 VLDB 环境中表的可管理性。将介绍所有不同类型的分区模式，包括 Oracle 10*g* 中的一些新的分区特性：散列分区的全局索引、列表分区的 IOT 以及所有类型的分区 IOT 中对 LOB 的支持。Oracle 11*g* 为表提供了更多分区选项：列表-散列、列表-列表、列表-范围和范围-范围等组合分区类型。Oracle Database 11*g* 和 Oracle Database 12*c* 中的其他新分区模式包括自动间隔分区、引用分区、应用控制分区以及虚拟列分区。

从 Oracle 7.3 起就可以使用的位图索引不仅可改善列的基数较低的表的查询性能，而且可以为称为“位图连接索引”(bitmap join index)的特殊索引提供查询便利，这种索引在一个或多个列上预连接两个或多个表。Oracle 10*g* 消除了在涉及大量单行插入、更新或删除的环境中使用位图索引的一个现存的障碍：减轻了由于位图索引分割问题造成的性能下降。

18.1 在 VLDB 环境中创建表空间

在小型数据库(TB 范围(TB=10^{12}字节)或更小)中创建表空间需要考虑的注意事项同样适用于 VLDB 环境：将 I/O 分布到多个设备上、使用具有 RAID 功能的逻辑卷管理器(LVM)或使用 ASM。本节将讲解大文件表空间的更多细节和示例。由于一个大文件表空间只包含一个数据文件，存储在大文件表空间中的对象的 ROWID 格式是不同的，根据表空间的块尺寸，可以支持尺寸达 8EB(EB=10^{18}字节)的表空间。

大文件表空间最适合于使用 ASM、Oracle 管理文件(Oracle Managed Files，OMF)和带有快速恢复区的恢复管理器(Recovery Manager，RMAN)的环境中。请参见第 6 章以详细了解 ASM；第 14 章从命令行和 Enterprise Manager Cloud Control 的角度介绍了 RMAN，并利用快速恢复区来执行所有备份。最后，第 6 章从空间管理的角度介绍了 OMF。

接下来将深入介绍如何创建大文件表空间并说明它的特征。此外，将讨论大文件表空间对初始化参数和数据字典视图的影响。最后将说明在 Oracle 10*g* 中如何对 DBVERIFY 实用程序进行改进，以便分析一个单独的使用并行进程的大文件数据文件。

18.1.1 大文件表空间的基本知识

使用块尺寸为 32KB 的大文件表空间，一个数据文件的大小可达 128TB，并且最大的数据库容量可达 8EB。与此相反，一个只使用小文件表空间的数据库可以拥有的最大数据文件尺寸为 128GB，因此最大的数据库容量为 8PB(PB=10^{15} 字节)。由于一个大文件表空间只有一个数据文件，因此不必确定是否需要为表空间的单个数据文件添加数据文件。启用 AUTOEXTEND 后，将按你指定的增量来增加单个数据文件大小。如果正在使用 ASM 和 OMF，甚至不必知道单个数据文件的名称。

假定大多数平台的数据库中的数据文件的最大数量是 65 533，并且一个大文件表空间数据文件中的块数量是 2^{32}，可计算得到单个 Oracle 数据库的最大空间量(M)为：数据文件的最大数量(D)乘以每个数据文件中的最大块数量(F)再乘以表空间的块大小(B)：

```
M = D * F * B
```

因此，在给定最大块尺寸和数据文件最大数量的情况下，最大的数据库容量为：

```
65,535 数据文件 * 4,294,967,296 块/数据文件* 32,768 块尺寸 =
9,223,231,299,366,420,480 = 8EB
```

对于小文件表空间，小文件表空间数据文件中的块数量只有 2^{22}。因此，计算结果为：

```
65,535 数据文件* 4,194,304 块/数据文件* 32,768 块尺寸 =9,007,061,815,787,520 = 8PB
```

在表 18-1 中，可看到在给定表空间块尺寸的情况下，小文件表空间和大文件表空间的最大数据文件尺寸的比较。如果由于某种原因数据库大小接近 8EB，你可能考虑将表归档，或根据功能将数据库分割为多个数据库。即使对 2015 年最大的商用 Oracle 数据库，其范围为 PB，在短时间内也不大可能会突破 8EB 的限制！

表 18-1 表空间数据文件的最大尺寸

表空间块大小	小文件数据文件的最大尺寸	大文件数据文件的最大尺寸
2KB	8GB	8TB
4KB	16GB	16TB
8KB	32GB	32TB
16KB	64GB	64TB
32KB	128GB	128TB

18.1.2 创建和修改大文件表空间

这里给出在非 ASM 环境下创建大文件表空间的例子：

```
SQL> create bigfile tablespace dmarts
  2     datafile '+DATA' size 2500g
  3     autoextend on next 500g maxsize unlimited
  4     extent management local autoallocate
  5     segment space management auto;

Tablespace created.
```

在该例子中，可看到显式地设置了 EXTENT MANAGEMENT 和 SEGMENT SPACE MANAGEMENT，尽管 AUTO 是段空间管理的默认值。大文件表空间必须创建为本地管理并具有自动段空间管理。因为大文件表空间和小文件表空间的默认分配策略都是 AUTOALLOCATE(自动分配)，所以不需要指定。根据经验，AUTOALLOCATE 最适用于表的使用和增长模式不确定的表空间。第 6 章曾指出过，只有在知道表空间中的每个对象所需要的精确磁盘空间量以及盘区的数量和大小时才使用 UNIFORM 盘区管理。

即使大文件表空间的数据文件被设置为无限制的自动扩充，驻留数据文件的磁盘卷的空间仍可能是受限的。出现这种情况时，可能需要将表空间重新分配到一个不同的磁盘卷上。因此，在这里可看到使用 ASM 的优势：可方便地向驻留数据文件的磁盘组添加另一个磁盘卷，Oracle 将自动重新分布数据文件的内容并允许表空间的增长——所有这些操作都是在用户可使用数据库(和表空间自身)的时候进行的。

默认情况下，表空间创建为小文件表空间。在创建数据库时或使用 ALTER DATABASE 命令的任何时候，可指定默认的表空间类型，如下例所示：

```
SQL> alter database set default bigfile tablespace;
Database altered.
```

18.1.3 大文件表空间 ROWID 格式

为便于使用大文件表空间的较大地址空间，将一种新扩充的 ROWID 格式用于大文件表空间中表的行。首先，我们会介绍用于以前版本的 Oracle 和 Oracle 12*c* 中的小文件表空间的 ROWID 格式。小文件 ROWID 格式包括 4 部分：

```
OOOOOO FFF BBBBBB RRR
```

表 18-2 定义了小文件 ROWID 格式的每一部分。

表 18-2 小文件 ROWID 格式

小文件 ROWID 的组成部分	定　义
OOOOOO	标识数据库分段(如表、索引或物化视图)的数据对象编号
FFF	包含特定行的数据文件的表空间中的相对数据文件编号
BBBBBB	相对于数据文件的包含特定行的数据块
RRR	一个块中的行的槽号或行号

与此不同，大文件表空间只有一个数据文件并且它的相对数据文件编号总是 1024。因为相对数据文件编号是固定的，它没必要作为 ROWID 的一部分。因此，用于相对数据文件编号的 ROWID 部分可以用来扩充块编号字段的大小。将小文件相对数据文件编号(FFF)和小文件数据块编号(BBBBBB)连接在一起可得到一种新结构，称为“编码的块编号”(encoded block number)。因此，大文件 ROWID 的格式只包括三个部分：

```
OOOOOO LLLLLLLLL RRR
```

表 18-3 定义了大文件 ROWID 的每一部分。

表 18-3 大文件 ROWID 格式

大文件 ROWID 的组成部分	定 义
OOOOOO	标识数据库分段(如表、索引或物化视图)的数据对象编号
LLLLLLLLL	相对于表空间的编码的块编号，并且在表空间中是唯一的
RRR	一个块中行的槽号或行号

18.1.4 DBMS_ROWID 和大文件表空间

由于两种不同类型的表空间以及它们相应的 ROWID 格式目前可以共存于数据库中，因此对 DBMS_ROWID 包做出了一些改动。

除了一个新参数 TS_TYPE_IN 外，DBMS_ROWID 包中的过程名以及操作和以前一样，这个新参数用于标识一个特定的行属于哪种表空间类型：TS_TYPE_IN 可以是 BIGFILE 或 SMALLFILE。

为说明一个从大文件表空间的表中提取 ROWID 的例子，假定我们在名为 DMARTS 的大文件表空间中有一个称为 OE.ARCH_ORDERS 的表：

```
SQL> select tablespace_name, bigfile from dba_tablespaces
  2     where tablespace_name = 'DMARTS';

TABLESPACE_NAME                BIG
------------------------------ ---
DMARTS                         YES
```

和以前版本的 Oracle 以及 Oracle 11*g* 和 Oracle 12*c* 的小文件表空间中的表一样，可使用伪列 ROWID 来提取整个 ROWID，要注意 ROWID 的格式对于大文件表是不同的，即使 ROWID 的长度一样。下面这个查询还将以十进制格式提取块编号：

```
SQL> select rowid,
  2     dbms_rowid.rowid_block_number(rowid,'BIGFILE') blocknum,
  3     order_id, customer_id
  4  from oe.arch_orders
  5  where rownum < 11;

ROWID                BLOCKNUM   ORDER_ID CUSTOMER_ID
------------------ ---------- ---------- -----------
AAASAVAAAAAAAAAUAAA         20       2458         101
AAASAVAAAAAAAAAUAAB         20       2397         102
AAASAVAAAAAAAAAUAAC         20       2454         103
AAASAVAAAAAAAAAUAAD         20       2354         104
AAASAVAAAAAAAAAUAAE         20       2358         105
AAASAVAAAAAAAAAUAAF         20       2381         106
AAASAVAAAAAAAAAUAAG         20       2440         107
AAASAVAAAAAAAAAUAAH         20       2357         108
AAASAVAAAAAAAAAUAAI         20       2394         109
AAASAVAAAAAAAAAUAAJ         20       2435         144

10 rows selected.
```

对于 ORDER_ID 为 2358 的行，数据对象编号是 AAASAV，编码的块编号是 AAAAAAAAU，并且块中此行的行号或槽号是 AAE；转换得到的十进制块编号是 20。

注意：
ROWID 采用 base-64 编码。

在 DBMS_ROWID 包中，使用变量 TS_TYPE_IN 来指定表空间类型的其他过程是 ROWID_INFO 和 ROWID_RELATIVE_FNO。

ROWID_INFO 过程通过输出参数返回指定的 ROWID 的 5 种属性。在表 18-4 中，可看到 ROWID_INFO 过程的参数。

表 18-4 ROWID_INFO 的参数

ROWID_INFO 参数	说　明
ROWID_IN	将要描述的 ROWID
TS_TYPE_IN	表空间类型(SMALLFILE 或 BIGFILE)
ROWID_TYPE	返回 ROWID 类型(受限的或扩充的)
OBJECT_NUMBER	返回数据对象编号
RELATIVE_FNO	返回相对文件编号
BLOCK_NUMBER	返回该文件中的块编号
ROW_NUMBER	返回该块中的行号

在下面的示例中，将使用一个匿名的 PL/SQL 块来提取表 OE.ARCH_ORDERS 中一行的 OBJECT_NUMBER、RELATIVE_FNO、BLOCK_NUMBER 和 ROW_NUMBER 值。

```
variable object_number number
variable relative_fno number
variable block_number number
variable row_number number

declare
  oe_rownum   rowid;
  rowid_type  number;
begin
  select rowid into oe_rownum from oe.arch_orders
    where order_id = 2358 and rownum = 1;
  dbms_rowid.rowid_info (rowid_in => oe_rownum,
     ts_type_in => 'BIGFILE',
     rowid_type => rowid_type,
     object_number => :object_number,
     relative_fno => :relative_fno,
     block_number => :block_number,
     row_number => :row_number);
end;

PL/SQL procedure successfully completed.
```

```
SQL> print

OBJECT_NUMBER
-------------
        73749

RELATIVE_FNO
------------
        1024

BLOCK_NUMBER
------------
          20

ROW_NUMBER
----------
         4

SQL>
```

需要注意，正如在前面使用 DBMS_ROWID.ROWID_BLOCK_NUMBER 函数的例子中看到的那样，对于大文件表空间，RELATIVE_FNO 的返回值总是 1024，并且 BLOCK_ NUMBER 是 20。

18.1.5 将 DBVERIFY 用于大文件表空间

从 Oracle 版本 7.3 起就可以使用的 DBVERIFY 实用程序检查脱机数据库的逻辑完整性。应用的文件只能是数据文件，DBVERIFY 不能分析联机重做日志文件或归档重做日志文件。在以前版本的 Oracle 中，通过使用多个 DBVERIFY 命令，可并行分析一个表空间的所有数据文件。但是，由于一个大文件表空间只有一个数据文件，因此已对 DBVERIFY 进行了增强，使其能并行地分析一个大文件表空间的部分数据文件。

在 Unix 或 Windows 提示符下使用 dbv 命令时，可使用两个新参数：START 和 END，它们分别表示要分析的文件的第一个块和最后一个块。因此，需要知道大文件表空间的数据文件中有多少块，可通过动态性能视图 V$DATAFILE 来解决该问题，如下例所示：

```
SQL> select file#, blocks, name from v$datafile;

     FILE#     BLOCKS NAME
---------- ---------- --------------------------------------------------
         1      96000 +DATA/dw/datafile/system.256.630244579
         2     109168 +DATA/dw/datafile/sysaux.257.630244581
         3       7680 +DATA/dw/datafile/undotbs1.258.630244583
         4        640 +DATA/dw/datafile/users.259.632441707
         5      12800 +DATA/dw/datafile/example.265.630244801
         6      64000 +DATA/dw/datafile/users_crypt.267.630456963
         7      12800 +DATA/dw/datafile/inet_star.268.632004213
         8       6400 +DATA/dw/datafile/inet_intl_star.269.632009933
         9       6400 /u02/oradata/xport_dw.dbf
        10       3200 +DATA/dw/datafile/dmarts.271.633226419
```

```
10 rows selected.
```

在下一个示例中，将了解如何分析数据文件#9，这是数据库中另一个大文件表空间 XPORT_DW 的一个数据文件。在操作系统命令提示符下，可以使用 5 个并发进程来分析此文件，除了最后一个进程外，每个进程处理 500 个块：

```
$ dbv file=/u02/oradata/xport_dw.dbf start=1 end=1500 &
[1] 6444
$ dbv file=/u02/oradata/xport_dw.dbf start=1501 end=3000 &
[2] 6457
$ dbv file=/u02/oradata/xport_dw.dbf start=3001 end=4500 &
[2] 6466
$ dbv file=/u02/oradata/xport_dw.dbf start=4501 end=6000 &
[2] 6469
$ dbv file=/u02/oradata/xport_dw.dbf start=6001 &
[5] 6499
```

在第 5 个命令中，我们没有指定 end=；如果不指定 end=，即认为从此文件的起点到结尾对数据文件进行分析。所有这 5 个命令并行运行。也可对 ASM 磁盘组中的数据文件运行 DBVERIFY，如下例所示：

```
[oracle@kthanid ~]$ dbv file='+data12c/bob/datafile/users.259.863215269' \
                          start=1 end=1000


DBVERIFY: Release 12.1.0.2.0 - Production on Mon Nov 17 07:44:05 2014
Copyright (c) 1982, 2014, Oracle and/or its affiliates.  All rights reserved.
DBVERIFY - Verification starting : FILE =
     +data12c/bob/datafile/users.259.863215269

DBVERIFY - Verification complete

Total Pages Examined         : 640
Total Pages Processed (Data) : 68
Total Pages Failing   (Data) : 0
Total Pages Processed (Index): 33
Total Pages Failing   (Index): 0
Total Pages Processed (Lob)  : 2
Total Pages Failing   (Lob)  : 0
Total Pages Processed (Other): 520
Total Pages Processed (Seg)  : 0
Total Pages Failing   (Seg)  : 0
Total Pages Empty            : 17
Total Pages Marked Corrupt   : 0
Total Pages Influx           : 0
Total Pages Encrypted        : 0
Highest block SCN            : 0 (0.0)
[oracle@kthanid ~]$
```

18.1.6　大文件表空间的初始化参数需要考虑的因素

尽管大文件表空间没有新的特有初始化参数，但可潜在地缩减一个初始化参数和一个 CREATE DATABASE 参数的值，因为每个大文件表空间只需要一个数据文件。该初始化参数是 DB_FILES，CREATE DATABASE 的参数是 MAXDATAFILES。

1. DB_FILES 和大文件表空间

前面已经说明过，DB_FILES 是数据库可以打开的数据文件的最大数量。如果使用大文件表空间来替代小文件表空间，该参数值可能会降低。由于存在更少的要维护的数据文件，因此会降低系统全局区(System Global Area，SGA)的内存需求。

2. MAXDATAFILES 和大文件表空间

当创建新的数据库或新的控制文件时，可使用 MAXDATAFILES 参数来控制分配的用于维护有关数据文件信息的控制文件部分的大小。使用大文件表空间，可减少控制文件的大小和数据文件信息所需的 SGA 空间量。更重要的是，在使用大文件表空间的情况下，相同的 MAXDATAFILES 参数值意味着更大的数据库总容量。

18.1.7　大文件表空间数据字典的变化

采用大文件表空间会引起数据字典视图的变化，这些变化包括 DATABASE_PROPERTIES 中有一个新行，DBA_TABLESPACES 和 USER_TABLESPACES 中有一个新列。

1. DATABASE_PROPERTIES 和大文件表空间

顾名思义，数据字典视图 DATABASE_PROPERTIES 包含关于数据库的很多特征，如默认的和永久的表空间的名称以及各种 NLS 设置。由于大文件表空间的存在，在 DATABASE_PROPERTIES 中有一个新的 DEFAULT_TBS_TYPE 属性，如果在 CREATE TABLESPACE 命令中没有指定类型，那么该属性指示数据库的默认表空间类型。在下例中，可找到默认的新表空间类型：

```
SQL> select property_name, property_value, description
  2      from database_properties
  3  where property_name = 'DEFAULT_TBS_TYPE';

PROPERTY_NAME        PROPERTY_VALUE    DESCRIPTION
-------------------- ---------------- ------------------------
DEFAULT_TBS_TYPE     BIGFILE          Default tablespace type

1 row selected.
```

2. *_TABLESPACES、V$TABLESPACE 和大文件表空间

数据字典视图 DBA_TABLESPACES 和 USER_TABLESPACES 拥有一个新列 BIGFILE。如果对应的表空间是大文件表空间，则该列的值为 YES，正如本章前面在对 DBA_TABLESPACES 的查询中看到的那样。动态性能视图 V$TABLESPACE 也包含该列。

18.2 高级的 Oracle 表类型

在 VLDB 环境中，许多其他的表类型可带来很多好处。例如，索引组织的表消除了使用表和它对应的索引的需要，而使用一个单独的结构来替代它们，该结构看起来像索引，但又像表一样包含数据。全局临时表创建了一个可供所有数据库用户使用的公用的表定义。在 VLDB 中，使用可由上千个用户共享的全局临时表要好于每个用户创建他们各自的表定义，潜在地将更多的空间压力放在了数据字典上。外部表允许在数据库外面使用基于文本的文件，而实际上不用将数据存储在 Oracle 表中。顾名思义，分区表将表和索引存储在分离的分区上，以便保持表的高可用性，同时保持低的维护时间。最后，物化视图预先聚集来自视图的查询结果，并将查询结果存储在本地表中。使用物化视图的查询的运行速度可能会明显加快，因为不需要重新创建执行视图而得到的结果。下面将按不同的详细程度介绍所有这些表类型。

18.2.1 索引组织的表

可将索引和表数据一起存储在一个称为“索引组织的表”(Index-Organized Table，IOT)的表中。使用 IOT 可显著减少磁盘空间的使用，因为不需要存储索引的列两次(一次存在表中，一次存在索引中)。相反，只需要将它们和其他任何非索引的列存储在 IOT 中一次。IOT 适用于基本访问方法是通过主键进行访问的那些表，但允许在 IOT 的其他列上创建索引以改善通过这些列的访问性能。

下例将创建一个带有两部分(组合的)主键的 IOT：

```
create table oe.sales_summ_by_date
(    sales_date       date,
     dept_id         number,
     total_sales      number(18,2),
     constraint ssbd_pk primary key
        (sales_date, dept_id))
organization index tablespace xport_dw;
```

此 IOT 中的每个记录项包含日期、部门编号和当天的总销售额。所有这三列都存储在每个 IOT 的行中，但是只根据日期和部门编号来建立 IOT。只使用一个段来存储一个 IOT；如果在该 IOT 上建立二级索引，将创建一个新段。

由于 IOT 中的整个行存储为索引本身，因此没有用于每个行的 ROWID。主键用来标识一个 IOT 中的行。与此不同，Oracle 根据主键的值来创建逻辑 ROWID，逻辑 ROWID 用于支持 IOT 上的二级索引。

如果仍希望为经常访问的列集使用 IOT，但还包含大量不常访问的非索引列，可通过指定 INCLUDING 和 OVERFLOW TABLESPACE 子句，在溢出段中包含这些列，如下例所示：

```
create table oe.sales_summ_by_date_full
(    sales_date       date,
     dept_id          number,
     total_sales      number(18,2),
     total_tax        number(18,2),
     country_code     number(8),
```

```
    constraint ssbd2_pk primary key
        (sales_date, dept_id))
organization index
including total_sales
tablespace xport_dw
overflow tablespace xport_ov;
```

以 TOTAL_TAX 开头的列将存储在 XPORT_OV 表空间中的溢出段中。

使用 IOT 不需要特殊语法。尽管 IOT 的建立和维护非常类似于索引，但对于任何 SQL SELECT 语句或其他 DML 语句，它表现为一个表。此外，可对 IOT 进行分区。

18.2.2　全局临时表

从 Oracle8*i* 起就可以使用临时表。在此，“临时”是就存储在表中的数据而言的，而不是表的定义自身。CREATE GLOBAL TEMPORARY TABLE 命令可创建一个临时表。所有对该表本身拥有权限的用户能在临时表上执行 DML。但是，每个用户在该表中只能看到他们自己的数据。当用户删节临时表时，只从表中删除他插入的数据。在大量用户需要一个表来存放其会话或事务处理的临时数据，同时只需要数据字典中的一个表定义的情况下，全局临时表是有用的。在表恢复的情况下，全局临时表还有额外的好处，可减少表中记录项所需的重做和撤消空间。全局临时表中的记录项本身不是永久性的，因此在实例或介质恢复过程中不必恢复它们。

在临时表中存在两类临时数据：在事务处理期间的临时数据，以及在会话期间的临时数据。临时数据的寿命由 ON COMMIT 子句来控制。当发出 COMMIT 或 ROLLBACK 命令时，ON COMMIT DELETE ROWS 删除临时表中的所有行，ON COMMIT PRESERVE ROWS 可在超过事务处理期限后仍保持表中的行。但当用户的会话终结时，将删除临时表中用户的所有行。

下例创建一个全局临时表来保存一些事务处理过程中的中间性的总计额。下面给出用来创建该表的 SQL 命令：

```
SQL> create global temporary table subtotal_hrs
  2    (emp_id           number,
  3     proj_hrs         number)
  4  on commit delete rows;

Table created.
```

为说明该例子，将创建一个永久表来保存给定日期的按项目和职工核算的总的工作小时数。这里给出创建该永久表的 SQL 命令：

```
SQL> create table total_hours (emp_id number, wk_dt date, tot_hrs number);
```

接下来，将使用全局临时表来保存中间结果，并在事务处理结束时将总计额存储在 TOTAL_HOURS 表中。这里给出执行的命令序列：

```
SQL> insert into subtotal_hrs values (101, 20);
1 row created.

SQL> insert into subtotal_hrs values (101, 10);
1 row created.
```

```
SQL> insert into subtotal_hrs values (120, 15);
1 row created.

SQL> select * from subtotal_hrs;

    EMP_ID   PROJ_HRS
---------- ----------
       101         20
       101         10
       120         15

SQL> insert into total_hours
  2     select emp_id, sysdate, sum(proj_hrs) from subtotal_hrs
  3        group by emp_id;
2 rows created.

SQL> commit;
Commit complete.

SQL> select * from subtotal_hrs;
no rows selected

SQL> select * from total_hours;

    EMP_ID WK_DT        TOT_HRS
---------- --------- ----------
       101 19-AUG-04         30
       120 19-AUG-04         15

SQL>
```

需要注意，执行 COMMIT 命令后，数据行仍保留在 TOTAL_HOURS 表中，但不再保留在 SUBTOTAL_HRS 表中，因为在创建该表时我们指定了 ON COMMIT DELETE ROWS。

注意：
只要当前没有会话向全局临时表中插入行，就可以在全局临时表上执行 DDL。

使用临时表时还要记住其他几个注意事项。尽管可在临时表上创建索引，但和常规的表一样，会随同数据行一起删除索引中的记录项。而且，由于临时表中的数据的临时特性，不会为临时表上的 DML 产生与恢复相关的重做信息。但在撤消表空间和重做信息中创建的撤消信息可以保护撤消。如果要做的所有操作是对全局临时表执行插入和选择，那么生成的重做数据极少。由于表定义本身不是临时的，因此将在会话之间维持表定义，直到显式地删除它。

从 Oracle Database 12*c* 开始，全局临时表上的统计数据可专用于会话。如果一个会话与其他会话相比，全局临时表的内容和基数相差极大，这将是十分重要的。在 Oracle Database 11*g* 中，全局临时表只有一组统计数据，对于包含全局临时表的查询而言，这使得查询优化变得更难。

18.2.3 外部表

有时希望访问驻留在数据库之外的以文本格式存在的数据，但又希望能像数据库中的表那样来使用这些数据。尽管可使用诸如 SQL*Loader 的实用程序将表加载到数据库中，但是数据可能非常容易变化或者用户群可能不具备在 Windows 或 Unix 命令行上执行 SQL*Loader 的技能。

为满足这些需求，可使用外部表(external table)。外部表是只读的表，它的定义存储在数据库内，但是它的数据保存在数据库的外面。使用外部表有少数几个缺点：不能索引外部表并且不能对外部表执行 UPDATE、INSERT 和 DELETE 语句。但在数据仓库环境中，完整地读取一个外部表用于执行和一个现有的表的合并操作时，并不会暴露这些缺点。

在一个不能访问产品数据库的基于 Web 的前端中，可使用外部表来收集员工的意见。在该示例中，将创建一个外部表，它引用一个文本文件，该文件包含两个字段：员工 ID 和意见。

首先，必须创建一个目录对象(directory object)，它指向存储该文本文件的操作系统目录。在该例中，将创建 EMPL_COMMENT_DIR 目录来引用 Unix 文件系统上的一个目录，如下所示：

```
SQL> create directory empl_comment_dir as
  2    '/u10/Employee_Comments';
Directory created.
```

该目录中文本文件名为 empl_sugg.txt，如下所示：

```
$ cat empl_sugg.txt
101, The cafeteria serves lousy food.
138, We need a raise.
112, There are not enough bathrooms in Building 5.
138, I like the new benefits plan.
$
```

由于该文本文件有两个字段，因此将创建带有两个列的外部表，第一列是员工编号，第二列是意见内容的文本。这里给出了 CREATE TABLE 命令：

```
SQL> create table empl_sugg
  2    (employee_id    number,
  3     empl_comment   varchar2(250))
  4  organization external
  5    (type oracle_loader
  6     default directory empl_comment_dir
  7     access parameters
  8     (records delimited by newline
  9      fields terminated by ','
 10      (employee_id    char,
 11       empl_comment   char)
 12     )
 13     location('empl_sugg.txt')
 14    );
Table created.
SQL>
```

该命令的前 3 行看起来像标准的 CREATE TABLE 命令。ORGANIZATION EXTERNAL 子句指明该表的数据存储在数据库的外面。使用 oracle_loader 子句指定访问驱动程序(access driver)按照只读方式创建并加载一个外部表。在 LOCATION 子句中指定的文件 empl_sugg.txt 位于以前创建的 ORACLE 目录 empl_comment_dir 中。access parameters 指定表中的每一行都在文本文件中其各自的数据行上，并通过逗号来分隔文本文件中的字段。

注意：

使用 oracle_datapump 而不是 oracle_loader 的访问驱动程序，允许将数据卸载到一个外部表中。除了这种最初的卸载外，只有通过 oracle_datapump 访问驱动程序才能对外部表进行读访问，并且此外部表具有和使用 oracle_loader 访问驱动程序创建的外部表相同的限制。

一旦创建该表，可立即通过 SELECT 语句访问数据，就像已将数据加载到一个实际的表中，可在下面这个示例中看到这种情况：

```
SQL> select * from empl_sugg;

EMPLOYEE_ID EMPL_COMMENT
----------- -------------------------------------------------------
        101 The cafeteria serves lousy food.
        138 We need a raise.
        112 There are not enough bathrooms in Building 5.
        138 I like the new benefits plan.

SQL>
```

下次执行 SELECT 语句时，对该文本文件所做的任何改动都将自动生效。

18.2.4 分区表

在 VLDB 环境中，分区表有助于提高数据库的可用性和可维护性。将一个分区表划分成许多便于管理的称为“分区”的部分，分区又可以进一步细分成子分区。分区表上对应的索引可能是未分区的，可以使用与分区表相同或不同的方式对它们进行分区。

分区表还可改善数据库的性能：可使用并行操作来访问分区表的每个分区。可将多个并行执行的服务器分配给表的不同分区或分配给不同的索引分区。

考虑到性能方面的原因，一个表的每个分区可以并且应该驻留在它自己的表空间中。分区的其他属性(如存储特征)可以不同；但每个分区的列数据类型和约束必须相同。换句话说，像数据类型和检查约束这样的特性属于表级属性而不是分区级属性。将一个分区表的分区存储在不同的表空间中的其他优点包括如下几个方面：

- 如果一个表空间受损，能减少在多个分区中数据受损的可能性。
- 每个分区可独立地备份和恢复。
- 可更大程度地控制分区到物理设备的映射，以平衡 I/O 负载。在 ASM 环境中，甚至可将每个分区放在不同的磁盘组中。但一般而言，Oracle 建议使用两个磁盘组，一个用于用户数据，另一个用于闪回和恢复数据。在典型的基于 RAID 的磁盘组中，应将分区限制到数十个或数百个磁盘的子集上。

分区对应用程序是透明的，并且利用分区不需要改变 SQL 语句。但在有些情况下指定分区是有利的，可在一个 SQL 语句中指定表名和分区名，这提高了解析和 SELECT 语句的性能。在本章后面的“分割、添加和删除分区”部分中会讲解在 SELECT 语句中使用明确的分区名的语法示例。

1. 创建分区表

在 Oracle 数据库中可采用多种分区的方法，其中一些方法是 Oracle Database 10*g* 新增加的，例如列表分区索引组织的表(IOT)。还有一些方法是 Oracle Database 11*g* 新增加的，例如列表-散列、列表-列表、列表-范围和范围-范围等组合分区。接下来将介绍范围分区、散列分区、列表分区、6 种组合分区以及间隔分区、引用分区、应用控制分区和虚拟列分区的基本知识。还会讲解如何有选择地压缩表中的分区来节省 I/O 和磁盘空间。Oracle Database 12*c* 添加了另一类新分区：间隔引用分区。

使用范围分区 范围分区根据要分区的表中的一列或多列的范围将行映射到分区上。而且，要分区的行应该很均匀地分布在每个分区中，例如，按照一年中的每个月份或季度。如果正分区的列是不对称的(例如，按每个州代码内的人口来分区)，那么采用另一种分区方法可能更合适。

为使用范围分区，必须指定如下三个标准：

- 分区的方法(范围)
- 分区的一列或多列
- 每个分区的界限

在下例中，希望根据季节来分区目录请求表 CAT_REQ，总共得到每年 4 个分区：

```
create table cat_req
   (cat_req_num      number not null,
    cat_req_dt       date not null,
    cat_cd           number not null,
    cust_num         number null,
    req_nm           varchar2(50),
    req_addr1        varchar2(75),
    req_addr2        varchar2(75),
    req_addr3        varchar2(75))
partition by range (cat_req_dt)
   (partition cat_req_spr_2014
        values less than (to_date('20140601','YYYYMMDD'))
        tablespace prd01,
    partition cat_req_sum_2014
        values less than (to_date('20140901','YYYYMMDD'))
        tablespace prd02,
    partition cat_req_fal_2014
        values less than (to_date('20141201','YYYYMMDD'))
        tablespace prd03,
    partition cat_req_win_2015
        values less than (maxvalue)
        tablespace prd04);
```

在上一例子中，分区方法是 range(范围)，分区的列是 REQ_DATE，并且 VALUES LESS THAN 子句指定了一年中每个季节的日期对应的界限：3 月~5 月(分区 CAT_REQ_SPR_2014)、6 月~8 月(分区 CAT_REQ_SUM_2014)、9 月~11 月(分区 CAT_REQ_FAL_2014)以及 12 月~2 月(分区 CAT_REQ_WIN_2015)。每个分区存储在各自的表空间中——PRD01、PRD02、PRD03

或 PRD04。

使用 MAXVALUE 来得到 12/1/2014 后的任何日期值。如果已经指定 TO_DATE('20150301', ' YYYYMMDD')作为第 4 个分区的上限，那么希望插入日期值在 2/28/2015 之后的行的任何尝试都会失败。相反，插入的日期值在 6/1/2014 之前的任何行都属于分区 CAT_REQ_SPR_2014，甚至包括目录请求日期为 10/1/1963 的行。这是一种需要前端应用程序对数据验证提供一些帮助的情况，包括日期的下限和上限。

数据字典视图 DBA_TAB_PARTITIONS 显示了 CAT_REQ 表的分区组成部分，如在下面的查询中看到的那样：

```
SQL> select table_owner, table_name,
  2      partition_name, tablespace_name
  3  from dba_tab_partitions
  4  where table_name = 'CAT_REQ';

TABLE_OWNER     TABLE_NAME   PARTITION_NAME       TABLESPACE_NAME
--------------- ------------ -------------------- ---------------
OE              CAT_REQ      CAT_REQ_FAL_2014     PRD03
OE              CAT_REQ      CAT_REQ_SPR_2014     PRD01
OE              CAT_REQ      CAT_REQ_SUM_2014     PRD02
OE              CAT_REQ      CAT_REQ_WIN_2015     PRD04

4 rows selected.
```

在相同的数据字典视图中，当创建分区表时可以查找在 VALUES LESS THAN 子句中使用的日期，如在下面的查询中看到的那样：

```
SQL> select partition_name, high_value
  2     from dba_tab_partitions
  3  where table_name = 'CAT_REQ';

PARTITION_NAME       HIGH_VALUE
-------------------- ----------------------------------------
CAT_REQ_FAL_2014     TO_DATE(' 2014-12-01 00:00:00', 'SYYYY-M
                     M-DD HH24:MI:SS', 'NLS_CALENDAR=GREGORIA
                     N')

CAT_REQ_SPR_2014     TO_DATE(' 2014-06-01 00:00:00', 'SYYYY-M
                     M-DD HH24:MI:SS', 'NLS_CALENDAR=GREGORIA
                     N')

CAT_REQ_SUM_2014     TO_DATE(' 2014-09-01 00:00:00', 'SYYYY-M
                     M-DD HH24:MI:SS', 'NLS_CALENDAR=GREGORIA
                     N')

CAT_REQ_WIN_2015     MAXVALUE

4 rows selected.
```

按照类似的方式，可使用数据字典视图 DBA_PART_KEY_COLUMNS 来查找用来对表进行分区的列，如下面的示例所示：

```
SQL> select owner, name, object_type, column_name,
  2      column_position from dba_part_key_columns
  3  where owner = 'OE' and name = 'CAT_REQ';

OWNER     NAME          OBJECT_TYPE    COLUMN_NAME     COL
--------- ------------- -------------- --------------- ---
OE        CAT_REQ       TABLE          CAT_REQ_DT        1

1 row selected.
```

本章后面的“管理分区”部分中将说明如何修改一个分区表的分区。

使用散列分区　如果数据的分布不能轻易地匹配范围分区模式或者不知道表中的行数，但又希望得到分区表固有的好处，在这种情况下采用散列分区是一种较好的选择。基于使用主键作为输入的内部散列算法，将数据行均匀地分布到两个或更多分区上。分区列中的值越明确，各分区上的行的分布就越好。

为使用散列分区，必须指定如下三个标准：

- 分区的方法(散列)
- 分区的一列或多列
- 分区的数量和用来存储分区的目标表空间的一个列表

对于该示例，创建一个新的顾客表，使用一个序列来生成它的主键。希望新行均匀地分布在 4 个分区上，因此散列分区将是最好的选择。下面是用来创建一个散列分区表的 SQL 语句：

```
create table oe.cust
    (cust_num       number not null primary key,
     ins_dt         date,
     first_nm       varchar2(25),
     last_nm        varchar2(35),
     mi             char(1),
     addr1          varchar2(40),
     addr2          varchar2(40),
     city           varchar2(40),
     state_cd       char(2),
     zip_cd         varchar2(10))
partition by hash (cust_num)
partitions 4
store in (prd01, prd02, prd03, prd04);
```

不必指定和表空间相同数量的分区。如果指定的分区数多于表空间，则会按照循环的方式将表空间重用于随后的分区。如果指定的分区数少于表空间，则将忽略表空间列表末尾的多余的表空间。

如果运行与范围分区所运行的查询相同的查询，可能会发现一些意外结果，如下面的查询所示：

```
SQL> select partition_name, tablespace_name, high_value
  2  from dba_tab_partitions
  3  where table_name = 'CUST';

PARTITION_NAME        TABLESPACE_NAME HIGH_VALUE
```

```
-------------------- --------------- --------------------
SYS_P1130            PRD01
SYS_P1131            PRD02
SYS_P1132            PRD03
SYS_P1133            PRD04

4 rows selected.
```

由于正在使用散列分区，HIGH_VALUE 列是 NULL。

提示：

Oracle 强烈建议散列分区表中的分区数量是 2 的乘方，这样就可以均匀地分布每个表中的行。Oracle 用分区键的低序位来确定行的目标分区。

使用列表分区 通过指定分区列中的离散值，列表分区可显式地控制分区列中的每个值映射到分区的方式。范围分区通常不适合于没有自然的或连续的数值范围的离散值，如州代码。散列分区不适合将离散值分配到某个特定分区中，因为按照它的特性，散列分区可能会将多个相关的离散值映射到不同的分区中。

为使用列表分区，必须指定如下三个标准：

- 分区方法(列表)
- 分区列
- 分区名，并且每个分区与一个将其存入分区的离散的字面值列表相关联

注意：

从 Oracle 10*g* 起，列表分区可以用于带有 LOB 列的表。

在下例中，将根据销售区域使用列表分区把数据仓库的销售信息记录到三个分区中，销售区域分别是：中西部、西海岸和美国的其余地区。这里给出了CREATE TABLE命令：

```
create table oe.sales_by_region_by_day
     (state_cd          char(2),
      sales_dt          date,
      sales_amt         number(16,2))
partition by list (state_cd)
    (partition midwest values ('WI','IL','IA','IN','MN')
         tablespace prd01,
     partition westcoast values ('CA','OR','WA')
         tablespace prd02,
     partition other_states values (default)
         tablespace prd03);
```

Wisconsin、Illinois 和中西部其他州的销售信息将存储在 MIDWEST 分区中；California、Oregon 和 Washington 州的销售信息会存储在 WESTCOAST 分区。州代码的任何其他值，如 MI，将会存储在表空间 PRD03 中的 OTHER_STATES 分区内。

使用范围-散列组合分区 顾名思义，范围-散列分区首先按范围方法使用范围分区来划分行，然后在每个范围内使用散列方法对行划分子分区。范围-散列组合分区适合于历史数据，可获得的额外好处包括增加可管理性以及将数据放在更多数量的分区中。

为使用范围-散列组合分区，必须指定以下标准：

- 主分区方法(范围)
- 范围分区的列
- 标识分区界限的分区名
- 子分区方法(散列)
- 子分区列
- 每个分区的子分区的数量或子分区名

在下例中，将跟踪家用和园艺工具的租用情况。每个工具通过一个唯一的工具编号来标识。在任何给定时间，只有约 400 件工具可供租用，尽管暂时可能会略微超过 400 件工具。对于每个分区，我们希望通过散列分区得到 8 个子分区，在散列算法中使用工具名。这些子分区将分布在 4 个表空间上：PRD01、PRD02、PRD03 和 PRD04。下面给出用来创建范围-散列分区表的 CREATE TABLE 命令：

```
create table oe.tool_rentals
  (tool_num      number,
   tool_desc     varchar2(50),
   rental_rate   number(6,2))
partition by range (tool_num)
   subpartition by hash (tool_desc)
   subpartition template (subpartition s1 tablespace prd01,
                          subpartition s2 tablespace prd02,
                          subpartition s3 tablespace prd03,
                          subpartition s4 tablespace prd04,
                          subpartition s5 tablespace prd01,
                          subpartition s6 tablespace prd02,
                          subpartition s7 tablespace prd03,
                          subpartition s8 tablespace prd04)
(partition tool_rentals_p1 values less than (101),
 partition tool_rentals_p2 values less than (201),
 partition tool_rentals_p3 values less than (301),
 partition tool_rentals_p4 values less than (maxvalue));
```

范围分区仅是逻辑上的。共有 32 个物理分区，每个物理分区对应于模板列表中的逻辑分区和子分区的一种组合。需要注意 SUBPARTITION TEMPLATE 子句，该模板用于在每个没有明确规定子分区的分区中创建子分区。如果为每个分区显式地指定子分区，确实可节省时间并减少输入错误。作为替换方法，如果不需要显式地命名子分区，可指定如下子句：

```
subpartitions 8 store in (prd01, prd02, prd03, prd04)
```

对任何分区表而言，在 DBA_TAB_SUBPARTITIONS 中可获得物理分区信息。下面是一个查询，用来查找 TOOL_RENTALS 表的分区组成部分：

```
SQL> select table_name, partition_name, subpartition_name,
  2       tablespace_name
  3  from dba_tab_subpartitions
  4  where table_name = 'TOOL_RENTALS';
```

```
TABLE_NAME      PARTITION_NAME        SUBPARTITION_NAME       TABLESPACE
--------------- --------------------- ----------------------- ----------
TOOL_RENTALS    TOOL_RENTALS_P1       TOOL_RENTALS_P1_S1      PRD01
TOOL_RENTALS    TOOL_RENTALS_P1       TOOL_RENTALS_P1_S2      PRD02
TOOL_RENTALS    TOOL_RENTALS_P1       TOOL_RENTALS_P1_S3      PRD03
TOOL_RENTALS    TOOL_RENTALS_P1       TOOL_RENTALS_P1_S4      PRD04
TOOL_RENTALS    TOOL_RENTALS_P1       TOOL_RENTALS_P1_S5      PRD01
TOOL_RENTALS    TOOL_RENTALS_P1       TOOL_RENTALS_P1_S6      PRD02
TOOL_RENTALS    TOOL_RENTALS_P1       TOOL_RENTALS_P1_S7      PRD03
TOOL_RENTALS    TOOL_RENTALS_P1       TOOL_RENTALS_P1_S8      PRD04
TOOL_RENTALS    TOOL_RENTALS_P2       TOOL_RENTALS_P2_S1      PRD01
TOOL_RENTALS    TOOL_RENTALS_P2       TOOL_RENTALS_P2_S2      PRD02
. . .
TOOL_RENTALS    TOOL_RENTALS_P4       TOOL_RENTALS_P4_S8      PRD04

32 rows selected.
```

在逻辑分区级，仍需要查询 DBA_TAB_PARTITIONS 来获得范围值，正如在下面的查询中看到的那样：

```
SQL> select table_name, partition_name,
  2        subpartition_count, high_value
  3   from dba_tab_partitions
  4  where table_name = 'TOOL_RENTALS';

TABLE_NAME        PARTITION_NAME      SUBPARTITION_COUNT HIGH_VALUE
----------------- ------------------- ------------------ ------------
TOOL_RENTALS      TOOL_RENTALS_P1                      8 101
TOOL_RENTALS      TOOL_RENTALS_P2                      8 201
TOOL_RENTALS      TOOL_RENTALS_P3                      8 301
TOOL_RENTALS      TOOL_RENTALS_P4                      8 MAXVALUE

4 rows selected.
```

还要注意，可指定分区名或子分区名来执行手动的分区修剪，如下面两个示例所示：

```
select * from oe.tool_rentals partition (tool_rentals_p1);
select * from oe.tool_rentals subpartition (tool_rentals_p3_s2);
```

在第一个查询中，共搜索到 8 个子分区，从 TOOL_RENTALS_P1_S1 到 TOOL_RENTALS_P1_S8。在第二个查询中，只搜索到总计 32 个子分区中的一个子分区。

使用范围-列表组合分区　类似于范围-散列组合分区，范围-列表组合分区首先采用范围方式使用范围分区来划分行，然后在每个范围内使用列表方法对行划分子分区。范围-列表组合分区适合于历史数据，可将数据放在每个逻辑分区中，并使用不连续的或离散的一组值来进一步细分每个逻辑分区。

注意：
范围-列表分区是 Oracle 10*g* 新增加的特性。

为使用范围-列表组合分区，必须指定以下标准：

- 主分区方法(范围)
- 范围分区的列
- 标识分区界限的分区名
- 子分区方法(列表)
- 子分区列
- 分区名，并且每个分区与一个将其存入分区的离散的字面值列表相关联

下例将延续使用前面的“按照区域确定销售额”的列表分区示例，并通过将销售日期用于范围分区来提供分区表的可扩展性，然后将使用州代码来执行子分区。下面给出完成此任务的 CREATE TABLE 命令：

```
create table sales_by_region_by_quarter
    (state_cd         char(2),
     sales_dt         date,
     sales_amt        number(16,2))
partition by range (sales_dt)
    subpartition by list (state_cd)
      (partition q1_2014 values less than (to_date('20140401','YYYYMMDD'))
       (subpartition q1_2014_midwest values ('WI','IL','IA','IN','MN')
            tablespace prd01,
        subpartition q1_2014_westcoast values ('CA','OR','WA')
            tablespace prd02,
        subpartition q1_2014_other_states values (default)
            tablespace prd03
       ),
      partition q2_2014 values less than (to_date('20140701','YYYYMMDD'))
       (subpartition q2_2014_midwest values ('WI','IL','IA','IN','MN')
            tablespace prd01,
        subpartition q2_2014_westcoast values ('CA','OR','WA')
            tablespace prd02,
        subpartition q2_2014_other_states values (default)
            tablespace prd03
       ),
      partition q3_2014 values less than (to_date('20141001','YYYYMMDD'))
       (subpartition q3_2014_midwest values ('WI','IL','IA','IN','MN')
            tablespace prd01,
        subpartition q3_2014_westcoast values ('CA','OR','WA')
            tablespace prd02,
        subpartition q3_2014_other_states values (default)
            tablespace prd03
       ),
      partition q4_2014 values less than (maxvalue)
       (subpartition q4_2014_midwest values ('WI','IL','IA','IN','MN')
            tablespace prd01,
        subpartition q4_2014_westcoast values ('CA','OR','WA')
            tablespace prd02,
        subpartition q4_2014_other_states values (default)
            tablespace prd03
       )
      );
```

存储在表 SALES_BY_REGION_BY_QUARTER 中的每一行被放到 12 个子分区的某一个子分区中，首先根据销售日期将子分区的选择范围缩减到 3 个子分区。然后，根据州代码的值确定使用三个子分区中的哪个子分区来存储该行。如果销售日期超出了 2014 年底，仍会将它放在 Q4_2014 的一个子分区中，直到为 Q1_2015 创建了一个新的分区及多个子分区。稍后将介绍重组分区表的内容。

使用列表-散列、列表-列表和列表-范围等组合分区 使用列表-散列、列表-列表和列表-范围等组合分区与使用前文讨论的范围-散列、范围-列表和范围-范围等组合分区是相似的，不同之处只在于，前文的主分区策略采用 PARTITION BY RANG 子句，而这里使用 PARTITION BY LIST 子句。

注意：
列表-散列组合分区以及本章后面将介绍的所有分区方法都是 Oracle 11*g* 新增加的。

例如，下面使用“列表-范围”分区方案而不是使用“范围-列表”分区方案来重新创建 SALES_BY_REGION_BY_QUARTER 表：

```
create table sales_by_region_by_quarter_v2
    (state_cd         char(2),
     sales_dt         date,
     sales_amt        number(16,2))
partition by list (state_cd)
   subpartition by range(sales_dt)
      (partition midwest values ('WI','IL','IA','IN','MN')
       (
       subpartition midwest_q1_2014 values less than
           (to_date('20140401','YYYYMMDD')),
       subpartition midwest_q2_2014 values less than
           (to_date('20140701','YYYYMMDD')),
       subpartition midwest_q3_2014 values less than
           (to_date('20141001','YYYYMMDD')),
       subpartition midwest_q4_2014 values less than (maxvalue)
       ),
      partition westcoast values ('CA','OR','WA')
       (
       subpartition westcoast_q1_2014 values less than
           (to_date('20140401','YYYYMMDD')),
       subpartition westcoast_q2_2014 values less than
           (to_date('20140701','YYYYMMDD')),
       subpartition westcoast_q3_2014 values less than
           (to_date('20141001','YYYYMMDD')),
       subpartition westcoast_q4_2014 values less than (maxvalue)
       ),
      partition other_states values (default)
       (
       subpartition other_states_q1_2014 values less than
           (to_date('20140401','YYYYMMDD')),
       subpartition other_states_q2_2014 values less than
           (to_date('20140701','YYYYMMDD')),
       subpartition other_states_q3_2014 values less than
```

```
        (to_date('20141001','YYYYMMDD')),
    subpartition other_states_q4_2014 values less than (maxvalue)
   )
  );
```

如果区域经理只在其区域内按日期进行分析，则这种替代的分区方案就很有意义。

使用范围-范围组合分区　顾名思义，范围-范围分区方法使用两个表列的值范围。虽然两个列都用于范围分区表，但这两个列不必具有相同的数据类型。例如，医学分析表可以使用患者的出生日期作为主范围列，使用患者的出生体重(单位是盎司)作为次范围列。下面是使用这两个属性的一个患者表的示例：

```
create table patient_info
  (patient_id      number,
   birth_date      date,
   birth_weight_oz number)
partition by range (birth_date)
  subpartition by range (birth_weight_oz)
   (
    partition bd_1950 values less than (to_date('19501231','YYYYMMDD'))
     (
      subpartition bd_1950_4lb values less than (64),
      subpartition bd_1950_6lb values less than (96),
      subpartition bd_1950_8lb values less than (128),
      subpartition bd_1950_12lb values less than (192),
      subpartition bd_1950_o12lb values less than (maxvalue)
     ),
    partition bd_1960 values less than (to_date('19601231','YYYYMMDD'))
     (
      subpartition bd_1960_4lb values less than (64),
      subpartition bd_1960_6lb values less than (96),
      subpartition bd_1960_8lb values less than (128),
      subpartition bd_1960_12lb values less than (192),
      subpartition bd_1960_o12lb values less than (maxvalue)
     ),
    partition bd_1970 values less than (to_date('19701231','YYYYMMDD'))
     (
      subpartition bd_1970_4lb values less than (64),
      subpartition bd_1970_6lb values less than (96),
      subpartition bd_1970_8lb values less than (128),
      subpartition bd_1970_12lb values less than (192),
      subpartition bd_1970_o12lb values less than (maxvalue)
     ),
    partition bd_1980 values less than (to_date('19801231','YYYYMMDD'))
     (
      subpartition bd_1980_4lb values less than (64),
      subpartition bd_1980_6lb values less than (96),
      subpartition bd_1980_8lb values less than (128),
      subpartition bd_1980_12lb values less than (192),
      subpartition bd_1980_o12lb values less than (maxvalue)
     ),
    partition bd_1990 values less than (to_date('19901231','YYYYMMDD'))
```

```
    (
     subpartition bd_1990_4lb values less than (64),
     subpartition bd_1990_6lb values less than (96),
     subpartition bd_1990_8lb values less than (128),
     subpartition bd_1990_12lb values less than (192),
     subpartition bd_1990_o12lb values less than (maxvalue)
    ),
   partition bd_2000 values less than (to_date('20001231','YYYYMMDD'))
    (
     subpartition bd_2000_4lb values less than (64),
     subpartition bd_2000_6lb values less than (96),
     subpartition bd_2000_8lb values less than (128),
     subpartition bd_2000_12lb values less than (192),
     subpartition bd_2000_o12lb values less than (maxvalue)
    ),
   partition bd_2010 values less than (to_date('20101231','YYYYMMDD'))
    (
     subpartition bd_2010_4lb values less than (64),
     subpartition bd_2010_6lb values less than (96),
     subpartition bd_2010_8lb values less than (128),
     subpartition bd_2010_12lb values less than (192),
     subpartition bd_2010_o12lb values less than (maxvalue)
    ),
   partition bd_2020 values less than (maxvalue)
    (
     subpartition bd_2020_4lb values less than (64),
     subpartition bd_2020_6lb values less than (96),
     subpartition bd_2020_8lb values less than (128),
     subpartition bd_2020_12lb values less than (192),
     subpartition bd_2020_o12lb values less than (maxvalue)
    )
  );
```

使用间隔分区 间隔分区自动创建新的范围分区。例如，2014 年 10 月之后几乎肯定是 2014 年 11 月，因此使用 Oracle 的间隔分区可以节省工作，并可以在需要时创建和维护新分区。下面是具有 4 个分区的一个范围分区表的例子，间隔定义为 1 个月：

```
create table order_hist_interval
  (order_num      NUMBER(15),
   cust_id        NUMBER(12),
   order_dt       date,
   order_total    NUMBER(10,2)
  )
  partition by range (order_dt)
  interval(numtoyminterval(1,'month'))
    (partition p0 values less than (to_date('20060101','YYYYMMDD')),
     partition p1 values less than (to_date('20070101','YYYYMMDD')),
     partition p2 values less than (to_date('20090101','YYYYMMDD')),
     partition p3 values less than (to_date('20110101','YYYYMMDD'))
    );
```

插入的 ORDER_DT 为 2014 年 7 月 1 日或更早之日的行将驻留在 ORDER_HIST_INTERVAL

表的 4 个初始分区之一。插入的 ORDER_DT 为 2014 年 7 月 1 日之后的行将触发创建一个新分区，每个分区的范围是 1 个月。每个新分区的上界始终是相应月份的第一天，具体月份基于最高分区的上限的值而定。查看数据字典，此表看起来像 Oracle 11*g* 之前的范围分区表：

```
SQL> select table_name, partition_name, high_value
  2  from dba_tab_partitions
  3  where table_name = 'ORDER_HIST_INTERVAL';

TABLE_NAME                     PARTITION_NAME
------------------------------ ------------------------------
HIGH_VALUE
--------------------------------------------------------------------------------
ORDER_HIST_INTERVAL            P0
TO_DATE(' 2006-01-01 00:00:00', 'SYYYY-MM-DD HH24:MI:SS'
ORDER_HIST_INTERVAL            P1
TO_DATE(' 2007-01-01 00:00:00', 'SYYYY-MM-DD HH24:MI:SS'
ORDER_HIST_INTERVAL            P2
TO_DATE(' 2009-01-01 00:00:00', 'SYYYY-MM-DD HH24:MI:SS'
ORDER_HIST_INTERVAL            P3
TO_DATE(' 2012-01-01 00:00:00', 'SYYYY-MM-DD HH24:MI:SS'
```

但是，假设增加一个新行，其 ORDER_DT 为 2014 年 11 月 11 日，如下所示：

```
SQL> insert into order_hist_interval
  2  values (19581968,1963411,to_date('20141111','YYYYMMDD'),420.11);

1 row created.

SQL>
```

再次查询 DBA_TAB_PARTITIONS 时可以看到，现在有一个新的分区：

```
SQL> select table_name, partition_name, high_value
  2  from dba_tab_partitions
  3  where table_name = 'ORDER_HIST_INTERVAL';

TABLE_NAME                     PARTITION_NAME
------------------------------ ------------------------------
HIGH_VALUE
--------------------------------------------------------------------------------
ORDER_HIST_INTERVAL            P0
TO_DATE(' 2006-01-01 00:00:00', 'SYYYY-MM-DD HH24:MI:SS'
ORDER_HIST_INTERVAL            P1
TO_DATE(' 2007-01-01 00:00:00', 'SYYYY-MM-DD HH24:MI:SS'
ORDER_HIST_INTERVAL            P2
TO_DATE(' 2009-01-01 00:00:00', 'SYYYY-MM-DD HH24:MI:SS'
ORDER_HIST_INTERVAL            P3
TO_DATE(' 2011-01-01 00:00:00', 'SYYYY-MM-DD HH24:MI:SS'
ORDER_HIST_INTERVAL            SYS_P41
TO_DATE(' 2014-12-01 00:00:00', 'SYYYY-MM-DD HH24:MI:SS'
```

需要注意的是，不会创建 7 月、8 月、9 月和 10 月的相应分区，直到插入具有这些月份日期的订单历史行。

使用引用分区 引用分区利用表之间的父-子关系来优化分区特征，并可以方便地维护被频繁连接的表。在此例中，为父表 ORDER_HIST 定义的分区被 ORDER_ITEM_HIST 表所继承：

```
create table order_hist
  (order_num      number(15) not null,
   cust_id        number(12),
   order_dt       date,
   order_total     number(10,2),
  constraint order_hist_pk primary key(order_num)
  )
  partition by range (order_dt)
    (partition q1_2014 values less than (to_date('20140401','YYYYMMDD')),
     partition q2_2014 values less than (to_date('20140701','YYYYMMDD')),
     partition q3_2014 values less than (to_date('20141001','YYYYMMDD')),
     partition q4_2014 values less than (to_date('20150101','YYYYMMDD'))
    )
;

create table order_item_hist
  (order_num      number(15),
   line_item_num  number(3),
   product_num    number(10),
   item_price     number(8,2),
   item_qty       number(8),
  constraint order_item_hist_fk
    foreign key (order_num) references order_hist(order_num)
  )
partition by reference(order_item_hist_fk)
;
```

Oracle 自动创建相应的分区，且 ORDER_ITEM_HIST 表中的分区名与 ORDER_HIST 表中的分区名相同。

使用间隔引用分区 间隔引用分区(Oracle Database 12*c* 中引入)将前面讨论的间隔分区和引用分区特性结合在一起。关键在于，父表使用间隔分区而非范围分区。这赋予了另一个使用自动间隔分区来管理父子表的选项。这里重写上一节中的例子，以便使用间隔引用分区：

```
create table order_hist_interval_ref
  (order_num      NUMBER(15) not null,
   cust_id        NUMBER(12),
   order_dt       date,
   order_total     NUMBER(10,2)
  )
  partition by range (order_dt)
  interval(numtoyminterval(1,'month'))
    (partition p0 values less than (to_date('20060101','YYYYMMDD')),
     partition p1 values less than (to_date('20070101','YYYYMMDD')),
     partition p2 values less than (to_date('20090101','YYYYMMDD')),
     partition p3 values less than (to_date('20110101','YYYYMMDD'))
    );
```

```
create table order_item_hist
  (order_num     number(15),
   line_item_num  number(3),
   product_num    number(10),
   item_price     number(8,2),
   item_qty       number(8),
  constraint order_item_hist_fk
    foreign key (order_num) references order_hist_interval(order_num)
  )
partition by reference(order_item_hist_fk)
;
```

在父表(ORDER_HIST_INTERVAL)中的分区维护操作自动反映在子表(ORDER_ITEM_HIST)。例如，如果在父表中将分区从间隔分区转换为传统分区，则将在子表中执行同样的转换。

使用应用控制分区(系统分区)　应用控制分区也称为系统分区，这种分区依赖应用逻辑将行存放在适当的分区。创建表时只指定分区名和分区数量，如下例所示：

```
create table order_hist_sys_part
  (order_num     NUMBER(15) not null,
   cust_id       NUMBER(12),
   order_dt      date,
   order_total   NUMBER(10,2)
  )
  partition by system
    (partition p1 tablespace users1,
     partition p2 tablespace users2,
     partition p3 tablespace users3,
     partition p4 tablespace users4
    )
;
```

此表上的任何 INSERT 语句都必须指定分区号，否则 INSERT 语句将失败。下面给出一个示例：

```
SQL> insert into order_hist_sys_part
  2  partition (p3)
  3  values (49809233,93934011,sysdate,122.12);

1 row created.

SQL>
```

使用虚拟列分区　Oracle Database 11*g* 中有效的虚拟列也可以用作分区键。使用常规列的任何分区方法都可以使用虚拟列。在此例中，根据单项物品的总价(换句话说，根据物品价格乘以物品数量)为订购的物品创建分区表：

```
create table line_item_value
  (order_num     number(15) not null,
   line_item_num  number(3) not null,
   product_num    number(10),
```

```
    item_price    number(8,2),
    item_qty      number(8),
    total_price   as (item_price * item_qty)
  )
partition by range (total_price)
(
    partition small  values less than (100),
    partition medium values less than (500),
    partition large  values less than (1000),
    partition xlarge values less than (maxvalue)
);
```

压缩的分区表 就像对非分区表一样，可对分区表进行压缩。另外，可有选择地压缩一个分区表的分区。例如，可能只希望压缩一个分区表中很少访问的较旧的分区，而保持最新的分区未压缩，以便最小化检索最近的数据所花费的 CPU 开销。在这个示例中，将创建一个本章前面创建过的 CAT_REQ 表的新版本，只压缩前两个分区。在此给出了 SQL 命令：

```
create table cat_req_2

   (cat_req_num      number not null,
    cat_req_dt       date not null,
    cat_cd           number not null,
    cust_num         number null,
    req_nm           varchar2(50),
    req_addr1        varchar2(75),
    req_addr2        varchar2(75),
    req_addr3        varchar2(75))
partition by range (cat_req_dt)
   (partition cat_req_spr_2014
        values less than (to_date('20140601','YYYYMMDD'))
        tablespace prd01 compress,
    partition cat_req_sum_2014
        values less than (to_date('20140901','YYYYMMDD'))
        tablespace prd02 compress,
    partition cat_req_fal_2014
        values less than (to_date('20141201','YYYYMMDD'))
        tablespace prd03 nocompress,
    partition cat_req_win_2015
        values less than (maxvalue)
        tablespace prd04 nocompress);
```

不必指定 NOCOMPRESS，因为它是默认设置。为查找压缩了哪些分区，可在数据字典表 DBA_TAB_PARTITIONS 中查看 COMPRESSION 列，如下例所示：

```
SQL> select table_name, partition_name, compression
  2    from dba_tab_partitions
  3   where table_name = 'CAT_REQ_2';

TABLE_NAME        PARTITION_NAME       COMPRESS
----------------- -------------------- --------
CAT_REQ_2         CAT_REQ_FAL_2014     DISABLED
```

```
CAT_REQ_2          CAT_REQ_SPR_2014     ENABLED
CAT_REQ_2          CAT_REQ_SUM_2014     ENABLED
CAT_REQ_2          CAT_REQ_WIN_2015     DISABLED

4 rows selected.
```

2. 索引分区

分区上的本地索引反映了底层表的结构，并且通常比未分区索引或全局分区索引更容易维护。用底层的分区表对本地索引进行均分(equipartition)；换句话说，在与底层的表相同的列上对它进行分区，因此它具有和底层表相同数量的分区和同样的分区界限。

全局分区索引的创建与底层表的分区模式无关，并且可以使用范围分区或散列分区进行分区。本节首先说明如何创建一个本地分区索引。接下来，将讲解如何创建范围分区全局索引和散列分区全局索引。还会介绍如何通过使用键压缩来节省分区索引的空间。

创建本地分区索引　建立和维护本地分区索引是非常容易的，因为采用的分区模式与基表的分区模式相同。换句话说，索引中的分区数量与表中的分区及子分区的数量相等。此外，对于给定分区或子分区中的行，索引记录项总是存储在对应的索引分区或子分区中。

图 18-1 给出了分区本地索引和分区表的关系。表中的分区数量恰好等于索引中的分区数量。

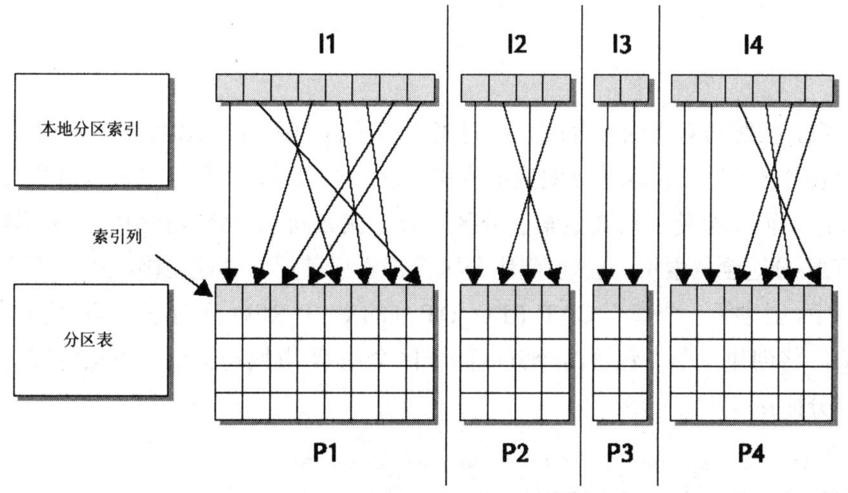

图 18-1　分区表上的本地分区索引

在下例中，将在本章前面创建的 CUST 表上创建一个本地索引。这里给出了检索 CUST 表的表分区的 SQL 语句：

```
SQL> select partition_name, tablespace_name, high_value
  2  from dba_tab_partitions
  3  where table_name = 'CUST';

PARTITION_NAME       TABLESPACE_NAME HIGH_VALUE
-------------------- --------------- --------------------
SYS_P1130            PRD01
SYS_P1131            PRD02
```

```
SYS_P1132            PRD03
SYS_P1133            PRD04

4 rows selected.
```

在该表上创建本地索引的命令非常简单，如下所示：

```
SQL> create index oe.cust_ins_dt_ix on oe.cust (ins_dt)
  2       local store in (idx_1, idx_2, idx_3, idx_4);
Index created.
```

索引分区存储在 ASM 磁盘组之外的 4 个表空间中，即从 IDX_1 到 IDX_4 这 4 个表空间，以便进一步提高表的性能，因为将每个索引分区存储在一个不同于任何表分区的表空间中。可通过查询 DBA_IND_PARTITIONS 来查找该索引的有关分区，如下所示：

```
SQL> select partition_name, tablespace_name from dba_ind_partitions
  2      where index_name = 'CUST_INS_DT_IX';

PARTITION_NAME       TABLESPACE_NAME
-------------------- ---------------
SYS_P1130            IDX_1
SYS_P1131            IDX_2
SYS_P1132            IDX_3
SYS_P1133            IDX_4

4 rows selected.
```

需要注意，按照与对应的表分区一样对索引分区自动命名。本地索引的一个好处在于当创建一个新的表分区时，会自动建立对应的索引分区。类似地，删除一个表分区也会自动删除对应的索引分区，而不会使任何其他索引分区无效，就如同全局分区索引的情况那样。

创建范围-分区全局索引 创建范围-分区全局索引使用与创建范围-分区表类似的规则。在上一个示例中，创建了一个基于 CAT_REQ_DT 列的 CAT_REQ 范围-分区表，它包含 4 个分区。在该示例中，将创建一个仅包含两个分区的分区全局索引(换句话说，不按照与对应的表相同的方式进行分区)：

```
create index cat_req_dt_ix on oe.cat_req(cat_req_dt)
  global partition by range(cat_req_dt)
  (partition spr_sum_2014
    values less than  (to_date('20140901','YYYYMMDD'))
        tablespace idx_4,
   partition fal_win_2014
    values less than (maxvalue)
        tablespace idx_8);
```

注意，这里指定了两个表空间用来存储索引的分区，这两个表空间不同于用来存储表分区的表空间。如果在底层表中出现任何 DDL 活动，则将全局索引标记为 UNUSABLE，并且需要重建全局索引，除非包含 UPDATE GLOBAL INDEXES 子句(INVALIDATE GLOBAL INDEXES 是默认设置)。在本章后面的“管理分区”一节中，将介绍在分区索引上执行分区维护操作时用到的 UPDATE INDEX 子句。

图 18-2 显示了一个分区全局索引和一个分区表之间的关系。表中的分区数量可以与索引中的分区数量相同或者不同。

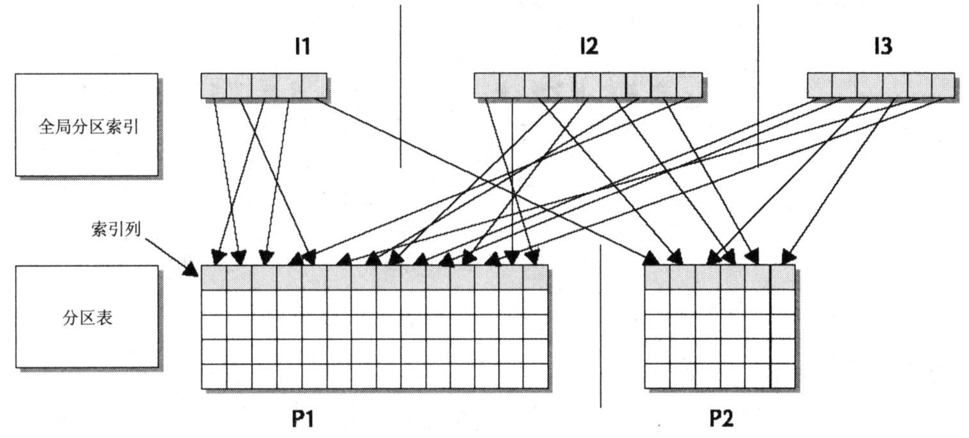

图 18-2　分区表上的全局分区索引

创建散列-分区全局索引　和范围-分区全局索引一样，散列-分区全局索引的 CREATE 语句和散列-分区表的 CREATE 语句采用相同的语法。散列-分区全局索引在某些情况下可改善性能，例如一个未分区索引的少量叶块正在 OLTP 环境中经历高度争用的情况。通过散列-分区全局索引可显著改善在 WHERE 子句中使用等式或 IN 运算符的查询性能。

注意：
散列-分区全局索引是 Oracle 10*g* 的新增特性。

基于将散列-分区用于表 CUST 的例子，可在 ZIP_CD 列上创建一个散列-分区全局索引：

```
create index oe.cust_zip_cd_ix2 on oe.cust2(zip_cd)
  global partition by hash(zip_cd)
   (partition z1     tablespace idx_1,
    partition z2     tablespace idx_2,
    partition z3     tablespace idx_3,
    partition z4     tablespace idx_4,
    partition z5     tablespace idx_5,
    partition z6     tablespace idx_6,
    partition z7     tablespace idx_7,
    partition z8     tablespace idx_8);
```

需要注意，使用 CUST_NUM 列对表 CUST2 进行了分区，并将其 4 个分区放在 PRD01~PRD04 中。该索引分区将 ZIP_CD 列用于散列函数，并将其 8 个分区存储在 IDX_1~IDX_8 中。

创建未分区的全局索引　创建未分区的全局索引与在一个未分区表上创建常规索引的情况一样，采用的语法是相同的。图 18-3 给出了一个未分区全局索引和一个分区表的关系。

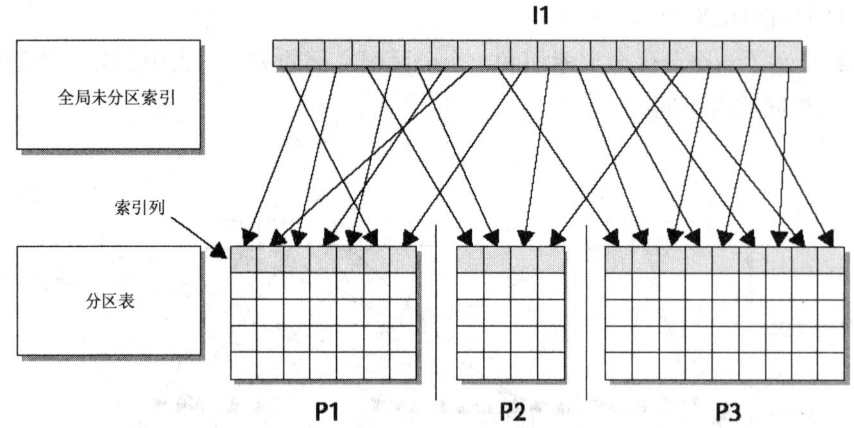

图 18-3 分区表上的全局未分区索引

在分区索引上使用键压缩 如果索引不是唯一的，并且索引键有大量重复的值，那么可在索引上使用键压缩，就如同对一个传统的未分区索引所做的那样。当只需要存储索引键的第一个实例时，可减少磁盘空间和 I/O 操作。在下例中，可看到创建一个压缩的分区索引是多么简单：

```
create index oe.cust_ins_dt_ix on oe.cust (ins_dt)
   compress local
   store in (idx_1, idx_2, idx_3, idx_4);
```

可使用 NOCOMPRESS 来指定不压缩一个较为活跃的索引分区，从而显著地为那些比其他索引记录项访问更频繁的新近的索引记录项节省 CPU 资源。

3. 分区索引组织表

可以使用范围、列表或散列分区方法对索引组织表(Index-Organized Table，IOT)进行分区。创建分区索引组织表在语法上类似于创建分区堆组织表。在本节中，我们会说明一些有关如何创建和使用分区 IOT 的显著不同之处。

对于一个分区 IOT，可像对标准的 IOT 一样使用 ORGANIZATION INDEX、INCLUDING 和 OVERFLOW 子句。在 PARTITION 子句中，可以指定 OVERFLOW 子句以及与分区相关的溢出段的任何其他属性。

从 Oracle 10*g* 起，不再限制分区列的集合必须是 IOT 的主键列的一个子集。此外，除了范围和散列分区，还支持 LIST(列表)分区。在以前版本的 Oracle 中，只在范围-分区 IOT 中支持 LOB 列。从 Oracle 10*g* 起，也可在散列和列表分区方法中支持这些 LOB 列。

4. 管理分区

可在一个分区表上执行 14 种维护操作，包括分割分区、合并分区以及添加新的分区。根据采用的分区模式(范围、散列、列表或 6 种组合分区方法)来决定是否可以使用这些操作。对于组合分区，有时可将这些操作应用到分区和子分区，有时只能应用到子分区。

对于分区索引，共有 7 种不同类型的维护操作，根据分区方法(范围、散列、列表或组合)以及索引是全局索引还是本地索引，这些维护操作有所不同。另外，当分区模式改变时，每种类型的分区索引可支持自动更新，从而减少了不可用索引的出现。

接下来的几节将给出一幅简便的用于索引表和索引分区的图表，以便说明在各种分区类型上允许哪些类型的操作。对于一些很常见的维护操作，我们会通过一些例子讲解如何使用它们，其中有的是对本章前面介绍过的一些示例的扩展。

维护表分区　为维护一个或多个表分区或子分区，可像用于未分区表那样使用 ALTER TABLE 命令。表 18-5 中给出了各种类型的分区表操作以及执行这些操作所用的关键字。ALTER TABLE 命令的格式如下：

```
alter table <tablename> <partition_operation> <partition_operation_options>;
```

表 18-5　用于分区表的维护操作

分 区 操 作	范围和组合范围-*	间隔和组合间隔-*	散　列	列表和组合列表-*	引　用
添加分区	ADD PARTITION	ADD PARTITION	ADD PARTITION	N/A	
结合分区	N/A	N/A	COALESCE PARTITION	N/A	N/A
删除分区	DROP PARTITION	DROP PARTITION	DROP PARTITION	N/A	N/A
交换分区	EXCHANGE PARTITION	EXCHANGE PARTITION	EXCHANGE PARTITION	EXCHANGE PARTITION	EXCHANGE PARTITION
合并分区	MERGE PARTITIONS	MERGE PARTITIONS	N/A	MERGE PARTITIONS	N/A
修改默认属性	MODIFY DEFAULT ATTRIBUTES	MODIFY DEFAULT ATTRIBUTES	MODIFY DEFAULT ATTRIBUTES	MODIFY DEFAULT ATTRIBUTES	MODIFY DEFAULT ATTRIBUTES
修改实际属性	MODIFY PARTITION	MODIFY PARTITION	MODIFY PARTITION	MODIFY PARTITION	MODIFY PARTITION
修改列表分区：添加值	N/A	N/A	N/A	MODIFY PARTITION… ADD VALUES	N/A
修改列表分区：删除值	N/A	N/A	N/A	MODIFY PARTITION… DROP VALUES	N/A

(续表)

分区操作	范围和范围-*组合	间隔和组合间隔-*	散列	列表和组合列表-*	引用
移动分区	MOVE PARTITION	MOVE PARTITION	MOVE PARTITION	MOVE PARTITION	MOVE PARTITION
重命名分区	RENAME PARTITION	RENAME PARTITION	RENAME PARTITION	RENAME PARTITION	RENAME PARTITION
分割分区	SPLIT PARTITION	SPLIT PARTITION	N/A	SPLIT PARTITION	N/A
截断分区	TRUNCATE PARTITION	TRUNCATE PARTITION	TRUNCATE PARTITION	TRUNCATE PARTITION	TRUNCATE PARTITION

表 18-6 包含子分区表操作。

表 18-6 用于分区表的子分区的维护操作

分区操作	*-范围组合	*-散列组合	*-列表组合
添加子分区	MODIFY PARTITION … ADD SUBPARTITION	MODIFY PARTITION … ADD SUBPARTITION	MODIFY PARTITION … ADD SUBPARTITION
结合子分区	N/A	MODIFY PARTITION… COALESCE SUBPARTITION	N/A
删除子分区	DROP SUBPARTITION	N/A	DROP SUBPARTITION
交换子分区	EXCHANGE SUBPARTITION	N/A	EXCHANGE SUBPARTITION
合并子分区	MERGE SUBPARTITIONS	N/A	MERGE SUBPARTITIONS
修改默认属性	MODIFY DEFAULT ATTRIBUTES FOR PARTITION	MODIFY DEFAULT ATTRIBUTES FOR PARTITION	MODIFY DEFAULT ATTRIBUTES FOR PARTITION
修改实际属性	MODIFY SUBPARTITION	MODIFY SUBPARTITION	MODIFY SUBPARTITION
修改列表子分区：添加值	N/A	N/A	MODIFY SUBPARTITION… ADD VALUES
修改列表子分区：删除值	N/A	N/A	MODIFY SUBPARTITION… DROP VALUES

(续表)

分区操作	*-范围组合	*-散列组合	*-列表组合
移动子分区	MOVE SUBPARTITION	MOVE SUBPARTITION	MOVE SUBPARTITION
重命名子分区	RENAME SUBPARTITION	RENAME SUBPARTITION	RENAME SUBPARTITION
分割子分区	SPLIT SUBPARTITION	N/A	SPLIT SUBPARTITION
截断子分区	TRUNCATE SUBPARTITION	TRUNCATE SUBPARTITION	TRUNCATE SUBPARTITION

警告：
只有在 default 分区中的新分区不存在条目时才能使用 ADD PARTITION 子句。

很多情况下，分区表维护操作使底层的索引无效，但总可以手动重建索引，可在表分区维护命令中指定 UPDATE INDEXES。尽管表维护操作会耗费更长时间，但使用 UPDATE INDEXES 的最大好处是可在分区维护操作过程中保持索引是可用的。

分割、添加和删除分区 在许多环境中，一个“滚动窗口”分区表将包含最近的四个季度涉及的行。当新季度到来时，会创建新分区，并归档和删除最旧的分区。在下例中，将在某个特定日期分割本章前面创建的 CAT_REQ 表的最后一个分区，并维护带有 MAXVALUE 的新分区，备份最旧的分区，然后删除这个最旧的分区。这里给出可使用的命令：

```
SQL> alter table oe.cat_req split partition
  2    cat_req_win_2015 at (to_date('20150101','YYYYMMDD')) into
  3    (partition cat_req_win_2015 tablespace prd04,
  4     partition cat_req_spr_2015 tablespace prd01);
Table altered.

SQL> create table oe.arch_cat_req_spr_2014 as
  2    select * from oe.cat_req partition(cat_req_spr_2014);
Table created.

SQL> alter table oe.cat_req
  2    drop partition cat_req_spr_2014;
Table altered.
```

数据字典视图 DBA_TAB_PARTITIONS 反映了新的分区模式，如下例所示：

```
SQL> select partition_name, high_value
  2      from dba_tab_partitions
  3  where table_name = 'CAT_REQ';

PARTITION_NAME         HIGH_VALUE
--------------------- ----------------------------------------
CAT_REQ_FAL_2014       TO_DATE(' 2014-12-01 00:00:00', 'SYYYY-M
                       M-DD HH24:MI:SS', 'NLS_CALENDAR=GREGORIA
                       N')

CAT_REQ_SUM_2014       TO_DATE(' 2014-09-01 00:00:00', 'SYYYY-M
```

```
                           M-DD HH24:MI:SS', 'NLS_CALENDAR=GREGORIA
                           N')

CAT_REQ_WIN_2015           TO_DATE(' 2015-01-01 00:00:00', 'SYYYY-M
                           M-DD HH24:MI:SS', 'NLS_CALENDAR=GREGORIA
                           N')
CAT_REQ_SPR_2015           MAXVALUE

4 rows selected.
```

需要注意，如果删除了任何一个不是最旧的分区，那么紧接着的最高的分区负责拉紧剩余的间隙，并会包含那些本应驻留在删除分区中的新行。无论删除了哪个分区，该分区中的行将不再位于分区表中。为保留这些行，应使用 MERGE PARTITION 来替代 DROP PARTITION。

结合表分区 可在一个散列分区表中结合一个分区，以便将该分区的内容重新分布到其余分区中，并使分区的数量减少 1。对于本章前面创建的新的 CUST 表，可使用一个简单的步骤来执行这一操作：

```
SQL> alter table oe.cust coalesce partition;
Table altered.
```

现在，CUST 表中的分区数量是 3 而不是 4：

```
SQL> select partition_name, tablespace_name
  2     from dba_tab_partitions
  3  where table_name = 'CUST';

PARTITION_NAME           TABLESPACE
------------------------ ----------
SYS_P1130                PRD01
SYS_P1131                PRD02
SYS_P1132                PRD03

3 rows selected.
```

合并两个表分区 通过各种 Oracle 顾问可能发现：很少使用一个分区表中的一个分区或根本没有用到过这个分区。这种情况下，可能希望将两个分区组合为单个分区来减少维护工作。在该示例中，将把分区表 SALES_BY_REGION_BY_DAY 中的 MIDWEST 和 WESTCOAST 分区组合成一个单独的分区 MIDWESTCOAST：

```
SQL> alter table oe.sales_by_region_by_day
  2     merge partitions midwest, westcoast
  3     into partition midwestcoast tablespace prd04;
Table altered.
```

查看数据字典视图 DBA_TAB_PARTITIONS，可看到现在该表只包含两个分区：

```
SQL> select table_name, partition_name, tablespace_name, high_value
  2    from dba_tab_partitions
  3  where table_owner = 'OE' and
  4        table_name = 'SALES_BY_REGION_BY_DAY';
```

```
TABLE_NAME              PARTITION_NAME    TABLESPACE HIGH_VALUE
----------------------- ----------------- ---------- ---------------------
SALES_BY_REGION_BY_DAY MIDWESTCOAST      PRD04      'WI', 'IL', 'IA', 'IN
                                                    ', 'MN', 'CA', 'OR',
                                                    'WA'

SALES_BY_REGION_BY_DAY OTHER_STATES      PRD03      default


2 rows selected.
```

维护索引分区　为维护一个或多个索引分区或子分区，可像在一个非分区索引上使用 ALTER INDEX 命令。表 18-7 列出各类分区索引操作以及对于不同类型的分区索引(范围、散列、列表和组合类型)执行这些操作所使用的关键字。ALTER INDEX 命令的格式如下：

```
alter index <indexname> <partition_operation> <partition_operation_options>;
```

表 18-7　用于分区索引的维护操作

分区操作	索引类型	范围	散列/列表	组合类型
添加分区	全局的	N/A	ADD PARTITION (散列)	N/A
	本地的	N/A	N/A	N/A
删除分区	全局的	DROP PARTITION	N/A	N/A
	本地的	N/A	N/A	N/A
修改默认属性	全局的	MODIFY DEFAULT ATTRIBUTES	N/A	N/A
	本地的	MODIFY DEFAULT ATTRIBUTES	MODIFY DEFAULT ATTRIBUTES	MODIFY DEFAULT ATTRIBUTES [FOR PARTITION]
修改实际属性	全局的	MODIFY PARTITION	N/A	N/A
	本地的	MODIFY PARTITION	MODIFY PARTITION	MODIFY [SUB]PARTITION
重建分区	全局的	REBUILD PARTITION	N/A	N/A
	本地的	REBUILD PARTITION	REBUILD PARTITION	REBUILD SUBPARTITION
重命名分区	全局的	RENAME PARTITION	N/A	N/A
	本地的	RENAME PARTITION	RENAME PARTITION	RENAME [SUB]PARTITION
分割分区	全局的	SPLIT PARTITION	N/A	N/A
	本地的	N/A	N/A	N/A

和表分区维护命令一样，对于每种索引分区类型，并不是可使用所有操作。应该注意到许多索引分区维护选项不适用于本地索引分区。根据它自身的特性，本地索引分区与表的分区模式相匹配，并且当改变了表的分区模式时它将随之改变。

分割全局索引分区 分割全局索引分区非常类似于分割一个表的分区。一个特别的全局索引分区可能由于存储在此分区中的索引记录项而成为一个热区。和一个表分区一样，可将此索引分区分割成两个或更多个分区。在下例中，将全局索引 OE.CAT_REQ_DT_IX 的一个分区分割成两个分区：

```
SQL> alter index oe.cat_req_dt_ix split partition
       fal_win_2014 at (to_date('20141201','YYYYMMDD')) into
         (partition fal_2014 tablespace idx_7,
          partition win_2015 tablespace idx_8);
Index altered.
```

现在，FAL_WIN_2014 分区的索引记录项将驻留在两个新分区中，它们是 FAL_2014 和 WIN_2015。

重命名本地索引分区 修改对应的表分区时会自动更新本地索引的大多数特性。但是，仍可能需要在本地索引分区上执行少数几个操作，例如重建分区或重命名一个最初以默认的系统分配的名称命名的分区。在该例中，将使用更有意义的名称来重命名 OE.CUST_INS_DT_IX 索引中的本地索引分区：

```
SQL> alter index oe.cust_ins_dt_ix
       rename partition sys_P1130 to cust_ins_dt_ix_P1;
Index altered.

SQL> alter index oe.cust_ins_dt_ix
       rename partition sys_P1131 to cust_ins_dt_ix_P2;
Index altered.

SQL> alter index oe.cust_ins_dt_ix
       rename partition sys_P1132 to cust_ins_dt_ix_P3;
Index altered.
```

18.2.5 物化视图

另一种类型的称为“物化视图”(materialized view)的表同时具有表和视图的特性。它和视图的相同之处在于它也从对一个或多个表的查询中得到结果；它类似表的地方在于它将视图的结果集维持在一个段中。物化视图在 OLTP 和 DSS 系统中是有用的。对操作数据的频繁的用户查询可采用物化视图，以便取代重复地连接许多高度规范化的表，在数据仓库环境中，可提前聚集历史数据，以便使运行 DSS 查询花费的时间只是在它运行时聚集数据所需时间的一小部分。

根据业务需要，可根据需要或者以递增方式来刷新物化视图中的数据。根据视图的底层 SQL 语句的复杂性，可通过物化视图日志使用增量变化来快速地更新物化视图。

要创建物化视图，可使用 CREATE MATERIALIZED VIEW 命令，该命令的语法类似于创建一个标准的视图。由于物化视图存储查询结果，因此还可为该视图指定存储参数，就像正在创建一个表一样。在 CREATE MATERIALIZED VIEW 命令中，还可以指定刷新视图的方式。可按需要或当一个基表改变的任何时候刷新物化视图。此外，可强制一个物化视图使用物化视图日志来进行增量式更新，或在进行刷新时可强制执行物化视图的完整重建。

如果优化程序确定一个特定的物化视图已经拥有一个用户已提交的查询的结果，优化程序可以自动利用物化视图。用户甚至不必知道他们的查询正在直接使用物化视图，而并不是使用基表。但为使用查询重写，用户必须拥有 QUERY REWRITE 系统权限，并且必须将初始化参数 QUERY_REWRITE_ENABLED 的值设置为 TRUE。

18.3　使用位图索引

B-树索引的一种替换形式称为“位图索引”(bitmap index)，在基数较低的列上频繁执行连接操作的环境中，它可提供优化查询的好处。本节将介绍位图索引的基本概念并创建一个位图索引，另外还要说明如何根据两个或多个表中的列来提前创建位图索引。

18.3.1　理解位图索引

当检索的列具有非常有限的可能取值时，在 VLDB 环境中使用位图索引是非常有用的，例如，性别的可能取值通常是“M”和“F”。位图索引使用一个二进制 1 或 0 组成的字符串来表示一个特定的列值的存在或不存在。使用位图索引可在查询中非常有效地对表的几个列执行多个 AND 和 OR 操作。在存在许多基数较低的列的数据仓库及其他 VLDB 环境中，常用到位图索引，按照批量的方式执行 DML 命令，并且查询条件频繁地利用位图索引使用列。

只要基数很低，位图索引的空间要求也很低。例如，EMPLOYEES 表的 GENDER 列上的一个位图索引只包含两个位图，并且长度等于该表中行的数量。如果 EMPLOYEES 表有 15 行，用于 GENDER 列的位图看起来如下：

```
GENDER_BM_IX:
   F: 1 1 0 1 1 1 0 0 0 1 0 1 1 1 0
   M: 0 0 1 0 0 0 1 1 1 0 1 0 0 0 1
```

可以看到，位图索引的尺寸与正在检索的列的基数成正比；然后，会压缩全为0的位图索引块，来减少位图索引的存储空间。EMPLOYEES的LAST_NAME列上的一个位图索引将非常大，这种情况下，索引占用大量空间的缺点可能超过位图索引带来的许多好处。但是每种规则都存在例外，基数最大可以达到行数的10%，同时位图索引仍可能执行得很好。换句话说，一个表在某个特定的列有1000行并有100个不同的取值，该表仍可能通过使用位图索引来获得好处。

注意：

在查询处理过程中，Oracle 优化程序动态地将位图索引记录项转换为 ROWID。这种方式允许优化程序使用位图索引，同时在具有很多不同取值的列上使用 B-树索引。

在 Oracle 10*g* 推出之前，当对包含位图索引的表进行频繁的 DML 活动时，位图的性能常常会随着时间的推移逐渐恶化。为利用改进的位图索引内部结构，必须将 COMPATIBLE 初始化参数设置为 10.0.0.0 或更高(目的是匹配当前版本：如果正在使用 Oracle Database 12*c*，应将

COMPATIBLE 设置为 12.1.0 或更高)。应该重建在调整 COMPATIBLE 参数之前性能较差的位图索引，在调整 COMPATIBLE 参数之前能够充分发挥性能的位图索引会在调整之后具有更好的性能。在调整 COMPATIBLE 参数之后新创建的任何位图索引都将利用所有的改进。

18.3.2 使用位图索引

可方便地创建位图索引，采用的语法与创建任何其他索引的语法相同，并增加了 BITMAP 关键字。在下例中，将向 EMPLOYEES 表添加一个 GENDER 列，然后在它上面创建一个位图索引：

```
SQL> alter table hr.employees
  2    add (gender   char(1));
Table altered.

SQL> create bitmap index
  2    hr.gender_bm_ix on hr.employees(gender);
Index created.
```

18.3.3 使用位图连接索引

从 Oracle9*i* 起，可创建一个增强的位图索引类型，称为"位图连接索引"(bitmap join index)。位图连接索引是表示两个或多个表之间连接的一种位图索引。对连接的第一个表中的列的每个值，位图连接索引存储其他表中与第一个表中的列具有相同值的对应行的 ROWID。位图连接索引是包含一个连接条件的物化视图的一种可替换形式。存储相关的 ROWID 所需的存储空间可能远小于存储视图本身的结果所需的空间。

在该例中，发现 HR 部门频繁地在 DEPARTMENT_ID 列上连接 EMPLOYEES 和 DEPARTMENTS 表。作为创建物化视图的一种可替换的方法，决定创建一个位图连接索引。下面是创建此位图连接索引的 SQL 命令：

```
SQL> create bitmap index
  2     hr.emp_dept_bj_ix on hr.employees(hr.departments.department_id)
  3   from hr.employees, hr.departments
  4   where hr.employees.department_id = hr.departments.department_id;
Index created.
```

位图连接索引的使用有几个限制：

- 当正在使用位图连接索引时，位图连接索引中只有一个表可以由不同的事务并发地进行更新。
- 在连接中任何表的出现都不能多于一次。
- 不能在一个 IOT 或临时表上创建位图连接索引。
- 不能使用 UNIQUE 属性来创建位图连接索引。
- 用于索引的连接列必须是主键，或者它们在表中具有唯一的约束，并且该表正要连接到带有位图索引的表。

18.4　本章小结

你的数据库势必越来越大，而非越来越小。例如，更多客户选择在网上购物，医生每天可在健康系统中看到更多病人；所有这些信息都应该(也必须)保留一段时间，供以后分析，或符合法规要求。因此，可使用 Oracle Database 12*c* 来方便地管理和访问当前数据及历史数据。

大文件表空间冲破了表空间数据文件大小的限制(例如，对于 8KB 块大小，为 32GB)。这不仅减少了数据库中需要的数据文件数量，还允许在表空间级别(而非数据文件级别)维护表空间。

表和索引分区是 Oracle Database 12*c* 以及前几个版本的关键特性，允许从包含数百万或数十亿行的表中及时访问数据行。即便使用索引表，也可能只有在遍历数十亿个索引项之后才能找到需要的行(例如，需要病人访问表中最近三个月的行)。将相遇日期作为分区键意味着，即使在最近三个月的病人访问记录(即最新的三个分区)上执行全表扫描，耗费的时间会是数秒，而非数小时。

最后，位图索引可加快此类查询的处理速度：一列中的值通常很少，你希望使用经高度压缩的位图索引来快速筛选其中很大比例的行；位图索引的格式实际上是一位，指示相应列在表的当前行的值是否存在。位图索引更进一步，可预连接两个表共有的列，两个表之间未来的连接速度将更快。

第 19 章

管理分布式数据库

在分布式环境中，在一个单独的事务或查询中可能需要访问位于不同的服务器(主机)上的数据库。每个服务器在物理上可以是隔离的，但在逻辑上不必与其他服务器相隔离。

典型的分布式数据库实现包括企业总部服务器，这些服务器将数据复制到位于各地的部门服务器。每个数据库支持本地客户应用程序，而且具有和网络中的其他数据库通信的能力。图 19-1 展示了这种体系结构。

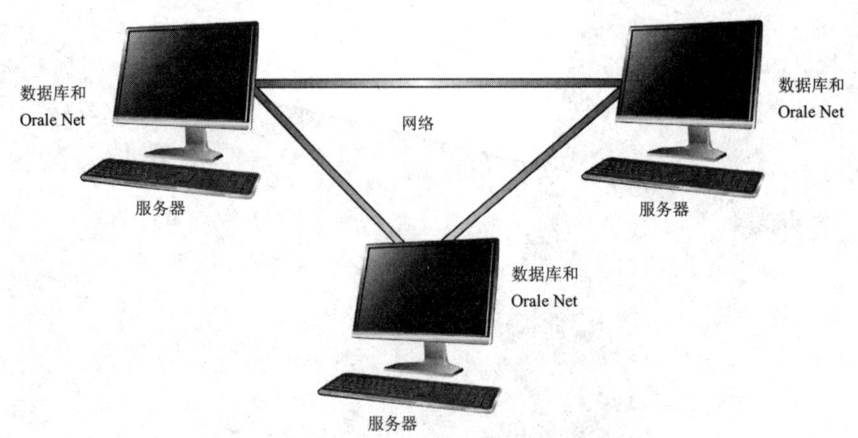

图 19-1 服务器/服务器体系结构

借助 Oracle Net 可将这种体系结构变为现实。Oracle Net 运行在所有涉及的服务器上，它允许将从一个数据库(或应用程序)上发出的数据库请求传递到位于一个不同的服务器上的另一个数据库。使用这种功能，可与能通过网络访问的所有数据库通信。然后，可创建同义名以便赋予应用程序真正的网络透明性。提交查询的用户并不需要知道用来解析查询的数据的位置。

可配置 Oracle 以支持多主复制(在这种配置中，涉及的所有数据库将拥有数据并能充当数据传播源)或单主复制(在这种配置中，只有一个数据库拥有数据)。当设计一种复制配置时，应设法限制数据的所有权。随着传播源数量的增加，出现错误的潜在可能性也随之增大，同时潜在的管理工作量也随之加大。下面将列举各种不同的复制功能的示例，然后介绍各种管理技术。

19.1 远程查询

为查询远程数据库，必须在将要发起查询的数据库中创建数据库链接。数据库链接为远程数据库指定了服务名，也可指定要连接到的远程数据库中的用户名。当一条 SQL 语句引用一个数据库链接时，Oracle 打开远程数据库中的一个会话，执行 SQL 语句，并返回数据。可将数据库链接创建为公用链接(由 DBA 创建的可由本地数据库中的所有用户使用的链接)或专用链接。

下例创建一个称为 HR_LINK 的公用数据库链接：

```
create public database link HR_LINK
connect to HR identified by employeeservices202
using 'hq';
```

注意：
从 Oracle Database 11*g* 开始，密码是区分大小写的，除非将初始化参数 SEC_CASE_SENSITIVE_LOGON 设置为 FALSE(默认设置是 TRUE)。

如该示例所示，CREATE DATABASE LINK 命令有如下几个参数：

- 可选的关键字 PUBLIC，允许 DBA 为数据库中的所有用户创建链接。稍后将介绍一个额外的可选关键字 SHARED。

- 链接名(在本例中是 HR_LINK)。
- 要连接到的账户。可配置数据库链接在远程数据库中使用本地用户名和密码。该链接连接到远程数据库中一个固定的用户名。
- 服务名(在本例中是 HQ)。

为使用新创建的链接，只需要在命令中将它添加为表名的一个后缀。下例通过使用 HR_LINK 数据库链接来查询远程表：

```
select * from EMPLOYEES@hr_link
where office = 'ANNAPOLIS';
```

当执行该查询时，Oracle 将通过 HR_LINK 数据库链接来建立一个会话并查询该数据库中的 EMPLOYEES 表。WHERE 子句将应用到 EMPLOYEES 的行，并返回匹配的行。图 19-2 以图形化方式给出了查询的执行情况。

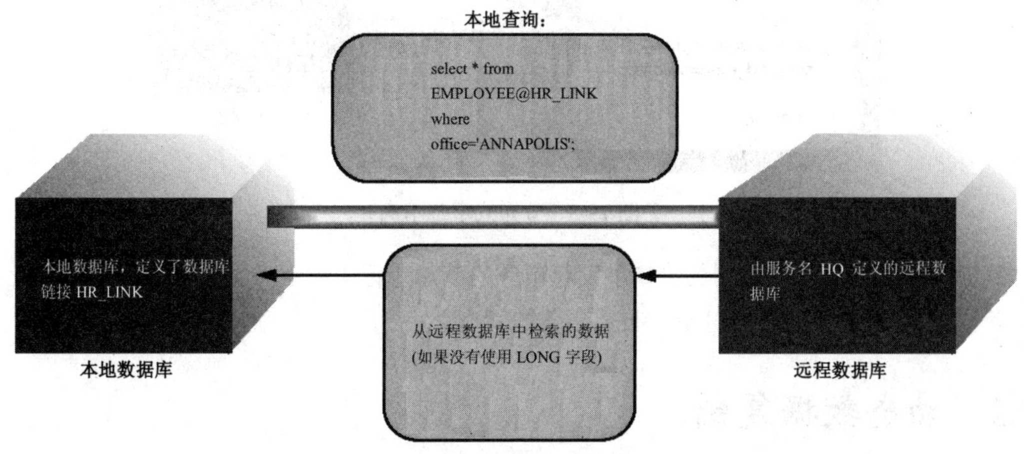

图 19-2　远程查询示例

该示例中的 FROM 子句引用了 EMPLOYEE@HR_LINK。由于 HR_LINK 数据库链接指定了服务器名、实例名和所有者名称，因此可知道表的全名。如果在数据库链接中没有指定账户名，会在尝试登录远程数据库的过程中使用本地数据库中用户的账户名和密码。

第 19.4 节会介绍数据库链接的管理。

19.2　远程数据处理：两阶段提交

为支持跨越多个数据库的数据处理，Oracle 采用两阶段提交(Two-Phase Commit，2PC)。2PC 允许将跨越多个节点的各组事务作为一个整体单元来处理；或者全部提交事务，或将它们全部回滚。图 19-3 显示了一组分布式事务。在此图中，执行两个 UPDATE 事务。第一个 UPDATE 针对一个本地表(EMPLOYEES)；第二个 UPDATE 针对一个远程表(EMPLOYEES@HR_LINK)。在执行完这两个事务后，执行一个单独的 COMMIT。如果不能提交任何一个事务，将回滚这两个事务。

分布式事务具有两个重要优点：可更新其他服务器上的数据库，并可将这些事务与其他事务一起组织在一个逻辑单元中。第二个好处在于数据库采用了 2PC。这里给出它的两个阶段：

- **准备阶段** 一个称为"全局协调者"(global coordinator)的发起节点通知事务中涉及的所有站点准备提交或回滚事务。
- **提交阶段** 如果准备阶段没有出现问题，则所有站点提交它们的事务。如果出现网络或节点失效，则所有站点将回滚它们的事务。

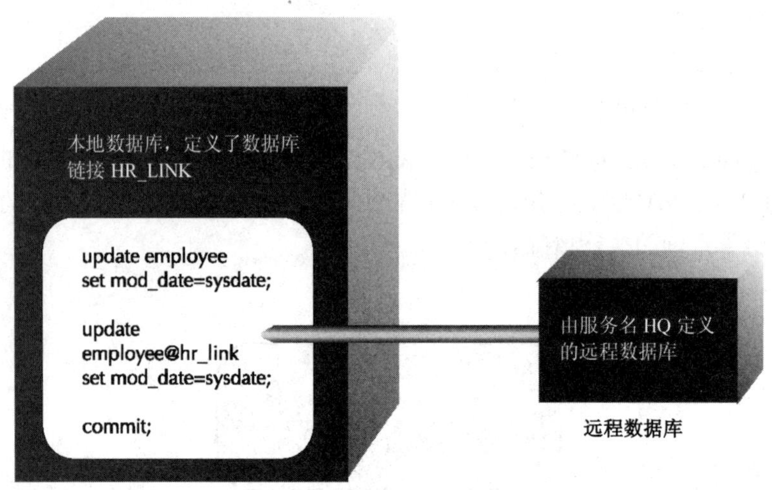

图 19-3 分布式事务示例

2PC 的使用对用户是透明的。如果发起事务的节点忘记了此事务，会执行第三个阶段，即遗忘阶段。第 19.5 节会详尽讨论分布式事务的管理。

19.3 动态数据复制

为提高使用远程数据库中数据的查询性能，可能希望将这些数据复制到本地服务器上。根据正在使用的 Oracle 特性，有多种选择可完成此任务。

可使用数据库触发器将数据从一个表复制到另一个表。例如，在每次执行到一个表的 INSERT 操作后，可能会激活触发器将相同的记录插入到另一个表——并且该表可能位于一个远程数据库中。因此，可在简单的配置中使用触发器来执行数据复制。如果不能控制针对基表的事务类型，执行复制所需的触发器代码将过于复杂，令人无法接受。

当使用 Oracle 的分布式特性时，可采用物化视图在数据库之间复制数据。不必复制整个表，复制也不必仅限于一个表的数据。当复制单个表时，可使用 WHERE 子句来限制复制哪些记录，并且可在数据上执行 GROUP BY 操作。此外，还可将该表与其他表连接起来并复制查询的结果。

注意：
不能使用物化视图来复制采用了 LONG、LONG RAW 或用户定义的数据类型的数据。

需要更新远程数据表的本地物化视图中的数据。可为物化视图指定更新间隔，数据库将自动地负责处理复制过程。很多情况下，数据库可使用物化视图日志只发送事务数据(表的变化)，否则数据库将对本地物化视图执行完全更新。图 19-4 给出了通过物化视图动态地复制数据的过程。

可使用 Data Guard 来创建和管理备用数据库，它的内容随着主数据库数据的变化而更新。备用数据库可用作一个只读数据库来支持报表要求，然后返回到它作为备用数据库的状态。可参阅第 15 章来了解使用和管理备用数据库的细节。

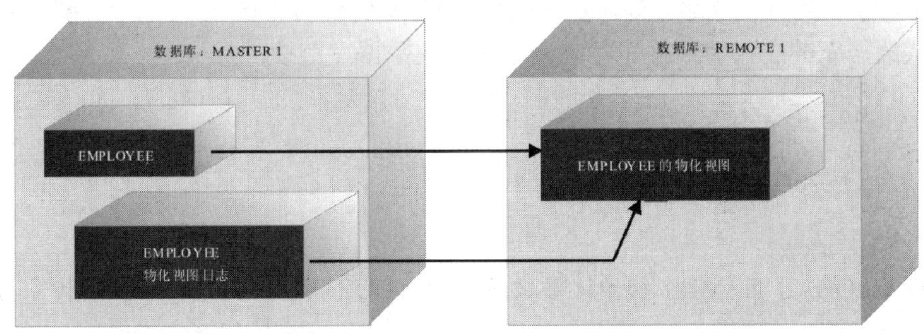

(a) 一个简单的物化视图；物化视图日志可被使用

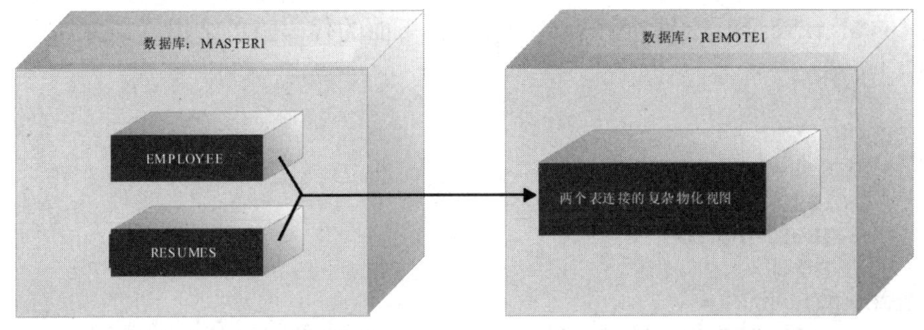

(b) 一个复杂的物化视图；连接的结果被复制

图 19-4　使用物化视图的数据复制

19.4　管理分布式数据

在考虑管理针对远程数据库的事务前，必须能获得那里的数据并使数据对其他数据库是全局可访问的。下面将介绍必需的管理任务：实施位置透明性并管理数据库链接、触发器和物化视图。

注意：
本章中的示例假定正将 tnsnames.ora 文件用于数据库服务名解析。

19.4.1　基础设施：实施位置透明性

为正确地设计能长期使用的分布式数据库，一开始就必须使数据的物理位置对应用程序而言是透明的。数据库内的一个表的名称在拥有该表的模式中是唯一的。但远程数据库可能有一个同名的账户，该账户可能拥有一个同名的表。

在分布式数据库中，必须添加两个额外的对象标识层。首先，必须标识访问数据库的实例的名称。接下来，必须标识驻留该实例的主机的名称。将对象名称的这 4 个部分——它的主机、实例、所有者和名称——放在一起得到一个全局对象名。为访问一个远程表，必须知道该表的全局对象名。

位置透明性的目标是使全局对象名的前三部分——主机、实例和模式——对用户而言是透明的。全局对象名的前三个部分都可通过数据库链接来指定，因此任何期望获得位置透明性的努力都应从数据库链接入手。首先考虑一个典型的数据库链接：

```
create public database link hr_link
connect to HR identified by employeeservices202
using 'hq';
```

注意：

如果将 GLOBAL_NAMES 初始化参数设置为 TRUE，那么数据库链接名必须与远程数据库的全局名相同。

通过使用一个服务名(在此例中是 HQ)，可保持主机名和实例名对用户而言是透明的。通过本地主机的 tnsnames.ora 文件可解析这些名称。下面的代码清单给出了该文件中用于服务名 HQ 的部分记录项：

```
HQ =(DESCRIPTION=
      (ADDRESS=
           (PROTOCOL=TCP)
           (HOST=HQ_MW)
           (PORT=1521))
      (CONNECT DATA=
           (SERVICE_NAME=LOC)))
```

该清单中以粗体显示的两行填写了全局对象名的两个遗漏的部分：当用户引用 HQ 服务名时，主机名是 HQ_MW，服务名是 LOC。SERVICE_NAME 可以是远程数据库的实例名，它由初始化参数 SERVICE_NAMES 指定，并包含几个服务。SERVICE_NAME 的默认值是 DB_UNIQUE_NAME.DB_DOMAIN。在 RAC 数据库环境中，除这一服务名外，每个节点还可以有额外的服务名。由 SERVICE_NAMES 指定的服务可运行在若干个、全部或一个 RAC 实例上。如果想要一个特殊的数据库实例，则在 tnsnames.ora 文件中指定 INSTANCE_NAME，而不是指定 SERVICE_NAME。

此 tnsnames.ora 文件使用了针对 TCP/IP 协议的参数，其他协议可能使用不同的关键字，但它们的用法是相同的。tnsnames.ora 记录项为服务名和实例名提供了透明性。

通过本节前面给出的代码创建的 HR_LINK 数据库链接将为全局对象名的前两部分提供透明性。但如果当数据移出 HR 模式或者 HR 账户的密码改变时该怎么办呢？此时不得不删除并重建数据库链接。这同样适用于需要账户级安全性的情况，但可能需要创建和维护多个数据库链接。

为解析全局对象名的模式部分的透明性，可修改数据库链接语法。考虑如下代码清单中的数据库链接：

```
create public database link HR_LINK
connect to current_user
using 'hq';
```

该数据库链接使用了 CONNECT TO CURRENT_USER 子句。它将使用连接的用户数据库链接：远程数据库使用用户执行查询的服务器上的用户的凭据来验证连接请求。前面的几个示例是固定用户连接——使用相同凭证来验证连接请求，与发出请求的用户无关。下面这个示例使用连接的用户数据库链接，它看起来与使用固定的用户数据库链接是一样的，这并不奇怪：

```
select * from EMPLOYEES@HR_LINK;
```

当用户引用 HR_LINK 链接时，数据库将采用以下顺序解析全局对象名：

(1) 搜索本地 tnsnames.ora 文件来确定正确的主机名、端口和实例名或服务名。

(2) 检查数据库链接是否指定了 CONNECT TO，如果找到了 CONNECT TO CURRENT_USER 子句，则试图使用连接用户的用户名和密码来连接指定的数据库。

(3) 从查询的 FROM 子句中搜索对象名。

经常使用连接的用户链接来访问那些可以根据正访问表的用户名对它的行进行限制的表。例如，如果远程数据库有一个名为 HR.EMPLOYEES 的表，并且允许每个员工看到他自己在此表中的行，那么一个采用特定连接的数据库链接，例如：

```
create public database link hr_link
connect to HR identified by employeeservices202
using 'hq';
```

将作为 HR 账户(该表的所有者)登录。如果使用了这个特定的连接，则不能限制用户查看远程主机上的记录。但是，如果使用一个连接的用户链接，并且使用 USER 伪列在远程主机上创建一个视图，那么从此远程主机只返回该用户的数据。下面的代码清单给出一个数据库链接的示例以及这种类型的视图：

```
-- In the local database:
--
create public database link hr_link
connect to current_user
using 'hq';

create view remote_emp as
  select * from employees@hr_link
  where login_id=user;
```

无论采用哪种方法，都可以限制检索的数据。不同之处在于当使用连接的用户链接时，可以根据远程数据库中的用户名来限制数据；如果使用固定连接，则可在已将数据返回到本地数据库后对数据进行限制。连接的用户链接减少了解析查询所需的网络业务量，并向数据添加了一个额外层次的位置透明性。

注意：

如果正在使用 Oracle Database 的虚拟专用数据库(Virtual Private Database)特性，那么可以限

制对行和列的访问，而不需要维护用于此目的的视图。参见第 10 章了解 Virtual Private Database 选项的细节。

连接的用户数据库链接会引起一系列不同的维护问题。必须在多个服务器之间同步 tnsnames.ora 文件(从而导致采用 LDAP 解决方案，例如 OID)，并必须同步多个数据库中的用户名/密码的组合。下面将考虑这些问题。

1. 数据库域

域名服务(Domain Name Service，DNS)允许网络中的主机采用分级的组织方式。组织内的每个节点称为一个“域”(domain)，并且每个域按照它的功能来标记。这些功能包括用于公司的 COM 和用于学校的 EDU。每个域可有多个子域。因此，将赋予网络内的每个主机一个唯一的名称，它的名称包含关于它在网络分级结构中所处位置的信息。网络中的主机名通常最多包括 4 个部分，名称最左边的部分是主机名，名称的其余部分表明了该主机所归属的域。

例如，一个主机的名称可能是 HQ.MYCORP.COM。在本例中，主机的名称是 HQ，并且将它标识为 COM 域的 MYCORP 子域的一部分。

域结构的重要性体现在两个方面。第一，主机名是全局对象名的一部分。第二，Oracle 允许在数据库链接名中指定主机名的 DNS 形式，从而简化了分布式数据库连接的管理。

为在数据库链接中使用 DNS 名称，首先需要向数据库的初始化文件添加两个参数。第一个参数 DB_NAME 应该设置为实例名。第二个参数 DB_DOMAIN 设置为数据库所在主机的 DSN 名称或者默认设置为 WORLD，但该值不能是 NULL。DB_DOMAIN 指定了主机所驻留的网络域。如果在 HQ.MYCORP.COM 服务器上创建了一个名为 LOC 的数据库，它的这两个参数的记录项将是：

```
DB_NAME = loc
DB_DOMAIN = hq.mycorp.com
```

注意：

在 RAC 环境中，INSTANCE_NAME 不能与 DB_NAME 相同。一般而言，对每个实例，将序号附加到 DB_NAME。关于配置 RAC 数据库的更多信息请参见第 12 章。

为允许使用数据库域名，必须在 SPFILE 或初始化参数文件中将 GLOBAL_NAMES 参数设置为 TRUE， 如下例所示：

```
GLOBAL_NAMES = true
```

注意：

在 Oracle Database 12*c* 中默认将 GLOBAL_NAMES 设置为 FALSE。

一旦已经设置了这些参数，则必须关闭和重启数据库，以便使 DB_NAME 或 DB_DOMAIN 的更改生效。

注意：

如果将 GLOBAL_NAMES 设置为 TRUE，那么所有数据库链接名必须遵循本节中介绍的规则。换句话说，GLOBAL_NAMES 确保数据库链接具有与使用此链接来连接的数据库相同的名称。

当使用这种创建全局数据库名称的方法时，创建的数据库链接的名称与它们指向的数据库的名称相同。因此，将指向前面列出的 LOC 数据库实例的一个数据库链接命名为 LOC.HQ.MYCORP.COM。下面是一个示例：

```
create public database link loc.hq.mycorp.com
using 'LOCSVC';
```

LOCSVC 是 tnsnames.ora 文件中的服务名。Oracle 可将本地数据库的 DB_DOMAIN 值附加在数据库链接的名称后。例如，如果数据库位于 HQ.MYCORP.COM 域中，并将数据库链接命名为 LOC，当引用数据库链接时，会将它解析为 LOC.HQ.MYCORP.COM。

全局数据库名称在数据库名、数据库域和数据库链接名之间建立了一种联系。而这种联系又会使标识和管理数据库链接变得更容易。例如，可在每个数据库中建立一个指向所有其他数据库的公用数据库链接(没有连接字符串，如前例所示)。数据库中的用户不必再猜测要使用的正确的数据库链接，如果他们知道全局数据库名称，也将知道数据库链接名。如果一个表从一个数据库转移到了另一个数据库，或如果一个数据库从一台主机迁移到另一台主机，那么可以方便地确定必须删除和重建哪些旧的数据库链接。使用全局数据库名称是从独立的数据库向真正的数据库网络过渡的一部分。

2. 使用共享的数据库链接

如果将共享的服务器配置用于数据库连接，并且应用程序将利用许多并发的数据库链接连接，那么使用共享的数据库链接就会有很多益处。共享数据库链接使用共享服务器配置来支持数据库链接连接。如果有多个并发的数据库链接来访问一个远程数据库，则可使用共享数据库链接来减少所需的服务器连接的数量。

为创建一个共享数据库链接，需要在 CREATE DATABASE LINK 命令中使用 SHARED 关键字。如下面的代码清单所示，还需要为远程数据库指定模式和密码：

```
create shared database link hr_link_shared
connect to current_user
authenticated by HR identified by employeeservices202
using 'hq';
```

当访问 HQ 数据库时，数据库链接 HR_LINK_SHARED 使用连接用户的用户名和密码，因为此链接指定了 CONNECT TO CURRENT_USER 子句。为防止未授权而企图使用共享链接，共享链接要求使用 AUTHENTICATED BY 子句。在这个示例中，用于身份验证的账户是应用程序用户的账户，但也可使用一个空模式(无用户登录)进行身份验证。身份验证账户必须拥有 CREATE SESSION 系统权限。当用户使用 HR_LINK_SHARED 链接时，连接将使用远程数据库上的 HR 账户。

如果改变了身份验证账户的密码，将需要删除和重建引用该账户的每个数据库链接。为简化维护工作，创建一个只用于验证共享的数据库链接连接的账户。该账户应该只拥有 CREATE SESSION 系统权限，并且不应当拥有针对任何应用程序表的权限。

如果应用程序很少使用数据库链接，应该使用不带有 SHARED 子句的传统数据库链接。

不使用 SHARED 子句，每个数据库链接连接需要一个独立的到远程数据库的连接。一般而言，当访问数据库链接的用户数量估计远大于本地数据库中服务器进程的数量时，则使用共享数据库链接。

19.4.2 管理数据库链接

可通过 DBA_DB_LINKS 数据字典视图来检索有关公用数据库链接的信息。可通过 USER_DB_LINKS 数据字典视图来查看专用的数据库链接。在任何可能的时候，利用应用程序，在数据库之间将你的用户分组，以便他们均可共享相同的公用数据库链接。一个附带的好处是，这些用户通常也能共享公共权限和同义名。

下面列出 DBA_DB_LINKS 数据字典视图的列。通过 DBA_DB_LINKS 看不到要使用的链接的密码，从 Oracle Database 10*g* Release 2 开始，该密码被加密地存储在 SYS.LINK$表中。

列 名	说 明
OWNER	数据库链接的所有者
DB_LINK	数据库链接的名称(如本章示例中的 HR_LINK)
USERNAME	如果使用特定的连接，该列是打开远程数据库中的一个会话要使用的账户名
HOST	将要用来连接到远程数据库的连接字符串
CREATED	数据库链接的创建日期

注意：

通过数据库的初始化文件中的 OPEN_LINKS 参数来限制单个查询可以使用的数据库链接的数量。它的默认值是 4。

数据库链接所涉及的管理任务依赖于数据库中已经实现的位置透明性的程度。最好的情况下，连接的用户链接将和服务名或别名一起使用。这种情况下，链接管理的最低要求是保持 tnsnames.ora 文件在域中所有主机(或使用同一 LDAP 服务器进行名称解析的所有主机)的一致性，且此用户账户/密码的组合在域中各主机上是相同的。

跨越多个数据库同步账户/密码组合可能比较难，但可以采用多种替代的方法。首先，可强制对用户账户密码的所有改动都要通过一个中心权威机构来执行。该中心权威机构将负责为网络中所有数据库内的账户更新密码——这是一项耗时的工作，但也是一项很有价值的工作。

其次，可通过审核 ALTER USER 命令的使用(参见第 10 章)来审查由此命令对用户密码所做的改动。如果一个数据库中用户的密码发生了改变，则必须在网络中所有可以通过连接的用户链接访问的数据库上对此密码进行更改。

如果全局对象名的任何部分——如用户名——嵌入在数据库链接中，那么影响全局对象名此部分的改动将要求删除并重建数据库链接。例如，如果改变了 HR 用户的密码，则使用如下命令删除采用了前面定义的特定连接的 HR_LINK 数据库链接：

```
drop database link hr_link;
```

然后，使用新的账户密码来重建此链接：

```
create public database link hr_link
connect to HR identified by employeeservices404
```

```
using 'hq';
```

不能以另一个用户的账户来创建一个数据库链接。假设试图以 OE 的账户创建一个数据库链接，如下所示：

```
create database link oe.hr_link
connect to hr identified by oe2hr
using 'hq';
```

在此例中，Oracle 将不会以 OE 的账户创建 HR_LINK 数据库链接。相反，Oracle 将会以执行 CREATE DATABASE LINK 命令的账户来创建一个名为 OE.HR_LINK 的数据库链接。为创建专用数据库链接，必须以将拥有该链接的账户登录到数据库。

注意：
为查看会话目前正在使用哪些链接，可查询 V$DBLINK。

19.4.3　管理数据库触发器

如果由于数据复制的需要要求在多个数据库中进行同步的改变，则可使用数据库触发器将数据从一个表复制到另一个表。当出现特定的动作时，会执行数据库触发器。针对一个事务的每一行、针对作为一个单元的完整事务，或当出现系统级的事件时，均可以执行触发器。当处理数据复制时，通常会关心影响每行数据的触发器。

在创建一个与复制相关的触发器之前，必须为触发器创建一个供其使用的数据库链接。在该例中，在拥有数据的数据库中创建此链接，并且正在复制的表的所有者可以访问该数据库：

```
create public database link trigger_link
connect to current_user
using 'rmt_db_1';
```

该链接名为 TRIGGER_LINK，使用服务名 RMT_DB_1 来指定到一个远程数据库的连接。该链接试图使用与调用此链接的账户相同的用户名和密码来连接到数据库 RMT_DB_1。

下面的代码清单中显示的触发器使用了此链接。在将每一行插入 EMPLOYEES 表后会激活触发器。由于是在将行插入到表中后执行触发器的，因此行的数据在本地数据库中已经生效。触发器使用刚定义的 TRIGGER_LINK 数据库链接将相同的行插入到一个具有相同结构的远程表中。这个远程表必须是已经存在的。

```
create trigger copy_data
after insert on employees
for each row
begin
    insert into employees@trigger_link
    values
    (:new.Empno, :new.Ename, :new.Deptno,
    :new.Salary, :new.Birth_Date, :new.Soc_Sec_Num);
end;
/
```

该触发器使用 NEW 关键字来引用刚插入到本地 EMPLOYEES 表中的行的值。

注意：

如果使用基于触发器的复制，则触发器代码必须解决远端潜在的错误状况，例如重复的键值、空间管理问题或者关闭的数据库。

```
select trigger_type,
       triggering_event,
       table_name
  from dba_triggers
 where trigger_name = 'COPY_DATA';
```

该查询的输出示例如下所示：

```
TYPE             TRIGGERING_EVENT       TABLE_NAME
---------------- ---------------------- ------------
AFTER EACH ROW   INSERT                 EMPLOYEES
```

可从 DBA_TRIGGERS 中查询触发器的内容，如下例所示：

```
set long 1000
select trigger_body
  from dba_triggers
 where trigger_name = 'COPY_DATA';

TRIGGER_BODY
-------------------------------------------------------
begin
    insert into employees@trigger_link
    values
    (:new.Empno, :new.Ename, :new.Deptno,
    :new.Salary, :new.Birth_Date, :new.Soc_Sec_Num);
end;
```

创建触发器来复制本地数据库上数据操作的所有可能的排列在理论上是可行的，但这种方式很快会变得难以管理。对于一个复杂环境，应该考虑使用物化视图。对于前面介绍过的受限的环境，触发器是一种非常容易实现的解决方案。不过，为复制操作使用触发器的开销很大；因此，如果使用该方法，务必在较大的表中执行足够多的测试，来确定能否接受这种开销。

注意：

如果使用触发器执行数据复制，主数据库中事务的成功将依赖于远程事务的成功。

19.4.4 管理物化视图

可使用物化视图来聚集、预连接或复制数据。在企业数据库环境中，数据通常从联机事务数据库流向数据仓库中。通常对数据进行预准备、清理或者其他处理，然后将它们转移到数据仓库中。从数据仓库可将数据复制到其他数据库或数据集市。

可使用物化视图预计算并将聚集的信息存储在一个数据库中，可以在分布式数据库之间动态地复制数据，并能在数据复制环境中同步数据的更新。在复制环境中，物化视图允许本地访问那些通常必须远程访问的数据。一个物化视图可能要基于另一个物化视图。

在大型数据库中，物化视图有助于提高涉及聚集(包括求和、计数、平均值、方差、标准差、最小值和最大值)或表连接的查询的性能。Oracle 的查询优化器将自动意识到可使用物化视图来满足查询——一个称为“查询重写”的特性。

注意：

为得到最佳结果，确保保持物化视图上的统计数据是最新的。从 Oracle Database 10g 开始，在预定义维护窗口期间定期收集所有数据库对象的统计信息，并作为自动维护任务基础结构(AutoTask)的一部分。

可使用初始化参数配置优化器来自动重写查询，以便在任何可能的时候使用物化视图。

由于物化视图对 SQL 应用程序是透明的，因此可删除或创建它们而不会影响 SQL 代码的执行。也可创建分区物化视图，并使物化视图基于分区表。

与常规的视图不同，物化视图存储数据并占用数据库中的物理空间。使用由物化视图的基本查询产生的数据来填充物化视图，并根据需要或按计划来更新物化视图。因此，一旦基本查询访问的数据发生变化，就应该更新物化视图，以反映数据的变化。数据更新的频率依赖于业务在物化视图支持的处理过程中能容忍的数据延迟程度。稍后将介绍如何设置更新频率。

物化视图将在数据库中创建多个对象。创建物化视图的用户必须对任何引用的但由另一种模式所拥有的表具备 CREATE MATERIALIZED VIEW、CREATE TABLE 和 CREATE VIEW 权限以及 SELECT 权限。假如将在另一种模式中创建物化视图，并且如果在物化视图中引用的表是由另一种模式所拥有的，那么创建物化视图的用户必须具备对这些表的 CREATE ANY MATERIALIZED VIEW 权限和 SELECT 权限。为在一个引用另一种模式内的表的物化视图上启用查询重写，启用查询重写的用户必须拥有 GLOBAL QUERY REWRITE 权限，或显式地授予用户具有对另一种模式中任何引用的表的 QUERY REWRITE 权限。用户还必须拥有 UNLIMITED TABLESPACE 权限。物化视图可在本地数据库中创建，并从远程主数据库中拉数据，也可使物化视图驻留在存放数据的同一个数据库服务器上。

如果打算使用查询重写特性，则必须将以下记录项写入初始化参数文件中：

```
query_rewrite_enabled=true
```

注意：

如果将 OPTIMIZER_FEATURES_ENABLED 参数设置为 10.0.0 或更高，那么 QUERY_REWRITE_ENABLED 的默认值是 TRUE。

另一个参数 QUERY_REWRITE_INTEGRITY 用来设置 Oracle 必须执行查询重写的程度。在最安全的级别上，Oracle 不使用依赖未强制关系的查询重写转换。QUERY_REWRITE_INTEGRITY 的有效值包括 ENFORCED(Oracle 实施并保证一致性和完整性)、TRUSTED(支持查询重写用于声明的关系)和 STALE_TOLERATED(即使在物化视图和它们的底层数据不一致的情况下也支持查询重写)。默认情况下，QUERY_REWRITE_INTEGRITY 设置为 ENFORCED。

1. 创建物化视图前的决定

在创建物化视图之前，必须做出多个决定，包括：

- 在创建物化视图的过程中或创建之后是否用数据填充物化视图
- 物化视图的更新频率

- 执行哪一种更新类型
- 是否维护一个物化视图日志
- 是就地更新还是在其他位置(out-of-place)更新

可在创建物化视图时使用 CREATE MATERIALIZED VIEW 命令的 BUILD IMMEDIATE 选项将数据装载到物化视图，或者可以增加使用 BUILD DEFERRED 子句来预先创建物化视图，而并不向它填充数据，直到第一次使用它时才填充数据。在创建时填充物化视图的优点在于当可以使用物化视图时就可以即刻使用数据。但是，如果并不打算马上使用物化视图并且底层数据变化得非常快，则物化视图中的数据很快就会过时。如果等待一段时间来填充物化视图，则直到自动执行 DBMS_MVIEW.REFRESH 包时才会向物化视图填充数据，并且在返回任何数据之前，用户必须等待物化视图的填充，因此会导致一次性的性能降级。如果已经存在一个标准视图并且希望将它转换为一个物化视图，可使用 PREBUILT 关键字选项。

必须根据公司的需要来决定可容忍的过时数据的程度。可根据物化视图基于的表中的数据变化的频度来做决定。如果管理并不依赖最新的信息来做基本决定，可能只需要一小时一次或一天一次来更新物化视图。如果在所有时间保持数据的绝对准确是非常关键的，则可能需要从白天到晚上每隔 5 分钟执行一次快速更新。

在物化视图创建时指定更新方法一共有 4 种更新形式：REFRESH COMPLETE(完全更新)、REFRESH FAST(快速更新)、REFRESH FORCE(强制更新)和 NEVER REFRESH(从不更新)。在快速(增量)更新中，使用物化视图日志来跟踪自从上次更新以来表中出现的数据变化。根据已设定的更新标准，只需要定期地将变化的信息填写回物化视图。在和物化视图的主表相同的数据库和模式中维护物化视图日志。由于快速更新仅应用从上次更新以来所做的改变，因此执行这种更新花费的时间通常非常短。

Oracle Database 12*c* 中引入新的增量刷新类型，称为分区更改跟踪(Partition Change Tracking，PCT)，PCT 在某种程度上是基于日志的增量更新与完整更新的混合产物。如果基表是分区表，则仅需要更新相应的物化视图分区。

在完全更新中，每次执行更新时将完全更换物化视图中的数据。对物化视图执行完全更新所需的时间可能相当长。可以每次在主表上提交事务时执行更新(REFRESH ON COMMIT)或者仅在运行 DBMS_MVIEW.REFRESH 过程时执行更新(REFRESH ON DEMAND)。

当指定 REFRESH FORCE 时，更新过程首先评估能否运行快速更新。如果不能运行它，将执行完全更新。如果将 NEVER REFRESH 指定为更新选项，将不会更新物化视图。如果没有创建和填充物化视图日志，则只能执行完全更新。Oracle Database 12*c* 引入另一类更新：在其他位置更新物化视图(out-of-place materialized view refresh)。在执行此类更新期间(COMPLETE、FAST、FORCE 或 PCT)，会在构建新版本时维护物化视图的当前副本。完成后，丢弃当前版本，并重命名新版本。这极大地提高了物化视图的可用性，但需要增加存储量来构建物化视图的新副本。

2. 创建物化视图

下面的程序清单中显示了用来创建物化视图的命令示例。在该示例中，赋予物化视图名称(STORE_DEPT_SAL_MV)，并指定了它的存储参数和更新间隔以及向物化视图填充数据的时间。在该例中，指定物化视图使用完全更新选项，并且不填充数据，直到运行了 DBMS_MVIEW.REFRESH 过程。该示例启用了查询重写。此物化视图的基本查询如下所示：

```
create materialized view store_dept_sal_mv
tablespace mviews
build deferred
refresh complete
enable query rewrite
as
select d.dname, sum(sal) as tot_sum
from dept d, emp e
where d.deptno = e.deptno
group by d.dname;
```

注意：
物化视图的查询不能引用 SYS 用户所拥有的表或视图。

下面的程序清单给出另一个使用 REFRESH FAST ON COMMIT 子句创建物化视图的示例。当出现提交时，为支持快速更新，需要在基表上创建物化视图日志。参见本章后面的“管理物化视图日志”部分来了解详情。

```
create materialized view store_dept_sal_mv
tablespace mymviews
parallel
build immediate
refresh fast on commit
enable query rewrite
as
select d.dname, sum(sal) as tot_sum
  from dept d, emp e
 where d.deptno = e.deptno
group by d.dname;
```

在该例中，使用相同的基本查询，但使用 REFRESH FAST ON COMMIT 子句来创建物化视图，这样，在物化视图的任何基查询中每次提交事务，都会发生快速更新。此物化视图将在创建时就填充数据，并会并行地加载插入的行。另外，启用了查询重写。

注意：
只有在物化视图的基表上创建了物化视图日志时才会使用快速更新选项。Oracle 可在物化视图中对连接的表执行快速更新。

对于这两个示例，物化视图使用了它的表空间的默认存储参数。可通过 ALTER MATERIALIZED VIEW 命令修改物化视图的存储参数，如下例所示：

```
alter materialized view store_dept_sal_mv pctfree 5;
```

针对物化视图的两个最常用操作是执行查询和快速更新。每种操作需要不同的资源，并具有不同的性能要求。可索引物化视图的基表——例如，添加一个索引来提高查询性能。如果物化视图只使用连接条件和快速更新，则主键列上的索引可以改善快速更新操作。如果物化视图使用连接和聚集操作并采用快速更新方式，如上例所示，则会自动为此物化视图创建索引，除非在 CREATE MATERIALIZED VIEW 命令中指定 USING NO INDEX。

为删除物化视图，可使用 DROP MATERIALIZED VIEW 命令：

```
drop materialized view STORE_DEPT_SAL_MV;
```

可使用物化视图的 out-of-place 选项(该选项在 Oracle Database 12*c* 中引入)，在其他位置创建的物化视图与就地更新的物化视图是相同的，只是在调用 DBMS_MVIEW.REFRESH 时指定的参数不同而已。

19.4.5 使用 DBMS_MVIEW 和 DBMS_ADVISOR

可使用提供的多个包来管理和评价物化视图，包括 DBMS_MVIEW、DBMS_ADVISOR 和 DBMS_DIMENSION。

表 19-1 给出了 DBMS_MVIEW 包的子程序。DBMS_MVIEW 包用来执行管理操作，如评价、注册或更新物化视图。

表 19-1 DBMS_MVIEW 的子程序

子 程 序	说 明
BEGIN_TABLE_REORGANIZATION	在对主表重组之前使用的一个程序，用来保存执行物化视图更新所需的数据
END_TABLE_REORGANIZATION	在主表重组结束时确保物化视图主表处于正确的状态并且主表是有效的
ESTIMATE_MVIEW_SIZE	估计物化视图的大小，单位是字节或行
EXPLAIN_MVIEW	说明一个现有的或建议的物化视图的可能情况(是否可以采用快速更新？是否可以使用查询重写)
EXPLAIN_REWRITE	说明一个查询不能重写的原因，或者如果它能重写，将会使用哪些物化视图
I_AM_A_REFRESH	在复制过程中调用它，返回 I_AM_REFRESH 包的状态值
PMARKER	用于跟踪分区变化，从 RowID 中返回一个分区标记
PURGE_DIRECT_LOAD_LOG	和数据仓库一起使用，该子程序用来从直接装入程序日志中清除那些物化视图不再需要的行
PURGE_LOG	从物化视图日志中清除行
PURGE_MVIEW_FROM_LOG	从物化视图日志中清除行
REFRESH	更新不是同一个更新组的成员的一个或多个物化视图
REFRESH_ALL_MVIEWS	更新所有没有反映出对它们的主表或主物化视图进行改动的物化视图
REFRESH_DEPENDENT	更新依赖于一个特定的主表或主物化视图的所有基于表的物化视图。该列表可包含一个或多个主表或主物化视图
REGISTER_MVIEW	允许管理单独的物化视图
UNREGISTER_MVIEW	用来在一个主站点或主物化视图站点取消物化视图的注册

为更新单独的物化视图，使用 DBMS_MVIEW.REFRESH。它的两个主要参数是要更新的物化视图的名称和要使用的更新方法。对于更新方法，可指定'c'表示完全(complete)更新，'f'表示快速(fast)更新，'?'表示强制更新。这里给出一个示例：

```
begin
  dbms_mview.refresh(
    'store_dept_sal_mv',
    method => 'c'
  );
end;
```

如果要通过单次调用 DBMS_MVIEW.REFRESH 来更新多个物化视图，则在第一个参数中列出所有物化视图的名称，并在第二个参数中列出和它们相匹配的更新方法，如下所示：

```
execute dbms_mview.refresh('mv1,mv2,mv3','cfc');
```

在该示例中，将通过快速更新方法来更新物化视图 MV2，而其他物化视图采用完全更新。

使用 out-of-place 更新来更新物化视图非常类似于使用就地更新来更新物化视图；唯一区别在于 DBMS_MVIEW.REFRESH 过程的一个参数，如下例所示：

```
begin
  dbms_mview.refresh(
    'store_dept_sal_mv',
    method => 'c',
    out_of_place => true
  );
end;
```

由于使用直接路径 I/O 来加载外部表(要更新的物化视图的未来版本)，与就地完全更新相比，速度要快得多。

可使用 DBMS_MVIEW 包中一个不同的过程更新所有预定为自动更新的物化视图。该程序称为 REFRESH_ALL，它将分别更新每个物化视图，不接受任何参数。下面的代码给出了执行它的一个示例：

```
execute dbms_mview.refresh_all;
```

由于将通过 REFRESH_ALL 连续地更新这些物化视图，因此并不是同时更新所有这些物化视图(换句话说，并不是并行更新所有这些物化视图)。因此，执行此程序过程中出现数据库或服务器失效都可能引起本地的物化视图彼此间不再同步。如果出现这种情况，只需要在恢复数据库后重新运行该程序。作为一种替换方法，可创建更新组，将在下一节对此予以介绍。

1. 使用 SQL Access Advisor(SQL 访问顾问)

可使用 SQL Access Advisor 生成用于创建和索引物化视图的建议。SQL Access Advisor 可推荐特定的索引(及索引类型)来改善连接和其他查询的性能。SQL Access Advisor 还可产生用于修改物化视图的建议，以便它能支持查询重写或快速更新。可从 Oracle Enterprise Manager 中或通过运行 DBMS_ADVISOR 包来执行 SQL Access Advisor。

注意：

为从 DBMS_ADVISOR 包获得最佳结果，应该在生成建议之前收集关于所有表、索引和连接列的统计信息。

为从 Oracle Cloud Control 12*c* 或通过 DBMS_ADVISOR 使用 SQL Access Advisor，应遵循如下 4 个步骤：

(1) 创建任务

(2) 定义工作负荷

(3) 生成建议

(4) 查看并执行建议

可采用两种方法来创建任务：通过执行 DBMS_ADVISOR.CREATE_TASK 过程或通过使用 DBMS_ADVISOR.QUICK_TUNE 过程(如下一节所述)。

工作负荷包括一条或多条 SQL 语句以及与这些语句相关的统计数据和属性。工作负荷可能包括用于一个应用程序的所有 SQL 语句。SQL Access Advisor 按照统计信息和业务重要性对工作负荷中的项目进行排序。使用 DBMS_ADVISOR.CREATE_SQLWKLD 过程来创建工作负荷。为关联工作负荷和父 Advisor 任务，可使用 DBMS_ADVISOR.ADD_SQLWKLD_REF 过程。如果没有提供工作负荷，则 SQL Access Advisor 可根据你的模式中定义的维数生成和使用假设的工作负荷。

一旦创建了一个任务并且将工作负荷与此任务相关联，就可以通过 DBMS_ADVISOR.EXECUTE_TASK 过程来生成建议。SQL Access Advisor 将考虑工作负荷和系统统计数据，并试图产生用于调整应用程序的建议。可通过执行 DBMS_ADVISOR.GET_TASK_SCRIPT 函数或通过数据字典视图来查看建议。可通过 USER_ADVISOR_RECOMMENDATIONS 来查看每条建议(该视图还有 ALL 和 DBA 版本)。为使建议和 SQL 语句发生联系，将需要 USER_ADVISOR_SQLA_WK_STMTS 和 USER_ADVISOR_ACTIONS 视图。

注意：

使用 DBMS_ADVISOR 包的更多示例请参见第 6 章。

当执行 GET_TASK_SCRIPT 过程时，Oracle 生成一个可执行的 SQL 文件，它包含创建、修改或删除建议的对象所需的命令。在执行它之前应该审查生成的脚本，尤其要注意表空间规范。稍后将讨论如何使用 QUICK_TUNE 过程来简化用于单个命令的顾问调整过程。

为调整一条单独 SQL 语句，可使用 DBMS_ADVISOR 包中的 QUICK_TUNE 过程。QUICK_TUNE 有两个输入参数——一个任务名和一条 SQL 语句。使用 QUICK_TUNE 过程使用户免于采取通过 DBMS_ADVISOR 创建工作负荷和任务时所涉及的步骤。

例如，以下过程调用可评估一个查询：

```
execute dbms_advisor.quick_tune(dbms_advisor.sqlaccess_advisor, -
     'mv_tune','select publisher from bookshelf');
```

注意：

执行此命令的用户需要具备 ADVISOR 系统权限。

可通过数据字典视图 USER_ADVISOR_ACTIONS 查看由 QUICK_TUNE 生成的建议，但如果使用 DBMS_ADVISOR 过程生成脚本文件，则能更方便地阅读它们。此示例中的建议是创建一个物化视图来支持查询。因为只提供了一条 SQL 语句，所以该建议是孤立地提出的，并没有考虑数据库或应用程序的任何其他方面。

可使用 CREATE_FILE 过程来自动生成一个文件，该文件包含实现此建议所需要的脚本。首先，创建一个用来保存此文件的目录对象：

```
create directory scripts as 'e:\scripts';
grant read on directory scripts to public;
grant write on directory scripts to public;
```

接下来，执行 CREATE_FILE 过程。它有三个输入变量——脚本(通过 GET_TASK_SCRIPT 程序生成的，向该程序传递任务的名称)、输出目录和要创建的文件的名称：

```
execute dbms_advisor.create_file(dbms_advisor.get_task_script('mv_tune'),-
'scripts','mv_tune.sql');
```

通过 CREATE_FILE 过程创建的 mv_tune.sql 文件将包含类似于下面清单中显示的命令。根据特定的 Oracle 版本，生成的建议可能不同。

```
Rem  Username:       PRACTICE
Rem  Task:           MV_TUNE
Rem

set feedback 1
set linesize 80
set trimspool on
set tab off
set pagesize 60

whenever sqlerror CONTINUE

CREATE MATERIALIZED VIEW "PRACTICE"."MV$$_021F0001"
   REFRESH FORCE WITH ROWID
   ENABLE QUERY REWRITE
   AS SELECT PRACTICE.BOOKSHELF.ROWID C1,
"PRACTICE"."BOOKSHELF"."PUBLISHER" M1
FROM PRACTICE.BOOKSHELF;

begin
  dbms_stats.gather_table_stats('"PRACTICE"',
'"MV$$_021F0001"',NULL,dbms_stats.auto_sample_size);
end;
/

whenever sqlerror EXIT SQL.SQLCODE

begin
dbms_advisor.mark_recommendation('MV_TUNE',1,'IMPLEMENTED');
end;
/
```

可使用 MARK_RECOMMENDATION 过程给建议做注解，以便在随后的脚本生成过程中可以略过建议。MARK_RECOMMENDATION 的有效操作包括 ACCEPT、IGNORE、IMPLEMENTED 和 REJECT。

可使用 DBMS_ADVISOR 包的 TUNE_MVIEW 过程生成用于重配置物化视图的建议。TUNE_MVIEW 生成两组输出结果——一组用于创建新的物化视图，一组用于删除以前创建的物化视图。最终结果应是一组可快速更新的物化视图，用来替代不能快速更新的物化视图。

可通过 USER_TUNE_MVIEW 数据字典视图来查看 TUNE_MVIEW 输出，或者可通过前面程序清单中给出的 GET_TASK_SCRIPT 和 CREATE_FILE 过程来生成它的脚本。

表 19-2 列出 DBMS_ADVISOR 包提供的过程。

表 19-2 DBMS_ADVISOR 的子过程

子 过 程	说 明
ADD_SQLWKLD_REF	向 Advisor 任务添加工作负荷引用
ADD_SQLWKLD_STATEMENT	向工作负荷添加一个单独的语句
CANCEL_TASK	取消当前执行的任务操作
CREATE_FILE	从一个 PL/SQL CLOB 变量创建外部文件
CREATE_OBJECT	创建新的任务对象
CREATE_SQLWKLD	创建新的工作负荷对象
CREATE_TASK	在储存库中创建新的 Advisor 任务
DELETE_SQLWKLD	删除整个工作负荷对象
DELETE_SQLWKLD_REF	删除当前任务与工作负荷数据对象之间的链接。从 Oracle Database 11*g* 起，已不建议使用该过程
DELETE_SQLWKLD_STATEMENT	从工作负荷中删除一条或多条语句
DELETE_TASK	从储存库中删除特定的任务
EXECUTE_TASK	执行指定的任务
GET_REC_ATTRIBUTES	从一个任务中检索特定建议的属性
GET_TASK_SCRIPT	创建并返回 Advisor 建议的可执行的 SQL 脚本
IMPORT_SQLWKLD_SCHEMA	基于一个或多个模式的内容将数据导入到工作负荷中。从 Oracle Database 11*g* 起，已不建议使用该过程
IMPORT_SQLWKLD_SQLCACHE	从当前的 SQL 缓存将数据导入到工作负荷中。从 Oracle Database 11*g* 起，已不建议使用该过程
IMPORT_SQLWKLD_STS	从 SQL Tuning Set(SQL 调整集合)将数据导入到工作负荷中
IMPORT_SQLWKLD_SUMADV	从当前的 SQL 缓存将数据导入到工作负荷中
IMPORT_SQLWKLD_USER	从当前的 SQL 缓存将数据导入到工作负荷中
INTERRUPT_TASK	停止当前执行的任务，按照正常退出的方式结束它的操作

(续表)

子 过 程	说　明
MARK_RECOMMENDATION	为特定的建议设置注释状态
QUICK_TUNE	对单独的 SQL 语句执行分析
RESET_TASK	将任务复位到它的初始状态
SET_DEFAULT_SQLWKLD_PARAMETER	从模式凭据将数据导入到工作负荷中
SET_DEFAULT_TASK_PARAMETER	修改默认的任务参数
SET_SQLWKLD_PARAMETER	设置工作负荷的参数值
SET_TASK_PARAMETER	设置指定任务的参数值
TUNE_MVIEW	说明如何将物化视图分解为两个或多个物化视图，或者按照一种比快速更新和查询重写更优越的方式重新声明物化视图
UPDATE_OBJECT	更新任务对象
UPDATE_REC_ATTRIBUTES	更新特定任务的现有建议
UPDATE_SQLWKLD_ATTRIBUTES	更新工作负荷对象
UPDATE_SQLWKLD_STATEMENT	更新工作负荷中的一条或多条 SQL 语句
UPDATE_TASK_ATTRIBUTES	更新任务的属性

额外的 DBMS_DIMENSION 包提供了如下两个过程：

DESCRIBE_DIMENSION　显示输入维数的定义，包括所有者、名称、级别、分级结构和属性

VALIDATE DIMENSION　检验一个维数中指定的关系是正确的

可使用 DBMS_DIMENSION 包来验证和显示维数的结构。

2. 在物化视图之间执行引用完整性

对于两个相关联的表，这两个表都有基于自身的简单物化视图，在它们的物化视图中有可能并不执行两个表之间的引用完整性。如果在不同的时间更新这些表，或者在更新过程中在主表上进行着事务，那么这些表的物化视图有可能没有反映主表的引用完整性。

例如，假如 EMPLOYEES 和 DEPARTMENTS 这两个表通过一个主键/外键关系而相互关联，那么这些表的简单的物化视图可能含有违反这种关系的情况，包括和主键不匹配的外键。在该示例中，这种情况可能意味着 EMPLOYEES 物化视图中的员工具有在 DEPARTMENTS 物化视图中并不存在的 DEPTNO 值。

对于该问题有很多潜在的解决方案。首先，当没有使用主表时记录更新出现的时间。第二，在锁定主表或禁止数据库之后立即手动执行更新(参看下一节来了解这方面的信息)。第三，可在物化视图中连接表，创建一个基于主表(这些主表将正确地相互关联)的复杂物化视图。第四，当在主数据库中提交事务时可强制执行物化视图的更新。

使用更新组提供了解决引用完整性问题的另一种方案。可将相关的物化视图聚集到更新组中。更新组的目的是协调其成员的更新进度。其主表与其他主表有联系的物化视图是适合成为

更新组中成员的候选对象。对物化视图的更新调度进行协调也将维护物化视图中主表的引用完整性。如果没有使用更新组，对于主表的引用完整性而言，物化视图中的数据可能是不一致的。

通过 DBMS_REFRESH 包可以执行更新组的操作。该包中的过程包括 MAKE、ADD、SUBTRACT、CHANGE、DESTROY 和 REFRESH，如下例所示。可从 USER_REFRESH 和 USER_REFRESH_CHILDREN 数据字典视图中查询有关现有的更新组的信息。

注意：
属于一个更新组的物化视图不必属于同一模式，但必须将它们都存储在同一数据库中。

可通过执行 DBMS_REFRESH 包中的 MAKE 过程来创建一个更新组，下面的程序清单中给出了该过程的调用参数：

```
DBMS_REFRESH.MAKE
(name IN VARCHAR2,
 list IN VARCHAR2, |
  tab IN DBMS_UTILITY.UNCL_ARRAY,
 next_date IN DATE,
 interval IN VARCHAR2,
 implicit_destroy IN BOOLEAN := FALSE,
 lax IN BOOLEAN := FALSE,
 job IN BINARY INTEGER := 0,
 rollback_seg IN VARCHAR2 := NULL,
 push_deferred_rpc IN BOOLEAN := TRUE,
 refresh_after_errors IN BOOLEAN := FALSE,
 purge_option IN BINARY_INTEGER := NULL,
 parallelism IN BINARY_INTEGER := NULL,
 heap_size IN BINARY_INTEGER := NULL);
```

除了前 4 个参数外，该过程的所有参数都具有通常可以接受的默认值。LIST(列表)和 TAB(标签)参数是互斥的。可使用如下的命令为名为 LOCAL_EMP 和 LOCAL_DEPT 的物化视图创建一个更新组：

```
execute dbms_refresh.make
   (name => 'emp_group', -
    list => 'local_emp, local_dept', -
    next_date => sysdate, -
    interval => 'sysdate+7');
```

注意：
LIST 参数是程序清单中的第二个参数，在它的开头和结尾均有一个单引号，并且中间没有引号。在该示例中，通过单个参数将两个物化视图——LOCAL_EMP 和 LOCAL_DEPT——传递到该过程。

上一个命令将创建一个名为 EMP_GROUP 的更新组，并有两个物化视图作为它的成员。更新组的名称包含在单引号内，正如成员列表一样——而不是每个成员。

如果更新组将包含一个已经是另一个更新组的成员的物化视图(例如，在将一个物化视图从一个旧的更新组转移到一个新创建的更新组的过程中)，必须将 LAX 参数设置为 TRUE。一个物化视图每次只能属于一个更新组。

为向一个现有的更新组添加物化视图，使用 DBMS_REFRESH 包的 ADD 过程，它的参数如下：

```
DBMS_REFRESH.ADD
(name IN VARCHAR2,
 list IN VARCHAR2, |
  tab IN DBMS_UTILITY.UNCL_ARRAY,
 lax IN BOOLEAN := FALSE);
```

和 MAKE 过程一样，不必指定 ADD 过程的 LAX 参数，除非正在两个更新组之间转移一个物化视图。将 LAX 参数设置为 TRUE 来执行该过程时，将物化视图转移到新的更新组，并自动从旧的更新组中删除此物化视图。

为从一个现有的更新组中删除物化视图，使用 DBMS_REFRESH 包的 SUBTRACT 过程，如下例所示：

```
DBMS_REFRESH.SUBTRACT
(name IN VARCHAR2,
 list IN VARCHAR2, |
  tab IN DBMS_UTILITY.UNCL_ARRAY,
 lax IN BOOLEAN := FALSE);
```

如同 MAKE 和 ADD 过程一样，单个物化视图或一个物化视图列表(由逗号隔开)可用作 SUBTRACT 过程的输入。可通过 DBMS_REFRESH 包的 CHANGE 过程来修改一个更新组的更新进度，下面是此程序的参数：

```
DBMS_REFRESH.CHANGE
(name IN VARCHAR2,
 next_date IN DATE := NULL,
 interval IN VARCHAR2 := NULL,
 implicit_destroy IN BOOLEAN := NULL,
 rollback_seg IN VARCHAR2 := NULL,
 push_deferred_rpc IN BOOLEAN := NULL,
 refresh_after_errors IN BOOLEAN := NULL,
 purge_option IN BINARY_INTEGER := NULL,
 parallelism IN BINARY_INTEGER := NULL,
 heap_size IN BINARY_INTEGER := NULL);
```

NEXT_DATE 参数类似于 CREATE MATERIALIZED VIEW 命令中的 START WITH 子句。例如，为改变 EMP_GROUP 的调度以便每三天对它复制一次，可执行如下命令(此命令指定 NEXT_DATE 参数的值是 NULL，保留该值不变)：

```
execute dbms_refresh.change
(name => 'emp_group',
 next_date => null,
 interval => 'sysdate+3');
```

执行此命令后，EMP_GROUP 更新组的更新周期将变成每三天一次。

注意：
更新组上的更新操作将比相应的物化视图更新耗费更长的时间。组更新还可能要求大量的撤消段空间以便在更新过程中维护数据的一致性。

可通过 DBMS_REFRESH 包的 REFRESH 过程来手动更新一个更新组。REFRESH 过程接受更新组的名称作为它唯一的参数。这里给出的命令将更新名为 EMP_GROUP 的更新组：

```
execute dbms_refresh.refresh('emp_group');
```

为删除一个更新组，可使用 DBMS_REFRESH 包的 DESTROY 过程，如下例所示。该过程唯一的参数是更新组的名称。

```
execute dbms_refresh.destroy(name => 'emp_group');
```

还可隐式地销毁更新组。当使用 MAKE 过程创建更新组时，如果将 IMPLICIT_DESTROY 参数设置为 TRUE，当从该组中删除其最后一个成员时(通常通过 SUBTRACT 过程)，将自动删除(销毁)该更新组。

注意：
为获得与物化视图更新相关的性能统计数据，可查询 V$MVREFRESH。

3. 管理物化视图日志

物化视图日志是一个表，用来在物化视图中维护主表改动的记录。它存储在和主表相同的数据库中，并且只有简单的物化视图使用它。在快速更新期间会使用物化视图日志中的数据。如果打算使用快速更新，应在创建物化视图之前创建物化视图日志。

为创建物化视图日志，必须能在表上创建一个 AFTER ROW 触发器，因此需要拥有 CREATE TRIGGER 和 CREATE TABLE 权限。不能为物化视图日志指定名称。

由于物化视图日志是一个表，因此它拥有全套可用的表存储子句。下面这个示例展示了在一个名为 EMPLOYEES 的表上创建物化视图日志：

```
create materialized view log on employees tablespace data2;
```

可将物化视图日志的 PCTFREE 值设置得很低(甚至是 0)，因为此表将没有任何更新。物化视图日志的大小依赖于每次更新过程中将处理的更改数量。引用主表的所有物化视图更新得越频繁，物化视图日志需要的空间就越小。

可通过 ALTER MATERIALIZED VIEW LOG 命令修改物化视图日志的存储参数。当使用此命令时，需要指定主表的名称。下面的清单中给出了一个修改 EMPLOYEES 表的物化视图日志的示例：

```
alter materialized view log on employees pctfree 10;
```

为删除物化视图日志，可使用 DROP MATERIALIZED VIEW LOG 命令，如下例所示：

```
drop materialized view log on employees;
```

4. 清理物化视图日志

物化视图日志包含临时数据。将记录插入到日志中，在更新过程中使用记录，然后删除这些记录。如果有多个物化视图使用同一个主表，那么它们共享相同的物化视图日志。如果其中一个物化视图长期没有得到更新，该物化视图日志可能从不会删除它的任何记录。因此，物化视图日志的空间需求将增加。

为减少日志记录项使用的空间，可使用 DBMS_MVIEW 包的 PURGE_LOG 过程。PURGE_LOG 过程接受三个参数：主表名、NUM 变量和 DELETE 标志。NUM 变量指定最近最少更新的物化视图的编号，将从物化视图日志中删除此视图的行。例如，如果有 3 个使用了此物化视图日志的物化视图，并且其中一个视图很长时间没有更新过，则 NUM 变量的值使用 1。

下面的清单显示了使用 PURGE_LOG 过程的一个示例。在该示例中，将从 EMPLOYEES 表的物化视图日志中清除近来最少使用的物化视图所需要的记录项：

```
execute dbms_mview.purge_log
(master => 'employees',
    num => 1,
   flag => 'delete');
```

为进一步支持维护工作，Oracle 为 TRUNCATE 命令提供两个与物化视图相关的选项。如果希望截短主表而不丢失它的物化视图日志记录项，可使用包含如下选项的 TRUNCATE 命令：

```
truncate table employees preserve materialized view log;
```

如果 EMPLOYEES 表的物化视图基于主键值(默认行为)，那么在导出/导入 EMPLOYEES 表后，物化视图日志值仍将有效。但如果 EMPLOYEES 表的物化视图基于 ROWID 值，那么在导出/导入基表后，物化视图日志将是无效的(因为在导入过程中很可能分配了不同的 ROWID)。这种情况下，当截短基表时应删节物化视图日志，如下例所示：

```
truncate table employees purge materialized view log;
```

19.4.6 可执行什么类型的更新

为查看哪种类型的更新和重写功能可能用于物化视图，可查询 MV_CAPABILITIES_TABLE 表。对于不同的版本，可用的功能可能不同，因此在升级 Oracle 软件后应该重新评价所具有的更新能力。为创建该表，执行位于$ORACLE_HOME/rdbms/admin 目录中的 utlxmv.sql 脚本。

MV_CAPABILITIES_TABLE 表的各列如下所示：

```
desc MV_CAPABILITIES_TABLE

 Name                                      Null?    Type
 ----------------------------------------- -------- ----------------
 STATEMENT_ID                                       VARCHAR2(30)
 MVOWNER                                            VARCHAR2(30)
 MVNAME                                             VARCHAR2(30)
 CAPABILITY_NAME                                    VARCHAR2(30)
```

```
POSSIBLE                                                   CHAR(1)
RELATED_TEXT                                               VARCHAR2(2000)
RELATED_NUM                                                NUMBER
MSGNO                                                      NUMBER(38)
MSGTXT                                                     VARCHAR2(2000)
SEQ                                                        NUMBER
```

为向 MV_CAPABILITIES_TABLE 表填充数据，执行 DBMS_MVIEW.EXPLAIN_ MVIEW 过程，并使用物化视图的名称作为输入值，如下例所示：

```
exec dbms_mview.explain_mview('local_category_count');
```

utlxmv.sql 脚本提供了对列值进行解释的指导，如下面的清单所示：

```
CREATE TABLE MV_CAPABILITIES_TABLE
 (STATEMENT_ID     VARCHAR(30),  -- Client-supplied unique statement identifier
 MVOWNER          VARCHAR(30),   -- NULL for SELECT based EXPLAIN_MVIEW
 MVNAME           VARCHAR(30),   -- NULL for SELECT based EXPLAIN_MVIEW
 CAPABILITY_NAME  VARCHAR(30),   -- A descriptive name of the particular
                                 -- capability:
                                 -- REWRITE
                                 --   Can do at least full text match
                                 --   rewrite
                                 -- REWRITE_PARTIAL_TEXT_MATCH
                                 --   Can do at least full and partial
                                 --   text match rewrite
                                 -- REWRITE_GENERAL
                                 --   Can do all forms of rewrite
                                 -- REFRESH
                                 --   Can do at least complete refresh
                                 -- REFRESH_FROM_LOG_AFTER_INSERT
                                 --   Can do fast refresh from an mv log
                                 --   or change capture table at least
                                 --   when update operations are
                                 --   restricted to INSERT
                                 -- REFRESH_FROM_LOG_AFTER_ANY
                                 --   can do fast refresh from an mv log
                                 --   or change capture table after any
                                 --   combination of updates
                                 -- PCT
                                 --   Can do Enhanced Update Tracking on
                                 --   the table named in the RELATED_NAME
                                 --   column.  EUT is needed for fast
                                 --   refresh after partitioned
                                 --   maintenance operations on the table
                                 --   named in the RELATED_NAME column
                                 --   and to do non-stale tolerated
                                 --   rewrite when the mv is partially
                                 --   stale with respect to the table
                                 --   named in the RELATED_NAME column.
                                 --   EUT can also sometimes enable fast
                                 --   refresh of updates to the table
```

```
                              --  named in the RELATED_NAME column
                              --  when fast refresh from an mv log
                              --  or change capture table is not
                              --  possible.
  POSSIBLE        CHARACTER(1), -- T = capability is possible
                              -- F = capability is not possible
  RELATED_TEXT    VARCHAR(2000),-- Owner.table.column, alias name, etc.
                              -- related to this message.  The
                              -- specific meaning of this column
                              -- depends on the MSGNO column.  See
                              -- the documentation for
                              -- DBMS_MVIEW.EXPLAIN_MVIEW() for details
  RELATED_NUM     NUMBER,     -- When there is a numeric value
                              -- associated with a row, it goes here.
                              -- The specific meaning of this column
                              -- depends on the MSGNO column.  See
                              -- the documentation for
                              -- DBMS_MVIEW.EXPLAIN_MVIEW() for details
  MSGNO           INTEGER,    -- When available, QSM message #
                              -- explaining why not possible or more
                              -- details when enabled.
  MSGTXT          VARCHAR(2000),-- Text associated with MSGNO.
  SEQ             NUMBER);    -- Useful in ORDER BY clause when
                              -- selecting from this table.
```

一旦已执行了 EXPLAIN_MVIEW 过程，就可以查询 MV_CAPABILITIES_TABLE 来确定你的选项：

```
select capability_name, msgtxt
from mv_capabilities_table
where msgtxt is not null;
```

对于 LOCAL_BOOKSHELF 物化视图，该查询返回如下的清单：

```
CAPABILITY_NAME
------------------------------
MSGTXT
------------------------------------------------------------
PCT_TABLE
relation is not a partitioned table

REFRESH_FAST_AFTER_INSERT
the detail table does not have a materialized view log

REFRESH_FAST_AFTER_ONETAB_DML
see the reason why REFRESH_FAST_AFTER_INSERT is disabled

REFRESH_FAST_AFTER_ANY_DML
see the reason why REFRESH_FAST_AFTER_ONETAB_DML is disabled

REFRESH_FAST_PCT
PCT is not possible on any of the detail tables in the
```

```
materialized view

REWRITE_FULL_TEXT_MATCH
query rewrite is disabled on the materialized view

REWRITE_PARTIAL_TEXT_MATCH
query rewrite is disabled on the materialized view

REWRITE_GENERAL
query rewrite is disabled on the materialized view

REWRITE_PCT
general rewrite is not possible or PCT is not possible on
any of the detail tables

PCT_TABLE_REWRITE
relation is not a partitioned table

10 rows selected.
```

由于在创建此物化视图的过程中没有指定 QUERY REWRITE 子句，因此禁止将查询重写功能用于 LOCAL_BOOKSHELF 表。基表没有物化视图日志，因此不支持快速更新功能。如果改变了物化视图或它的基表，则应该在 MV_CAPABILITIES_TABLE 中重新生成数据来查看新的选项。

如上一个清单所示，LOCAL_BOOKSHELF 物化视图不能使用快速更新，因为它的基表没有物化视图日志。这里给出一些将限制使用快速更新功能的其他约束：

- 物化视图一定不能包含对诸如 SYSDATE 和 ROWNUM 之类的不可重复表达式的引用。
- 物化视图一定不能包含对 RAW 或 LONG RAW 数据类型的引用。
- 对于基于连接的物化视图，FROM 列表中所有表的 ROWID 必须是 SELECT 列表的一部分。
- 如果存在外部连接，那么所有连接必须通过 AND 来连接，WHERE 子句必须不能包含子查询，并且唯一性约束必须存在于内部连接表的连接列上。
- 对于基于聚集的物化视图，物化视图日志必须包含引用的表的所有列，必须指定 ROWID 和 INCLUDING NEW VALUES 子句，并且必须指定 SEQUENCE 子句。

与复杂聚集的快速更新相关的更多限制请参见 *Oracle Database Data Warehousing Guide 12*c *Release 1 (12.1)*。

注意：

可在 CREATE MATERIALIZED VIEW 命令中指定 ORDER BY 子句。ORDER BY 子句将只会影响物化视图最初的创建，而不会影响任何更新。

19.4.7 使用物化视图改变查询执行路径

对于大型数据库，物化视图可在多个方面改善其性能。可使用物化视图来影响优化器，以便改变查询的执行路径。这种特性称为“查询重写”，它允许优化器使用物化视图来替代被物化视图查询的表，即使在查询中没有命名物化视图。例如，如果有一个大型的 SALES 表，可创建物化视图用来按区域对 SALES 数据求和。如果一个用户查询 SALES 表以得到某个区域的 SALES 数据之和，则 Oracle 能重定向该查询来使用物化视图替代 SALES 表。因此，可减少对大型表的访问次数，从而提高系统性能。此外，由于早已按区域对物化视图中的数据进行了分组，因此在发出查询命令时不必执行求和。

注意：

必须在物化视图定义中指定 ENABLE QUERY REWRITE，以便将视图用作查询重写操作的一部分。

为有效地使用查询重写功能，应创建一个维度用来在表的数据中定义分级结构。为执行 CREATE DIMENSION 命令，必须拥有 CREATE DIMENSION 系统权限。在此例中，因为地区(country)是洲(continent)的一部分，因此可创建表和维数来支持这种分层结构：

```
create dimension geography
  level country_id      is country.country
  level continent_id    is continent.continent
  hierarchy country_rollup (
    country_id          child of
    continent_id
  join key country.continent references continent_id);
```

为支持物化视图用于查询重写，必须将该物化视图的所有主表放在物化视图的模式中，并且必须拥有 QUERY REWRITE 系统权限。一般而言，应该在与物化视图的基表相同的模式中创建物化视图，否则将需要对创建和维护物化视图所需要的权限和授权进行管理。

注意：

可通过 REWRITE 和 NOREWRITE 提示在 SQL 语句级启用或禁用查询重写。当使用 REWRITE 提示时，可指定供优化器考虑的物化视图。

为启用查询重写，必须设置如下初始化参数：

- OPTIMIZER_MODE = ALL_ROWS 或 FIRST_ROWS 或 FIRST_ROWS_*n*
- QUERY_REWRITE_ENABLED = TRUE
- QUERY_REWRITE_INTEGRITY = STALE_TOLERATED、TRUSTED 或 ENFORCED

默认情况下，将 QUERY_REWRITE_INTEGRITY 设置为 ENFORCED，在这种模式下必须验证所有约束。优化器只使用物化视图中最新的数据，并且只使用那些基于 ENABLED 和 VALIDATED 主键约束、唯一性约束或外键约束的关系。在 TRUSTED 模式下，优化器相信物化视图中的数据是最新的，并在维数和约束中声明的关系是正确的。在 STALE_TOLERATED 模式下，优化器使用有效的但包含过时数据的物化视图以及那些包含最新数据的物化视图。

如果将 QUERY_REWRITE_ENABLED 设置为 FORCE，则优化器将重写查询来使用物化视图，即使当对原始查询估计的查询成本较低的时候。

如果出现查询重写，那么查询的说明方案将把物化视图列为访问的对象之一，以及将操作列为“MAT_VIEW REWRITE ACCESS”。可使用 DBMS_MVIEW.EXPLAIN_REWRITE 过程来检查重写是否可用于查询以及会涉及哪些物化视图。如果不能重写查询，该过程将以文档的形式给出原因。

注意：
查询重写决定基于不同的执行路径的成本，因此必须保持统计数据是最新的。

EXPLAIN_REWRITE 需要三个输入参数——查询、物化视图的名称和语句标识符——并且可将它的输出存储在一个表中。Oracle 在$ORACLE_HOME/rdbms/admin 目录中的一个名为 utlxrw.sql 的脚本中为输出表提供了 CREATE TABLE 命令。utlxrw.sql 脚本创建了一个名为 REWRITE_TABLE 的表。

可查询 REWRITE_TABLE 表来了解原始的成本、重写的成本和优化器的决定。MESSAGE 列将显示优化器的决策的原因。

如果已经使用了 CREATE MATERIALIZED VIEW 或 ALTER MATERIALIZED VIEW 命令的 BUILD DEFERRED 选项，那么直到第一次更新物化视图后，才会启用查询重写特性。

注意：
如果在查询中使用了绑定变量，优化器将不会重写它，即使启用了查询重写也是如此。

19.5 管理分布式事务

一个单独的逻辑工作单元可能包括针对多个数据库的事务。例如，可在分离的数据库中的两个表更新后执行一个提交。Oracle 将确保涉及的所有事务作为一个组而提交或回滚(使用 ROLLBACK 命令或会话失败)，以此来透明地维护两个数据库之间的完整性。这种操作是通过 Oracle 的两阶段提交(Two-Phase Commit，2PC)机制自动完成的。

2PC 的第一个阶段是准备阶段。在该阶段，事务涉及的每个数据库实例准备它将需要的数据以便提交或回滚数据。一旦准备好数据，则称实例是“未确定的(in doubt)”。这些实例将它们的状态通知给事务的发起实例(全局协调者)。

一旦所有实例准备完毕，则事务进入提交阶段，并指示所有节点提交它们的逻辑事务部分。数据库全都在相同的逻辑时间提交数据以维持分布式数据的完整性。

注意：
在分布式事务中执行 COMMIT 的所有数据库使用相同的系统更改号(System Change Number，SCN)，是参与事务的所有数据库中最高的 SCN。

19.5.1 解决未确定的事务

依赖独立数据库的事务可能由于数据库服务器出现问题而失败，例如，可能存在一个介质故障。使用分布式数据库增加了一组相关事务中潜在故障起因的数量。

当存在一个挂起的分布式事务时，事务的一个记录项将出现在 DBA_2PC_PENDING 数据字典视图中。当事务完成时，会删除它的 DBA_2PC_PENDING 记录。如果事务是挂起的，但不能完成，则它的记录仍停留在 DBA_2PC_PENDING 中。

RECO (Recoverer，恢复器)后台进程定期检查DBA_2PC_PENDING视图以发现未能完成的分布式事务。使用从此视图得到的信息，节点上的RECO进程将自动尝试恢复一个未确定事务的本地部分。然后，它尝试和事务中涉及的任何其他数据库建立连接并解析该事务的分布式部分。然后在每个数据库中删除DBA_2PC_PENDING视图中相关的行。

注意：

可通过 ALTER SYSTEM 命令的 ENABLE DISTRIBUTED RECOVERY 和 DISABLE DISTRIBUTED RECOVERY 子句来启用和禁用 RECO 进程。

通过 RECO 进程自动执行分布式事务的恢复。可手动恢复分布式事务的本地部分，但这通常会在分布式数据库之间产生不一致的数据。如果执行了本地恢复，远程数据将会不再同步。

为最小化必需的分布式恢复的次数，可改变执行分布式事务的方式。通过使用提交点强度(commit point strength)来影响事务以通知数据库如何构造事务。

19.5.2　提交点强度

每组分布式事务可能涉及多个主机和数据库。其中，通常选出一个视为最可靠的或持有最关键数据的主机和数据库。该数据库称为“提交点站点”(commit point site)。如果在此数据库提交数据，应将数据提交用于所有数据库。如果针对提交点站点的事务失败，则会回滚针对其他节点的事务。提交点站点还存储有关分布式事务状态的信息。

Oracle 将根据每个数据库的提交点强度选择提交点站点。可通过初始化文件来设置提交点强度，如下例所示：

```
commit_point_strength=100
```

COMMIT_POINT_STRENGTH 参数的值是相对于参与分布式事务的其他站点而设置的。在上例中，将该值设成 100(默认值是 1)。如果另一个数据库的 COMMIT_POINT_STRENGTH 参数值是 200，那么对于一个涉及这两个数据库的分布式事务，该数据库将成为提交点站点。COMMIT_POINT_STRENGTH 的值不能超过 255。

由于尺度是相对的，因此应建立一个站点特有的尺度。将最可靠数据库上的提交点设置为 200。然后，相对于最可靠的数据库来评定其他服务器和数据库的等级。例如，如果另一个数据库的可靠性只有最可靠数据库的 80%，则分配给它的提交点强度为 160(200 的 80%)。在一个确定点(在该例子中是 200)固定一个单独的数据库，以便按一种均匀的尺度确定其余数据库的等级。依据这种尺度应可得到用于每个事务的合适提交点站点。

19.6　监控分布式数据库

对于数据库必须考虑几个关键的环境性能指标：

- 主机的性能
- 磁盘和控制器之间的 I/O 分布
- 可用存储器的使用情况

对于分布式数据库，还必须考虑以下性能指标：

- 网络及其硬件的能力
- 网络各段的负载
- 在主机之间不同的物理访问路径的使用情况

从数据库中不能测量以上的性能指标。分布式数据库的监控工作的重点从以数据库为中心转移到以网络为中心。数据库变成被监控环境的一部分，而不是要监视的唯一部分。

仍需要监控数据库对取得成功至关重要的那些方面——如表空间中的空闲空间。但是，不能测量分布式数据库的性能，除非将此性能作为支持数据库的网络性能的一部分。因此，所有与性能相关的测试，如强度测试，必须和网络管理人员相协调。网管人员还可验证你尝试工作的有效性以减少网络上的数据库负载。

通过网络监控包通常可监视各个主机的性能。按自上而下的方式来执行这种监控——从网络到主机再到数据库。使用第 6 章介绍的监控系统作为网络和主机监控过程的扩展。

19.7 调整分布式数据库

当调整一个独立数据库时，其目标是缩减查找数据所耗费的时间。如第 8 章中介绍的那样，可使用许多数据库结构和选项来增加在缓存中找到数据或通过索引找到数据的可能性。

当使用分布式数据库工作时，有一个额外需要考虑的事项。因为现在不仅要检索数据，而且要跨越网络传送数据，所以查询的性能取决于这两个步骤的性能。因此，必须考虑跨越网络传递数据的方式，目标是减少网络流量。

一种减少网络流量的简单方法是从一个节点向另一个节点复制数据，可手动执行这种操作(通过 SQL*Plus 的 COPY 命令)或者由数据库自动完成(通过物化视图)。复制数据通过仅跨越网络一次来获取数据——通常在本地主机的非活跃时期进行，从而改善了对远程数据库的查询性能。本地查询可使用数据的本地副本，消除了远程访问数据所需的网络流量。

让我们考虑一个简单任务——从一个序列中选取一个值。一个公司已创建了一个分布式应用，它可以为每行生成一个新的序列值。但是，该序列是本地的，而需要在一个很远的数据库中执行插入操作。由于对每个记录行均要执行生成序列值的触发器，因此每个插入会生成一个远程操作来生成下一个序列值。

当检查一个会话的跟踪文件时，这种设计的效果是显而易见的：

```
SELECT NEWID_SEQ.NEXTVAL
FROM
 DUAL

call     count       cpu    elapsed       disk      query    current        rows
------- ------  -------- ---------- ---------- ---------- ---------  ---------
Parse        1      0.01       0.13          0          0         0          0
Execute     53      0.01       0.01          0          0         0          0
Fetch       53      0.06       6.34          0        159         0         53
------- ------  -------- ---------- ---------- --------- ---------  ----------
total      107      0.09       6.50          0        159         0         53

Misses in library cache during parse: 0
Optimizer goal: CHOOSE

Rows     Execution Plan
-------  ---------------------------------------------------
      0  SELECT STATEMENT   GOAL: CHOOSE
```

```
      0   SEQUENCE (REMOTE)
      0    TABLE ACCESS (FULL) OF 'DUAL'

  Elapsed times include waiting on following events:
    Event waited on                             Times   Max. Wait  Total Waited
    ----------------------------------------   Waited  ----------  ------------
    SQL*Net message to dblink                      53        0.00          0.00
    SQL*Net message from dblink                    53        0.13          6.29
```

在该例中，查询非常简单——它从 DUAL 表中选取下一个序列值。但序列是远程的(如在执行计划中看到的那样)，因此在总时间 6.5 秒中，取出 53 行的值需要的时间是 6.29 秒。为调整应用程序，既可以减少传输的次数(例如通过执行批量操作来替代逐行操作)，也可以消除 INSERT 的远程体系结构组成部分。如果可将远程对象(序列)和本地对象(DUAL 表)放在同一数据库中，则可消除与远程操作相关的等待时间。

注意：

从 Oracle Database 10g 开始，DUAL 表是一个内部表，而不是一个物理表，因此，只要引用 DUAL 的查询中的列列表不使用*，就不会产生 consistent gets。

采用复制的解决方案通常会出现两个问题：第一，本地数据可能会与远程数据不同步。这是一个针对派生数据的标准问题，它限制了将这种选项用于数据非常静态的表的有效性。即使和物化视图日志一起来使用一个简单的物化视图，也不会连续地更新数据——只有在调度时才进行更新。

复制数据解决方案的第二个问题是表的副本可能不能将更新传递回主表。也就是说，如果使用一个只读的物化视图来制作一个远程表的本地副本，将不能更新此快照。如果使用物化视图，可使用可更新的物化视图将变化传送回主站点，或者也可使用可写的物化视图来支持数据的本地所有权。

任何对复制的数据必须处理的更新也必须针对主表来执行。如果频繁地更新表，那么复制数据将不会改善性能，除非使用 Oracle 的多主机复制选项。当存在数据的多站点所有权时，用户可以在任何指派为数据拥有者的数据库中进行改动。管理 Oracle 的多主机复制是非常复杂的，并需要创建一个专门设计用来支持数据的多向复制的数据库环境(带有数据库链接等功能)。参见 Oracle 复制文档来了解有关实现多主机环境的详细信息。

用户通常不关心更新的性能，他们关心的是数据的有效性和及时性。如果频繁地修改远程的表并且表的尺寸相当大，几乎总是要使用带有物化视图日志的简单物化视图来保持数据是最新的。在一个工作日当中执行完整的更新通常是不可接受的。因此，更新的频率而不是更新的规模决定哪种类型的物化视图能够更好地为用户服务。归根结底，用户最关心他们正在使用的系统的性能，而在深夜执行更新不会直接影响用户。如果表需要频繁地进行同步，应使用带有物化视图日志的简单物化视图。

在本章前面提到过，可索引在本地数据库中通过物化视图创建的底层的表。索引还应有助于改善查询性能，但代价是减慢更新速度。

第 8 章介绍过另一种通过远程过程调用来减少网络流量的方法。本章也介绍了有关调整 SQL 和应用程序设计的一些信息。如果正确地构造了数据库，那么调整应用程序处理数据的方式将显著地改善性能。

19.8 本章小结

分布式数据库在数据库环境中分布工作负荷，以提高性能和可用性。但是，只有确保了每个站点的事务完整性，在多个位置扩展数据库或复制数据库才有价值。因此，Oracle 使用两阶段提交，通过单个 COMMIT 点来确保以原子方式处理分布式事务。

为进一步增加透明度和可用性，可在数据库之间使用数据库链接，来灵活地更改数据库对象的实际位置，而不需要对应用程序做任何更改，最终用户也不必了解数据库对象的实际位置。

使用物化视图是分布式环境中的另一个关键因素，甚至在独立环境中也是如此。创建物化视图预先聚合查询结果，如果用户每天多次运行查询，这样做可提高性能；用户不会意识到自己在访问聚合结果(而非查询中的实际表)。无论源表都位于单个数据库中，还是位于分布式环境的多个数据库中，物化视图可一直保持最新状态。